Springer-Lehrbuch

Springer
Berlin
Heidelberg
New York
Barcelona
Hongkong
London
Mailand
Paris
Tokio

Rudolf Langkau Wolfgang Scobel
Gunnar Lindström

Physik kompakt 2

Elektrodynamik und Elektromagnetische Wellen

Zweite Auflage
Mit 226 Abbildungen

Springer

Professor Dr. Rudolf Langkau
Professor Dr. Wolfgang Scobel
Professor Dr. Dr. h.c. Gunnar Lindström
Universität Hamburg
Institut für Experimentalphysik
Luruper Chaussee 149
22761 Hamburg, Deutschland
e-mail: wolfgang.scobel@desy.de
gunnar.lindstroem@desy.de

Die erste Auflage erschien in zwei Teilbänden in dem 6teiligen Werk *Physik kompakt* in der Reihe: Vieweg Studium – Grundkurs Physik, herausgegeben von Hanns Ruder, bei Friedr. Vieweg & Sohn Verlagsgesellschaft mbH

Die Deutsche Bibliothek – CIP-Einheitsaufnahme:
Physik kompakt. –
Berlin ; Heidelberg ; New York ; Barcelona ; Hongkong ; London ; Mailand ; Paris ; Tokio : Springer
(Springer-Lehrbuch)
Bd. 2. Elektrodynamik und elektromagnetische Wellen / Rudolf Langkau ... - 2. Aufl. – 2002
ISBN 3-540-43140-3

ISBN 3-540-43140-3 2. Auflage Springer-Verlag Berlin Heidelberg New York

Springer-Verlag Berlin Heidelberg New York
ein Unternehmen der BertelsmannSpringer Science+Business Media GmbH

http://www.springer.de

Datenkonvertierung von Fa. LE-TeX, Leipzig
Einbandgestaltung: *design & production* GmbH, Heidelberg

Gedruckt auf säurefreiem Papier

SPIN: 10860371 56/3141/ba - 5 4 3 2 1 0

Allgemeines Vorwort

Die vorliegende Einführung in die Experimentalphysik entstand aus den Kursvorlesungen Physik I-III an der Universität Hamburg, die sich an Studierende der Physik, Geowissenschaften und Mathematik mit dem Studienziel Diplom oder Höheres Lehramt richten und in den ersten drei Studiensemestern gehört werden sollen. Diese Vorlesungen wurden von den drei Autoren über mehr als zwei Jahrzehnte regelmäßig gehalten und fortlaufend den Bedürfnissen dieses Hörerkreises angepasst. Der Stoff wurde in Vorlesungen von 2×2 Semesterwochenstunden angeboten; die typischerweise ca. 10 Demonstrationsversuche je Doppelstunde dienten dem qualitativen Verständnis der Phänomene. Die Studierenden erhielten vorlesungsbegleitende Skripten, die die Autoren aufeinander abstimmten, ihnen aber ansonsten ihre individuellen Stile beließen. Mathematische Herleitungen wurden nur dann geboten, wenn sie kurz und prägnant waren; ansonsten haben wir für längere Herleitungen auf die Skripten verwiesen.

Mit dem Abschluss der Lehrtätigkeiten von zwei der drei Autoren (G.Li., R.La.) wurde auch ein gewisser Abschluss in der Entwicklung der Skripten erreicht. Wir haben diesen Zeitpunkt zum Anlass genommen, die Skripten noch einmal zu überarbeiten und textlich etwas zu erweitern, so dass sie sich auch für eine Veröffentlichung in kompakter Buchform eignen, wobei jedoch der ursprüngliche Charakter nicht geleugnet werden kann und soll. Die Aufteilung des Stoffes erfolgt pragmatisch in jeweils einem Band pro Semester mit der in Hamburg - und an den meisten anderen deutschen Universitäten - üblichen Aufteilung des Stoffes.

Der Titel der drei Bände, **Physik kompakt**, ist Programm. Es ist nicht unsere Absicht, in Konkurrenz mit bewährten, umfangreicheren Lehrbüchern der Experimentalphysik zu treten. Vielmehr sollen die Studierenden ein Buch an die Hand bekommen, das sie durch seine kompakte Form und vorlesungsorientierte Stoffauswahl ermutigt, es vorlesungsbegleitend durchzuarbeiten. Das Mitschreiben in der Vorlesung kann dadurch erheblich reduziert werden, so dass dem mündlichen Vortrag und der Vermittlung von Phänomenen in Demonstrationsversuchen größere Aufmerksamkeit zuteil werden.

Die Autoren danken allen Studierenden und Kollegen für Fehlerhinweise, Anregungen und Kommentare. Unser Lektor, Herr Dr. Kölsch, hat uns unterstützt und ermutigt, die Skripten in der vorgelegten Form zu veröffentlichen.

Frau M. Berghaus danken wir für die Ausfertigung vieler Skizzen und die Übertragung der Skripten in das LaTeX-Layout. Allen zukünftigen Benutzern der **Physik kompakt** sind wir dankbar für Verbesserungshinweise.

Hamburg, im September 2001

R. Langkau
G. Lindström
W. Scobel

Vorwort Band 2

Der vorliegende Band 2: **Elektrodynamik und Elektromagnetische Wellen** der Serie **Physik kompakt** enthält die Einführung in die Grundlagen der Wechselwirkungen am Beispiel der Gravitation, der Elektrizitätslehre und des Magnetismus, wie sie üblicherweise im zweiten Semester angeboten werden. Die Grundlagen der elektrischen Leitung und die Betrachtungen zu den Erscheinungen des Elektromagnetismus im stofferfüllten Raum sowie die Einführung der zeitabhängigen elektromagnetischen Felder bereiten auf Vorlesungen des Hauptstudiums vor. Die anschließende Darstellung der Wellenlehre führt ein in die Wellenoptik und Ausbreitung elektromagnetischer Wellen im Raum. In praktischen Beispielen werden die geometrische Strahlenoptik und Mehrstrahlinterferenzen in FRAUNHOFERscher Geometrie erörtert.

Zur Unterstützung der formalen Behandlung dieses Stoffes werden in ergänzenden Abschnitten Grundlagen der Vektoranalysis und der Wellengleichungen behandelt.

Inhaltsverzeichnis

Teil I Elektrodynamik

Teil II Elektromagnetische Wellen

Teil I

Elektrodynamik

1 Gravitationswechselwirkung

1.1 Gravitationsgesetz

In dem Band "PHYSIK kompakt: Mechanik" war bereits das Gravitationsgesetz angegeben worden:

$$\boxed{\boldsymbol{F} = -\boldsymbol{u}_r \gamma \frac{mm'}{r^2}} \tag{1.1}$$

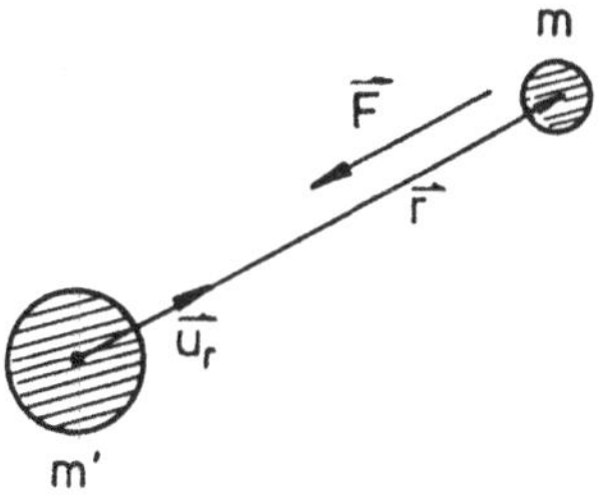

Abb. 1.1. Gravitationskraft

Hierin ist $\boldsymbol{F}$ die von m' auf m ausgeübte Gravitationskraft, $\boldsymbol{r}$ der von m' nach m führende Ortsvektor, r der Abstand zwischen m' und m und $\boldsymbol{u}_r = \boldsymbol{r}/r$ der Einheitsvektor in Richtung $\boldsymbol{r}$. Die Proportionalitätskonstante γ heißt **Gravitationskonstante**. Es ist

$$\gamma = 6.67 \cdot 10^{-11} \, \frac{\mathrm{m}^3}{\mathrm{kg} \cdot \mathrm{s}^2}$$

Das Gravitationsgesetz wurde von NEWTON ursprünglich aus den KEPLERschen Gesetzen abgeleitet: KEPLER (1571–1630) hatte die bis dahin bekannten Beobachtungen über die Planetenbewegungen in den folgenden drei empirischen Gesetzen zusammengefasst:

1. Die Planeten bewegen sich auf Ellipsenbahnen um die Sonne (= jeweils einer der Ellipsenbrennpunkte).
2. Der von der Sonne zu einem Planeten führende Ortsvektor überstreicht in gleichen Zeiten gleiche Flächen (konstante Flächengeschwindigkeit).

3. Die Quadrate der Umlaufzeiten verschiedener Planeten verhalten sich wie die 3. Potenzen der halben großen Achse ihrer Ellipsenbahnen.

NEWTON (1642–1727) hat aus diesen empirischen Gesetzen aufgrund seiner die Mechanik bestimmenden Axiome das Gravitationsgesetz Gl. (1.1) etwa in folgender Weise abgeleitet:
Aus dem 2. KEPLERschen Gesetz folgt, dass die der Planetenbewegung zugrundeliegende Kraft eine Zentralkraft sein muss (s. Teil 1):

$$\boldsymbol{F} = -F\boldsymbol{u}_r$$

Die Planetenbahnen können näherungsweise als Kreisbahn beschrieben werden (Radius r = mittlerer Abstand zur Sonne). Die Bahngeschwindigkeit ist näherungsweise konstant. Für die eine derartige Bahn erzwingende Radialkraft muss gelten:

$$F = m\frac{v^2}{r} = m\omega^2 r = m\frac{4\pi^2}{T^2}r$$

Hierin ist T die Umlaufzeit. Für diese gilt nach dem 3. KEPLERschen Gesetz:

$$T^2 \sim r^3$$

so dass man erhält: $F \sim m/r^2$. Hierin ist m die Masse des Planeten, r der Abstand Planet–Sonne und F die von der Sonne auf den Planeten wirkende Anziehungskraft. Nach dem 3. NEWTONschen Axiom gilt für die Kraft F', die der Planet auf die Sonne (Masse m') ausübt

$$F' = -F$$

und man erwartet analog zur obigen Formel $F' \sim m'/r^2$. Wegen $F' = -F$ sind die beiden Formeln $F \sim m/r^2$ und $F' \sim m'/r^2$ nur dann zu erfüllen, wenn für die zwischen Sonne und Planet wirkende Gravitationskraft gilt:

$$F \sim \frac{mm'}{r^2}$$

NEWTON hat dann weiterhin angenommen, dass dieses die Planetenbewegung bestimmende Kraftgesetz allgemein die Anziehungskraft zwischen zwei beliebigen Massen beschreibt, so dass man mit einer universell gültigen Proportionalitätskonstanten γ das allgemein gültige Gravitationsgesetz Gl. (1.1) erhält.

1.2 Gravitationskraft und potentielle Energie

Wie bereits bemerkt, gehört die Gravitationskraft zur allgemeinen Klasse der **Zentralkräfte**, die durch die folgende Gleichung beschrieben werden:

$$\boldsymbol{F} = F(r)\boldsymbol{u}_r$$

Jede Zentralkraft ist eine konservative Kraft. Jedem Punkt im Raum kann also – bis auf eine beliebig zu wählende Konstante – eindeutig eine potentielle Energie zugeordnet werden (s. Teil 1). Dies erkennt man sofort daraus, dass nach der obigen Gleichung das Integral der Verschiebungsarbeit W von einem einmal gewählten Anfangspunkt A zum beliebigen Endpunkt P unabhängig von der Wahl des Weges zwischen A und P ist. Es gilt:

$$\mathrm{d}W = -\boldsymbol{F} \cdot \mathrm{d}\boldsymbol{s} = -F(r)\boldsymbol{u}_r \cdot \mathrm{d}\boldsymbol{s} = -F(r)\mathrm{d}r$$

Also ist:

$$W = -\oint_A^P \boldsymbol{F}\mathrm{d}\boldsymbol{s} = -\int_{r(A)}^{r} F(r)\mathrm{d}r$$

und somit ausschließlich eine Funktion des radialen Abstands zwischen A und P. Für die Festlegung der potentiellen Energie aus der Verschiebungsarbeit sollte dabei der Bezugspunkt A so gewählt werden, dass sich für W_p eine möglichst einfache Form ergibt. Wäre beispielsweise $F(r) \sim r$, so würde man für die potentielle Energie $r(A) = 0$ wählen und damit $W_p \sim -r^2/2$ erhalten. Die sonst notwendige additive Konstante fällt also weg, die potentielle Energie des betrachteten Teilchens wird in diesem Fall gleich Null gesetzt, wenn sein Abstand vom Kraftzentrum gleich Null ist ($W_p = 0$ für $r = 0$). Physikalische Relevanz besitzt ohnehin nur die Differenz der potentiellen Energien (etwa in den Punkten P_1 und P_2), der physikalische Sachverhalt wird also durch die gewählte Zuordnung nicht geändert.

Im Fall der Gravitationskraft mit dem Abstandsgesetz $F(r) \sim -1/r^2$ erhält man für die potentielle Energie $W_p \sim -(1/r - 1/r_A)$. Es ist also vernünftig, den Bezugspunkt ins Unendliche zu verlegen ($r_A = \infty$), also eine Zuordnung $W_p = 0$ für $r = \infty$ vorzunehmen. Damit erhalten wir:

$$\boxed{W_p(r) = -\gamma\frac{mm'}{r}} \tag{1.2}$$

In diesem Zusammenhang ist es nützlich, die Gesamtenergie $W = W_p + W_k$ einer sich unter dem Einfluss der Gravitationskraft bewegenden Masse m zu betrachten. Hierbei wird der Einfachheit halber $m' \gg m$ angenommen, so dass m' als in Ruhe befindlich betrachtet werden kann. Es gilt also

$$W = \frac{m}{2}v^2 - \gamma\frac{mm'}{r}$$

Speziell werde zunächst angenommen, dass sich m auf einer Kreisbahn um m' bewegt. Dann gilt (Radialkraft = Gravitationskraft)

$$m\frac{v^2}{r} = \gamma\frac{mm'}{r^2}$$

$$\Rightarrow \quad \frac{m}{2}v^2 = \frac{1}{2}\gamma\frac{mm'}{r}$$

also

$$\boxed{W = -\frac{1}{2}\gamma\frac{mm'}{r}} \tag{1.3}$$

Die Gesamtenergie ist in diesem Fall also negativ!
Dieses Ergebnis läßt sich folgendermaßen verallgemeinern: Jede geschlossene Bahn von m um m' (jede Ellipsenbahn) ist durch eine negative Gesamtenergie bestimmt.
Bei positiver Gesamtenergie erhält man für $r \to \infty$ wegen $W_p(r \to \infty) = 0$, $mv_\infty^2/2 = W$, also eine von Null verschiedene Geschwindigkeit $v_\infty = \sqrt{2W/m}$, mit der sich das Teilchen geradlinig bewegt. Die Bahnen sind in diesem Fall offen (Hyperbelbahnen, wie sich zeigen läßt). Im Grenzfall $W = 0$ ergibt sich eine Parabelbahn.

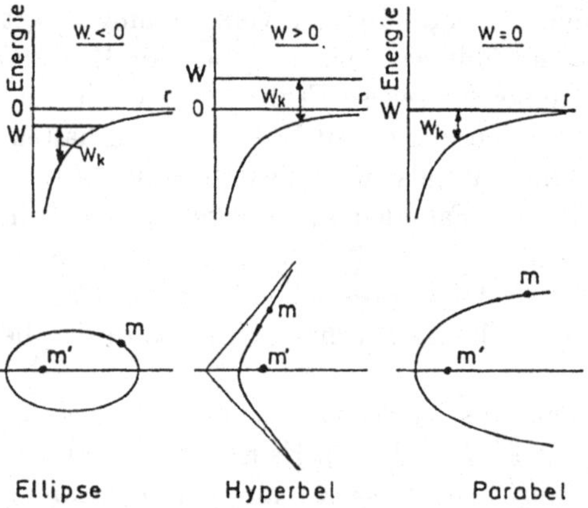

Abb. 1.2. Charakterisierung der Teilchenbahn durch die Gesamtenergie bei Gravitationswechselwirkung

Das in Bild 1.2 zusammengefasste Resultat gilt allgemein für jedes Kraftgesetz $F \sim 1/r^2$. Danach sind stets geschlossene Bahnen durch negative Gesamtenergie ("gebundene Zustände"), offene Bahnen durch positive Gesamtenergie (oder $W = 0$) ("ungebundene Zustände") charakterisiert.
Für konservative Kräfte gilt allgemein:

$$\boxed{\boldsymbol{F} = -\text{grad}\, W_p} \tag{1.4}$$

wobei die Operation grad (Gradient) folgendes bedeuten soll:

$$\boxed{\text{grad}\, A = \frac{\partial A}{\partial x} \cdot \boldsymbol{u}_x + \frac{\partial A}{\partial y} \cdot \boldsymbol{u}_y + \frac{\partial A}{\partial z} \cdot \boldsymbol{u}_z} \tag{1.5}$$

Hierin ist $A(x, y, z)$ eine beliebige skalare Funktion. Stellt man A statt in Kartesischen Koordinaten in Kugelkoordinaten r, φ, ϑ dar, und ist A ausschließlich von r abhängig, so gilt:

$$\boxed{\operatorname{grad} A(r) = \frac{\partial A}{\partial r}\boldsymbol{u}_r} \tag{1.5a}$$

Hiermit läßt sich im Fall der Gravitationskraft die Gültigkeit der Gl. (1.4) leicht verifizieren. Aus Gl. (1.2) erhält man

$$\begin{aligned}\boldsymbol{F} &= -\operatorname{grad} W_p = -\boldsymbol{u}_r\frac{\partial W_p}{\partial r} = \boldsymbol{u}_r\frac{\partial}{\partial r}\left(\gamma\frac{mm'}{r}\right)\\ &= -\gamma\frac{mm'}{r^2}\boldsymbol{u}_r\end{aligned}$$

Die Angabe der potentiellen Energie als Funktion des Ortes und das Kraftgesetz sind also völlig gleichwertig (vgl. auch Teil 1).

1.3 Gravitationspotential und Gravitationsfeldstärke

Gravitationskraft und potentielle Energie sind durch die Gln. (1.1) und (1.2) beschrieben. Es sei m die konstante Masse eines bestimmten, für die Betrachtung festgehaltenen Teilchens (etwa die Sonne). m' sei die beliebige Masse verschiedener Teilchen mit unterschiedlichen Abständen zur Masse m (etwa die Planeten). Wir betrachten jeweils die Gravitationskraft und die potentielle Energie (Bild 1.3).

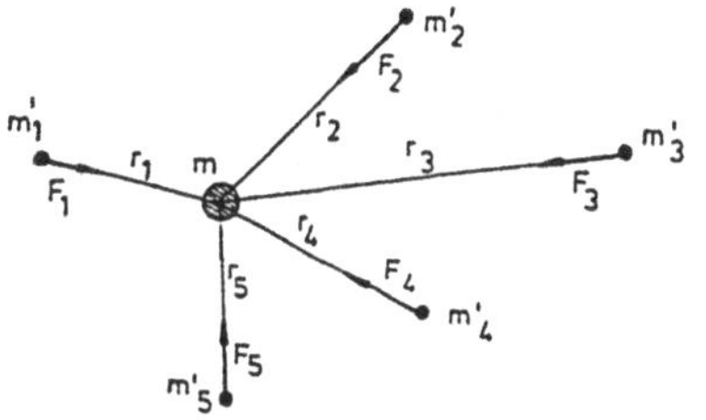

Abb. 1.3. Zum Begriff "Gravitationsfeld"

Nach Gln. (1.1) und (1.2) sind Gravitationskraft und potentielle Energie stets proportional zu m'. Damit läßt sich die Situation (Bild 1.3) auch durch Einführung eines von m ausgehenden "Gravitationsfeldes" beschreiben:

$$\boldsymbol{F} = -\gamma\frac{m'm}{r^2}\boldsymbol{u}_r = m'\left(-\frac{\gamma m}{r^2}\boldsymbol{u}_r\right) = m'\boldsymbol{g}$$

Wir führen eine **Gravitationsfeldstärke $\boldsymbol{g}$** ein:

$$\boxed{\boldsymbol{g} = \frac{\boldsymbol{F}}{m'} = -\frac{\gamma m}{r^2}\boldsymbol{u}_r} \tag{1.6}$$

Die Gravitationsfeldstärke hat die Dimension einer Beschleunigung:

$$[g] = \frac{\mathrm{N}}{\mathrm{kg}} = \frac{\mathrm{kg\ m/s^2}}{\mathrm{kg}} = \frac{\mathrm{m}}{\mathrm{s^2}}$$

Weiterhin ist

$$W_p = -\gamma \frac{m'm}{r} = m'\left(-\frac{\gamma m}{r}\right) = m'V$$

Wir führen ein **Gravitationspotential** V ein:

$$\boxed{V = \frac{W_p}{m'} = -\frac{\gamma m}{r}} \tag{1.7}$$

Das Gravitationspotential hat die Dimension:

$$[V] = \frac{\mathrm{J}}{\mathrm{kg}} = \frac{\mathrm{m^2}}{\mathrm{s^2}}$$

Aus (1.6) und (1.7) folgt mit Gl. (1.4) als Zusammenhang zwischen Gravitationspotential und Gravitationsfeldstärke:

$$\boxed{\boldsymbol{g} = -\mathrm{grad}\, V = -\frac{\partial V}{\partial r}\boldsymbol{u}_r} \tag{1.8}$$

Durch Gl. (1.6) und (1.7) ist in jedem Punkt $\boldsymbol{r}$ (Koordinatenursprung in m) ein Vektor $\boldsymbol{g}(\boldsymbol{r})$ und eine skalare Größe $V(r)$ definiert, so dass für die von m ausgeübte Kraft auf ein Probeteilchen der Masse m' am Ort $\boldsymbol{r}$ gilt:

$$\boxed{\boldsymbol{F} = m'\boldsymbol{g}(\boldsymbol{r}), \quad W_p = m'V(r)} \tag{1.9}$$

Das hier entwickelte Konzept des "Feldes" zur Beschreibung einer Wechselwirkung gilt ganz allgemein und wird im folgenden auch zur Beschreibung ganz andersartiger Wechselwirkungen benutzt.

Superpositionsprinzip: Wir betrachten die von verschiedenen Massen $m_1, m_2, \ldots, m_n$ auf die Probemasse m' ausgeübte Gravitationskraft. Es gilt für die insgesamt auf m' wirkende Kraft:

$$\boldsymbol{F}_{\mathrm{ges}} = \sum_{i=1}^{n} \boldsymbol{F}_i = m' \sum_{i=1}^{n} \left(-\gamma \frac{m_i}{r_i^2}\boldsymbol{u}_{r,i}\right) = m' \sum_{i=1}^{n} \boldsymbol{g}_i$$

Hierin ist $\boldsymbol{g}_i$ die durch m_i am Ort von m' bewirkte Gravitationsfeldstärke, $\boldsymbol{r}_i = r_i \cdot \boldsymbol{u}_{r,i}$ ist der jeweils von m_i nach m' führende Ortsvektor. Entsprechend Gl. (1.9) können wir also auch in diesem Fall schreiben:

$$\boldsymbol{F}_{\mathrm{ges}} = m'\boldsymbol{g}_{\mathrm{ges}}$$

wobei sich die Gesamtfeldstärke aus den Einzelfeldstärken $\boldsymbol{g}_i$ additiv zusammensetzt:

$$\boxed{\boldsymbol{g}_{\mathrm{ges}} = \sum_{i=1}^{n} \boldsymbol{g}_i} \tag{1.10}$$

Aus der Definition der potentiellen Energie $W_p = -\int_{\infty}^{r} \boldsymbol{F}\mathrm{d}\boldsymbol{s}$ und $W_p = m'V$ folgt aus (1.10) entsprechend auch Superposition der Potentiale:

$$\boxed{V_{\text{ges}} = \sum_{i=1}^{n} V_i} \qquad (1.10a)$$

Die Gleichungen (1.10) und (1.10a) sind durch entsprechende Integralbeziehungen zu ersetzen, wenn das Feld, statt durch diskrete Einzelmassen m_i durch eine kontinuierliche Massenverteilung eines ausgedehnten Körpers bewirkt wird:

$$\boxed{\boldsymbol{g}_{\text{ges}} = \int_{\text{Vol.}} \mathrm{d}\boldsymbol{g};\ V_{\text{ges}} = \int_{\text{Vol.}} \mathrm{d}V} \qquad (1.11)$$

Beispiele:

1. **Potential und Feldstärke einer homogenen Kugelschale**

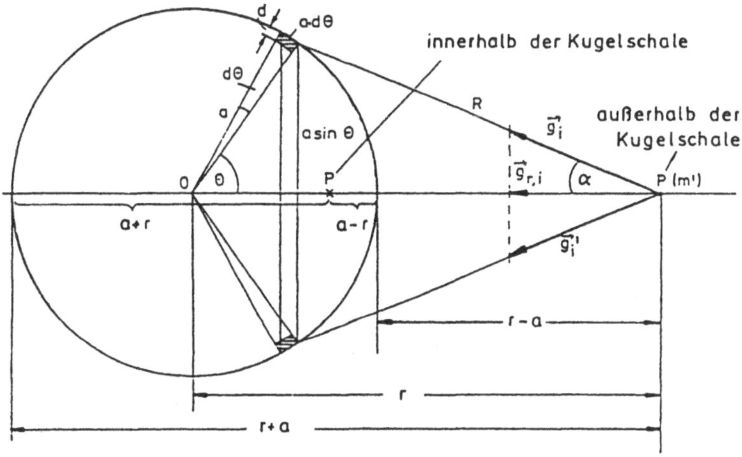

Abb. 1.4. Zur Berechnung von Gravitationspotential und -feldstärke einer homogenen Kugelschale

Wir teilen die Kugelschale (Dicke d) in differentielle Kreisringe (Breite $a \cdot \mathrm{d}\Theta$) auf, wobei die Kreisringebene jeweils senkrecht zu $\boldsymbol{r} = \boldsymbol{OP}$ gewählt sei.

Superposition der Feldstärke Innerhalb des Kreisrings können je zwei diametral gegenüberliegende Punkte gewählt werden, so dass sich die senkrecht zu $\boldsymbol{r}$ wirkenden Feldstärkekomponenten aufheben. Die in Richtung $\boldsymbol{r}$ wirkenden sind aber für alle Punkte auf dem Kreisring konstant:

$$-\gamma\frac{\mathrm{d}m}{R^2}\cos\alpha$$

Die Kugelschale hat die Masse m, der Kreisring (Radius $a\sin\Theta$) also die Masse:

$$\frac{m}{4\pi a^2 d}\cdot 2\pi a\sin\Theta\cdot a\cdot \mathrm{d}\Theta\cdot d=\frac{m}{2}\sin\Theta\cdot\mathrm{d}\Theta$$

Integration der Feldstärkebeiträge über den Kreisring liefert also:

$$\mathrm{d}\boldsymbol{g}_{\text{Kreisr.}}=-\boldsymbol{u}_r\frac{\gamma\frac{m}{2}\sin\Theta}{R^2}\cos\alpha\cdot\mathrm{d}\Theta$$

Nach dem Kosinussatz gilt (s. Bild 1.4):

$$R^2=a^2+r^2-2ar\cos\Theta$$

Differentiation liefert ($a=\text{const}$, $r=\text{const}$):

$$2R\cdot\mathrm{d}R=2ar\sin\Theta\cdot\mathrm{d}\Theta$$

also die Beziehung:

$$\sin\Theta\cdot\mathrm{d}\Theta=\frac{R}{ar}\cdot\mathrm{d}R$$

Außerdem gilt nach dem Kosinussatz weiterhin:

$$a^2=R^2+r^2-2Rr\cos\alpha$$

$$\cos\alpha=\frac{R^2+r^2-a^2}{2Rr}$$

Setzt man die Beziehungen für $\sin\Theta\cdot\,\mathrm{d}\Theta$ und $\cos\alpha$ in diejenige für $\mathrm{d}\boldsymbol{g}_{\text{Kreisr.}}$ ein, so erhält man:

$$\mathrm{d}\boldsymbol{g}_{\text{Kreisr.}}=-\boldsymbol{u}_r\gamma\frac{m}{r^2}\frac{1}{4a}\left(1+\frac{r^2-a^2}{R^2}\right)\cdot\mathrm{d}R$$

Integration im Fall $r>a$ (P außerhalb der Kugelschale)

$$\boldsymbol{g}=\int\limits_{r-a}^{r+a}\mathrm{d}\boldsymbol{g}_{\text{Kreisr.}}=-\boldsymbol{u}_r\gamma\frac{m}{r^2}\frac{1}{4a}\underbrace{\left\{R-\frac{r^2-a^2}{R}\right\}_{r-a}^{r+a}}_{=4a}$$

$$\boldsymbol{g}=-\boldsymbol{u}_r\gamma\frac{m}{r^2}$$

Die Gesamtmasse kann also im Zentrum der Kugelschale vereinigt gedacht werden.

Integration im Fall $r < a$ (P innerhalb der Kugelschale) In diesem Fall ist folgende Integration auszuführen (s. Bild 1.4, geänderte Integrationsgrenzen!):

$$\boldsymbol{g} = \int_{a-r}^{a+r} \mathrm{d}\boldsymbol{g}_{\text{Kreisr.}} = -\boldsymbol{u}_r \gamma \frac{m}{r^2} \frac{1}{4a} \underbrace{\left\{ R - \frac{r^2 - a^2}{R} \right\}_{a-r}^{a+r}}_{=0}$$

$$\boldsymbol{g} = 0$$

Superposition des Potentials Das Potential des Kreisrings (Masse $m/2 \cdot \sin\Theta \cdot \Theta$, s.o.) ist gegeben durch

$$\mathrm{d}V_{\text{Kreisr.}} = -\gamma \frac{\frac{m}{2} \sin\Theta}{R} \cdot \mathrm{d}\Theta$$

mit $\sin\Theta \cdot \mathrm{d}\Theta = (R \cdot \mathrm{d}R)/(ar)$ erhält man:

$$\mathrm{d}V_{\text{Kreisr.}} = -\gamma \frac{m}{2ar} \cdot \mathrm{d}R$$

also für P **außerhalb** der Kugelschale ($r > a$)

$$V = \int_{r-a}^{r+a} \mathrm{d}V_{\text{Kreisr.}} = -\gamma \frac{m}{2ar} R \Big|_{r-a}^{r+a}$$

$$V = -\gamma \frac{m}{r}$$

Für P **innerhalb** der Kugelschale ($r < a$) (Integrationsgrenzen s.o.):

$$V = \int_{a-r}^{a+r} \mathrm{d}V_{\text{Kreisr.}} = -\gamma \frac{m}{2ar} R \Big|_{a-r}^{a+r}$$

$$V = -\gamma \frac{m}{a}$$

Wir fassen zusammen: Für die homogene Kugelschale (Radius a, Masse m) gilt für einen Punkt P im Abstand r vom Kugelmittelpunkt:

$$V = \begin{cases} -\gamma \frac{m}{a}, & r < a \\ -\gamma \frac{m}{r}, & r > a \end{cases} ; \quad \boldsymbol{g} = \begin{cases} 0, & r < a \\ -\gamma \frac{m}{r^2} \boldsymbol{u}_r, & r > a \end{cases} \tag{1.12}$$

Selbstverständlich hängen Potential und Feldstärke auch in den Gln. (1.12) durch die allgemeine Beziehung Gl. (1.8) miteinander zusammen. Es hätte also beispielsweise nur das einfacher zu berechnende Potential hergeleitet zu werden brauchen. Die Feldstärke hätte sich dann daraus durch $\boldsymbol{g} = -\operatorname{grad} V$ direkt ergeben.

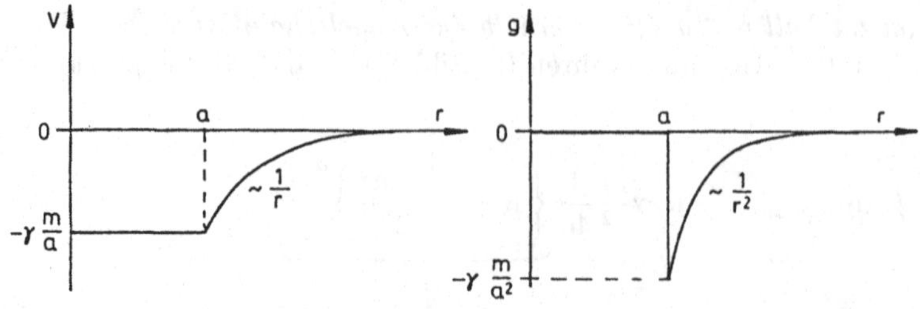

Abb. 1.5. Gravitationspotential und -feldstärke einer homogenen Kugelschale (Radius a)

2. **Gravitationspotential und -feldstärke einer homogenen Kugel.** Es werde eine Kugel (Radius a) konstanter Dichte betrachtet: $\varrho(r) =$ const. Die Gesamtmasse sei m. Die Kugel wird in Kugelschalen (Radius b, Masse: $4\pi b^2 \cdot \mathrm{d}b \cdot \varrho$, $0 \leq b \leq a$) aufgeteilt. Der Abstand des betrachteten Punktes P vom Kugelmittelpunkt sei wieder r.
   a.) P **außerhalb der Kugel**, $r > a$
   Jede Kugelschale verursacht ein Potential und eine Feldstärke, wie die der im Kugelmittelpunkt vereinigten jeweiligen Gesamtmasse (s. Gl. (1.12)). Die Integration über das Gesamtvolumen der Kugel (also über b) läßt sich daher sofort ausführen und man erhält:
$$\boxed{V = -\gamma \frac{m}{r}, \; \boldsymbol{g} = -\gamma \frac{m}{r^2} \boldsymbol{u}_r; \; r > a} \tag{1.13}$$
   b.) P **innerhalb der Kugel**, $r < a$
   Der schraffierte Teil der Kugel mit dem Radius r kann in 0 vereinigt gedacht werden, derjenige zwischen r und a wird in Kugelschalen mit Radius b und Dicke db aufgeteilt (s. Bild 1.6).

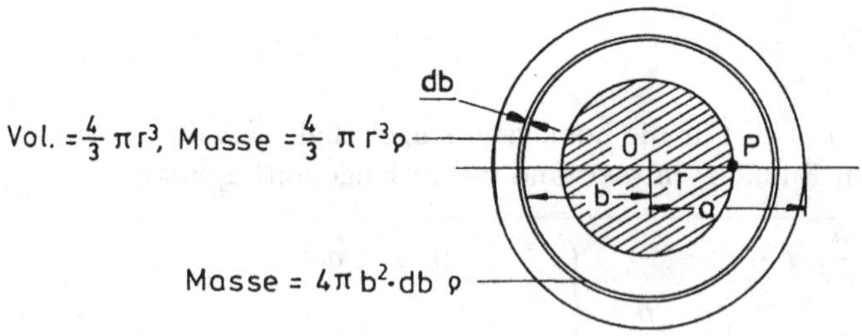

Abb. 1.6. Herleitung des Gravitationspotentials innerhalb einer homogenen Kugel

Durch Anwendung der Gl. (1.12) erhalten wir

$$
\begin{aligned}
V &= -\gamma \frac{\frac{4}{3}\pi r^3 \varrho}{r} + \int_r^a -\gamma \frac{4\pi b^2 \cdot \mathrm{d}b \cdot \varrho}{b} \\
&= -\gamma \frac{4}{3}\pi r^2 \varrho - \gamma 2\pi \varrho b^2 \Big|_r^a \\
&= \gamma \pi \varrho \left(\frac{2}{3} r^2 - 2a^2 \right) = \frac{2}{3}\gamma \pi \varrho (r^2 - 3a^2)
\end{aligned}
$$

Durch Einsetzen der Gesamtmasse $m = 4/3\ \pi a^3 \varrho$ erhält man

$$V = \frac{\gamma m}{2a^3}(r^2 - 3a^2),\ r < a$$

und mit Gl. (1.8)

$$
\begin{aligned}
\boldsymbol{g} &= -\frac{\partial V}{\partial r}\boldsymbol{u}_r = -\frac{\gamma m}{2a^3}\frac{\partial}{\partial r}(r^2 - 3a^2)\boldsymbol{u}_r \\
&= -\frac{\gamma m}{a^3} r \boldsymbol{u}_r
\end{aligned}
$$

Zusammengefasst:

$$\boxed{\left.\begin{aligned} V &= \frac{\gamma m}{2a^3}(r^2 - 3a^2) \\ \boldsymbol{g} &= -\frac{\gamma m r}{a^3}\boldsymbol{u}_r \end{aligned}\right\} r < a} \tag{1.13a}$$

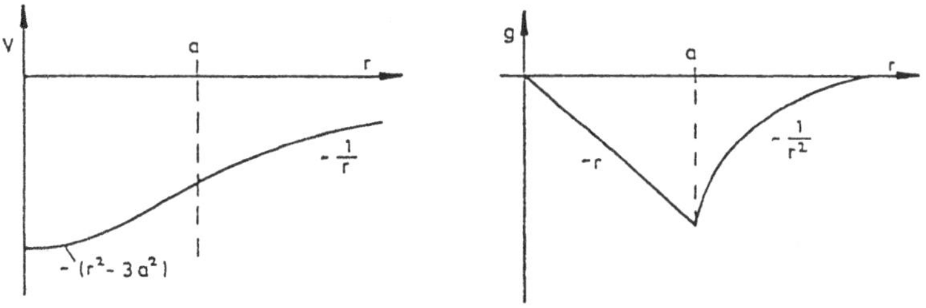

Abb. 1.7. Gravitationspotential und -feldstärke einer homogenen Kugel (Radius a)

Feldlinien und Äquipotentialflächen Ein Feld wird häufig bildlich auch durch **Feldlinien** (Kraftlinien) dargestellt. Eine **Feldlinie** ist diejenige Bahn, auf der sich die Probemasse bewegen würde, wenn sie ausschließlich der Wirkung des betrachteten Feldes unterliegt. In jedem Punkt einer Feldlinie ist also die Feldstärkenrichtung durch die Bahntangente bestimmt. Die Feldstärke wird dann vielfach durch die Dichte der Feldlinien charakterisiert. Demgegenüber heißt eine durch konstante potentielle Energie, d.h. durch konstantes Potential V gekennzeichnete Fläche im Raum **Äquipotentialfläche**. Innerhalb einer Äquipotentialfläche kann eine Probemasse verschoben werden, ohne dass Arbeit geleistet zu werden braucht (die potentielle Energie bleibt ja konstant!), d.h. die Kraftkomponente tangential zur Äquipotentialfläche ist jeweils gleich Null. Äquipotentialflächen und Feldlinien stehen also senkrecht aufeinander. Damit läßt sich Gl. (1.4) auch schreiben (vgl. Bild 1.8):

$$\boxed{\boldsymbol{F} = -\frac{\partial W_p}{\partial s_n}\boldsymbol{u}_n, \ \boldsymbol{g} = -\frac{\partial V}{\partial s_n}\boldsymbol{u}_n} \qquad (1.14)$$

$$\Rightarrow \left|\frac{\partial V}{\partial s}\right| < \left|\frac{\partial V}{\partial s_n}\right| \Rightarrow \left|\frac{\partial V}{\partial s_n}\right| = \max\left|\frac{\partial V}{\partial s}\right|$$

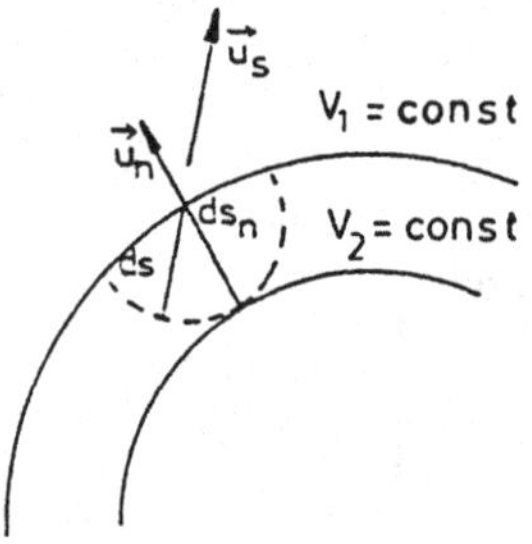

Abb. 1.8. Der Gradient (die Feldstärke) hat stets diejenige Richtung, in der sich das Potential am stärksten verändert ($\boldsymbol{u}_s$ beliebige Richtung, $\boldsymbol{u}_n$ Normalrichtung zur Äquipotentialfläche V = const). Veranschaulichung durch zwei benachbarte Äquipotentialflächen V_1, V_2)

Feldlinien- und Äquipotentialflächen für das Feld einer und zweier Punktmassen sind in Bild 1.9 als Beispiel dargestellt.

Gravitationsfeldstärke und Fallbeschleunigung Für den freien Fall der Masse m' auf der Erdoberfläche hatten wir als Kraftgesetz geschrieben (Band 1)

$$\boldsymbol{F} = m' \cdot \boldsymbol{g}$$

Hierin ist $\boldsymbol{g}$ die **Fallbeschleunigung**. Nach Gl. (1.9) und (1.10) können wir $\boldsymbol{g}$ auch als **Gravitationsfeldstärke** interpretieren! Wenn man näherungsweise die Erde als ideale Kugel betrachtet und von der Annahme ausgeht, dass die Massenverteilung in jeder Kugelschale homogen ist, dann läßt sich g an der Erdoberfläche nach Gl. (1.13) aus der Erdmasse ($5.98 \cdot 10^{24}$ kg) und ihrem Radius ($6.37 \cdot 10^6$ m) errechnen. Man erhält g = 9.83 m/s^2 (vgl. hierzu Fallbeschleunigung in Band 1).

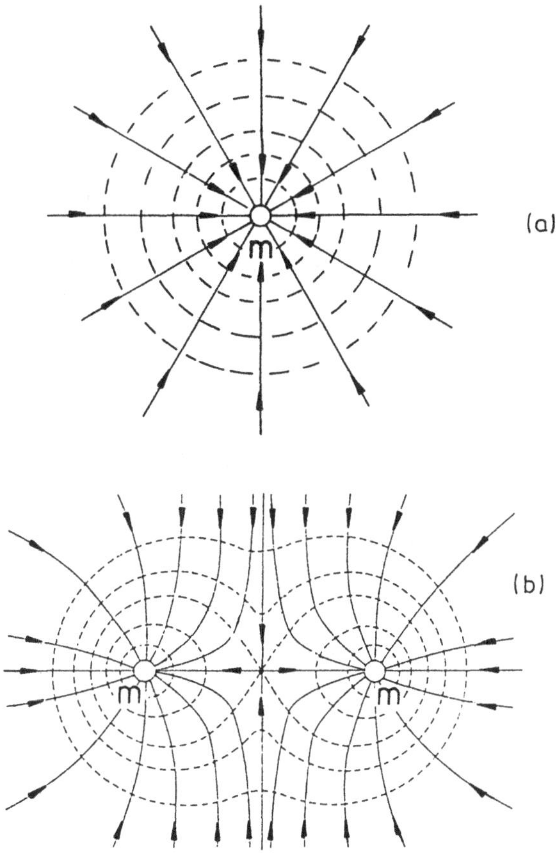

Abb. 1.9. Äquipotentialflächen und Feldlinien für das Feld einer Punktmasse (a) und für zwei gleiche Punktmassen (b)

1.4 Ergänzung: Planetenbahnen und Rutherfordstreuung

Ausgangspunkt der Betrachtungen ist eine ruhende Punktmasse M oder ruhende Punktladung Q im Ursprung des Koordinatensystems. **Ziel** ist die Bestimmung der möglichen Bahnen, die eine bewegte Punktmasse m im Gravitationsfeld von M oder eine bewegte Punktladung q der Masse m im COULOMB-Feld von Q durchlaufen kann. Die potentiellen Energien betragen im **Gravitationsfeld**:

$$W_{p,g} = -\gamma \frac{mM}{r}$$

und im **Coulombfeld**:

$$W_{p,C} = \frac{1}{4\pi\varepsilon_0} \frac{qQ}{r}$$

Zur gemeinsamen Behandlung beider Fälle wird die potentielle Energie im folgenden durch

$$W_p = -\frac{A}{r}$$

beschrieben. Es ist A **positiv** für die Gravitationswechselwirkung (anziehende Kraft), **positiv** für die COULOMB-Wechselwirkung bei **ungleichnamigen** Ladungen q und Q (anziehende Kraft),
negativ für die COULOMB-Wechselwirkung bei **gleichnamigen** Ladungen q und Q (abstoßende Kraft).
Bezeichnen W und W_k die Gesamtenergie und die kinetische Energie, dann lautet der Energie-Erhaltungssatz:

$$W = W_k + W_p = \frac{1}{2}mv^2 - \frac{A}{r} = \text{const} \tag{1.15}$$

In **Zentralkraftfeldern** gilt außerdem der Erhaltungssatz $\boldsymbol{L} = \text{const}$ für den Bahndrehimpuls. Die Konstanz der **Richtung** von $\boldsymbol{L}$ bedeutet, dass die Bahn in einer **Ebene** liegt. Diese wird im folgenden als (x, y)-Ebene festgelegt. Aus der Konstanz des **Betrages** von $\boldsymbol{L}$ folgt:

$$L = mr^2\omega = mr^2\frac{\mathrm{d}\varphi}{\mathrm{d}t} = \text{const} \tag{1.16}$$

Dabei bezeichnet r den Betrag des Ortsvektors $\boldsymbol{r}$ von m bzw. q, φ den Winkel zwischen $\boldsymbol{r}$ und der x-Achse und $\omega = \mathrm{d}\varphi/\mathrm{d}t$ die Winkelgeschwindigkeit.

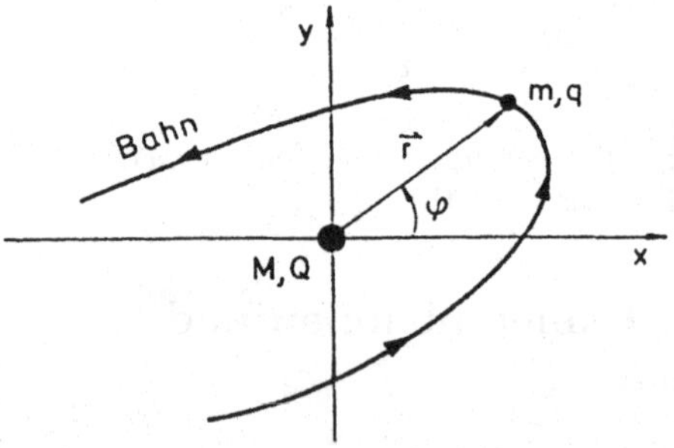

Der Übergang von (x, y)-Koordinaten zu (r, φ)-Polarkoordinaten mittels der Transformationsgleichungen

$$x = r\cos\varphi, \quad \frac{\mathrm{d}x}{\mathrm{d}t} = \cos\varphi\frac{\mathrm{d}r}{\mathrm{d}t} - r\sin\varphi\frac{\mathrm{d}\varphi}{\mathrm{d}t}$$

$$y = r\sin\varphi, \quad \frac{\mathrm{d}y}{\mathrm{d}t} = \sin\varphi\frac{\mathrm{d}r}{\mathrm{d}t} + r\cos\varphi\frac{\mathrm{d}\varphi}{\mathrm{d}t}$$

ergibt:

$$v^2 = \left(\frac{\mathrm{d}x}{\mathrm{d}t}\right)^2 + \left(\frac{\mathrm{d}y}{\mathrm{d}t}\right)^2 = \left(\frac{\mathrm{d}r}{\mathrm{d}t}\right)^2 + r^2\left(\frac{\mathrm{d}\varphi}{\mathrm{d}t}\right)^2$$

Damit folgt aus (1.15):

$$\left(\frac{\mathrm{d}r}{\mathrm{d}t}\right)^2 + r^2\left(\frac{\mathrm{d}\varphi}{\mathrm{d}t}\right)^2 = \frac{2W}{m} + \frac{2A}{mr}$$

Mit $\mathrm{d}r/\mathrm{d}t = (\mathrm{d}r/\mathrm{d}\varphi) \cdot (\mathrm{d}\varphi/\mathrm{d}t)$ und $\mathrm{d}\varphi/\mathrm{d}t = L/(mr^2)$ aus (1.16) ist dann:

$$\left(\frac{\mathrm{d}r}{\mathrm{d}\varphi}\right)^2 \frac{L^2}{m^2r^4} + r^2\frac{L^2}{m^2r^4} = \frac{2W}{m} + \frac{2A}{mr}$$

oder:

$$\frac{1}{r^4}\left(\frac{\mathrm{d}r}{\mathrm{d}\varphi}\right) = \frac{2mW}{L^2} + \frac{2mA}{L^2}\frac{1}{r} - \frac{1}{r^2} \tag{1.17}$$

Diese Beziehung beschreibt – in Form einer etwas unübersichtlichen Differentialgleichung – den Abstand r als Funktion von φ, also die gesuchte Bahnkurve.

Bezeichnungen:

$$\frac{L^2}{mA} = h \tag{1.18}$$

heißt **Halbparameter** der Bahn.

$$e = +\sqrt{1 + \frac{2WL^2}{mA^2}} \tag{1.19}$$

heißt **numerische Exzentrizität** der Bahn.
Aus (1.19) folgt mit (1.18):

$$e^2 - 1 = \frac{2WL^2}{mA^2}\frac{h^2}{h^2} = \frac{2WL^2}{mA^2}\frac{m^2A^2}{L^4}h^2 = \frac{2mW}{L^2}h^2$$

oder

$$\frac{2mW}{L^2} = \frac{e^2-1}{h^2} \tag{1.20}$$

Einsetzen von (1.20) und (1.18) in (1.17) ergibt:

$$\begin{aligned}\left(\frac{1}{r^2}\frac{\mathrm{d}r}{\mathrm{d}\varphi}\right)^2 &= \frac{e^2-1}{h^2} + \frac{2}{h}\frac{1}{r} - \frac{1}{r^2} \\ &= \frac{e^2}{h^2} - \left(\frac{1}{r} - \frac{1}{h}\right)^2 \end{aligned} \tag{1.21}$$

Abkürzung:

$$\frac{h}{e}\left(\frac{1}{r} - \frac{1}{h}\right) = \varrho \tag{1.22}$$

Damit ist:

$$\frac{\mathrm{d}\varrho}{\mathrm{d}\varphi} = \frac{h}{e}\frac{\mathrm{d}}{\mathrm{d}\varphi}\left(\frac{1}{r}\right) = -\frac{h}{e}\frac{1}{r^2}\frac{dr}{d\varphi}$$

oder

$$\left(\frac{1}{r^2}\frac{\mathrm{d}r}{\mathrm{d}\varphi}\right)^2 = \frac{e^2}{h^2}\left(\frac{\mathrm{d}\varrho}{\mathrm{d}\varphi}\right)^2$$

Einsetzen in (1.21) ergibt schließlich:

$$\left(\frac{\mathrm{d}\varrho}{\mathrm{d}\varphi}\right)^2 + \varrho^2 = 1 \tag{1.23}$$

Diese Differentialgleichung enthält gegenüber (1.17) keine neuen oder zusätzlichen physikalischen Aussagen. Sie hat lediglich eine übersichtlichere Form, die das Auffinden einer Lösung erleichtert.
Gesucht wird eine Funktion $\varrho(\varphi)$, deren Quadrat zusammen mit dem Quadrat ihrer ersten Ableitung eine Eins ergibt. Eine solche Eigenschaft hat nur die Kosinus- (oder Sinus-) Funktion. Also lautet die Lösung von (1.23):

$$\varrho(\varphi) = \cos(\varphi + \alpha)$$

Der Winkel α ist die "Integrationskonstante". Sie kann durch eine frei vorgebbare Anfangsbedingung festgelegt werden. Probe:

$$\frac{\mathrm{d}\varrho}{\mathrm{d}\varphi} = -\sin(\varphi + \alpha); \quad \left(\frac{\mathrm{d}\varrho}{\mathrm{d}\varphi}\right)^2 = \sin^2(\varphi + \alpha)$$

$$\sin^2(\varphi + \alpha) + \cos^2(\varphi + \alpha) = 1$$

Aus (1.22) folgt dann:

$$\frac{1}{r} - \frac{1}{h} = \frac{e}{h}\varrho = \frac{e}{h}\cos(\varphi + \alpha)$$

oder

$$r(\varphi) = \frac{h}{1 + e\cos(\varphi + \alpha)}$$

Die Anfangsbedingung wird üblicherweise so gewählt, dass der umlaufende Körper den **kleinsten** Abstand vom Zentrum bei $\varphi = 0$ hat. Für $\varphi = 0$ ist:

$$r(0) = \frac{h}{1 + e\cos\alpha}$$

$r(0)$ ist dann minimal, wenn $\cos\alpha$ maximal, also gleich $+1$ ist. Das ist im Intervall $0 \leq \alpha < 2\pi$ für $\alpha = 0$ der Fall. Damit ergibt sich für die Bahnkurve:

$$r(\varphi) = \frac{h}{1 + e\cos\varphi} \tag{1.24}$$

Diese Gleichung ist die Polarkoordinaten-Darstellung von Kegelschnitten, also von Ellipsen und Hyperbeln, wobei der Koordinatenursprung in einem der Brennpunkte liegt. Bekannter sind die Kegelschnittgleichungen in der (x, y)-Darstellung, nämlich:

$$\frac{x^2}{a^2} \pm \frac{y^2}{b^2} = 1 \tag{1.25}$$

wobei das Pluszeichen für eine Ellipse, das Minuszeichen für eine Hyperbel gilt. Der Vollständigkeit halber wird im folgenden die Äquivalenz der Darstellungen (1.24) und (1.25) für den Fall der Ellipse aufgezeigt.

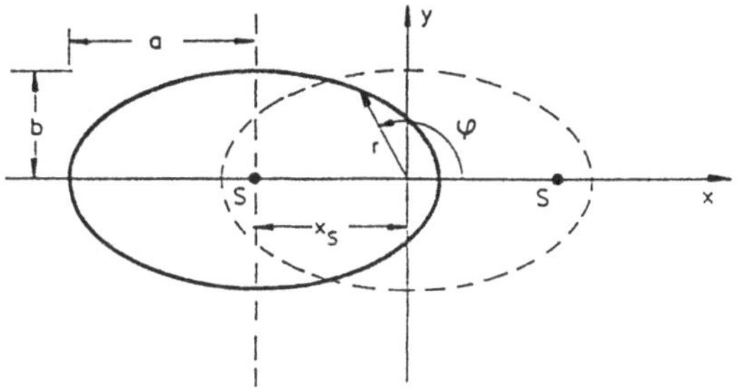

Die Gleichung

$$\frac{x^2}{a^2} + \frac{y^2}{b^2} = 1$$

beschreibt eine Ellipse, deren Mittelpunkt im Koordinatenursprung, deren große Halbachse in x- und deren kleine Halbachse in y-Richtung liegt. Die Abszissen der beiden Brennpunkte S sind $x_s = \pm\sqrt{a^2 - b^2}$. Nach Verschiebung der Ellipse entlang der x-Achse nach links um die Strecke x_s befindet sich ihr rechter Brennpunkt im Koordinatenursprung, und die Ellipsengleichung lautet dann:

$$\frac{(x + \sqrt{a^2 - b^2})^2}{a^2} + \frac{y^2}{b^2} = 1$$

Der Übergang zu (r, φ)-Polarkoordinaten ergibt mit $x = r\cos\varphi$ und $y = r\sin\varphi$:

$$\frac{(r\cos\varphi + \sqrt{a^2 - b^2})^2}{a^2} + \frac{r^2 \sin^2\varphi}{b^2} = 1$$

Nach einigen einfachen Umformungen und unter Ausnutzung der Relation $\sin^2\varphi = 1 - \cos^2\varphi$ erhält man:

$$r^2 = \frac{b^4}{a^2} - 2\frac{b^2}{a}\sqrt{1 - \frac{b^2}{a^2}}\, r\cos\varphi + \left(1 - \frac{b^2}{a^2}\right) r^2 \cos^2\varphi$$

oder

$$r^2 = \left(\frac{b^2}{a} - \sqrt{1 - \frac{b^2}{a^2}} r \cos\varphi\right)^2$$

Da r als **Betrag** des Ortsvektors nur **positiv** sein kann, ergibt die Radizierung mit den Bezeichnungen

$$h = \frac{b^2}{a} \qquad \text{und} \qquad e = \sqrt{1 - \frac{b^2}{a^2}} \tag{1.26}$$

als Ellipsengleichung

$$r = h - er\cos\varphi$$

oder

$$r = \frac{h}{1 + e\cos\varphi}$$

also die Bahnkurve (1.24).

Ob der Körper eine Ellipsen- oder Hyperbel-Bahn durchläuft und wie die Kurvenparameter von den physikalischen Gegebenheiten abhängen, wird in der folgenden Fallunterscheidung diskutiert.

1. Fall: Die Kraft ist **anziehend** (Gravitationswechselwirkung oder COULOMB-Wechselwirkung bei ungleichnamigen Ladungen q und Q). Die Gesamtenergie ist **negativ** ($W = mv^2/2 - A/r < 0$).
   Für ein anziehendes Potential ist $A > 0$ und damit gemäß (1.18) auch $h > 0$. Für $W < 0$ ist gemäß (1.19) $e < 1$. Die Bahnkurve (1.24) ergibt im gesamten Winkelbereich $0 \leq \varphi \leq 2\pi$ **endliche** und positive r-Werte. Die Bahn ist eine geschlossene Kurve, also eine **Ellipse**.

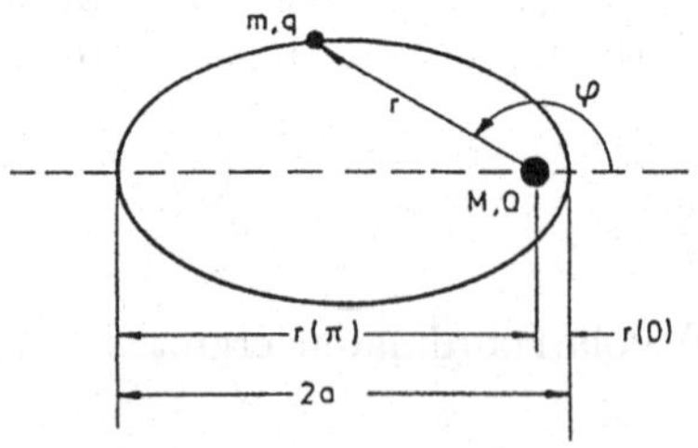

Aus (1.24) ist abzulesen: Für $\varphi = 0$ ist $\cos\varphi = 1$ und $r(0) = h/(1+e)$. Für $\varphi = \pi \mathrel{\hat{=}} 180°$ ist $\cos\varphi = -1$ und $r(\pi) = h/(1-e)$. Die große Achse hat also die Länge:

$$2a = r(0) + r(\pi) = h\left(\frac{1}{1+e} + \frac{1}{1-e}\right) = \frac{2h}{1-e^2}$$

Mit (1.18) und (1.19) folgt daraus:

$$2a = \frac{A}{(-W)} \qquad (W \text{ ist } \textbf{negativ!})$$

Bei vorgegebenem A wird also die Länge $2a$ der großen Achse **allein** von W bestimmt. Für $\varphi = \pm\pi/2 \widehat{=} \pm 90°$ ist $\cos\varphi = 0$ und $r(\pi/2) = h$.
Die Größe des Halbparameters wird nach (1.18) bei vorgegebenem A **allein** von L bestimmt. Für die Länge $2b$ der kleinen Achse ergibt sich aus (1.26) zusammen mit (1.18):

$$2b = 2\sqrt{ah} = 2\sqrt{\frac{A}{2(-W)}\frac{L^2}{mA}} = \frac{2L}{\sqrt{2m(-W)}}$$

Wird speziell bei vorgegebener Gesamtenergie W und festem A der Bahndrehimpuls L so gewählt, dass $L^2 = (mA^2)/(-2W)$ ist, dann ergibt sich $a = b$. Die resultierende Bahn ist ein Kreis.

2. Fall: Die Kraft ist **anziehend** (Gravitationswechselwirkung oder COULOMB-Wechselwirkung bei ungleichnamigen Ladungen q und Q). Die Gesamtenergie ist **positiv** ($W = (mv^2)/2 - A/r > 0$).
Wiederum ist $A > 0$ und damit $h > 0$. Wegen $W > 0$ ist gemäß (1.19) aber $e > 1$. Aus (1.24) ist abzulesen:
Für $\varphi = 0$ ist $\cos\varphi = 1$ und $r(0) = h/(1+e)$. Für $\varphi \equiv \varphi_0 = \pm\arccos(-1/e)$, d.h. für

$$\cos\varphi_0 = -\frac{1}{e} \tag{1.27}$$

ist $r(\varphi_0) = \infty$. Für $\varphi_0 < \varphi < 2\pi - \varphi_0$ ist $-1 < \cos\varphi < -1/e$ und der Nenner von (1.24) negativ. Also ist in diesem Winkelbereich r ebenfalls **negativ**. Da r der **Betrag** eines Vektors ist, sind nur **positive** r-Werte physikalisch sinnvoll. Zwischen $\varphi = \varphi_0$ und $\varphi = 2\pi - \varphi_0$ existiert somit keine Bahnkurve. Da $\cos\varphi_0$ negativ ist, muss der Grenzwinkel φ_0 dem Betrage nach ein **stumpfer** Winkel sein (siehe Bild 1.10).
Die Bahn ist also **keine geschlossene** Kurve. Sie ist eine **Hyperbel**, die das Wechselwirkungszentrum M bzw. Q **umläuft**. Die Winkel $\pm\varphi_0$ sind gleichzeitig die Winkel der beiden Hyperbelasymptoten gegen die Richtung $\varphi = 0$. Ein aus dem Unendlichen ankommenden und wieder im Unendlichen verschwindender Körper m bzw. q wird also insgesamt um den Winkel

$$\vartheta = 2\varphi_0 - \pi$$

abgelenkt. Aus

$$\frac{\vartheta}{2} = \varphi_0 - \frac{\pi}{2}$$

folgt nach den Rechenregeln der Trigonometrie:

$$\cot\frac{\vartheta}{2} = \cot\left(\varphi_0 - \frac{\pi}{2}\right) = -\tan\varphi_0 = -\frac{\sqrt{1-\cos^2\varphi_0}}{\cos\varphi_0}$$

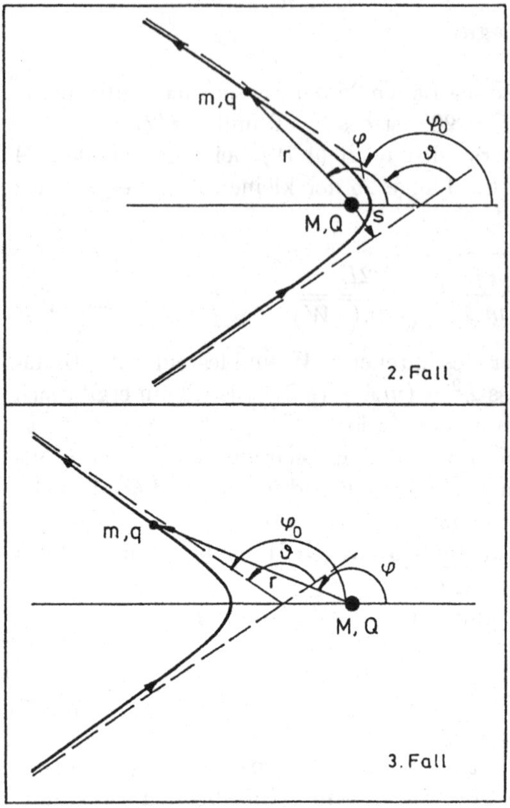

Abb. 1.10. Bahnen bei positiver Gesamtenergie für eine anziehende (2. Fall) und eine abstoßende (3. Fall) Kraft

Aus (1.27) und (1.19) folgt daraus:

$$\cot\frac{\vartheta}{2} = e\sqrt{1-\frac{1}{e^2}} = \sqrt{e^2-1} = \frac{L}{A}\sqrt{\frac{2W}{m}} \tag{1.28}$$

Diese Beziehung verknüpft den Ablenkungswinkel mit den vorgegebenen physikalischen Größen.

Der senkrechte Abstand s der beiden Hyperbelasymptoten vom Zentrum (Brennpunkt) heißt **Stoßparameter**. Bestünde keinerlei Wechselwirkung zwischen m und M bzw. q und Q, dann würde der aus dem Unendlichen unter dem Winkel φ_0 ankommende Körper in diesem Abstand geradlinig am Zentrum vorbeilaufen. Im Unendlichen beträgt die Gesamtenergie

$$W_\infty = W(r\to\infty) = \left(\frac{1}{2}mv^2 - \frac{A}{r}\right)_{r\to\infty} = \frac{1}{2}mv_\infty^2$$

und der Betrag des Bahndrehimpulses bezüglich des Zentrums

$$L_\infty = mv_\infty s$$

Daraus folgt:

$$W_\infty = \frac{L_\infty^2}{2ms^2} \qquad \text{oder} \qquad s = \frac{L_\infty}{\sqrt{2mW_\infty}}$$

Da W und L Erhaltungsgrößen sind und damit längs der ganzen Bahn konstant bleiben, ist

$$W_\infty = W, \; L_\infty = L \quad \text{und} \quad s = \frac{L}{\sqrt{2mW}}$$

Damit ergibt (1.28):

$$\cot\frac{\vartheta}{2} = \frac{L}{A}\sqrt{\frac{2W}{m}} = \frac{L}{A}\sqrt{\frac{4W^2}{2mW}} = \frac{L}{\sqrt{2mW}}2\frac{W}{A}$$

oder

$$\cot\frac{\vartheta}{2} = 2s\frac{W}{A} \tag{1.29}$$

3. Fall: Die Kraft ist **abstoßend** (COULOMB-Wechselwirkung bei gleichnamigen Ladungen q und Q). Die Gesamtenergie ist **positiv** ($W = mv^2/2 - A/r > 0$).
   Für ein abstoßendes Potential ist $A < 0$ und damit gemäß (1.18) auch $h < 0$. Wegen $W > 0$ ist gemäß (1.19) $e > 1$. Dieser Fall ergibt sich somit aus dem 2. Fall durch einen Wechsel im Vorzeichen von r. Das heißt: Für $\varphi = \varphi_0$ mit $\cos\varphi_0 = -1/e$ ist $r = \infty$.
   Im Winkelbereich $2\pi - \varphi_0 < \varphi < \varphi_0$ ist r **negativ**. Im Winkelbereich $\varphi_0 < \varphi < 2\pi - \varphi_0$ ist r **positiv**, d.h. nur hier gibt es eine Bahn. Sie ist wiederum eine **Hyperbel**. Während aber im 2. Fall das Zentrum umlaufen wird, weicht hier der Körper dem Zentrum aus (siehe Bild 1.10).
   Für den Ablenkwinkel ϑ gilt unter Beachtung des Vorzeichens von A unverändert die Beziehung (1.29), d.h. es ist

$$\cot\frac{\vartheta}{2} = 2s\frac{W}{(-A)} \tag{1.30}$$

   Läuft der Körper **zentral**, also mit dem Stoßparameter $s = 0$ auf das Zentrum zu, dann folgt aus (1.30):

$$\cot\frac{\vartheta}{2} = 0 \qquad \text{oder} \qquad \vartheta = \pi \mathrel{\widehat{=}} 180°$$

   Die Hyperbel entartet dann zu einer unendlich feinen "Haarnadel-Kurve":

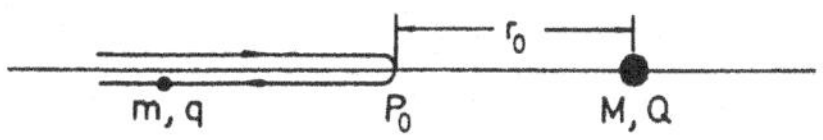

Im Umkehrpunkt P_0 ist die kinetische Energie Null und somit die Gesamtenergie gleich der potentiellen Energie. Bezeichnet r_0 den Abstand zwischen P_0 und dem Zentrum (r_0 = "Abstand dichtester Annäherung" = "Distance of closest approach"), dann ist also:

$$W = W(P_0) = \left(\frac{1}{2}mv^2\right)_{r_0} - \frac{A}{r_0} = -\frac{A}{r_0} \quad \text{oder} \quad \frac{W}{(-A)} = \frac{1}{r_0}$$

Einsetzen in (1.30) ergibt:

$$\cot\frac{\vartheta}{2} = 2\frac{s}{r_0} \tag{1.31}$$

4. Fall: Die Kraft ist **abstoßend** (COULOMB-Wechselwirkung bei gleichnamigen Ladungen q und Q). Die Gesamtenergie ist **negativ** ($W = mv^2/2 - A/r < 0$).
Diesen Fall gibt es nicht! Für ein abstoßendes Potential ist $A < 0$ und damit $W_P = -A/r > 0$. Die Gesamtenergie kann also nur positiv sein.

3. Fall und Rutherford-Streuung: Der 3. Fall beschreibt eine wichtige Erscheinung aus dem Bereich der experimentellen **Kernphysik**. Grundlegende Information über die Struktur und den Aufbau der Atomkerne erhält man aus Untersuchungen von **Kernreaktionen**. Dabei werden geladene Teilchen (Protonen, α-Teilchen, usw.), die mit **Beschleunigern** auf hohe Energien gebracht worden sind, auf die Kerne geschossen und die aus der Wechselwirkung mit den Kernen hervorgehenden Teilchen auf ihre **Energie** und **Winkel-Verteilung** hin analysiert.

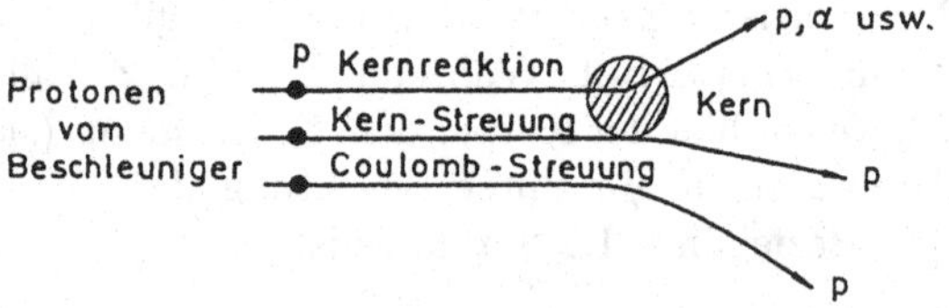

Die gemessenen Winkelverteilungen enthalten dabei stets und unvermeidbar einen Beitrag solcher Teilchen, die im COULOMB-Feld des Kerns abgelenkt worden sind, ohne mit dem Kern selbst in Wechselwirkung getreten zu sein. Diese Ablenkung heißt **Rutherford-Streuung**. Physikalische Informationen über den **Aufbau** der Atomkerne können somit aus ihr nicht gewonnen werden. Sie muss aber bei der Interpretation der insgesamt beobachteten Winkelverteilung berücksichtigt werden, um den Beitrag der aus "echten" Kernprozessen stammenden Teilchen isolieren zu können. Dazu muss sie theoretisch berechenbar sein.
Es werde angenommen, dass positiv geladene Teilchen (Ladung q) entlang **paralleler** Bahnen auf einen Atomkern (Ladung Q) zulaufen. Die

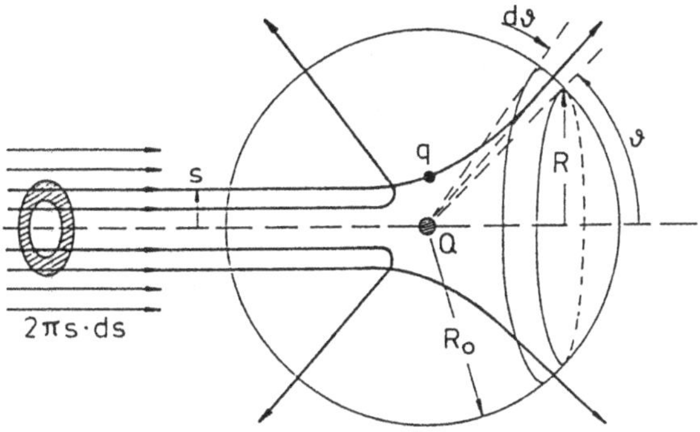

Abb. 1.11. Zur RUTHERFORD-Streuung

Teilchenstromdichte ("Strahlintensität") $i = \mathrm{d}N/(\mathrm{d}A\ \mathrm{d}t)$ sei konstant. $\mathrm{d}N$ bezeichnet die Anzahl der Teilchen, die im Zeitintervall $\mathrm{d}t$ ein senkrecht zur Strahlrichtung orientiertes Flächenelement $\mathrm{d}A$ durchsetzen. Die Größe $n = \mathrm{d}N/\mathrm{d}t = i \cdot \mathrm{d}A$ heißt **Teilchenstrom.**
Zur eindeutigen Unterscheidung bezeichnen im folgenden n_0 und i_0 bzw. n und i den Teilchenstrom und die Teilchenstromdichte der **einfallenden** bzw. **gestreuten** Teilchen. Die Ablenkung ϑ, die ein Teilchen erfährt, ist gemäß (1.31) von dessen Stoßparameter s abhängig. Der Teilchenstrom $n_0(s)$ von Teilchen mit Stoßparametern zwischen s und $s + ds$ durchsetzt ein ringförmiges Flächenelement der Größe $\mathrm{d}A_s = 2\pi s \cdot \mathrm{d}s$ (siehe Bild 1.11). Er beträgt also

$$n_0(s) = i_0 2\pi s \cdot \mathrm{d}s$$

Diese Teilchen werden in ein Winkelintervall zwischen ϑ und $\vartheta +\ \mathrm{d}\vartheta$ abgelenkt. Sie durchsetzen auf der Oberfläche einer Kugel, in deren Zentrum der Atomkern liegt und deren Radius R_0 sehr groß gegen die Ausdehnung des Kerns ist, ein ringförmiges Flächenelement der Größe

$$\mathrm{d}A_\vartheta = 2\pi R R_0 \cdot \mathrm{d}\vartheta = 2\pi R_0^2 \sin\vartheta \cdot \mathrm{d}\vartheta$$

Für den Teilchenstrom $n(\vartheta)$ und $\mathrm{d}A_\vartheta$ ergibt sich dann

$$n(\vartheta) = i\mathrm{d}A_\vartheta = i 2\pi R_0^2 \sin\vartheta \cdot \mathrm{d}\vartheta$$

Wegen $n(\vartheta) = n_0(s)$ beträgt somit die Teilchenstromdichte i auf der Kugeloberfläche:

$$i = \frac{i_0 s}{R_0^2 \sin\vartheta} \frac{\mathrm{d}s}{\mathrm{d}\vartheta} \tag{1.32}$$

Aus (1.31) erhält man:

$$s = \frac{r_0}{2} \cot\frac{\vartheta}{2} = \frac{r_0}{2} \frac{\cos\frac{\vartheta}{2}}{\sin\frac{\vartheta}{2}} \quad \text{und} \quad \frac{\mathrm{d}s}{\mathrm{d}\vartheta} = -\frac{r_0}{4} \frac{1}{\sin^2\frac{\vartheta}{2}}$$

Das Minuszeichen drückt aus, dass mit **wachsendem** s die Ablenkung ϑ **kleiner** wird. Für die hier diskutierten Zusammenhänge ist nur der **Betrag** von $ds/d\vartheta$ von Interesse. Das Minuszeichen kann also weggelassen werden. Einsetzen von s und $ds/d\vartheta$ in (1.32) und Anwendung der Formel

$$\sin\vartheta = 2\sin\frac{\vartheta}{2}\cos\frac{\vartheta}{2}$$

ergeben:

$$i = \frac{i_0}{R_0^2}\frac{1}{2\sin\frac{\vartheta}{2}\cos\frac{\vartheta}{2}}\frac{r_0}{2}\frac{\cos\frac{\vartheta}{2}}{\sin\frac{\vartheta}{2}}\frac{r_0}{4}\frac{1}{\sin^2\frac{\vartheta}{2}}$$

oder:

$$i = \frac{i_0}{16R_0^2}\frac{r_0^2}{\sin^4\frac{\vartheta}{2}}$$

Diese Beziehung heißt **Rutherfordsche Streuformel**. Sie zeigt, dass die Stromdichte der gestreuten Teilchen sehr steil mit zunehmendem Streuwinkel ϑ abfällt.

Für den Minimalabstand r_0 folgt aus den Diskussionen des 3. Falles: $r_0 = (-A)/W$. Die Gesamtenergie W ist gleichzeitig auch die (kinetische) Einschussenergie der Teilchen. Bei COULOMBscher Abstoßung ist $(-A) = qQ/(4\pi\varepsilon_0)$. Also folgt:

$$i = \frac{i_0 q^2 Q^2}{256\pi^2\varepsilon_0^2 R_0^2}\frac{1}{W^2}\frac{1}{\sin^4\frac{\vartheta}{2}}$$

Die Ladungen q und Q müssen ganzzahlige Vielfache der Elementarladung e_0 sein, d.h. es muss gelten $q = ze_0$ und $Q = Ze_0$, wobei z und Z ganze Zahlen bedeuten. Z ist die sogenannte Kernladungszahl des streuenden Kerns oder die Ordnungszahl des entsprechenden chemischen Elements. Damit folgt für den Teilchenstrom $n = i(\vartheta)\ \mathrm{d}A$ durch ein Flächenelement $\mathrm{d}A$ auf der Kugeloberfläche:

$$n = \frac{i_0 e_0^4}{256\pi^2\varepsilon_0^2}\frac{\mathrm{d}A}{R_0^2}\left(\frac{zZ}{W}\right)^2\frac{1}{\sin^4\frac{\vartheta}{2}} \tag{1.33}$$

Der Quotient $\mathrm{d}A/R_0^2 \equiv \mathrm{d}\Omega$ ist der vom Flächenelement $\mathrm{d}A$ aufgespannte **Raumwinkel**. Im Zusammenhang mit Betrachtungen über Kernreaktionen oder Streuprozesse nennt man die Größe $n/(i_0\ \mathrm{d}\Omega)$ den "Differentiellen Wirkungsquerschnitt" (Bezeichnung: $\mathrm{d}\sigma/\mathrm{d}\Omega$; Maßeinheit: $\mathrm{m}^2\ \mathrm{sr}^{-1}$). Also ist

$$\frac{\mathrm{d}\sigma}{\mathrm{d}\Omega} = \frac{e_0^4}{256\pi^2\varepsilon_0^2}\left(\frac{zZ}{W}\right)^2\frac{1}{\sin^4\frac{\vartheta}{2}}$$

Beispiel : Ein homogener Protonenstrahl ($z = 1$) mit der Einschussenergie W $= 1.6\ 10^{-12}$ N m ($= 10$ MeV) transportiert $\mathrm{d}N = 10^{20}$ Protonen im Zeitintervall $\mathrm{d}t = 1$ s durch einen Querschnitt von $\mathrm{d}A_0 = 10^{-6}$ m^2. Er wird an einem Atomkern des Elements Blei ($Z = 82$) gestreut. Gesucht wird der Strom n der gestreuten Protonen durch ein Flächenelement $\mathrm{d}A = 1$ mm$^2 = 10^{-6}$ m^2 auf der Oberfläche einer Kugel mit dem Radius $R_0 = 10$ mm $= 10^{-2}$ m.

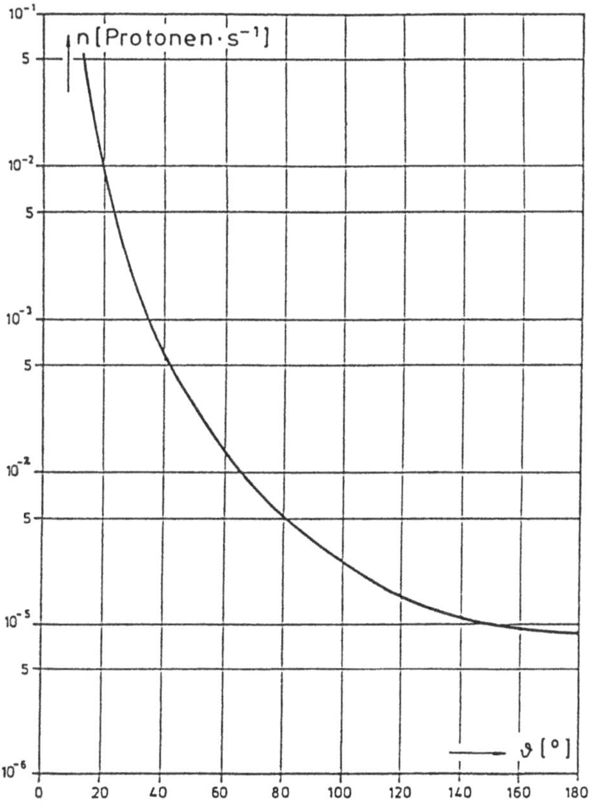

Abb. 1.12. Winkelverteilung bei RUTHERFORD-Streuung

Die Stromdichte der einfallenden Protonen beträgt:

$$i_0 = \frac{\mathrm{d}N}{\mathrm{d}A_0 dt} = 10^{26}\ \mathrm{m}^{-2}\mathrm{s}^{-1}$$

Mit den Zahlenwerten $e_0 = 1.6 \cdot 10^{-19}$ A s für die Elementarladung und $\varepsilon_0 = 8.85 \cdot 10^{-12}$ A s V^{-1} m^{-1} für die elektrische Feldkonstante folgt aus (1.33) für n unter Berücksichtigung der Umrechnung 1 N m = 1 W s = 1 V A s:

$$n = \frac{10^{26} \cdot 1.6^4 \cdot 10^{-76}}{256\pi^2 \cdot 8.85^2 \cdot 10^{-24}} \frac{10^{-6}}{10^{-4}} \frac{82^2}{1.6^2 \cdot 10^{-24}} \frac{1}{\sin^4 \frac{\vartheta}{2}}$$

$$= \frac{8.7 \cdot 10^{-6}}{\sin^4 \frac{\vartheta}{2}} \quad \text{Protonen pro Sekunde}$$

Dieses Ergebnis ist im Bild 1.12 graphisch aufgetragen.

2 Elektrische Wechselwirkung

Die bisher allein beschriebene **Gravitationswechselwirkung** ist zwar verantwortlich für die Planetenbewegung um die Sonne oder etwa den freien Fall. Viele andere Phänomene, etwa die zwischen den Atomen eines Moleküls herrschenden Bindungskräfte, kann sie jedoch nicht beschreiben. Beispielsweise hat das Wasserstoffmolekül eine Bindungsenergie von $7.2 \cdot 10^{-19}$ J ($\simeq 4.5$ eV). Aufgrund der Gravitationswechselwirkung ($m_1 = m_2 = 1.67 \cdot 10^{-27}$ kg, Abstand $r = 0.75 \cdot 10^{-10}$ m) errechnet man dagegen eine potentielle Energie von $2.22 \cdot 10^{-54}$ J ($\simeq 1.4 \cdot 10^{-35}$ eV). Die Gravitationswechselwirkung ergibt also einen um einen Faktor 10^{35} zu kleinen Wert.
Verantwortlich für den Aufbau der Materie aus Atomen und Molekülen ist die wesentlich stärkere sogenannte **elektromagnetische Wechselwirkung**. Heute sind insgesamt vier voneinander verschiedene Wechselwirkungsarten bekannt, zusätzlich zu den bereits genannten sind dies die u.a. für den Zusammenhalt der Nukleonen im Atomkern verantwortliche **starke Wechselwirkung** und die bestimmte Prozesse der Elementarteilchen (z.B. den β–Zerfall) bestimmende **schwache Wechselwirkung**. Die vier verschiedenen Wechselwirkungsarten lassen sich nach ihrer Stärke ordnen. Setzt man diejenige der starken Wechselwirkung willkürlich = 1, so erhält man relativ hierzu:

Starke Wechselwirkung:	1
Elektromagn. Wechselwirkung:	10^{-2}
Schwache Wechselwirkung:	10^{-5}
Gravitationswechselwirkung:	10^{-38}

2.1 Elektrische Ladung und Coulombsches Gesetz

Es werden zunächst folgende Grunderscheinungen rekapituliert: Zwei jeweils mit einem Seidentuch geriebene Glasstäbe üben eine abstoßende Kraft aufeinander aus, ebenso zwei mit einem Katzenfell geriebene Hartgummistäbe. Ein mit einem Seidentuch geriebener Glasstab wird von einem mit einem Katzenfell geriebenen Hartgummistab angezogen. Die für die Kraftwirkung verantwortlich Eigenschaft nennen wir **elektrische Ladung**. Es gibt offenbar zwei verschiedene Ladungsarten, die man durch das Vorzeichen unterscheidet. Die auf dem Glasstab durch Reibung hervorgerufene wird

willkürlich als **positive Ladung**, die auf dem Hartgummistab erzeugte als **negative Ladung** bezeichnet. Das Resultat der o.a. Versuche läßt sich mit dieser Bezeichnungsweise folgendermaßen zusammenfassen: Ladungen gleichen Vorzeichens stoßen sich ab, Ladungen entgegengesetzten Vorzeichens ziehen sich an.
Für die vorläufige Definition der **Ladungsmenge** (i.f. kurz als **Ladung** q, Q bezeichnet) als neuer skalarer Größe wird Proportionalität zwischen der von einer Referenzladung Q auf q im bestimmten Abstand r wirkende Kraft F und der Ladung q angenommen:

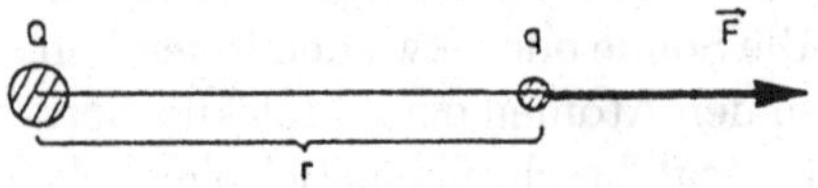

Abb. 2.1. Zur vorläufigen Definition der Ladung ($q \sim F$).

Die Festlegung der Ladung in dieser Weise führt zu einer relativ einfachen Beschreibung der physikalischen Zusammenhänge, wie i.f. näher gezeigt wird. In der Prinzip-Messanordnung des Bildes 2.1 kann man nun die Ladung q durch eine bestimmte Ladung q_0 ersetzen und bei festgehaltener Referenzladung Q und bei festem Eichabstand r jeweils die Kräfte auf q und q_0 messen. Dieses Messverfahren gibt die folgende vorläufige Definitionsgleichung für die Ladung:

$$\boxed{\frac{q}{q_0} = \frac{F(q)}{F(q_0)}} \tag{2.1}$$

Gl. (2.1) dient nur zum Vergleich von Ladungen untereinander, eine verbindliche Ladungseinheit ist hier noch nicht festgesetzt. Mit Hilfe von Gl. (2.1) kann aber die Kraftwirkung zwischen zwei im Abstand r befindlichen Punktladungen im Vakuum untersucht werden. COULOMB (1736–1806) fand mit einer Anordnung, die der Gravitationswaage (Band 1) entspricht:

$$\boxed{\boldsymbol{F} = K\frac{qq'}{r^2}\boldsymbol{u}_r} \tag{2.2}$$

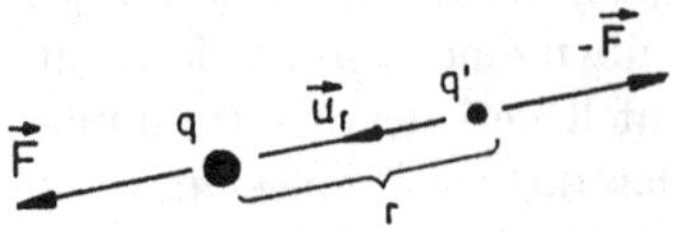

Abb. 2.2. COULOMBsches Gesetz: $\boldsymbol{F}$ ist die von q' auf q wirkende Kraft, $\boldsymbol{r} = r\boldsymbol{u}_r$ der von q' nach q weisende Ortsvektor.

In Gl. (2.2) kann man eine willkürliche Ladungseinheit festsetzen (z.B. die Ladung eines Elektrons). Man würde dann eine von dieser Einheitenwahl abhängige Proportionalitätskonstante empirisch ermitteln. Stattdessen wurde die **Ladungseinheit** COULOMB (abgekürzt C) so definiert, dass sich für K ein relativ einfacher Zahlenwert ergibt, nämlich

$$\begin{aligned} \text{Zahlenwert von} \quad K &= \text{Zahlenwert von} \quad (10^{-7} \cdot c^2) \\ &= 8.987 \cdot 10^9 \end{aligned}$$

mit $c = 2.998 \cdot 10^8$ m/s (Lichtgeschwindigkeit im Vakuum).
Nach Gl. (2.2) hat K die Dimension N $\mathrm{m^2/C^2}$. Somit ist

$$K = 8.987 \cdot 10^9 \ \mathrm{N\ m^2/C^2}$$

Statt K wird schließlich die **elektrische Feldkonstante** ε_0 gemäß

$$K = \frac{1}{4\pi\varepsilon_0} \Rightarrow \varepsilon_0 = \frac{1}{4\pi K}$$

eingeführt. Das ergibt

$$\boxed{\varepsilon_0 = 8.854 \cdot 10^{-12} \ \frac{\mathrm{C^2}}{\mathrm{N \cdot m^2}}} \tag{2.3}$$

Das COULOMBsche Gesetz im Vakuum (Gl. (2.2)) erhält also nach Festlegung der Ladungseinheit 1 COULOMB endgültig die Form

$$\boxed{\boldsymbol{F} = \frac{1}{4\pi\varepsilon_0} \frac{qq'}{r^2} \boldsymbol{u}_r} \tag{2.4}$$

Bemerkungen zum Einheitensystem

1. Grundsätzlich kann man nach Gl. (2.2) mit der auf oben erfolgten Definition für die Ladungseinheit durch Festlegung der Proportionalitätskonstanten K die Ladungseinheit durch die Einheiten m, kg, s ausdrücken:

   $$\begin{aligned} [\text{Ladungseinheit}]^2 &= (K^*)^{-1} \mathrm{N\ m^2}, \\ \text{Ladungseinheit} &\sim \mathrm{kg^{1/2} m^{3/2} s^{-1}} \end{aligned}$$

   (K^* = festzulegender Zahlenfaktor).
   Durch internationale Übereinkunft ist aber das SI-System als ein **kohärentes rationales Einheitensystem** mit einem bestimmten Satz von **Basiseinheiten** festgelegt, aus denen sich abgeleitete Einheiten ausschließlich durch Multiplikation und Division (also als **rationaler Ausdruck**) der Basiseinheiten ohne **zusätzliche Einführung von Zahlenfaktoren** ("Kohärenz") ergeben. Beispiele:

   $$1\ \mathrm{N} = 1\ \mathrm{kg}\ \frac{\mathrm{m}}{\mathrm{s^2}}; \ 1\ \mathrm{J} = 1\ \mathrm{kg}\ \frac{\mathrm{m^2}}{\mathrm{s^2}} \ \textit{etc.}$$

   In der o.a. Beziehung ist die Ladungseinheit ein **nichtrationaler** Ausdruck der Basiseinheiten kg, m, s. Also ist die Ladung keine abgleitete

Größe der Basisgrößen Masse, Länge, Zeit, im Sinne des SI-Systems. Zu den bisher eingeführten Grundgrößen Masse, Länge, Zeit, muss bei der Beschreibung elektrischer Phänomene eine neue Grundgröße zusätzlich eingeführt werden.

2. Als neue Grundgröße könnte nach Bemerkung 1 die elektrische Ladung mit der Einheit COULOMB eingeführt werden. Im SI-System wird stattdessen die **Stromstärke** (Einheit AMPERE, Abkürzung A) als Grundgröße benutzt. AMPERE und COULOMB sind entsprechend den Anforderungen an ein rationales kohärentes Einheitensystem durch die einfache Beziehung

$$\boxed{1\,\mathrm{C} = 1\,\mathrm{A\,s}} \tag{2.5}$$

miteinander verknüpft. Die Definition der Stromeinheit A erfolgt später.

Bemerkung zur Einführung der elektrischen Feldkonstante $\boldsymbol{\varepsilon_0}$: Wir werden sehen, dass man analog zur elektrischen **Feldkonstanten** ε_0 (Gl. (2.3)):

$$\varepsilon_0 = \frac{10^7}{4\pi}\frac{1}{c^2}\frac{\mathrm{A^2 s^2}}{\mathrm{N\,m^2}}$$

(c = Zahlenwert der Lichtgeschwindigkeit im Vakuum in m/s) eine **magnetische Feldkonstante** μ_0 einführt. Grundsätzlich frei wählbar ist nur eine der beiden Konstanten ε_0, μ_0. Im SI-System mit der elektrischen Basiseinheit AMPERE wird – entgegen der hier angegebenen Einführung über das COULOMBsche Gesetz – μ_0 zahlenmäßig festgelegt, und zwar durch

$$\mu_0 = \frac{4\pi}{10^7}\frac{\mathrm{N}}{\mathrm{A^2}}$$

Dann ergibt sich empirisch der o.a. Wert für ε_0. Man erhält also die erst im Zusammenhang mit der Verknüpfung zwischen elektrischen und magnetischen Feldern verständliche Beziehung:

$$\boxed{\varepsilon_0 \mu_0 c^2 = 1} \tag{2.6}$$

2.2 Elektrisches Feld, Feldstärke und Potential

Die Gravitationswechselwirkung wurde statt durch Angabe der Wechselwirkungskraft auch durch Einführung einer ihr proportionalen Gravitationsfeldstärke beschrieben. Im folgenden verfahren wir völlig analog (vgl. Abschn. 1.3). q sei eine raumfeste Punktladung im Koordinatenursprung. Die Kraft auf eine am Ort $\boldsymbol{r}$ befindliche Probeladung q' kann nach dem COULOMBschen Gesetz (Gl. (2.4)) auch geschrieben werden:

$$\boldsymbol{F} = \frac{1}{4\pi\varepsilon_0}\frac{q'q}{r^2}\boldsymbol{u}_r = q'\left(\frac{1}{4\pi\varepsilon_0}\frac{q}{r^2}\boldsymbol{u}_r\right) = q'\boldsymbol{E}$$

Als **elektrische Feldstärke** $\boldsymbol{E}$ einer Punktladung q im Vakuum (nur hier ist das COULOMBsche Gesetz in der angegebenen Weise gültig) wird also eingeführt durch

$$\boxed{\boldsymbol{E} = \frac{\boldsymbol{F}}{q'} = \frac{1}{4\pi\varepsilon_0}\frac{q}{r^2}\boldsymbol{u}_r} \tag{2.7}$$

Gegenüber dem Gravitationsfeld sei hier auf eine Besonderheit hingewiesen: Elektrische Ladungen können positiv oder negativ sein. Die Richtung der elektrischen Feldstärke ist dann mit der Richtung der Kraft auf eine Probeladung identisch, wenn die Probeladung positiv ist. Dies ist eine willkürliche Festlegung des Vorzeichens der elektrischen Feldstärke. Hieraus folgt für das elektrische Feld einer positiven bzw. negativen Punktladung die in Bild 2.3 angegebene Darstellung.

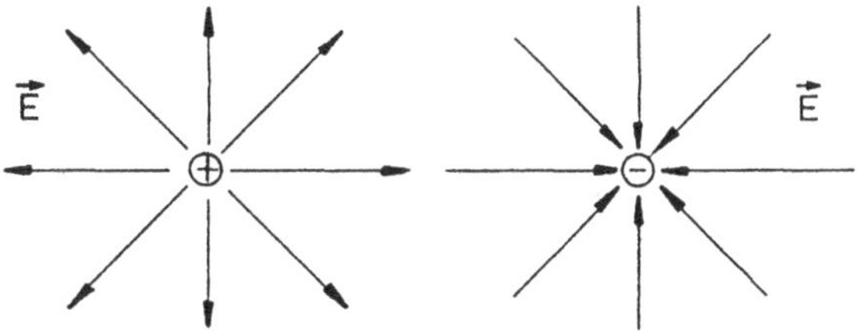

Abb. 2.3. Feldstärkerichtung im elektrischen Feld einer positiven und negativen Punktladung.

Für die Einheit der elektrischen Feldstärke ergibt sich nach Gl. (2.7)

$$\boxed{[E] = \frac{\mathrm{N}}{\mathrm{C}} = \frac{\mathrm{N}}{\mathrm{A\,s}}} \tag{2.8}$$

Superpositionsprinzip Genauso wie für das Gravitationsfeld gilt: Die Gesamtfeldstärke des durch die Punktladung $q_1, \ldots, q_n$ bewirkten Feldes ergibt sich durch Addition der den Punktladungen q_i entsprechenden Einzelfeldstärken E_i.

$$\boxed{\boldsymbol{E} = \sum_{i=1}^{n} \boldsymbol{E}_i \quad \text{mit} \quad \boldsymbol{E}_i = \frac{1}{4\pi\varepsilon_0}\frac{q_i}{r_i^2}\boldsymbol{u}_{r,i}} \tag{2.9}$$

Falls die Ladung kontinuierlich über ein bestimmtes Gebiet verteilt ist, muss Gl. (2.9) durch ein entsprechendes Integral ersetzt werden.

Beispiele:

1. Elektrische Feldstärke einer unendlich ausgedehnten, ebenen Platte mit konstanter Flächenladungsdichte σ (Bild 2.4).

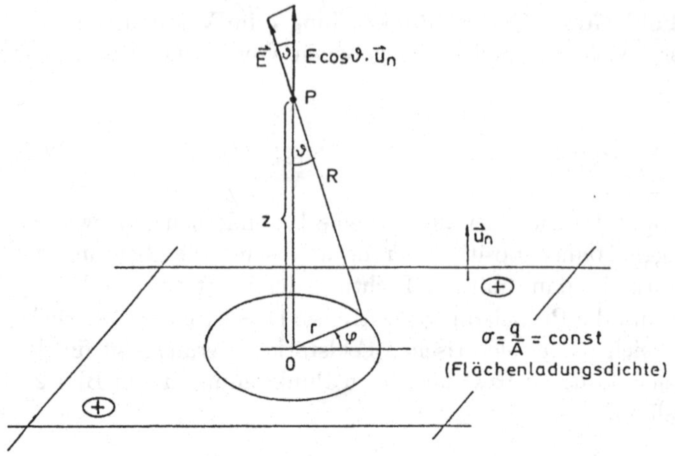

Abb. 2.4. Zur Herleitung der Feldstärke einer unendlich ausgedehnten, ebenen Platte konstanter Flächenladungsdichte σ.

Es soll die Feldstärke im Punkt P (Abstand z von der Platte) berechnet werden. Wir denken uns die Platte in konzentrische Kreisringe (Radius r, Breite dr) um den Fußpunkt des Lotes von P auf die Platte (O = Koordinatenursprung des Zylinderkoordinatensystems r, φ, z) zerlegt. Wie im Beispiel 1, Abschn. 1.3, ist bei der Integration aller Feldstärkebeiträge der Punkte eines Kreisringes nur jeweils die Komponente in Richtung der Normalen (Einheitsvektor $\boldsymbol{u}_n$) von Bedeutung. Die anderen Komponenten fallen bei der Integration weg. Da die Komponenten in Richtung $\boldsymbol{u}_n$ für einen bestimmten Kreisring unabhängig von φ sind, läßt sich die Integration über einen Kreisring unmittelbar ausführen, und man erhält (Ladung eines Kreisringes: $2\pi r{\cdot}\mathrm{d}r \cdot \sigma$)

$$\mathrm{d}\boldsymbol{E}_{\mathrm{Kreisr.}} = \frac{1}{4\pi\varepsilon_0}\frac{2\pi r \cdot \mathrm{d}r \cdot \sigma}{R^2}\cos\vartheta \cdot \boldsymbol{u}_n$$

Aus

$$R^2 = z^2 + r^2 \quad \text{folgt} \quad 2R \cdot dR = 2r \cdot \mathrm{d}r$$

Ferner ist $\cos\vartheta = z/R$. Damit ist

$$\boldsymbol{E} = \int\limits_{r=0}^{r=\infty} \mathrm{d}\boldsymbol{E}_{\mathrm{Kreisr.}} = \frac{\sigma}{2\varepsilon_0} z\boldsymbol{u}_n \cdot \int\limits_{R=z}^{R=\infty} \frac{\mathrm{d}R}{R^2}$$

$$= -\frac{\sigma}{2\varepsilon_0} z \frac{1}{R}\bigg|_z^\infty \cdot \boldsymbol{u}_n = \frac{\sigma}{2\varepsilon_0}\boldsymbol{u}_n$$

Die durch eine unendlich ausgedehnte, ebene Platte mit konstanter Flächenladungsdichte bewirkte elektrische Feldstärke ist also nach Größe und Richtung konstant (= **homogenes Feld**). $\boldsymbol{u}_n$ ist der jeweils von der Platte weg gerichtete Einheitsvektor in Richtung der Normalen. Es gilt dann für die Feldstärke

$$\boxed{\boldsymbol{E} = \frac{\sigma}{2\varepsilon_0}\boldsymbol{u}_n} \tag{2.10}$$

2. Elektrische Feldstärke zwischen zwei parallelen, unendlich ausgedehnten, ebenen Platten mit entgegengesetzt gleicher Flächenladungsdichte (Bild 2.5).
   Durch Superposition der Feldstärkenbeiträge der positiv und negativ geladene Platte ($+\sigma/\varepsilon_0 \cdot \boldsymbol{u}_n/2$ und $-\sigma/\varepsilon_0 \cdot (-\boldsymbol{u}_n)/2$) erhält man die homogene Feldstärke

$$\boxed{\boldsymbol{E} = \frac{\sigma}{\varepsilon_0}\boldsymbol{u}_n} \tag{2.11}$$

   Hierin ist $\boldsymbol{u}_n$ der Einheitsvektor in Richtung der Normalen von der positiv geladenen Platte zur negativ geladenen Platte. Es sei darauf hingewiesen, dass die Größe der Feldstärke in Gl. (2.11) nur von der Flächenladungsdichte σ abhängt. Später wird gezeigt, wie σ bei vorgegebener "Potentialdifferenz" zwischen den Platten vom Plattenabstand d abhängt, so dass Gl. (2.11) für einen Parallelplattenkondensator (Metallplatten) die gewohnte Form $E = U/d$ (U = Spannung = Potentialdifferenz) annimmt.

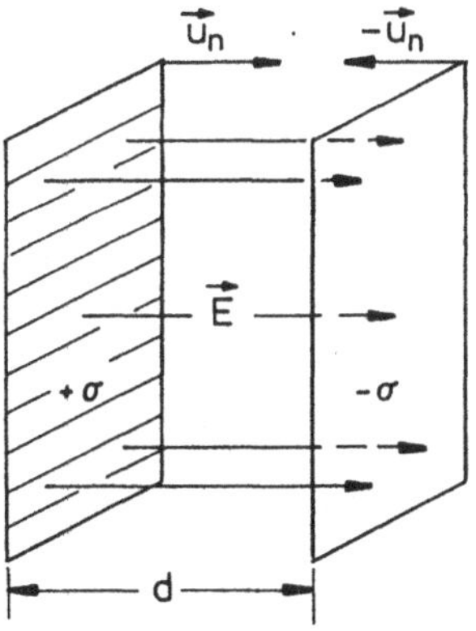

Abb. 2.5. Homogenes elektrisches Feld zwischen zwei unendlich ausgedehnten, parallelen Platten (Flächenladungsdichten $+\sigma$, $-\sigma$).

3. Elektrisches Feld zweier Punktladungen.
   a) Gleiche Punktladungen: $q_1 = +q$, $q_2 = +q$
      Nach Gl. (2.9) ist
      $$\boldsymbol{E} = \boldsymbol{E}_1 + \boldsymbol{E}_2$$

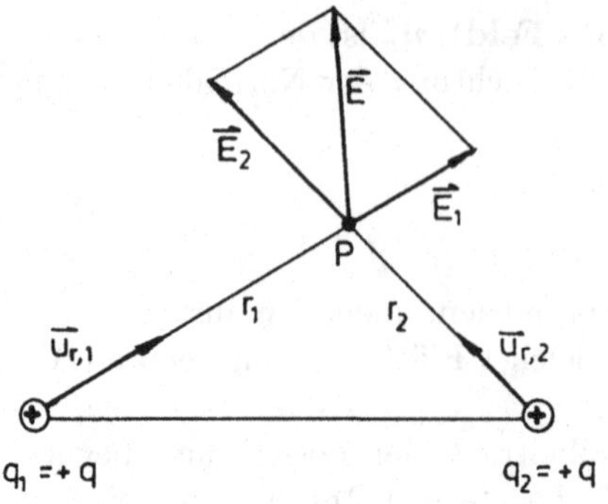

Abb. 2.6. Gleiche Punktladungen.

$$\text{mit} \quad \boldsymbol{E}_1 = \frac{1}{4\pi\varepsilon_0}\frac{q}{r_1^2}\boldsymbol{u}_{r,1} \quad \text{und} \quad \boldsymbol{E}_2 = \frac{1}{4\pi\varepsilon_0}\frac{q}{r_2^2}\boldsymbol{u}_{r,2}$$

Falls die Ladungen q_1, q_2 nicht positiv, sondern negativ sind, haben $\boldsymbol{E}_1, \boldsymbol{E}_2$ und entsprechend E entgegengesetzte Richtung.

b) Entgegengesetzt gleiche Punktladungen, $q_1 = +q$, $q_2 = -q$:

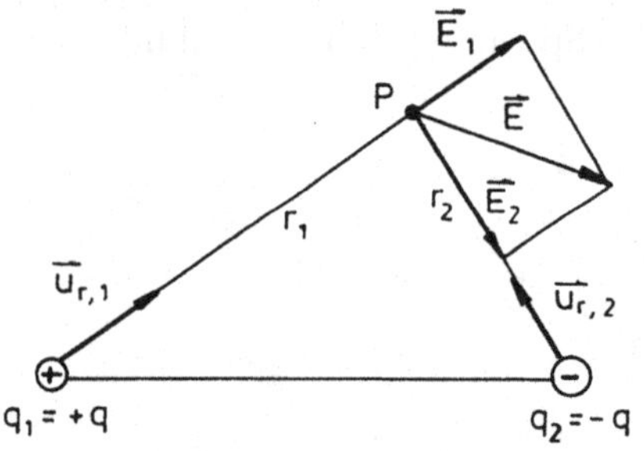

Abb. 2.7. Entgegengesetzt gleiche Punktladungen.

$$\boldsymbol{E} = \boldsymbol{E}_1 + \boldsymbol{E}_2$$

$$\text{mit} \quad \boldsymbol{E}_1 = \frac{1}{4\pi\varepsilon_0}\frac{q}{r_1^2}\boldsymbol{u}_{r,1} \quad \text{und} \quad \boldsymbol{E}_2 = -\frac{1}{4\pi\varepsilon_0}\frac{q}{r_2^2}\boldsymbol{u}_{r,2}$$

Potentielle Energie und elektrisches Potential Es sei zunächst an das Konzept der potentiellen Energie erinnert (s. Teil 1). Die Verschiebungsarbeit $W_{1,2}$, die gegen die jeweils herrschende Kraft aufgebracht werden muss, um ein Teilchen von einem Ort $\boldsymbol{r}_1$ zu einem anderen $\boldsymbol{r}_2$ mit konstanter Geschwindigkeit (konstante kinetische Energie) zu bewegen (= verschieben), ist auch im Fall der durch das COULOMBsche Gesetz (Gl. (2.4)) gegebenen Kraft zwischen der als raumfest betrachteten Ladung q und der bewegten

Probeladung q' unabhängig vom Wege zwischen $\boldsymbol{r}_1$ und $\boldsymbol{r}_2$. Dies ergibt sich aus dem COULOMBschen Gesetz genau so wie im Fall der Gravitationskraft aus dem Gravitationsgesetz (vgl. Bild 2.8).
Die durch die Gl. (2.4) beschriebene Kraft zwischen zwei Punktladungen ist also – genauso wie die Gravitationskraft – eine **konservative** Kraft. Damit können wir als potentielle Energie zwischen q und q' ($\boldsymbol{r}$ =Ortsvektor von q nach q') einführen:

$$\begin{aligned} W_p(\boldsymbol{r}_2) - W_p(\boldsymbol{r}_1) = W_{1,2} &= -\int_{\boldsymbol{r}_1}^{\boldsymbol{r}_2} \boldsymbol{F}\cdot \mathrm{d}\boldsymbol{s} \\ &= -\int_{r_1}^{r_2} F\cdot \mathrm{d}r = \frac{1}{4\pi\varepsilon_0} q'q\frac{1}{r}\bigg|_{r_1}^{r_2} \\ &= \frac{q'q}{4\pi\varepsilon_0}\left(\frac{1}{r_2}-\frac{1}{r_1}\right) \end{aligned}$$

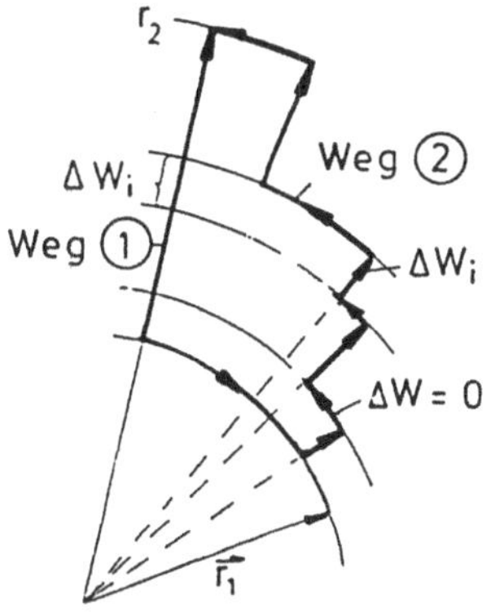

Abb. 2.8. Zur potentiellen Energie im Feld einer Zentralkraft.

Für eine **Zentralkraft** $\boldsymbol{F} = F(r)\boldsymbol{u}_r$ ist

$$\boldsymbol{F}\cdot\mathrm{d}\boldsymbol{s} = F\boldsymbol{u}_r\cdot\mathrm{d}\boldsymbol{s} = F\cdot\mathrm{d}r \quad \text{also} \quad \mathrm{d}W = -F\cdot\mathrm{d}r$$

und somit $$\underbrace{-\int_{\boldsymbol{r}_1}^{\boldsymbol{r}_2}\boldsymbol{F}\cdot\mathrm{d}\boldsymbol{s}}_{\text{Weg(1)}} = \underbrace{-\int_{\boldsymbol{r}_1}^{\boldsymbol{r}_2}\boldsymbol{F}\cdot\mathrm{d}\boldsymbol{s}}_{\text{Weg(2)}} = \underbrace{-\int_{r_1}^{r_2}F\cdot\mathrm{d}r}_{\text{unabh.vomWeg!}}$$

Im Fall einer Zentralkraft hängt die potentielle Energie nur vom **Betrag** des Ortsvektors ab. Es liegt nur die Differenz der potentiellen Energien fest. Wir setzen – wie im Fall der Gravitationskraft – willkürlich

$$W_p(r_2) = 0 \qquad \text{für} \qquad r_2 \Rightarrow \infty$$

Für die potentielle Energie zwischen q und q' im Abstand r erhält man dann also:

$$\boxed{W_p(r) = \frac{1}{4\pi\varepsilon_0}\frac{q'q}{r}} \tag{2.12}$$

Entsprechend Gl. (1.7) führen wir ein elektrisches **Potential** φ der Punktladung q ein gemäß

$$W_p = q'\left(\frac{1}{4\pi\varepsilon_0}\frac{q}{r}\right) = q'\varphi$$

Das ergibt

$$\varphi = \frac{W_p}{q'} = \frac{1}{4\pi\varepsilon_0}\frac{q}{r} \tag{2.13}$$

Als Einheit des elektrischen Potentials φ ergibt sich nach Gl. (2.13)

$$\boxed{[\varphi] = \frac{\mathrm{J}}{\mathrm{C}} = \frac{\mathrm{kg\ m^2}}{\mathrm{A\ s^3}}} \tag{2.14}$$

Diese Einheit wird i.f. auch mit **Volt [V]** abgekürzt.

$$\boxed{1\ \mathrm{V} = 1\ \frac{\mathrm{J}}{\mathrm{A\ s}}} \tag{2.14a}$$

Mit der neu eingeführten Einheit *Volt* als Abkürzung für den Ausdruck (2.14a) wird also nach Gl. (2.8) und (2.14)

$$\boxed{[E] = \frac{\mathrm{N}}{\mathrm{C}} = \frac{\mathrm{V}}{\mathrm{m}} \quad \text{und} \quad [\varphi] = \frac{\mathrm{J}}{\mathrm{C}} = \mathrm{V}} \tag{2.15}$$

Das elektrische Potential wird hier mit dem Buchstaben φ statt, wie recht oft mit V, bezeichnet, um eine Verwechslung mit der Bezeichnung der Einheit *Volt* (V) auszuschließen.
Es sei noch darauf hingewiesen, dass das elektrische Potential einer positiven Ladung q nach Gl. (2.13) stets positiv ist. Die potentielle Energie zwischen zwei gleichnamigen Punktladungen ist – im Gegensatz zum Fall der Gravitationswechselwirkung zwischen zwei Punktmassen – stets positiv.
Entsprechend der allgemeingültigen Beziehung $\boldsymbol{F} = -\operatorname{grad} W_p$ (s. Gl. (1.4)) für konservative Kräfte erhält man auch zwischen der durch Gl. (2.7) definierten elektrischen Feldstärke und dem durch Gl. (2.13) definierten elektrischen Potential die Beziehung

$$\boxed{\boldsymbol{E} = -\operatorname{grad}\varphi} \tag{2.16}$$

die sich im Fall des von einer Punktladung ausgehenden elektrischen Feldes vereinfacht zu

$$\boxed{\boldsymbol{E} = -\frac{\partial\varphi}{\partial r}\boldsymbol{u}_r} \tag{2.16a}$$

Aus der Definition der potentiellen Energie $W_p = -\int_\infty^r F\cdot dr$ und $W_p = q'\varphi$ folgt wegen der Additivität der von mehreren Punktladungen auf eine Probeladung ausgeübten Kräfte auch die entsprechende Additivität der potentiellen Energien, also das **Superpositionsprinzip** der elektrischen Potentiale: Das durch die einzelnen Punktladungen $q_1, \ldots, q_n$ am Ort P hervorgerufene elektrische Potential φ ist die Summe der Einzelpotentiale (vgl. Gl. (2.9)):

$$\boxed{\varphi = \sum_{i=1}^{n} \varphi_i \quad \text{mit} \quad \varphi_i = \frac{1}{4\pi\varepsilon_0}\frac{q_i}{r_i}} \tag{2.17}$$

Gesamtpotential Gl. (2.17) und Gesamtfeldstärke Gl. (2.9) sind ebenfalls durch die Beziehung Gl. (2.16) miteinander verknüpft. Im konkreten Fall des durch eine bestimmte Ladungsverteilung bewirkten elektrischen Feldes braucht also nur entweder das elektrische Potential oder die elektrische Feldstärke berechnet zu werden.

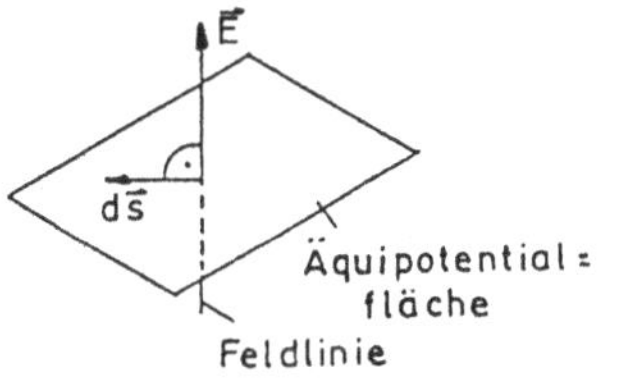

Abb. 2.9. Orientierung zwischen Feld und Äquipotentialfläche.

Ist $\mathrm{d}\boldsymbol{s}$ ein Wegelement in der Äquipotentialfläche (φ = const), dann ist längs $\mathrm{d}\boldsymbol{s}$ wegen φ = const

$$\mathrm{d}W_p = -\boldsymbol{F}\cdot\mathrm{d}\boldsymbol{s} = -q\cdot\boldsymbol{E}\cdot\mathrm{d}\boldsymbol{s} = 0$$

also $\boldsymbol{E}\cdot\,\mathrm{d}\boldsymbol{s} = 0$. Daraus folgt $\boldsymbol{E} \perp \mathrm{d}\boldsymbol{s}$. Die im Fall des Gravitationsfeldes angestellte Betrachtung über "Feldlinien" und **Äquipotentialflächen** gilt für das elektrische Feld völlig analog. Insbesondere sei daran erinnert, dass Äquipotentialflächen und Feldlinien senkrecht zueinander stehen (s. Bild 2.10):

Das elektrische Feld zwischen zwei unendlich ausgedehnten, parallen Platten entgegengesetzt gleicher Flächenladungsdichte ist homogen. In einem homogenen Feld $\boldsymbol{E}$ =const gilt nach Gl. (2.16) auch (vgl. Bild 2.11):

$$\boldsymbol{E} = E\boldsymbol{u}_x = -\text{grad}\,\varphi \quad \text{mit} \quad E = \text{const}$$

Per Definition ist

$$\text{grad}\,\varphi = \frac{\partial\varphi}{\varphi x}\boldsymbol{u}_x + \frac{\partial\varphi}{\partial y}\boldsymbol{u}_y + \frac{\partial\varphi}{\partial z}\boldsymbol{u}_z$$

Also ist in diesem Fall

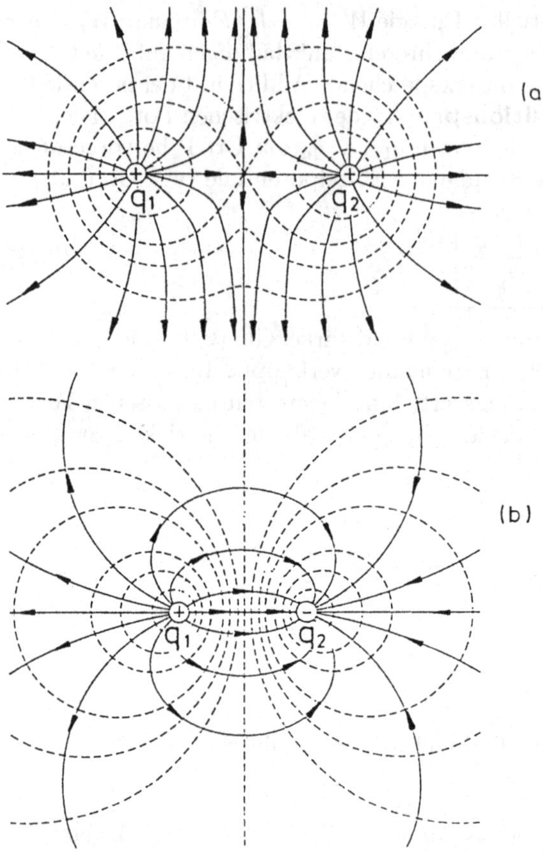

Abb. 2.10. Elektrische Feldlinien und Äquipotentialflächen (dargestellt sind ihre Schnittlinien mit der Zeichenebene) zweier gleicher (a) bzw. entgegengesetzt gleicher (b) Punktladungen.

$$|\text{grad}\ \varphi| = \frac{\partial \varphi}{\partial x} = -E = \text{const}$$

woraus folgt

$$\varphi_2 - \varphi_1 = -\int_{x_1}^{x_2} E \cdot \mathrm{d}x = -E \int_{x_1}^{x_2} \mathrm{d}x = -E(x_2 - x_1)$$

$$\text{oder} \quad E = \frac{\varphi_1 - \varphi_2}{x_2 - x_1}$$

Wir wählen speziell $\varphi_1 = 0$ für $x_1 = 0$. Dann erhält man mit $x_2 = x$:

$$\boxed{\varphi = -Ex \qquad \text{für} \quad E = \text{const}} \tag{2.18}$$

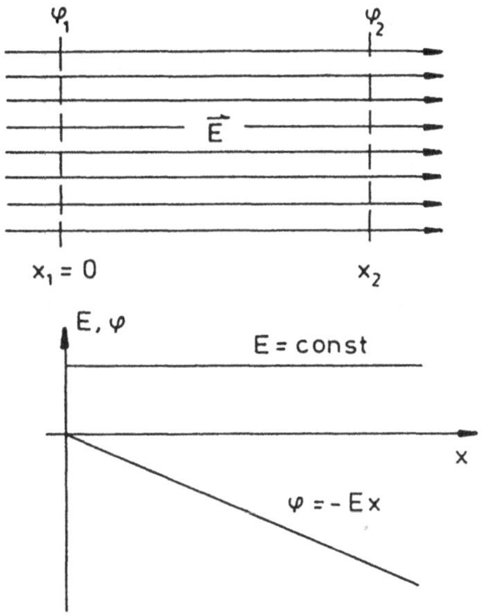

Abb. 2.11. Feldstärke und Potential eines homogenen Feldes.

Newtonsche Bewegungsgleichung und kinetische Energie für ein geladenes Teilchen im elektrischen Feld Wir betrachten ein Teilchen (Masse m, Ladung q) im elektrischen Feld (Feldstärke $\boldsymbol{E}$). Es gilt dann die NEWTONsche Bewegungsgleichung

$$m\boldsymbol{a} = q\boldsymbol{E} \quad \text{oder} \quad \boldsymbol{a} = \frac{q}{m}\boldsymbol{E}$$

Aus der Kenntnis von $\boldsymbol{E}(\boldsymbol{r})$ kann also $\boldsymbol{a}(\boldsymbol{r})$ berechnet und damit bei Kenntnis der Anfangsbedingung die Bewegungsgleichung integriert werden. Für die Änderung der kinetischen Energie zwischen zwei Punkten P_1 und P_2 läßt sich ohne diese explizite Integration aus dem Energiesatz ableiten

$$\begin{aligned} W_{K,1} + W_{P,1} &= W_{K,2} + W_{P,2} \\ W_{K,2} - W_{K,1} &= W_{P,1} - W_{P,2} = q(\varphi_1 - \varphi_2) \\ &= -q(\varphi_2 - \varphi_1) \\ \text{oder} \quad \Delta W_K &= -q \cdot \Delta\varphi \end{aligned} \tag{2.19}$$

Für eine positive Ladung wird die kinetische Energie des Teilchens also bei Durchlaufen einer negativen Potentialdifferenz, für eine negative Ladung bei Durchlaufen einer positiven Potentialdifferenz größer (vgl. Bild 2.11). Der Zuwachs der kinetischen Energie ist das Produkt aus Ladung und dem negativen Wert der durchlaufenen Potentialdifferenz. Gl. (2.19) legt nahe, dass man statt der Energieeinheit 1 J auch eine durch eine bestimmte Ladungsmenge q und eine bestimmte Potentialdifferenz (z.B. 1 V) gegebene

Energieeinheit benutzt. In Abschn. 2.3 wird die sogenannte **Elementarladung** e (Ladung des Elektrons) als besonders ausgezeichnete Ladungsmenge eingeführt. Es ist

$$e = 1.602 \cdot 10^{-19}\ \mathrm{C} = 1.602 \cdot 10^{19}\ \mathrm{A\ s}$$

Nach Gl. (2.14a) gilt

$$\boxed{1\ \mathrm{J} = 1\ \mathrm{V\ A\ s}} \tag{2.20}$$

1 J ist also auch diejenige kinetische Energie, die ein Teilchen der Ladungsmenge 1 C = 1 A s bei Durchlaufen einer Potentialdifferenz von 1 V erhält. Entsprechend wird als Energieeinheit 1 eV (genannt “1 e-Volt”) diejenige kinetische Einheit bezeichnet, die ein Elektron (Teilchen mit Elementarladung) bei Durchlaufen einer Potentialdifferenz von 1 V erhält:

$$\boxed{1\ \mathrm{eV} = 1.602 \cdot 10^{-19}\ \mathrm{J}} \tag{2.21}$$

1 eV ist die im atomaren und subatomaren Bereich gebräuchliche Einheit (keine SI-Einheit!).

Elektrischer Dipol

1. Potential und Feldstärke:
   Als Dipol bezeichnet man die Anordnung zweier entgegengesetzt gleicher Punktladungen. Derartige Anordnungen kommen in der Natur häufig vor. Zum Beispiel haben die meisten zweiatomigen Moleküle ein sogenanntes Dipolmoment. Im allgemeinen ist das elektrische Feld eines Dipols in einem Gebiet von Interesse, in dem der Abstand zum Zentrum des Dipols groß gegen den Abstand der beiden Punktladungen voneinander ist (vgl. Bild 2.12).
   Nach Gl. (2.17) beträgt das Potential in einem Punkt mit den Abständen r_1 und r_2 von den beiden Ladungen

   $$\varphi = \frac{q}{4\pi\varepsilon_0}\left(\frac{1}{r_1} - \frac{1}{r_2}\right) = \frac{q}{4\pi\varepsilon_0}\frac{r_2 - r_1}{r_1 r_2}$$

   Für $r \gg \ell$ ist $\alpha \approx \vartheta$. Damit folgt

   $$r_2 - r_1 \approx \ell \cos\vartheta \quad \text{und} \quad r_2 r_1 \approx r^2$$

   In dieser Näherung ergibt sich also

   $$\varphi = \frac{1}{4\pi\varepsilon_0}\frac{q\ell\cos\vartheta}{r^2}$$

   Der Vektor $\boldsymbol{p}$ mit dem Betrag $q\ell$ (ℓ = Abstand der beiden Ladungen voneinander) und der Richtung von $-q$ nach $+q$ heißt **elektrisches Dipolmoment**. Also ist schließlich

   $$\boxed{\varphi = \frac{1}{4\pi\varepsilon_0}\frac{p\cos\vartheta}{r^2} = -\frac{1}{4\pi\varepsilon_0}\boldsymbol{p}\,\mathrm{grad}\left(\frac{1}{r}\right)} \tag{2.22}$$

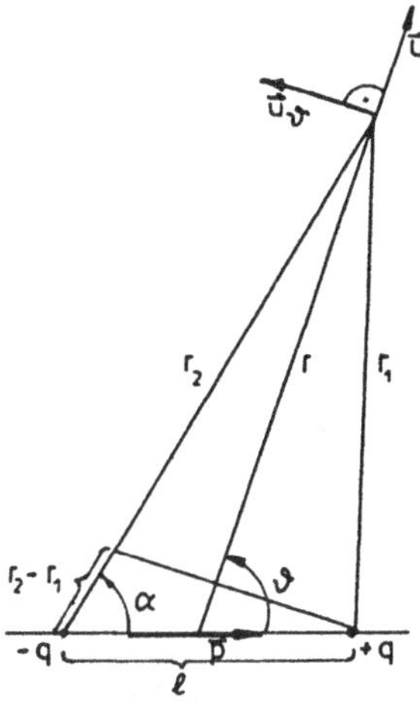

Abb. 2.12. Zur Herleitung des Dipolfeldes.

φ ist hier in Polarkoordinaten dargestellt, aber nur von r und dem Winkel ϑ abhängig (Rotationssymmetrie um die Verbindungslinie der beiden Punktladungen). In diesem Fall ist

$$\operatorname{grad} \varphi = \frac{\partial \varphi}{\partial r} \boldsymbol{u}_r + \frac{1}{r} \frac{\partial \varphi}{\partial \vartheta} \boldsymbol{u}_\vartheta$$

Die Einheitsvektoren $\boldsymbol{u}_r$ und $\boldsymbol{u}_\vartheta$ ergeben sich aus Bild 2.12. Nach Gl. (2.16) erhalten wir also für die elektrische Feldstärke wegen

$$\frac{\partial \varphi}{\partial r} = -\frac{1}{4\pi\varepsilon_0} \frac{2p\cos\vartheta}{r^3} \quad \text{und} \quad \frac{1}{r}\frac{\partial \varphi}{\partial \vartheta} = -\frac{1}{4\pi\varepsilon_0} \frac{p\sin\vartheta}{r^3}$$

$$\boxed{\begin{aligned} \boldsymbol{E} &= \boldsymbol{E}_r + \boldsymbol{E}_\vartheta \\ \boldsymbol{E}_r &= \frac{1}{4\pi\varepsilon_0} \frac{2p\cos\vartheta}{r^3} \boldsymbol{u}_r \\ \boldsymbol{E}_\vartheta &= \frac{1}{4\pi\varepsilon_0} \frac{p sin\vartheta}{r^3} \boldsymbol{u}_\vartheta \end{aligned}} \tag{2.23}$$

Für den Betrag der elektrischen Feldstärke ergibt sich dann

$$E = \sqrt{E_r^2 + E_\vartheta^2}$$

also

$$\boxed{E = \frac{1}{4\pi\varepsilon_0} \frac{p}{r^3} \sqrt{3\cos^2\vartheta + 1}} \tag{2.24}$$

2. Dipol im **homogenen** elektrischen Feld:
Auf die Punktladungen $q_1 = -q$ und $q_2 = +q$ wirken die Kräfte

$$\boldsymbol{F}_1 = q_1 \boldsymbol{E} = -q\boldsymbol{E} \quad \text{und} \quad \boldsymbol{F}_2 = q_2 \boldsymbol{E} = +q\boldsymbol{E}$$

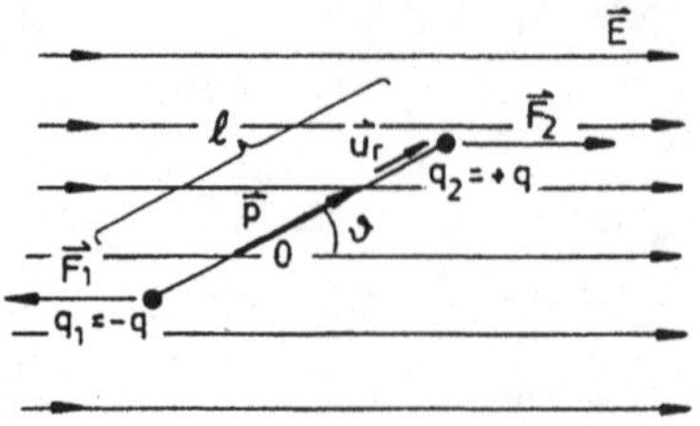

Abb. 2.13. Drehmoment auf einen Dipol im elektrischen Feld.

Die resultierende Kraft auf den Dipol ist also gleich Null:

$$\boldsymbol{F}_1 + \boldsymbol{F}_2 = \boldsymbol{F} = -q\boldsymbol{E} + q\boldsymbol{E} = 0$$

Der Dipol führt daher keine translatorische Bewegung aus. Man erhält aber ein resultierendes Drehmoment (Bezeichnungen s. Bild 2.13) um Null, nämlich

$$\boldsymbol{M} = \frac{\ell}{2}\boldsymbol{u}_r \times \boldsymbol{F}_2 + \frac{\ell}{2}(-\boldsymbol{u}_r) \times \boldsymbol{F}_1 = \ell q \boldsymbol{u}_r \times \boldsymbol{E}$$

also

$$\boxed{\boldsymbol{M} = \boldsymbol{p} \times \boldsymbol{E}} \tag{2.25}$$

Dipole richten sich also im elektrischen Feld in Feldrichtung aus.

3. Ausgerichteter Dipol im **inhomogenen** elektrischen Feld: Es ist

$$\boldsymbol{p} = \ell q \boldsymbol{u}_s$$

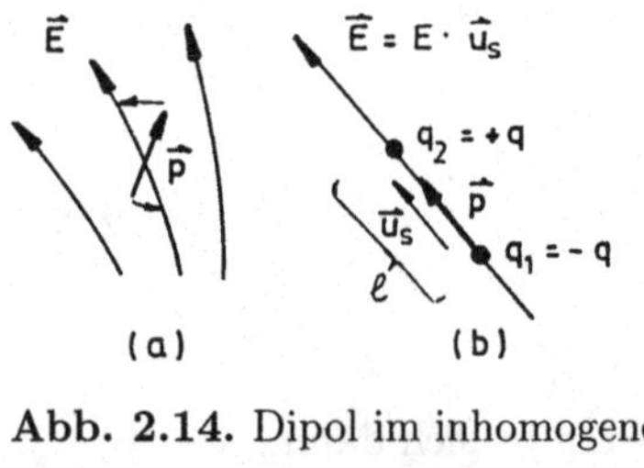

Abb. 2.14. Dipol im inhomogenen Feld.

Der elektrische Dipol sei zunächst beliebig zur elektrischen Feldrichtung orientiert (Bild 2.14a). Dann wirkt ein Drehmoment auf ihn entsprechend der vorangehenden Ableitung. Er wird also in Feldrichtung ausgerichtet (Bild 2.14b). Im folgenden betrachten wir nur die Wirkung des elektrischen Feldes auf den in Feldrichtung **ausgerichteten** Dipol. Es gilt

$$\boldsymbol{F}_1 = q_1\boldsymbol{E}(\boldsymbol{r}_1) = -qE_1\boldsymbol{u}_s$$
$$\boldsymbol{F}_2 = q_2\boldsymbol{E}(\boldsymbol{r}_2) = +qE_2\boldsymbol{u}_s$$

Also folgt $\quad \boldsymbol{F} = \boldsymbol{F}_1 + \boldsymbol{F}_2 = q(E_2 - E_1)\boldsymbol{u}_s$

ℓ wird als hinreichend kleines Wegelement betrachtet. Dann ist

$$E_2 - E_1 = \Delta E = \frac{\Delta E}{\Delta s} \cdot \Delta s = \frac{\partial E}{\partial s} \cdot \Delta s$$

und mit $\Delta s = \ell$ also

$$E_2 - E_1 = \frac{\partial E}{\partial s}\ell$$

Für die Kraft erhält man somit

$$\boldsymbol{F} = q\ell\frac{\partial E}{\partial s}\boldsymbol{u}_s$$

Für diese in Richtung der Feldstärke (Richtung $\boldsymbol{u}_s$) wirkende Kraft gilt auch

$$\boldsymbol{F} = F_s\boldsymbol{u}_s$$

Mit $q\ell = p$ ist dann

$$\boxed{F_s = p\frac{\partial E}{\partial s}} \tag{2.26}$$

2.3 Ergänzung: Potential einer Ladungswolke in Multipol-Darstellung

2.3.1 Mathematische Grundlagen

Jede beliebig oft differenzierbare Funktion $f(x)$ läßt sich in eine unendliche Reihe nach Potenzen von x entwickeln. Diese sogenannte MACLAURINsche Reihenentwicklung lautet:

$$\begin{aligned} f(x) &= f(0) + \left(\frac{\mathrm{d}f}{\mathrm{d}x}\right)_{x=0} x + \frac{1}{2}\left(\frac{\mathrm{d}^2 f}{\mathrm{d}x^2}\right)_{x=0} x^2 + \dots \\ &= f(0) + \sum_{m=1}^{\infty} \frac{1}{m!}\left(\frac{\mathrm{d}^m f}{\mathrm{d}x^m}\right)_{x=0} x^m \end{aligned}$$

Ist die Funktion von drei Variablen x_1, x_2, x_3 abhängig, dann gilt in Erweiterung der obigen Formel:

$$\begin{aligned} f(x_1, x_2, x_3) = f_0 &+ \left(\frac{\partial f}{\partial x_1}\right)_0 x_1 + \left(\frac{\partial f}{\partial x_2}\right)_0 x_2 + \left(\frac{\partial f}{\partial x_3}\right)_0 x_3 \\ &+ \frac{1}{2}\left\{ \left(\frac{\partial^2 f}{\partial x_1^2}\right)_0 x_1^2 + \left(\frac{\partial^2 f}{\partial x_1 \partial x_2}\right)_0 x_1 x_2 \right. \\ &+ \left(\frac{\partial^2 f}{\partial x_1 \partial x_3}\right)_0 x_1 x_3 + \left(\frac{\partial^2 f}{\partial x_2 \partial x_1}\right)_0 x_2 x_1 \end{aligned}$$

$$
\begin{aligned}
&+ \left(\frac{\partial^2 f}{\partial x^2}\right)_0 x_2^2 + \left(\frac{\partial^2 f}{\partial x_2 \partial x_3}\right)_0 x_2 x_3 \\
&+ \left(\frac{\partial^2 f}{\partial x_3 \partial x_1}\right)_0 x_3 x_1 + \left(\frac{\partial^2 f}{\partial x_3 \partial x_2}\right)_0 x_3 x_2 \\
&+ \left.\left(\frac{\partial^2 f}{\partial x_3^2}\right)_0 x_3^2 \right\} + \ldots = f_0 + \sum_{i=1}^{3} \left(\frac{\partial f}{\partial x_i}\right)_0 x_i \\
&+ \frac{1}{2} \sum_{j,k} \left(\frac{\partial^2 f}{\partial x_j \partial x_k}\right)_0 x_j x_k + \ldots \qquad (2.27)
\end{aligned}
$$

Für die mit dem Index 0 bezeichneten Größen ist deren Wert an der Stelle $x_1 = x_2 = x_3 = 0$ einzusetzen. Die zweite Summe in (2.27) erstreckt sich über alle möglichen – hier also neun – (j, k)-Kombinationen mit $j = 1, 2, 3$ und $k = 1, 2, 3$. Die höheren Glieder der Reihenentwicklung werden im folgenden nicht weiter berücksichtigt.
Speziell betrachtet – weil nachfolgend von Interesse – werde die Funktion

$$
\begin{aligned}
F(x_1, x_2, x_3) &= \frac{1}{\sqrt{(X_1 - x_1)^2 + (X_2 - x_2)^2 + (X_3 - x_3)^2}} \\
&= \left[(X_1 - x_1)^2 + (X_2 - x_2)^2 + (X_3 - x_3)^2\right]^{-1/2} \qquad (2.28)
\end{aligned}
$$

An der Stelle $x_1 = x_2 = x_3 = 0$ hat sie den Wert

$$
F_0 = (X_1^2 + X_2^2 + X_3^2)^{-1/2} \qquad (2.29)
$$

X_1, X_2 und X_3 sind dabei zunächst nicht näher spezifizierte und konstante Größen.
Für die einfachen Ableitungen von (2.28) folgt:

$$
\begin{aligned}
\frac{\partial F}{\partial x_i} &= -\frac{1}{2}\left[(X_1 - x_1)^2 + (X_2 - x_2)^2 + (X_3 - x_3)^2\right]^{-3/2} \\
&\quad \cdot 2(X_i - x_i)(-1) = F^3 (X_i - x_i) \qquad (2.30)
\end{aligned}
$$

Das ergibt:

$$
\left(\frac{\partial F}{\partial x_i}\right)_0 = F_0^3 X_i \qquad (2.31)
$$

Für die zweifachen Ableitungen von (2.28) folgt mit (2.30) **für den Fall** $j \neq k$:

$$
\begin{aligned}
\frac{\partial^2 F}{\partial x_j \partial x_k} &= \frac{\partial}{\partial x_j}\left(\frac{\partial F}{\partial x_k}\right) = \frac{\partial}{\partial x_j}\left[F^3 (X_k - x_k)\right] \\
&= 3F^2 \frac{\partial F}{\partial x_j}(X_k - x_k) \\
&= 3F^5 (X_j - x_j)(X_k - x_k) \qquad (2.32)
\end{aligned}
$$

und **für den Fall** $j = k$:

$$\begin{aligned}\frac{\partial^2 F}{\partial x_j \partial x_k} &= \frac{\partial}{\partial x_k}\left(\frac{\partial F}{\partial x_k}\right) = \frac{\partial}{\partial x_k}\Big[F^3(X_k - x_k)\Big] \\ &= -F^3 + 3F^2\frac{\partial F}{\partial x_k}(X_k - x_k) = 3F^5(X_k - x_k)^2 - F^3 \\ &= F^5\Big[3(X_k - x_k)^2 - F^{-2}\Big] \qquad (2.33)\end{aligned}$$

Die Ergebnisse (2.32) und (2.33) lassen sich zusammengefasst darstellen in der Form:

$$\frac{\partial^2 F}{\partial x_j \partial x_k} = F^5\Big[3(X_j - x_j)(X_k - x_k) - \delta_{jk}F^{-2}\Big] \qquad (2.34)$$

Dabei ist δ_{jk} das sogenannte **Kronnecker-Symbol**. Es bedeutet:

$\delta_{jk} = 0$ für $j \neq k$

$\delta_{jk} = 1$ für $j = k$

Aus (2.34) folgt:

$$\left(\frac{\partial^2 F}{\partial x_j \partial x_k}\right)_0 = F_0^5(3X_jX_k - \delta_{jk}F_0^{-2}) \qquad (2.35)$$

Einsetzen von (2.31) und (2.35) in (2.27) ergibt somit als Reihenentwicklung für die Funktion (2.28):

$$\begin{aligned}F(x_1, x_2, x_3) = F_0 + F_0^3 \sum_{i=1}^{3} X_i x_i + \frac{1}{2}F_0^5 \\ \cdot \sum_{j,k}(3X_jX_k - \delta_{jk}F_0^{-2})x_j x_k + \ldots \qquad (2.36)\end{aligned}$$

2.3.2 Wolke aus Punktladungen

Vorgegeben ist eine Wolke aus insgesamt N Punktladungen $q_i, \ldots, q_n, \ldots, q_N$ innerhalb eines (endlichen) Volumens V.

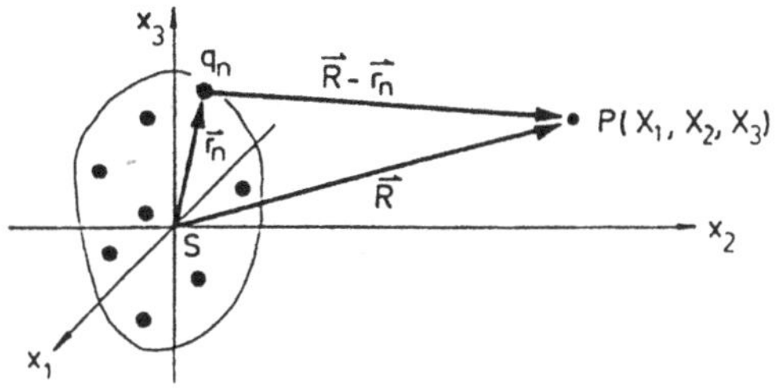

Zugrunde gelegt wird ein kartesisches (x_1, x_2, x_3)-Koordinatensystem, dessen Ursprung im "Schwerpunkt" S der Ladungs-**Beträge** $|q_n|$ des Punktladungs-Systems liegt, d.h. es soll gelten:

$$\sum_{n=1}^{N} |q_n| \boldsymbol{r}_n = 0 \tag{2.37}$$

$\boldsymbol{r}_n = x_{1n}\boldsymbol{u}_1 + x_{2n}\boldsymbol{u}_2 + x_{3n}\boldsymbol{u}_3$ ist der Ortsvektor der Ladung q_n. x_{1n}, x_{2n}, x_{3n} sind deren Koordinaten. $\boldsymbol{u}_1, \boldsymbol{u}_2, \boldsymbol{u}_3$ sind die Einheitsvektoren in x_1-, x_2-, x_3- Richtung.

Die Verabredung (2.37) hat natürlich keinerlei Einfluss in Bezug auf die Allgemeingültigkeit der gewonnenen physikalischen Aussagen.
Die Ladung q_n erzeugt in einem Aufpunkt P mit den Koordinaten X_1, X_2, X_3, also mit dem Ortsvektor $\boldsymbol{R} = X_1\boldsymbol{u}_1 + X_2\boldsymbol{u}_2 + X_3\boldsymbol{u}_3$ das (elektrostatische) Potential

$$\varphi_n = \frac{1}{4\pi\varepsilon_0} \frac{q_n}{|\boldsymbol{R} - \boldsymbol{r}_n|}$$

Zur Vereinfachung der Schreibweise wird im folgenden nicht das Potential φ_n selbst, sondern die ihm proportionale Hilfsgröße

$$\phi_n = 4\pi\varepsilon_0\varphi_n = \frac{q_n}{|\boldsymbol{R} - \boldsymbol{r}_n|}$$

verwendet. Für die gesamte Ladungswolke ergibt sich dann nach dem Superpositionsprinzip:

$$\phi = \sum_{n=1}^{N} \phi_n = 4\pi\varepsilon_0 \sum_{n=1}^{N} \varphi_n = 4\pi\varepsilon_0\varphi = \sum_{n=1}^{N} \frac{q_n}{|\boldsymbol{R} - \boldsymbol{r}_n|} \tag{2.38}$$

Gesucht wird für den Bereich außerhalb der Ladungswolke eine Darstellung des Potentials φ durch eine Summe von Beiträgen, die mit unterschiedlicher Potenz des Abstandes $R = |\boldsymbol{R}|$ zwischen dem Koordinatenursprung S und dem Aufpunkt P abfallen. Eine solche Darstellung gelingt mit Hilfe der im Abschnitt 1 behandelten mathematische Zusammenhänge durch eine Reihenentwicklung des Abstandes $|\boldsymbol{R} - \boldsymbol{r}_n|$ zwischen q_n und P, bzw. dessen reziproken Wertes $|\boldsymbol{R} - \boldsymbol{r}_n|^{-1}$. Für diesen Abstand folgt:

$$\begin{aligned}
|\boldsymbol{R} - \boldsymbol{r}_n| &= |X_1\boldsymbol{u}_1 + X_2\boldsymbol{u}_2 + X_3\boldsymbol{u}_3 - x_{1n}\boldsymbol{u}_1 - x_{2n}\boldsymbol{u}_2 \\
&\quad - x_{3n}\boldsymbol{u}_3| \\
&= |(X_1 - x_{1n})\boldsymbol{u}_1 + (X_2 - x_{2n})\boldsymbol{u}_2 + (X_3 - x_{3n})\boldsymbol{u}_3| \\
&= \left[(X_1 - x_{1n})^2 + (X_2 - x_{2n})^2 + (X_3 - x_{3n})^2\right]^{1/2}
\end{aligned}$$

Das ergibt:

$$\frac{1}{|\boldsymbol{R} - \boldsymbol{r}_n|} = \left[(X_1 - x_{1n})^2 + (X_2 - x_{2n})^2 + (X_3 - x_{3n})^2\right]^{-1/2} \tag{2.39}$$

Dieser Ausdruck ist in der Form identisch mit der im Abschnitt 2.3.1 diskutierten Funktion F. An der Stelle $x_{1n} = x_{2n} = x_{3n} = 0$, also bei $\boldsymbol{r}_n = 0$, hat er den Wert

$$F_0 = \left(\frac{1}{|\boldsymbol{R}-\boldsymbol{r}_n|}\right)_0 = \frac{1}{|\boldsymbol{R}|} = \frac{1}{R}$$

Damit lautet die Reihenentwicklung (2.36) für (2.39):

$$\frac{1}{|\boldsymbol{R}-\boldsymbol{r}_n|} = \frac{1}{R} + \frac{1}{R^3}\sum_{i=1}^{3} X_i x_{in} + \frac{1}{2}\frac{1}{R^5}\sum_{j,k}(3X_jX_k - \delta_{jk}R^2)x_{jn}x_{kn} + \ldots$$

Die erste Summe ist das Skalarprodukt aus den Ortsvektoren $\boldsymbol{R}$ und $\boldsymbol{r}_n$:

$$\sum_{i=1}^{3} X_i x_{in} = X_1x_{1n} + X_2x_{2n} + X_3x_{3n} = \boldsymbol{R}\boldsymbol{r}_n$$

In der zweiten Summe ist der Klammerausdruck nur von $\boldsymbol{R}$, d.h. der Lage des Aufpunktes P abhängig. Die Verteilung der Ladungen innerhalb der Wolke steckt allein in den Produkten $x_{jn}x_{kn}$. Damit ergibt sich nach (2.38) für das Potential φ bzw. ϕ:

$$\phi = \sum_{n=1}^{N}\frac{q_n}{R} + \sum_{n=1}^{N}\left(\frac{q_n}{R^3}\boldsymbol{R}\boldsymbol{r}_n\right) + \frac{1}{2}\sum_{n=1}^{N}\left[\frac{q_n}{R^5}\sum_{j,k}(3X_jX_k - \delta_{jk}R^2)x_{jn}x_{kn}\right] + \ldots$$

Ausklammern aller nur von $\boldsymbol{R}$ abhängiger Faktoren führt auf

$$\phi = \frac{1}{R}\sum_{n=1}^{N} q_n + \frac{1}{R^3}\boldsymbol{R}\cdot\sum_{n=1}^{N} q_n\boldsymbol{r}_n + \frac{1}{2}\frac{1}{R^5}\sum_{j,k}\left[(3X_jX_k - \delta_{jk}R^2)\sum_{n=1}^{N} q_n x_{jn}x_{kn}\right] + \ldots \tag{2.40}$$

Die Summe

$$q_0 = \sum_{n=1}^{N} q_n \tag{2.41}$$

des ersten Terms ist die **Gesamtladung** der Wolke. Sie wird im Zusammenhang mit der hier diskutierten Reihenentwicklung des Potentials auch das **Monopolmoment** der Ladungsverteilung genannt. q_0 ist ein **Skalar**. Die Summe

$$\boldsymbol{p} = \sum_{n=1}^{N} q_n\boldsymbol{r}_n \tag{2.42}$$

des zweiten Terms heißt das **Dipolmoment** der Wolke. $\boldsymbol{p}$ ist ein **Vektor**. Die **neun** Summen

$$Q_{jk} = \sum_{n=1}^{N} q_n x_{jn} x_{kn} \tag{2.43}$$

sind die Komponenten des sogenannten **Quadrupolmoments** der Wolke. Das Quadrupolmoment $\widetilde{Q}$ selbst ist aber nicht etwa ein neun-komponentiger Vektor, sondern hinsichtlich seines mathematischen Verhaltens ein sogenannter **Tensor**, in "Matrizen-Schreibweise" darstellbar in der Form

$$\widetilde{Q} = \begin{pmatrix} Q_{11} & Q_{12} & Q_{13} \\ Q_{21} & Q_{22} & Q_{23} \\ Q_{31} & Q_{32} & Q_{33} \end{pmatrix}$$

Eine kurze Erläuterung zum Begriff des Tensors folgt am Schluss.
Nach (2.43) ist $Q_{jk} = Q_{kj}$. Tensoren mit dieser Eigenschaft nennt man symmetrisch. Quadrupolmomente von Ladungsverteilungen sind also stets **symmetrische Tensoren**, d.h. es ist

$$\widetilde{Q} = \begin{pmatrix} Q_{11} & Q_{12} & Q_{13} \\ Q_{12} & Q_{22} & Q_{23} \\ Q_{13} & Q_{23} & Q_{33} \end{pmatrix}$$

Selbst im allgemeinsten Fall reichen also zur vollständigen Beschreibung des Quadrupolmoments sechs Größen oder Komponenten aus.
Mit den Abkürzungen bzw. Definitionen (2.41), (2.42) und (2.43) lautet dann die Reihenentwicklung (2.40):

$$\phi = \frac{q_0}{R} + \frac{\boldsymbol{pR}}{R^3} + \frac{1}{2}\frac{1}{R^5}\sum_{j,k}\left[Q_{jk}(3X_jX_k - \delta_{jk}R^2)\right] + \ldots \tag{2.44}$$

Ausschreiben der Summe und Beachtung der Symmetrie-Eigenschaften von $\widetilde{Q}$ ergibt schließlich:

$$\begin{aligned}\phi = {} & \frac{q_0}{R} + \frac{\boldsymbol{pR}}{R^3} + Q_{11}\frac{3X_1^2 - R^2}{2R^5} + Q_{22}\frac{3X_2^2 - R^2}{2R^5} \\ & + Q_{33}\frac{3X_3^2 - R^2}{2R^5} + Q_{12}\frac{3X_1X_2}{R^5} + Q_{13}\frac{3X_1X_3}{R^5} \\ & + Q_{23}\frac{3X_2X_3}{R^5} + \ldots\end{aligned} \tag{2.45}$$

Damit ist das gesteckte Ziel erreicht. (2.44) ist die gesuchte Darstellung des Potentials durch eine Summe von Termen, die in ihrer Reihenfolge zunehmend steil mit R abfallen.

2.3.3 Ein einfaches Beispiel

Als Beispiel für die im Abschnitt 2 erläuterten Zusammenhänge wird eine Wolke aus insgesamt sechs Punktladungen q_1 bis q_6 betrachtet, die jeweils paarweise diametral zum Koordinatenursprung S in den Abständen a_1, a_2, a_3 von S auf den x_1-, x_2-, x_3-Koordinatenachsen liegen. Die Ladungen besetzen also die Endpunkte eines (unregelmäßigen) Oktaeders. Zusätzlich wird vorausgesetzt, dass alle Ladungs-**Beträge** gleich sind, d.h. es ist

$$|q_1| = |q_2| = \ldots = |q_6| = q$$

Damit ist dann auch die Verabredung (2.37) hinsichtlich der Lage des Koordinatenursprungs erfüllt.

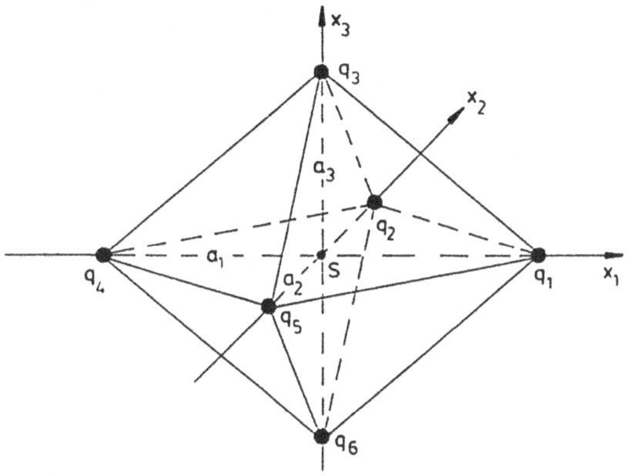

Abb. 2.15. Beispiel für eine Ladungsverteilung.

Bei der in Bild 2.15 festgelegten Numerierung der Ladungen ergeben sich dann für deren Koordinaten x_{jn} (erster Index: Koordinatenachse; zweiter Index: Ladungsnummer) und deren Ortsvektoren $\boldsymbol{r}_n$ die in der folgenden Tabelle aufgeführten Werte.

q_1	$x_{11} = a_1$	$x_{21} = 0$	$x_{31} = 0$	$\boldsymbol{r}_1 = a_1\boldsymbol{u}_1$
q_2	$x_{12} = 0$	$x_{22} = a_2$	$x_{32} = 0$	$\boldsymbol{r}_2 = a_2\boldsymbol{u}_2$
q_3	$x_{13} = 0$	$x_{23} = 0$	$x_{33} = a_3$	$\boldsymbol{r}_3 = a_3\boldsymbol{u}_3$
q_4	$x_{14} = -a_1$	$x_{24} = 0$	$x_{34} = 0$	$\boldsymbol{r}_4 = -a_1\boldsymbol{u}_1$
q_5	$x_{15} = 0$	$x_{25} = -a_2$	$x_{35} = 0$	$\boldsymbol{r}_5 = -a_2\boldsymbol{u}_2$
q_6	$x_{16} = 0$	$x_{26} = 0$	$x_{36} = -a_3$	$\boldsymbol{r}_6 = -a_3\boldsymbol{u}_3$

1. Fall: Alle sechs Ladungen sind positiv, d.h. es ist

$$q_1 = q_2 = \ldots = q_6 = q$$

Für die Momente (2.41), (2.42) und (2.43) ergeben sich dann – praktisch direkt aus den Tabellenwerten ablesbar –
Monopolmoment (Gesamtladung):

$$q_0 = \sum_{n=1}^{6} q_n = 6q$$

Dipolmoment:

$$\boldsymbol{p} = \sum_{n=1}^{6} q_n \boldsymbol{r}_n = q \sum_{n=1}^{6} \boldsymbol{r}_n = 0$$

Quadrupolmoment:

$$Q_{11} = \sum_{n=1}^{6} q_n x_{1n} x_{1n} = q \sum_{n=1}^{6} x_{1n}^2 = 2qa_1^2$$

$$Q_{22} = 2qa_2^2$$

$$Q_{33} = 2qa_3^2$$

$$Q_{12} = Q_{13} = Q_{23} = 0$$

Also ist:

$$\widetilde{Q} = \begin{pmatrix} 2qa_1^2 & 0 & 0 \\ 0 & 2qa_2^2 & 0 \\ 0 & 0 & 2qa_3^2 \end{pmatrix} = 2q \begin{pmatrix} a_1^2 & 0 & 0 \\ 0 & a_2^2 & 0 \\ 0 & 0 & a_3^2 \end{pmatrix}$$

Für das Potential folgt dann aus (2.45):

$$\begin{aligned} \phi &= \frac{6q}{R} + \frac{qa_1^2}{R^5}(3X_1^2 - R^2) + \frac{qa_2^2}{R^5}(3X_2^2 - R^2) \\ &+ \frac{qa_3^2}{R^5}(3X_3^2 - R^2) \\ &= \frac{6q}{R} - \frac{q}{R^3}(a_1^2 + a_2^2 + a_3^2) + \frac{3q}{R^5} \\ &\cdot (a_1^2 X_1^2 + a_2^2 \cdot X_2^2 + a_3^2 \cdot X_3^2) \end{aligned}$$

Im Spezialfall **gleicher** Abstände ($a_1 = a_2 = a_3 = a$; regelmäßiger Oktaeder) ist

$$\begin{aligned} \phi_s &= \frac{6q}{R} - \frac{3qa^2}{R^3} + \frac{3qa^2}{R^5}(X_1^2 + X_2^2 + X_3^2) \\ &= \frac{6q}{R} - \frac{3qa^2}{R^3} + \frac{3qa^2}{R^5} \cdot R^2 = \frac{6q}{R} \end{aligned}$$

Die Wolke wirkt dann, von außen betrachtet, wie eine Punktladung der Größe $6q$ im Koordinatenursprung S.

2. Fall: Die Ladung q_1 ist positiv; alle anderen sind negativ, d.h. es ist

$$q_1 = q \qquad \text{und} \qquad q_2 = q_3 = \ldots = q_6 = -q$$

Monopolmoment:

$$q_0 = q + \sum_{n=2}^{6} q_n = -4q$$

Dipolmoment:

$$\begin{aligned}\boldsymbol{p} &= q\boldsymbol{r}_1 + \sum_{n=2}^{6} q_n \boldsymbol{r}_n = q\boldsymbol{r}_1 - q\sum_{n=2}^{6} \boldsymbol{r}_n = qa_1\boldsymbol{u}_1 - q(-a_1\boldsymbol{u}_1)\\ &= 2qa_1\boldsymbol{u}_1\end{aligned}$$

Das Dipolmoment weist also in die (positive) x_1-Richtung.
Quadrupolmoment:

$$\begin{aligned}Q_{11} &= qx_{11}^2 + \sum_{n=2}^{6} q_n x_{1n}^2 = qx_{11}^2 - q\sum_{n=2}^{6} x_{1n}^2 = qa_1^2 - q(-a_1)^2\\ &= 0\\ Q_{22} &= qx_{21}^2 + \sum_{n=2}^{6} q_n x_{2n}^2 = qx_{21}^2 - q\sum_{n=2}^{6} x_{2n}^2 = q0 - q2a_2^2\\ &= -2qa_2^2\\ Q_{33} &= -2qa_3^2\\ Q_{12} &= Q_{13} = Q_{23} = 0\end{aligned}$$

Also ist:

$$\widetilde{Q} = \begin{pmatrix} 0 & 0 & 0\\ 0 & -2qa_2^2 & 0\\ 0 & 0 & -2qa_3^2\end{pmatrix} = -2q\begin{pmatrix} 0 & 0 & 0\\ 0 & a_2^2 & 0\\ 0 & 0 & a_3^2\end{pmatrix}$$

Für das Potential folgt dann aus (2.45):

$$\begin{aligned}\phi &= -\frac{4q}{R} + \frac{2qa_1}{R^3}\boldsymbol{u}_1\boldsymbol{R} - \frac{qa_2^2}{R^5}(3X_2^2 - R^2)\\ &\quad - \frac{qa_3^2}{R^5}(3X_3^2 - R^2)\end{aligned}$$

Mit $\boldsymbol{u}_1 \cdot \boldsymbol{R} = \boldsymbol{u}_1(X_1\boldsymbol{u}_1 + X_2\boldsymbol{u}_2 + X_3\boldsymbol{u}_3) = X_1$ ergibt sich:

$$\phi = -\frac{4q}{R} + \frac{2qa_1}{R^3}X_1 + \frac{q}{R^3}(a_2^2 + a_3^2) - \frac{3q}{R^5}(a_2^2X_2^2 + a_3^2X_3^2)$$

Im Spezialfall $a_1 = a_2 = a_3 = a$ ist

$$\phi_s = -\frac{4q}{R} + \frac{2qa}{R^3}(X_1 + a) - \frac{3qa^2}{R^5}(X_2^2 + X_3^2)$$

3. Fall: Die Ladungen q_1, q_2, q_3 sind positiv, die restlichen drei negativ, d.h. es ist

$$q_1 = q_2 = q_3 = q \qquad \text{und} \qquad q_4 = q_5 = q_6 = -q$$

Monopolmoment:

$$q_0 = 3q - 3q = 0$$

Dipolmoment:

$$\begin{aligned} \boldsymbol{p} &= \sum_{n=1}^{3} q\boldsymbol{r}_n + \sum_{n=4}^{6}(-q)\boldsymbol{r}_n \\ &= q(a_1\boldsymbol{u}_1 + a_2\boldsymbol{u}_2 + a_3\boldsymbol{u}_3) - q(-a_1\boldsymbol{u}_1 - a_2\boldsymbol{u}_2 - a_3\boldsymbol{u}_3) \\ &= 2q(a_1\boldsymbol{u}_1 + a_2\boldsymbol{u}_2 + a_3\boldsymbol{u}_3) \end{aligned}$$

Das Dipolmoment weist also in die (positive) Richtung der Raumdiagonale des von den Vektoren $\boldsymbol{r}_1, \boldsymbol{r}_2, \boldsymbol{r}_3$ aufgespannten Quaders und hat den Betrag

$$p = |\boldsymbol{p}| = 2q(a_1^2 + a_2^2 + a_3^2)^{1/2}$$

Quadrupolmoment:

$$Q_{11} = \sum_{n=1}^{3} qx_{1n}^2 + \sum_{n=4}^{6}(-q)x_{1n}^2 = qa_1^2 - qa_1^2 = 0$$

$$Q_{22} = Q_{33} = Q_{12} = Q_{13} = Q_{23} = 0$$

Diese Ladungsverteilung hat also nur ein **Dipolmoment**. Für das Potential folgt damit aus (2.45)

$$\begin{aligned} \phi &= \frac{2q}{R^3}(a_1\boldsymbol{u}_1 + a_2\boldsymbol{u}_2 + a_3\boldsymbol{u}_3)\boldsymbol{R} \\ &= \frac{2q}{R^3}(a_1\boldsymbol{u}_1 + a_2\boldsymbol{u}_2 + a_3\boldsymbol{u}_3)(X_1\boldsymbol{u}_1 + X_2\boldsymbol{u}_2 + X_3\boldsymbol{u}_3) \\ &= \frac{2q}{R^3}(a_1X_1 + a_2X_2 + a_3X_3) \end{aligned}$$

Im Spezialfall $a_1 = a_2 = a_3 = a$ ist

$$\phi_s = \frac{2qa}{R^3}(X_1 + X_2 + X_3)$$

4. Fall: Die Ladung q_1 ist positiv, die Ladung q_4 negativ. Weitere Ladungen sind nicht vorhanden. Es ist also

$$q_1 = q,\ q_4 = -q \quad \text{und} \quad q_2 = q_3 = q_5 = q_6 = 0$$

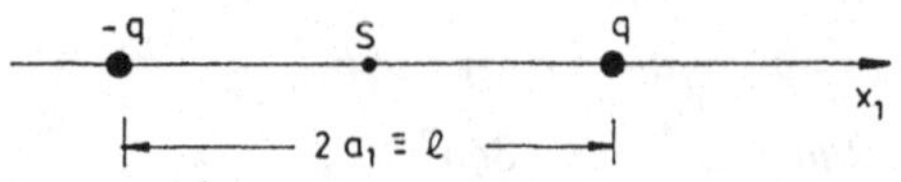

Das **Monopolmoment** ist Null. Das **Dipolmoment** beträgt $\boldsymbol{p} = 2qa_1\boldsymbol{u}_1 = q\ell\boldsymbol{u}_1$. Das **Quadrupolmoment** ist Null.
Diese "Wolke" aus zwei ungleichnamigen und dem Betrage nach gleichen Ladungen ist die **einfachste** Punktladungs-Struktur für ein **Dipolmoment**. Für das Potential ergibt (2.45):

$$\phi = q\ell\frac{X_1}{R^3} = p\frac{X_1}{R^3}$$

5. Fall: Die Ladungen q_1 und q_4 sind positiv, die Ladungen q_3 und q_6 negativ. q_2 und q_5 fehlen. Es ist also

$$q_1 = q_4 = q, \; q_3 = q_6 = -q, \; q_2 = q_5 = 0$$

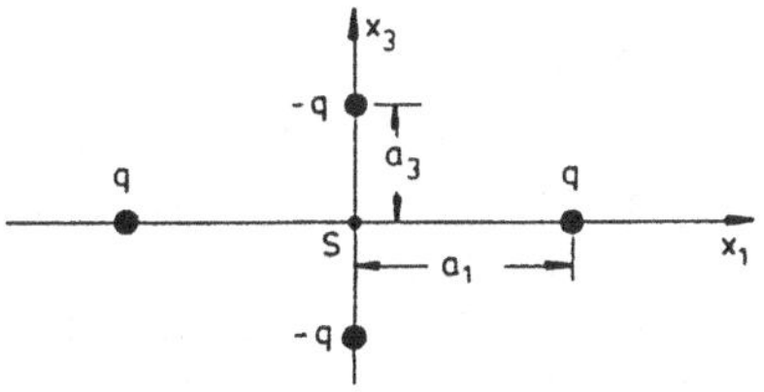

Das **Monopolmoment** ist Null. Das **Dipolmoment** ist Null. Für das **Quadrupolmoment** folgt:

$$Q_{11} = 2qa_1^2, \; Q_{22} = 0, \; Q_{33} = -2qa_3^2, \; Q_{12} = Q_{13} = Q_{23} = 0$$

also

$$\widetilde{Q} = \begin{pmatrix} 2qa_1^2 & 0 & 0 \\ 0 & 0 & 0 \\ 0 & 0 & -2qa_3^2 \end{pmatrix} = 2q \begin{pmatrix} a_1^2 & 0 & 0 \\ 0 & 0 & 0 \\ 0 & 0 & -a_3^2 \end{pmatrix}$$

Eine solche Verteilung von vier Ladungen ist die **einfachste** Punktladungs-Struktur für ein **Quadrupolmoment**. Sie läßt sich auch auffassen als eine Anordnung zweier **antiparalleler** Dipolmomente $\boldsymbol{p}_1$ und $\boldsymbol{p}_2$ gleichen Betrages p:

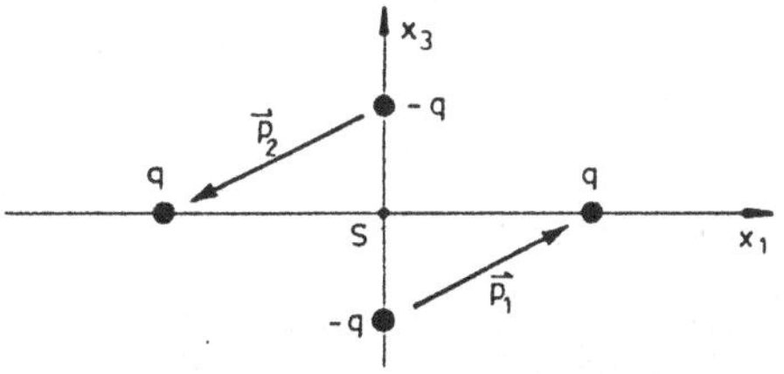

Diese Verteilung ist also sozusagen ein "Dipol aus zwei Dipolen" oder ein "Di-Dipol" $\equiv$ Quadrupol.
Eine noch weitergehende Vereinfachung erhält man für den Grenzfall $a_3 = 0$:
Das Quadrupolmoment hat dann nur eine Komponente, nämlich $Q_{11} = 2qa_1^2$. Diese Anordnung heißt auch "gestreckter" Quadrupol.

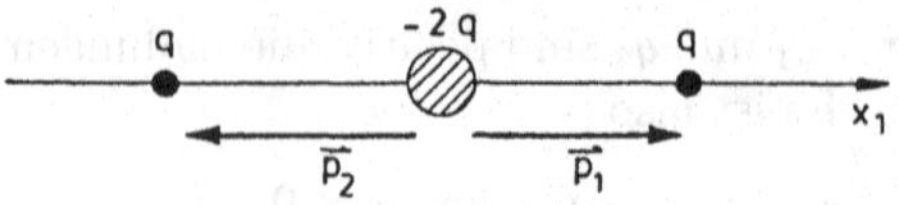

6. Fall: In allen bisher diskutierten Fällen ist die Verabredung (2.37) eingehalten worden: Der Koordinatenursprung lag stets im Schwerpunkt der Ladungs-**Beträge** des Systems. Gibt man diese Nebenbedingung auf, dann führt die kritiklose Anwendung des dargelegten und in den obigen Beispielen benutzten (mathematischen) Formalismus' auf **physikalisch** unsinnige Aussagen, wie das folgende Beispiel zeigt: Von den ursprünglich sechs Punktladungen der Wolke ist nur eine – etwa q_1 – von Null verschieden und positiv, d.h. es ist

$$q_1 = q \qquad \text{und} \qquad q_2 = q_3 = \ldots = q_6 = 0$$

S bleibt an der alten Stelle; die Nebenbedingung (2.37) ist also **nicht** erfüllt.

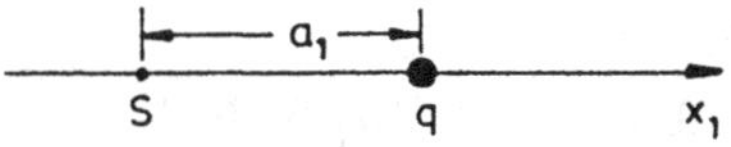

Die Berechnung der Momente nach den Beziehungen (2.41), (2.42) und (2.43) ergibt dann für das **Monopolmoment**: $q_0 = q$, das **Dipolmoment**: $\boldsymbol{p} = qa_1\boldsymbol{u}_1$, das **Quadrupolmoment**: $Q_{11} = qa_1^2$.
Physikalisch sinnvoll ist aber nur q_0. Das erzeugte Feld ist das einfache, um q radialsymmetrische elektrische Feld einer einzelnen Punktladung ohne irgendwelche Dipol- oder Quadrupol-Beimischungen. Verschiebung von S um a_1 in die Position von q, also Erfüllung der Verabredung (2.37), löst die Widersprüche auf.

2.3.4 Kontinuierliche Ladungswolke

Anstelle einer Wolke aus Punktladungen wird im folgenden eine Wolke mit dem (endlichen) Volumen V betrachtet, deren Ladungszustand durch eine ortsabhängige **Raumladungsdichte** ϱ beschrieben wird. Das zugrunde gelegte und weiterhin kartesische Koordinatensystem wird – anders als bisher und wie allgemein gebräuchlich – als (x, y, z)-Koordinatensystem bezeichnet. Dieses dient lediglich zur Vereinfachung der Schreibweise, da eine Numerierung von Ladungen und damit eine Verwendung von Indices nun nicht mehr nötig ist.

Ein differentielles Volumenelement dV von V mit den Koordinaten x, y, z und somit mit dem Ortsvektor $\boldsymbol{r} = x\boldsymbol{u}_x + y\boldsymbol{u}_y + z\boldsymbol{u}_z$, wobei $\boldsymbol{u}_x, \boldsymbol{u}_y, \boldsymbol{u}_z$ die Einheitsvektoren in x-, y-, z-Richtung bedeuten, enthält die Ladung

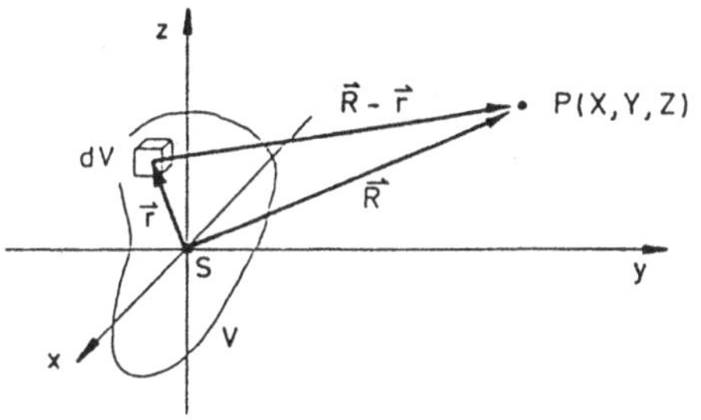

Abb. 2.16. Kontinuierliche Ladungsverteilung.

$$\mathrm{d}q = \varrho(\boldsymbol{r})\mathrm{d}V$$

Sie erzeugt in einem Aufpunkt P außerhalb der Wolke das Potential

$$\mathrm{d}\varphi = \frac{1}{4\pi\varepsilon_0}\frac{\mathrm{d}q}{|\boldsymbol{R}-\boldsymbol{r}|} = \frac{1}{4\pi\varepsilon_0}\frac{\mathrm{d}V\varrho(\boldsymbol{r})}{|\boldsymbol{R}-\boldsymbol{r}|}$$

$\boldsymbol{R} = X\boldsymbol{u}_x + Y\boldsymbol{u}_y + Z\boldsymbol{u}_z$ ist der Ortsvektor von P. Das von der gesamten Wolke verursachte Potential ist dann

$$\varphi = \frac{1}{4\pi\varepsilon_0}\int\limits_V \frac{\varrho \cdot \mathrm{d}V}{|\boldsymbol{R}-\boldsymbol{r}|} \tag{2.46}$$

Die Definitionen (2.41), (2.42) und (2.43) für die Momente einer Punktladungs-Wolke lassen sich durch Übergang von der Summation zur Integration und durch Ersetzen von q_n durch $\mathrm{d}q = \varrho \cdot \mathrm{d}V$ direkt auf den Fall der kontinuierlichen Ladungswolke übertragen. Damit folgt für das **Monopolmoment** (Gesamtladung):

$$q_0 = \int\limits_V \varrho \cdot \mathrm{d}V$$

das **Dipolmoment**:

$$\boldsymbol{p} = \int\limits_V \varrho\boldsymbol{r}\mathrm{d}V \tag{2.47}$$

die Komponenten des **Quadrupolmoments**:

$$Q_{xx} = \int\limits_V \varrho x^2 \cdot \mathrm{d}V, \quad Q_{xy} = \int\limits_V \varrho xy\mathrm{d}V \qquad \text{u.s.w.} \tag{2.48}$$

Die Nebenbedingung (2.37) bezüglich der Lage des Koordinatenursprungs S bleibt weiterhin bestehen. Sie lautet hier:

$$\int\limits_V |\varrho|\boldsymbol{r} \cdot \mathrm{d}V = 0$$

Die Entwicklung der Funktion $|\boldsymbol{R}-\boldsymbol{r}|^{-1}$ in (2.46) nach dem vorangehend detailliert beschriebenen Muster ergibt – bis auf die geänderten Bezeichnungen der Koordinaten – die mit (2.45) formal identische Reihendarstellung für φ bzw. $\phi = 4\pi\varepsilon_0\varphi$, nämlich:

$$\begin{aligned}\phi &= \frac{q_0}{R} + \frac{\boldsymbol{pR}}{R^3} \\ &+ Q_{xx}\frac{3X^2 - R^2}{2R^5} + Q_{yy}\frac{3Y^2 - R^2}{2R^5} + Q_{zz}\frac{3Z^2 - R^2}{2R^5} \\ &+ Q_{xy}\frac{3XY}{R^5} + Q_{xz}\frac{3XZ}{R^5} + Q_{yz}\frac{3YZ}{R^5}\end{aligned} \tag{2.49}$$

2.3.5 Axialsymmetrische Ladungswolke

Von besonderem physikalischen Interesse sind axialsymmetrische, d.h. um eine Achse rotationssymmetrische Ladungsverteilungen. Beispielsweise können Atome unter der Wirkung eines äußeren elektrischen Feldes so polarisiert werden, dass sich eine zur Feldrichtung axialsymmetrische Ladungsverteilung einstellt. Desweiteren können Atomkerne die Form von Rotations-Ellipsoiden annehmen und damit – da sie ja insgesamt positiv geladen sind – ebenfalls axialsymmetrische Ladungsverteilungen aufweisen.
Das einer solchen Symmetrie am besten angepasste Koordinatensystem ist ein (z, a, α)-Zylinderkoordinatensystem, dessen z-Achse mit der Symmetrieachse der Wolke übereinstimmt. a ist der senkrechte Abstand des Volumenelements dV von der z-Achse, α der Azimutwinkel gegen die x-Achse. Den Übergang von einem kartesischen (x, y, z)- zu einem zylindrischen (z, a, α)-Koordinatensystem erläutert Bild 2.17.

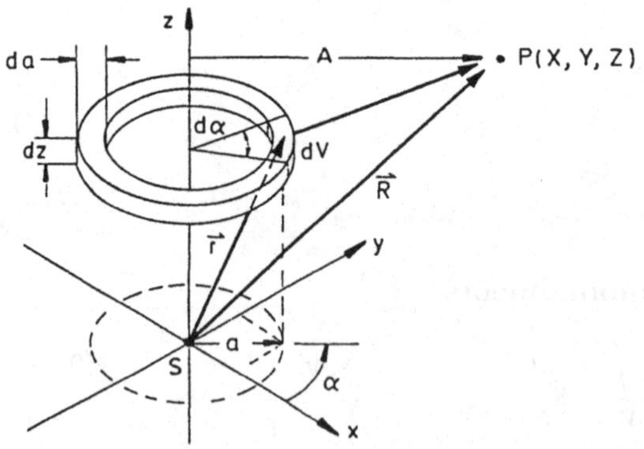

Abb. 2.17. Zum Potential einer axialsymmetrischen Ladungsverteilung.

Die Transformationsbeziehungen lauten:

$$x = a\cos\alpha,\ y = a\sin\alpha,\ z = z \tag{2.50}$$

Das differentielle Volumenelement beträgt:

$$\mathrm{d}V = \mathrm{d}z \cdot \mathrm{d}a \cdot a \cdot \mathrm{d}\alpha \tag{2.51}$$

Axialsymmetrie bedeutet, dass die Raumladungsdichte ϱ der Wolke nur von a und z, nicht aber von α abhängt, d.h. es ist $\varrho = \varrho(z, a)$.
Mit

$$\boldsymbol{r} = x\boldsymbol{u}_x + y\boldsymbol{u}_y + z\boldsymbol{u}_z = a\cos\alpha\boldsymbol{u}_x + a\sin\alpha\boldsymbol{u}_y + z\boldsymbol{u}_z$$

folgt somit für das Dipolmoment (2.47):

$$\begin{aligned}\boldsymbol{p} &= \int \varrho(a\cos\alpha\boldsymbol{u}_x + a\sin\alpha\boldsymbol{u}_y + z\boldsymbol{u}_z)\mathrm{d}z \cdot \mathrm{d}a \cdot a \cdot \mathrm{d}\alpha \\ &= \boldsymbol{u}_x \int \varrho a^2 \cos\alpha \cdot \mathrm{d}z \cdot \mathrm{d}a \cdot \mathrm{d}\alpha \\ &+ \boldsymbol{u}_y \int \varrho a^2 \sin\alpha \cdot \mathrm{d}z \cdot \mathrm{d}a \cdot \mathrm{d}\alpha + \boldsymbol{u}_z \int \varrho a z \cdot \mathrm{d}z \cdot \mathrm{d}a \cdot \mathrm{d}\alpha\end{aligned}$$

Alle Integralzeichen stehen für Dreifach-Integrationen über z, a und α, wobei α von 0 bis 2π umläuft. Da ϱ nicht von α abhängt, kann die Integration über α allein explizit ausgeführt werden. Wegen

$$\int_0^{2\pi} \cos\alpha \cdot \mathrm{d}\alpha = \int_0^{2\pi} \sin\alpha \cdot \mathrm{d}\alpha = 0 \quad \text{und} \quad \int_0^{2\pi} d\alpha = 2\pi \tag{2.52}$$

verbleibt:

$$\boldsymbol{p} = \boldsymbol{u}_z 2\pi \int_{z,a} \varrho a z \cdot \mathrm{d}z \cdot \mathrm{d}a = p\boldsymbol{u}_z$$

Das Dipolmoment einer axialsymmetrischen Ladungswolke weist also stets in Richtung der Symmetrieachse, eine Aussage, die man auch ohne Rechnung direkt aus Symmetrie-Überlegungen hätte gewinnen können.
Für die Komponenten (2.48) des Quadrupolmoments ergibt sich mit (2.50) und (2.51):

$$\begin{aligned}Q_{xx} &= \int \varrho a^2 \cos^2\alpha \cdot \mathrm{d}z \cdot \mathrm{d}a \cdot a \cdot \mathrm{d}\alpha \\ &= \int_{z,a} \varrho a^3 \cdot \mathrm{d}z \cdot \mathrm{d}a \cdot \int_0^{2\pi} \cos^2\alpha \cdot \mathrm{d}\alpha \\ Q_{yy} &= \int \varrho a^2 sin^2\alpha \cdot \mathrm{d}z \cdot \mathrm{d}a \cdot a \cdot \mathrm{d}\alpha \\ &= \int_{z,a} \varrho a^3 \cdot \mathrm{d}z \cdot \mathrm{d}a \cdot \int_0^{2\pi} \sin^2\alpha \cdot \mathrm{d}\alpha\end{aligned}$$

$$Q_{zz} = \int \varrho z^2 \cdot \mathrm{d}z \cdot \mathrm{d}a \cdot a \cdot \mathrm{d}\alpha = \int\limits_{z,a} \varrho z^2 a \cdot \mathrm{d}z \cdot \mathrm{d}a \cdot \int\limits_0^{2\pi} \mathrm{d}\alpha$$

$$Q_{xy} = \int \varrho a^2 \cos\alpha \sin\alpha \cdot \mathrm{d}z \cdot \mathrm{d}a \cdot a \cdot \mathrm{d}\alpha$$

$$= \int\limits_{z,a} \varrho a^3 \cdot \mathrm{d}z \cdot \mathrm{d}a \cdot \int\limits_0^{2\pi} \cos\alpha \sin\alpha \cdot \mathrm{d}\alpha$$

$$Q_{xz} = \int \varrho a \cos\alpha z \cdot \mathrm{d}z \cdot \mathrm{d}a \cdot a \cdot \mathrm{d}\alpha$$

$$= \int\limits_{z,a} \varrho z a^2 \cdot \mathrm{d}z \cdot \mathrm{d}a \cdot \int\limits_0^{2\pi} \cos\alpha \cdot \mathrm{d}\alpha$$

$$Q_{yz} = \int \varrho a \sin\alpha z \cdot \mathrm{d}z \cdot \mathrm{d}a \cdot a \cdot \mathrm{d}\alpha$$

$$= \int\limits_{z,a} \varrho z a^2 \cdot \mathrm{d}z \cdot \mathrm{d}a \int\limits_0^{2\pi} \sin\alpha \cdot \mathrm{d}\alpha$$

Die abgespaltenen Winkelintegrale haben die Werte

$$\int\limits_0^{2\pi} \cos^2\alpha \cdot \mathrm{d}\alpha = \int\limits_0^{2\pi} \sin^2\alpha \cdot \mathrm{d}\alpha = \pi, \quad \int\limits_0^{2\pi} \cos\alpha \sin\alpha \cdot \mathrm{d}\alpha = 0$$

Die restlichen sind bereits unter (2.52) angegeben. Damit folgt:

$$\begin{aligned} Q_{xx} &= Q_{yy} = \pi \int\limits_{z,a} \varrho a^3 \cdot \mathrm{d}z \cdot \mathrm{d}a \\ Q_{zz} &= 2\pi \int\limits_{z,a} \varrho z^2 a \cdot \mathrm{d}z \cdot \mathrm{d}a, \\ Q_{xy} &= Q_{xz} = Q_{yz} = 0 \end{aligned} \tag{2.53}$$

Die Reihendarstellung (2.49) für das Potential lautet also:

$$\phi = \frac{q_0}{R} + \frac{p}{R^3} \boldsymbol{u}_z \boldsymbol{R} + \frac{Q_{xx}}{2R^5}\left[3(X^2+Y^2) - 2R^2\right] + \frac{Q_{zz}}{2R^5}(3Z^2 - R^2)$$

Eine axialsymmetrische Ladungswolke erzeugt natürlich auch eine axialsymmetrische Verteilung des Potentials. Ist A der senkrechte Abstand eines Aufpunktes P von der z-Achse, sind also Z und A die beiden bei einer solchen Symmetrie verbleibenden Zylinderkoordinaten von P, dann folgt mit $X^2 + Y^2 = A^2 = R^2 - Z^2$:

$$\begin{aligned}\phi &= \frac{q_0}{R} + \frac{p}{R^3}\boldsymbol{u}_z\boldsymbol{R} + \frac{Q_{xx}}{2R^5}(R^2 - 3Z^2) + \frac{Q_{zz}}{2R^5}(3Z^2 - R^2) \\ &= \frac{q_0}{R} + \frac{p}{R^3}\boldsymbol{u}_z\boldsymbol{R} + \frac{Q_{zz} - Q_{xx}}{2R^5}(3Z^2 - R^2) \end{aligned} \tag{2.54}$$

Das **gesamte** Quadrupolmoment einer axialsymmetrischen Wolke wird also durch **eine einzige** Größe festgelegt, nämlich durch

$$Q_{zz} - Q_{xx} \equiv Q$$

Der Tensor $\widetilde{Q}$ "degeneriert" hier also zu einem Skalar Q. Mit (2.54) ergibt sich:

$$Q = \int\limits_{z,a} \varrho\left(z^2 - \frac{a^2}{2}\right) 2\pi a \cdot \mathrm{d}z \cdot \mathrm{d}a$$

Rücktransformation auf ein Volumenintegral über das Volumen V der Wolke mittels

$$2\pi a \cdot \mathrm{d}z \cdot \mathrm{d}a = \int\limits_0^{2\pi} \mathrm{d}z \cdot \mathrm{d}a \cdot a \cdot \mathrm{d}\alpha = \int\limits_0^{2\pi} \mathrm{d}V$$

führt schließlich auf

$$Q = \frac{1}{2}\int\limits_V \varrho(2z^2 - a^2) \cdot \mathrm{d}V \tag{2.55}$$

Ersetzt man a über den Zusammenhang $r^2 = a^2 + z^2$ durch den Betrag r des Ortsvektors von $\mathrm{d}V$, dann erhält man die geläufigere Darstellung

$$Q = \frac{1}{2}\int\limits_V \varrho(3z^2 - r^2) \cdot \mathrm{d}V$$

Bezeichnet ϑ den (Polar-)Winkel zwischen der z-Achse und dem Ortsvektor $\boldsymbol{r}$, dann ist $z = r\cos\vartheta$. Damit folgt als weiterer, oft verwendeter Ausdruck für das Quadrupolmoment:

$$Q = \frac{1}{2}\int\limits_V \varrho r^2(3\cos^2\vartheta - 1) \cdot \mathrm{d}V$$

Ersetzt man auch für den Aufpunkt P dessen z-Koordinate Z durch den Winkel Θ zwischen der z-Achse und dem Ortsvektor R, dann geht die Beziehung (2.54) wegen $\boldsymbol{u}_z\boldsymbol{R} = R\cos\Theta$ und $Z^2 = R^2\cos^2\Theta$ über in

$$\phi = \frac{q_0}{R} + \frac{p}{R^2}\cos\Theta + \frac{Q}{R^3}\left(\frac{3\cos^2\Theta - 1}{2}\right) \tag{2.56}$$

2.3.6 Ein Beispiel: Homogen geladenes Rotationsellipsoid

Ein homogen geladenes Rotationsellipsoid ist unter anderem insoweit ein physikalisch interessanter Sonderfall einer axialsymmetrischen Ladungswolke, als – wie bereits erwähnt – viele Atomkerne zu einem solchen Gebilde deformiert sein können. "Homogen geladen" heißt, dass die Raumladungsdichte überall innerhalb des Volumens V der Wolke den gleichen Wert hat, d.h. es ist $\varrho(z,a) = \varrho_0 = \text{const.}$

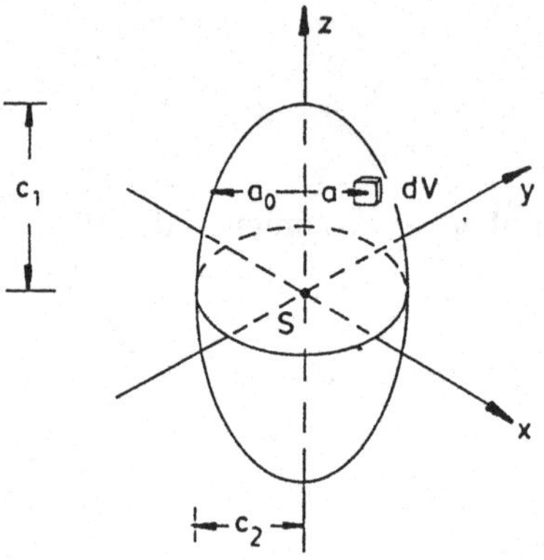

Abb. 2.18. Homogen geladenes Rotationsellipsoid.

Bezeichnen c_1 und c_2 die beiden Halbachsen des Ellipsoids, dann hat dessen Volumen die Größe:

$$V = \frac{4}{3}\pi c_1 c_2^2$$

Damit beträgt die Gesamtladung, also das **Monopolmoment**:

$$q_0 = \int\limits_V \varrho \cdot \mathrm{d}V = \varrho_0 \int\limits_V \mathrm{d}V = \varrho_0 V = \frac{4}{3}\pi \varrho_0 c_1 c_2^2 \tag{2.57}$$

Das **Dipolmoment** ist gleich Null, was wohl keines Beweises bedarf und z.B. bereits aus der Nebenbedingung (2.37) hervorgeht.
Das **Quadrupolmoment** läßt sich am bequemsten aus der Darstellung (2.55) berechnen. Aus ihr folgt in einem ersten Schritt:

$$\begin{aligned} Q &= \frac{\varrho_0}{2} \int\limits_z \int\limits_a \int\limits_\alpha (2z^2 - a^2) \cdot \mathrm{d}z \cdot \mathrm{d}a \cdot a \cdot \mathrm{d}\alpha \\ &= \pi \varrho_0 \int\limits_z \int\limits_a (2az^2 - a^3) \cdot \mathrm{d}z \cdot \mathrm{d}a \end{aligned}$$

Die Integration über a (bei festgehaltenem z) läuft von $a = 0$ (z-Achse) bis $a = a_0$ (Oberfläche des Ellipsoids). Sie ergibt:

$$Q = \pi \varrho_0 \int\limits_z \left(a_0^2 z^2 - \frac{a_0^4}{4} \right) \cdot \mathrm{d}z \tag{2.58}$$

Für die (Zylinder-)Koordinaten z und a_0 der **Oberfläche** gilt die bekannte Ellipsengleichung

$$\frac{z^2}{c_1^2} + \frac{a_0^2}{c_2^2} = 1 \qquad \text{oder} \qquad a_0^2 = c_2^2 \left(1 - \frac{z^2}{c_1^2} \right)$$

Einsetzen in (2.58) führt nach geeigneter Umformung des Integranden auf

$$Q = \pi \varrho_0 c_1 c_2^2 \int\limits_z \left(\frac{z^2}{c_1} + \frac{c_2^2 z^2}{2c_1^3} - \frac{z^4}{c_1^3} - \frac{c_2^2 z^4}{4c_1^5} - \frac{c_2^2}{4c_1} \right) \cdot \mathrm{d}z$$

Die Integration über z läuft von $z = -c_1$ (unterer Pol) bis $z = c_1$ (oberer Pol). Sie ergibt:

$$\begin{aligned} Q &= \pi \varrho_0 c_1 c_2^2 \left(\frac{2c_1^2}{3} + \frac{c_2^2}{3} - \frac{2c_1^2}{5} - \frac{c_2^2}{10} - \frac{c_2^2}{2} \right) \\ &= \frac{4}{15} \pi \varrho_0 c_1 c_2^2 (c_1^2 - c_2^2) \end{aligned}$$

Nach Einführung der Gesamtladung q_0 des Ellipsoids mittels (2.57) erhält man schließlich:

$$Q = \frac{q_0}{5} (c_1^2 - c_2^2) \tag{2.59}$$

Das Vorzeichen von Q wird durch das Achsenverhältnis bestimmt: Für $c_1 > c_2$ (gestrecktes oder "prolates" Ellipsoid) ist Q **positiv**. Für $c_1 < c_2$ (gestauchtes oder "oblates" Ellipsoid) ist Q **negativ**. Für $c_1 = c_2$ (Kugel) ist Q gleich **Null**. Um die Abweichung des Ellipsoids von der Kugelform betont zum Ausdruck zu bringen, ist es üblich, über die Beziehungen

$$\overline{r_0} = \frac{c_1 + c_2}{2} \qquad \text{und} \qquad \delta = 2\frac{c_1 - c_2}{c_1 + c_2}$$

den **mittleren Radius** $\overline{r_0}$ der Ladungsverteilung und den sogenannten **Deformationsparameter** δ einzuführen. Dann lautet (2.59):

$$Q = \frac{2}{5} q_0 \delta \overline{r_0}^2$$

Für das Potential eines homogen geladenen Rotationsellipsoids folgt aus (2.56) mit (2.59) und $p = 0$:

$$\phi = q_0 \left[\frac{1}{R} + \frac{c_1^2 - c_2^2}{10R^3} (3 \cos^2 \Theta - 1) \right]$$

Schließlich sei angemerkt, dass man in der Kernphysik im allgemeinen nicht die Größe Q, sondern den Ausdruck $Q' = 2Q/e_0$, wobei e_0 die Elementarladung bedeutet, als (Kern)Quadrupolmoment bezeichnet.

2.3.7 Tensoren; Erinnerung an ein bekanntes Beispiel aus der Mechanik

Betrachtet wird ein **starrer** Körper, der in einem Punkt P unterstützt wird und mit der Winkelgeschwindigkeit $\boldsymbol{\omega}$ rotiert. Die Geschwindigkeit $\boldsymbol{v}$ eines Massenelements dm mit dem Ortsvektor $\boldsymbol{r}$ beträgt dann:

$$\boldsymbol{v} = \boldsymbol{\omega} \times \boldsymbol{r} \tag{2.60}$$

Der Beitrag d$\boldsymbol{L}$ des Massenelements dm zum genannten Drehimpuls $\boldsymbol{L}$ des Körpers ist

$$\mathrm{d}\boldsymbol{L} = \boldsymbol{r} \times \boldsymbol{v} \cdot \mathrm{d}m$$

Die Integration über das gesamte Volumen V des Körpers ergibt unter Berücksichtigung von (2.60):

$$\boldsymbol{L} = \int_V \boldsymbol{r} \times (\boldsymbol{\omega} \times \boldsymbol{r}) \cdot \mathrm{d}m \tag{2.61}$$

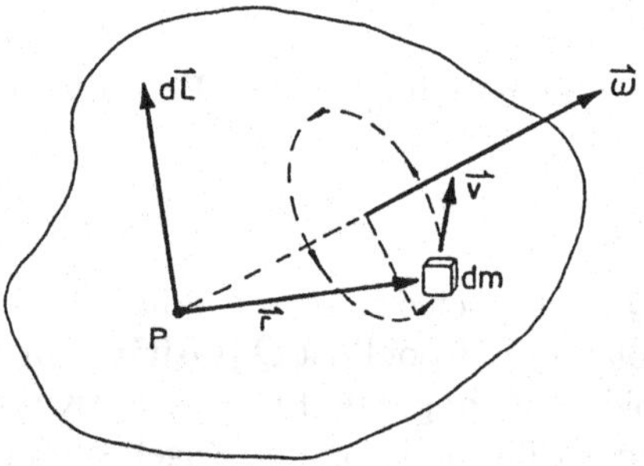

Die Vektorrechnung lehrt:

$$\boldsymbol{r} \times (\boldsymbol{\omega} \times \boldsymbol{r}) = r^2\boldsymbol{\omega} - (\boldsymbol{\omega} \cdot \boldsymbol{r})\boldsymbol{r}$$

Für die Komponenten dieses – abkürzend mit $\boldsymbol{a}$ bezeichneten – Vektors folgt mit $\boldsymbol{\omega} \cdot \boldsymbol{r} = \omega_x x + \omega_y y + \omega_z z$:

$$\begin{aligned} a_x &= (r^2 - x^2)\omega_x - xy\omega_y - xz\omega_z \\ a_y &= -yx\omega_x + (r^2 - y^2)\omega_y - yz\omega_z \\ a_z &= -zx\omega_x - zy\omega_y + (r^2 - z^2)\omega_z \end{aligned} \tag{2.62}$$

Diese drei (linearen) Gleichungen beschreiben den Übergang vom Vektor $\boldsymbol{\omega}$ zum Vektor $\boldsymbol{a}$. Hierfür sind also offensichtlich **neun** Größen a_{ik} erforderlich, nämlich

$$\begin{pmatrix} r^2 - x^2 & -xy & -xy \\ -yx & r^2 - y^2 & -yz \\ -zx & -zy & r^2 - y^2 \end{pmatrix} \equiv \begin{pmatrix} a_{11} \, a_{12} \, a_{13} \\ a_{21} \, a_{22} \, a_{23} \\ a_{31} \, a_{32} \, a_{33} \end{pmatrix} \equiv \tilde{a}$$

Ein solches – hier in Matrizenschreibweise dargestelltes – neunkomponentiges "Gebilde", das einen Vektor eindeutig und unabhängig von der Wahl des zugrunde gelegten Koordinatensystems in einen anderen Vektor überführt, nennt man einen **Tensor**. Der obige Tensor $\tilde{a}$ ist wegen $a_{ik} = a_{ki}$ zudem **symmetrisch**.
Gemäß (2.61) ergibt die Integration der drei Gleichungen (2.63) die drei Komponenten L_x, L_y, L_z des Drehimpulses $\boldsymbol{L}$. Da innerhalb eines **starren** Körpers die Winkelgeschwindigkeit $\boldsymbol{\omega}$ zu jedem Zeitpunkt überall **gleich groß** ist, können bei den neun insgesamt auftretenden Integralen die Komponenten $\omega_x, \omega_y, \omega_z$ von $\boldsymbol{\omega}$ jeweils vor die Integralzeichen gezogen werden. Mit den Abkürzungen

$$\begin{pmatrix} \int(r^2 - x^2)\cdot \mathrm{d}m & -\int xy\cdot \mathrm{d}m & -\int xz\cdot \mathrm{d}m \\ -\int yx\cdot \mathrm{d}m & \int(r^2 - y^2)\cdot \mathrm{d}m & -\int yz\cdot \mathrm{d}m \\ -\int zx\cdot \mathrm{d}m & -\int zy\cdot \mathrm{d}m & \int(r^2 - z^2)\cdot \mathrm{d}m \end{pmatrix}$$

$$= \begin{pmatrix} \Theta_{11} & \Theta_{12} & \Theta_{13} \\ \Theta_{21} & \Theta_{22} & \Theta_{23} \\ \Theta_{31} & \Theta_{32} & \Theta_{33} \end{pmatrix} = \tilde{\Theta}$$

lautet dann das integrierte Gleichungssystem (2.63):

$$\begin{aligned} L_x &= \Theta_{11}\omega_x + \Theta_{12}\omega_y + \Theta_{13}\omega_z \\ L_y &= \Theta_{21}\omega_x + \Theta_{22}\omega_y + \Theta_{23}\omega_z \\ L_z &= \Theta_{31}\omega_x + \Theta_{32}\omega_y + \Theta_{33}\omega_z \end{aligned} \tag{2.63}$$

$\boldsymbol{\omega}$ und $\boldsymbol{L}$ sind **physikalische** Größen. Ihr Zusammenhang muss folglich **unabhängig** vom gewählten Koordinatensystem sein. Der Tensor $\tilde{\Theta}$ heißt **Trägheitsmoment**. Es ist üblich, das Gleichungssystem (2.64) durch die Schreibweise

$$\boldsymbol{L} = \tilde{\Theta}\boldsymbol{\omega}$$

abzukürzen:

Korollar 2.1 *Der Vektor* $\boldsymbol{L}$ *ist das Produkt aus dem Tensor* $\tilde{\Theta}$ *und dem Vektor* $\boldsymbol{\omega}$.

Wiederum ist $\tilde{\Theta}$ ein **symmetrischer** Tensor.
Wie die Mathematik lehrt, können durch eine geeignete Wahl des Koordinatensystems Tensoren dieser Art stets so umgeformt werden, dass alle Komponenten Θ_{ik} mit **gemischten** Indices verschwinden und nur noch die Diagonalkomponenten Θ_{ii} übrigbleiben:

$$\begin{pmatrix} \Theta_{11} & \Theta_{12} & \Theta_{13} \\ \Theta_{21} & \Theta_{22} & \Theta_{23} \\ \Theta_{31} & \Theta_{32} & \Theta_{33} \end{pmatrix} \quad \underline{\text{Transformation}} \quad \begin{pmatrix} \Theta'_{11} & 0 & 0 \\ 0 & \Theta'_{22} & 0 \\ 0 & 0 & \Theta'_{33} \end{pmatrix}$$

(x, y, z) – Koord.-System $\qquad$ (x', y', z') – Koord.-System

Diese Prozedur heißt **Hauptachsentransformation**. Die neun Koordinatenachsen nennt man **Haupt-Trägheitsachsen**, die verbleibenden Komponenten $\Theta'_{11}, \Theta'_{22}, \Theta'_{33}$ **Haupt-Trägheitsmomente**. $\widetilde{\Theta}$ ist – in mathematisch exakterer Sprechweise – ein "Tensor zweiter Stufe".

Auf weitere Einzelheiten bezüglich der Eigenschaften von und des Rechnens mit Tensoren soll hier nicht weiter eingegangen werden. Sie gehören in die Lehrbücher der Mathematik.

2.4 Ergänzung: Wechselwirkung zwischen Dipolen

2.4.1 Feld eines elektrischen Dipols

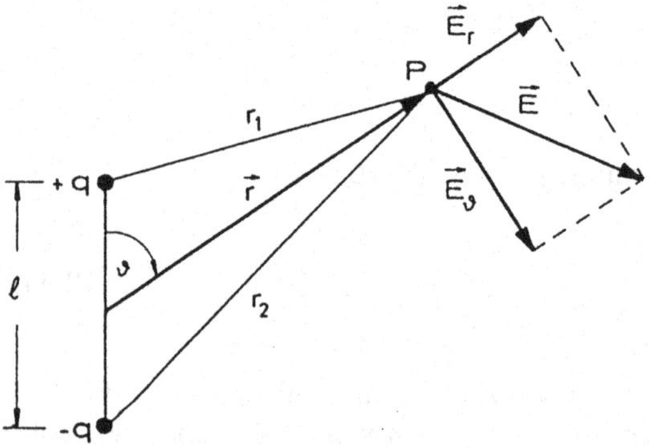

Abb. 2.19. Zum Dipol-Feld.

Potential im Aufpunkt P:

$$\varphi = \frac{q}{4\pi\varepsilon_0}\left[\frac{1}{r_1} - \frac{1}{r_2}\right] \tag{2.64}$$

Die Anwendung des Kosinus-Satzes liefert:

$$\begin{aligned} r_1^2 &= r^2 + \frac{\ell^2}{4} - r\ell\cos\vartheta \\ r_2^2 &= r^2 + \frac{\ell^2}{4} - r\ell\cos(\pi - \vartheta) \\ &= r^2 + \frac{\ell^2}{4} + r\ell\cos\vartheta \end{aligned}$$

Damit folgt:

$$\varphi = \frac{q}{4\pi\varepsilon_0}\left(\left[r^2 + \frac{\ell^2}{4} - r\ell\cos\vartheta\right]^{-1/2} - \left[r^2 + \frac{\ell^2}{4} + r\ell\cos\vartheta\right]^{-1/2}\right) \tag{2.65}$$

Das Feld ist rotationssymmetrisch zur Dipolachse. Die Feldstärke hat also keine Azimutalkomponente ($E_\varphi = 0$). Damit ist

$$\boldsymbol{E} = \boldsymbol{E}_r + \boldsymbol{E}_\vartheta = E_r \boldsymbol{u}_r + E_\vartheta \boldsymbol{u}_\vartheta$$

und

$$\boldsymbol{E} = -\text{grad}\,\varphi = -\frac{\partial\varphi}{\partial r}\boldsymbol{u}_r - \frac{1}{r}\frac{\partial\varphi}{\partial\vartheta}\boldsymbol{u}_\vartheta$$

Aus (2.65) folgt dann:

$$\begin{aligned} E_r &= -\frac{\partial\varphi}{\partial r} \\ &= -\frac{q}{4\pi\varepsilon_0}\left\{-\frac{1}{2}\left[r^2 + \frac{\ell^2}{4} - r\ell\cos\vartheta\right]^{-3/2}(2r - \ell\cos\vartheta)\right. \\ &\left. + \frac{1}{2}\left[r^2 + \frac{\ell^2}{4} + r\ell\cos\vartheta\right]^{-3/2}(2r + \ell\cos\vartheta)\right\} \end{aligned}$$

oder

$$\boxed{E_r = \frac{q}{8\pi\varepsilon_0}\left(\frac{2r - \ell\cos\vartheta}{\left[r^2 + \frac{\ell^2}{4} - r\ell\cos\vartheta\right]^{3/2}} - \frac{2r + \ell\cos\vartheta}{\left[r^2 + \frac{\ell^2}{4} + r\ell\cos\vartheta\right]^{3/2}}\right)}$$

und:

$$\begin{aligned} E_\vartheta &= -\frac{1}{r}\frac{\partial\varphi}{\partial\vartheta} \\ &= -\frac{q}{4\pi\varepsilon_0 r}\left\{-\frac{1}{2}\left[r^2 + \frac{\ell^2}{4} - r\ell\cos\vartheta\right]^{-3/2} r\ell\sin\vartheta\right. \\ &\left. + \frac{1}{2}\left[r^2 + \frac{\ell^2}{4} + r\ell\cos\vartheta\right]^{-3/2}(-r\ell\sin\vartheta)\right\} \end{aligned}$$

oder:

$$\boxed{E_\vartheta = \frac{q\ell\sin\vartheta}{8\pi\varepsilon_0}\left(\frac{1}{\left[r^2 + \frac{\ell^2}{4} - r\ell\cos\vartheta\right]^{3/2}} + \frac{1}{\left[r^2 + \frac{\ell^2}{4} + r\ell\cos\vartheta\right]^{3/2}}\right)}$$

Grenzfälle

1.) $\underline{\vartheta = 0°}$ (Dipolachse oberhalb der Äquatorebene).

$$E_r = \frac{q}{8\pi\varepsilon_0}\left(\frac{2r-\ell}{\left[r^2+\frac{\ell^2}{4}-r\ell\right]^{3/2}} - \frac{2r+\ell}{\left[r^2+\frac{\ell^2}{4}+r\ell\right]^{3/2}}\right)$$

$$= \frac{q}{4\pi\varepsilon_0}\left(\frac{1}{\left[r-\frac{\ell}{2}\right]^2} - \frac{1}{\left[r+\frac{\ell}{2}\right]^2}\right)$$

$E_\vartheta = 0.$

2.) $\underline{\vartheta = 90°}$ (Äquatorebene)

$$E_r = \frac{q}{8\pi\varepsilon_0}\left(\frac{2r}{\left[r^2+\frac{\ell^2}{4}\right]^{3/2}} - \frac{2r}{\left[r^2+\frac{\ell^2}{4}\right]^{3/2}}\right) = 0$$

$$E_\vartheta = \frac{q\ell}{8\pi\varepsilon_0}\left(\frac{1}{\left[r^2+\frac{\ell^2}{4}\right]^{3/2}} + \frac{1}{\left[r^2+\frac{\ell^2}{4}\right]^{3/2}}\right)$$

$$= \frac{q\ell}{4\pi\varepsilon_0}\frac{1}{\left[r^2+\frac{\ell^2}{4}\right]^{3/2}}$$

Die Feldlinien durchqueren die Äquatorebene also senkrecht.

3.) $\underline{\vartheta = 180°}$ (Dipolachse unterhalb der Äquatorebene).

$$E_r = \frac{q}{8\pi\varepsilon_0}\left(\frac{2r+\ell}{\left[r^2+\frac{\ell^2}{4}+r\ell\right]^{3/2}} - \frac{2r-\ell}{\left[r^2+\frac{\ell^2}{4}-r\ell\right]^{3/2}}\right)$$

$$= \frac{q}{4\pi\varepsilon_0}\left(\frac{1}{\left[r+\frac{\ell}{2}\right]^2} - \frac{1}{\left[r-\frac{\ell}{2}\right]^2}\right)$$

$E_\vartheta = 0.$

2.4.2 Dipolfeld in großer Entfernung ($r \gg \ell$, Fernfeld)

Aus (2.64) folgt:

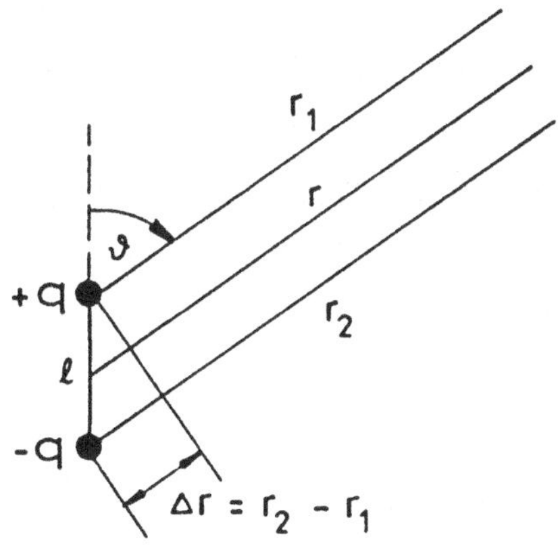

$$\varphi = \frac{q}{4\pi\varepsilon_0}\left[\frac{r_2 - r_1}{r_1 \cdot r_2}\right]$$

Für $r \gg \ell$ ist

$$r_1 \approx r_2 \approx r \qquad \text{und} \qquad r_1 r_2 \approx r^2$$

Da zudem die Ortsvektoren $\boldsymbol{r}_1$ und $\boldsymbol{r}_2$ praktisch parallel zueinander verlaufen, gilt für deren Längendifferenz:

$$\Delta r = r_2 - r_1 \approx \ell \cos\vartheta$$

Damit ist:

$$\varphi = \frac{1}{4\pi\varepsilon_0}\frac{q\ell\cos\vartheta}{r^2}$$

Definition: Bezeichnet $\boldsymbol{\ell}$ den Ortsvektor von $-q$ nach $+q$, dann heißt das Produkt

$$\boldsymbol{p} = q\boldsymbol{\ell}$$

das **Dipolmoment**. Also lautet das Potential des Fernfeldes:

$$\varphi = \frac{1}{4\pi\varepsilon_0}\frac{p\cos\vartheta}{r^2}$$

Für die Feldstärke erhält man dann:

$$E_r = -\frac{\partial\varphi}{\partial r} = \frac{p}{4\pi\varepsilon_0}\frac{2\cos\vartheta}{r^3}$$

und

$$E_\vartheta = -\frac{1}{r}\frac{\partial\varphi}{\partial\vartheta} = \frac{p}{4\pi\varepsilon_0}\frac{\sin\vartheta}{r^3}$$

oder

$$\boldsymbol{E} = \frac{1}{4\pi\varepsilon_0}\frac{p}{r^3}(2\cos\vartheta\,\boldsymbol{u}_r + \sin\vartheta\,\boldsymbol{u}_\vartheta) \tag{2.66}$$

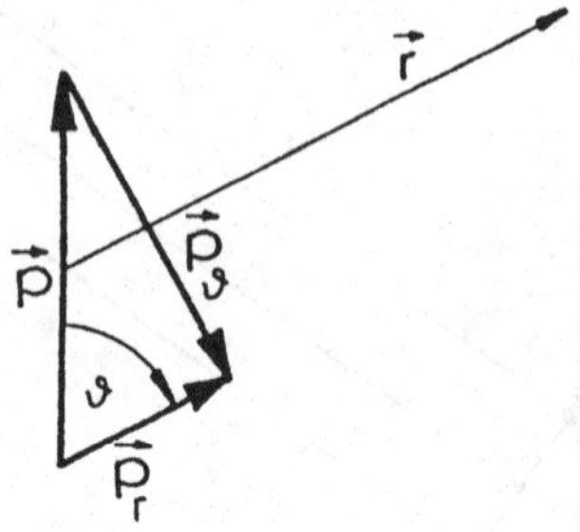

Andere Darstellungsformen:
Es ist:

$$\boldsymbol{p} + \boldsymbol{p}_\vartheta = \boldsymbol{p}_r$$

oder

$$\boldsymbol{p}_\vartheta = \boldsymbol{p}_r - \boldsymbol{p}$$

oder

$$p \sin\vartheta \boldsymbol{u}_\vartheta = p\cos\vartheta \boldsymbol{u}_r - \boldsymbol{p}$$

Einsetzen in (2.66) ergibt:

$$\boldsymbol{E} = \frac{1}{4\pi\varepsilon_0}\frac{1}{r^3}(2p\cos\vartheta\boldsymbol{u}_r + p\cos\vartheta\boldsymbol{u}_r - \boldsymbol{p})$$

oder:

$$\boxed{\boldsymbol{E} = \frac{1}{4\pi\varepsilon_0}\frac{1}{r^3}(3p\cos\vartheta\boldsymbol{u}_r - \boldsymbol{p})}$$

Wegen $p\cos\vartheta = \boldsymbol{p}\boldsymbol{u}_r$ ist auch

$$\boldsymbol{E} = \frac{1}{4\pi\varepsilon_0}\frac{1}{r^3}\left[3(\boldsymbol{p}\boldsymbol{u}_r)\boldsymbol{u}_r - \boldsymbol{p}\right] \tag{2.67}$$

2.4.3 Dipol mit dem Moment $\boldsymbol{p}$ im Feld eines Dipols mit dem Moment $\boldsymbol{p}_0$

Die potentielle Energie eines (elektrischen) Dipols in einem elektrischen Feld beträgt:

$$W_p = -\boldsymbol{p}\cdot\boldsymbol{E}$$

Die auf ihn wirkende Kraft ist dann:

$$\boldsymbol{F} = -\text{grad } W_p = \text{grad }(\boldsymbol{p}\cdot\boldsymbol{E})$$

Zur Vereinfachung der Schreibweise wird im folgenden der Nabla-Operator $\boldsymbol{\nabla}$ verwendet. Damit ist

$$\boldsymbol{F} = \boldsymbol{\nabla}(\boldsymbol{p} \cdot \boldsymbol{E})$$

Für den Gradienten eines Produkts aus zwei Vektoren liefert die Vektoranalyse den Zusammenhang:

$$\boldsymbol{\nabla}(\boldsymbol{p} \cdot \boldsymbol{E}) = \boldsymbol{p} \times (\boldsymbol{\nabla} \times \boldsymbol{E}) + (\boldsymbol{E} \cdot \boldsymbol{\nabla}) \cdot \boldsymbol{p} + \boldsymbol{E} \times (\boldsymbol{\nabla} \times \boldsymbol{p}) + (\boldsymbol{p} \cdot \boldsymbol{\nabla}) \cdot \boldsymbol{E}$$

$\boldsymbol{E}$ ist ein Gradienten-Feld ($\boldsymbol{E} = -$ grad φ). Solche Felder sind rotationsfrei, d.h. es ist:

$$\mathrm{rot}\boldsymbol{E} = \boldsymbol{\nabla} \times \boldsymbol{E} = 0$$

$\boldsymbol{p}$ (und auch $\boldsymbol{p}_0$) sind konstante Vektoren. Ihre Richtungen und Beträge sind jeweils vorgegeben. Damit ist:

$$\boldsymbol{\nabla} \times \boldsymbol{p} = 0 \qquad \text{und} \qquad (\boldsymbol{E} \cdot \boldsymbol{\nabla}) \cdot p = 0$$

Also folgt für die Kraft auf einen Dipol:

$$\boxed{\boldsymbol{F} = (\boldsymbol{p} \cdot \boldsymbol{\nabla}) \cdot \boldsymbol{E}}$$

Durch Einsetzen von (2.67) erhält man dann mit $\boldsymbol{u}_r = \boldsymbol{r}/r$ und nach Ersetzen von $\boldsymbol{p}$ durch $\boldsymbol{p}_0$ als Kraft zwischen zwei Dipolen:

$$\begin{aligned} \boldsymbol{F} &= \frac{1}{4\pi\varepsilon_0}(\boldsymbol{p} \cdot \boldsymbol{\nabla}) \cdot \left[\frac{3(\boldsymbol{p}_0 \cdot \boldsymbol{r})\boldsymbol{r}}{r^5} - \frac{\boldsymbol{p}_0}{r^3}\right] \\ &= \frac{1}{4\pi\varepsilon_0}\left[3(\boldsymbol{p} \cdot \boldsymbol{\nabla}) \cdot \frac{(\boldsymbol{p}_0 \cdot \boldsymbol{r})\boldsymbol{r}}{r^5} - (\boldsymbol{p} \cdot \boldsymbol{\nabla}) \cdot \frac{\boldsymbol{p}_0}{r^3}\right] \end{aligned} \tag{2.68}$$

Unter Beachtung der Rechenregeln für die Differentiation eines Produkts aus drei Faktoren, hier der drei Faktoren $1/r^5$, $\boldsymbol{r}$ und $(\boldsymbol{p}_0 \cdot \boldsymbol{r})$, erhält man für den ersten Term in der eckigen Klammer:

$$\begin{aligned} 3(\boldsymbol{p} \cdot \boldsymbol{\nabla}) \cdot \frac{(\boldsymbol{p}_0 \cdot \boldsymbol{r})}{r^5}\boldsymbol{r} &= 3(\boldsymbol{p}_0 \cdot \boldsymbol{r})\boldsymbol{r} \cdot (\boldsymbol{p} \cdot \boldsymbol{\nabla})\frac{1}{r^5} + 3\frac{(\boldsymbol{p}_0 \cdot \boldsymbol{r})}{r^5} \cdot (\boldsymbol{p} \cdot \boldsymbol{\nabla}) \cdot \boldsymbol{r} \\ &\quad + 3\frac{\boldsymbol{r}}{r^5}(\boldsymbol{p} \cdot \boldsymbol{\nabla})(\boldsymbol{p}_0 \cdot \boldsymbol{r}) \\ &= 3(\boldsymbol{p}_0 \cdot \boldsymbol{r})\boldsymbol{r}\left[\boldsymbol{p} \cdot \boldsymbol{\nabla}\frac{1}{r^5}\right] + 3\frac{(\boldsymbol{p}_0 \cdot \boldsymbol{r})}{r^5}(\boldsymbol{p} \cdot \boldsymbol{\nabla}) \cdot \boldsymbol{r} \\ &\quad + 3\frac{\boldsymbol{r}}{r^5}\left[\boldsymbol{p} \cdot \boldsymbol{\nabla}(\boldsymbol{p}_0 \cdot \boldsymbol{r})\right] \end{aligned} \tag{2.69}$$

Allgemein gilt:

$$\boldsymbol{\nabla} r^n = n r^{n-2}\boldsymbol{r} \tag{2.70}$$

Also ist:

$$\boldsymbol{\nabla}\frac{1}{r^5} = -\frac{5}{r^7}\boldsymbol{r}$$

Ferner ist:

$$(\boldsymbol{p}\cdot\boldsymbol{\nabla})\cdot\boldsymbol{r} = \left[p_x\frac{\partial}{\partial x} + p_y\frac{\partial}{\partial y} + p_z\frac{\partial}{\partial z}\right](x\cdot\boldsymbol{u}_x + y\cdot\boldsymbol{u}_y + z\cdot\boldsymbol{u}_z)$$
$$= p_x\boldsymbol{u}_x + p_y\boldsymbol{u}_y + p_z\boldsymbol{u}_z = \boldsymbol{p}$$

und wegen $\boldsymbol{p}_0 = \text{const}$:

$$\boldsymbol{\nabla}(\boldsymbol{p}_0\cdot\boldsymbol{r}) = \boldsymbol{\nabla}(p_{0x}x + p_{0y}y + p_{0z}z) = p_{0x}\boldsymbol{\nabla}x + p_{0y}\boldsymbol{\nabla}y + p_{0z}\boldsymbol{\nabla}z$$
$$= p_{0x}\boldsymbol{u}_x + p_{0y}\boldsymbol{u}_y + p_{0z}\boldsymbol{u}_z = \boldsymbol{p}_0$$

Einsetzen dieser Zwischenergebnisse in (2.69) ergibt:

$$\begin{aligned}3(\boldsymbol{p}\cdot\boldsymbol{\nabla})\cdot\frac{(\boldsymbol{p}_0\cdot\boldsymbol{r})\boldsymbol{r}}{r^5} &= -\frac{15}{r^7}(\boldsymbol{p}_0\cdot\boldsymbol{r})(\boldsymbol{p}\cdot\boldsymbol{r})\boldsymbol{r} + \frac{3}{r^5}(\boldsymbol{p}_0\cdot\boldsymbol{r})\boldsymbol{p}\\ &\quad + \frac{3}{r^5}(\boldsymbol{p}\cdot\boldsymbol{p}_0)\boldsymbol{r}\\ &= \frac{3}{r^5}\Big\{(\boldsymbol{p}_0\cdot\boldsymbol{r})\boldsymbol{p} + (\boldsymbol{p}\cdot\boldsymbol{p}_0)\boldsymbol{r}\\ &\quad - \frac{5}{r^2}(\boldsymbol{p}_0\cdot\boldsymbol{r})(\boldsymbol{p}\cdot\boldsymbol{r})\boldsymbol{r}\Big\}\end{aligned} \tag{2.71}$$

Für den zweiten Term in der eckigen Klammer von (2.68) folgt wegen $\boldsymbol{p}_0 =$ const und mit (2.70):

$$(\boldsymbol{p}\cdot\boldsymbol{\nabla})\cdot\frac{\boldsymbol{p}_0}{r^3} = \boldsymbol{p}_0(\boldsymbol{p}\cdot\boldsymbol{\nabla})\frac{1}{r^3} = \boldsymbol{p}_0\left[\boldsymbol{p}\cdot\boldsymbol{\nabla}\frac{1}{r^3}\right] = -\frac{3}{r^5}\boldsymbol{p}_0(\boldsymbol{p}\cdot\boldsymbol{r})$$

Zusammen mit (2.71) ergibt sich somit schließlich aus (2.68) als Dipol-Dipol-Kraft:

$$\boldsymbol{F} = \frac{3}{4\pi\varepsilon_0 r^5}\left[(\boldsymbol{p}_0\cdot\boldsymbol{r})\boldsymbol{p} + (\boldsymbol{p}\cdot\boldsymbol{r})\cdot\boldsymbol{p}_0 + (\boldsymbol{p}\cdot\boldsymbol{p}_0)\boldsymbol{r} - \frac{5}{r^2}(\boldsymbol{p}_0\cdot\boldsymbol{r})(\boldsymbol{p}\cdot\boldsymbol{r})\boldsymbol{r}\right]$$

oder mit $\boldsymbol{r} = r\boldsymbol{u}_r$:

$$\boldsymbol{F} = \frac{3}{4\pi\varepsilon_0 r^4}\left[(\boldsymbol{p}_0\cdot\boldsymbol{u}_r)\boldsymbol{p} + (\boldsymbol{p}\cdot\boldsymbol{u}_r)\boldsymbol{p}_0 + (\boldsymbol{p}\cdot\boldsymbol{p}_0)\boldsymbol{u}_r - 5(\boldsymbol{p}_0\cdot\boldsymbol{u}_r)(\boldsymbol{p}\cdot\boldsymbol{u}_r)\boldsymbol{u}_r\right]$$

Führt man gemäß $\boldsymbol{p}_0 = p_0\boldsymbol{u}_0$ und $\boldsymbol{p} = p\boldsymbol{u}$ die Einheitsvektoren für die Dipolrichtungen ein, dann erhält man:

$$\begin{aligned}\boldsymbol{F} = \frac{3}{4\pi\varepsilon_0}\frac{p_0 p}{r^4}\Big\{&(\boldsymbol{u}_0\cdot\boldsymbol{u}_r)\boldsymbol{u} + (\boldsymbol{u}\cdot\boldsymbol{u}_r)\boldsymbol{u}_0 + (\boldsymbol{u}\cdot\boldsymbol{u}_0)\boldsymbol{u}_r\\ &- 5(\boldsymbol{u}_0\cdot\boldsymbol{u}_r)(\boldsymbol{u}\cdot\boldsymbol{u}_r)\boldsymbol{u}_r\Big\}\end{aligned} \tag{2.72}$$

Die Kraft fällt also mit der vierten Potenz des Dipolabstandes r ab und ist proportional zum Produkt der Beträge p_0 und p der beiden Dipolmomente. Von den vier Anteilen in der geschweiften Klammer weisen die letzten beiden in Richtung des Ortsvektors. Die Beiträge der einzelnen Anteile zur

Gesamtkraft hängen von der Orientierung der beiden Dipole zueinander ab, denn es ist ja:

$$(\boldsymbol{u}_0 \cdot \boldsymbol{u}_r) = \cos\left[\angle(\boldsymbol{p}_0, \boldsymbol{r})\right],$$

$$(\boldsymbol{u} \cdot \boldsymbol{u}_r) = \cos\left[\angle(\boldsymbol{p}, \boldsymbol{r})\right], \quad (\boldsymbol{u} \cdot \boldsymbol{u}_0) = \cos\left[\angle(\boldsymbol{p}, \boldsymbol{p}_0)\right]^{1}$$

Außer einer Kraft wirkt auf einen Dipol in einem Feld bekanntlich auch ein Drehmoment der Größe

$$\boldsymbol{M} = \boldsymbol{p} \times \boldsymbol{E}$$

Mit (2.67) folgt daraus nach Ersetzen von $\boldsymbol{p}$ durch $\boldsymbol{p}_0$ für ein Dipolfeld:

$$\boldsymbol{M} = \frac{1}{4\pi\varepsilon_0 r^3}\left[3(\boldsymbol{p}_0 \cdot \boldsymbol{u}_r)(\boldsymbol{p} \times \boldsymbol{u}_r) - (\boldsymbol{p} \times \boldsymbol{p}_0)\right]$$

oder

$$\boldsymbol{M} = \frac{1}{4\pi\varepsilon_0}\frac{p_0 p}{r^3}\left[3(\boldsymbol{u}_0 \cdot \boldsymbol{u}_r)(\boldsymbol{u} \times \boldsymbol{u}_r) - (\boldsymbol{u} \times \boldsymbol{u}_0)\right] \tag{2.73}$$

oder – ohne Einheitsvektoren ausgedrückt:

$$\boxed{\boldsymbol{M} = \frac{1}{4\pi\varepsilon_0}\left[\frac{3(\boldsymbol{p}_0 \cdot \boldsymbol{r})(\boldsymbol{p} \times \boldsymbol{r})}{r^5} - \frac{(\boldsymbol{p} \times \boldsymbol{p}_0)}{r^3}\right]}$$

Das Drehmoment fällt mit der dritten Potenz von r ab und ist – wie die Kraft auch – proportional zu $p_0 p$ und von der gegenseitigen Dipol-Orientierung abhängig.

Ausgewählte Fälle:

1. Parallele Dipole:

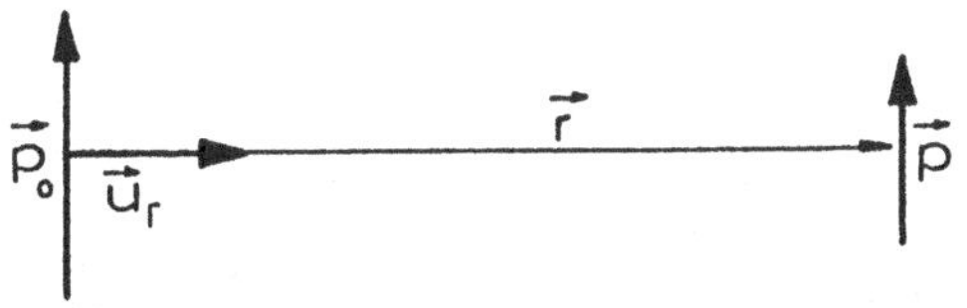

Hier ist $\boldsymbol{u}_0 = \boldsymbol{u}$, $\boldsymbol{u}_0 \perp \boldsymbol{u}_r$ und $\boldsymbol{u} \perp \boldsymbol{u}_r$ und somit $(\boldsymbol{u}_0 \cdot \boldsymbol{u}_r) = (\boldsymbol{u} \cdot \boldsymbol{u}_r) = (\boldsymbol{u} \times \boldsymbol{u}_0) = 0$ und $(\boldsymbol{u} \cdot \boldsymbol{u}_0) = 1$.
Also folgt gemäß (2.72) und (2.73):

$$\boldsymbol{F} = \frac{3}{4\pi\varepsilon_0}\frac{p_0 p}{r^4}\boldsymbol{u}_r$$

[1] $\angle$ bedeutet “Winkel zwischen ...”

und $\boldsymbol{M} = 0$.
Die Kraft ist also **abstoßend**, und es tritt **kein** Drehmoment auf.

2. Antiparallele Dipole:

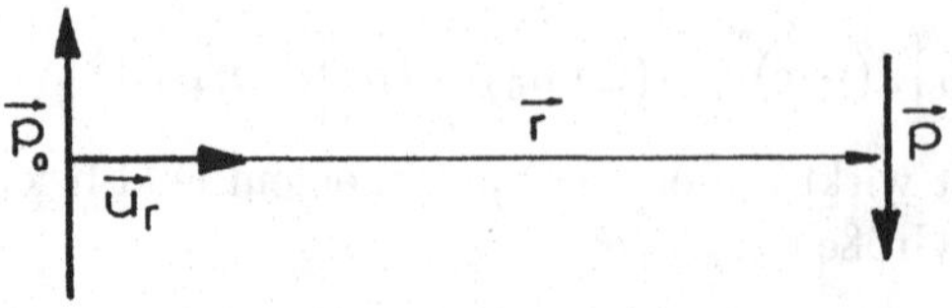

Hier ist $\boldsymbol{u}_0 = -\boldsymbol{u}$ und damit $(\boldsymbol{u} \cdot \boldsymbol{u}_0) = -1$. Alles andere ist wie im Fall 1. Das ergibt nach (2.72) und (2.73):

$$\boldsymbol{F} = -\frac{3}{4\pi\varepsilon_0}\frac{p_0 p}{r^4}\boldsymbol{u}_r$$

und $\boldsymbol{M} = 0$.
Die Kraft wirkt **anziehend**.

3. Gekreuzte Dipole:
Nun ist $\boldsymbol{u}_0 \perp \boldsymbol{u}$ und somit $(\boldsymbol{u} \cdot \boldsymbol{u}_0) = 0$ und $(\boldsymbol{u} \times \boldsymbol{u}_0) = -\boldsymbol{u}_r$. Weiterhin bleibt $(\boldsymbol{u}_0 \cdot \boldsymbol{u}_r) = (\boldsymbol{u} \cdot \boldsymbol{u}_r) = 0$. Aus (2.72) und (2.73) erhält man also $\boldsymbol{F} = 0$ und

$$\boldsymbol{M} = \frac{1}{4\pi\varepsilon_0}\frac{p_0 p}{r^3}\boldsymbol{u}_r$$

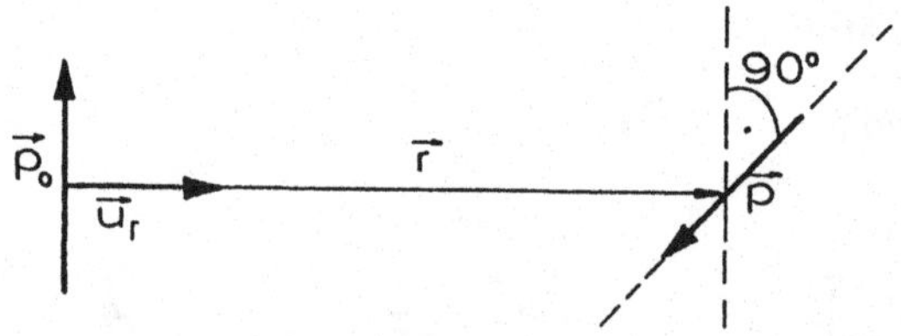

Von $\boldsymbol{p}_0$ auf $\boldsymbol{p}$ blickend, wirkt hier bei der skizzierten Orientierung das Drehmoment **rechtsdrehend**.

4. Gleichgerichtete Dipole in Reihe:

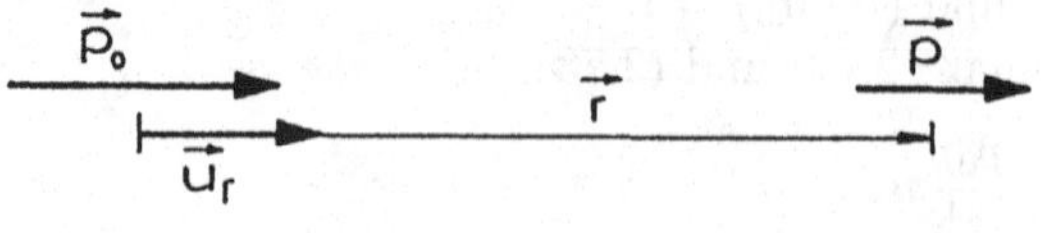

Jetzt ist $\boldsymbol{u}_0 = \boldsymbol{u} = \boldsymbol{u}_r$ und damit $(\boldsymbol{u}_0 \cdot \boldsymbol{u}_r) = (\boldsymbol{u} \cdot \boldsymbol{u}_r) = (\boldsymbol{u} \cdot \boldsymbol{u}_0) = 1$ und $(\boldsymbol{u} \times \boldsymbol{u}_r) = (\boldsymbol{u} \times \boldsymbol{u}_0) = 0$. Also ergeben (2.72) und (2.73):

$$\boldsymbol{F} = -\frac{6}{4\pi\varepsilon_0}\frac{p_0 p}{r^4}\boldsymbol{u}_r$$

und $\boldsymbol{M} = 0$. Die Kraft wirkt **anziehend**.

5. Entgegengesetzt gerichtete Dipole in Reihe:

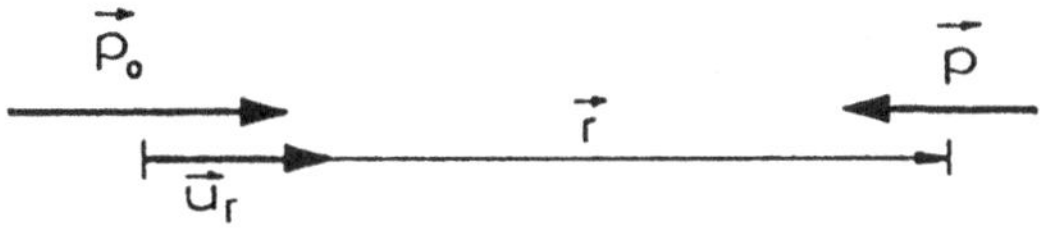

Hier ist $\boldsymbol{u}_0 = \boldsymbol{u}_r = -\boldsymbol{u}$ und folglich $(\boldsymbol{u}_0 \cdot \boldsymbol{u}_r) = 1$ und $(\boldsymbol{u} \cdot \boldsymbol{u}_r) = (\boldsymbol{u} \cdot \boldsymbol{u}_0) = -1$. Weiterhin bleibt $(\boldsymbol{u} \times \boldsymbol{u}_r) = (\boldsymbol{u} \times \boldsymbol{u}_0) = 0$. Damit liefern (2.72) und (2.73):

$$\boldsymbol{F} = \frac{6}{4\pi\varepsilon_0}\frac{p_0 p}{r^4}\boldsymbol{u}_r$$

und $\boldsymbol{M} = 0$. Die Kraft wirkt **abstoßend**.

6. Senkrecht zueinander stehende Dipole in Reihe (Fall a.):

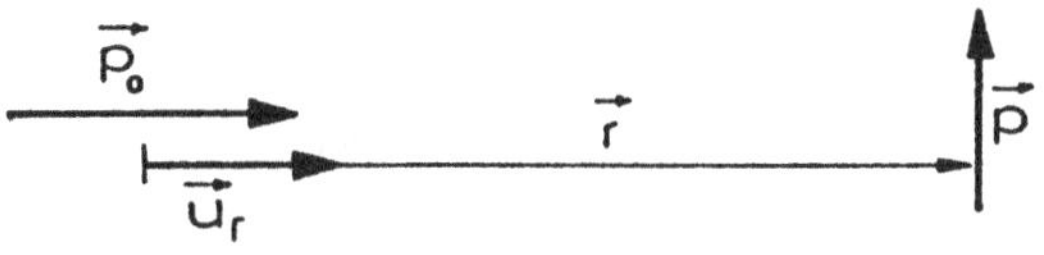

Nun ist $\boldsymbol{u}_0 = \boldsymbol{u}_r$, $\boldsymbol{u} \perp \boldsymbol{u}_r$ und $\boldsymbol{u} \perp \boldsymbol{u}_0$ und damit $(\boldsymbol{u}_0 \cdot \boldsymbol{u}_r) = 1$, $(\boldsymbol{u} \cdot \boldsymbol{u}_r) = (\boldsymbol{u} \cdot \boldsymbol{u}_0) = 0$ und $(\boldsymbol{u} \times \boldsymbol{u}_r) = (\boldsymbol{u} \times \boldsymbol{u}_0) = \boldsymbol{u}_\vartheta$, wobei $\boldsymbol{u}_\vartheta$ der in die Zeichenebene weisende Einheitsvektor ist. Also erhält man aus (2.72) und (2.73):

$$\boldsymbol{F} = \frac{3}{4\pi\varepsilon_0}\frac{p_0 p}{r^4}\boldsymbol{u}$$

und

$$\boldsymbol{M} = \frac{2}{4\pi\varepsilon_0}\frac{p_0 p}{r^3} \cdot \boldsymbol{u}_\vartheta$$

Die Kraft wirkt in **Richtung von $\boldsymbol{p}$**, d.h. quer zur Richtung von $\boldsymbol{p}_0$. Auf die Zeichenebene schauend wirkt bei der hier skizzierten Orientierung das Drehmoment **rechtsdrehend**.

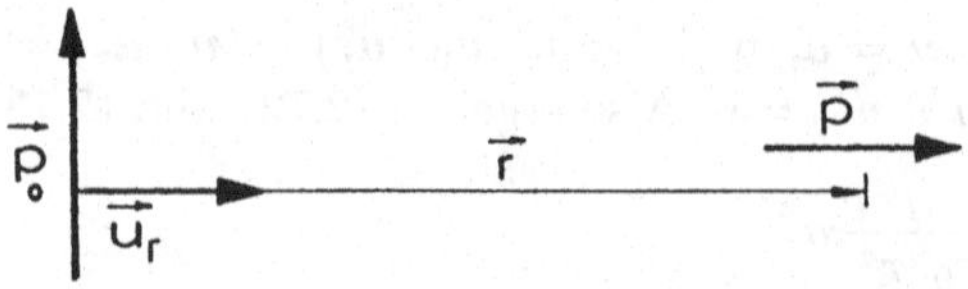

7. Senkrecht zueinander stehende Dipole in Reihe (Fall b.):
Hier ist $\boldsymbol{u} = \boldsymbol{u}_r$, $\boldsymbol{u}_0 \perp \boldsymbol{u}_r$ und $\boldsymbol{u} \perp \boldsymbol{u}_0$ und somit $(\boldsymbol{u}_0 \cdot \boldsymbol{u}_r) = (\boldsymbol{u} \cdot \boldsymbol{u}_0) = 0$, $(\boldsymbol{u} \cdot \boldsymbol{u}_r) = 1$, $(\boldsymbol{u} \times \boldsymbol{u}_r) = 0$ und $(\boldsymbol{u} \times \boldsymbol{u}_0) = -\boldsymbol{u}_\vartheta$. Damit ergibt sich aus (2.72) und (2.73):

$$\boldsymbol{F} = \frac{3}{4\pi\varepsilon_0} \frac{p_0 p}{r^4} \boldsymbol{u}_0$$

und

$$\boldsymbol{M} = \frac{1}{4\pi\varepsilon_0} \frac{p_0 p}{r^3} \boldsymbol{u}_\vartheta$$

Die Kraft wirkt in **Richtung von $\boldsymbol{p}_0$**, d.h. quer zur Richtung von $\boldsymbol{p}$. Wie im vorangehenden Fall wirkt das Drehmoment auch hier **rechtsdrehend**.

2.5 Quantelung der Ladung, Ladungserhaltung, atomarer Aufbau der Materie

Bisher ist wiederholt auf die Analogie zwischen Masse und Ladung hingewiesen worden. Die Gravitationswechselwirkung wird bis auf das Vorzeichen durch dieselbe Feldstruktur ($\sim m\boldsymbol{u}_r/r^2$) beschrieben wie die elektrische Wechselwirkung ($\sim q\boldsymbol{u}_r/r^2$).
Unter gewissen, in der makroskopischen Physik realisierten Bedingungen bleibt die Gesamtmasse eines isolierten Systems erhalten. Dieses **Gesetz von der Massenerhaltung** gilt nur eingeschränkt. Die Relativitätstheorie begründet eine Äquivalenz von Masse und Energie, nämlich

$$mc^2 = W$$

welche heute gesicherte physikalische Erfahrung ist. Ein hervorragendes Beispiel ist etwa die Energiegewinnung bei der Kernspaltung. Der Energiesatz gilt dann uneingeschränkt in der Form

$$\sum_i (W_i + m_i c^2) = \text{const}$$

wobei wieder über alle Teilchen (Index i) eines isolierten Systems summiert wird. W_i ist die Gesamtenergie des Teilchens i, wobei m_i seine **Ruhemasse** ist.

Ladungserhaltung Sehr viel einfacher läßt sich das uneingeschränkt gültige **Gesetz von der Ladungserhaltung** formulieren. Die Gesamtladung eines isolierten Systems bleibt erhalten:

$$\boxed{Q = \sum_{i=1}^{n} q_i = \text{const}} \tag{2.74}$$

Ein isoliertes System soll dabei ein bestimmtes räumliches Gebiet sein mit der Bedingung, dass Ladung weder hinaus- noch hineintransportiert wird. Dies ist i.a. im makroskopischen Bereich nur unvollkommen realisierbar.

Quantelung der Ladung Im Gegensatz zur Masse – viele verschiedene "Elementarteilchen" unterschiedlicher Masse sind bekannt – gibt es eine einzige kleinste Ladungseinheit, die sogenannte **Elementarladung** e. Misst man also die Ladung eines isolierten Systems, so findet man stets, dass sie ein ganzzahliges Vielfaches von e ist. Aus Messungen erhält man:

$$\boxed{e = 1.602 \cdot 10^{-19}\text{C}}$$

Erstmalig wurde die Elementarladung durch MILLIKAN ($\sim$ 1911) mit einem Messverfahren bestimmt, das im folgenden kurz beschrieben sei (Öltropfen-Verfahren): Mit einem Zerstäuber werden Öltröpfchen in einen Parallelplattenkondensator (Plattenabstand d) geblasen. Durch die Reibung an der Zerstäuberdüse erhalten sie eine unbekannte Ladung q. Die Stärke $\boldsymbol{E}$ des homogenen Feldes zwischen den Platten kann aus der angelegten Spannung U gemäß $E = U/d$ bestimmt werden. Seine Richtung wird antiparallel zur Fallbeschleunigung $\boldsymbol{g}$ gewählt (s. Bild 2.20).Aufgrund der Oberflächenspannung sind die Tröpfchen kugelförmig. Ihre Dichte ϱ ist bekannt, ihr Radius r unbekannt.

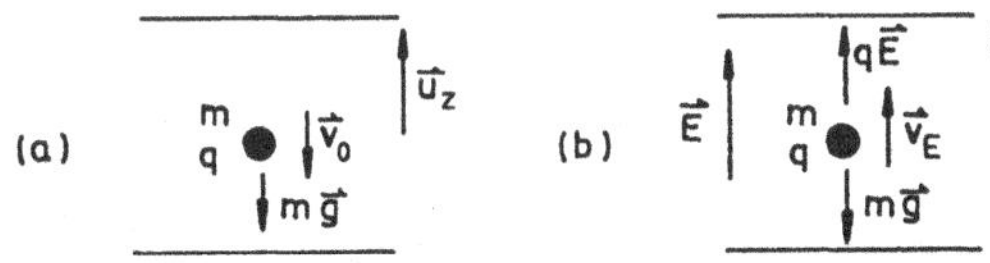

Abb. 2.20. MILLIKAN-Versuch zur Bestimmung von e.

Man beobachtet mit einem Mikroskop einen individuellen Tropfen zunächst bei ausgeschalteter Spannung ($\boldsymbol{E} = 0$, Bild 2.20a). Die NEWTONsche Bewegungsgleichung lautet:

$$m\boldsymbol{a} = (m - m_L)\boldsymbol{g} - 6\pi\eta r\boldsymbol{v}$$

worin $(m - m_L)\boldsymbol{g}$ die durch Auftrieb verminderte Gravitationskraft und $6\pi\eta r\boldsymbol{v}$ die Reibungskraft beschreibt (η = Viskositätskonstante der Luft). Man misst die konstante Sinkgeschwindigkeit, die aus $\boldsymbol{a} = 0$ berechenbar ist. Es wird:

$$v_0 = \frac{(m - m_L)g}{6\pi\eta r} = \frac{\frac{4}{3}\pi r^3(\varrho - \varrho_L)g}{6\pi\eta r} = \frac{2}{9}\frac{r^2(\varrho - \varrho_L)g}{\eta}$$

Hierin sind $\varrho = \varrho_{\text{Öl}}, \varrho_L = \varrho_{\text{Luft}}, \eta$ und g bekannt, v_0 wird gemessen. Also kann der Radius r berechnet werden.
Wird derselbe Öltropfen bei Einschalten des Feldes $\boldsymbol{E}$ beobachtet, so gilt

$$m\boldsymbol{a} = q\boldsymbol{E} + (m - m_L)\boldsymbol{g} - 6\pi\eta r\boldsymbol{v}$$

Also ergibt sich die konstante Geschwindigkeit v_E aus $\boldsymbol{a} = 0$ nach Bild 2.20b zu

$$v_E = \frac{qE - (m - m_L)g}{6\pi\eta r} = \frac{qE}{6\pi\eta r} - v_0$$

$$q = \frac{1}{E}6\pi\eta r(v_0 + v_E)$$

r ist aus v_0 bekannt (s.o). Aus der Messung von v_0 und v_E kann also ($E = U/d$ gemessen, η bekannt) q bestimmt werden. Die Bestimmung von q für viele verschiedene Tröpfchen bzw. für ein Tröpfchen mit verschiedener Ladung (Umladung mit ionisierender Strahlung) führt zu

$$q = ne \qquad (n \text{ ganzzahlig})$$

und es kann e aus derartigen Messserien bestimmt werden.

Elementarteilchen und Ladung Freie Ladung existiert nicht. Ladung ist stets an Teilchen bestimmter Masse gebunden. Die kleinsten Teilchen der Materie, die Elementarteilchen, sind also solche Teilchen, die u.a. durch eine bestimmte charakteristische Masse (m) und Ladung ($q = +e, -e$ oder 0) gekennzeichnet sind.
Die Hauptbausteine der Materie sind:

Elektron	e^-	$m_e = 9.1091 \cdot 10^{-31}$ kg	$q_e = -e$
Proton	p	$m_p = 1.6725 \cdot 10^{-27}$ kg	$q_p = +e$
Neutron	n	$m_n = 1.6748 \cdot 10^{-27}$ kg	$q_n = 0$

Protonen und Neutronen werden gemeinsam auch als **Nukleonen** bezeichnet. Aus ihnen ist der Atomkern aufgebaut. Es gilt (s.o.)

$$m_p \approx m_n \quad \text{und} \quad \frac{m_p}{m_e} \approx 1840$$

Atomarer Aufbau der Materie Die elektrische Wechselwirkung spielt für den Aufbau der Materie aus Atomen/Molekülen die entscheidende Rolle. Atome bestehen aus einem positiv geladenen Atomkern und der negativ geladenen Elektronenhülle. Im Atomkern ist praktisch die Gesamtmasse des Atoms konzentriert (= Gesamtmasse der den Kern aufbauenden Nukleonen). Für den Radius der Atomkerne ergibt sich empirisch

$$R \simeq 1.2 \cdot 10^{-15}\, A^{1/3}\mathrm{m}$$

wobei A die Nukleonenzahl (Zahl der Neutronen + Zahl der Protonen) im betrachteten Kern ist. Für den Radius des Protons hat man gefunden:

$$R_p \simeq 1 \cdot 10^{-15}\ \mathrm{m} = 1\ \mathrm{fm} \quad \text{(femtometer = fermi)}$$

Die o.a. Beziehung für den Kernradius bedeutet, dass alle Kerne etwa konstante Dichte haben und (Vergleich von R mit R_p) dass die Nukleonen im Kern in dichtester Kugelpackung vorliegen. Die hierzu notwendigen Bindungskräfte sind **nicht elektrischer** Natur, da die Protonen sich aufgrund ihrer Ladung gegenseitig abstoßen. Vielmehr wird die Bindung der Nukleonen im Kern durch die **starke Wechselwirkung** (Kernwechselwirkung) zwischen den Nukleonen ermöglicht.

Atome sind i.a. insgesamt elektrisch neutral. Ist Z die Zahl der im Kern vorhandenen Protonen (Ladung des Kerns $q_{\text{Kern}} = Ze$ = **Kernladungszahl** = **Ordnungszahl**), so gibt es in der den Kern umgebenden Elektronenhülle entsprechend Z Elektronen (Ladung der Hülle $q_{\text{Hülle}} = -Ze$). Die Atomhülle hat einen wesentlich größeren Radius als der Kern, nämlich

$$R_{\text{Hülle}} \simeq 1 - 3 \cdot 10^{-10}\mathrm{m}$$

Es ist also $R_{\text{Hülle}}/R_{\text{Kern}} \simeq 10^5$. Im einfachsten **Bohrschen Atommodell** wird angenommen, dass die Elektronen der Hülle auf stabilen diskreten Kreisbahnen um den Kern umlaufen, wobei die hierzu jeweils benötigte Radialkraft durch die elektrische Wechselwirkungskraft zwischen dem jeweiligen Elektron und der Ladung des Kerns ($q = +Ze$) gegeben ist (Bild 2.21).

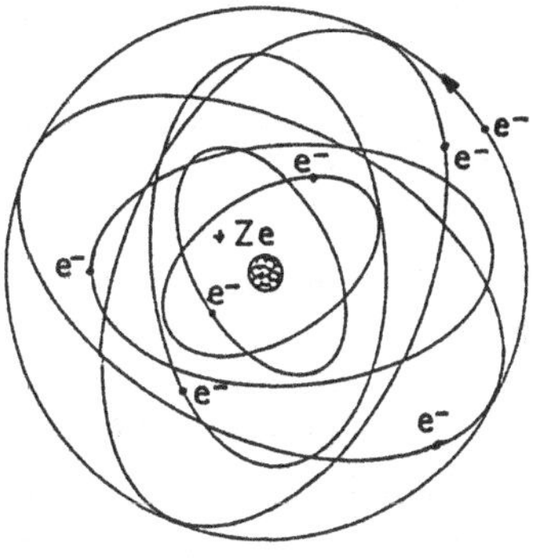

Abb. 2.21. Modellvorstellungen des Atoms.

Ein Atom ist zwar nach außen ein elektrisch neutrales Gebilde, so dass das elektrische Feld im Außenraum bei völlig sphärischer, symmetrischer Ladungsverteilung gleich Null ist. Im Innern ist dagegen aufgrund der positiven Kernladung und der negativen Ladungen der Hüllenelektronen ein starkes elektrisches Feld vorhanden. In Bild 2.22 ist angenommen, dass die Gesamtladung der Hülle homogen auf das kugelförmig angenommene Atom verteilt ist. Insbesondere in der Nähe des Atomkerns ist das von ihm bewirkte elektrische Feld durch das Vorhandensein der Hülle kaum geschwächt, dagegen ist am Atomrand die "Abschirmung" durch die Elektronenhülle am stärksten.

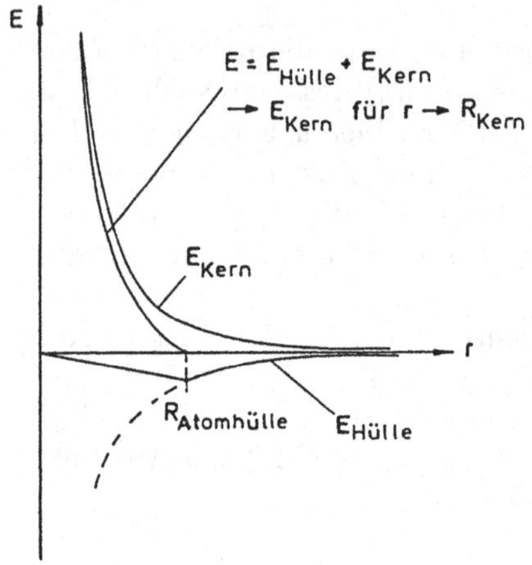

Abb. 2.22. Elektrisches Feld im Atom mit homogener Ladungsverteilung der Hülle.

Hochenergetische geladene Teilchen werden bei Beschuss dünner Folien im wesentlichen durch das elektrische Feld des Atomkerns abgelenkt (**Rutherford-Streuung**). Auf diese Weise wird der Kernradius messbar.
In freien Atomen ist der Schwerpunkt der Ladungsverteilung in der Elektronenhülle identisch mit dem Kern. Daher ist das elektrische Dipolmoment p freier Atome gleich Null (vgl. Definition). Unter dem Einfluss eines äußeren elektrischen Feldes kann die Ladungsverteilung polarisiert werden, und man erhält ein elektrisches Dipomoment $\boldsymbol{p}$ ungleich Null (Bild 2.23).

Moleküle können ein **permanentes elektrisches Dipolmoment** haben. Im HCl-Molekül ist beispielsweise die Aufenthaltswahrscheinlichkeit für das Hüllenelektron des H-Atoms in der Nähe des Cl-Kerns größer als in der Nähe des Protons. Ein HCl-Molekül ist also permanent polarisiert: H^+Cl^-.
Ein vorzügliches Beispiel der elektrischen Wechselwirkung beim Aufbau makroskopischer fester Körper bieten die Ionenkristalle (Beispiel: NaCl, Bild 2.24). Hierin sind die einzelnen Atome regelmäßig in Form eines Gitters (Kristallgitter) angeordnet, wobei der energetisch günstigste Zustand (ge-

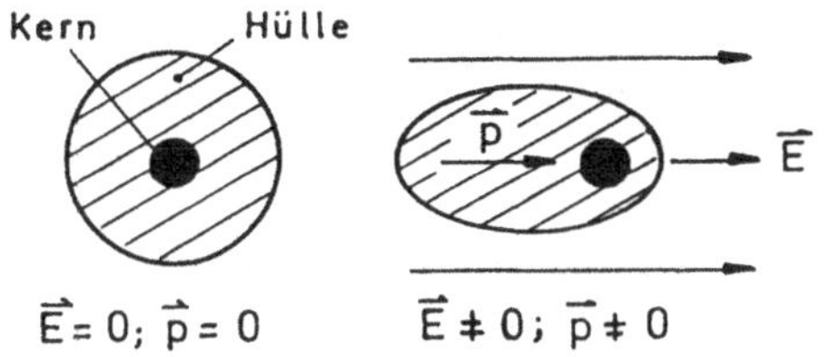

Abb. 2.23. Polarisation eines Atoms unter dem Einfluss eines äußeren elektrischen Feldes.

ringste potentielle Energie der Wechselwirkung zwischen allen Atomen) dann gegeben ist, wenn die Atome wechselweise positiv (Na^+) und negativ (Cl^-) geladen sind.
In den hier behandelten Beispielen – und dies gilt allgemein für den Aufbau der Materie aus Atomen – ist die wesentliche Wechselwirkungskraft, die die Bindung von Atomen zu Molekülen oder den Zusammenhalt von Atomen/Molekülen im festen oder flüssigen Körper bewirkt, die durch das COULOMBsche Gesetz beschriebene elektrische Wechselwirkung. Die Methode, mit der die jeweiligen energetischen Beziehungen (z.B. die Bindungsenergie eines Moleküls) berechnet werden können, wird durch die Quantentheorie geliefert.

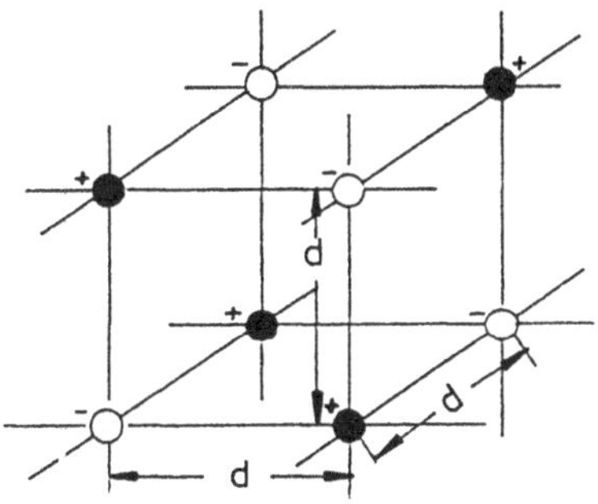

Abb. 2.24. NaCl-Kristallgitter (d = Gitterkonstante).

Zahlenbeispiel: $d = 2.7 \cdot 10^{-10}$ m, $R_{\mathrm{Na}^+} = 0.9 \cdot 10^{-10}$ m, $R_{\mathrm{Cl}^-} = 1.8 \cdot 10^{-10}$ m, also $d \simeq R_{\mathrm{Na}^+} + R_{\mathrm{Cl}^-}$.

Nachtrag: Beispiele zur Ladungserhaltung

1. Paarerzeugung:
   Bei der Anwendung des Satzes von der Ladungserhaltung muss natürlich das Vorzeichen der Ladung beachtet werden. Beispielsweise ist die Gesamtladung eines H-Atoms gleich Null ($q = q_p + q_{e^-} = +e + (-e) = 0$). Bei der Reibungselektrizität werden nur Ladungen entgegengesetzten

Vorzeichens voneinander getrennt. Die Gesamtladung (geriebener Stab und Tuch) bleibt erhalten. Die Paarerzeugung bei der Absorption von γ-Strahlung bietet ein vorzügliches Beispiel für die paarweise Erzeugung von Ladungen:
Hierbei werden ein Elektron und ein Positron ($e^+, m_{e^+} = m_{e^-}, q_{e^+} = +e$) gleichzeitig erzeugt. Die Gesamtladung bleibt dabei konstant, da $q_{e^+} + q_{e^-} = +e + (-e) = 0$.

2. β^--Zerfall:
Freie Neutronen sind nicht stabil, sie zerfallen mit einer bestimmten Wahrscheinlichkeit pro Zeiteinheit in Protonen, Elektronen und Neutrinos (Neutrino ν = bisher nicht genanntes Elementarteilchen sehr geringer Masse, $q_\nu = 0$). Wir bezeichnen diesen Prozess wie auch den entsprechenden bestimmter instabiler Atomkerne als β^--Zerfall. Der β^--Zerfalls des Neutrons läßt sich schreiben:

$$n \to p + \nu + e^-$$
$$q = 0 = +e + 0 + (-e) = 0$$

3. α-Zerfall:
Bestimmte Atomkerne zerfallen unter Emission von α-Teilchen. Sie sind He-Kerne und bestehen aus 2 Neutronen und 2 Protonen. Beispiel: $^{238}U \to ^{234}Th + \alpha$. Für die Kernladungen gilt:

$$q = 92e = 90e + 2e$$

4. Kernreaktionen:
Bei allen Kernreaktionen gilt Ladungserhaltung, Beispiel:

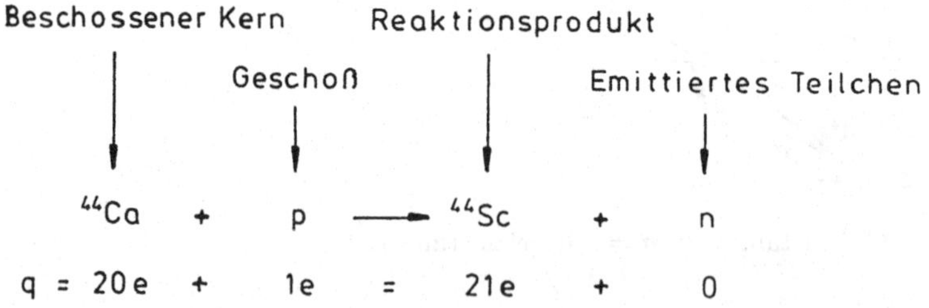

3 Magnetische Wechselwirkung

Bestimmte Körper, z.B. Stücke des Eisenerzes “Magneteisenstein”, üben Anziehungskräfte auf Eisen aus. Derartige Körper heißen “natürliche Magnete”, die von ihnen ausgeübten Kräfte “magnetische Kräfte”. Neben natürlichen gibt es künstliche Permanentmagnete (Dauermagnete), z.B. entsprechend in einem Magnetfeld magnetisierte Stahlstücke (s. später: Materie im Magnetfeld). Jeder Magnet hat zwei “Pole”, Bereiche an den jeweiligen Enden des Magneten, an denen die magnetische Kraft am stärksten ist. Entsprechende Experimente mit drehbar aufgehängten Dauermagneten führen auf folgenden Sachverhalt: Jeder Magnet hat zwei **verschiedene** Pole, und es gilt:

Korollar 3.1 *Gleichnamige Pole stoßen sich ab, ungleichnamige ziehen sich an.*

Aus der Kraftwirkung auf drehbar aufgehängte Magnete (Magnetnadel, magnetischer Kompass) schließt man: Offensichtlich ist auch die Erde selbst ein Magnet, wobei der eine Pol in der Nähe des geographischen Nordpols, der andere in der Nähe des geographischen Südpols liegt. Der nach Norden zeigende Pol eines drehbar aufgehängten Magneten heißt **magnetischer Nordpol**, der nach Süden zeigende **magnetischer Südpol**. Aus dieser historischen Bezeichnungsweise ergibt sich: Der im Norden liegende Magnetpol der Erde ist der magnetische Südpol. Im Süden liegt der magnetische Nordpol.
Durch die Kraftwirkung auf Eisenfeilspäne lassen sich magnetische Kraftlinienbilder ebenso demonstrieren, wie dies bei der elektrischen Wechselwirkung durch Gipskristalle möglich ist. Beispiel für solch ein Kraftlinienbild (später als Feldlinien des Magnetfeldes interpretiert) findet man in Bild 3.1.

Die Ähnlichkeiten mit dem elektrischen Feld sind evident. Es ergibt sich aber gegenüber der elektrischen Wechselwirkung sofort ein entscheidender Unterschied:

Korollar 3.2 *Es gibt keine magnetischen Monopole. Alle natürlichen Magnete sind Dipole.*

Durch Zerteilen eines Permanentmagneten erhält man also wieder zwei Dipole (s. Bild 3.2).

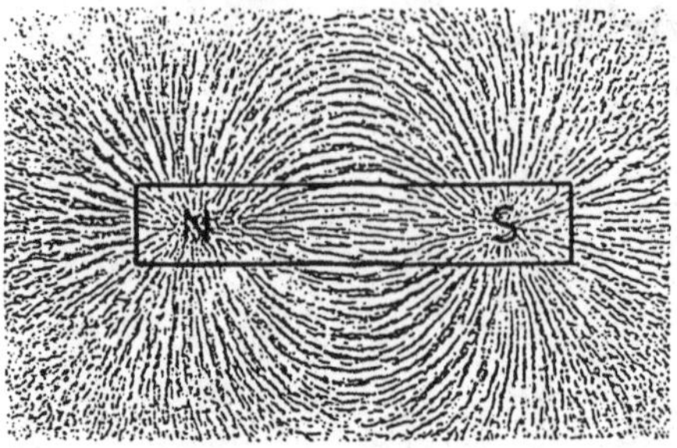

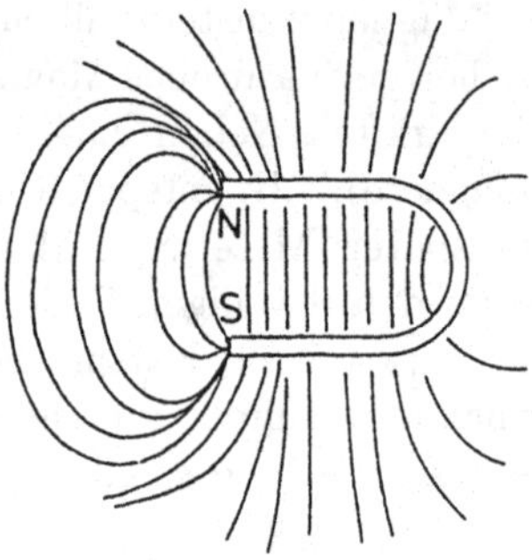

Abb. 3.1. (a) Demonstration des Magnetfeldes eines Permanent-Stabmagneten mit Eisenfeilspänen. (b) Magnetfeld eines Hufeisenmagneten (Prinzip-Skizze). Zwischen den Schenkeln herrscht ein nahezu homogenes Feld.

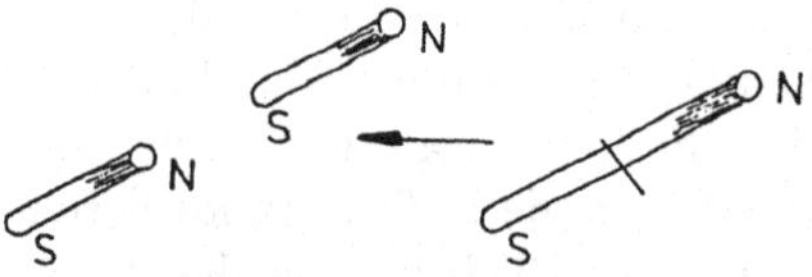

Abb. 3.2. Zerteilen eines Stabmagneten.

Es wird sich herausstellen, dass magnetische und elektrische Wechselwirkung sehr wohl miteinander verwandt sind und dass ein Magnetfeld tatsächlich durch die Bewegung elektrischer Ladung verursacht wird. Es brauchen also keine neuen Größen, etwa eine "magnetische Ladung", eingeführt zu werden. Elektrische und magnetische Wechselwirkung werden später unter der allgemeinen Bezeichnung **elektromagnetische Wechselwirkung** zusammengefasst. Wegen dieses Zusammenhangs zwischen elektrischer und magnetischer Wechselwirkung wird der Begriff des Magnetfeldes i.f. auch in Analogie zu Gl. (2.7) durch die Kraftwirkung auf eine (bewegte) Ladung eingeführt und nicht aus der Kraftwirkung von Magneten aufeinander abgeleitet. Letztgenanntes Verfahren wäre auch mit der oben erwähnten Schwierigkeit verbunden, dass es das Analogon zu elektrischen Punktladungen, also magnetische Monopole, nicht gibt.

3.1 Magnetische Kraftwirkung auf bewegte elektrische Ladungen

Definition der magnetischen Induktion $\boldsymbol{B}$ und Lorentz-Kraft Wie im elektrischen Feld (linke Seite der Gl. (2.7) $\boldsymbol{E} = \boldsymbol{F}/q$) wollen wir die magnetische Kraftwirkung auf eine Testladung q zur Definition einer für das Magnetfeld charakteristischen Größe benutzen. Man stellt fest, dass nur dann eine magnetische Kraft auf das geladene Teilchen ausgeübt wird, wenn es sich bewegt ($v \neq 0$), und es gilt an einem Punkt des Magnetfeldes:

$$\boldsymbol{F} \perp \boldsymbol{v}, \quad F \sim q, \quad F \sim v$$

Quantitativ wird dieser Sachverhalt durch Einführung einer für jeden Punkt des Magnetfeldes charakteristischen vektoriellen Größe $\boldsymbol{B}$, der sogenannten **magnetischen Induktion**, in folgender Weise beschrieben:

$$\boxed{\boldsymbol{F} = q\boldsymbol{v} \times \boldsymbol{B}} \tag{3.1}$$

Der Name "Magnetfeldstärke" ist aus historischen Gründen für eine andere mit dem Magnetfeld zusammenhängende Größe reserviert. Nach Gl. (3.1) erhält man für die Einheit der magnetischen Induktion

$$\boxed{[B] = \frac{\text{N s}}{\text{C m}} = \frac{\text{kg}}{\text{C s}} = \text{T (Tesla)}} \tag{3.2}$$

In Bild 3.3 ist der vektorielle Zusammenhang zwischen magnetischer Induktion $\boldsymbol{B}$, Geschwindigkeit des geladenen Teilchens $\boldsymbol{v}$ und magnetischer Kraft auf das geladene Teilchen $\boldsymbol{F}$ nochmals dargestellt.

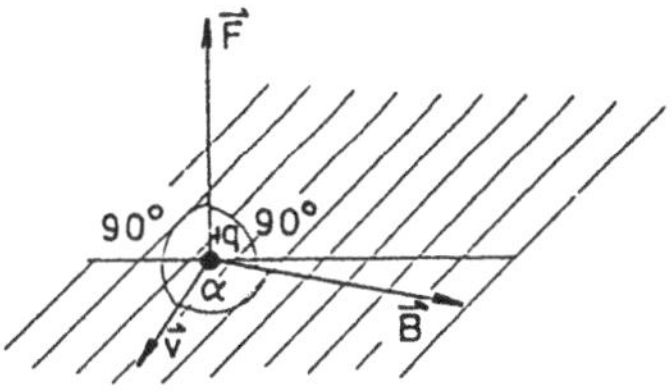

Abb. 3.3. Magnetische Kraft auf eine bewegte Ladung q (im Beispiel positiv).

Für den Betrag von $\boldsymbol{F}$ ergibt sich nach Gl. (3.1):

$$|\boldsymbol{F}| = qvB \sin\alpha$$

also

$$|\boldsymbol{F}| = \begin{cases} 0 & \text{für } \alpha = 0, \text{ d.h. für } \boldsymbol{v} \parallel \boldsymbol{B} \\ qvB & \text{für } \alpha = 90°, \text{ d.h. für } \boldsymbol{v} \perp \boldsymbol{B} \end{cases}$$

Bei gleichzeitiger Wirkung eines elektrischen und magnetischen Feldes auf die bewegte Ladung q ergibt sich nach Gl. (2.7) und Gl. (3.1) als gesamte Kraft die sogenannte **Lorentz-Kraft**:

$$\boxed{\boldsymbol{F} = q(\boldsymbol{E} + \boldsymbol{v} \times \boldsymbol{B})} \tag{3.3}$$

Auf folgende Konsequenz aus Gl. (3.1) sei noch hingewiesen: Aus $\boldsymbol{F} \perp \boldsymbol{v}$ folgt durch Anwendung der NEWTONschen Bewegungsgleichung auch $\boldsymbol{a} \perp \boldsymbol{v}$. Die Beschleunigung ist in jedem Punkt der Bewegung senkrecht zur Geschwindigkeit, und daher ist $|\boldsymbol{v}| = v = \text{const}$ und also auch $W_K = mv^2/2 = \text{const}$. Bei ausschließlicher Wirkung einer magnetischen Kraft wird also die kinetische Energie eines geladenen Teilchens nicht geändert (Energieerhaltung im Magnetfeld). Die potentielle Energie des Teilchens wird somit bei der Bewegung im Magnetfeld ebenfalls nicht geändert. Der magnetischen Induktion kann also nicht in derselben Weise wie der Gravitationsfeldstärke oder der elektrischen Feldstärke ein skalares Potential zugeordnet werden. Später wird gezeigt, dass $\boldsymbol{B}$ mit einem "Vektorpotential" verknüpft werden kann.

Bewegung eines geladenen Teilchens im homogenen Magnetfeld Es sei $\boldsymbol{B} = \text{const}$ (homogenes Magnetfeld). Wir betrachten ein Teilchen (Ladung q), das sich mit beliebiger Geschwindigkeitsrichtung zu $\boldsymbol{B}$ bewegt. Die auf q wirkende Kraft ist nach Gl. (3.1) $\perp \boldsymbol{B}$. Wir zerlegen daher die Geschwindigkeit $\boldsymbol{v}$ in eine Komponente parallel zu $\boldsymbol{B}(v_{\parallel})$ und eine senkrecht zu $\boldsymbol{B}(v_{\perp})$ (vgl. Bild 3.4).

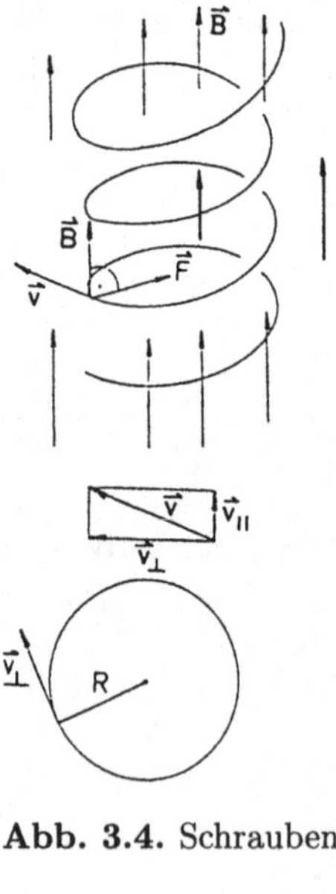

Abb. 3.4. Schraubenbahn eines geladenen Teilchens im homogenen Magnetfeld.

Dann wird

$$\boldsymbol{F} = m\boldsymbol{a} = q\boldsymbol{v} \times \boldsymbol{B} = q(\boldsymbol{v}_{\parallel} + \boldsymbol{v}_{\perp}) \times \boldsymbol{B} = q\boldsymbol{v}_{\perp} \times \boldsymbol{B}$$

Mit

$$\boldsymbol{a} = \boldsymbol{a}_{\|} + \boldsymbol{a}_{\perp} \quad \text{folgt} \quad \boldsymbol{a}_{\|} = 0 \quad \text{und} \quad \boldsymbol{a}_{\perp} = \frac{q}{m}\boldsymbol{v}_{\perp} \times \boldsymbol{B}$$

Also ist

$$\boldsymbol{a}_{\perp} \perp \boldsymbol{v}_{\perp} \quad \text{und} \quad |\boldsymbol{a}_{\perp}| = \frac{q}{m} v_{\perp} B \quad \text{und somit} v_{\|} = \text{const}$$

$\boldsymbol{a}_{\perp}$ ist die Normalbeschleunigung. Also folgt

$$\frac{v_{\perp}^2}{R} = \frac{q}{m} v_{\perp} B$$

oder

$$R = \frac{m v_{\perp}}{qB}$$

Da

$$W_K = \frac{m}{2} v^2 = \frac{m}{2}(v_{\|}^2 + v_{\perp}^2) = \text{const}$$

und $v_{\|} = \text{const}$, folgt $v_{\perp} = \text{const}$. Somit ergibt sich, dass die Projektion der Teilchenbahn auf die Ebene $\perp$ $\boldsymbol{B}$ eine Kreisbahn mit dem Radius R ist, und es gilt (s. Bild 3.4)

$$\boxed{R = \frac{m v_{\perp}}{qB}} \qquad (3.4)$$

Da $\boldsymbol{v}_{\|} = \text{const}$, bewegt sich das geladene Teilchen insgesamt auf einer in Bild 3.4 skizzierten Schraubenbahn.

Beispiel: e/m-Bestimmung für Elektronen (Bild 3.5) In einem Hochvakuumkolben werden durch Heizung aus einer "Glühkathode" Elektronen emittiert und unter dem Einfluss des elektrischen Feldes zwischen der Glühkathode und einer Beschleunigungselektrode auf konstante Geschwindigkeit $\boldsymbol{v}$ beschleunigt. Durch passende Wahl der Geometrie des elektrischen Beschleunigungsfeldes erhält man eine fokussierende Wirkung (elektrische Linse) und kann dadurch einen fadenförmigen Elektronenstrahl erzeugen, der durch Anregung der Restgasmoleküle schwach sichtbar wird.

Im Kolben kann ein homogenes Magnetfeld messbarer magnetischer Induktion $\boldsymbol{B} \perp \boldsymbol{v}$ erzeugt werden (s. Abschn. 3.2). Dann ist nach Gl. (2.19).

$$W_K = \frac{m}{2} v^2 = -q \cdot \Delta\varphi = eU$$

und nach Gl. (3.4)

$$R = \frac{mv}{eB}$$

Daraus folgt:

$$R^2 = 2\frac{m}{e}\frac{U}{B^2}$$

Der Elektronenstrahl beschreibt also eine Kreisbahn. Die Messung des Kreisradius R, der benutzten Beschleunigungsspannung U und der magnetischen Induktion $\boldsymbol{B}$ ermöglicht die Bestimmung e/m.

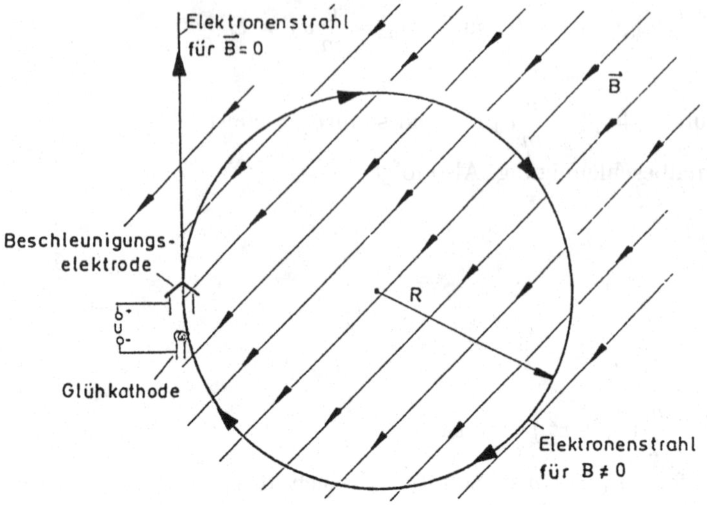

Abb. 3.5. Zur Bestimmung von e/m ($\boldsymbol{B} \perp$ Zeichenebene).

Magnetische Kraft auf stromdurchflossenen Leiter Einen Strom elektrischer Ladungen, der im Vakuum (z.B. Elektronenstrahl) oder in einem Medium aufrechterhalten wird, bezeichnen wir als elektrischen Strom. Strom ist also Ladungstransport. Wir betrachten zunächst einen Leiter, also dasjenige Gebiet, in dem die Ladung transportiert wird mit konstantem Querschnitt A und konstanter Richtung $\boldsymbol{u}_t$. $\boldsymbol{v} = v\boldsymbol{u}_t$ sei die als konstant angenommene Geschwindigkeit der Ladungsträger (z.B. Elektronen, allgemein Teilchen der Ladung q).

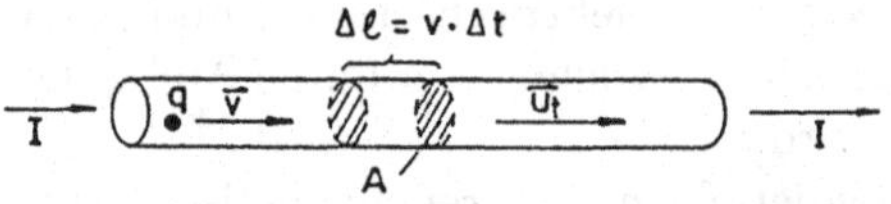

Abb. 3.6. Zur Herleitung von Strom I und Stromdichte $\boldsymbol{j}$.

ΔQ sei die im Zeitintervall Δt durch den Leiterquerschnitt hindurch transportierte Ladung. Dann wird die **Stromstärke** I (skalare Größe) definiert durch

$$\boxed{I = \frac{\Delta Q}{\Delta t}} \tag{3.5}$$

Der Satz von der Ladungserhaltung besagt nach Gl. (3.5), dass im Leiter überall I =const gelten muss. Will man die Stromstärke mit der Bewegung der einzelnen Ladungsträger verknüpfen, so benutzt man die **Dichte der Ladungsträger** $n = \mathrm{d}N/\mathrm{d}V$. Hierbei ist $\mathrm{d}N$ gleich der Anzahl der im

Volumenelement dV vorhandenen Ladungsträger. In dem hier behandelten Fall ist n überall konstant. Die Ladungsträger legen im Zeitintervall Δt eine Strecke $\Delta \ell = v \cdot \Delta t$ zurück. Es werden also in Δt alle im Volumenelement $A \cdot \Delta \ell$ vorhandenen Ladungen durch den Querschnitt der Leiters transportiert. Damit wird

$$I = \frac{\Delta Q}{\Delta t} = q \frac{nA \cdot \Delta \ell}{\Delta t} = \frac{nvA \cdot \Delta t}{\Delta t} q$$

also

$$I = nvAq$$

Die hergeleitete Beziehung zwischen n, v, q, A und I legt die Definition einer neuen vom Leiterquerschnitt unabhängigen Größe nahe. Wir definieren als **Stromdichte** $\boldsymbol{j}$ (vektorielle Größe)

$$\boxed{\boldsymbol{j} = nq\boldsymbol{v}} \tag{3.6}$$

Bislang war die Querschnittsfläche $A \perp \boldsymbol{v}$ angenommen worden. Auch wenn A schief zu $\boldsymbol{v}$ gewählt wird, sind I und $\boldsymbol{j}$ sehr einfach miteinander zu verknüpfen (Bild 3.7).

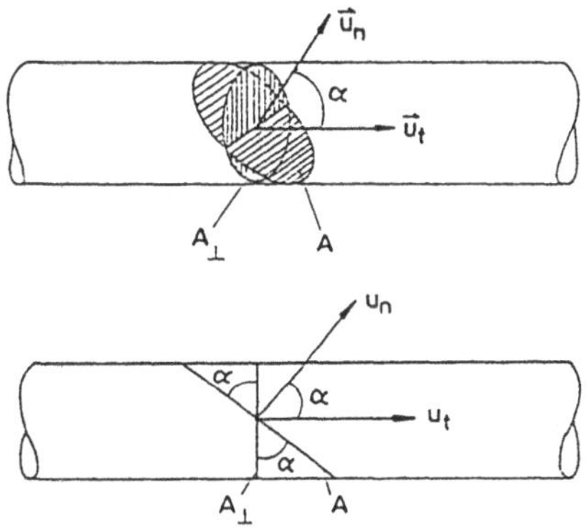

Abb. 3.7. Zur Einführung des Vektors $\boldsymbol{A}$.

Es ist

$$A_\perp = A \cos\alpha = A\boldsymbol{u}_n \boldsymbol{u}_t = \boldsymbol{A}\boldsymbol{u}_t$$

$\boldsymbol{u}_n$ sei der Einheitsvektor der Normalen auf A. Dann führen wir ein

$$\boldsymbol{A} = A\boldsymbol{u}_n$$

Offenbar ist somit (Bild 3.7)

$$A_\perp = \boldsymbol{A}\boldsymbol{u}_t$$

Damit können wir allgemein die Beziehung formulieren

$$\boxed{I = jA} \tag{3.7}$$

Wir können uns jeden beliebigen Leiter (krummlinig, nicht konstanter Querschnitt) aus differentiellen Elementen nach Art des Bildes 3.6 zusammengesetzt denken, so dass die Gln. (3.5) bis (3.7) auch in einem derartigen allgemeinen Fall gelten. Für die Gültigkeit von Gl. (3.7) ist nur vorausgesetzt, dass A eine ebene Fläche ist und dass $\boldsymbol{j}$ für alle Punkte von A denselben Wert hat. Dies trifft für drahtförmige Leiter unter normalen Bedingungen zu. Für alle anderen Fälle läßt sich Gl. (3.7) verallgemeinern dadurch, dass $\boldsymbol{j}\boldsymbol{A}$ durch das Integral über den Querschnitt

$$I = \int \boldsymbol{j} \cdot \mathrm{d}\boldsymbol{A}$$

ersetzt wird.

Die magnetische Kraft auf ein bestimmtes Volumenelement $\mathrm{d}V$ im Magnetfeld der Induktion $\boldsymbol{B}$ ergibt sich wegen $\mathrm{d}Q$ (Ladung in $\mathrm{d}V$) $= nq\cdot \mathrm{d}V$ nach Gl. (3.1) und (3.6) allgemein zu:

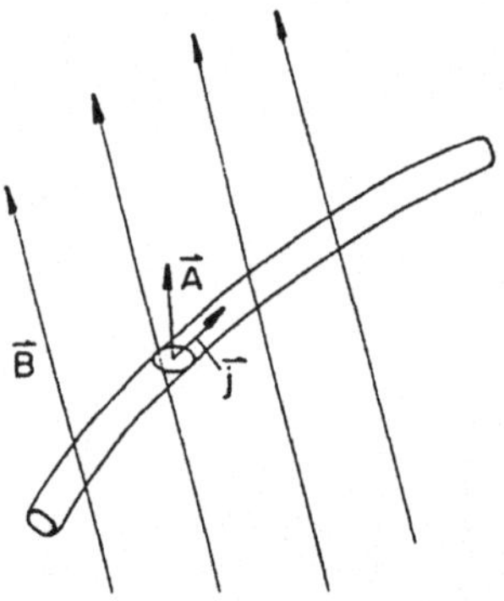

Abb. 3.8. Zur Herleitung der magnetischen Kraft auf einen stromdurchflossenen Leiter.

$$\mathrm{d}\boldsymbol{F} = nq\boldsymbol{v} \times \boldsymbol{B} \cdot \mathrm{d}V$$

$$\text{also} \quad \mathrm{d}\boldsymbol{F} = \boldsymbol{j} \times \boldsymbol{B} \cdot \mathrm{d}V$$

Mit $\boldsymbol{f} = \mathrm{d}\boldsymbol{F}/\mathrm{d}V$ folgt dann

$$\boldsymbol{f} = nq\boldsymbol{v} \times \boldsymbol{B} = \boldsymbol{j} \times \boldsymbol{B}$$

Die insgesamt auf den stromdurchflossenen Leiter ausgeübte Kraft ergibt sich durch Integration über sein Volumen

$$\boxed{\boldsymbol{F} = \int_V \boldsymbol{j} \times \boldsymbol{B} \cdot \mathrm{d}V} \tag{3.8}$$

Für Leiter mit kleinem konstanten Querschnitt (klein soll heißen, an jeder Stelle innerhalb des Querschnitts sind $\boldsymbol{j}$ und $\boldsymbol{B}$ konstant) erhält man mit $\boldsymbol{j} = j\boldsymbol{u}_t$, $j = \text{const}$, $\mathrm{d}V = A_\perp \, \mathrm{d}\ell$ und $I = jA_\perp = \text{const}$

$$\boldsymbol{F} = I \int\limits_{\text{Länge}} \boldsymbol{u}_t \times \boldsymbol{B} \cdot \mathrm{d}\ell \tag{3.8a}$$

Für einen geradlinigen Leiter ($\boldsymbol{u}_t = \text{const}$) der Länge L im Magnetfeld ergibt sich schließlich

$$\boxed{\boldsymbol{F} = IL\boldsymbol{u}_t \times \boldsymbol{B}} \tag{3.8b}$$

Eine derartige Kraft auf einen stromdurchflossenen Leiter läßt sich leicht demonstrieren (s. Bild 3.9):

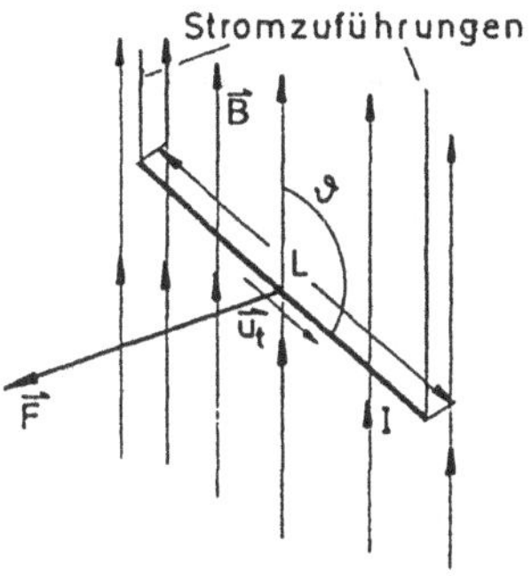

Abb. 3.9. Zur Demonstration der magnetischen Kraft auf einen stromdurchflossenen Leiter im homogenen Magnetfeld.

Die Stromzuführungen bestehen aus Drähten parallel zu $\boldsymbol{B}$, d.h. auf sie wird keine Kraft ausgeübt. Man erhält

$$|\boldsymbol{F}| = ILB \sin\vartheta$$

Drehmoment auf eine stromdurchflossene Spule und magnetisches Dipolmoment Wir betrachten zunächst den Spezialfall einer rechteckförmigen Spule einer Windung (Stromschlaufe) im Magnetfeld. Über die gesamte Fläche der Spule sei $\boldsymbol{B} = \text{const}$ (entweder homogenes Feld oder Spule hinreichend klein). Ferner sei die Orientierung der Spule speziell so gewählt, dass für zwei gegenüberliegende Seiten des Rechtecks $\boldsymbol{u}_t \perp \boldsymbol{B}$ ist. Im Beispiel des Bildes 3.10 sind das die Seiten (2) und (4). Die anderen beiden Seiten der Rechteckspule mögen einen beliebigen Winkel mit B bilden: Seiten (1) und (3) Winkel $(\boldsymbol{u}_t, \boldsymbol{B}) = 180 - \alpha$ bzw. α.
Wir berechnen die Kraftwirkung auf die einzelnen geradlinigen Leiterstücke getrennt jeweils mit Gl. (3.8b). Es ist

$$\boldsymbol{F}_1 = Ia\boldsymbol{u}_{t,1} \times \boldsymbol{B}$$
$$\boldsymbol{F}_2 = Ib\boldsymbol{u}_{t,2} \times \boldsymbol{B}$$
$$\boldsymbol{F}_3 = Ia\boldsymbol{u}_{t,3} \times \boldsymbol{B}$$
$$\boldsymbol{F}_4 = Ib\boldsymbol{u}_{t,4} \times \boldsymbol{B}$$

Aus

$$\boldsymbol{u}_{t,1} = -\boldsymbol{u}_{t,3} \quad \text{und} \quad \boldsymbol{u}_{t,2} = -\boldsymbol{u}_{t,4}$$

folgt

$$\boldsymbol{F}_1 = -\boldsymbol{F}_3 \quad \text{und} \quad \boldsymbol{F}_2 = -\boldsymbol{F}_4$$

also für die resultierende Gesamtkraft

$$\boldsymbol{F} = \boldsymbol{F}_1 + \boldsymbol{F}_2 + \boldsymbol{F}_3 + \boldsymbol{F}_4 = 0$$

Es wird aber ein resultierendes Drehmoment ausgeübt. Zur Berechnung legen wir den Koordinatenursprung in den Mittelpunkt des Rechtecks. Dann gilt

$$\boldsymbol{r}_1 \parallel \boldsymbol{F}_1, \; \boldsymbol{r}_3 \parallel \boldsymbol{F}_3 \quad \text{und} \quad \boldsymbol{r}_1 \times \boldsymbol{F}_1 = 0, \; \boldsymbol{r}_3 \times \boldsymbol{F}_3 = 0$$

und (s. Bild 3.10).

$$\boldsymbol{r}_2 \times \boldsymbol{F}_2 = r_2 F_2 \sin(90 - \alpha)\boldsymbol{u}_z$$
$$\boldsymbol{r}_4 \times \boldsymbol{F}_4 = r_4 F_4 \sin(90 - \alpha)\boldsymbol{u}_z$$

Wegen $\boldsymbol{u}_{t,2} \perp \boldsymbol{B}$ und $\boldsymbol{u}_{t,4} \perp \boldsymbol{B}$ ist

$$F_2 = F_4 = IbB$$

Mit $r_2 = r_4 = a/2$ wird daher

$$\boldsymbol{M} = \boldsymbol{r}_2 \times \boldsymbol{F}_2 + \boldsymbol{r}_4 \times \boldsymbol{F}_4 = abI \cdot B \sin(90 - \alpha)\boldsymbol{u}_z$$

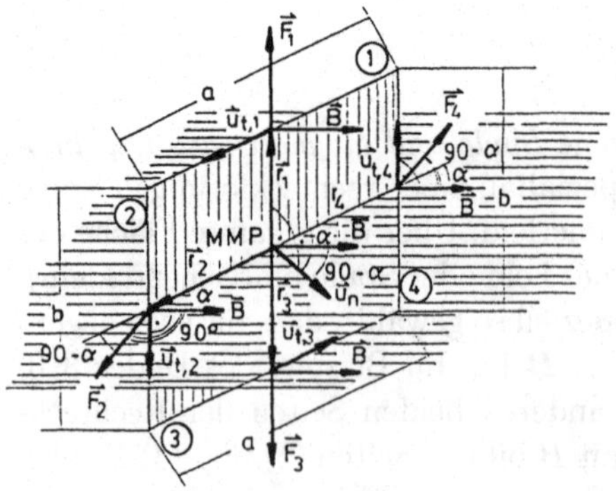

Abb. 3.10. Zur Herleitung der magnetischen Kraftwirkung auf eine rechteckige, geschlossene Stromschlaufe.

Nun läßt sich die orientierte Fläche der Rechteckspule wieder durch den Betrag $A = ab$ und den Einheitsvektor der Normalen $\boldsymbol{u}_n$ beschreiben. Da $\sphericalangle(\boldsymbol{u}_n, \boldsymbol{B}) = 90 - \alpha$ und $\boldsymbol{u}_n \times \boldsymbol{B} \parallel \boldsymbol{u}_z$ ist, können wir die für $\boldsymbol{M}$ hergeleitete Beziehung mit

$$\boldsymbol{A} = A\boldsymbol{u}_n \qquad (A \hat{=} ab)$$

auch schreiben

$$\boldsymbol{M} = I\boldsymbol{A} \times \boldsymbol{B}$$

Es läßt sich zeigen, dass diese Formel auch im allgemeinen Fall einer beliebig geformten ebenen Stromschleife gültig ist. Falls die Spule nicht nur eine, wie bisher angenommen, sondern allgemein n Windungen enthält, ist der für $\boldsymbol{M}$ gewonnene Ausdruck mit n zu multiplizieren.
Schließlich definieren wir als **magnetisches Dipolmoment** einer stromdurchflossenen Spule (n Windungen, Stromstärke I, Querschnittsfläche A):

$$\boxed{\boldsymbol{m} = nI\boldsymbol{A} = nIA\boldsymbol{u}_n} \tag{3.9}$$

Die Richtung von $\boldsymbol{m}$ ergibt sich entsprechend Bild 3.10 aus Bild 3.11. Der Stromdichtevektor $\boldsymbol{j}$ und der Vektor $\boldsymbol{m}$ des magnetischen Moments bilden eine Rechtsschraube.

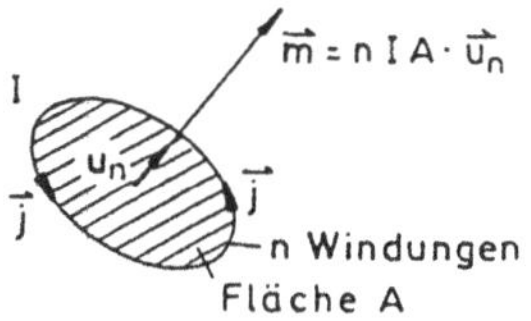

Abb. 3.11. Zur Definition des magnetischen Dipolmoments einer stromdurchflossenen Spule.

Damit läßt sich das vom Magnetfeld auf die Spule ausgeübte Drehmoment schreiben (s. Gl. (3.9))

$$\boxed{\boldsymbol{M} = \boldsymbol{m} \times \boldsymbol{B}} \tag{3.10}$$

Es sei hier ausdrücklich auf die Analogie zum Drehmoment auf einen elektrischen Dipol im elektrischen Feld $\boldsymbol{M} = \boldsymbol{p} \times \boldsymbol{E}$ (Gl. (2.25)) hingewiesen. Diese Analogie rechtfertigt zunächst die Bezeichnung "magnetisches Dipolmoment" (weiter siehe Abschn. 3.2).

Potentielle Energie eines Dipols im Feld Es war gezeigt worden, dass die kinetische Energie eines geladenen Teilchens im Magnetfeld konstant ist. Da die magnetische Kraft in jedem Punkt der Bewegung senkrecht zur Geschwindigkeit gerichtet ist, läßt sich eine potentielle Energie des geladenen Teilchens im Magnetfeld nicht definieren. Die Verschiebungsarbeit ist gleich

Null. Dagegen läßt sich aber eine potentielle Energie für eine stromdurchflossene Spule im Magnetfeld angeben. Bevor hierauf eingegangen wird, soll die Berechnung der entsprechenden potentiellen Energie eines elektrischen Dipols im elektrischen Feld nachgeholt werden.

Potentielle Energie des elektrischen Dipols im elektrischen Feld Die im Magnetfeld vorhandene Schwierigkeit existiert hier nicht und wir können die gesamte potentielle Energie als Summe der potentiellen Energie für die beiden Punktladungen berechnen (vgl. Bild 3.12).

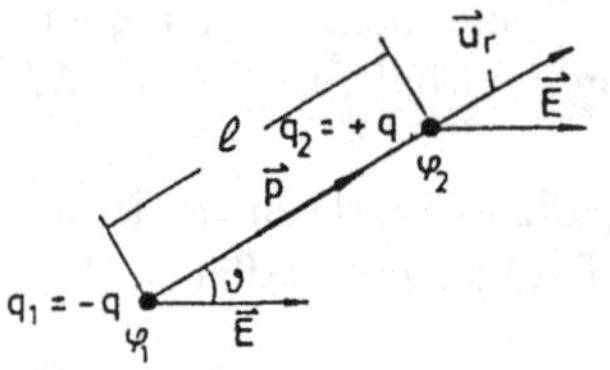

Abb. 3.12. Zur Ableitung der potentiellen Energie eines elektrischen Dipols im elektrischen Feld.

Demnach ist

$$W_p = q_1\varphi_1 + q_2\varphi_2 = -q\varphi_1 + q\varphi_2$$
$$= -q\ell\left(-\frac{\Delta\varphi}{\Delta s}\right)$$

mit $\Delta\varphi = \varphi_2 - \varphi_1$ und $\Delta s = |\boldsymbol{r}_2 - \boldsymbol{r}_1|$.
Es gilt $\boldsymbol{E} = -\operatorname{grad}\varphi$ und daher nach Definition des Operators "grad" für die Komponente von $\boldsymbol{E}$ in Richtung $\boldsymbol{u}_r$

$$\boldsymbol{E}\boldsymbol{u}_r = -\frac{\partial\varphi}{\partial s} \approx -\frac{\Delta\varphi}{\Delta s}$$

Für einen Dipol wird $\Delta s = \ell$ stets als sehr klein gegen solche Punktabstände vorausgesetzt, in denen sich $\boldsymbol{E}$ merklich verändert. Daher gilt die obige Beziehung exakt und es wird

$$W_p = -q\ell\boldsymbol{u}_r\boldsymbol{E}$$

also wegen $q\ell\boldsymbol{u}_r = \boldsymbol{p}$

$$\boxed{W_p = -\boldsymbol{p}\boldsymbol{E}} \tag{3.11}$$

Potentielle Energie eines geschlossenen Stroms im magnetischen Feld Die Ableitung der der Gl. (3.11) entsprechenden Beziehung wird für den Spezialfall der Rechteckspule mit einer Windung (Orientierung im Feld wie in Bild 3.10) durchgeführt (s. Bild 3.13).

Unter der Wirkung des Magnetfeldes dreht sich die Spule so, dass $\boldsymbol{m} \parallel \boldsymbol{B}$ ist. Dann ist nach Gl. (3.10) $\boldsymbol{M} = 0$. Wir berechnen diejenige Arbeit $W_{0\vartheta}$,

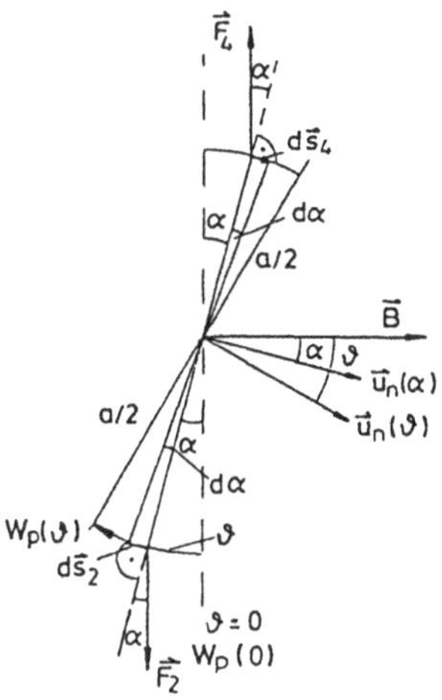

Abb. 3.13. Zur Ableitung der potentiellen Energie einer stromdurchflossenen Rechteckspule im Magnetfeld (Bezeichnungen wie in Bild 3.10).

die gegen die Kräfte $\boldsymbol{F}_2, \boldsymbol{F}_4$ zu leisten ist, um die Spule aus $\alpha = 0$ nach $\alpha = \vartheta$ zu drehen. Sie beträgt

$$W_{0\vartheta} = \int_0^\vartheta (-\boldsymbol{F}_2 \cdot \mathrm{d}\boldsymbol{s}_2) + \int_0^\vartheta (-\boldsymbol{F}_4 \cdot \mathrm{d}\boldsymbol{s}_4)$$

Aus Bild 3.13 ergibt sich

$$\boldsymbol{F}_2 \cdot \mathrm{d}\boldsymbol{s}_2 = F_2 \cdot \mathrm{d}s_2 \cos(90 + \alpha) = -F_2 \frac{a}{2} \sin\alpha \cdot \mathrm{d}\alpha$$

und $$\boldsymbol{F}_4 \cdot \mathrm{d}\boldsymbol{s}_4 = -F_4 \frac{a}{2} \sin\alpha \cdot \mathrm{d}\alpha$$

Es ist

$$F_2 = F_4 = IbB$$

also

$$W_{0\vartheta} = \int_0^\vartheta abIB \sin\alpha \cdot \mathrm{d}\alpha = abIB \int_0^\vartheta \sin\alpha \cdot \mathrm{d}\alpha$$

$$= -abIB \cos\alpha \Big|_0^\vartheta = -abIB\cos\vartheta + abIB$$

Die potentielle Energie ist bis auf eine willkürliche additive Konstante gleich der Verschiebungsarbeit $W_{0\vartheta}$. Wir setzen

$$W_p(0) = -abIB$$

Das ergibt

$$W_p(\vartheta) = -abIB\cos\vartheta$$

Mit $abI = m$ lautet dann das auch allgemeingültige Ergebnis

$$\boxed{W_p = -\boldsymbol{m}\boldsymbol{B}} \tag{3.12}$$

Dieses Resultat ist wiederum analog zur Gl. (3.11) im elektrischen Feld.

3.2 Ergänzung: Potential für das Magnetfeld

3.2.1 Mathematischer Rückblick

Die Vektoranalysis lehrt: Ist $\boldsymbol{a}(\boldsymbol{r})$ ein beliebiges Vektorfeld und $b(\boldsymbol{r})$ ein beliebiges Skalarfeld, dann gilt:

1.) $\mathrm{rot}(\mathrm{grad}\, b) = 0$ (3.13)

2.) $\mathrm{div}(\mathrm{grad}\, b) = \Delta b$ (3.14)

3.) $\mathrm{div}(\mathrm{rot}\, \boldsymbol{a}) = 0$ (3.15)

4.) $\mathrm{rot}(\mathrm{rot}\, \boldsymbol{a}) = \mathrm{grad}(\mathrm{div}\, \boldsymbol{a}) - \Delta\boldsymbol{a}$ (3.16)

5.) $\mathrm{rot}\,(b\boldsymbol{a}) = b \cdot \mathrm{rot}\, \boldsymbol{a} - \boldsymbol{a} \times \mathrm{grad}\, b$ (3.17)

6.) Aus Quellen und Wirbeln ist ein Vektorfeld $\boldsymbol{a}(\boldsymbol{r})$ erst dann **eindeutig** bestimmbar, wenn div $\boldsymbol{a}$ **und** rot $\boldsymbol{a}$ vorgegeben sind. (3.18)

3.2.2 Rückblick auf die Elektrostatik

Elektrostatische Felder sind **wirbelfrei**. Für deren Feldstärke $\boldsymbol{E}$ gilt stets:

$$\mathrm{rot}\, \boldsymbol{E} = 0 \tag{3.19}$$

Die **Quellen** von $\boldsymbol{E}$ werden durch die Ladungsdichte ϱ festgelegt. Quantitativ gilt der Gauß'sche Satz der Elektrostatik:

$$\mathrm{div}\, \boldsymbol{E} = \frac{\varrho}{\varepsilon_0} \tag{3.20}$$

Die Wirbelfreiheit ermöglicht es, die Feldstärke $\boldsymbol{E}$ durch Gradientenbildung aus einer skalaren Funktion $\varphi(\boldsymbol{r})$, dem sogenannten elektrostatischen Potential, abzuleiten:

$$\boldsymbol{E} = -\mathrm{grad}\, \varphi \tag{3.21}$$

Wegen (3.13) ist die Wirbelfreiheit (3.19) stets garantiert. Aus (3.20) und (3.21) folgt unter Anwendung von (3.14):

$$\mathrm{div}\, \boldsymbol{E} = \mathrm{div}(-\mathrm{grad}\, \varphi) = -\Delta\varphi = \frac{\varrho}{\varepsilon_0}$$

Die allgemeine Lösung der Differentialgleichung

$$\Delta\varphi = \frac{\partial^2\varphi}{\partial x^2} + \frac{\partial^2\varphi}{\partial y^2} + \frac{\partial^2\varphi}{\partial z^2} = -\frac{\varrho}{\varepsilon_0} \tag{3.22}$$

lautet:

$$\varphi = \frac{1}{4\pi\varepsilon_0} \int\limits_V \frac{\varrho \cdot \mathrm{d}V}{r} \tag{3.23}$$

Der Vorteil in der Verwendung eines Potentials besteht darin, dass es in vielen Fällen bei einer vorgegebenen Ladungsverteilung einfacher ist, zuerst das Potential zu bestimmen und dann daraus gemäß (3.21) die Feldstärke auszurechnen als auf direktem Wege die Feldstärke zu berechnen.

3.2.3 Magnetisches Feld

Magnetische Felder sind **quellenfrei**. Für deren Feldstärke $\boldsymbol{B}$ gilt stets:

$$\operatorname{div} \boldsymbol{B} = 0 \tag{3.24}$$

(**Anmerkung**: Historisch bedingt heißt $\boldsymbol{B}$ nicht magnetische "Feldstärke", sondern magnetische "Induktion".)
Die **Wirbel** von $\boldsymbol{B}$ werden durch die Stromdichte $\boldsymbol{j}$ festgelegt. Quantitativ gilt der AMPEREsche Satz:

$$\operatorname{rot} \boldsymbol{B} = \mu_0 \boldsymbol{j} \tag{3.25}$$

Eine Ableitung der magnetischen Induktion $\boldsymbol{B}$ durch Gradientenbildung aus einem skalaren Potential in Analogie zum elektrischen Fall ist hier also z.B. wegen (3.13) nicht möglich. Die möglichen Vorteile, die in der Verwendung eines Potentials für die Berechnung von Magnetfeldern liegen können, lassen sich jedoch durch Einführung eines vektoriellen Potentials oder **Vektorpotentials $\boldsymbol{A}$** ausnutzen, aus welchem $\boldsymbol{B}$ durch Rotationsbildung gemäß

$$\boldsymbol{B} = \operatorname{rot} \boldsymbol{A} \tag{3.26}$$

gewonnen werden kann. Wegen (3.15) ist damit die Quellenfreiheit (3.24) stets garantiert.
Wegen der Aussage (3.18) ist $\boldsymbol{A}$ durch (3.26) noch nicht eindeutig festgelegt. Hierfür sind zusätzlich Angaben über die Divergenz von $\boldsymbol{A}$ nötig. Da diese im Zusammenhang mit den hier angestellten Betrachtungen keinerlei Bedingungen unterworfen ist, kann div $\boldsymbol{A}$ willkürlich vorgegeben werden. Zweckmäßigerweise wählt man:

$$\operatorname{div} \boldsymbol{A} = 0 \tag{3.27}$$

Aus (3.25) und (3.26) folgt unter Anwendung von (3.16):

$$\operatorname{rot} \boldsymbol{B} = \operatorname{rot}(\operatorname{rot} \boldsymbol{A}) = \operatorname{grad}(\operatorname{div} \boldsymbol{A}) - \Delta\boldsymbol{A} = \mu_0 \boldsymbol{j}$$

und mit (3.27):

$$\Delta \boldsymbol{A} = -\mu_0 \boldsymbol{j} \tag{3.28}$$

In der Form stimmt diese Gleichung mit (3.22) überein. Im Gegensatz zu (3.22) ist (3.28) jedoch eine Vektorgleichung , die drei Skalargleichungen für die jeweils drei Komponenten von $\boldsymbol{A}$ und $\boldsymbol{j}$ repräsentiert. Für die x-Komponente beispielsweise lautet (3.28):

$$\Delta A_x = \frac{\partial^2 A_x}{\partial x^2} + \frac{\partial^2 A_x}{\partial y^2} + \frac{\partial^2 A_x}{\partial z^2} = -\mu_0 j_x$$

Die allgemeine Lösung von (3.28) lautet in Analogie zu (3.23):

$$\boldsymbol{A} = \frac{\mu_0}{4\pi} \int\limits_V \frac{\boldsymbol{j} \cdot \mathrm{d}V}{r} \tag{3.29}$$

3.2.4 Allgemeines Beispiel

Vorgegeben: Vom Strom I durchflossener Draht mit konstantem Querschnitt F und von endlicher Länge.

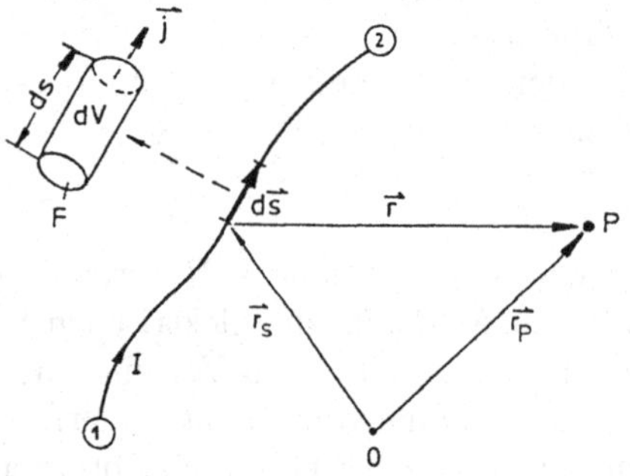

Ziel: Berechnung von $\boldsymbol{A}$ und $\boldsymbol{B}$ im Aufpunkt P.
$\boldsymbol{r}_P$: Ortsvektor von P.
$\boldsymbol{r}_s$: Orstvektor des Wegelements d$\boldsymbol{s}$.
$\boldsymbol{r} = \boldsymbol{r}_P - \boldsymbol{r}_s$: Ortsvektor vom Wegelement d$\boldsymbol{s}$ zum Aufpunkt P.
Komponenten von r:

$$(x_P - x_s),\ (y_P - y_s),\ (z_P - z_s)$$

Betrag von $\boldsymbol{r}$:

$$r = \sqrt{(x_P - x_s)^2 + (y_P - y_s)^2 + (z_P - z_s)^2} \tag{3.30}$$

Mit

$$\boldsymbol{j} \cdot \mathrm{d}V = \boldsymbol{j}F \cdot \mathrm{d}s = jF \cdot \mathrm{d}\boldsymbol{s} = I \cdot \mathrm{d}\boldsymbol{s}$$

lautet (3.29):

$$\boldsymbol{A} = \frac{\mu_0}{4\pi} I \int\limits_1^2 \frac{\mathrm{d}\boldsymbol{s}}{r} \tag{3.31}$$

Für die magnetische Induktion folgt aus (3.26):

$$\boldsymbol{B} = \frac{\mu_0}{4\pi} I \cdot \operatorname{rot} \left(\int\limits_1^2 \frac{\mathrm{d}\boldsymbol{s}}{r} \right) = \frac{\mu_0}{4\pi} I \int\limits_1^2 \operatorname{rot} \left(\frac{\mathrm{d}\boldsymbol{s}}{r} \right) \tag{3.32}$$

Die Anwendung von (3.17) auf den Integranden ergibt:

$$\operatorname{rot} \left(\frac{\mathrm{d}\boldsymbol{s}}{r} \right) = \frac{1}{r} \operatorname{rot}(\mathrm{d}\boldsymbol{s}) - \mathrm{d}\boldsymbol{s} \times \operatorname{grad} \frac{1}{r} \tag{3.33}$$

Die Differentialoperationen "rot" und "grad" beziehen sich auf den Aufpunkt P, d.h. auf seine Koordinaten x_P, y_P, z_P, also **nicht** auf das Wegelement $\mathrm{d}\boldsymbol{s}$ bzw. auf dessen Koordinaten x_s, y_s, z_s. Damit ist rot $(\mathrm{d}\boldsymbol{s}) = 0$. Für die x-Komponente von grad $(1/r)$ folgt dann mit (3.27):

$$\begin{aligned} \left(\operatorname{grad} \frac{1}{r} \right)_x &= \frac{\partial}{\partial x_P} \left(\frac{1}{r} \right) = \frac{\mathrm{d}}{\mathrm{d}r} \left(\frac{1}{r} \right) \frac{\partial r}{\partial x_P} \\ &= -\frac{1}{r^2} \frac{1}{2r} 2(x_P - x_s) = -\frac{x_P - x_s}{r^3} \end{aligned}$$

Entsprechendes ergibt sich für die y- und z-Komponente. Also ist:

$$\operatorname{grad} \frac{1}{r} = -\frac{1}{r^3} \left[(x_P - x_s)\boldsymbol{u}_x + (y_P - y_s)\boldsymbol{u}_y + (z_P - z_s)\boldsymbol{u}_z \right] = -\frac{\boldsymbol{r}}{r^3}$$

Damit folgt aus (3.33):

$$\operatorname{rot} \left(\frac{\mathrm{d}\boldsymbol{s}}{r} \right) = \frac{\mathrm{d}\boldsymbol{s} \times \boldsymbol{r}}{r^3}$$

Die magnetische Induktion beträgt somit gemäß (3.32):

$$\boldsymbol{B} = \frac{\mu_0}{4\pi} I \int\limits_1^2 \frac{\mathrm{d}\boldsymbol{s} \times \boldsymbol{r}}{r^3}$$

Dieses Ergebnis ist das bekannte **Biot-Savartsche Gesetz**.

3.2.5 Konkretes Beispiel und lehrreicher Sonderfall

Vorgegeben: Vom Strom I durchflossener, gerader und unendlich langer Draht in z-Richtung mit konstantem Querschnitt F.
Ziel: Berechnung von $\boldsymbol{A}$ im Aufpunkt P mit dem senkrechten Abstand R vom Draht. Es ist:

$$\mathrm{d}\boldsymbol{s} = \mathrm{d}z \cdot \boldsymbol{u}_z \qquad \text{und} \qquad r = \sqrt{z^2 + R^2}$$

Damit folgt aus (3.30):

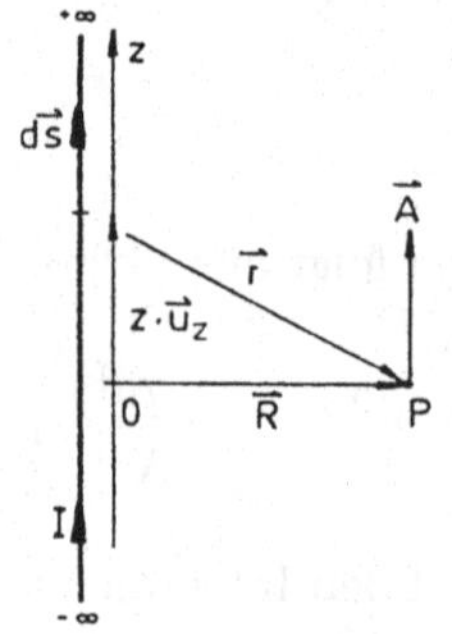

$$
\boldsymbol{A} = \frac{\mu_0}{4\pi} I \boldsymbol{u}_z \int_{-\infty}^{+\infty} \frac{\mathrm{d}z}{\sqrt{z^2 + R^2}}
$$

Daraus folgt bereits, dass $\boldsymbol{A}$ überall im Raum in z-Richtung, also in Drahtrichtung weist. Mit $u = z/R$ ergibt die Integration

$$
\begin{aligned}
\int_{-\infty}^{+\infty} \frac{\mathrm{d}z}{\sqrt{z^2 + R^2}} &= \int_{-\infty}^{+\infty} \frac{\mathrm{d}u}{\sqrt{u^2 + 1}} \\
&= \left[\ln \left(u + \sqrt{u^2 + 1} \right) \right]_{-\infty}^{+\infty}
\end{aligned}
$$

Der Ausdruck nimmt an den Integrationsgrenzen ebenfalls die Werte $\pm\infty$ an. Das Integral liefert also keinen definierten und endlichen Wert. Er **divergiert**. Dieses einfache Beispiel ist also insofern ein Sonderfall, als sich hierfür das Vektorpotential nicht direkt aus der allgemeinen Lösung (3.28) berechnen läßt. $\boldsymbol{A}$ läßt sich dann allenfalls unter Rückgriff auf das angestrebte Endergebnis für $\boldsymbol{B}$ zurückrechnen.

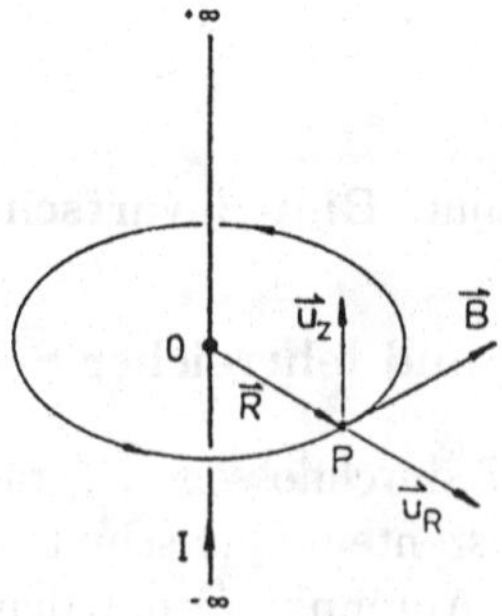

Die Feldlinien des Magnetfeldes außerhalb eines unendlich langen und geraden Drahtes, der von einem Strom I durchflossen wird, sind konzentrische

Kreise um den Draht. Die magnetische Induktion $\boldsymbol{B}$ im Aufpunkt P ist nur von dessen senkrechtem Abstand R zum Draht abhängig, und zwar gilt:

$$\boldsymbol{B} = \frac{\mu_0}{2\pi} I \left(\boldsymbol{u}_z \times \frac{\boldsymbol{u}_R}{R} \right)$$

Die Umformung

$$\frac{\boldsymbol{u}_R}{R} = \boldsymbol{u}_R \frac{\mathrm{d}}{\mathrm{d}R} (\ln R) = \operatorname{grad}(\ln R)$$

ergibt:

$$\boldsymbol{B} = \frac{\mu_0}{2\pi} I \left[\boldsymbol{u}_z \times \operatorname{grad}(\ln R) \right]$$

Mit (3.17) folgt:

$$\boldsymbol{u}_z \times \operatorname{grad}(\ln R) = \ln R \cdot \operatorname{rot} \boldsymbol{u}_z - \operatorname{rot}(\boldsymbol{u}_z \ln R)$$

Wegen $\operatorname{rot} \boldsymbol{u}_z = 0$ ist dann:

$$\boldsymbol{B} = \frac{\mu_0}{2\pi} I \cdot \operatorname{rot}(-\boldsymbol{u}_z \ln R) = \operatorname{rot} \left(-\boldsymbol{u}_z \frac{\mu_0}{2\pi} I \ln R \right)$$

Der Vergleich mit (3.26) liefert:

$$\boldsymbol{A} = -\boldsymbol{u}_z \frac{\mu_0}{2\pi} I \ln R \tag{3.34}$$

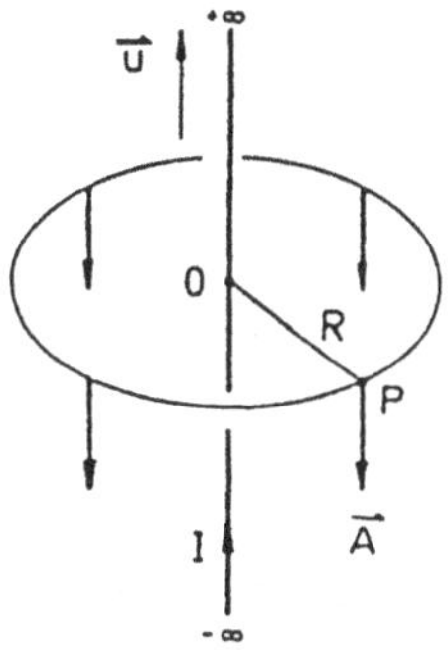

Das Vektorpotential weist also in die negative z-Richtung und ist bei vorgegebenem I nur vom senkrechten Abstand R zum Draht abhängig. Die Äquipotentialflächen sind demnach Zylindermantel-Flächen, die den Draht konzentrisch umschließen. (3.33) hat einen "Schönheitsfehler": Im Argument der ln-Funktion steht eine **Länge**, d.h. eine Größe mit einer **Dimension**. Die ln-Funktion ist aber nur für **Zahlen**, also dimensionslose Größen definiert. Dem ist leicht dadurch abzuhelfen, dass man zu (3.33) den konstanten und damit **divergenzfreien** Vektor

$$\boldsymbol{u}_z \frac{\mu_0}{2\pi} I \ln a$$

addiert, wobei a eine willkürlich vorgebbare, endliche Länge bedeutet. Nach den Erläuterungen im Zusammenhang mit (3.27) und (3.28) ändert das nichts an der physikalischen Aussage von (3.26). Also ist schließlich

$$\boldsymbol{A} = -\boldsymbol{u}_z \frac{\mu_0}{2\pi} I \ln \frac{R}{a}$$

3.3 Das Magnetfeld bewegter Ladungen (nicht relativistisch)

In Abschn. 3.1 war gezeigt worden, dass sich eine geschlossene stromdurchflossene Leiterschleife in einem Magnetfeld genauso ausrichtet wie ein Permanentmagnet. Diese Analogie führte zur Einführung des magnetischen Dipolmoments. Es liegt also der Schluss nahe, dass jeder elektrische Strom ein Magnetfeld erzeugt. Dies ist im einfachen Fall des geradlinigen Leiters in Bild 3.14 demonstriert.

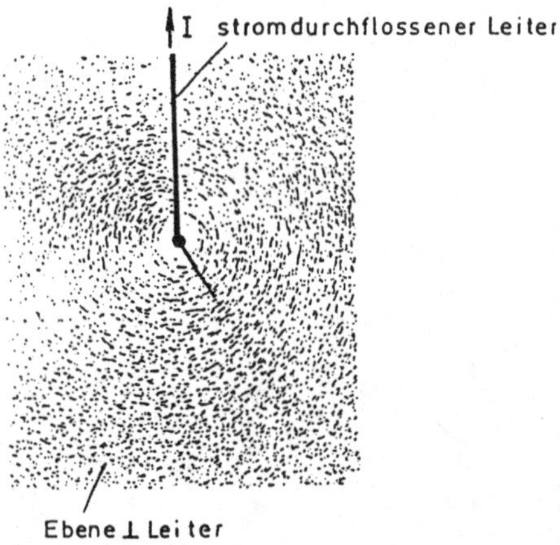

Abb. 3.14. Demonstration des Magnetfeldes eines geradlinigen stromdurchflossenen Leiters mit Eisenfeilspänen.

Die allgemeine Verknüpfung des elektrischen Stroms mit dem durch ihn bewirkten Magnetfeld läßt sich in verschiedener Form einführen. In Analogie zur Darstellung des durch eine Punktladung bewirkten Feldes wählen wir die differentielle Form des Zusammenhangs zwischen $\boldsymbol{B}$ und I (BIOT-SAVARTsches Gesetz, vgl. Bild 3.15). Hierin wird der durch ein differentielles Längenelement des drahtförmigen Leiters (Länge ds, Richtung der Stromdichte $\boldsymbol{u}_t$, Stromstärke I, konstanter Querschnitt A) bewirkte Beitrag d$\boldsymbol{B}$ zur insgesamt erzeugten Induktion $\boldsymbol{B}$ in einem beliebigen Punkt P im Abstand r von ds angegeben. Es gilt mit den Bezeichnungen des Bildes 3.15

$$\mathrm{d}\boldsymbol{B} = K_m \frac{I \cdot \mathrm{d}s}{r^2} \boldsymbol{u}_t \times \boldsymbol{u}_r = K_m \frac{I \cdot \mathrm{d}s \sin\vartheta}{r^2} \boldsymbol{u}_\vartheta \tag{3.35}$$

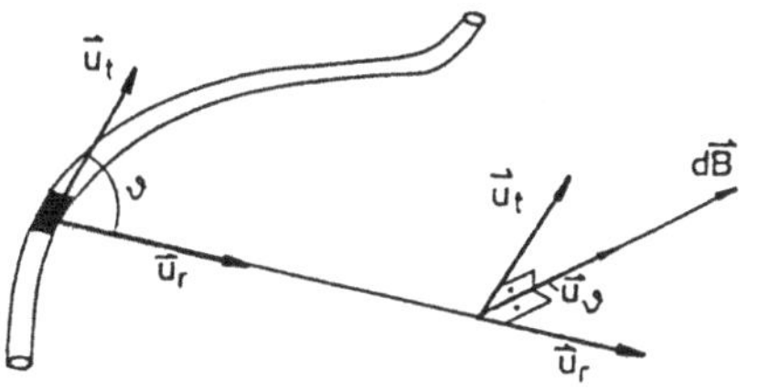

Abb. 3.15. Zur Formulierung des BIOT-SAVARTschen Gesetzes.

Hierin ist $\boldsymbol{u}_\vartheta$ der senkrecht zur Ebene $\boldsymbol{u}_t, \boldsymbol{u}_r$ gerichtete Einheitsvektor ($\boldsymbol{u}_t, \boldsymbol{u}_r, \boldsymbol{u}_\vartheta$: Rechtssystem). Das BIOT-SAVARTsche Gesetz kann experimentell direkt nicht nachgeprüft werden, da es nur den differentiellen Beitrag $\mathrm{d}\boldsymbol{B}$ eines Längenelements $\mathrm{d}s$ beschreibt. Es wird aber dadurch bestätigt, dass alle sich hieraus ergebenden Folgerungen (Integration über einen Leiter endlicher Länge) als richtig erweisen werden. Bei der Formulierung von Gl. (3.35) sei auf die Ähnlichkeit zum elektrischen Feld einer Punktladung verwiesen (Gln. (2.2) und (2.7)). Dort war

$$\boldsymbol{E} = K_e \frac{q}{r^2} \boldsymbol{u}_r$$

Wir waren bisher so vorgegangen, dass durch Festlegung der Konstanten K_e die Einheit 1 C = 1 A s, also auch die Stromeinheit 1 A bestimmt wurde. Die Einheit von $\boldsymbol{B}$ ist aus der Kraft auf eine bewegte Ladung (Gln. (3.1), (3.2)) bestimmt. Es ist also K_m in Gl. (3.35) eine experimentell zu bestimmende Konstante. Man erhält

$$K_m = 10^{-7} \frac{\mathrm{mkg}}{(\mathrm{A\ s})^2} \tag{3.36}$$

Es ist üblich, K_m durch die magnetische Feldkonstante μ_0 zu ersetzen:

$$K_m = \frac{\mu_0}{4\pi} \qquad \left(\text{vgl. } K_e = \frac{1}{4\pi\varepsilon_0}\right)$$

Es ist

$$\mu_0 = 4\pi \cdot 10^{-7} \frac{\mathrm{mkg}}{(\mathrm{A\ s})^2} = 1.3566 \cdot 10^{-6} \frac{\mathrm{m\ kg}}{(\mathrm{A\ s})^2} \tag{3.37}$$

Damit erhält das BIOT-SAVARTsche Gesetz die Form

$$\mathrm{d}\boldsymbol{B} = \frac{\mu_0}{4\pi} \frac{I \cdot \mathrm{d}s}{r^2} \boldsymbol{u}_t \times \boldsymbol{u}_r \tag{3.35a}$$

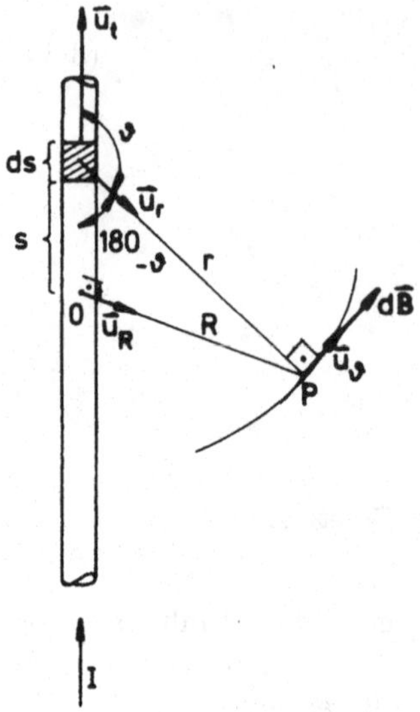

Abb. 3.16. Zum Magnetfeld um einen langen geraden und stromführenden Draht.

Anwendungen des Biot-Savartschen Gesetzes

1. Magnetfeld eines ∞ ausgedehnten geradlinigen Leiters.
   Es sei O der Fußpunkt des Lotes von P auf den Leiter, der Einheitsvektor in Richtung O$\boldsymbol{P}$ werde mit $\boldsymbol{u}_R$ bezeichnet. Dann gilt

$$\begin{aligned} \boldsymbol{u}_\vartheta &= \boldsymbol{u}_t \times \boldsymbol{u}_R, \\ \boldsymbol{u}_t \times \boldsymbol{u}_r &= \sin\vartheta \boldsymbol{u}_\vartheta, \\ \sin\vartheta &= \sin(180 - \vartheta) = \frac{R}{r}, \\ r &= \sqrt{R^2 + s^2} \end{aligned}$$

   also nach Gl. (3.35a)

$$\mathrm{d}\boldsymbol{B} = \frac{\mu_0}{4\pi} I R \boldsymbol{u}_\vartheta \frac{\mathrm{d}s}{(R^2 + s^2)^{3/2}}$$

   Insgesamt erhält man in P die magnetische Induktion

$$\boldsymbol{B} = \int\limits_{s=-\infty}^{s=+\infty} \mathrm{d}\boldsymbol{B} = \frac{\mu_0}{4\pi} I R \boldsymbol{u}_\vartheta \int\limits_{-\infty}^{+\infty} \frac{\mathrm{d}s}{(R^2 + s^2)^{3/2}}$$

   Es gilt

$$\int_{-\infty}^{+\infty} \frac{\mathrm{d}s}{(R^2+s^2)^{3/2}} = \frac{1}{R^2}\frac{s}{(R^2+s^2)^{1/2}}\Bigg|_{-\infty}^{+\infty} = \frac{2}{R^2}$$

Damit erhalten wir für die im Abstand R von einem geradlinigen Leiter erzeugte Induktion

$$\boxed{\boldsymbol{B} = \frac{\mu_0}{2\pi}\frac{I}{R}\boldsymbol{u}_\vartheta} \tag{3.38}$$

Man rechnet leicht nach, dass man durch entsprechende Integration von Gl. (2.7) für die durch einen ∞ ausgedehnten geradlinigen Stab homogener Ladungsverteilung $\mathrm{d}q/\mathrm{d}s = \lambda$ erzeugte elektrische Feldstärke erhält:

$$\boldsymbol{E} = \frac{1}{2\pi\varepsilon_0}\frac{\lambda}{R}\boldsymbol{u}_R$$

Die durch Gl. (3.38) beschriebene Induktion ist also rotationssymmetrisch ($\boldsymbol{u}_\vartheta$ = Richtung der Tangenten zum Kreis mit Radius R) um den Leiter (vgl. Demonstration Bild 3.14).

2. Magnetfeld einer kreisförmigen geschlossenen Stromschleife.

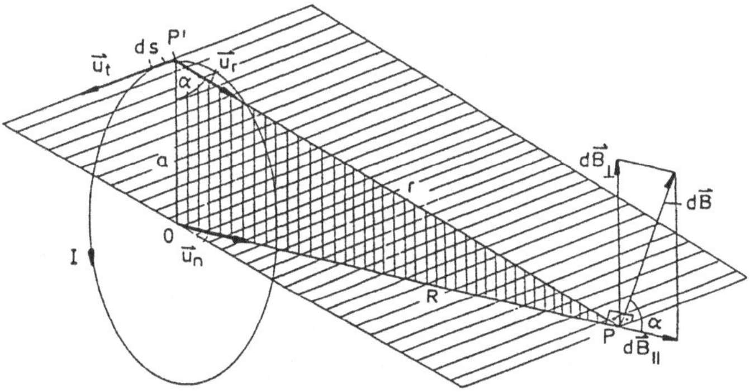

Abb. 3.17. Zum Magnetfeld einer Leiterschleife.

Der Kreisradius sei a, der Mittelpunkt O. Wir berechnen die magnetische Induktion längs der durch die Normale zur Kreisebene ($\boldsymbol{u}_n$) und den Kreismittelpunkt bestimmten Achse. P sei ein beliebiger Punkt auf dieser Achse. Wir zerlegen $\mathrm{d}\boldsymbol{B}$ in eine Komponente parallel zu $\boldsymbol{u}_n$ und eine solche senkrecht zu $\boldsymbol{u}_n$ (parallel zum Radiusvektor $\mathrm{O}\boldsymbol{P}$):

$$\mathrm{d}\boldsymbol{B} = \mathrm{d}\boldsymbol{B}_\parallel + \mathrm{d}\boldsymbol{B}_\perp$$

Für den Betrag von $\mathrm{d}\boldsymbol{B}$ gilt nach Gl. (3.35a) wegen $\boldsymbol{u}_t \perp \boldsymbol{u}_r$

$$\mathrm{d}B = \frac{\mu_0}{4\pi}\frac{I\cdot\mathrm{d}s}{r^2} = \mathrm{const}$$

für alle P′ auf dem Kreis.

Damit ist auch $dB_\perp = dB \sin\alpha$ unabhängig von P' auf dem Kreisumfang. Da die Richtung von $dB_\perp$ parallel zum jeweiligen Radiusvektor $\mathrm{O}\boldsymbol{P}'$ ist und sich diese für jeweils diametral gegenüberliegende Punkte P′ aufheben, ergibt die Integration von $d\boldsymbol{B}_\perp$ über den gesamten Kreis

$$\oint d\boldsymbol{B}_\perp = 0$$

Für die Komponente parallel zu $\boldsymbol{u}_n$ gilt:

$$\begin{aligned} dB_\parallel &= dB \cdot \cos\alpha \\ &= \frac{\mu_0}{4\pi}\frac{I \cdot ds}{r^2}\cos\alpha \end{aligned}$$

Es ist $\cos\alpha = a/r$ und $r = \sqrt{R^2 + a^2}$ konstant für alle Punkte P′ auf dem Kreisumfang. Daher wird

$$\begin{aligned} \boldsymbol{B} &= \oint d\boldsymbol{B} = \oint d\boldsymbol{B}_\parallel \\ &= \frac{\mu_0}{4\pi}\frac{Ia}{(R^2 + a^2)^{3/2}}\oint ds\boldsymbol{u}_n \end{aligned}$$

Das verbleibende Integral liefert den Kreisumfang $2\pi a$. Für die Punkte P auf der Achse gilt also:

$$\boxed{\boldsymbol{B} = \frac{\mu_0}{4\pi}\frac{2\pi a^2 I}{(R^2 + a^2)^{3/2}}\boldsymbol{u}_n = \frac{\mu_0}{4\pi}\frac{2\boldsymbol{m}}{(R^2 + a^2)^{3/2}}} \tag{3.39}$$

Hierin ist $\boldsymbol{m}$ das mit Gl. (3.9) eingeführte Dipolmoment. Wir sehen also, dass das magnetische Dipolmoment einer Stromschleife direkt mit dem durch diese Stromschleife erzeugten Magnetfeld (magnetische Induktion) verknüpft ist. Das gesamte Feld eines derartigen Dipols, nicht nur für Punkte auf der Achse, ist in der Demonstration Bild 3.18 dargestellt. Es ist natürlich auch für beliebige Punkte nach dem BIOT-SAVARTschen Gesetz ausrechenbar. Außer ein wenig mehr Mathematik bietet die Rechnung aber physikalisch nichts Neues.

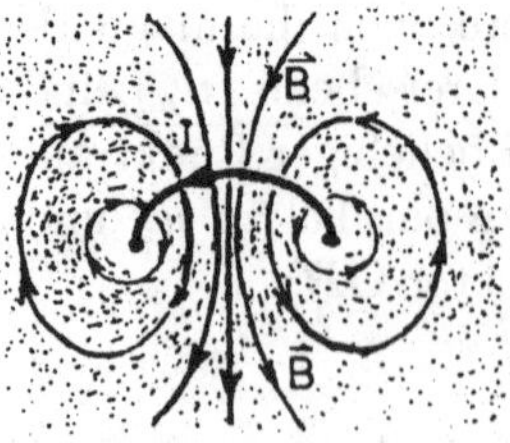

Abb. 3.18. Demonstration der Feldlinien der magnetischen Induktion einer stromdurchflossenen Drahtschleife.

Analogie zum elektrischen Dipol: Für große Abstände R zum magnetischen Dipol erhält man aus Gl. (3.39) als magnetische Induktion längs der Achse (Näherung $R \gg a$)

$$\boxed{\boldsymbol{B} = \frac{\mu_0}{4\pi}\frac{2\boldsymbol{m}}{R^3}} \qquad (3.39a)$$

Diese Beziehung ist analog der entsprechenden Beziehung für einen elektrischen Dipol. Entlang der Achse ($\vartheta = 0$) erhält man aus Gl. (2.23):

$$\boldsymbol{E} = \frac{1}{4\pi\varepsilon_0}\frac{2\boldsymbol{p}}{R^3}$$

Es sei aber an dieser Stelle auf einen gravierenden Unterschied zwischen dem elektrischen Feld und dem Magnetfeld hingewiesen (vgl. Bild 2.10b mit Bild 3.18):

Korollar 3.3 *Elektrische Feldlinien haben jeweils einen Anfangs- und einen Endpunkt, nämlich die das Feld erzeugende Ladungen. Magnetische Feldlinien sind geschlossen.*

Dieser Sachverhalt hängt offenbar damit zusammen, dass es keine "magnetischen Ladungen" gibt. Er wird später näher erläutert.

3. Magnetfeld einer langen Spule.
Auch hier soll nur die magnetische Induktion für Punkte auf der Achse berechnet werden. Die Spule habe die Länge L, den Radius a und bestehe aus N Windungen, die äquidistant auf die Länge verteilt sind. Dann gelten die folgenden Zusammenhänge (Bild 3.19):

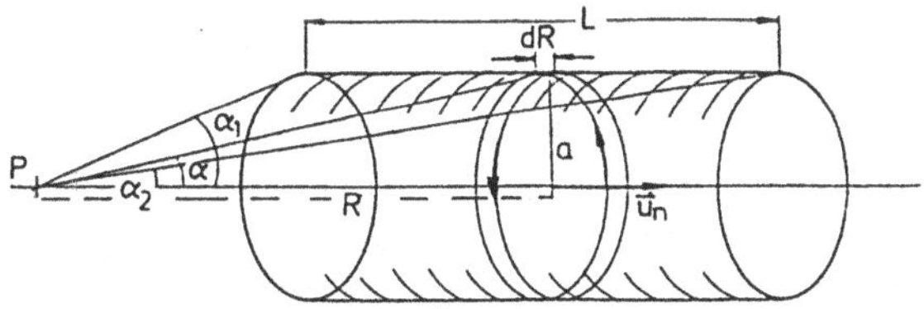

Abb. 3.19. Zur Herleitung der längs der Spulenachse erzeugten magnetischen Induktion.

Im differentiellen Längenelement dR der Spule sind $(N/L)\cdot$ dR Windungen enthalten, das Längenelement dR hat also das Dipolmoment (Gl. (3.9))

$$\mathrm{d}\boldsymbol{m} = NI\pi a^2 \frac{\mathrm{d}R}{L}\boldsymbol{u}_n$$

Nach Gl. (3.39) erhalten wir daraus als Beitrag zur magnetischen Induktion in P

$$\mathrm{d}\boldsymbol{B} = \frac{\mu_0}{4\pi} 2 \frac{N}{L} \pi a^2 I \frac{dR}{(R^2 + a^2)^{3/2}} \boldsymbol{u}_n$$

Für $\boldsymbol{B}$ selbst folgt also

$$\boldsymbol{B} = \frac{\mu_0}{2} \frac{NI}{L} \boldsymbol{u}_n a^2 \int\limits_{R_1}^{R_2} \frac{\mathrm{d}R}{(R^2 + a^2)^{3/2}}$$

Es gilt

$$\int \frac{\mathrm{d}R}{(R^2 + a^2)^{3/2}} = \frac{1}{a^2} \frac{R}{(R^2 + a^2)^{1/2}} = \frac{1}{a^2} \cos\alpha$$

Also ist

$$\boxed{\boldsymbol{B} = \frac{\mu_0}{2} \frac{NI}{L} (\cos\alpha_2 - \cos\alpha_1) \boldsymbol{u}_n} \tag{3.40}$$

Im Zentrum der Spule erhält man

$$\cos\alpha_2 = \frac{L/2}{\sqrt{L^2/4 + a^2}} \quad \text{und} \quad \cos\alpha_1 = \frac{-L/2}{\sqrt{L^2/4 + a^2}}$$

und am Ende der Spule

$$\cos\alpha_2 = \frac{L}{\sqrt{L^2 + a^2}} \quad \text{und} \quad \cos\alpha_1 = 0$$

Damit folgt aus (3.40) für die Beträge der magnetischen Induktion in diesen beiden Fällen

$$\boxed{B_{\text{Zentr.}} = \mu_0 \frac{NI}{\sqrt{L^2 + 4a^2}}; \quad B_{\text{Ende}} = \frac{\mu_0}{2} \frac{NI}{\sqrt{L^2 + a^2}}} \tag{3.41}$$

Für eine sehr lange Spule, d.h. für $L \gg a$, wird

$$\boxed{B_{\text{Zentr.}} = \mu_0 \frac{NI}{L}; \quad B_{\text{Ende}} = \frac{\mu_0}{2} \frac{NI}{L}} \tag{3.41a}$$

Die Gln. (3.40) und (3.41) beschreiben nur das Magnetfeld längs der Spulenachse. Auf die Berechnung für beliebige Punkte wird auch hier, wie im Beispiel 2, verzichtet. Eine qualitative Darstellung ist in Bild 3.20 gegeben.

4. Magnetfeld einer bewegten Punktladung (nicht relativistisch).
Nach dem BIOT-SAVARTschen Gesetz gilt (Gl. (3.35a)):

$$\mathrm{d}\boldsymbol{B} = \frac{\mu_0}{4\pi} \frac{I \cdot \mathrm{d}s}{r^2} \boldsymbol{u}_t \times \boldsymbol{u}_r$$

und es ist (Gl. (3.7))

$$I = nqvA$$

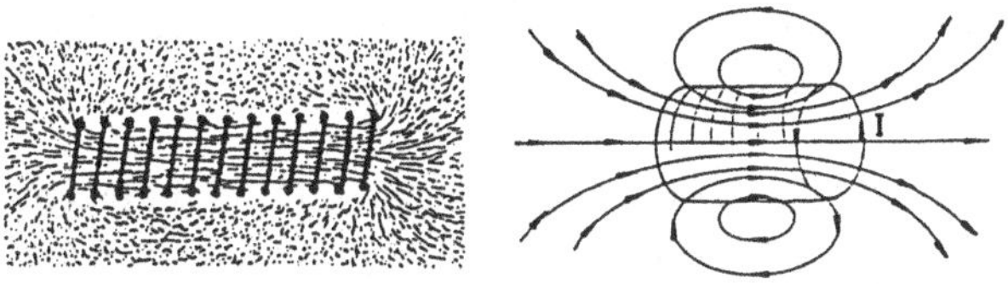

Abb. 3.20. Magnetfeld einer Spule.

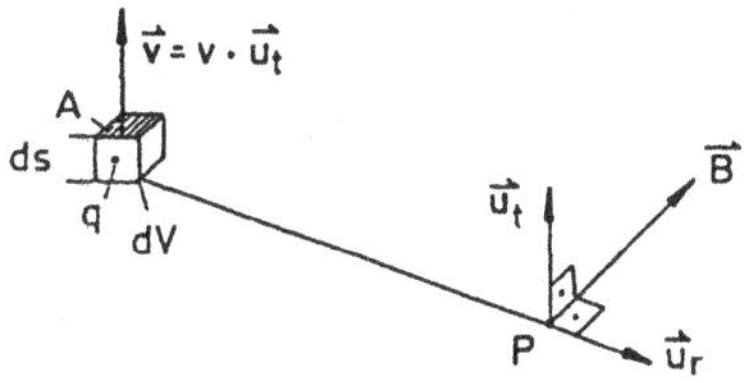

Abb. 3.21. Magnetfeld einer bewegten Punktladung.

Nach Bild 3.21 wählen wir das Volumenelement $A \cdot \mathrm{d}s = \mathrm{d}V$ so groß, dass gerade eine einzige Punktladung q darin enthalten ist, also

$$nA \cdot \mathrm{d}s = 1$$

Das ergibt

$$I \cdot \mathrm{d}s = qv$$

Als Beitrag $\mathrm{d}\boldsymbol{B}$ der einzelnen Punktladung q, d.h. als magnetische Gesamtinduktion einer einzelnen Punktladung erhalten wir dann

$$\boxed{\boldsymbol{B} = \frac{\mu_0}{4\pi} \frac{q}{r^2} \boldsymbol{v} \times \boldsymbol{u}_r} \tag{3.42}$$

Gl. (3.42) gilt nur im nichtrelativistischen Fall $v \ll c$. Die elektrische Feldstärke der Punktladung q ist gegeben durch:

$$\boldsymbol{E} = \frac{1}{4\pi\varepsilon_0} \frac{q}{r^2} \boldsymbol{u}_r \Rightarrow \boldsymbol{u}_r = 4\pi\varepsilon_0 \frac{r^2}{q} \boldsymbol{E}$$

Einsetzen in Gl. (3.42) liefert die auch relativistisch gültige Beziehung (ohne Beweis) für den Zusammenhang zwischen der elektrischen Feldstärke und der magnetischen Induktion einer bewegten Punktladung. Mit $\varepsilon_0 \mu_0 = 1/c^2$ folgt

$$\boxed{\boldsymbol{B} = \varepsilon_0 \mu_0 \boldsymbol{v} \times \boldsymbol{E} = \frac{1}{c^2} \boldsymbol{v} \times \boldsymbol{E}} \tag{3.43}$$

Elektrisches und magnetisches Feld sind also tatsächlich nur zwei voneinander verschiedene Aspekte der physikalischen Eigenschaft 'Elektrische Ladung'.

3.4 Magnetische Wechselwirkung zwischen bewegten Ladungen

In Abschn. 3.3 ist gezeigt worden, dass bewegte Ladungen, z.B. ein in einem Leiter fließender stationärer Strom oder eine bewegte Punktladung ein Magnetfeld erzeugen. Auf ein davon unabhängiges geladenes Teilchen, welches sich mit einer bestimmten Geschwindigkeit in diesem Feld bewegt bzw. auf einen stromdurchflossenen Leiter, wird also nach Gl. (3.1) bzw. Gl. (3.8) eine magnetische Kraft ausgeübt. Bewegte Ladungen üben also magnetische Kräfte aufeinander aus. Im folgenden werden zwei Beispiele behandelt.

Magnetische Kraft zwischen parallelen stromdurchflossenen Leitern Wir betrachten zwei lange parallele Drähte im Abstand r voneinander, durch die elektrischer Strom gleicher Richtung und Stärke fließt. Das am Ort von Draht (2) vom stromdurchflossenen Draht (1) erzeugte Magnetfeld hat die magnetische Induktion (Gl. (3.38)):

$$\boldsymbol{B}_1 = \frac{\mu_0}{2\pi}\frac{I}{r}\boldsymbol{u}_\vartheta$$

Für die auf ein endliches Stück des Leiters (2) der Länge ℓ ausgeübte Kraft gilt dann nach Gl. (3.8b)

$$\boldsymbol{F}_2 = I\ell\frac{\mu_0}{2\pi}\frac{I}{r}\boldsymbol{u}_t \times \boldsymbol{u}_\vartheta$$

$$\text{oder} \quad \boldsymbol{F}_2 = -\frac{\mu_0}{2\pi}\frac{I^2\ell}{r}\boldsymbol{u}_r \tag{3.44}$$

Natürlich gilt für die vom Draht (2) auf Draht (1) ausgeübte Kraft

$$\boldsymbol{F}_1 = -\boldsymbol{F}_2$$

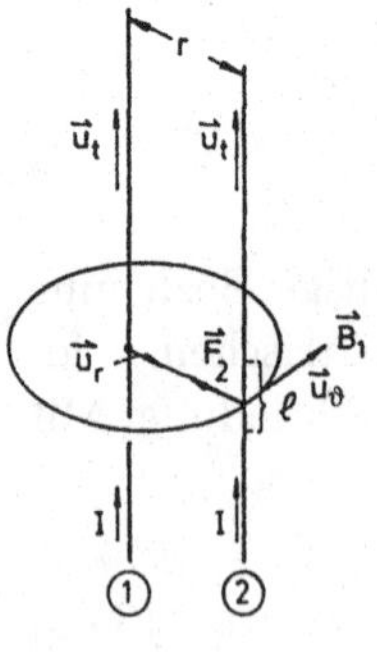

Abb. 3.22. Magnetische Kraft zwischen stromdurchflossenen Leitern.

Sind die Stromrichtungen, wie im Beispiel angenommen, gleich, so ziehen sich die Drähte an. Bei entgegengesetzt gerichteten Strömen stoßen sie sich ab.

Diese Kraft zwischen sehr langen, parallelen, stromdurchflossenen Drähten wird im SI-System tatsächlich zur Definition der Einheit der elektrischen Stromstärke 1 AMPERE benutzt (Prinzip der Stromwaage). Aus Gl. (3.44) erhält man:

$$\frac{F}{\ell} = 2 \cdot 10^{-7}\,\frac{\mathrm{N}}{\mathrm{m}} \quad \text{für } r = 1\,\mathrm{m} \quad \text{und} \quad I = 1\,\mathrm{A}$$

Im SI-System ist also tatsächlich $\mu_0/(4\pi)$ willkürlich festgelegt, während dann $1/(4\pi\varepsilon_0)$ eine experimentell zu bestimmende Größe ist (vgl. Bemerkungen zum Einheitensystem).

Elektromagnetische Wechselwirkung zwischen bewegten Punktladungen Die magnetische Kraft ist im Gegensatz zur Coulombkraft oder Gravitationskraft direkt geschwindigkeitsabhängig. Die durch eine bewegte Ladung am Beobachtungsort erzeugte magnetische Induktion hängt sowohl vom Abstand zwischen Beobachtungsort und bewegter Ladung als auch von der Geschwindigkeit der Ladung relativ zum Beobachtungsort ab. Das magnetische Feld im Beobachtungspunkt ist also zeitabhängig. Bisher sind wir davon ausgegangen, dass die besprochenen Wechselwirkungen (Gravitationswechselwirkung, elektrische und magnetische Wechselwirkung) sich mit sofortiger Wirkung überall im Raum bemerkbar machen. Stellen wir uns etwa vor, dass zum Zeitpunkt $t = 0$ am Ort O eine Masse m erzeugt wird, so war stillschweigend vorausgesetzt worden, dass das durch das Gravitationsgesetz gegebene Gravitationsfeld der Masse m zum selben Zeitpunkt $t = 0$ überall messbar ist. Diese Vorstellung muss revidiert werden, wie im Beispiel der elektromagnetischen Wechselwirkung im folgenden Gedankenexperiment gezeigt werden soll.

Im als ruhend angenommenen Bezugssystem S betrachten wir zwei Ladungen q_1, q_2, die sich mit verschiedenen Geschwindigkeiten bewegen. Es erzeugt also i.a. jede Ladung am Ort der anderen Ladung ein Magnetfeld. Im Beobachtungszeitpunkt t sei die Geschwindigkeit $\boldsymbol{v}_1$ des Teilchens 1 gerade parallel zu $\boldsymbol{u}_r$ (Einheitsvektor in Richtung Teilchen 1 $\to$ Teilchen 2). Dann gilt für das durch Teilchen 1 am Ort von Teilchen 2 erzeugte Magnetfeld nach Gl. (3.42) $\boldsymbol{B}_1 = 0$. Teilchen 1 übt also nur eine Coulombkraft auf Teilchen 2 aus (Richtung $\boldsymbol{u}_r$, falls q_1, q_2 positiv). Die Geschwindigkeit $\boldsymbol{v}_2$ von Teilchen 2 sei beliebig. Es erzeugt also am Ort von Teilchen 1 i.a. ein Magnetfeld mit $\boldsymbol{B}_2 \neq 0$. Teilchen 2 übt also sowohl eine elektrische wie eine magnetische Kraft auf Teilchen 1 aus. Für die aufeinander ausgeübten resultierenden Gesamtkräfte würde sich dann nach Bild 3.23 das mit dem NEWTONschen Axiom "actio = reactio" nicht zu vereinbarende Resultat

$$\boldsymbol{F}_1 \neq -\boldsymbol{F}_2$$

ergeben.

Eine unreflektierte Anwendung der bisher erarbeiteten Zusammenhänge führt also für das Massenpunktsystem der beiden betrachteten Teilchen

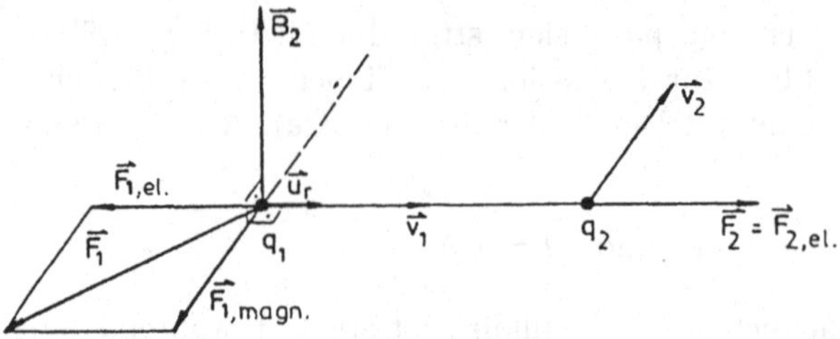

Abb. 3.23. Zum im Text erläuterten Gedankenexperiment.

zur Verletzung von Energie- und Impulserhaltung (s. Band 1). Es ist offensichtlich, dass hier eine wesentliche Eigenschaft der elektromagnetischen Wechselwirkung noch nicht beachtet wurde. Es zeigt sich, dass das 3. NEWTONsche Axiom dann erfüllt ist, wenn wir annehmen, dass sich die elektromagnetische Wechselwirkung mit **endlicher** Fortpflanzungsgeschwindigkeit (= Lichtgeschwindigkeit) im Raum ausbreitet. Dass sich hierdurch Effekte ergeben, die zu einer Modifizierung der in Bild 3.23 beschriebenen Situation führen, sei im Prinzip anhand des Bildes 3.24 gezeigt.

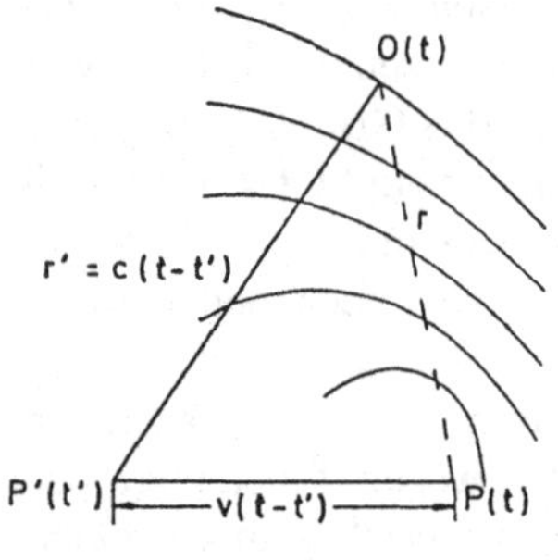

Abb. 3.24. Endliche Ausbreitungsgeschwindigkeit des elektromagnetischen Feldes.

Ein Teilchen der Ladung q bewegt sich relativ zum als ruhend angenommenen Beobachter O längs der Geraden P′P mit gleichförmiger Geschwindigkeit v. Wir betrachten eine Momentaufnahme zum Zeitpunkt t. Das Teilchen befindet sich gerade im Punkt P. Wegen der endlichen Ausbreitungsgeschwindigkeit des elektromagnetischen Feldes misst der Beobachter aber zum Zeitpunkt t keineswegs das vom im Punkt P befindlichen Teilchen erzeugte Feld, sondern das zu einem früheren Zeitpunkt t' (Teilchen in P′) erzeugte Feld. Man nennt diesen Effekt den **Retardierungseffekt**. Entsprechend muss die dem Bild 3.23 zugrundliegende Berechnung korrigiert werden (hier nicht durchgeführt, muss allgemein relativistisch geschehen). Bei der Erwartung, dass der Impulssatz für die beiden Teilchen des Bildes 3.24 gilt ($\boldsymbol{p}_1 + \boldsymbol{p}_2 =$ const), müssen also die Impulse zu jeweils individuell retardierten Zeiten t'_1, t'_2 betrachtet werden. Die Gültigkeit der Erhaltungssätze bei Zugrundelegung der Impuls- und Energiewerte zum selben Zeitpunkt kann dadurch erzwungen werden, dass wir dem sich ausbreitenden elektromagnetischen Feld einen bestimmten Linearimpuls, Drehimpuls und Energiebetrag zuordnen (s. elektromagnetische Strahlung).

4 Elektrische Leitung

4.1 Strom als Ladungstransport; Ohmsches Gesetz; elektrische Leitfähigkeit

Zunächst sei rekapituliert und verallgemeinert: Wird im Zeitintervall dt die Ladungsmenge dQ durch die Fläche A eines Körpers (fest, flüssig oder gasförmig) transportiert, so wird der Ausdruck (Gl. (3.5))

$$\boxed{I = \frac{\mathrm{d}Q}{\mathrm{d}t}} \tag{4.1}$$

als elektrische Stromstärke bezeichnet. I ist eine skalare Größe. Es sei darauf hingewiesen, dass die Stromstärke I stets nach Gl. (4.1) zu definieren ist, unbahängig von der Form des Körpers (Bild 4.1).

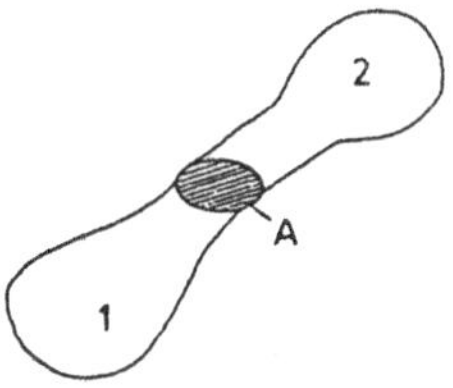

Abb. 4.1. Die Fläche A teilt das Gesamtvolumen des Körpers in zwei abgeschlossene Bereiche. $Q(t)$ sei die zur Zeit t im Gebiet 2 vorhandene Ladung. Dann ist der von 1 nach 2 fließende Strom $I = \mathrm{d}Q/\mathrm{d}t$.

An jedem Ort des Körpers ist eine **Stromdichte** zu definieren. Falls es nur eine Sorte von Ladungsträgern gibt, so ist die Stromdichte $\boldsymbol{j}$ gegeben durch (Gl. (3.6))

$$\boxed{\boldsymbol{j} = nq\boldsymbol{v}} \tag{4.2}$$

Hierin ist $n = \mathrm{d}N/\mathrm{d}V$ die räumliche Dichte (dN = Anzahl im Volumenelement dV), q die Ladung und $\boldsymbol{v}$ die Geschwindigkeit der Ladungsträger. n und $\boldsymbol{v}$ können von Ort zu Ort verschieden sein. Falls $\boldsymbol{j}$ für alle Punkte von A die gleiche Größe (Betrag und Richtung) hat und A eine ebene Fläche mit dem Normalenvektor $\boldsymbol{u}_n$ (gerichtete Fläche $\boldsymbol{A} = A\boldsymbol{u}_n$) ist, wird aus Gl. (3.7)

$I = \boldsymbol{j} \cdot \boldsymbol{A}$

Für eine allgemein gekrümmte Fläche O und/oder für eine innerhalb der Fläche ortsabhängige Stromdichte gilt diese Beziehung jedenfalls noch für jedes differentielle Flächenelement $\boldsymbol{do}$ (Bild 4.2). Für die gesamte Stromstärke folgt also

$$I = \int_0 \boldsymbol{j} \cdot \mathrm{d}\boldsymbol{o} \tag{4.3}$$

Stationärer Strom Die Stromdichteverteilung $\boldsymbol{j}(\boldsymbol{r})$, also das Vektorfeld der Stromdichte, heißt "stationär", wenn $\boldsymbol{j}$ ausschließlich ortsabhängig, an jedem Ort $\boldsymbol{r}$ aber **zeitunabhängig** ist.

Wir betrachten ein beliebiges stromdurchflossenes Gebiet V, in dem überall $\boldsymbol{j}$ stationär sein soll. Q sei die gesamte in V vorhandene Ladung. Es muss dann offenbar $I = -\,\mathrm{d}Q/\mathrm{d}t = 0$ sein. Wäre dies nicht der Fall, so würde nicht nur die einmal in V vorhandene Ladung aus V herausfließen, sondern es müsste wegen $\boldsymbol{j}$ stationär in V laufend Ladung erzeugt werden. Dies ist aber nach dem Satz von der Ladungserhaltung ausgeschlossen.

Ist also $\boldsymbol{j}$ stationär im Volumen V, so gilt für das Integral Gl. (4.3) über die V umschließende Oberfläche (geschlossene Fläche)

$$\oint \boldsymbol{j} \cdot \mathrm{d}\boldsymbol{o} = 0 \tag{4.4}$$

Nichtstationärer Fall Im allgemeinen nichtstationären Fall ist die Abnahme der Gesamtladung im Innern des von der geschlossenen Integrationsfläche umschlossenen Volumen stets nach Gl. (4.3) mit dem Gesamtstrom aus der Oberfläche heraus verknüpft. Es werde die im allgemeinen Fall ortsabhängige **Ladungsdichte** ϱ eingeführt:

$$\varrho = \frac{\mathrm{d}q}{\mathrm{d}V} \tag{4.5}$$

wobei dq die im Volumenelement dV vorhandene Ladung ist. Dann ergibt sich aus Gl. (4.3) wegen $I = \mathrm{d}Q/\mathrm{d}t$ und $Q = \int_V \varrho \cdot \mathrm{d}V$:

$$\oint_0 \boldsymbol{j} \cdot \mathrm{d}\boldsymbol{o} = -\frac{\mathrm{d}}{\mathrm{d}t} \int_V \varrho \cdot \mathrm{d}V \tag{4.6}$$

Gl. (4.6) gilt für jedes beliebige Volumen im betrachteten stromdurchflossenen Medium. Läßt man V in Gl. (4.6) zu einem differentiellen Volumenelement im Punkt P (Ortsvektor $\boldsymbol{r}$) zusammenschrumpfen, so erhält man (vgl. Gaußscher Satz in integraler und differentieller Form, Kapitel 5):

$$\operatorname{div} \boldsymbol{j} = -\frac{\partial \varrho}{\partial t} \tag{4.7}$$

Der Operator "div" ist mit $\boldsymbol{j} = j_x \boldsymbol{u}_x + j_y \boldsymbol{u}_y + j_z \boldsymbol{u}_z$ definiert durch

$$\operatorname{div} \boldsymbol{j} = \frac{\partial j_x}{\partial x} + \frac{\partial j_y}{\partial y} + \frac{\partial j_z}{\partial z}$$

Die partielle Ableitung $\partial \varrho / \partial t$ besagt, dass ϱ im festgehaltenen Punkt P, d.h. bei $\boldsymbol{r} = \text{const}$, nach t zu differenzieren ist.
Gl. (4.6) und entsprechend (4.7) sind unmittelbare Folgerungen des Satzes von der Ladungserhaltung. Für die meisten technischen Anwendungen in Schaltkreisen benötigt man nur die sehr viel einfachere Formulierung $I = -\mathrm{d}Q/\mathrm{d}t$, etwa bei der Entladung eines Kondensators (s. Kap. 5). Bei sogenannten Wechselströmen verlagert sich die Stromdichte mit wachsender Frequenz zunehmend in die Oberfläche des Leiters. Dieser "Skin-Effekt" wird weiter unten näher beschrieben.

Zusammenhang zwischen Stromdichte $\boldsymbol{j}$ und elektrischer Feldstärke $\boldsymbol{E}$; Ohmsches Gesetz Ein elektrischer Strom wird unter normalen Bedingungen –Phänomene der Supraleitung werden hier nicht behandelt – nur unter Wirkung eines elektrischen Feldes aufrechterhalten. Die elektrische Kraft $\boldsymbol{F} = q \cdot \boldsymbol{E}$ bewirkt eine Bewegung der Ladungsträger in Richtung der Feldstärke. Für die durch die Feldstärke bewirkte "**Driftgeschwindigkeit**" (Näheres s. Abschn. 4.2) schreiben wir daher

$$\boxed{\boldsymbol{v} = \mu \boldsymbol{E}} \tag{4.8}$$

Hierin wird μ als sogenannte **Beweglichkeit** der Ladungsträger bezeichnet. Normalerweise ist die Anwendung der Gl. (4.8) nur in solchen Fällen sinnvoll, für die μ nur wenig oder gar nicht von der Feldstärke abhängt. Für viele Materialien, z.B. für die Metalle, ist die Beweglichkeit bei konstanter Temperatur in einem weiten Feldstärkebereich tatsächlich von der elektrischen Feldstärke unabhängig. Es gilt

$$\boxed{\boldsymbol{v} = \mu \boldsymbol{E} \quad \text{mit} \quad \mu = \text{const} \ \text{ bei } \ T = \text{const}} \tag{4.9}$$

Weiterhin ist ebenfalls in vielen Fällen bei $T = \text{const}$ die Ladungsträgerdichte überall konstant und unabhängig von der Feldstärke. Unter diesen Bedingungen ($\mu, n = \text{const}$ bei $T = \text{const}$) erhält man aus Gl. (4.2) und (4.9) das sogenannte OHMsche Gesetz:

$$\boxed{\boldsymbol{j} = \sigma \boldsymbol{E} \quad \text{mit} \quad \sigma = nq\mu = \text{const} \ \text{ für } \ T = \text{const}} \tag{4.10}$$

Die Proportionalitätskonstante σ wird als **spezifische Leitfähigkeit**, ihr Kehrwert ϱ als **spezifischer Widerstand** (Buchstabenbezeichnung leider identisch mit der Ladungsdichte) bezeichnet:

$$\boxed{\varrho = \frac{1}{\sigma}} \tag{4.11}$$

Beweglichkeit μ und spezifische Leitfähigkeit σ sind reine Materialkonstanten (Temperaturabhängigkeit, s. Abschn. 4.2), können aber in einem kristallinen

Medium noch von der Orientierung der Ladungsträgergeschwindigkeit zu den Kristallachsen abhängen (Anisotropie)

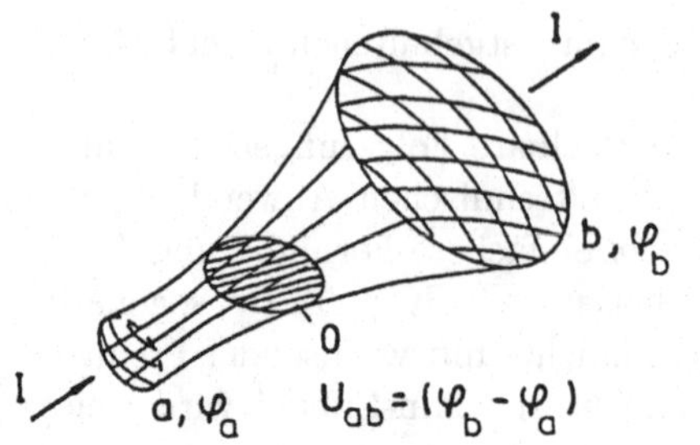

Abb. 4.2. Zur allgemeinen Definition des elektrischen Widerstands eines beliebig geformten Körpers.

Im allgemeinen werden in einem ausgedehnten Körper statt der mikroskopischen Größen Stromdichte $\boldsymbol{j}$ und Feldstärke $\boldsymbol{E}$ die makroskopischen Größen Stromstärke I und Potentialdifferenz U zwischen zwei Äquipotentialflächen a, b (Bild 4.2) verwendet. Aus $\boldsymbol{E} = -\operatorname{grad}\varphi$ folgt

$$U_{ab} = -\int_a^b \boldsymbol{E} \cdot \mathrm{d}\boldsymbol{s}$$

Für die Stromstärke I gilt nach Gl. (4.3)

$$I = \int_O \boldsymbol{j} \cdot \mathrm{d}\boldsymbol{o}$$

O ist dabei irgendeine Querschnittsfläche des Körpers zwischen den beiden Äquipotentialflächen. Als elektrischen Widerstand R des Körpers definieren wir

$$\boxed{R = \frac{U_{ab}}{I} = \frac{-\int_a^b \boldsymbol{E} \cdot \mathrm{d}\boldsymbol{s}}{\int_O \boldsymbol{j} \cdot \mathrm{d}\boldsymbol{o}}} \tag{4.12}$$

In einem zylindrischen homogenen Körper (homogen heißt ϱ überall konstant) mit dem Querschnitt A und der Länge L, dessen Stirnflächen Äquipotentialflächen sind, läßt sich Gl. (4.12) leicht auswerten (Bild 4.3).
Es ist

$$U_{ab} = \varphi_b - \varphi_a$$

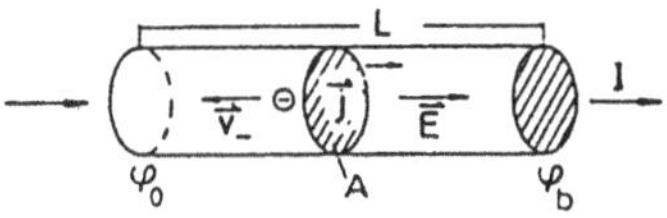

Abb. 4.3. Widerstand eines zylindrischen Körpers. Im Beispiel sind Elektronen die Ladungsträger. Es ist $\boldsymbol{v}$ entgegengesetzt zu $\boldsymbol{E}$, $\boldsymbol{j}$ parallel zu $\boldsymbol{E}$.

$$I = \boldsymbol{j} \cdot \boldsymbol{A} = \frac{1}{\varrho} AE$$

$$E = -\frac{\varphi_b - \varphi_a}{L} = -\frac{U_{ab}}{L}$$

Damit erhalten wir für den Widerstand des zylindrischen Stabes:

$$\boxed{R = \varrho \frac{L}{A}} \tag{4.13}$$

Als Einheiten für Widerstand, spezifischen Widerstand und spezifische Leitfähigkeit benutzen wir nach Gln. (4.12), (4.13), (4.11).

$$\boxed{[R] = \frac{[U]}{[I]} = \frac{\mathrm{V}}{\mathrm{A}} = \Omega \qquad (\text{Ohm})} \tag{4.14}$$

$$\boxed{\begin{aligned} [\varrho] &= \Omega \mathrm{m} \\ [\sigma] &= \Omega^{-1} \mathrm{m}^{-1} \end{aligned}} \tag{4.15}$$

Für die Einheit der Beweglichkeit ergibt sich nach Gl. (4.9)

$$\boxed{[\mu] = \frac{[v]}{[E]} = \frac{\mathrm{m}^2}{\mathrm{V\,s}}} \tag{4.16}$$

Joulesche Wärme Im OHMschen Fall bewegen sich die Ladungsträger mit nur von der Feldstärke abhängiger Geschwindigkeit $\boldsymbol{v} = \mu \boldsymbol{E}$. Eine Beschleunigung durch die elektrische Kraft $\boldsymbol{F} = q\boldsymbol{E}$ tritt nicht auf. Die durch $\boldsymbol{F}$ geleistete Arbeit wird durch Stöße an die Atome des Mediums abgegeben (irreversibler Prozess, JOULEsche Wärme). Für die längs $\mathrm{d}\boldsymbol{s} = \boldsymbol{v} \cdot \mathrm{d}t$ durch $\boldsymbol{F} = q\boldsymbol{E}$ von jedem Ladungsträger geleistete Arbeit berechnet man $\mathrm{d}W = \boldsymbol{F} \cdot \mathrm{d}\boldsymbol{s} = q\boldsymbol{v}\boldsymbol{E} \cdot \mathrm{d}t$, also die Leistung $P = \mathrm{d}W/\mathrm{d}t = q\boldsymbol{v}\boldsymbol{E}$. Im Volumenelement $\mathrm{d}V$ sind $n \cdot \mathrm{d}V$ Ladungsträger enthalten. Wir erhalten also als Leistungsdichte des elektrischen Stroms

$$\boxed{\frac{\mathrm{d}P}{\mathrm{d}V} = \boldsymbol{j} \cdot \boldsymbol{E} = \sigma E^2} \tag{4.17}$$

Im homogenen Leiter mit dem Gesamtwiderstand R erhält man (Ableitung für zylindrischen Körper, Bild 4.3): $E = U/L$; $j = I/A$; $V = AL$:

$$P = \frac{\mathrm{d}P}{\mathrm{d}V} V = \frac{I}{A} \frac{U}{L} AL = UI$$

also für die elektrische Leistung P

$$\boxed{P = UI} \tag{4.18}$$

Unabhängig von der speziellen Ableitung gilt Gl. (4.18) ganz allgemein. Bei ohmscher Leitung ist $U = IR$ oder $I = U/R$. Gl. (4.18) läßt sich dann schreiben

$$\boxed{P = UI = I^2R = \frac{U^2}{R}} \tag{4.19}$$

Für die Einheit der elektrischen Stromleistung gilt

$$\boxed{[P] = [U][I] = \mathrm{V\,A} = \mathrm{W} \quad [\mathrm{Watt}]} \tag{4.20}$$

Für die Einheit der durch den Strom geleisteten Arbeit W (elektrische Energie) erhält man (vgl. Gl. (2.20))

$$\boxed{[W] = \mathrm{V\,A\,s} = \mathrm{W\,s} = \mathrm{J} = \mathrm{N\,m}} \tag{4.21}$$

4.2 Mechanismus der elektrischen Leitung

In Abschn. 4.1 war der Zusammenhang zwischen den mikroskopischen Beschreibungsgrößen und makroskopischen Messgrößen der elektrischen Leitung dargestellt worden. Ferner war das für sehr viele Fälle der elektrischen Leitung zutreffende OHMsche Gesetz angegeben worden. Es ist ein empirisches Gesetz. Wir wollen jetzt den der elektrischen Leitung zugrundeliegenden Mechanismus näher beschreiben und insbesondere anhand von Modellvorstellungen das Zustandekommen des OHMschen Gesetzes erläutern.
Zunächst sei auf die grundsätzlichen Unterschiede der spezifischen Leitfähigkeit in verschiedenen Substanzen hingewiesen. Ohmsches Verhalten werde vorausgesetzt.
Metalle und Metall-Legierungen: $\sigma \simeq 10^6$ bis $10^8\,\Omega^{-1}\ \mathrm{m}^{-1}$
Halbleiter: $\sigma \simeq 10^4$ (Kohlenstoff) bis 10^{-5} (Silizium) $\Omega^{-1}\ \mathrm{m}^{-1}$
Isolatoren: $\sigma \simeq 10^{-10}$ (Glas) bis 10^{-18} (Quarz) $\Omega^{-1}\ \mathrm{m}^{-1}$
Elektrolyte: $\sigma \leq 10^2\,\Omega^{-1}\ \mathrm{m}^{-1}$

In Metallen und Metall-Legierungen nimmt die Leitfähigkeit mit zunehmender Temperatur i.a. ab. In einigen ausgesuchten Legierungen ist sie temperaturunabhängig. In Halbleitern, Isolatoren und Elektrolyten wächst die Leitfähigkeit mit zunehmender Temperatur an.

Modellvorstellungen zum Ohmschen Gesetz Wir betrachten ein z.B. gasförmiges Medium, in dem sich neutrale Atome oder Moleküle sowie positive Ladungsträger (positive Ionen) und negative Ladungsträger (negative Ionen oder Elektronen) befinden. Positive und negative Ladungsträger sollen überall die gleiche konstante Dichte n haben, so dass im gesamten betrachteten Volumen elektrische Neutralität herrscht. Auf jedes geladene Teilchen wirkt im elektrischen Feld die Kraft $\boldsymbol{F} = q\boldsymbol{E}$. Diese würde an sich eine Beschleunigung gemäß $\boldsymbol{F} = m\boldsymbol{a}$ bewirken, nicht aber zu der nach dem OHMschen Gesetz geforderten Beziehung $\boldsymbol{v} \sim \boldsymbol{E}$ (also z.B. $\boldsymbol{v}$ = const für $\boldsymbol{E}$ = const) führen. Außer der elektrischen Kraft muss also noch eine andere Wechselwirkung vorhanden sein, aufgrund derer die Ladungsträger gebremst werden (vgl. makroskopische Bewegung unter Reibungseinfluss). Diese Wechselwirkung besteht in den Stößen der Ladungsträger untereinander und mit den neutralen Atomen.

$\boldsymbol{E} = \boldsymbol{0}$; *Thermische Bewegung der Ladungsträger* Die Teilchen bewegen sich in allen möglichen Richtungen mit Geschwindigkeiten, deren Verteilung von der Temperatur bestimmt ist. Die mittlere sogenannte thermische Geschwindigkeit v_{th} ist durch

$$\frac{m}{2} v_{th}^2 \simeq kT$$

mit der absoluten Temperatur T verknüpft (kinetische Gastheorie, k = BOLTZMANN-Konstante). Wir betrachten ein einzelnes Teilchen. Zwischen aufeinander folgenden Stößen bewegt es sich jeweils geradlinig mit konstanter Geschwindigkeit (Bild 4.4).

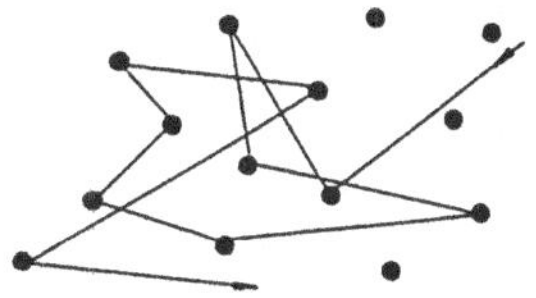

Abb. 4.4. Thermische Bewegung eines Teilchens im gasförmigen Medium.

Zu einer willkürlich herausgegriffenen Zeit $t = 0$ habe das Teilchen die Geschwindigkeit $\boldsymbol{v}_0$. Nach einer mehr oder weniger großen Anzahl von Stößen, die abhängig vom mittleren Impulsübertrag $\Delta \boldsymbol{p}$ pro Stoß ist, wobei dieser wiederum von der Art der Wechselwirkung abhängt, ist die Geschwindigkeitsrichtung des Teilchens unabhängig von der Anfangsrichtung. Das heißt, bei Beobachtung einer großen Zahl von Teilchen gleicher Anfangsgeschwindigkeit stellt man nach einer bestimmten Stoßzahl eine Gleichverteilung der Geschwindigkeitsrichtungen fest. Die Geschwindigkeitsbeträge entsprechen wieder der thermischen Verteilung (vgl. Bild 4.5).

Die im Mittel für die Erzielung einer Gleichverteilung der Geschwindigkeitsrichtungen benötigte Zahl der Stöße entspricht einer hierfür benötigten mittleren Zeit τ. Nach dieser Zeit ist die Geschwindigkeit eines Teilchens nicht mehr mit seiner Anfangsgeschwindigkeit "korreliert". τ ist die sogenannte Relaxationszeit der Ladungsträgerbewegung; eine genaue Definition dieser Größe unterbleibt hier.

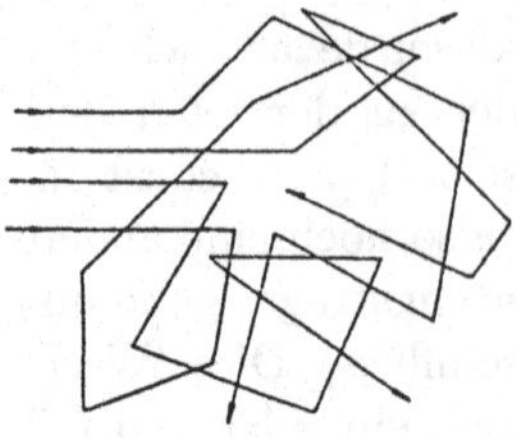

Abb. 4.5. Unabhängigkeit der Endgeschwindigkeit von der Anfangsgeschwindigkeit im Beispiel nach 5 Stößen für 4 Teilchen gleicher Anfangsgeschwindigkeit (im Beispiel Δp pro Stoß groß).

$\boldsymbol{E}$ = const (homogenes Feld); thermische Bewegung und überlagerte Drift der Ladungsträger im Feld Zur Erzielung einer möglichst einfachen Darstellung betrachten wir den Spezialfall, dass die Gleichverteilung der Geschwindigkeitsrichtungen im Mittel bereits nach einem Stoß erreicht wird. Das ist keine notwendige Bedingung. Die folgende Betrachtung gilt auch allgemein. Dann ist die Relaxationszeit gleich der mittleren Zeit zwischen zwei Stößen. Zur Zeit $t = 0$ habe ein herausgegriffenes Teilchen den Impuls $m\boldsymbol{v}_0$. Nach der Zeit t ist die Impulsänderung wegen $\boldsymbol{F} = q\boldsymbol{E}$ und $\boldsymbol{E} = \text{const}$

$$\int_0^t \boldsymbol{F} \cdot \mathrm{d}t = q\boldsymbol{E}t$$

der Gesamtimpuls also

$$m\boldsymbol{v}_0 + q\boldsymbol{E}t$$

Wir wollen nun die grundlegende Annahme machen, dass die in Frage kommenden Zeitintervalle zwischen zwei aufeinander folgenden Stößen so klein sind, dass stets gilt

$$qEt \ll mv_{th}$$

Der Impulszuwachs zwischen zwei Stößen ändert also die Geschwindigkeitsverteilung praktisch nicht. Der mittlere Geschwindigkeitsbetrag ist nach wie vor v_{th}. Entsprechend bleibt die Relaxationszeit gegenüber dem Fall $E = 0$ ungeändert. Zwischen den Stößen erhält das geladene Teilchen also einen Vorzugsimpuls in Richtung der Feldstärke. Bei jedem Stoß wird aber wieder eine Gleichverteilung hergestellt.
Wir betrachten nun insgesamt N Teilchen zum Zeitpunkt t. Jedes der N Teilchen (Index i) hat seinen letzten Zusammenstoß i.a. zu einer unterschiedlichen Zeit $(t - t_i)$ erlebt. Infolge dieses Zusammenstoßes habe es eine der thermischen Geschwindigkeitsverteilung entsprechende Geschwindigkeit $\boldsymbol{v}_{th,i}$ erhalten. Dann ist der mittlere Impuls eines Teilchens ($1/N$ Gesamtimpuls aller N Teilchen) zur Zeit t gegeben durch

$$\overline{m\boldsymbol{v}} = \frac{1}{N}\sum_{i=1}^{N}(m\boldsymbol{v}_{th,i} + q\boldsymbol{E}t_i)$$

Bei einer genügend großen Anzahl N der Teilchen ist nach den vorher gemachten Ausführungen

$$\sum_{i=1}^{N} m\boldsymbol{v}_{th,i} = 0 \quad \text{und} \quad \frac{1}{N}\sum_{i=1}^{N} t_i = \tau$$

Der Mittelwert $\overline{\boldsymbol{v}}$ ist gleich der Driftgeschwindigkeit der Ladungsträger im Feld und wird i.f. wieder der Einfachheit halber mit $\boldsymbol{v}$ bezeichnet. Wir erhalten also für den mittleren Impuls

$$m\boldsymbol{v} = q\tau\boldsymbol{E}$$

d.h.

$$\boxed{\boldsymbol{v} = \frac{q}{m}\tau\boldsymbol{E}} \tag{4.22}$$

Bei Vorhandensein von zwei Ladungsträgersorten gleicher, überall konstanter Konzentration n und entgegengesetzt gleicher Ladung q, aber verschiedener Masse (m_+, m_-) und Relaxationszeit (τ_+, τ_-) erhalten wir aus (4.2)[2]

$$\begin{aligned} \boldsymbol{j} &= n_+q_+\boldsymbol{v}_+ + n_-q_-\boldsymbol{v}_- \\ &= nq^2\left(\frac{\tau_+}{m_+} + \frac{\tau_-}{m_-}\right)\boldsymbol{E} \end{aligned} \tag{4.23}$$

Obwohl das OHMsche Gesetz (Gl. (4.22)) allein mit Vorstellungen der klassischen Physik abgeleitet wurde und manche Phänomene der elektrischen Leitung nur quantenmechanisch zu verstehen sind, können grundlegende Aspekte aus der hier gegebenen Ableitung erläutert werden.

Das OHMsche Gesetz der elektrischen Leitung gilt demzufolge in einem elektrisch neutralen Medium immer dann, wenn eine überall gleiche konstante Ladungsträgerkonzentration vorliegt und wenn die thermische Geschwindigkeitsverteilung der Ladungsträger durch das elektrische Feld nicht gestört wird (Driftgeschwindigkeit $v \ll$ thermische Geschwindigkeit v_{th}).

Das OHMsche Gesetz ist insbesondere also nicht auf die metallische Leitung beschränkt, wenngleich es dort seine größte Anwendung findet. Unter bestimmten Bedingungen gilt es etwa genauso für die elektrische Leitung in Halbleitern wie in Elektrolyten.

Anhand der oben gegebenen Ableitung läßt sich aber bereits auch erkennen, wann das OHMsche Gesetz verletzt wird. Wir betrachten beispielsweise wiederum ein Gas. Die mittlere freie Weglänge (mittlere Wegstrecke zwischen zwei Stößen) ist nur von der Dichte ϱ abhängig: $\lambda \sim 1/\varrho$. Bei konstanter Temperatur ist daher auch $\tau \sim \lambda/v_{th} \sim 1/\varrho$. Mit abnehmender Dichte wird

[2] Falls $|q_+| \neq |q_-|$ ist auch $n_+ \neq n_-$. Die Neutralitätsbedingung würde dann lauten $n_+q_+ + n_-q_- = 0$, sonst wie oben.

also τ größer, so dass schließlich die Bedingung $qE\tau \ll mv_{th}$ nicht mehr erfüllt ist. Im Extremfall können die Ladungsträger zwischen zwei Stößen so viel kinetische Energie gewinnen, dass neutrale Atome durch Stöße ionisiert werden, was zu einer sogenannten Gasentladung führen kann.

Metallische Leitung In Metallen sind die Valenzelektronen nicht mehr an individuelle Atome gebunden, sondern im Kristallgitter der ortsfesten positiven Ionen frei beweglich. Es handelt sich also um eine reine Elektronenleitung. Die Elektronen wechselwirken vor allem mit dem Gitter. Die Stöße untereinander haben dagegen nur einen geringen Effekt. Die Geschwindigkeitsverteilung der Elektronen ist exakt nur quantenmechanisch zu berechnen. Die klassische kinetische Gastheorie liefert $(m_e/2)v_e^2 = (3/2)kT$. Demgemäß erhält man bei normaler Raumtemperatur als mittlere thermische Geschwindigkeit

$$v_{th} \approx 10^5 \frac{\text{m}}{\text{s}}$$

Die Driftgeschwindigkeit der Elektronen im Feld ist dagegen um viele Größenordnungen geringer. Wir schätzen im Beispiel Kupfer (1 Valenzelektron pro Atom, Atomgewicht: 63.6, Dichte 8.9 g/cm^3, spezifische Leitfähigkeit: $6 \cdot 10^7 \Omega^{-1}\,\text{m}^{-1}$) ab

$$1\text{Mol} \mathrel{\hat{=}} 63.6\ \text{g} \mathrel{\hat{=}} 6.02 \cdot 10^{23}\ \text{At.} = 6.02 \cdot 10^{23}\ \text{freie Elektronen}$$

Das ergibt

$$n_e \approx 8 \cdot 10^{28}\ \text{m}^{-3} \quad \text{und nach Gl. (4.10)}$$

$$\mu_e = \frac{\sigma}{n_e e} \approx 5 \cdot 10^{-3} \frac{\text{m}^2}{\text{V s}}$$

Die erreichbare Stromdichte in einem Kupferdraht ist etwa 10 A/mm^2 = 10^7 A/m^2. Wegen $j = \sigma E$ benötigt man hierzu eine Feldstärke von $E = j/\sigma \approx 0.2$ V/m. Die Driftgeschwindigkeit der Elektronen im Feld ist dann also wegen $v = \mu E$

$$v_d \approx 10^{-3} \frac{\text{m}}{\text{s}} = 1 \frac{\text{mm}}{\text{s}}$$

also um acht Zehnerpotenzen kleiner als die mittlere thermische Geschwindigkeit. Unter diesen Umständen ist klar, dass für die metallische Leitung das OHMsche Gesetz gilt. Für die Relaxationszeit erhält man wegen $\tau = (m_e/e)\mu$ im Beispiel aus $\mu = 5 \cdot 10^{-3}$ m^2/V s mit $e/m = 1.78 \cdot 10^{11}$ A s/kg

$$\tau \simeq 3 \cdot 10^{-14}\text{s}$$

Innerhalb dieser Zeit legen die Elektronen eine mittlere freie Weglänge von $\lambda = v_{th}\tau \simeq 30 \cdot 10^{-10}$ m zurück. Der mittlere Abstand zwischen zwei benachbarten Atomen ist aber nur von der Größenordnung $3 \cdot 10^{-10}$ m. Trotz der kompakten Lagerung der Atome im festen Körper finden Wechselwirkungen zwischen Elektronen und Atomen also offensichtlich selten statt. Das Gitter ist transparent. Tatsächlich ist eine widerspruchsfreie Deutung der metallischen Leitung nur quantenmechanisch möglich. Dabei ergibt sich, dass die wesentlichen Gründe für die Behinderung der Elektronenbewegung im Feld durch die thermisch ungeordnete Zitterbewegung der Metallionen um ihre Ruhelage, durch Fremdatome im Kristallverband sowie durch das Vorhandensein von Kristallfehlern gegeben sind.

Temperaturabhängigkeit Die Elektronendichte ist in Metallen temperaturunabhängig. Da die ungeordnete Wärmebewegung der Metallionen mit steigender Temperatur zunimmt, nimmt entsprechend die Beweglichkeit der Elektronen und daher auch die spezifische Leitfähigkeit ab. In der Nähe des absoluten Nullpunktes gibt es Anomalien. In einigen Metallen steigt die spezifische Leitfähigkeit mit abnehmender Temperatur bei einer materialabhängigen charakteristischen "Sprungtemperatur" auf $\sigma \to \infty$ an. Die Supraleitung ist ausschließlich quantenmechanisch zu verstehen.

Zusammenhang zwischen elektrischer Leitung und Wärmeleitung Es besteht eine enge Analogie zwischen der elektrischen Leitung (Ladungstransport) und der Wärmeleitung (Transport von Wärmemenge = kinetische Energie der Wärmebewegung). In einem linearen Leiter (Längenausdehnung x, konstanter Querschnitt A) lassen sich die Gln. (4.1), (4.3) und (4.10) mit $\boldsymbol{E} = E\boldsymbol{u}_x$ und $E = -\mathrm{d}\varphi/\mathrm{d}x$ auch zusammenfassen zu

$$\boxed{\frac{\mathrm{d}Q_{el}}{\mathrm{d}t} = -\sigma A \frac{\mathrm{d}\varphi}{\mathrm{d}x}} \tag{4.24}$$

Hierin ist $\mathrm{d}Q_{el}$ die im Zeitintervall $\mathrm{d}t$ aufgrund des Potentialgefälles $\mathrm{d}\varphi/\mathrm{d}x$ durch den Querschnitt A transportierte Ladungsmenge. Die der Wärmeleitung zugrundeliegende Gesetzmäßigkeit lautet:

$$\boxed{\frac{\mathrm{d}Q_W}{\mathrm{d}t} = -KA \frac{\mathrm{d}T}{\mathrm{d}x}} \tag{4.25}$$

Hierin ist $\mathrm{d}Q_W$ die im Zeitintervall $\mathrm{d}t$ aufgrund des Temperaturgefälles $\mathrm{d}T/\mathrm{d}x$ durch den Querschnitt A transportierte Wärmemenge.
In Metallen gilt außer der formalen Analogie zwischen Gl. (4.24) und Gl. (4.25): Sowohl Ladungstransport als auch Wärmetransport (Transport kinetischer Energie) wird durch die gleichen Teilchen, nämlich die freien Elektronen bewirkt. Elektrische Leitfähigkeit σ und Wärmeleitfähigkeit K sind in Metallen einander proportional. Quantitativ gilt das WIEDEMANN-FRANZsche Gesetz

$$\boxed{K = aT\sigma} \tag{4.26}$$

Hierin ist T die absolute Temperatur und a eine annähernd materialunabhängige Konstante.

Elektrische Leitung in Halbleitern Wir wollen hier nun die sogenannten elektronischen Halbleiter betrachten, also Materialien, in denen die elektrische Leitung ebenfalls durch freie bewegliche Elektronen hervorgerufen wird. Die Leitfähigkeit ist jedoch wesentlich geringer als bei metallischen Leitern, und im Gegensatz zu den Metallen, nimmt die spezifische Leifähigkeit mit zunehmender Temperatur i.a. stark zu.

Eigenleitung Zunächst sei am Beispiel Silizium erläutert, wie es zu frei beweglichen Ladungsträgern im Kristallgitter der Siliziumatome kommt. Silizium ist chemisch vierwertig. Jedes Siliziumatom besitzt also vier äußere, relativ schwach gebundene "Valenzelektronen". Diese sind für die Bindung der Atome im Kristall verantwortlich. Jedes Siliziumatom ist von vier Nachbaratomen umgeben und hat jeweils zwei Valenzelektronen mit einem Nachbarn gemeinsam (Bild 4.6).

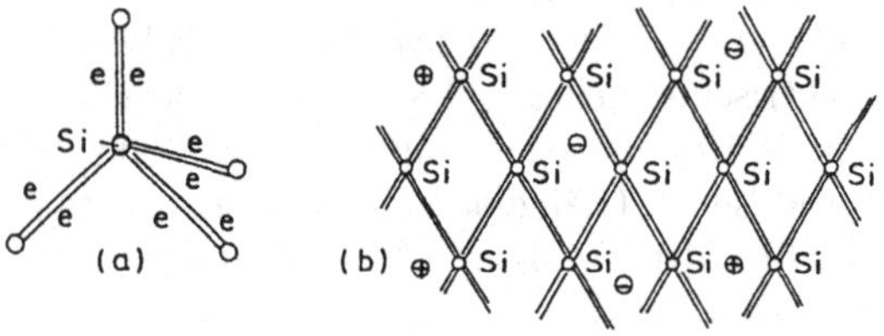

Abb. 4.6. a) Räumliche Anordnung der nächsten Nachbarn in einem Silizium-Kristall; b) Projektion in die Ebene.

Solange die Elektronen fest an die jeweiligen Atome gebunden sind, kann ein elektrisches Feld keinen Ladungstransport bewirken. Die Bindung der Valenzelektronen ist jedoch relativ schwach, so dass sie infolge der ungeordneten Wärmebewegung Energien erhalten können, die ihnen eine Loslösung aus ihren ursprünglichen Plätzen ermöglichen. Sie stehen dann im Gitter als bewegliche Ladungsträger zur Verfügung (Ladung $-e$). Die Lösung eines Valenzelektrons von seinem Platz hinterläßt andererseits eine Lücke, die durch ein benachbartes Valenzelektron gefüllt werden kann, so dass wiederum dort eine Lücke entsteht. Diese Lücken ("Defektelektronen" = "Löcher") sind also ebenfalls bewegliche Ladungsträger (Ladung $+e$) und tragen zum Strom bei. Neben der hier beschriebenen thermischen "Generation" von "Elektron-Loch-Paaren", die allein zu einer ständigen Erhöhung der Ladungsträgerdichte führen würde, gibt es natürlich auch den umgekehrten Vorgang, dass ein frei bewegliches Elektron wieder in eine vorhandene Elektronenlücke eintritt. Dieser Prozess heißt "Rekombination". Die Reombinationsrate ist umso größer, je mehr Elektronen und Löcher vorhanden sind. Die tatsächliche Ladungsträgerkonzentration stellt sich also schließlich aufgrund eines dynamischen Gleichgewichts (Rekombinationsrate = Generationsrate) ein. Sie nimmt mit der absoluten Temperatur stark zu. Es gilt mit n_e = Elektronenkonzentration und n_h = Konzentration der Löcher (h = hole)

$$n \sim e^{-\frac{\Delta W}{2kT}}, \; n = n_e = n_h \tag{4.27}$$

Tatsächlich enthält die Temperaturabhängigkeit von n außer der angegebenen Exponentialfunktion noch einen vergleichsweise wenig von der Temperatur abhängigen Faktor.
Für die freie Bewegung der Ladungsträger gilt qualitativ etwa dasselbe wie im Fall der metallischen Leitung. Durch Stöße der Ladungsträger wird also auch hier ein vorhandener Vorzugsimpuls in Feldrichtung immer wieder an das Gitter übertragen, und es kommt zur Ausbildung einer mittleren, der Feldstärke proportionalen Driftgeschwindigkeit. Es gilt also auch hier das OHMsche Gesetz. Allerdings können durchaus Feldstärken auftreten, insbesondere bei niedriger Temperatur, bei denen die Grundvoraussetzung mittlere Driftgeschwindigkeit $\ll$ thermische Geschwindigkeit nicht mehr erfüllt ist. Die Beweglichkeit, die für Elektronen und Löcher unterschiedlich ist, wird aus denselben Gründen wie bei der metallischen Leitung mit zunehmender Temperatur geringer. Diese Temperaturabhängigkeit wird aber durch diejenige der Konzentration (Gl. (4.27)) überdeckt, so dass die spezifische Leifähigkeit (Gl. (4.10))

$$\sigma = ne(\mu_e + \mu_h) \tag{4.28}$$

mit zunehmender Temperatur steigt.

Störstellenleitung Während die bisher beschriebene Eigenleitung eine Eigenschaft des reinen idealen Kristalles ist, wird im Normalfall die elektrische Leitung durch das Vorhandensein von **Störstellen** (Fremdatome oder Gitterstörungen) entscheidend beeinflusst. So gibt es beispielsweise fünfwertige Fremdatome, die in das Gitter statt eines Siliziumatoms eingebaut werden. Die zur Loslösung des überzähligen Elektrons benötigte "**Aktivierungsenergie**" kann dann, abhängig von der Art des Fremdatoms, so gering sein, dass derartige Fremdatome ("**Donatoren**") jeweils ein Elektron an das Gitter abgeben und mit einer ortsfest gebundenen positiven Ladung zurückbleiben. Beispiele für derartige Donatoren sind Phosphor, Arsen, Antimon. Andererseits können dreiwertige Fremdatome ebenfalls in Gitterplätze eingebaut werden. Sie entnehmen das ihnen fehlende Elektron aus dem Gitter und bilden eine ortsfeste negative Ladung ("**Akzeptoren**"). Beispiele für Akzeptoren sind Bor, Aluminium. Die jeweiligen Aktivierungsenergien für die Ionisation des Fremdatoms sind so klein ($\leq$ 0.1 eV), dass bei normalen Temperaturen alle ionisiert sind. Im Gegensatz zur Eigenleitung ist bei Störstellen $n_e \neq n_h$, und es überwiegt die Elektronenleitung, falls die Konzentration der Donatoren größer als die der Akzeptoren ist (n-Leitung, n = negativ). Im entgegengesetzten Fall spricht man von p-Leitung (p = positiv, Löcherleitung). Die Dotierungskonzentration mit Überschuss-Donatoren bzw. -Akzeptoren ist meist so groß, dass die Ladungsträgerkonzentration hierdurch wesentlich bestimmt ist, so dass man im Fall der Störstellenleitung nahezu temperaturunabhängige Ladungsträgerdichten erhält. Die Temperaturabhängigkeit der Beweglichkeiten bleibt natürlich erhalten, so dass auch die spezifische Leitfähigkeit im wesentlichen diese Temperaturabhängigkeit zeigt.

Elektrolytische Leitung Es sollen speziell wässerige Lösungen von solchen Verbindungen behandelt werden, die eine **Ionenbindung** aufweisen. Das sind insbesondere alle Salze (NaCl: Na^+Cl^-, CuSO: $Cu^{++}SO^{--}$ etc.), Laugen (NaOH: Na^+OH^-, NH_3^+ OH^-) und Säuren (HCl: H^+Cl^-, H_2SO_4: $(H^+)_2SO_4^{--}$). In einer wässerigen Lösung werden diese Bindungen teilweise aufgebrochen. Neben den neutralen Molekülen sind also freie positive und negative Ionen vorhanden. Dieser Vorgang heißt **elektrolytische Dissoziation**. Es ist immer nur ein Teil der gelösten Substanzmenge dissoziiert. Der **Dissoziationsgrad** hängt von der Konzentration der Lösung und von der Temperatur ab. Er nimmt mit zunehmender Konzentration ab und mit steigender Temperatur zu. Die Temperaturabhängigkeit ist qualitativ aufgrund einer bestimmten Dissoziationsenergie, also der zum Aufbrechen der Bindung benötigten Energie, und der Energieverteilung im thermischen Gleichgewicht (vgl. Halbleiter) verständlich.
Auch in einer wässerigen Lösung führen Reibungskräfte zur Ausbildung einer feldunabhängigen Beweglichkeit. Die elektrolytische Leitung gehorcht ebenfalls dem OHMschen Gesetz. Die Ladung eines Ions ist $q = z \cdot e$ (z = Wertigkeit, e = Elementarladung). Die Ionendichte kann für negative und positive Ionen verschieden sein (Beispiel: $H_2SO_4 \Rightarrow H^+ + H^+ + SO_4^{--}$). Damit wird die spezifische Leitfähigkeit nach Gl. (4.10)

$$\boxed{\sigma = (n_+ z_+ \mu_+ + n_- z_- \mu_-) e} \qquad (4.29)$$

Natürlich gilt die Neutralitätsbedingung $n_+ z_+ = n_- z_-$. Die Ionendichten können aus dem Dissoziationsgrad (Anzahl der dissoziierten Moleküle/Anzahl der nichtdissoziierten) und der Konzentration des Elektrolyten bei bekannten Wertigkeiten bestimmt werden. Da sowohl der Dissoziationsgrad als auch die Ionenbeweglichkeit aufgrund der abnehmenden inneren Reibung mit steigender Temperatur zunehmen, steigt die spezifische Leitfähigkeit mit der Temperatur an. Kompliziert ist die Abhängigkeit von der Konzentration. Bei sehr geringer Konzentration sind praktisch alle Moleküle des gelösten Stoffes dissoziiert (Konzentration c = Masse des gelösten Stoffes/Volumen der Lösung). Es gilt $\sigma \sim c$. Bei höherer Konzentration nimmt der Dissoziationsgrad mit steigender Konzentration ab. Die spezifische Leitfähigkeit steigt nicht mehr proportional zu c. Bei sehr hohen Konzentrationen kann schließlich die Ionendichte so groß werden, dass die elektrischen Kräfte zwischen ihnen die Beweglichkeit herabsetzen. Daher nimmt dann die spezifische Leitfähigkeit mit steigender Konzentration wieder ab.

Elektrolyse, Faradaysche Gesetze Im elektrischen Feld wandern die positiven Ionen (Kationen) zur negativen Elektrode (Kathode) und die negativ geladenen (Anionen) zur positiven Elektrode (Anode) (Bild 4.7). Die Ionen werden an den Elektroden durch Aufnahme oder Abgabe von Elektronen neutralisiert. Dies führt zur Stoffabscheidung (metallisch, gasförmig) der jeweiligen Ionen oder auch zu weiteren chemischen Reaktionen, die im einzelnen nicht erörtert werden sollen.

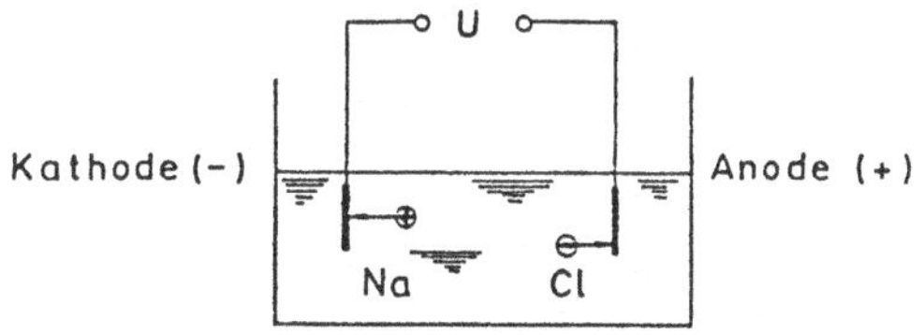

Abb. 4.7. Elektrolyse in einer wässerigen Lösung.

Aus der atomistischen Deutung der elektrolytischen Leitung folgen die FARADAYschen Gesetze unmittelbar. Sie werden i.f. zu einem einzigen zusammengefasst. Es sei zunächst daran erinnert, dass **1 Mol** die Substanzmenge eines Stoffes einheitlicher Zusammensetzung (nur eine Atom- bzw. Molekülsorte, Atom- bzw. Molekulargewicht A, M) ist, welche die Masse A bzw. M g hat. Es gilt: 1 Mol besteht stets aus der gleichen stoffunabhängigen Anzahl von Atomen bzw. Molekülen. Diese Anzahl heißt LOSCHMIDTsche Zahl $L = 6.02 \cdot 10^{23}$. Ist m die Masse einer bestimmten Substanz angegeben in g, so ist ihre Menge in Mol gegeben durch m/A bzw. m/M. Ein Ion der Wertigkeit z transportiert die Ladung ze. Ein Mol transportiert also die Ladung Lze. Die durch die Ladung $Q = It$ insgesamt transportierte, d.h. auch an einer Elektrode abgeschiedene Stoffmenge, ist also $= It/Lze$ Mol. Wir erhalten also für die abgeschiedene Stoffmenge:

$$\frac{m}{A} \quad \text{bzw.} \quad \frac{m}{M} = \frac{It}{Lze}$$

daher ist

$$m = \frac{1}{Le} \frac{A \text{ bzw. } M}{z} It \qquad (4.30)$$

$$F = Le$$

$F = Le = 96490$ (A s)/Mol heißt FARADAYsche Konstante. Der Quotient A/z heißt auch **Grammäquivalent**. Mit Hilfe der Gl. (4.31) läßt sich eine sehr genaue Bestimmung der LOSCHMIDTschen Zahl durchführen.

Ionenleitung in anderen flüssigen und festen Substanzen Die hier gemachten Ausführungen über die elektrische Leitung in wässerigen Lösungen von Elektrolyten sind nicht hierauf beschränkt. Elektrolytische Dissoziation gibt es auch in reinen Flüssigkeiten (z.B. $H_2O \Rightarrow H^+HOH^-$, Dissoziationsgrad sehr gering: $\sigma \approx 10^{-3} - 10^{-5}\Omega^{-1}\ \mathrm{m}^{-1}$). Selbst in hochionisierten Flüssigkeiten gibt es eine äußerst geringe Dissoziation. Die elektrische Leitung wird hier aber häufig durch ionisierende Fremdatome bewirkt. Auch in festen Substanzen gibt es Ionenleitung durch Lösung von Fremdatomen. Die Beweglichkeit und damit die spezifische Leitfähigkeit ist natürlich außerordentlich gering. Gläser können als unterkühlte Flüssigkeiten angesehen werden. Die Leitfähigkeit nimmt aufgrund der geringer werdenden inneren Reibung bei hoher Temperatur stark zu.

4.3 Elektrische Netzwerke

Bislang sind wir bei der Beschreibung der elektrischen Leitung davon ausgegangen, dass eine statische elektrische Feldstärke vorhanden ist, die den Ladungstransport bewirkt. Andererseits ist aber mit dem elektrischen Strom im allgemeinen, vom Extremfall der Supraleitung abgesehen, ein Energieverlust verbunden (JOULEsche Wärme, s. Gl. (4.17)). Dabei wird elektrische Energie in kinetische Energie der ungeordneten Wärmebewegung übertragen. Dies ist ein "irreversibler" Prozess. Die Wahrscheinlichkeit der Rückverwandlung in eine geordnete Bewegung mit bestimmter Vorzugsrichtung ist praktisch gleich Null. Durch diesen Energieverlust würde also ein einmal vorhandenes elektrisches Feld abgebaut. Zur Aufrechterhaltung eines elektrischen Stromes im statischen elektrischen Feld benötigt man daher eine Energiequelle. Die Zusammenhänge lassen sich folgendermaßen formulieren:
Es sei $\boldsymbol{E}$ ein im gesamten Medium vorhandenes statisches, elektrisches Feld. Die durch die Feldstärke auf eine Probeladung ausgeübte Kraft ist konservativ. $\boldsymbol{E}$ läßt sich durch ein Potential φ beschreiben, und die folgenden beiden Aussagen sind äquivalent:

$$\boxed{\boldsymbol{E} = -\mathrm{grad}\,\varphi \Leftrightarrow \int_{\boldsymbol{r}_1}^{\boldsymbol{r}_2} \boldsymbol{E}\cdot \mathrm{d}\boldsymbol{s} = -\Big[\varphi(\boldsymbol{r}_2) - \varphi(\boldsymbol{r}_1)\Big] = -U_{1,2}} \tag{4.31}$$

Für das entsprechende Integral über einen geschlossenen Weg ($\boldsymbol{r}_1 = \boldsymbol{r}_2$; $\varphi(\boldsymbol{r}_2) = \varphi(\boldsymbol{r}_1)$) folgt trivialerweise (Bild 4.8)

$$\boxed{\oint \boldsymbol{E}\cdot \mathrm{d}\boldsymbol{s} = 0} \tag{4.32}$$

Aus Gl. (4.32) folgt zusammen mit Gl. (4.12): In einem statischen elektrischen Feld fließt in einem geschlossenen Stromkreis kein Strom. Für $I \neq 0$ muss im Stromkreis noch eine Quelle vorhanden sein, die den Energieverlust durch die JOULEsche Wärme ersetzt. Wir definieren in diesem Fall

$$\boxed{\oint \boldsymbol{E}\cdot \mathrm{d}\boldsymbol{s} = U_{\mathrm{emk}}} \tag{4.33}$$

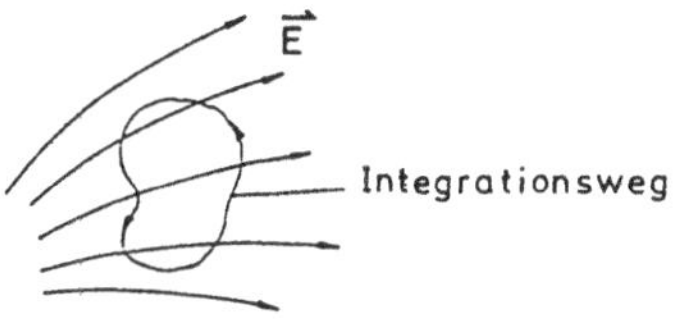

Abb. 4.8. Zu Gl. (4.32)

U_{emk} ist die durch die sogenannte "Elektromotorische Kraft" bewirkte Potentialdifferenz. Eine "emk" kann beispielsweise durch einen Generator (Dynamo) oder durch ein elektrolytisches Element (Batterie) realisiert werden. Das Wesentliche hierbei ist stets, dass in der emk Ladungen entgegengesetzt zur elektrischen Kraft bewegt werden, d.h. auf ein höheres elektrisches Potential "gehoben" werden. Die hierzu benötigte Energie wird einem anderen Reservoir entnommen. Zum Beispiel wird hierbei mechanische oder chemische Energie verbraucht (Bild 4.9).

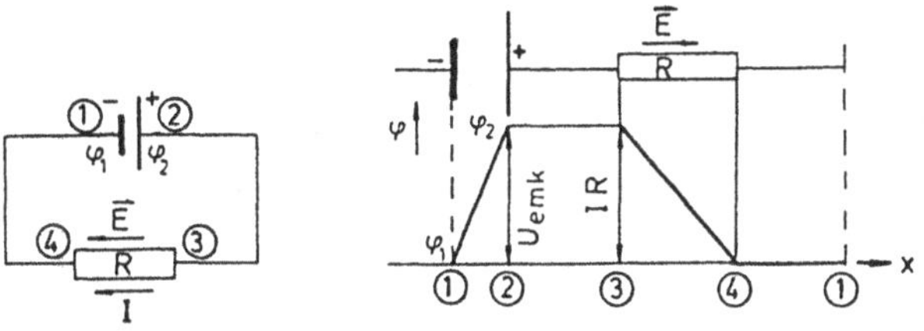

Abb. 4.9. Zur Bedeutung einer emk. $U_{\mathrm{emk}} = \varphi_2 - \varphi_1$.

Jede emk beinhaltet außer dem Energieumwandlungsprozess, der die Potentialdifferenz U_{emk} erzeugt, im belasteten Zustand auch bereits einen Energieverbrauch durch JOULEsche Wärme, der durch den Stromfluss in der emk selbst bewirkt wird. Im "**Ersatzschaltbild**" dürfen wir also eine emk nicht allein als ideale Spannungsquelle U_{emk} darstellen, sondern müssen einen "Innenwiderstand" hinzufügen. Die etwa an den Elektroden eines galvanischen Elements gemessene "**Klemmenspannung**" ist also bei $I \neq 0$ kleiner als U_{emk} (Bild 4.10).

Potentialdifferenz und elektrischer Strom sind skalare und nicht vektorielle Größen. Die in Bild 4.10 angegebenen Richtungspfeile sollen nur die jeweilige Richtung bezeichnen, in der das Potential durch die emk zunimmt bzw. in der der elektrische Strom fließt. Man beachte dabei, dass sich in metallischen Leitern die Ladungsträger (Elektronen) entgegengesetzt zur Feldrichtung bewegen. Die Stromdichte $\boldsymbol{j} \sim qv$ hat aber wegen $q = -e$ eine Richtung parallel zu $\boldsymbol{E}$. Die sich im Stromkreis des Bildes 4.10 ergebende Stromstärke kann folgendermaßen errechnet werden (vgl. Bild 4.9):

$$\varphi_a + U_{\mathrm{emk}} - IR_i - IR = \varphi_a$$

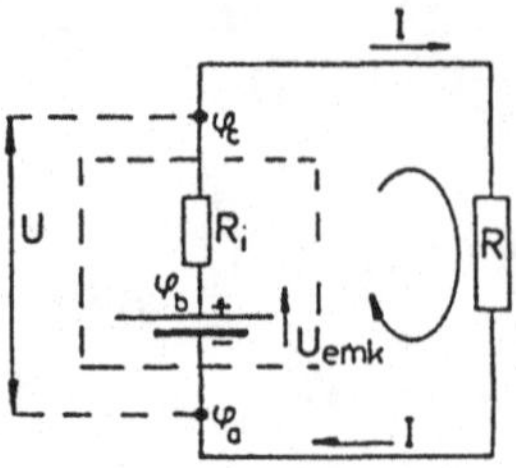

Abb. 4.10. Ersatzschaltbild einer emk.

U_{emk} : Ideale Spannungsquelle
R_i : Innenwiderstand der emk
U : Klemmenspannung
I : Belastungsstrom
R : Belastungswiderstand

Etwa aus der Anwendung des Energiesatzes folgt: Der geschlossene Stromkreis wird z.B. von $a \to a$ im Uhrzeigersinn durchlaufen. Dann muss man bei Addition sämtlicher Potentialdifferenzen wieder zum Ausgangspotential zurückgelangen. Es wird also (U = Klemmenspannung):

$$\boxed{\begin{aligned} I &= \frac{U_{\mathrm{emk}}}{R_i + R} \\ U &= U_{\mathrm{emk}} - IR_i = \frac{R}{R_i + R} U_{\mathrm{emk}} \end{aligned}} \qquad (4.34)$$

Auch Strom- und Spannungsmessinstrumente gestatten i.a. **keine** verlustfreie Messung, da sie einen Innenwiderstand haben, der bei genauen Messungen entsprechend berücksichtigt werden muss.

Kirchhoffsche Regeln Wir betrachten nur solche Netzwerke, die aus Verbrauchern (Widerständen) und Erzeugern (emks) elektrischer Energie bestehen. Jedes derartige Netzwerk besteht aus einzelnen "**Maschen**", die an "**Knotenpunkten**" miteinander verknüpft sind. Die KIRCHHOFFschen Regeln ergeben sich direkt aus der Anwendung des Energieerhaltungssatzes für jede Masche und des Satzes von der Ladungserhaltung für jeden Knotenpunkt (vgl. Bild 4.11).
Ladungserhaltung im Knotenpunkt bedeutet, dass dort weder Ladung erzeugt noch vernichtet werden kann. Versieht man die Stromstärken in den einzelnen Zweigen entsprechend ihrer Richtung (zum Knotenpunkt hin oder vom Knotenpunkt weg) mit positiven oder negativen Vorzeichen, so gilt die **Knotenregel**

$$\boxed{\sum_i I_i = 0} \tag{4.35}$$

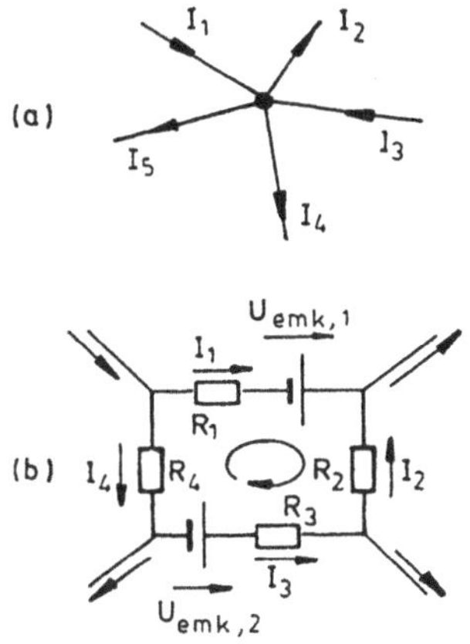

Abb. 4.11. Knoten (a) und Masche (b).

Energieerhaltung in einer Masche bedeutet, dass bei Durchlaufen der geschlossenen Masche in oder entgegengesetzt zum Uhrzeigersinn die gesamte Potentialdifferenz $\Delta\varphi = 0$ sein muss. Die Potentialdifferenzen (= Spannungen) sollen dabei mit positiven bzw. negativem Vorzeichen versehen werden, je nachdem, ob sie in oder entgegengesetzt zum Uhrzeigersinn gerichtet sind. Es gilt dann die **Maschenregel**

$$\boxed{\sum_i U_{\mathrm{emk,i}} = \sum_j R_j I_j} \tag{4.36}$$

Für das konkrete Beispiel von Bild 4.11(b) ist

$$U_{\mathrm{emk},1} - U_{\mathrm{emk},2} + I_1 R_1 - I_2 R_2 - I_3 R_3 - I_4 R_4 = 0$$

Aus den KIRCHHOFFschen Regeln ergeben sich beispielsweise unmittelbar die bekannten Formeln für die Serien- und Parallelschaltung von Widerständen (s. Bild 4.12).

Serienschaltung: Aus Gl. (4.36) folgt

$$\begin{aligned} U &= R_1 I + R_2 I \\ &= (R_1 + R_2) I \end{aligned}$$

Also ist

$$\frac{U}{I} = R_{\mathrm{ges}}$$

und somit

(a)

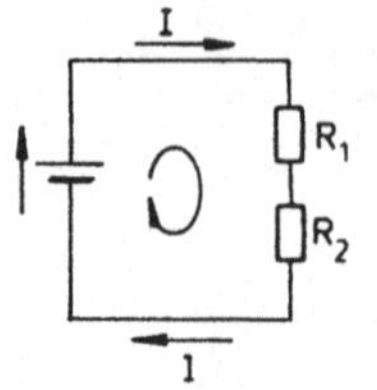

(b)

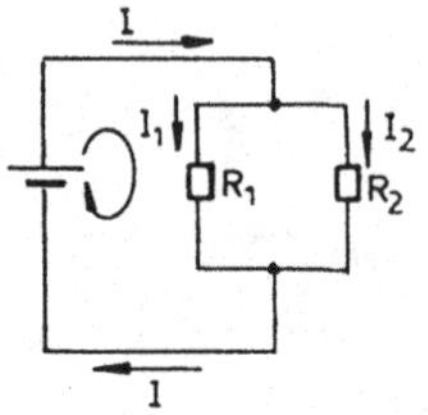

Abb. 4.12. Serien- (a) und Parallelschaltung (b) von Widerständen.

$$R_{\text{ges}} = R_1 + R_2 \tag{4.37}$$

Parallelschaltung: Aus Gln (4.36) und (4.35) folgt

$$U = R_1 I_1 = R_2 I_2$$
$$I = I_1 + I_2$$

Also ist

$$\frac{I}{U} = \frac{1}{R_{\text{ges}}} = \frac{1}{R_1} + \frac{1}{R_2} \tag{4.38}$$

4.4 Ergänzung: Elektrische und magnetische Felder um einen unendlich langen, geraden und stromdurchflossenen Leiter

4.4.1 Feld einer Linienladung

Betrachtet werde zunächst eine entlang einer Geraden gleichmäßig verteilte positive elektrische Ladung. “Gleichmäßig” soll heißen, dass die **Linienladungsdichte**

$$\lambda = \frac{\Delta q}{\Delta s}$$

überall auf der Geraden konstant ist. $\Delta q = \lambda \cdot \Delta s$ ist dann die Ladung auf einer Strecke der Länge Δs. Die von einer solchen Linienladung erzeugte elektrische Feldstärke ergibt sich z.B. auf folgende Weise:

In einem Aufpunkt P mit dem lotrechten Abstand r von der Geraden bewirkt die Ladung $\mathrm{d}q = \lambda\ \mathrm{d}s$ die elektrische Feldstärke:

$$\mathrm{d}\boldsymbol{E} = \frac{1}{4\pi\varepsilon_0}\frac{\mathrm{d}q}{R^2}\boldsymbol{u}_R = \frac{\lambda}{4\pi\varepsilon_0}\frac{\mathrm{d}s}{R^2}\boldsymbol{u}_R$$

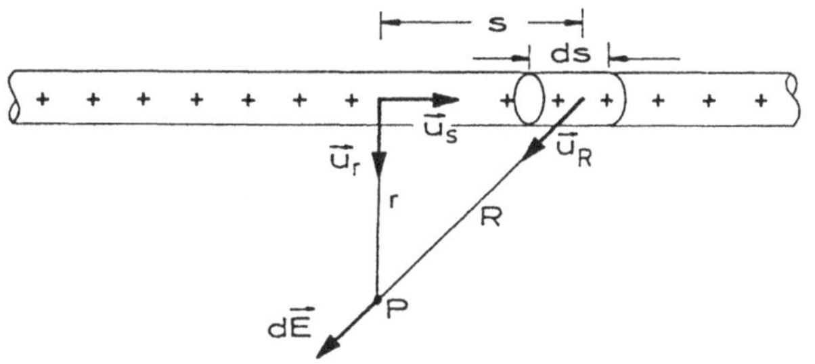

Wegen

$$s\boldsymbol{u}_s + R\boldsymbol{u}_R = r\boldsymbol{u}_r \qquad \text{ist} \qquad \boldsymbol{u}_R = \frac{r}{R}\boldsymbol{u}_r - \frac{s}{R}\boldsymbol{u}_s$$

Also folgt:

$$\mathrm{d}\boldsymbol{E} = \frac{\lambda}{4\pi\varepsilon_0}\left[\boldsymbol{u}_r\frac{r}{R^3}\cdot \mathrm{d}s - \boldsymbol{u}_s\frac{s}{R^3}\cdot \mathrm{d}s\right]$$

oder mit

$$R^2 = s^2 + r^2 \qquad \text{bzw.} \qquad R^3 = (s^2+r^2)^{3/2}$$

$$\boldsymbol{E} = \frac{\lambda}{4\pi\varepsilon_0}\left[\boldsymbol{u}_r r\int\limits_{-\infty}^{\infty}\frac{\mathrm{d}s}{(s^2+r^2)^{3/2}} - \boldsymbol{u}_s\int\limits_{-\infty}^{\infty}\frac{s\cdot \mathrm{d}s}{(s^2+r^2)^{3/2}}\right]$$

Das zweite Integral verschwindet, da sein Integrand eine zu $s = 0$ antisymmetrische Funktion ist. Für das erste Integral ergibt sich:

$$\int\limits_{-\infty}^{\infty}\frac{\mathrm{d}s}{(s^2+r^2)^{3/2}} = \left[\frac{1}{r^2}\frac{s}{(s^2+r^2)^{1/2}}\right]_{-\infty}^{\infty} = \frac{2}{r^2}$$

Damit erhält man für die von der Linienladung erzeugte elektrische Feldstärke:

$$\boldsymbol{E} = \frac{1}{2\pi\varepsilon_0}\frac{\lambda}{r}\boldsymbol{u}_r \qquad (4.39)$$

Ein Magnetfeld gibt es nicht ($\boldsymbol{B} = 0$).

4.4.2 Feld einer Linienladung aus der Sicht eines bewegten Beobachters

Es werde angenommen, dass sich der Aufpunkt P mit der konstanten Geschwindigkeit $\boldsymbol{v} = v\boldsymbol{u}_s$, also parallel zur Linienladung, bewegt. Für einen Beobachter in P läuft dann ein herausgegriffenes Linienelement der Länge Δs mit der Geschwindigkeit $v' = -v$, und es erscheint verkürzt:

$(\Delta s)' \leq \Delta s$ (“LORENTZ-Kontraktion”)

Quantitativ gilt:

$$(\Delta s)' = \Delta s \cdot \sqrt{1 - \frac{(v')^2}{c^2}} = \Delta s \cdot \sqrt{1 - \frac{v^2}{c^2}}$$

Von P aus gesehen, beträgt somit die Linienladungsdichte

$$\lambda' = \frac{(\Delta q)'}{(\Delta s)'} = \frac{(\Delta q)'}{\Delta s} \frac{1}{\sqrt{1 - \frac{v^2}{c^2}}}$$

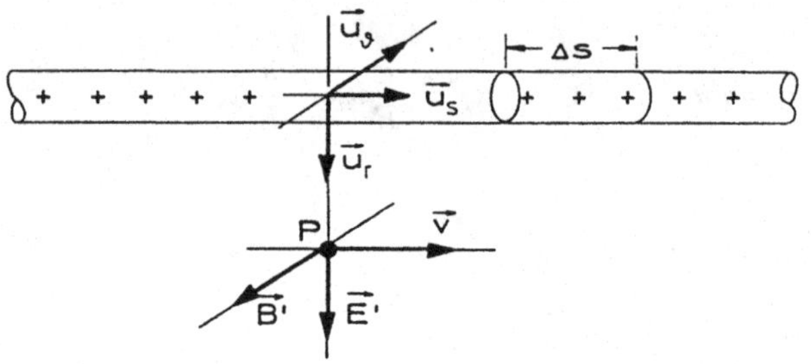

Unter der Voraussetzung, dass die elektrische Ladung "LORENTZ-invariant" ist, sich also bei Anwendung der LORENTZ-Transformation nicht ändert – was durch alle bisherigen physikalischen Erfahrungen quantitativ bestätigt wird – ist dann mit $(\Delta q)' = \Delta q$:

$$\lambda' = \frac{\lambda}{\sqrt{1 - \frac{v^2}{c^2}}} \tag{4.40}$$

Da sowohl der Abstand r als auch der Einheitsvektor $\boldsymbol{u}_r$ senkrecht zu $\boldsymbol{v}$ liegen, bleiben sie ebenfalls beim Übergang zum bewegten Bezugssystem unverändert. Damit folgt aus (4.39) mit λ' anstelle von λ:

$$\boldsymbol{E}' = \frac{1}{2\pi\varepsilon_0} \frac{\lambda}{r} \frac{1}{\sqrt{1 - \frac{v^2}{c^2}}} \boldsymbol{u}_r \tag{4.41}$$

oder auch

$$\boldsymbol{E}' = \frac{\boldsymbol{E}}{\sqrt{1 - \frac{v^2}{c^2}}} \tag{4.42}$$

Der Beobachter in P misst also eine erhöhte und mit seiner Geschwindigkeit v zunehmende elektrische Feldstärke mit der ursprünglichen räumlichen Struktur. Zusätzlich aber beobachtet er auch noch einen elektrischen Strom der Stärke:

$$I' = \lambda' v' = \lambda'(-v) = -\lambda \frac{v}{\sqrt{1 - \frac{v^2}{c^2}}}$$

Dieser erzeugt in P ein Magnetfeld. Da auch der azimutale Einheitsvektor $\boldsymbol{u}_\vartheta$ senkrecht zu $\boldsymbol{v}$ weist, ergibt sich die magnetische Induktion $\boldsymbol{B}'$ in bekannter Weise oder auf dem vorher beschrittenen analogen Wege durch Integration der Beiträge aller Linienelemente $\mathrm{d}\boldsymbol{s}$ von $-\infty$ bis $+\infty$ zu:

$$\boldsymbol{B}' = \frac{\mu_0}{2\pi} \frac{I'}{r} \boldsymbol{u}_\vartheta$$

oder

$$\boldsymbol{B}' = -\frac{\mu_0}{2\pi} \frac{\lambda}{r} \frac{v}{\sqrt{1 - \frac{v^2}{c^2}}} \boldsymbol{u}_\vartheta \qquad (4.43)$$

Erwartungsgemäß sind die Feldlinien des Magnetfeldes konzentrische Kreise um die Linienladung. In Richtung von $\boldsymbol{u}_s$ blickend, laufen sie "linksrum". Für die Komponenten der beiden Feld-Arten gilt wegen $\varepsilon_0 \mu_0 c^2 = 1$:

$$B' = -\frac{v}{c^2} E' \qquad (4.44)$$

4.4.3 Feld eines geraden und stromdurchflossenen (Metall-) Drahtes aus der Sicht eines ruhenden Beobachters

Die Leitung des elektrischen Stromes in Metallen wird bekanntlich von Elektronen, den sogenannten "Leitungselektronen", übernommen, die praktisch frei beweglich sind und unter der Wirkung einer Potentialdifferenz durch das Metall driften. Die Atomrümpfe bilden ortsfeste positive Ladungen.
Der Draht – auch wenn er Strom führt – ist elektrisch neutral, d.h. es gibt kein elektrisches Feld in seiner Umgebung ($\boldsymbol{E} = 0$), und für die Linienladungsdichten λ_+ der Atomrümpfe und λ_- der Leitungselektronen gilt

$$\lambda_+ + \lambda_- = 0 \qquad \text{bzw.} \qquad \lambda_+ = -\lambda_-$$

Ist $\boldsymbol{v}_0 = -v_0 \boldsymbol{u}_s$ die Driftgeschwindigkeit der Elektronen, dann folgt für die Stromstärke, da λ_- negativ und somit $\lambda_- = -|\lambda_-|$ ist:

$$I = \lambda_-(-v_0) = |\lambda_-| v_0$$

Sie erzeugt ein Magnetfeld der Induktion:

$$\boldsymbol{B} = \frac{\mu_0}{2\pi} \frac{I}{r} \boldsymbol{u}_\vartheta \qquad (4.45)$$

oder

$$\boxed{\boldsymbol{B} = \frac{\mu_0}{2\pi} \frac{|\lambda_-|}{r} v_0 \boldsymbol{u}_\vartheta}$$

$$\boxed{\vec{B} = \frac{\mu_0}{2\pi}\frac{|\lambda_-|}{r}v_0\vec{u}_\vartheta}$$

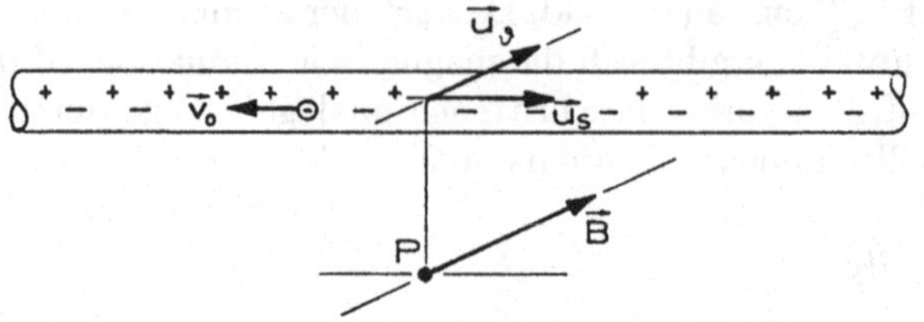

Die kreisförmigen und zum Draht konzentrischen Magnetfeldlinien laufen – in Richtung von $\boldsymbol{u}_s$ blickend – "rechtsrum".
Da schon von einem ruhenden Aufpunkt P aus betrachtet die Leitungselektronen in Bewegung sind, ist deren Linienladungsdichte λ_- bereits durch die LORENTZ-Kontraktion beeinflusst. In Analogie zu (4.40) folgt:

$$\lambda_- = \frac{(\lambda_-)_0}{\sqrt{1-\frac{v_0^2}{c^2}}} \tag{4.46}$$

Dabei ist $(\lambda_-)_0$ die Linienladungsdichte der Leitungselektronen in einem mit der Geschwindigkeit $\boldsymbol{v}_0$ parallel zum Draht laufenden Bezugssystem, in welchem also diese Elektronen ruhen.

4.4.4 Feld eines geraden und stromdurchflossenen Drahtes aus der Sicht eines bewegten Beobachters

Es soll sich nun wieder der Aufpunkt P mit der konstanten Geschwindigkeit $\boldsymbol{v} = v\boldsymbol{u}_s$, also parallel zum Draht, bewegen.

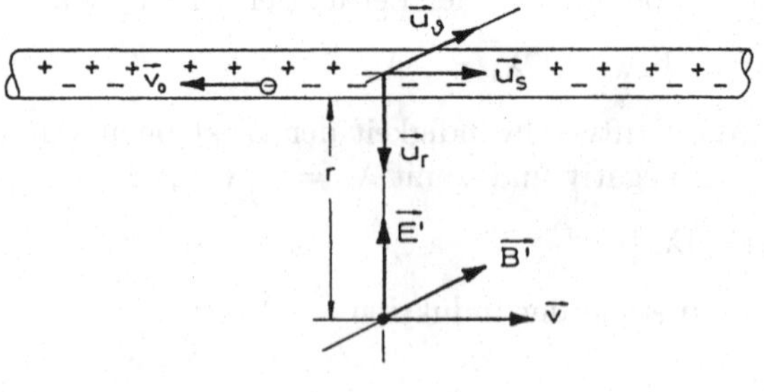

Die von P aus beobachteten Geschwindigkeiten v'_+ der Atomrümpfe und v'_- der Leitungselektronen ergeben sich aus der Transformationsformel

$$u'_x = \frac{u_x - v}{1 - \frac{u_x v}{c^2}} \tag{4.47}$$

für die x-Komponente einer Geschwindigkeit $\boldsymbol{u}$. Sie folgt direkt aus den LORENTZ-Beziehungen für die Transformation der Orts-Koordinaten und der Zeit und setzt eine Bewegung des Bezugssystems entlang der x-Achse voraus. Mit $u_x = v_+ = 0$ ergibt sich daraus – wie schon vorher erläutert – für die Atomrümpfe:

$$v'_+ = -v$$

Für die Leitungselektronen erhält man mit $u_x = v_- = -v_0$:

$$v'_- = -\frac{v_0 + v}{1 + \dfrac{v_0 v}{c^2}} \tag{4.48}$$

Damit folgt gemäß (4.40) für die von P aus gemessenen Linienladungsdichten λ'_+ der Atomrümpfe bzw. λ'_- der Leitungselektronen unter Berücksichtigung von (4.46):

$$\lambda'_+ = \frac{\lambda_+}{\sqrt{1 - \dfrac{(v'_+)^2}{c^2}}} = \frac{\lambda_+}{\sqrt{1 - \dfrac{v^2}{c^2}}} \tag{4.49}$$

und

$$\lambda'_- = \frac{(\lambda_-)_0}{\sqrt{1 - \dfrac{(v'_-)^2}{c^2}}} = \frac{\lambda_- \sqrt{1 - \dfrac{v_0^2}{c^2}}}{\sqrt{1 - \dfrac{(v'_-)^2}{c^2}}} \tag{4.50}$$

Eine Zwischenrechnung führt mit (4.48) auf:

$$\sqrt{1 - \frac{(v'_-)^2}{c^2}} = \sqrt{1 - \frac{(v_0 + v)^2}{c^2\left[1 + \dfrac{v_0 v}{c^2}\right]^2}} = \sqrt{\frac{(c^2 + v_0 v)^2 - c^2(v_0 + v)^2}{(c^2 + v_0 v)^2}}$$
$$= \frac{\sqrt{c^4 + v_0^2 v^2 - c^2 v_0^2 - c^2 v^2}}{c^2 + v_0 v} = \frac{\sqrt{c^2 - v^2}\sqrt{c^2 - v_0^2}}{c^2 + v_0 v}$$

Damit lautet (4.50):

$$\lambda'_- = \frac{\lambda_-}{c} \frac{\sqrt{c^2 - v_0^2}(c^2 + v_0 v)}{\sqrt{c^2 - v^2}\sqrt{c^2 - v_0^2}} = \frac{\lambda_-}{c} \frac{c^2 + v_0 v}{\sqrt{c^2 - v^2}} \tag{4.51}$$

Für (4.49) erhält man wegen $\lambda_+ = -\lambda_-$:

$$\lambda'_+ = -\lambda_- c \frac{1}{\sqrt{c^2 - v^2}} \tag{4.52}$$

Damit beträgt die gesamte Linienladungsdichte:

$$\lambda' = \lambda'_- + \lambda'_+ = \frac{\lambda_-}{\sqrt{c^2 - v^2}} \left[\frac{c^2 + v_0 \cdot v}{c} - c\right] = \frac{\lambda_-}{\sqrt{1 - \dfrac{v^2}{c^2}}} \frac{v_0 v}{c^2}$$

oder mit $\lambda_- = -|\lambda_-|$:

$$\lambda' = -\frac{|\lambda_-|}{c^2} \frac{v_0 v}{\sqrt{1 - \frac{v^2}{c^2}}}$$

Der bewegte Beobachter in P sieht also einen **negativ geladenen** Draht und somit gemäß (4.39) ein **elektrisches** Feld der Stärke:

$$\boldsymbol{E}' = -\frac{1}{2\pi\varepsilon_0 c^2} \frac{|\lambda_-|}{r} \frac{v_0 v}{\sqrt{1 - \frac{v^2}{c^2}}} \boldsymbol{u}_r \tag{4.53}$$

das **zum Draht hin** weist. Führt man über den bereits verwendeten Zusammenhang $I = |\lambda_-| v_0$ die Stromstärke im ruhenden System ein, dann gilt mit $\varepsilon_0 c^2 = 1/\mu_0$ gleichermaßen:

$$\lambda' = -\frac{I}{c^2} \frac{v}{\sqrt{1 - \frac{v^2}{c^2}}}$$

und

$$\boldsymbol{E}' = -\frac{\mu_0}{2\pi} \frac{I}{r} \frac{v}{\sqrt{1 - \frac{v^2}{c^2}}} \boldsymbol{u}_r \tag{4.54}$$

Die vom bewegten Bezugssystem aus beobachtete Stromstärke I' setzt sich additiv aus den Beträgen I'_+ der Atomrümpfe und I'_- der Leitungselektronen zusammen. Für den ersten ergibt sich mit $v'_+ = -v$ und mit (4.52):

$$I'_+ = \lambda'_+ v'_+ = \lambda_- c \frac{v}{\sqrt{c^2 - v^2}}$$

Für den zweiten folgt mit (4.51) und (4.48):

$$I'_- = \lambda'_- v'_- = -\frac{\lambda_-}{c} \frac{c^2 + v_0 v}{\sqrt{c^2 - v^2}} \frac{v_0 + v}{1 + \frac{v_0 \cdot v}{c^2}} = -\lambda_- c \frac{v_0 + v}{\sqrt{c^2 - v^2}}$$

Also erhält man:

$$I' = I'_+ + I'_- = \frac{\lambda_- c}{\sqrt{c^2 - v^2}} (-v_0)$$

oder

$$I' = \frac{|\lambda_-| v_0}{\sqrt{1 - \frac{v^2}{c^2}}} = \frac{I}{\sqrt{1 - \frac{v^2}{c^2}}}$$

Diese Stromstärke führt gemäß (4.45) auf ein Magnetfeld der Induktion:

$$\boldsymbol{B}' = \frac{\mu_0}{2\pi}\frac{I'}{r}\boldsymbol{u}_\vartheta = \frac{\mu_0}{2\pi}\frac{|\lambda_-|v_0}{r}\frac{1}{\sqrt{1-\frac{v^2}{c^2}}}\boldsymbol{u}_\vartheta$$

oder

$$\boldsymbol{B}' = \frac{\mu_0}{2\pi}\frac{I}{r}\frac{1}{\sqrt{1-\frac{v^2}{c^2}}}\boldsymbol{u}_\vartheta \tag{4.55}$$

bzw. mit (4.45):

$$\boldsymbol{B}' = \frac{\boldsymbol{B}}{\sqrt{1-\frac{v^2}{c^2}}} \tag{4.56}$$

4.4.5 Kräfte auf eine Ladung

Im folgenden werden die elektrischen und magnetischen Kräfte behandelt, die unter den vorangehend diskutierten unterschiedlichen Bedingungen auf eine als positiv angenommene Punktladung q wirken, welche sich im Abstand r parallel zur Linienladung bzw. zum stromdurchflossenen Draht mit der Geschwindigkeit $\boldsymbol{v}_q = v_q\boldsymbol{u}_s$ bewegt. Wie bisher sei $\boldsymbol{v} = v\boldsymbol{u}_s$ die Geschwindigkeit des Beobachters im Aufpunkt P.
Die elektrischen Kräfte ergeben sich aus dem einfachen Zusammenhang

$$\boldsymbol{F}'_e = q\boldsymbol{E}' \tag{4.57}$$

Die magnetischen Kräfte sind geschwindigkeitsabhängig. Für sie gilt bekanntlich:

$$\boldsymbol{F}'_m = q\boldsymbol{v}'_q \times \boldsymbol{B}'$$

Die vom Aufpunkt P aus gemessene Geschwindigkeit der Ladung errechnet sich aus (4.47) zu:

$$\boldsymbol{v}'_q = \frac{v_q - v}{1-\frac{v_q v}{c^2}}\boldsymbol{u}_s$$

Mit $\boldsymbol{B}' = B'\boldsymbol{u}_\vartheta$ und $\boldsymbol{u}_s \times \boldsymbol{u}_\vartheta = -\boldsymbol{u}_r$ folgt dann:

$$\boldsymbol{F}'_m = -q\frac{v_q - v}{1-\frac{v_q v}{c^2}}B'\boldsymbol{u}_r \tag{4.58}$$

Aus dieser Formel liest man die folgenden Spezialfälle ab:

a.) Ist die Ladung in Ruhe ($v_q = 0$), dann folgt

$$\boldsymbol{F}'_m = qvB'\boldsymbol{u}_r$$

b.) Ist der Aufpunkt in Ruhe ($v' = 0, B' = B$), dann folgt

$$\boldsymbol{F}_m = -qv_q B\boldsymbol{u}_r \tag{4.59}$$

c.) Ist die Ladung an den Aufpunkt gebunden ($v_q = v$), dann folgt

$$\boldsymbol{F}'_m = 0$$

Die in den vorangehenden vier Abschnitten diskutierten vier Fälle führen dann auf folgende Zusammenhänge:

Erster Fall (Positive Linienladung; ruhender Beobachter): Hier folgt aus (4.39):

$$\boxed{\boldsymbol{F}_e = \frac{q}{2\pi\varepsilon_0}\frac{\lambda}{r}\boldsymbol{u}_r}$$

Die elektrische Kraft ist also **abstoßend**. Wegen $\boldsymbol{B} = 0$ gibt es keine magnetische Kraft ($\boldsymbol{F}_m = 0$).

Zweiter Fall (Positive Linienladung; bewegter Beobachter): Die Multiplikation von (4.42) mit q ergibt wegen (4.57):

$$\boxed{\boldsymbol{F}'_e = \frac{\boldsymbol{F}_e}{\sqrt{1-\dfrac{v^2}{c^2}}}}$$

Die elektrische Kraft bleibt **abstoßend** und wächst mit der Geschwindigkeit v des Beobachters in P.

Durch Einsetzen von (4.44) in (4.58) erhält man für die magnetische Kraft:

$$\boldsymbol{F}'_m = qE'\frac{v_q - v}{1-\dfrac{v_q v}{c^2}}\frac{v}{c^2}\boldsymbol{u}_r$$

oder mit $qE'\boldsymbol{u}_r = \boldsymbol{F}'_e$:

$$\boxed{\boldsymbol{F}'_m = \frac{v(v_q - v)}{c^2 - v_q v}\boldsymbol{F}'_e}$$

Die magnetische Kraft ist somit **abstoßend** für $v_q > v$ und **anziehend** für $v_q < v$. Als Gesamtkraft auf die Ladung q misst der bewegte Beobachter:

$$\boldsymbol{F}' = \boldsymbol{F}'_e + \boldsymbol{F}'_m = \boldsymbol{F}'_e\left[1 + \frac{v(v_q - v)}{c^2 - v_q v}\right]$$

oder

$$\boxed{\boldsymbol{F}' = \frac{c^2 - v^2}{c^2 - v_q v}\boldsymbol{F}'_e}$$

Wegen $v_q < c$ und $v < c$ ist diese Kraft stets **abstoßend** und strebt für $v \to c$ gegen Null.

Dritter Fall (Stromdurchflossener Draht; ruhender Beobachter): Da der Draht elektrisch neutral ist, gibt es kein elektrisches Feld und somit auch keine elektrische Kraft ($\boldsymbol{F}_e = 0$). Die magnetische Kraft erhält man durch Einsetzen von $B = \mu_0 I/(2\pi r)$ aus (4.45) in die Formel (4.59), welche bekanntlich aus (4.58) für $v = 0$ hervorgeht, zu:

$$\boxed{\boldsymbol{F}_m = -\frac{\mu_0 q}{2\pi} v_q \frac{I}{r} \boldsymbol{u}_r}$$

Sie wirkt in Richtung von $(-\boldsymbol{u}_r)$, ist also **anziehend**.

Vierter Fall (Stromdurchflossener Draht; bewegter Beobachter): Die elektrische Kraft ergibt sich gemäß (4.57) mit (4.54) zu:

$$\boxed{\boldsymbol{F}'_e = -\frac{\mu_0 q}{2\pi} \frac{I}{r} \frac{v}{\sqrt{1 - \frac{v^2}{c^2}}} \boldsymbol{u}_r}$$

Der Vergleich zwischen (4.54) und (4.55) liefert für die Komponenten der beiden Feld-Arten den Zusammenhang $E' = -vB'$. Unter Ausnutzung dessen läßt sich die elektrische Kraft auch durch die magnetische Induktion ausdrücken. Einsetzen in $\boldsymbol{F}'_e = qE'\boldsymbol{u}_r$ führt mit (4.56) auf die Beziehung:

$$\boldsymbol{F}'_e = -qvB'\boldsymbol{u}_r = -\frac{qvB}{\sqrt{1 - \frac{v^2}{c^2}}} \boldsymbol{u}_r \tag{4.60}$$

Die elektrische Kraft wirkt also **anziehend** und wächst mit steigender Geschwindigkeit v.

Die magnetische Kraft $\boldsymbol{F}'_m$ ist aus der Formel (4.58) abzulesen. Sie ist **anziehend** für $v_q > v$ und **abstoßend** für $v_q < v$.

Die Gesamtkraft erhält man durch Addition von (4.60) und (4.58) zu:

$$\boldsymbol{F}' = \boldsymbol{F}'_e + \boldsymbol{F}'_m = -qB'\boldsymbol{u}_r \left[v + \frac{v_q - v}{1 - \frac{v_q v}{c^2}} \right]$$

Mit

$$v + \frac{v_q - v}{1 - \frac{v_q v}{c^2}} = v + \frac{c^2(v_q - v)}{c^2 - v_q v} = \frac{c^2 v_q - v^2 v_q}{c^2 - v_q v} = v_q \frac{c^2 - v^2}{c^2 - v_q v}$$

folgt:

$$\boldsymbol{F}' = -qvB'\boldsymbol{u}_r \frac{v_q}{v} \frac{c^2 - v^2}{c^2 - v_q v}$$

oder unter Berücksichtigung von (4.60):

$$\boxed{\boldsymbol{F}' = \frac{v_q}{v}\frac{c^2 - v^2}{c^2 - v_q v}\boldsymbol{F}'_e}$$

Wegen $v_q < c$ und $v < c$ ist die Gesamtkraft also stets **anziehend** und strebt für $v \to c$ gegen Null.

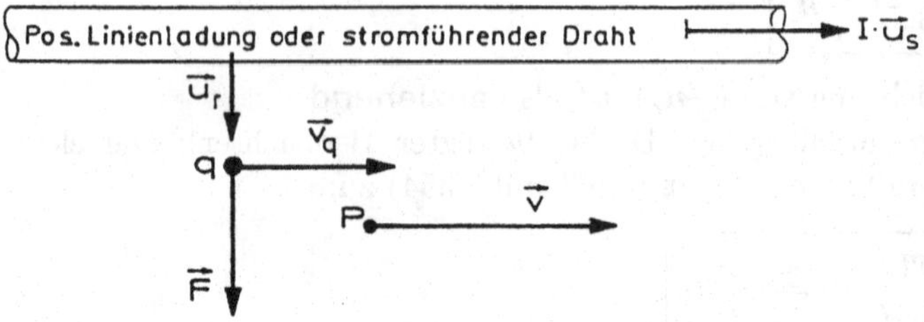

Abb. 4.13. Kräfte auf eine Ladung im Feld einer Linienladung und eines stromführenden Drahtes

Die qualitativen Merkmale der hier diskutierten Kräfte sind in der abschließenden Tabelle zusammengefasst.

	Beobachter (P)		
	ruhend ($v = 0$)	bewegt ($v \neq 0$)	bewegt ($v = v_q$)
Positive Linienladung	$\boldsymbol{F}_e$ abstoßend	$\boldsymbol{F}'_e$ abstoßend	$\boldsymbol{F}'_e$ abstoßend
		$\boldsymbol{F}'_m$ abst. f. $v_q>v$	
	$\boldsymbol{F}_m = 0$	$\boldsymbol{F}'_m$ anz. f. $v_q<v$	$\boldsymbol{F}'_m = 0$
	$\boldsymbol{F}$ abstoßend	$\boldsymbol{F}'$ abstoßend	$\boldsymbol{F}'$ abstoßend
Stromführender Draht	$\boldsymbol{F}_e = 0$	$\boldsymbol{F}'_e$ anziehend	$\boldsymbol{F}'_e$ anziehend
	$\boldsymbol{F}_m$ anziehend	$\boldsymbol{F}'_m$ anz. f. $v_q>v$	$\boldsymbol{F}'_m = 0$
		$\boldsymbol{F}'_m$ abst.f. $v_q<v$	
	$\boldsymbol{F}$ anziehend	$\boldsymbol{F}'$ anziehend	$\boldsymbol{F}'$ anziehend

5 Materie im statischen elektrischen und magnetischen Feld

Bei der bisherigen Behandlung des elektrischen und magnetischen Feldes waren wir stets davon ausgegangen, dass diese Felder nur durch Punktladungs- bzw. Stromdichteverteilungen bestimmt werden. Es waren dies Felder im **materiefreien** Raum. Diese Überlegungen (Abschn. 2 und 3) haben zwar prinzipiell wertvolle Resultate geliefert, die in vielen Fällen gute Näherungen für die Realität darstellen. Im allgemeinen läßt sich aber der Einfluss der Materie mit ihrer atomistischen Struktur nicht vernachlässigen.

5.1 Gaußscher Satz des elektrischen Feldes

Fluss eines Vektorfeldes Der z.B. für den Ladungstransport durch eine Oberfläche aufgrund einer Stromdichteverteilung $\boldsymbol{j}(\boldsymbol{r})$ definierte Begriff der Stromstärke läßt sich verallgemeinern. Zu jedem Punkt $\boldsymbol{r}$ in einem interessierenden räumlichen Bereich gebe es eine eindeutig definierte vektorielle Größe $\boldsymbol{a}$ (z.B. Stromdichte $\boldsymbol{j}$, Gravitationsfeldstärke $\boldsymbol{g}$, elektrische Feldstärke $\boldsymbol{E}$, etc.). $\boldsymbol{a}(\boldsymbol{r})$ stellt ein **Vektorfeld** dar. In diesem Vektorfeld betrachten wir eine i.a. beliebig gekrümmte Oberfläche O. Als "Fluss" durch diese Oberfläche wird dann definiert (vgl. Gl. (4.3) und Bild 5.1).

$$\boxed{\phi = \int_O \boldsymbol{a} \cdot \mathrm{d}\boldsymbol{o}} \tag{5.1}$$

Da der Normalenvektor jeweils nur bis auf das Vorzeichen festliegt, wird verabredet, dass bei vorgegebenem Umlaufsinn der Oberflächenrandkurve dieser Umlaufsinn zusammen mit dem jeweiligen Normalenvektor eine Rechtsschraube bildet.

Der Begriff soll anhand des Teilchenstroms aufgrund eines "Geschwindigkeitsfeldes" (Hydromechanik) erläutert werden. Wir betrachten ein zylindrisches Rohr mit Querschnitt A. Es werde außerdem eine ebene Schnittfläche O betrachtet, die mit A einen bestimmten Winkel α bildet. Durch das Rohr bewegen sich Teilchen bestimmter Konzentration $n = \mathrm{d}N/\mathrm{d}V$ ($\mathrm{d}N$ = Anzahl der in $\mathrm{d}V$ vorhandenen Teilchen) mit einer bestimmten Geschwindigkeit $\boldsymbol{v}$ parallel zur Rohrachse (Bild 5.2). Der Teilchenfluss ist definiert als $\phi = n \cdot \mathrm{d}V/\mathrm{d}t$.

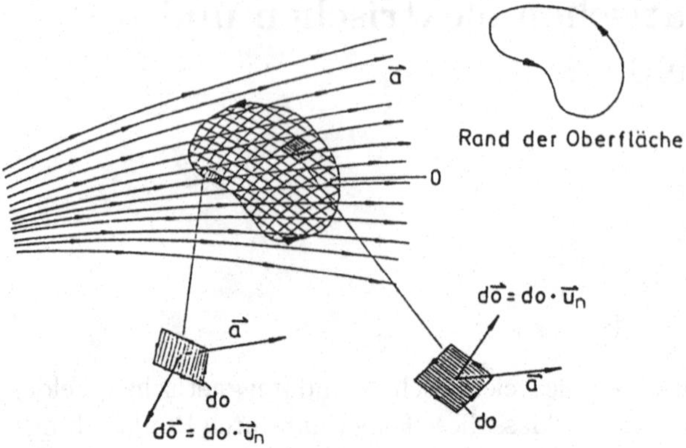

Abb. 5.1. Zur Definition der in einem Vektorfeld zugeordneten Größe "Fluss".

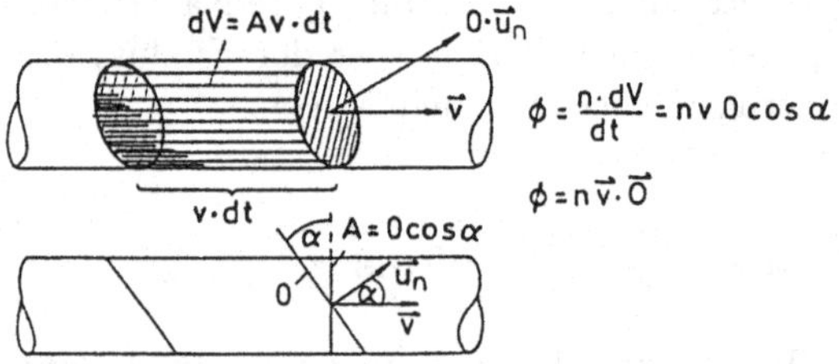

Abb. 5.2. Teilchenfluss durch ein zylindrisches Rohr.

Im Zeitintervall dt können alle Teilchen durch O hindurchtreten, die aus einem zylindrischen Volumen dV der Höhe $v\cdot$ dt stammen. Für die Zahl der pro Zeitintervall dt durch O hindurchtretenden Teilchen ergibt sich also $n \cdot \mathrm{d}V = nvO\cos\alpha \cdot \mathrm{d}t$.

Häufig wird ein der Gl. (5.1) entsprechendes Integral über eine **geschlossene Oberfläche** benötigt, d.h. über eine Oberfläche, die ein bestimmtes Volumen vollkommen einschließt. Derartige Integrale werden i.f., wie schon im Fall des elektrischen Stromes, stets mit $\oint \boldsymbol{a} \cdot \mathrm{d}\boldsymbol{o}$ bezeichnet (Fluss durch eine geschlossene Oberfläche).

Gaußscher Satz der Elektrostatik in Integralform

a) Punktladung q im Mittelpunkt einer Kugelfläche mit dem Radius r (Bild 5.3):
Die Kugeloberfläche ist die Integrationsfläche. Dann gilt mit Gl. (2.7)

$$\boldsymbol{E} = \frac{1}{4\pi\varepsilon_0}\frac{q}{r^2}\boldsymbol{u}_r \quad \text{und} \quad \mathrm{d}\boldsymbol{o} = \mathrm{d}o \cdot \boldsymbol{u}_r$$

Das ergibt

$$\phi_e = \oint \boldsymbol{E} \cdot \mathrm{d}\boldsymbol{o} = \frac{1}{4\pi\varepsilon_0}\frac{q}{r^2}\oint \mathrm{d}o = \frac{1}{4\pi\varepsilon_0}\frac{q}{r^2}4\pi r^2$$

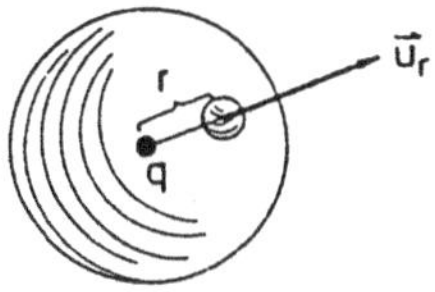

Abb. 5.3. Zur Herleitung des Gaußschen Satzes bei einer Kugelfläche als geschlossener Integrationsfläche.

oder

$$\boxed{\phi_e = \oint \boldsymbol{E} \cdot \mathrm{d}\boldsymbol{o} = \frac{q}{\varepsilon_0}} \tag{5.2}$$

b) Punktladung q innerhalb einer beliebigen geschlossenen Integrationsfläche (Bild 5.4):

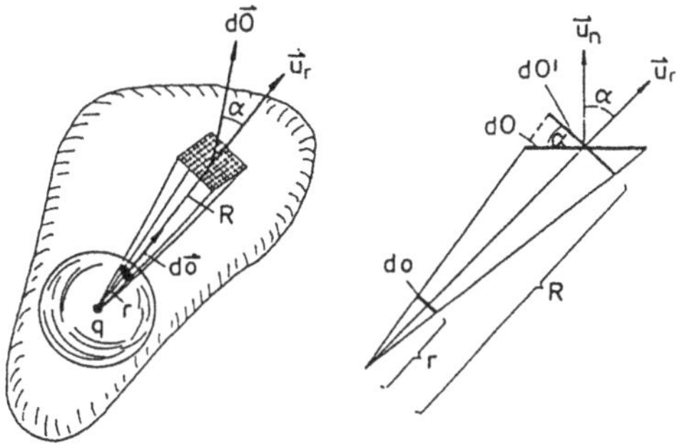

Abb. 5.4. Zur Herleitung des Gaußschen Satzes bei beliebiger geschlossener Integrationsfläche. Punktladung innerhalb des umschlossenen Gebietes.

Es gilt:

$$\boldsymbol{E}(r) = \frac{1}{4\pi\varepsilon_0}\frac{q}{r^2}\boldsymbol{u}_r \quad \text{und} \quad \boldsymbol{E}(R) = \frac{1}{4\pi\varepsilon_0}\frac{q}{R^2}\boldsymbol{u}_r = \frac{r^2}{R^2}\boldsymbol{E}(r)$$

Mit $\mathrm{d}\boldsymbol{o} = \mathrm{d}o \cdot \boldsymbol{u}_r$ und wegen

$$\mathrm{d}\boldsymbol{O} = \mathrm{d}O \cdot \boldsymbol{u}_n = \frac{\mathrm{d}O'}{\cos\alpha}\boldsymbol{u}_n \quad \text{und} \quad \mathrm{d}O' = \frac{R^2}{r^2} \cdot \mathrm{d}o$$

folgt

$$\boldsymbol{E}(R) \cdot \mathrm{d}\boldsymbol{O} = \frac{r^2}{R^2}E(r)\frac{R^2}{r^2} \cdot \mathrm{d}o \cdot \frac{1}{\cos\alpha}\boldsymbol{u}_r \cdot \boldsymbol{u}_n$$

oder wegen $\boldsymbol{u}_r \cdot \boldsymbol{u}_n = \cos\alpha$

$$\boldsymbol{E}(R) \cdot \mathrm{d}\boldsymbol{O} = E(r) \cdot \mathrm{d}o = \boldsymbol{E}(r) \cdot \mathrm{d}\boldsymbol{o}$$

also

$$\oint \boldsymbol{E}(R) \cdot \mathrm{d}\boldsymbol{O} = \oint \boldsymbol{E}(r) \cdot \mathrm{d}\boldsymbol{o}$$

Die beiden Integrale sind somit gleich, und damit gilt Gl. (5.2) auch für eine beliebige geschlossene Fläche um q.

c) Beliebige Anordnung von Punktladungen und beliebige geschlossene Integrationsfläche.
Wir betrachten zunächst den Spezialfall, dass nur außerhalb des von der Integrationsfläche umschlossenen Gebiets eine Punktladung q' existiert, im Innern des Gebiets aber $q = 0$ sei. Aus einer der obigen Ableitung völlig analogen Geometriebetrachtung (Bild 5.5) folgt:

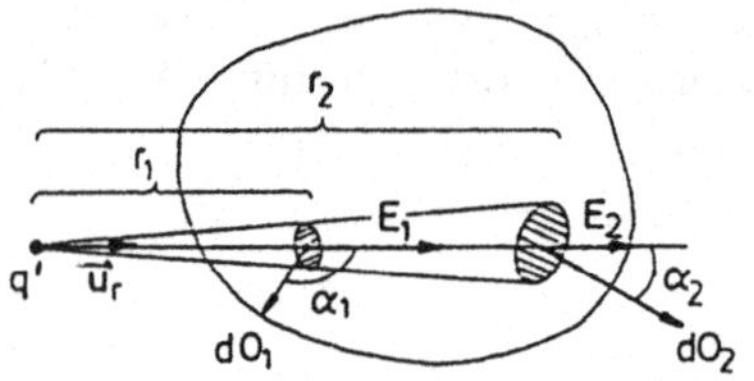

Abb. 5.5. Gaußscher Satz bei beliebiger geschlossener Integrationsfläche. Punktladung außerhalb des umschlossenen Gebietes.

$$E_2 = \frac{r_1^2}{r_2^2} E_1 \quad \text{und} \quad \boldsymbol{u}_r \cdot \mathrm{d}\boldsymbol{o}_2 = -\frac{r_2^2}{r_1^2} \boldsymbol{u}_r \cdot \mathrm{d}\boldsymbol{o}_1$$

Das ergibt

$$\boldsymbol{E}_2 \cdot \mathrm{d}\boldsymbol{o}_2 = -\boldsymbol{E}_1 \cdot \mathrm{d}\boldsymbol{o}_1$$

Daher folgt

$$\boxed{\phi_e = \oint \boldsymbol{E} \cdot \mathrm{d}\boldsymbol{O} = 0} \qquad (5.3)$$

für eine Punktladung q' außerhalb des von der Integrationsfläche umschlossenen Gebietes.
Wir betrachten nun eine beliebige Anordnung von Punktladungen und irgendeine geschlossene Fläche, durch die das gesamte Raumgebiet in zwei Teilgebiete, ein inneres (Punktladungen $q_1, \ldots, q_n$) und ein äußeres (Punktladungen $q'_1, \ldots, q'_k$) unterteilt wird. Da sich die elektrische Feldstärke einer beliebigen Anordnung von Punktladungen additiv aus den jeweiligen Beiträgen der einzelnen Punktladungen zusammensetzt (s. Kap. 2), ist auch der elektrische Fluss additiv. Wir erhalten also nach Gln. (5.2) und (5.3)

$$\boxed{\phi_e = \oint \boldsymbol{E} \cdot \mathrm{d}\boldsymbol{o} = \frac{\sum_{\nu=1}^{n} q_\nu}{\varepsilon_0}} \qquad (5.4a)$$

Die Summe ist die gesamte von der Integrationsfläche umschlossene Ladung. Der elektrische Fluss ist nur von der Gesamtladung, nicht aber von der Anordnung der Punktladungen abhängig. Ist die Ladung kontinuierlich im Raum verteilt, so dass man eine Ladungsdichte $\varrho = \mathrm{d}q/\mathrm{d}V$ definieren kann, so ergibt sich entsprechend Gl. (5.4a):

$$\boxed{\phi_e = \oint \boldsymbol{E} \cdot \mathrm{d}\boldsymbol{o} = \frac{1}{\varepsilon_0} \int_V \varrho \cdot \mathrm{d}V} \qquad (5.4b)$$

Die Gln. (5.4a) und (5.4b) stellen die endgültige Form des Gaußschen Satzes in Integralform dar.

Äquivalenz zwischen dem Gaußschen Satz und dem Coulombschen Gesetz Der Gaußsche Satz ist vorangehend aus dem COULOMBschen Gesetz hergeleitet worden. Andererseits läßt sich das COULOMBsche Gesetz auch aus dem Gaußschen Satz und allgemeinen Symmetrieüberlegungen herleiten. Dies soll i.f. gezeigt werden: Wir denken uns eine Kugelfläche vom Radius r konzentrisch um die Punktladung q. Da es sich trivialerweise um eine völlig kugelsymmetrische Anordnung handelt, muss die elektrische Feldstärke parallel oder antiparallel zum jeweiligen radialen Einheitsvektor gerichtet sein, und der Betrag kann nur ausschließlich vom Abstand zur Punktladung abhängen, d.h. es ist

$$\boldsymbol{E} = E(r)\boldsymbol{u}_r$$

Auf der Kugeloberfläche (r = const) ist also E =const und $\mathrm{d}\boldsymbol{o} = \mathrm{d}o \cdot \boldsymbol{u}_r$. Damit erhält man aus Gl. (5.4a)

$$\oint \boldsymbol{E} \cdot \mathrm{d}\boldsymbol{o} = E(r) \oint \mathrm{d}o = 4\pi r^2 E(r) = \frac{q}{\varepsilon_0}$$

also

$$E(r) = \frac{1}{4\pi\varepsilon_0} \frac{q}{r^2} \quad \text{oder} \quad \boldsymbol{E}(r) = \frac{1}{4\pi\varepsilon_0} \frac{q}{r^2} \boldsymbol{u}_r$$

Die Feldstärke E ist durch die Kraft auf eine Probeladung q' definiert. Es ist $\boldsymbol{F} = q'\boldsymbol{E}$. Also wird

$$\boldsymbol{F} = \frac{1}{4\pi\varepsilon_0} \frac{qq'}{r^2} \boldsymbol{u}_r \qquad \text{(COULOMBsches Gesetz)}$$

Gaußscher Satz und COULOMBsches Gesetz sind also einander äquivalent.

Beispiele für die Anwendung des Gaußschen Satzes Der Gaußsche Satz läßt sich stets dann zur Berechnung der Feldstärke mit Vorteil anwenden, wenn man eine Gaußsche Fläche so legen kann, dass die Feldstärke für die Punkte auf dieser Fläche bestimmten Symmetriebedingungen gehorcht (vgl. das oben dargelegte Beispiel der einzelnen Punktladung).

1. Homogen geladene Kugel mit Radius R, $\varrho = \text{const}$.
Das Zentrum der Kugel werde als Koordinatenursprung benutzt, die Oberfläche einer konzentrischen Kugel (Radius r) als Gaußsche Fläche. Aus Symmetriegründen ist $\boldsymbol{E}(\boldsymbol{r}) = E(r)\boldsymbol{u}_r$, $E(r) = \text{const}$ für $r = \text{const}$. Wir erhalten also:
$$E(r)4\pi r^2 = \frac{q}{\varepsilon_0} \qquad \text{für } r > R$$
$$E(r)4\pi r^2 = \frac{1}{\varepsilon_0}\int \varrho \cdot \mathrm{d}V = \frac{1}{\varepsilon_0}\frac{4}{3}\pi r^3 \varrho$$
$$= \frac{1}{\varepsilon_0}\frac{r^3}{R^3} q \qquad \text{für } r < R$$
Mit Gl. (1.13) und (1.13a) ergibt sich also insgesamt
$$\boxed{\boldsymbol{E}(r) = \begin{cases} \dfrac{1}{4\pi\varepsilon_0}\dfrac{q}{r^2}\boldsymbol{u}_r & r \geq R \\[2ex] \dfrac{1}{4\pi\varepsilon_0}\dfrac{q}{R^3} r\boldsymbol{u}_r & r \leq R \end{cases}} \qquad (5.5)$$

2. Homogene Flächenladung $\sigma = \text{const}$, ∞ ausgedehnt.
Wir betrachten eine unendlich ausgedehnte ebene Fläche mit konstanter Flächenladungsdichte σ. Die Symmetrie der Anordnung fordert $\boldsymbol{E} = E\boldsymbol{u}_n$ mit $E = E(z)$.
Gaußsche Fläche = Oberfläche eines Zylinders (Querschnitt A, Höhe $2z$, symmetrisch zur Ebene, Achse $\perp$ Ebene).

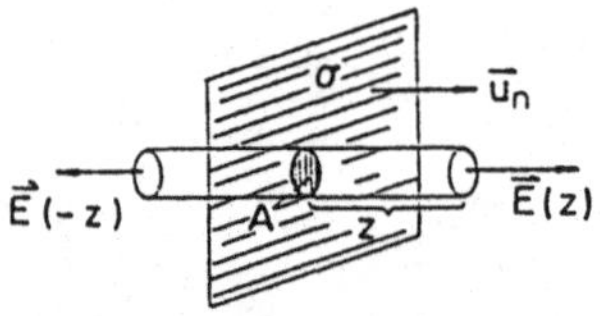

Abb. 5.6. Anwendung des Gaußschen Satzes für eine ebene Flächenladung.

Dann folgt
$$\oint \boldsymbol{E} \cdot \mathrm{d}\boldsymbol{o} = 2E(z)A = \frac{\sigma A}{\varepsilon_0}$$
also
$$\boldsymbol{E} = \frac{\sigma}{2\varepsilon_0}\boldsymbol{u}_n$$
Wir haben somit Gl. (2.10) mit Hilfe des Gaußschen Satzes sehr viel einfacher hergeleitet.

Gaußscher Satz der Elektrostatik in differentieller Form Die differentielle Form des Gaußschen Satzes ergibt sich aus der Integralform Gl. (5.4b), wenn wir ein differentielles Volumenelement betrachten und seine Oberfläche als Gaußsche Oberfläche (geschlossene Integrationsfläche) nehmen. Die Ableitung wird hier nur für Kartesische Koordinaten gegeben, gilt aber allgemein (Bild 5.7).

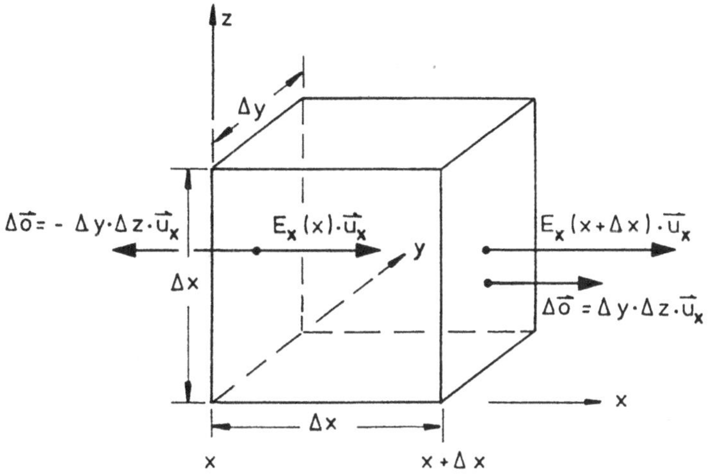

Abb. 5.7. Zur Herleitung des Gaußschen Satzes in differentieller Form.

Gemäß Gl. (5.4b) ist

$$\oint \boldsymbol{E} \cdot \mathrm{d}\boldsymbol{o} = \frac{1}{\varepsilon_0} \int\limits_V \varrho \cdot \mathrm{d}V$$

V sei das in der Figur dargestellte würfelförmige Volumenelement. Für $\Delta x, \Delta y, \Delta z \to 0$ ist ϱ in V näherungsweise konstant $= \varrho(x, y, z)$. Also folgt

$$\lim_{\Delta x, \Delta y, \Delta z \to 0} \left(\frac{1}{\varepsilon_0} \int\limits_V \varrho \cdot \mathrm{d}V \right) = \lim_{\Delta x, \Delta y, \Delta z \to 0} \left(\frac{1}{\varepsilon_0} \varrho \cdot \Delta x \cdot \Delta y \cdot \Delta z \right)$$

Andererseits ist, wie für die x-Komponente aus Bild 5.7 abgelesen werden kann und was entsprechend auch für die y- und z-Komponenten gilt

$$\begin{aligned} \oint \boldsymbol{E} \cdot \mathrm{d}\boldsymbol{o} = \lim_{\Delta x, \Delta y, \Delta z \to 0} \Big\{ & E_x(x + \Delta x) \cdot \Delta y \cdot \Delta z - E_x(x) \cdot \Delta y \cdot \Delta z \\ & + E_y(y + \Delta y) \cdot \Delta z \cdot \Delta x - E_y(y) \cdot \Delta z \cdot \Delta x \\ & + E_z(z + \Delta z) \cdot \Delta x \cdot \Delta y - E_z(z) \cdot \Delta x \cdot \Delta y \Big\} \end{aligned}$$

Anmerkung: Korrekterweise müsste man schreiben: $E_x(x + \Delta x) = E_x(x + \Delta x, y', z')$ etc. mit x', y', z' = Koordinaten des Würfelmittelpunktes. Das Ergebnis wird hierdurch nicht geändert.
Nach Division durch $\Delta x \cdot \Delta y \cdot \Delta z$ erhält man

$$\lim_{\Delta x, \Delta y, \Delta z \to 0} \left(\frac{\Delta E_x}{\Delta x} + \frac{\Delta E_y}{\Delta y} + \frac{\Delta E_z}{\Delta z} \right) = \frac{\varrho}{\varepsilon_0}$$

d.h. den Gaußschen Satz in differentieller Form:

$$\frac{\partial E_x}{\partial x} + \frac{\partial E_y}{\partial y} + \frac{\partial E_z}{\partial z} = \frac{\varrho}{\varepsilon_0}$$

Man definiert als **Divergenz eines Vektors *a***

$$\boxed{\operatorname{div} \boldsymbol{a} = \frac{\partial a_x}{\partial x} + \frac{\partial a_y}{\partial y} + \frac{\partial a_z}{\partial z}} \tag{5.6}$$

Damit ergibt sich der Gaußsche Satz in differentieller Form zu

$$\boxed{\operatorname{div} \boldsymbol{E}(\boldsymbol{r}) = \frac{1}{\varepsilon_0} \varrho(\boldsymbol{r})} \tag{5.7}$$

Aus dem Gaußschen Satz Gl. (5.7) erhält man mit Gl. (2.16) ($\boldsymbol{E} = -$ grad φ) und der Abkürzung

$$\boxed{\operatorname{div} \operatorname{grad} \varphi = \Delta \varphi} \tag{5.8}$$

die **Poisson-Gleichung**

$$\boxed{\Delta \varphi(\boldsymbol{r}) = -\frac{\varrho(\boldsymbol{r})}{\varepsilon_0}} \tag{5.9}$$

In Kartesischen Koordinaten ist

$$\Delta \varphi = \frac{\partial^2 \varphi}{\partial x^2} + \frac{\partial^2 \varphi}{\partial y^2} + \frac{\partial^2 \varphi}{\partial z^2}$$

Da sich aus φ stets $\boldsymbol{E}$ ergibt und umgekehrt, kann Gl. (5.7) oder Gl. (5.9) bei vorgegebener Ladungsdichteverteilung $\varrho(\boldsymbol{r})$ alternativ zur Berechnung der elektrischen Feldstärke bzw. des elektrischen Potentials verwendet werden. Im Spezialfall $\varrho(\boldsymbol{r}) = 0$ im betrachteten Raumgebiet geht Gl. (5.9) in die **Laplace-Gleichung** über

$$\boxed{\Delta \varphi = 0} \quad \text{für} \quad \varrho(\boldsymbol{r}) = 0 \tag{5.10}$$

Der Differentialoperator Δ = div grad heißt **Laplace-Operator**.

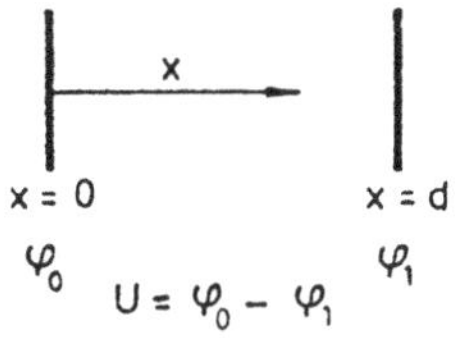

Abb. 5.8. Plattenkondensator.

Beispiele für die Anwendung des Gaußschen Satzes in differentieller Form bzw. der POISSON-*Gleichung*

1. Leerer Plattenkondensator aus unendlich ausgedehnten, planparallelen Platten (s. Bild 5.8).
   Der Raum zwischen den Platten sei materiefrei $\varrho = 0$. Dann gilt gemäß Gl. (5.10)

   $$\Delta\varphi = 0$$

   Bei ∞ ausgedehnten Platten ist φ allein von x abhängig, also folgt

   $$\frac{\mathrm{d}^2\varphi}{\mathrm{d}x^2} = 0 \quad \text{oder} \quad \frac{\mathrm{d}\varphi}{\mathrm{d}x} = \text{const} = -E$$

   oder

   $$\varphi(x) = -Ex + a$$

   a ist die Integrationskonstante. Sie ergibt sich aus den Randbedingungen. Mit

   $$\varphi(0) = \varphi_0 \quad \text{und} \quad \varphi(d) = \varphi_1$$

   folgt

   $$a = \varphi_0 \quad \text{und} \quad \varphi_1 = -Ed + \varphi_0$$

   und somit

   $$E = \frac{\varphi_0 - \varphi_1}{d} = \frac{U}{d} \quad \text{und} \quad \varphi(x) = -Ex + \varphi_0 \tag{5.11}$$

   Dieses Ergebnis ist identisch mit Gl. (2.18) und ebenfalls äquivalent der Gl. (2.11).
2. Plattenkondensator mit konstanter Raumladungsdichte ϱ. Auch hier gilt $\varphi = \varphi(x)$, und daher nach Gl. (5.9)

   $$\frac{\mathrm{d}^2\varphi}{\mathrm{d}x^2} = -\frac{\varrho}{\varepsilon_0}$$

   $$\frac{\mathrm{d}\varphi}{\mathrm{d}x} = -E(x) = -\frac{\varrho}{\varepsilon_0}x + a$$

   $$\varphi = -\frac{\varrho}{\varepsilon_0}\frac{x^2}{2} + ax + b$$

(a, b = Integrationskonstanten). Die Randbedingungen sind

$$x = 0 : \varphi = \varphi_0 \quad \text{und} \quad x = d : \varphi = \varphi_1$$

Der Einfachheit halber drücken wir $\varphi(x)$ und $E(x)$ durch φ_0, $U = \varphi_0 - \varphi_1$ und $E(x = 0) = E_0$ aus. Man erhält:

$$\boxed{\varphi = \varphi_0 - E_0 x - \frac{\varrho}{\varepsilon_0}\frac{x^2}{2}, \quad E = E_0 + \frac{\varrho}{\varepsilon_0} x} \tag{5.12}$$

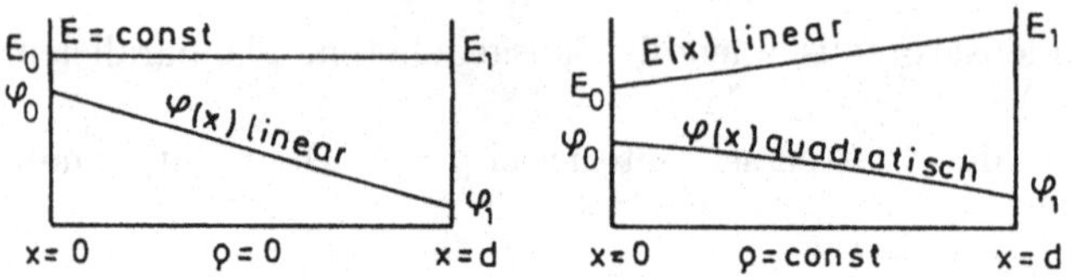

Abb. 5.9. Potential- und Feldverteilung im Plattenkondensator mit $\varrho = 0$ und $\varrho = \text{const}$.

5.2 Materie im elektrischen Feld

Polarisation der Materie In einem elektrischen Feld werden auf die in der Materie vorhandenen Ladungsträger Kräfte entsprechend $\boldsymbol{F} = q\boldsymbol{E}$ ausgeübt, die für positive Ladungen in Richtung der Feldstärke, für negative entgegengesetzt dazu, wirken. Durch diese Kräfte werden die Ladungsträger entsprechend verschoben. Der Grad der Verschiebung hängt von ihrer Bewegungsmöglichkeit in der Materie, d.h. von der Art des Mediums ab. In jedem Fall wird jedoch eine Verschiebung der Ladungsschwerpunkte der gesamten positiven bzw. negativen Ladungen gegeneinander bewirkt. Man erhält also ein resultierendes Dipolmoment in Richtung der Feldstärke. Dieses Phänomen heißt **Polarisation** der Materie. Im folgenden werden die Grenzfälle eines idealen Leiters einerseits und eines nichtleitenden Dielektrikums andererseits besprochen.

Elektrische Leiter Die elektrischen Leiter sind durch folgende Eigenschaften charakterisiert:

Korollar 5.1 *Es gibt Ladungsträger, die im gesamten Medium frei verschiebbar sind. Die "freien", d.h. frei verschiebbaren Ladungsträger haben eine sehr hohe Konzentration.*

Dies sei am Beispiel des metallischen Leiters (vgl. Abschn. 4.2) erläutert. Hier können sich die Elektronen im Kristallverband der Metallionen frei bewegen. Ihre Driftgeschwindigkeit $v = \mu E$ im elektrischen Feld ist zwar begrenzt,

aber $\neq 0$, solange $E \neq 0$ ist. Die Elektronenkonzentration entspricht der atomaren Konzentration oder, entsprechend der Wertigkeit, ein Mehrfaches hiervon. Auch völlig andersartige Medien (z.B. Plasma = vollständig ionisiertes Gas hoher Dichte) können die genannten Eigenschaften eines idealen Leiters haben.
Wir betrachten ein isoliertes Stück leitender Materie, das zunächst im gesamten Volumen neutral ist ($\varrho = 0$, d.h. die Konzentration der negativen Ladung ist überall gleich der Konzentration der positiven Ladung). Schalten wir nun ein äußeres elektrisches Feld ein, so bewegen sich die "freien" Ladungsträger aufgrund der Feldstärke. Es fließt ein Strom. Da die Ladungen nicht nach außen abfließen können – das Stück Materie ist isoliert – führt dieser Vorgang nur zu einer Umordnung der Ladungsverteilung. Es werden sehr dünne Oberflächenschichten mit negativer bzw. positiver Ladung gebildet (Bild 5.10).

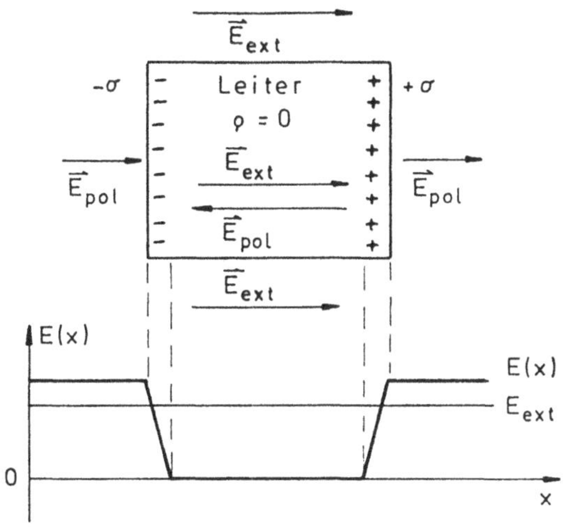

Abb. 5.10. Polarisation und Feldverteilung bei einem Leiter im homogenen Feld.

Zum Beispiel bewegen sich in einem metallischen Leiter die freien Elektronen entgegengesetzt zur Feldrichtung und kommen schließlich in einer Oberflächenschicht zur Ruhe, wobei auf der ihr entgegengesetzten Seite eine Schicht gebildet wird, in der die positiven Ladungen der ortsfesten Metallionen nicht durch freie Elektronen kompensiert sind. Durch diese Oberflächenladungen wird im schließlich erreichten Gleichgewichtszustand eine Feldstärke im Innern des Leiters bewirkt, die der äußeren Feldstärke entgegengesetzt gleich ist. *Die resultierende Feldstärke im Innern ist also im Gleichgewichtszustand gleich Null.* Wäre $\boldsymbol{E} \neq 0$, so würde weitere Ladungsumverteilung stattfinden, bis $\boldsymbol{E} = 0$ erreicht ist. Es gilt also

$$\boxed{\varrho = 0,\ \boldsymbol{E} = 0,\ \varphi = \text{const im Innern eines Leiters}} \qquad (5.13)$$

Natürlich wird auch die Feldstärke außerhalb des Leiters gegenüber der ursprünglich vorhandenen Feldstärke durch die Polarisation des Leiters geändert. Im folgenden gehen wir davon aus, dass die Dicke der durch Polarisation entstandenen Ladungsschicht an der Oberfläche klein gegen die Dimension des Körpers ist. Wir können daher diese Ladung durch eine Flächenladungsdichte σ beschreiben. Auf der Oberfläche sind die freien Ladungsträger ebenfalls frei verschiebbar. Im Gleichgewichtszustand muss also die Tangentialkomponente $= 0$ sein. Hieraus folgt $\boldsymbol{E} = E \cdot \boldsymbol{u}_n$ ($\boldsymbol{u}_n$ = Einheitsvektor der Flächennormalen) und $\varphi = const$ an der Oberfläche. *Die Oberfläche eines Leiters ist eine Äquipotentialfläche.* Nach dem Gaußschen Satz (Bild 5.11) ist die sich an der Oberfläche einstellende Flächenladungsdichte σ und die resultierende Feldstärke (Überlagerung aus externer und durch Polarisationsladungen bewirkter Feldstärke) durch folgende Beziehung (Gl. (5.14)) miteinander verknüpft. Es ist

$$\mathrm{d}\boldsymbol{o} = \mathrm{d}o \cdot \boldsymbol{u}_n \quad \text{und} \quad \boldsymbol{E} = E\boldsymbol{u}_n$$

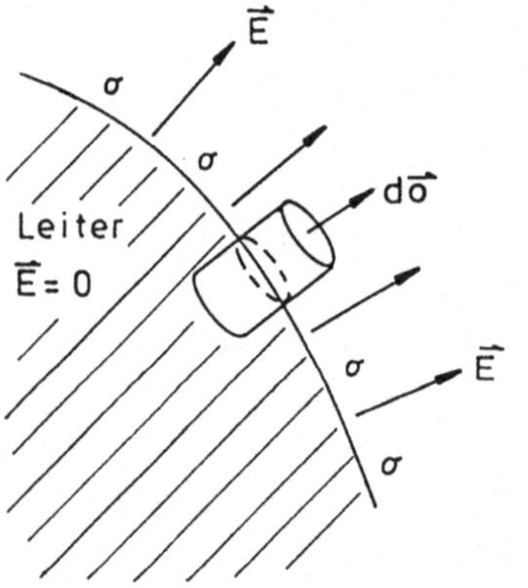

Abb. 5.11. Gaußscher Satz und Oberflächenladung

Die Anwendung des Gaußschen Satzes auf die Oberfläche eines Zylinders, der, wie in Bild 5.11 angedeutet, die Grenzfläche zum Leiter senkrecht durchsetzt, ergibt

$$\boldsymbol{E} \cdot \mathrm{d}\boldsymbol{o} = E \cdot \mathrm{d}o = \frac{q}{\varepsilon_0} = \frac{\sigma \cdot \mathrm{d}o}{\varepsilon_0}$$

Daraus folgt für die Feldstärke an der **Oberfläche des Leiters**

$$\boldsymbol{E} = \frac{\sigma}{\varepsilon_0}\boldsymbol{u}_n$$

Zusammengefasst gilt also

$$\boxed{\sigma \neq 0,\ \varphi = \text{const},\ \boldsymbol{E} = \frac{\sigma}{\varepsilon_0}\boldsymbol{u}_n \ \text{ an der Oberfläche eines Leiters}} \qquad (5.14)$$

Beispiele

1. Elektrisch neutrale leitende Kugel im externen homogenen Feld:
   Die Polarisation führt hier zu einer vom Ort auf der Kugeloberfläche abhängigen Flächenladungsdichte. Diese stellt sich so ein, dass die resultierende Feldstärke den Gleichungen (5.13) und (5.14) gehorcht. Hierdurch wird die Feldstärke in der Umgebung der Kugel gegenüber der ohne Leiter vorhandenen ungestörten Feldstärke stark verzerrt. Für $r \to \infty$ (r = Abstand des betrachteten Punktes vom Kugelmittelpunkt) erhält man dagegen die ungestörte homogene Feldstärke (Bild 5.12).

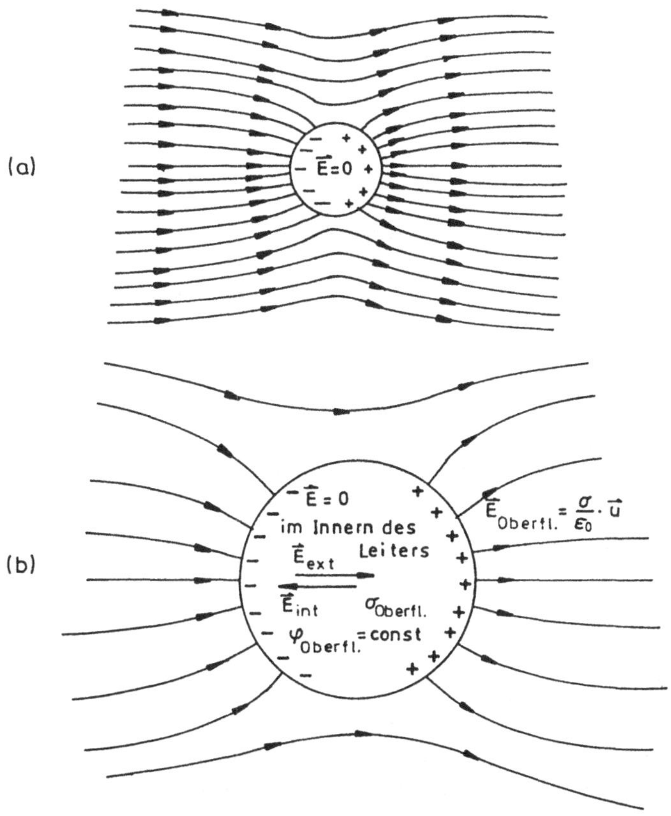

Abb. 5.12. Polarisation einer leitenden Kugel. (a) Gestörte homogene Feldstärke. (b) Feld-Verhältnisse im Innern.

2. Faraday-Käfig:
   Gl. (5.13) besagt, dass im Innern eines Leiters im Gleichgewichtszustand, d.h. bei Stromdichte $j = 0$ überall, kein elektrisches Feld bestehen kann. Es läßt sich sehr leicht zeigen, dass dies auch im Innern eines Hohlvolu-

mens zutrifft, welches vollständig von leitenden Wänden umschlossen ist (Bild 5.13).

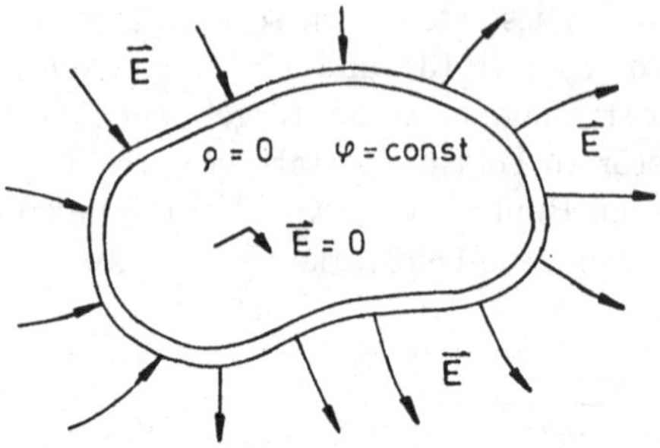

Abb. 5.13. Abschirmung eines Volumens gegen ein äußeres Feld durch eine leitende Oberfläche.

Im Innern des betrachteten Volumens sei $\varrho = 0$. Dann ist die LAPLACE-Gleichung Gl. (5.10) mit der Randbedingung $\varphi =$ const überall auf dem Leiter zu lösen. Aus

$$\Delta\varphi = 0$$

folgt

$$\varphi = \text{const} = \varphi_0 \quad \text{auf dem Leiter}$$

Da φ stetig ist, weil die potentielle Energie und also auch das elektrische Potential sich nicht sprunghaft ändern können, ist eine mögliche Lösung sicherlich $\varphi = \varphi_0$ überall im Innern. Dann ist trivialerweise $\Delta\varphi = 0$.
Bei vorgegebener äußerer Ladungsverteilung gibt es nur eine *einzige Lösung der Potentialgleichung.* Potential und Feldstärke sind aus den physikalischen Bedingungen eindeutig bestimmt. Daher ist $\varphi = \varphi_0$ im Innern die Lösung des Problems. Es folgt $\boldsymbol{E} = -$ grad $\varphi = 0$ im Innern, also ($\boldsymbol{E}$ stetig) auch $\boldsymbol{E} = 0$ auf der inneren Oberfläche. Nach Gl. (5.14) erhalten wir also auch $\sigma = 0$ auf der inneren Oberfläche. Man kann diesen Sachverhalt sehr einfach demonstrieren: Von der inneren Oberfläche eines fast geschlossenen geladenen Metallbechers kann keine Ladung abgenommen werden. Die Gesamtladung kann durch Transport von Ladung auf die innere Oberfläche so lange vergrößert werden, bis die hierdurch erzielte Feldstärke im Außenraum so groß ist, dass es zu Gasentladungen kommt. Diese Zusammenhänge werden beim VAN DE GRAAFF-Generator zur Erzeugung hoher Feldstärken ausgenutzt. Sein Prinzip ist in Bild 5.14 schematisch dargestellt. Durch eine relativ geringe Hochspannung kann Ladung auf ein isolierendes, umlaufendes Band gesprüht und hiermit auf die isolierte Metallhaube transportiert werden. Die erreichbare Flächenladungsdichte ist so groß, dass bei den heute verwendeten Geräten Potentialdifferenzen bis etwa 10 MV = 10^7 V erzielt werden.

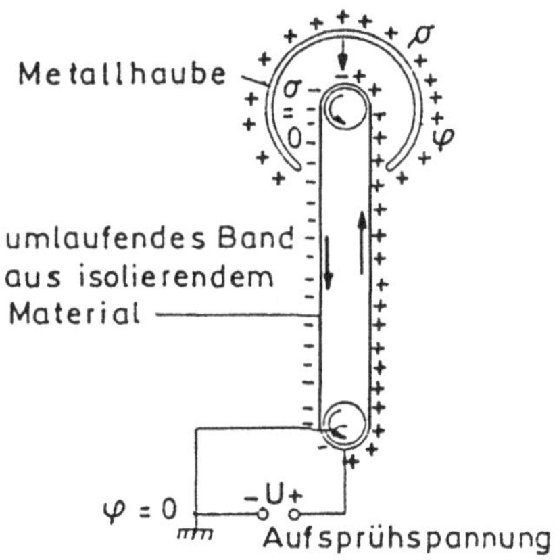

Abb. 5.14. Prinzip des VAN DE GRAAFF-Generators.

3. Punktladung vor unendlich ausgedehnter ebener Leiterfläche:
Es wird sich auch hier, wie im Beispiel 1, eine ortsabhängige Flächenladungsdichte auf der Leiteroberfläche einstellen, und das Problem der Lösung der Potentialgleichung

$$\Delta\varphi = 0 \quad \text{mit} \quad \varphi = 0$$

auf der Leiteroberfläche (Leiter elektrisch neutral) erscheint zunächst recht kompliziert. Durch einen zumindest bei ebenen Leiterflächen stets anwendbaren Trick läßt sich die Lösung jedoch sofort hinschreiben. Wir betrachten zu der gegebenen Punktladung $+q$ eine bezüglich der Leiterfläche spiegelbildlich angebrachte fiktive Punktladung $-q$ ("Bildladung"). Die beiden Punktladungen bilden einen Dipol. Das hierdurch erzeugte Dipolfeld (ohne Leiterplatte) ist Lösung des Problems "Punktladung–Leiterplatte". Es ist dies sofort klar, da auch das Dipolfeld Lösung der Potentialgleichung $\Delta\varphi = 0$ sein muss. Nach vorangegangenem Beispiel ist die Symmetrieebene zwischen den beiden Punktladungen des Dipols (Bild 2.10b) eine Äquipotentialfläche mit $\varphi = 0$, so dass die beiden Probleme im Halbraum oberhalb der Leiterplatte äquivalent sind (Bild 5.15).
4. Kapazität eines Kondensators:
Zwei gegeneinander isolierte Leiterstücke mit entgegengesetzt gleichen Ladungen $+q$ und $-q$, bilden einen Kondensator. In Abhängigkeit von der Geometrie (Form der Leiteroberflächen, Abstand und Lage gegeneinander) können die Flächenladungsdichten auf den jeweiligen Leiteroberflächen eine sehr komplizierte Ortsabhängigkeit haben. Das insgesamt sich zwischen den beiden Leitern ausbildende elektrische Feld muss aber stets den Gleichungen (5.13), (5.14) genügen. Damit gilt gemäß Bild 5.16

$$+q = \oint_{\text{Oberfl.}} \sigma_1 \cdot do \quad \text{und} \quad -q = \oint_{\text{Oberfl.}} \sigma_2 \cdot do$$

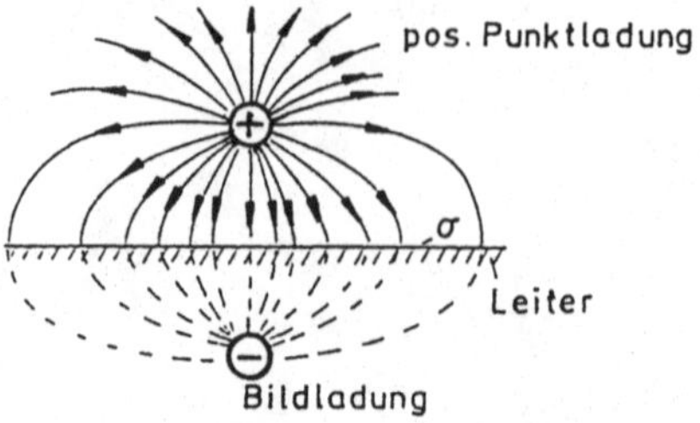

Abb. 5.15. Elektrisches Feld einer positiven Punktladung vor einer ebenen Leiterfläche.

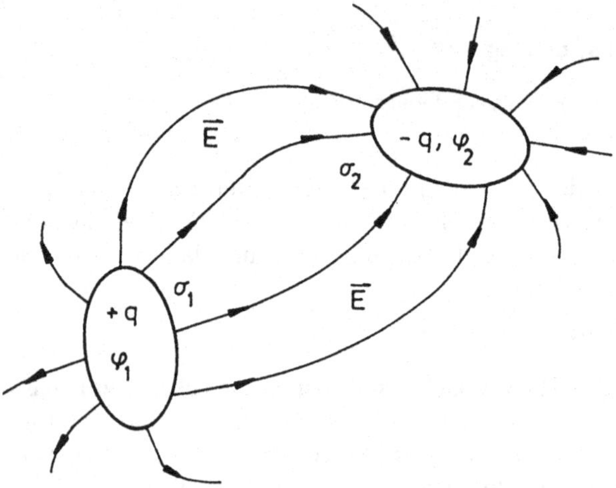

Abb. 5.16. Allgemeiner Kondensator.

Die Spannung zwischen den beiden Leitern beträgt

$$\int_1^2 \boldsymbol{E} \cdot \mathrm{d}\boldsymbol{s} = \varphi_1 - \varphi_2 = U$$

Aus der Ladung q ist bei vorgegebener Geometrie die Potential- und Feldstärkeverteilung (Lösung der Potentialgleichung mit Gln. (5.13), (5.14) als Randbedingungen) eindeutig bestimmt, also auch die Potentialdifferenz U (Spannung zwischen den beiden Leitern). Umgekehrt ergibt sich bei einer bestimmten zwischen den beiden Leitern angelegten Spannung die Ladung q eindeutig. Wir definieren als **Kapazität** C der Anordnung

$$\boxed{C = \frac{q}{U}} \quad (5.15)$$

C ist eine ausschließlich geometrieabhängige Größe.

Parallelplattenkondensator Wir betrachten speziell eine Anordnung aus zwei parallelen, einander gegenüberstehenden, gleich großen Leiterplatten (Bild 5.17).

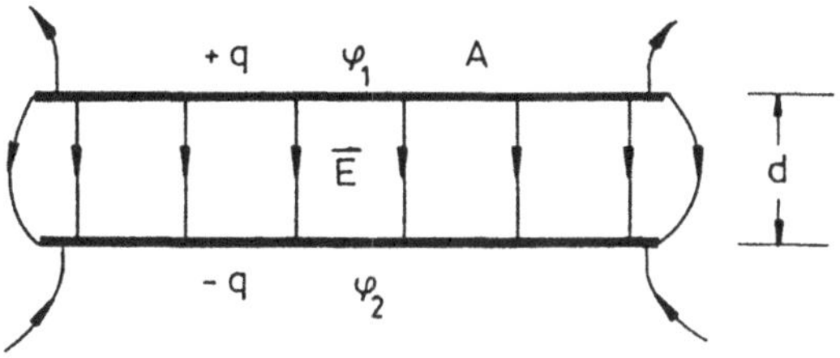

Abb. 5.17. Feldverteilung und Geometrie beim Parallelplattenkondensator.

Eine derartige Anordnung heißt Parallelplattenkondensator. Zwischen den Platten herrscht bis auf Randeffekte ein nahezu homogenes Feld. Die Flächenladungsdichte ist nahezu konstant. Auf den einander abgewandten Seiten der Leiterplatten ist die Flächenladungsdichte sehr klein und zu vernachlässigen, wenn gilt: *Plattenabstand ≪ ebene Plattenausdehnung.* In diesem Grenzfall gilt

$$\int_A \sigma \cdot \mathrm{d}o = q = \sigma A \quad \text{und} \quad E = \frac{U}{d} = \frac{\sigma}{\varepsilon_0}$$

Also ist

$$\boxed{C = \varepsilon_0 \frac{A}{d}} \tag{5.16}$$

A ist die Plattenfläche, d der Plattenabstand.
Als Einheit der Kapazität wird im SI-System **1 Farad** (Kurzzeichen F) benutzt. Es ist

$$\boxed{1\,\mathrm{F} = 1 \frac{\mathrm{A\,s}}{\mathrm{V}}} \tag{5.17}$$

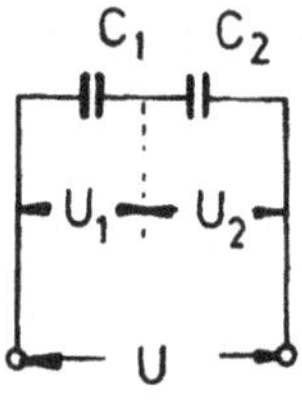

Abb. 5.18. Serienschaltung zweier Kondensatoren.

Serien- und Parallelschaltung von Kondensatoren Da die Platten 2 + 3 vollständig isoliert gegenüber dem übrigen Kreis, aber miteinander verbunden sind, gilt wegen der elektrischen Neutralität $q_2 + q_3 = 0$, also etwa $q_2 = -q$ und $q_3 = +q$. Dann muss auch $q_1 = +q$ und $q_4 = -q$ sein. Somit gilt

$$\begin{aligned} U = U_1 + U_2 &= \frac{q}{C_1} + \frac{q}{C_2} \\ &= q\left(\frac{1}{C_1} + \frac{1}{C_2}\right) = \frac{q}{C} \end{aligned}$$

also für die Gesamtkapazität

$$\boxed{\frac{1}{C} = \frac{1}{C_1} + \frac{1}{C_2}} \quad \text{bei Serienschaltung} \tag{5.18}$$

Bei Parallelschaltung ist

$$\begin{aligned} q_{\text{ges}} = q_1 + q_2 &= C_1 U + C_2 U \\ &= (C_1 + C_2) U \end{aligned}$$

also

$$\boxed{C = C_1 + C_2} \quad \text{bei Parallelschaltung} \tag{5.19}$$

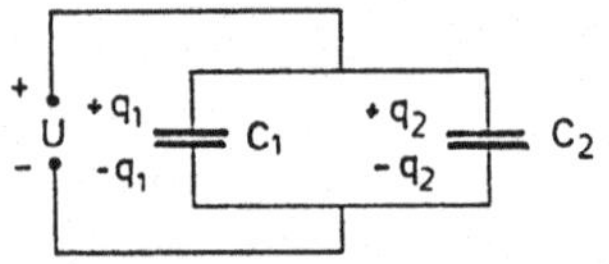

Abb. 5.19. Parallelschaltung zweier Kondensatoren.

Dielektrika Aus Abschn. 2.3 wiederholen wir: Atome haben aufgrund der sphärischen Symmetrie der Elektronenhülle kein permanentes Dipolmoment. Ihre Ladungsverteilung kann aber im elektrischen Feld polarisiert werden (Verschiebung der Ladungsschwerpunkte gegeneinander), so dass sie ein feldstärkeabhängiges **induziertes Dipolmoment** in Richtung der äußeren Feldstärke erlangen. Moleküle können ein **permanentes Dipolmoment** besitzen. Der Ausrichtung im Feld (Drehmoment s. Gl. (2.25)) wirkt die thermische Bewegung entgegen, so dass auch hier ein feldstärkeabhängiges mittleres Dipolmoment in Feldrichtung entsteht (Bild 5.20).

Medien, die auf diese Weise polarisiert werden, heißen **Dielektrika**. Im folgenden wird die vielfach zutreffende Annahme gemacht, dass die Konzentration frei verschiebbarer Ladungsträger zu vernachlässigen ist. Zur quantitativen Beschreibung der Verhältnisse führt man die sogenannte **Polarisation** $\boldsymbol{P}$ ein. Es gilt die Definition:

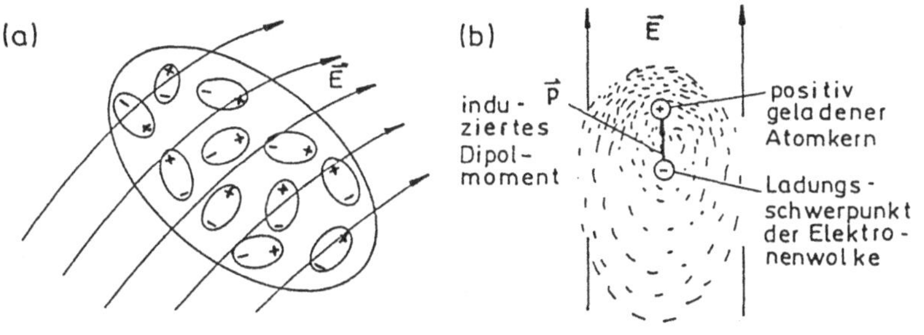

Abb. 5.20. (a) Ausrichtung permanenter Dipole im äußeren elektrischen Feld. (b) Entstehung des induzierten Dipolmomments durch Polarisation der Ladungsverteilung.

$$\boxed{\boldsymbol{P} = \frac{\mathrm{d}\boldsymbol{p}}{\mathrm{d}V}, \quad \text{mit} \quad [P] = \frac{\mathrm{A\,s}}{\mathrm{m}^2}} \tag{5.20}$$

Hierin ist $\mathrm{d}\boldsymbol{p}$ das im Volumenelement $\mathrm{d}V$ vorhandene mittlere resultierende Dipolmoment (Zahl der Atome/Moleküle in $\mathrm{d}V \times$ mittleres Dipolmoment des einzelnen Atoms/Moleküls in Feldrichtung). In sehr vielen Fällen ist die Polarisation der elektrischen Feldstärke proportional. Der Zusammenhang wird dann durch eine rein materialabhängige Proportionalitätskonstante, die sogenannte **elektrische Suszeptibilität** χ_e beschrieben gemäß

$$\boxed{\boldsymbol{P} = \chi_e \varepsilon_0 \boldsymbol{E}} \tag{5.21}$$

Der Faktor ε_0 wird konventionellerweise herausgezogen, damit die elektrische Suszeptibilität durch eine reine Zahl beschrieben wird. $\varepsilon_0 \boldsymbol{E}$ hat die Einheit A s/m^2. Für **polare Stoffe**, das sind Medien mit permanentem Dipolmoment der Moleküle, erhält man eine Abnahme der elektrischen Suszeptibilität mit zunehmender Temperatur infolge zunehmender Depolarisationswirkung durch die thermische Bewegung der Moleküle. Für **unpolare Stoffe** (Medien mit ausschließlich induziertem Dipolmoment der Atome/Moleküle) ist χ_e von der Temperatur unabhängig.

Tabelle 5.1
Elektrische Suszeptibilität einiger Materialien bei 20°C und 1 atm.

Material	χ_e	Material	χ_e
spez. keramische		Äthylalkohol	24
Kunststoffe (z.B. Titandioxyd)	≤ 100	Öle	1.1 – 1.3
Glas, Porzellan	4 – 8	Helium	$6 \cdot 10^{-5}$
Polyäthylen, Teflon, etc.	1 –2	Stickstoff	$5 \cdot 10^{-4}$
Wasser	78	CO_2	$9.2 \cdot 10^{-4}$

Durch Polarisation entstehende Flächenladungsdichte an der Oberfläche des Dielektrikums Im Innern des Dielektrikums bleibt zwar (elektrische Neutralität vorausgesetzt) auch bei Einschalten eines elektrischen Feldes die Ladungsdichte ungeändert $\varrho = 0$ (die Ladungsträger sind ja nicht frei verschiebbar). An der Oberfläche entsteht aber eine Flächenladungsdichte $\sigma \neq 0$. Zum Verständnis vgl. Bild 5.21.

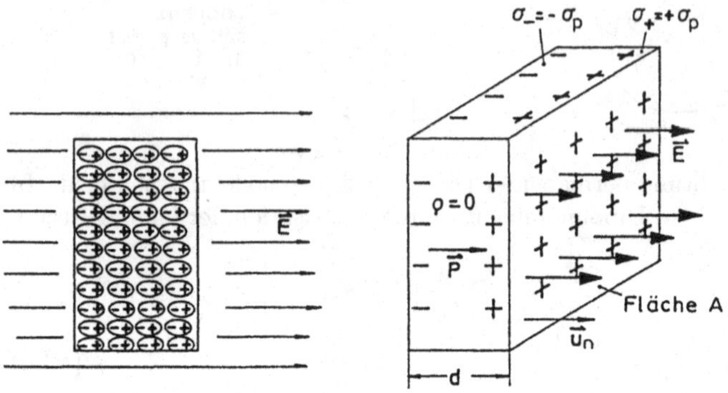

Abb. 5.21. Zur Herleitung von Gl. (5.22) im einfachsten Fall des Quaders.

In dem in Bild 5.21 dargestellten einfachsten Fall erhält man für das gesamte Dipolmoment des Dielektrikums (Volumen Ad, gesamte Oberflächenladung $\sigma_p A$)

$$\boldsymbol{p}_{\text{tot}} = Ad\boldsymbol{P} = \sigma_p Ad\boldsymbol{u}_n$$

also

$$\boxed{\sigma_p = \boldsymbol{P}\boldsymbol{u}_n} \tag{5.22}$$

Trotz der speziellen Ableitung gilt Gl. (5.22) auch im allgemeinen Fall beliebig geformter dielektrischer Körper. Der Index p in σ_p soll darauf hinweisen, dass die Flächenladungsdichte durch Polarisation des Dielektrikums entstanden ist.

Zur weiteren quantitativen Beschreibung werde im folgenden als einfachste Anordnung ein mit einem Dielektrikum vollständig gefüllter Parallelplattenkondensator betrachtet. Neben der tatsächlich im Dielektrikum erzeugten Feldstärke $\boldsymbol{E}$ werde diejenige Feldstärke, die ohne Dielektrikum, d.h. im Vakuum erzeugt wurde, mit $\boldsymbol{E}_V$ bezeichnet. $\boldsymbol{E}_p$ bezeichnet denjenigen Feldstärkeanteil, der durch die Polarisationsoberflächenladungen mit dem Dielektrikum erzeugt wird (Bild 5.22).

Durch Anwendung des Gaußschen Satzes Gl. (5.14) erhalten wir

$$\boldsymbol{E} = \frac{\sigma_{\text{frei}} - \sigma_p}{\varepsilon_0}\boldsymbol{u}_n = \boldsymbol{E}_V + \boldsymbol{E}_p$$

Mit Gl. (5.22) folgt

$$\boldsymbol{E} = \boldsymbol{E}_V - \frac{1}{\varepsilon_0}\boldsymbol{P}$$

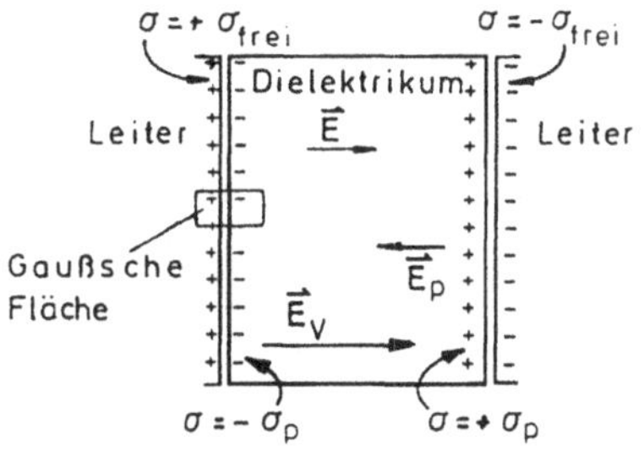

Abb. 5.22. Schwächung des elektrischen Feldes durch Polarisation des Dielektrikums. σ_{frei} ist die Flächenladungsdichte der frei verschiebbaren Ladung auf der Leiteroberfläche, σ_p die der durch Polarisation auf der Oberfläche des Dielektrikums entstandenen Ladung.

und somit

$$\varepsilon_0 \boldsymbol{E}_V = \sigma_{\text{frei}} \boldsymbol{u}_n = \varepsilon_0 \boldsymbol{E} + \boldsymbol{P}$$

Den Vektor $\varepsilon_0 \boldsymbol{E}_V = \sigma_{\text{frei}} \boldsymbol{u}_n$ bezeichnet man als **elektrische Verschiebungsdichte $\boldsymbol{D}$**. Damit erhalten wir die Definition der elektrischen Verschiebungsdichte $\boldsymbol{D}$

$$\boxed{\boldsymbol{D} = \varepsilon_0 \boldsymbol{E} + \boldsymbol{P}} \tag{5.23}$$

und aus der Ableitung folgt für die Dichte der frei verschiebbaren Ladungen auf den Leiterplatten, daher der Name Verschiebungsdichte für $\boldsymbol{D}$

$$\boxed{\sigma_{\text{frei}} = \boldsymbol{D} \boldsymbol{u}_n} \tag{5.24}$$

Auch die Gleichungen (5.23) und (5.24) gelten unabhängig von dem hier gewählten Spezialfall für allgemeine Anordnungen. Gl. (5.24) ist die zu Gl. (5.22) analoge Beziehung. Falls die Polarisation von der Feldstärke entsprechend Gl. (5.21) abhängig ist, erhält man aus (5.23)

$$\boxed{\begin{aligned} \boldsymbol{D} &= \varepsilon \boldsymbol{E} \qquad \text{mit} \\ \varepsilon &= \varepsilon_0 (1 + \chi_e) \end{aligned}} \tag{5.25}$$

ε heißt **Dielektrizitätskonstante**, $\varepsilon/\varepsilon_0 = 1 + \chi_e$ **Dielektrizitätszahl**. Sie ist dimensionslos und wird im englischen Sprachgebrauch leider auch als "dielectric constant" bezeichnet. Gl. (5.25) besagt, dass die im Dielektrikum erzeugte elektrische Feldstärke $\boldsymbol{E}$ gegenüber derjenigen im Vakuum vorhandenen $\boldsymbol{D}/\varepsilon_0$ um den Faktor $\varepsilon/\varepsilon_0$ geschwächt ist. Die Schwächung entsteht dadurch, dass das im Vakuum erzeugte elektrische Feld durch das Feld der Polarisationsladungen teilweise kompensiert wird (vgl. Bild 5.22). Zur Erinnerung: In Leitern wird es vollständig kompensiert.
Nach Gl. (5.24) ist die auf einem Leiter insgesamt vorhandene Ladung gegeben durch

$$q_{\text{frei}} = \oint_{\text{Leiteroberfl.}} \sigma_{\text{frei}} \cdot \mathrm{d}o = \oint_{\text{Leiteroberfl.}} \boldsymbol{D} \cdot \mathrm{d}\boldsymbol{o} = \phi_{\boldsymbol{D}}$$

und es gilt auch allgemein: Die von einer beliebigen geschlossenen Oberfläche eingeschlossene freie, d.h. nicht durch Polarisation entstandene Ladung ist gleich dem **Fluss der Verschiebungsdichte**. Der durch Gl. (5.4)) angegebene Gaußsche Satz beinhaltet **sämtliche** Ladungen, Gl. (5.26) dagegen nur die **freien** Ladungen. Also ist

$$\boxed{\oint \boldsymbol{D} \cdot \mathrm{d}\boldsymbol{o} = \oint \varepsilon \boldsymbol{E} \cdot \mathrm{d}\boldsymbol{o} = q_{\text{frei}}} \tag{5.26}$$

Herleitung für den Fall einer Punktladung im homogenen Dielektrikum Als Gaußsche Fläche wählen wir eine Kugeloberfläche mit dem Radius r um eine Punktladung $+q$ (s. Bild 5.23). Da die Anordnung vollkommen kugelsymmetrisch ist, ist die durch Polarisation auf der Gaußschen Oberfläche entstandene Flächenladungsdichte überall konstant. Die Polarisation weist überall in Richtung der Flächennormalen (Einheitsvektor $\boldsymbol{u}_r$). Die eingeschlossene Ladung ist $q - 4\pi r^2 \sigma_p$. Der Gaußsche Satz Gl. (5.4) lautet also

$$\oint \varepsilon_0 \boldsymbol{E} \cdot \mathrm{d}\boldsymbol{o} = q - 4\pi r^2 \sigma_p$$

Mit Gl. (5.22) folgt

$$\oint \varepsilon_0 \boldsymbol{E} \cdot \mathrm{d}\boldsymbol{o} = q - \oint \boldsymbol{P} \cdot \mathrm{d}\boldsymbol{o}$$

Das ergibt

$$\oint (\varepsilon_0 \boldsymbol{E} + \boldsymbol{P}) \cdot \mathrm{d}\boldsymbol{o} = q$$

und mit Gln. (5.23) und (5.25)

$$\oint \varepsilon \boldsymbol{E} \cdot \mathrm{d}\boldsymbol{o} = q$$

Da aus Symmetriegründen $\boldsymbol{E} = |E|\boldsymbol{u}_r$ ist, erhalten wir für das elektrische Feld einer Punktladung im homogenen Dielektrikum

$$\boxed{\boldsymbol{E} = \frac{q}{4\pi\varepsilon r^2}\boldsymbol{u}_r} \tag{5.27}$$

Entsprechend folgt für die COULOMB-Kraft zwischen den Punktladungen q und q' im Dielektrikum:

$$\boxed{\boldsymbol{F} = \frac{qq'}{4\pi\varepsilon r^2}\boldsymbol{u}_r} \tag{5.28}$$

Feldstärke und COULOMB-Kraft sind also allgemein gegenüber den Verhältnissen im Vakuum um den Faktor $\varepsilon/\varepsilon_0$ geschwächt.

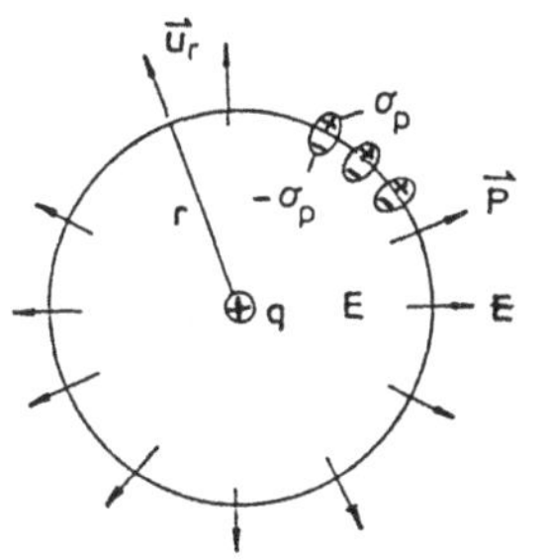

Abb. 5.23. Zur Herleitung der Gln. (5.26) und (5.27) für eine Punktladung im Dielektrikum.

Abschließend sei nochmals darauf hingewiesen, dass natürlich auch bei Vorhandensein eines Dielektrikums der Gaußsche Satz in der Form Gl. (5.4) gültig bleibt. Jedoch müssen hier **sämtliche** Ladungen, also freie und durch Polarisation entstandene, berücksichtigt werden. Schreibt man den Gaußschen Satz hingegen in der Form der Gl. (5.26), so treten nur die freien Ladungen in Erscheinung. Die der Gl. (5.26) entsprechende differentielle Form (POISSON-Gleichung im Dielektrikum, vgl. Gl. (5.9)) lautet

$$\boxed{\Delta\varphi = -\frac{1}{\varepsilon}\varrho} \tag{5.29}$$

Beispiele

1. Plattenkondensator mit Dielektrikum:
   Nach Gln. (5.24) und (5.25) ist

   $$\sigma_{\text{frei}} = \varepsilon E \quad \text{und} \quad q_{\text{frei}} = A\sigma_{\text{frei}}$$

   Nach wie vor gilt

   $$E = \frac{U}{d}$$

   Also ergibt sich

   $$\boxed{C = \varepsilon\frac{A}{d}} \tag{5.30}$$

   Die Kapazität eines mit Dielektrikum erfüllten Plattenkondensators ist also gegenüber der Anordnung ohne Dielektrikum um den Faktor $\varepsilon/\varepsilon_0$ vergrößert. Dieses Ergebnis gilt allgemein für beliebige Kondensatoren.
2. Kugelkondensator im Dielektrikum:
   Gemäß Gl. (5.26) ist

   $$\boldsymbol{E} = E\boldsymbol{u}_r = \frac{\sigma_{\text{frei}}}{\varepsilon}\boldsymbol{u}_r$$

   und somit

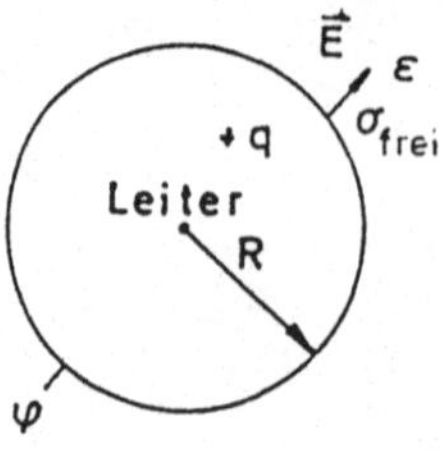

Abb. 5.24. Kugelkondensator im Dielektrikum.

$$\boldsymbol{E} = \frac{q}{4\pi r^2 \varepsilon}\boldsymbol{u}_r$$

Das ergibt

$$\varphi(R) = +\int_R^\infty \boldsymbol{E} \cdot \mathrm{d}\boldsymbol{r} = \frac{1}{\varepsilon}\frac{q}{4\pi R}$$

mit $\varphi = 0$ für $r = \infty$. Also beträgt die Kapazität

$$\boxed{C = 4\pi\varepsilon R} \tag{5.31}$$

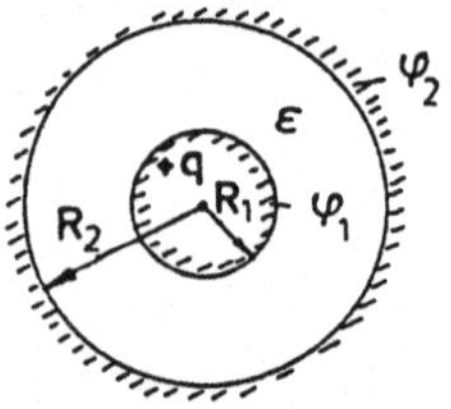

Abb. 5.25. Konzentrische Kugelanordnung.

Für eine konzentrische Kugelanordnung folgt

$$U = \varphi_1 - \varphi_2 = \int_{R_1}^{R_2} \boldsymbol{E} \cdot \mathrm{d}\boldsymbol{r} = \frac{q}{4\pi\varepsilon}\left(\frac{1}{R_1} - \frac{1}{R_2}\right)$$

also die Kapazität

$$\boxed{C = 4\pi\varepsilon\frac{R_1 \cdot R_2}{R_2 - R_1}} \tag{5.32}$$

3. Energie des elektrischen Feldes:
Wir betrachten die allgemeine Kondensatoranordnung der Bild 5.26. Zunächst seien beide Leiter neutral. Es existiert also auch kein elektrisches Feld. Der Endzustand (Ladung $+Q$ auf Leiter 1, Ladung $-Q$ auf Leiter 2) kann dadurch erzeugt werden, dass Ladungen $+\mathrm{d}q$ portionsweise

von 2 nach 1 transportiert werden. Dabei muss gegen das sich zunehmend aufbauende Feld Arbeit geleistet werden, und zwar gilt

$$\mathrm{d}W = \left(- \int_1^2 \boldsymbol{E} \cdot \mathrm{d}\boldsymbol{s} \right) \cdot \mathrm{d}q = (\varphi_1 - \varphi_2) \cdot \mathrm{d}q$$

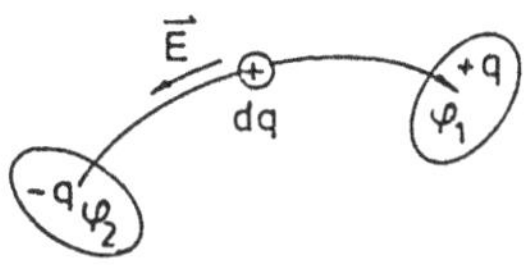

Abb. 5.26. Zur Herleitung der Gl. (5.33)

Nach Definition der Kapazität ist

$$\varphi_1 - \varphi_2 = \frac{q}{C}$$

wobei $+q$ bzw. $-q$ die bereits auf dem Leiter 1 bzw. dem Leiter 2 befindliche Ladung ist. Also gilt

$$\mathrm{d}W = \frac{1}{C} q \cdot \mathrm{d}q$$

Für die insgesamt zum Aufbau des Feldes (Ladung $+Q$ auf Leiter 1 und $-Q$ auf Leiter 2) zu leistende Arbeit erhält man durch Integration zu

$$W = \frac{1}{C} \int_0^Q q \cdot \mathrm{d}q = \frac{Q^2}{2C}$$

Diese ist gleich dem gesamten Energieinhalt des elektrischen Feldes zwischen den beiden Leitern. Mit Gl. (5.15) ergibt sich also

$$\boxed{W_e = \frac{Q^2}{2C} = \frac{1}{2} QU = \frac{1}{2} CU^2} \tag{5.33}$$

Im Fall des Parallelplattenkondensators gilt für die Feldstärke zwischen den Platten (Dielektrikum mit Dielektrizitätskonstante ε) nach Gl. (5.30)

$$E = \frac{U}{d} \quad \text{und} \quad C = \varepsilon \frac{A}{d}$$

Das führt auf

$$\int E^2 \cdot \mathrm{d}V = \frac{U^2}{d^2} Ad = U^2 \frac{A}{d} = \frac{1}{\varepsilon} CU^2$$

Der Vergleich mit Gl. (5.33) ergibt

$$\boxed{W_e = \frac{1}{2} \int \varepsilon E^2 \cdot \mathrm{d}V} \tag{5.34}$$

Dieses Ergebnis gilt ganz allgemein für jede beliebige Anordnung, wobei das Volumenintegral über den gesamten felderfüllten Raum zu erstrecken ist.

Interpretation von Gl. (5.34): Die Dichte der im elektrischen Feld gespeicherten Energie ist gegeben durch

$$\boxed{\frac{\mathrm{d}W_e}{\mathrm{d}V} = \frac{1}{2}\,\varepsilon E^2 = \frac{1}{2}\,DE} \tag{5.35}$$

5.3 Ergänzung: Potential und Feldstärke polarisierter Materie

Rückblick Körper mit Raum- und Oberflächen-Ladungen:

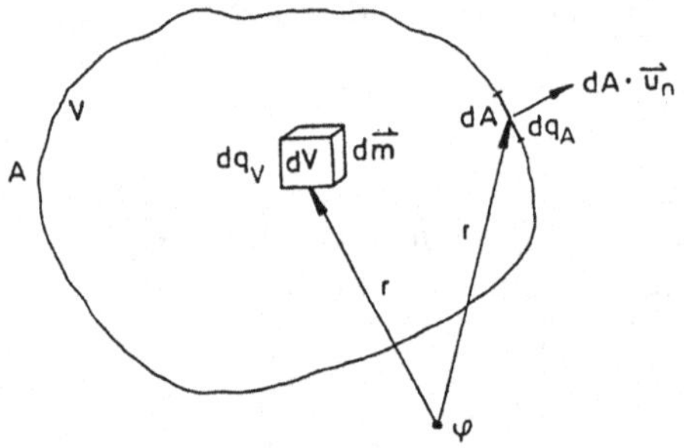

$$\varrho = \frac{\mathrm{d}q_V}{\mathrm{d}V} = \qquad \text{Raumladungsdichte}$$

$$\sigma = \frac{\mathrm{d}q_A}{\mathrm{d}A} = \qquad \text{(Ober-) Flächenladungsdichte}$$

Von dV und dA erzeugtes **Potential** im Aufpunkt:

$$\mathrm{d}\varphi = \frac{1}{4\pi\varepsilon_0}\left(\frac{\mathrm{d}q_V}{r} + \frac{\mathrm{d}q_A}{r}\right) = \frac{1}{4\pi\varepsilon_0}\left(\frac{\varrho \cdot \mathrm{d}V}{r} + \frac{\sigma \cdot \mathrm{d}A}{r}\right)$$

Das vom gesamten Körper erzeugte Potential beträgt dann bis auf eine willkürlich wählbare Konstante:

$$\varphi = \frac{1}{4\pi\varepsilon_0}\left(\int\limits_V \frac{\varrho}{r} \cdot \mathrm{d}V + \oint\limits_A \frac{\sigma}{r} \cdot \mathrm{d}A\right) \tag{5.36}$$

Die **Feldstärke** ergibt sich aus dem Potential durch Gradienten-Bildung, d.h. es ist:

$$\boldsymbol{E} = -\text{grad}\,\varphi + \boldsymbol{E}_0$$

wenn $\boldsymbol{E}_0$ die Feldstärke eines den **leeren** Raum erfüllenden zusätzlichen Grund-Feldes bezeichnet.
ϱ erzeugt Quellen für $\boldsymbol{E}$:

$$\text{div}\,\boldsymbol{E} = \frac{\varrho}{\varepsilon_0}$$

Damit zusammenhängend gilt: Beim Passieren einer **geladenen** Trennfläche zwischen zwei Gebieten 1 und 2, also z.B. der Oberfläche eines Körpers, ändert sich die **Normalkomponente** von $\boldsymbol{E}$ **sprunghaft**:

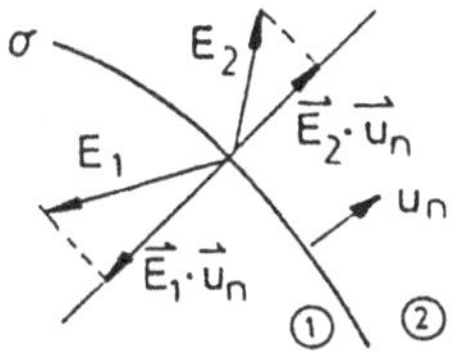

$$(\boldsymbol{E}_2 - \boldsymbol{E}_1) \cdot \boldsymbol{u}_n = \frac{\sigma}{\varepsilon_0} \tag{5.37}$$

Der Körper ist zusätzlich **polarisiert**, d.h.: Das Volumenelement dV besitzt zusätzlich ein elektrisches **Dipolmoment** d$\boldsymbol{m}$.
Räumliche "Dipolmomentendichte":

$$\boldsymbol{P} = \frac{\mathrm{d}\boldsymbol{m}}{\mathrm{d}V} = \quad \text{Polarisation}$$

Das Potential eines Dipols mit dem Moment $\mathrm{d}\boldsymbol{m} = \boldsymbol{P}\cdot\,\mathrm{d}V$ im Abstand r beträgt nach (2.22), sofern der Ortsvektor vom Aufpunkt zum Dipol weist:

$$\mathrm{d}\varphi_P = \frac{1}{4\pi\varepsilon_0} \cdot \mathrm{d}\boldsymbol{m}\,\text{grad}\,\frac{1}{r} = \frac{1}{4\pi\varepsilon_0}\boldsymbol{P}\left(\text{grad}\,\frac{1}{r}\right) \cdot \mathrm{d}V$$

Die Rechenregeln der Vektoranalysis liefern:

$$\text{div}(a\boldsymbol{b}) = a\,\text{div}\,\boldsymbol{b} + \boldsymbol{b}\,\text{grad}\,a \tag{5.38}$$

Damit folgt:

$$\mathrm{d}\varphi_P = \frac{1}{4\pi\varepsilon_0}\left[\left(\text{div}\,\frac{\boldsymbol{P}}{r}\right) \cdot \mathrm{d}V - \frac{\text{div}\,\boldsymbol{P}}{r} \cdot \mathrm{d}V\right]$$

Das gesamte, durch ϱ, σ und $\boldsymbol{P}$ erzeugte Potential ist dann:

$$\mathrm{d}\varphi = \frac{1}{4\pi\varepsilon_0}\left[\frac{\varrho}{r} \cdot \mathrm{d}V + \frac{\sigma}{r} \cdot \mathrm{d}A + \left(\text{div}\,\frac{\boldsymbol{P}}{r}\right) \cdot \mathrm{d}V - \frac{\text{div}\,\boldsymbol{P}}{r} \cdot \mathrm{d}V\right]$$

oder

$$\varphi = \frac{1}{4\pi\varepsilon_0}\left[\int\limits_V \frac{\varrho - \operatorname{div}\boldsymbol{P}}{r}\cdot \mathrm{d}V + \int\limits_V \left(\operatorname{div}\frac{\boldsymbol{P}}{r}\right)\cdot \mathrm{d}V + \oint\limits_A \frac{\sigma}{r}\cdot \mathrm{d}A\right]$$

Die Anwendung des Gaußschen Satzes der Vektoranalysis auf das zweite Integral liefert:

$$\int\limits_V \left(\operatorname{div}\frac{\boldsymbol{P}}{r}\right)\cdot \mathrm{d}V = \oint\limits_A \frac{\boldsymbol{P}\cdot \mathrm{d}\boldsymbol{A}}{r} = \oint\limits_A \frac{\boldsymbol{P}\cdot \mathrm{d}\boldsymbol{A}}{r\cdot \mathrm{d}A}\cdot \mathrm{d}A = \oint \frac{\boldsymbol{P}\boldsymbol{u}_n}{r}\cdot \mathrm{d}A$$

Das ergibt:

$$\varphi = \frac{1}{4\pi\varepsilon_0}\left[\int\limits_V \frac{\varrho - \operatorname{div}\boldsymbol{P}}{r}\cdot \mathrm{d}V + \oint\limits_A \frac{\sigma + \boldsymbol{P}\boldsymbol{u}_n}{r}\cdot \mathrm{d}A\right] \tag{5.39}$$

Ein Vergleich mit (5.36) zeigt: Als Folge der Polarisation ändert sich die Raumladungsdichte von ϱ auf:

$$\varrho' = \varrho - \operatorname{div}\boldsymbol{P} \tag{5.40}$$

und die (Ober-) Flächenladungsdichte von σ auf

$$\sigma' = \sigma + \boldsymbol{P}\boldsymbol{u}_n \tag{5.41}$$

Die Raumladungsdichte bildet die Quellen für $\boldsymbol{E}$:

$$\operatorname{div}\boldsymbol{E} = \frac{\varrho'}{\varepsilon_0} = \frac{\varrho - \operatorname{div}\boldsymbol{P}}{\varepsilon_0}$$

Also ist:

$$\operatorname{div}(\varepsilon_0\boldsymbol{E} + \boldsymbol{P}) = \varrho \tag{5.42}$$

An der Oberfläche des Körpers (Außenwelt: Vakuum) erfährt die Normalkomponente von $\boldsymbol{E}$ nach (5.37) einen Sprung gemäß:

$$(\boldsymbol{E}_2 - \boldsymbol{E}_1)\cdot \boldsymbol{u}_n = \frac{\sigma'}{\varepsilon_0} = \frac{\sigma + \boldsymbol{P}\cdot \boldsymbol{u}_n}{\varepsilon_0}$$

Ist die Außenwelt ein ebenfalls polarisiertes Medium (Polarisation $\boldsymbol{P}_2$), dann ist

$$(\boldsymbol{E}_2 - \boldsymbol{E}_1)\boldsymbol{u}_n = \frac{\sigma + (\boldsymbol{P}_1 - \boldsymbol{P}_2)\cdot \boldsymbol{u}_n}{\varepsilon_0}$$

Das ergibt:

$$(\varepsilon_0\boldsymbol{E}_2 + \boldsymbol{P}_2)\boldsymbol{u}_n - (\varepsilon_0\boldsymbol{E}_1 + \boldsymbol{P}_1)\boldsymbol{u}_n = \sigma \tag{5.43}$$

Definition:

$$\boldsymbol{D} = \varepsilon_0\boldsymbol{E} + \boldsymbol{P} \tag{5.44}$$

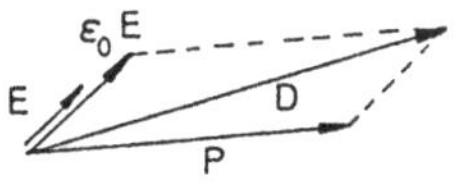

$\boldsymbol{D}$ = "Elektrische Verschiebungsdichte".
Aus (5.42) folgt:

$$\operatorname{div} \boldsymbol{D} = \varrho \tag{5.45}$$

Aus (5.43) folgt:

$$(\boldsymbol{D}_2 - \boldsymbol{D}_1)\boldsymbol{u}_n = \sigma \tag{5.46}$$

Die Normalkomponente der elektrischen Verschiebungsdichte erfährt an der Trennfläche zweier Medien einen Sprung um σ.

Stufenweise Spezialisierung

A.) Der Körper ist **ungeladen**: $\varrho = 0$; $\sigma = 0$ ("Dielektrikum"). Aus (5.40), (5.41) und (5.39) folgt:

$$\varrho' = -\operatorname{div} \boldsymbol{P}, \quad \sigma' = \boldsymbol{P}\boldsymbol{u}_n \qquad \text{und} \tag{5.47}$$

$$\varphi = \frac{1}{4\pi\varepsilon_0}\left[\int_V \frac{-\operatorname{div} \boldsymbol{P}}{r}\cdot \mathrm{d}V + \oint_A \frac{\boldsymbol{P}\boldsymbol{u}_n}{r}\cdot \mathrm{d}A\right] \tag{5.48}$$

Die Polarisation **allein** erzeugt also eine Raumladungsdichte der Größe $-\operatorname{div} \boldsymbol{P}$ und eine Oberflächenladungsdichte der Größe $\boldsymbol{P}\cdot\boldsymbol{u}_n$. Aus (5.45) folgt:

$$\operatorname{div} \boldsymbol{D} = 0 \tag{5.49}$$

Das Vektorfeld der Verschiebungsdichte ist dann im Innern des Körpers überall **quellenfrei**.
Aus (5.46) folgt:

$$\boldsymbol{D}_1 \cdot \boldsymbol{u}_n = \boldsymbol{D}_2 \cdot \boldsymbol{u}_n \tag{5.50}$$

Die Normalenkomponente der Verschiebungsdichte passiert dann die Trennfläche zweier Medien **stetig**.

B.) Die Polarisation $\boldsymbol{P}$ und die Feldstärke $\boldsymbol{E}$ sind zueinander **proportional**: $\boldsymbol{P} = k\boldsymbol{E}$ (Isotropes Dielektrikum).
Definition:

$$\chi = \frac{k}{\varepsilon_0} = \text{"Elektrische Suszeptibilität"}$$

Also ist:

$$\boldsymbol{P} = \chi\varepsilon_0\boldsymbol{E}$$

Aus (5.44) folgt:

$$\boldsymbol{D} = \varepsilon_0 \boldsymbol{E} + \boldsymbol{P} = \varepsilon_0 \boldsymbol{E} + \chi \varepsilon_0 \boldsymbol{E} = \varepsilon_0 (\chi + 1) \boldsymbol{E}$$

Definition:

$$\varepsilon = \varepsilon_0(\chi + 1) = \text{“Dielektrizitätskonstante”}$$

$$\varepsilon_r = \frac{\varepsilon}{\varepsilon_0} = \chi + 1 = \text{“Dielektrizitätszahl”}$$

(“Dielektrizitätszahl” = “relative” Dielektrizitätskonstante)

Damit ist:

$$\boldsymbol{D} = \varepsilon \boldsymbol{E} \tag{5.51}$$

Aus (5.49) folgt mit (5.38):

$$\text{div } \boldsymbol{D} = \text{div}(\varepsilon \boldsymbol{E}) = \varepsilon \text{div } \boldsymbol{E} + \boldsymbol{E} \text{grad } \varepsilon = 0$$

oder

$$\text{div } \boldsymbol{E} = -\frac{\text{grad } \varepsilon}{\varepsilon} \boldsymbol{E} \tag{5.52}$$

Aus (5.50) ergibt sich:

$$\varepsilon_1 \boldsymbol{E}_1 \boldsymbol{u}_n = \varepsilon_2 \boldsymbol{E}_2 \boldsymbol{u}_n \quad \text{oder} \quad \frac{\boldsymbol{E}_1 \boldsymbol{u}_n}{\boldsymbol{E}_2 \boldsymbol{u}_n} = \frac{\varepsilon_2}{\varepsilon_1}$$

Die Normalkomponenten der Feldstärke an der Trennfläche zweier Medien stehen im umgekehrten Verhältnis zu den Dielektrizitätskonstanten beider Medien.

C.) Die Dielektrizitätskonstante ist eine vom Ort innerhalb des Körpers unabhängige **Materialkonstante**. Dann ist grad $\varepsilon = 0$, und aus (5.52) folgt:

$$\text{div } \boldsymbol{E} = 0$$

Zusätzlich zum $\boldsymbol{D}$-Feld ist dann im Innern des Körpers also auch das $\boldsymbol{E}$-Feld **quellenfrei**. Das ergibt zusammen mit (5.49):

$$\text{div } \boldsymbol{D} = \text{div}(\varepsilon_0 \boldsymbol{E} + \boldsymbol{P}) = \varepsilon_0 \text{div } \boldsymbol{E} + \text{div } \boldsymbol{P} = \text{div } \boldsymbol{P} = 0$$

Damit folgt aus (5.47) und (5.48):

$$\varrho' = 0, \quad \sigma' = \boldsymbol{P} \boldsymbol{u}_n \tag{5.53}$$

und

$$\varphi = \frac{1}{4\pi\varepsilon_0} \oint_A \frac{\boldsymbol{P} \boldsymbol{u}_n}{r} \cdot \mathrm{d}A$$

Der Körper ist also **raumladungsfrei**. Er trägt nur Oberflächenladungen mit der Flächenladungsdichte $\boldsymbol{P} \cdot \boldsymbol{u}_n$.

D.) Der Körper ist **homogen polarisiert**, d.h. es ist $\boldsymbol{P}$ = const. Sein (makroskopisches) Dipolmoment $\boldsymbol{m}$ beträgt dann:

$$\boldsymbol{m} = \int_V \mathrm{d}\boldsymbol{m} = \int_V \boldsymbol{P} \cdot \mathrm{d}V = \boldsymbol{P} \int_V \cdot \mathrm{d}V \qquad \text{oder}$$

$$\boldsymbol{m} = \boldsymbol{P} V \tag{5.54}$$

5.3.1 Homogen polarisierte, unendlich ausgedehnte Platte

Vorgegeben: $\boldsymbol{P}$ senkrecht zur Plattenebene in Normalenrichtung. Flächenladungsdichte σ_1 der Oberfläche A_1:

$$\sigma_1 = \boldsymbol{P} \cdot \boldsymbol{u}_{n_1} = +P$$

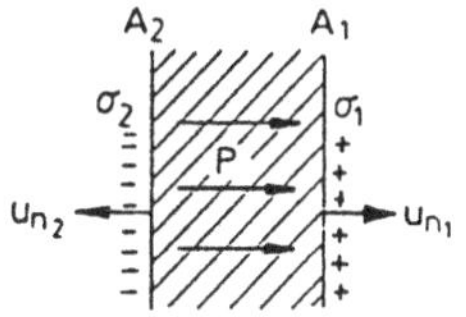

Flächenladungsdichte σ_2 der Oberfläche A_2:

$$\sigma_2 = \boldsymbol{P}\boldsymbol{u}_{n_2} = \boldsymbol{P}(-\boldsymbol{u}_{n_1}) = -P$$

Feld der positiv geladenen Oberfläche A: Anwendung von (5.37) ergibt:

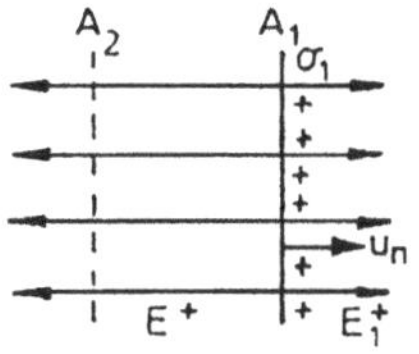

$$(\boldsymbol{E}_1^+ - \boldsymbol{E}^+)\boldsymbol{u}_{n_1} = \frac{\sigma_1}{\varepsilon_0} = \frac{P}{\varepsilon_0}$$

Aus Symmetriegründen ist: $\boldsymbol{E}^+ = -\boldsymbol{E}_1^+$. Damit folgt:

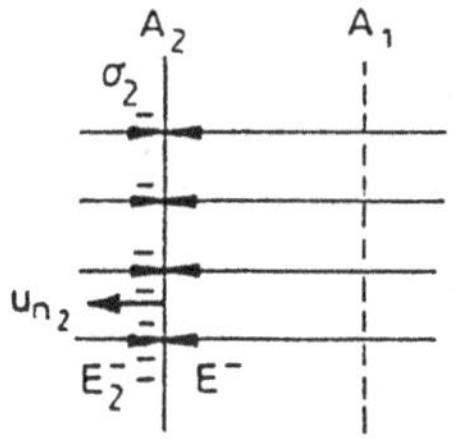

$$2\boldsymbol{E}_1^+\boldsymbol{u}_{n_1} = 2E_1^+ = \frac{P}{\varepsilon_0} \quad \text{oder} \quad \boldsymbol{E}_1^+ = \frac{\boldsymbol{P}}{2\varepsilon_0}$$

Feld der negativ geladenen Oberfläche A_2:

$$(\boldsymbol{E}_2^- - \boldsymbol{E}^-)\boldsymbol{u}_{n_2} = \frac{\sigma_2}{\varepsilon_0} = -\frac{P}{\varepsilon_0}$$

Wegen $\boldsymbol{E}^- = -\boldsymbol{E}_2^-$ und $\boldsymbol{u}_{n_2} = -\boldsymbol{u}_{n_1}$ folgt:

$$-2\boldsymbol{E}_2^-\boldsymbol{u}_{n_1} = -2\boldsymbol{E}_2^- = -\frac{P}{\varepsilon_0} \quad \text{oder} \quad \boldsymbol{E}_2^- = \frac{\boldsymbol{P}}{2\varepsilon_0}$$

Das von der polarisierten Platte erzeugte Feld (Feldstärke $\boldsymbol{E}_P$) ist die Überlagerung der Felder beider Oberflächen A_1 und A_2.
Das durch die Polarisation $\boldsymbol{P}$ erzeugte Feld ist also auf das Platteninnere beschränkt und der Polarisation entgegengesetzt gerichtet.

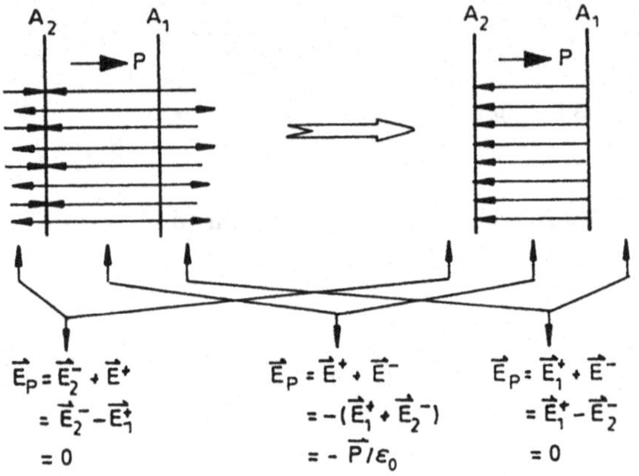

5.3.2 Ursprünglich unpolarisierte, unendlich ausgedehnte Platte im äußeren homogenen Feld

Unter der Wirkung eines elektrischen Feldes wird eine normalerweise unpolarisierte Substanz (Dielektrikum) polarisiert. Die mikroskopische Ursache hierfür ist die gegensinnige Verschiebung der negativen Elektronenwolke und der positiven Atomkerne in den Atomen oder Molekülen unter der Kraftwirkung des Feldes ("Dielektrische" Polarisation) und die Ausrichtung der Moleküle mit permanenten Dipolmomenten durch das Feld ("Parelektrische" Polarisation). Das resultierende elektrische Feld ($\boldsymbol{E}$) ist die Überlagerung des äußeren Feldes ($\boldsymbol{E}_0$) und des durch die induzierte Polarisation erzeugten Feldes ($\boldsymbol{E}_P$):

$$\boldsymbol{E} = \boldsymbol{E}_0 + \boldsymbol{E}_P$$

Vorgegeben: Homogenes äußeres Feld der Feldstärke $\boldsymbol{E}_0$ senkrecht zur Plattenebene in Normalenrichtung. Die Dielektrizitätskonstante ist eine Materialkonstante und bekannt. Ferner ist $\boldsymbol{P} \sim \boldsymbol{E}$.

Aus dem Ergebnis von Beispiel 5.3.1 folgt:

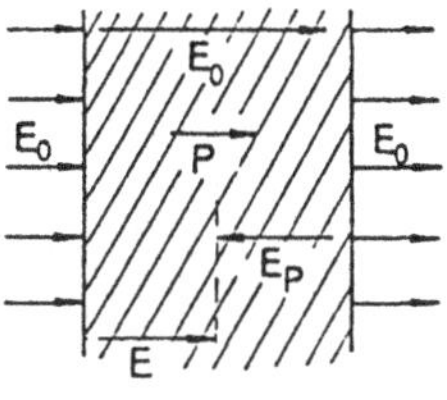

$$\boldsymbol{E} = \boldsymbol{E}_0 - \frac{\boldsymbol{P}}{\varepsilon_0}$$

oder

$$\varepsilon_0 \boldsymbol{E}_0 = \varepsilon_0 \boldsymbol{E} + \boldsymbol{P}$$

Mit (5.44) und (5.51) ist

$$\varepsilon_0 \boldsymbol{E}_0 = \boldsymbol{D} = \varepsilon \boldsymbol{E}$$

Das ergibt:

$$\boldsymbol{E} = \frac{\varepsilon_0}{\varepsilon} \boldsymbol{E}_0 = \frac{\boldsymbol{E}_0}{\varepsilon_r}$$

Die erzeugte Polarisation setzt also die Feldstärke im Innern der Substanz um den Faktor ε_r herab. Als Polarisation folgt:

$$\boldsymbol{P} = \varepsilon_0(\boldsymbol{E}_0 - \boldsymbol{E}) = \varepsilon_0(\varepsilon_r \boldsymbol{E} - \boldsymbol{E}) = \varepsilon_0(\varepsilon_r - 1)\boldsymbol{E}$$

oder auch:

$$\boldsymbol{P} = \varepsilon_0 \frac{\varepsilon_r - 1}{\varepsilon_r} \boldsymbol{E}_0$$

5.3.3 Mit einem Dielektrikum ausgefüllter Plattenkondensator

Vorgegeben: Plattenkondensator mit dem Plattenabstand d und den Ladungen $\pm Q_0$ auf den Platten.

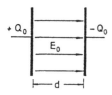

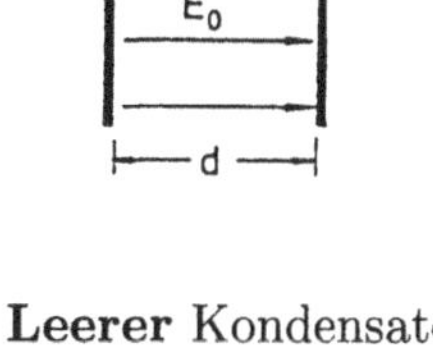

Leerer Kondensator:
Feldstärke: $\boldsymbol{E}_0$
Spannung: $U_0 = E_0 d$
Kapazität:

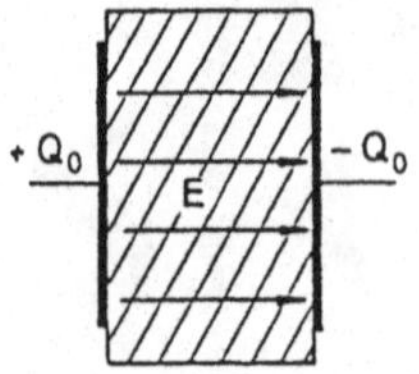

$$C_0 = \frac{Q_0}{U_0}$$

Gefüllter Kondensator:
Feldstärke:

$$\boldsymbol{E} = \frac{\boldsymbol{E}_0}{\varepsilon_r}$$

Spannung:

$$U = Ed = \frac{E_0 d}{\varepsilon_r} = \frac{U_0}{\varepsilon_r}$$

Kapazität:

$$C = \frac{Q}{U} = \frac{Q_0}{U_0}\varepsilon_r = \varepsilon_r C_0$$

Die Kapazität erhöht sich also um den Faktor ε_r.

5.3.4 Geschichtete, unendlich ausgedehnte Platte im homogenen Feld

Vorgegeben: Aus zwei Schichten mit den bekannten Dielektrizitätskonstanten ε_1 und ε_2 aufgebaute Platte im homogenen Feld der Feldstärke $\boldsymbol{E}_0$ senkrecht zur Plattenebene.
Aus (5.50), d.h. aus der Stetigkeit der Normalkomponente der Verschiebungsdichte, folgt:

$$D_0 = D_1 = D_2$$

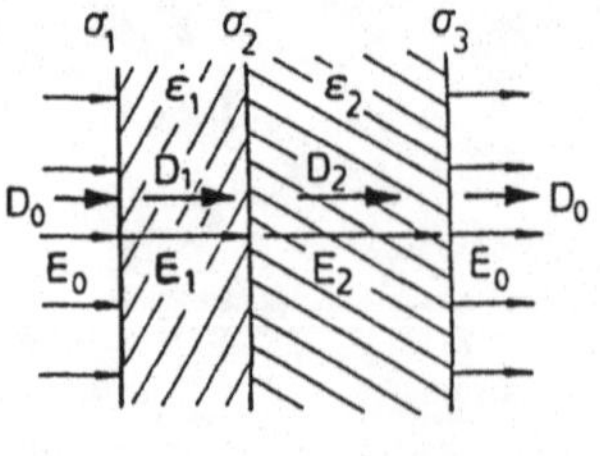

Verschiebungsdichte des Vakuums ($P_0 = 0$):

$$D_0 = \varepsilon_0 E_0 + P_0 = \varepsilon_0 E_0$$

Also ergibt sich mit (5.51):

$$\varepsilon_0 E_0 = \varepsilon_1 E_1 = \varepsilon_2 E_2$$

oder:

$$\boldsymbol{E}_1 = \frac{\boldsymbol{E}_0}{\varepsilon_{r_1}}, \qquad \boldsymbol{E}_2 = \frac{\boldsymbol{E}_0}{\varepsilon_{r_2}}$$

Flächenladungsdichten: Mit dem Endergebnis aus Beispiel 2 folgt:

$$\sigma_1 = -P_1 = -\varepsilon_0 \frac{\varepsilon_{r_1} - 1}{\varepsilon_{r_1}} E_0$$

$$\sigma_2 = P_1 - P_2 = \varepsilon_0 \left(\frac{\varepsilon_{r_1} - 1}{\varepsilon_{r_1}} - \frac{\varepsilon_{r_2} - 1}{\varepsilon_{r_2}} \right) E_0$$

$$= \varepsilon_0 \frac{\varepsilon_{r_1} - \varepsilon_{r_2}}{\varepsilon_{r_1}\varepsilon_{r_2}} E_0$$

$$\sigma_3 = P_2 = \varepsilon_0 \frac{\varepsilon_{r_2} - 1}{\varepsilon_{r_2}} E_0$$

5.3.5 Homogen polarisierte Kugel

Vorgegeben: Homogen in x-Richtung polarisierte Kugel (Polarisation $\boldsymbol{P} = P\boldsymbol{u}_x$) mit dem Radius R.

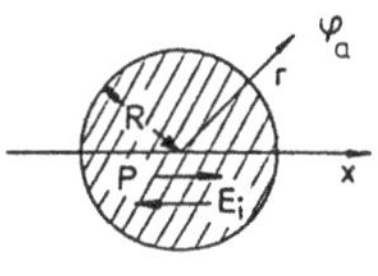

Nach (5.54) beträgt das Dipolmoment der gesamten Kugel:

$$\boldsymbol{m} = \boldsymbol{P}V = \frac{4\pi}{3} R^3 P \boldsymbol{u}_x$$
$$= m\boldsymbol{u}_x$$

Das elektrische Feld $\boldsymbol{E}_a$ **außerhalb** der Kugel ist also identisch mit dem Feld eines in x-Richtung weisenden Dipols vom Moment $\boldsymbol{m}$ im Zentrum der Kugel. Das Potential φ_a dieses Feldes ist nach (2.22), wenn der Ortsvektor $\boldsymbol{r}$ vom Dipol zum Aufpunkt weist:

$$\varphi_a = -\frac{1}{4\pi\varepsilon_0} \boldsymbol{m} \operatorname{grad} \frac{1}{r} = -\frac{1}{4\pi\varepsilon_0} m_x \left(\operatorname{grad} \frac{1}{r} \right)_x$$

$$= -\frac{1}{4\pi\varepsilon_0} m \frac{\mathrm{d}}{\mathrm{d}r} \left(\frac{1}{r} \right) \frac{\partial r}{\partial x} = \frac{1}{4\pi\varepsilon_0} \frac{m}{r^2} \frac{\partial r}{\partial x}$$

$$= \frac{1}{4\pi\varepsilon_0}\frac{m}{r^2}\frac{\partial}{\partial x}(x^2+y^2+z^2)^{1/2} = \frac{1}{4\pi\varepsilon_0}\frac{m}{r^3}x$$
$$= \frac{P}{3\varepsilon_0}\frac{R^3}{r^3}x \quad (r \geq R)$$

Auf der Kugeloberfläche ($r = R$) ist dann:

$$\varphi_a(R, x) = \frac{P}{3\varepsilon_0}x \equiv \varphi_A \tag{5.55}$$

Potentiale sind immer stetig und passieren auch ladungsbelegte Flächen stetig. Also muss das Potential φ_i des Kugelinneren an der Kugeloberfläche denselben Wert annehmen, d.h. es muss gelten:

$$\varphi_i(R, x) = \varphi_a(R, x) = \varphi_A \tag{5.56}$$

Für Potentiale gilt folgender allgemeiner und grundlegender Zusammenhang:

Korollar 5.2 *Ist ein Körper oder allgemein ein Volumenbereich raumladungsfrei, so dass dort für das Potential $\varphi(\boldsymbol{r})$ die* LAPLACE*-Gleichung $\Delta\varphi = 0$ gilt,*
und ist $\phi(\boldsymbol{r})$ irgendeine, z.B. erratene oder vermutete Lösung der LAPLACE*-Gleichung,*
und genügt $\phi(\boldsymbol{r})$ allen erforderlichen Randbedingungen an der Oberfläche des Körpers bzw. den Grenzen des Volumenbereichs, ist also insbesondere das Oberflächenpotential φ_A als Funktion der Orte $\boldsymbol{r}_A$ der Oberfläche bekannt und gilt $\phi(\boldsymbol{r}_A) = \varphi_A$,
dann ist $\phi(\boldsymbol{r})$ zwangsläufig und eindeutig auch die einzig richtige Lösung der LAPLACE*-Gleichung für alle Orte $\boldsymbol{r}$ im Innern des Körpers bzw. des Volumenbereichs, d.h. es ist $\varphi(\boldsymbol{r}) = \phi(\boldsymbol{r})$.*

Diese Aussage heißt der **Eindeutigkeitssatz** für Potentiale.
Voraussetzungsgemäß ist die betrachtete Kugel homogen polarisiert, ihr Inneres also wegen div $\boldsymbol{P} = 0$ raumladungsfrei. Die Randbedingungen für das Potential φ_i sind durch (5.55) und (5.56) festgelegt. Ein Potential, das diesen Bedingungen genügt und die LAPLACE-Gleichung erfüllt, ist leicht zu erraten:

$$\phi(r) = \frac{P}{3\varepsilon_0}x \tag{5.57}$$

Damit sind alle Voraussetzungen für die Anwendbarkeit des Eindeutigkeitssatzes erfüllt. Es ist also:

$$\varphi_i = \frac{P}{3\varepsilon_0}x \tag{5.58}$$

Zur Verdeutlichung: Für den Volumenbereich **außerhalb** der Kugel stellt (5.55) nur **eine** der dort erforderlichen Randbedingungen dar. Als **weitere** kommt hinzu, dass das Außenfeld im Unendlichen verschwinden muss ($\boldsymbol{E}_a \to 0$ für $r \to \infty$). Das Potential φ_a muss also im Unendlichen ebenfalls verschwinden oder zumindest gegen einen konstanten Wert laufen. Die erratene Lösung (5.57) erfüllt diese zweite Randbedingung **nicht**. (5.58) kann

also im Außenraum nicht gelten:
Die Feldstärke innerhalb der Kugel ergibt sich aus (5.58) gemäß

$$\boldsymbol{E}_i = -\text{grad}\ \varphi_i = -\frac{\partial \varphi_i}{\partial x}\boldsymbol{u}_x - \frac{\partial \varphi_i}{\partial y}\boldsymbol{u}_y - \frac{\partial \varphi_i}{\partial z}\boldsymbol{u}_z$$

Da φ_i nur von x abhängt, verbleibt:

$$\boldsymbol{E}_i = -\frac{\partial \varphi_i}{\partial x}\boldsymbol{u}_x = -\frac{P}{3\varepsilon_0}\boldsymbol{u}_x$$

oder

$$\boldsymbol{E}_i = -\frac{1}{3\varepsilon_0}\boldsymbol{P} \tag{5.59}$$

Das Feld einer homogen polarisierten Kugel ist also **innerhalb** der Kugel ebenfalls homogen und zur Polarisation entgegengesetzt gerichtet, und es ist **außerhalb** der Kugel das Feld eines Dipols mit dem Moment $\boldsymbol{m} = \boldsymbol{P}V$.

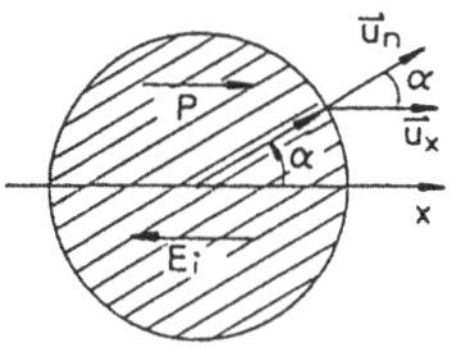

Die Verteilung der Flächenladungsdichte auf der Kugeloberfläche ergibt sich aus (5.53) mit $\boldsymbol{u}_n = \boldsymbol{u}_r$ und $\boldsymbol{P} = P\boldsymbol{u}_x$ zu:

$$\sigma = \boldsymbol{P}\boldsymbol{u}_n = P\boldsymbol{u}_x\boldsymbol{u}_r \qquad \text{oder} \qquad \sigma = P\cos\alpha$$

Dabei ist α der Winkel zwischen dem zum Aufpunkt auf der Kugeloberfläche führenden Ortsvektor und der x-Achse.
σ ist also maximal positiv am $(+x)$-Pol ($\alpha = 0°$), maximal negativ am $(-x)$-Pol ($\alpha = 180°$) und Null am Äquator ($\alpha = 90°$).

5.3.6 Ursprünglich unpolarisierte Kugel im äußeren homogenen Feld

Vorgegeben: Kugel mit dem Radius R aus einer isotropen Substanz mit der Dielektrizitätskonstanten ε in einem homogenen Außenfeld mit der Feldstärke $\boldsymbol{E}_0$ in x-Richtung ($\boldsymbol{E}_0 = E_0\boldsymbol{u}_x$).
Vermutung: Das homogene äußere Feld erzeugt eine ebenfalls **homogene** Polarisation der Kugel in Feldrichtung. Die resultierende Feldverteilung ergäbe sich dann in einfacher Weise durch Überlagerung des homogenen Außenfeldes und des im Beispiel 5 diskutierten Polarisationsfeldes, d.h. es wäre unter Verwendung des Ergebnisses (5.59) **innerhalb** der Kugel:

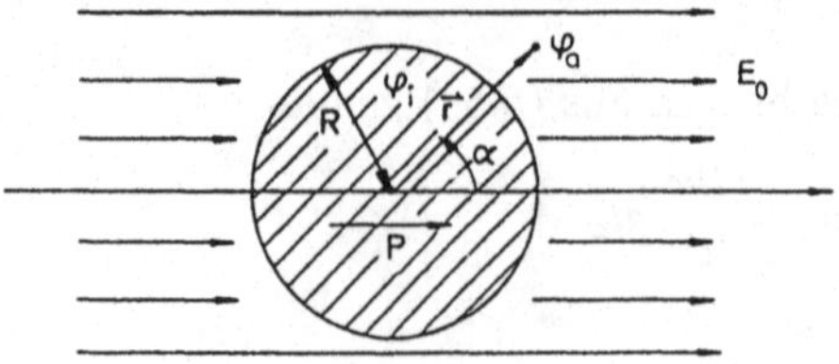

$$\boldsymbol{E}_i = \boldsymbol{E}_0 - \frac{1}{3\varepsilon_0}\boldsymbol{P}$$

und **außerhalb** der Kugel:

$$\boldsymbol{E}_a = \boldsymbol{E}_0 + \quad (\text{Dipolfeld von } \boldsymbol{m} = \boldsymbol{P}V)$$

Die zu diesen Feldern gehörenden Potentiale sind mit (5.57) und dem Ergebnis für φ_a aus Beispiel 5:

$$\phi_i(\boldsymbol{r}) = \frac{P}{3\varepsilon_0}x - E_0 x$$

und

$$\phi_a(\boldsymbol{r}) = \frac{P}{3\varepsilon_0}\frac{R^3}{r^3}x - E_0 x \tag{5.60}$$

Der Übergang zu Polarkoordinaten ergibt mit $x = r\cos\alpha$:

$$\phi_i(r,\alpha) = \left(\frac{P}{3\varepsilon_0} - E_0\right) r\cos\alpha \tag{5.61}$$

und

$$\phi_a(r,\alpha) = \left(\frac{P}{3\varepsilon_0}\frac{R^3}{r^2} - E_0 r\right)\cos\alpha \tag{5.62}$$

Beide Potentiale gehorchen der LAPLACE-Gleichung $\Delta\phi = 0$. Um den Eindeutigkeitssatz anwenden zu können, muss überprüft werden, ob diese "erratenen" Potentiale alle Randbedingungen erfüllen. Davon gibt es drei:

1. Die Stetigkeit des Potentials verlangt für die Kugeloberfläche:

   $$\phi_i(R,\alpha) = \phi_a(R,\alpha)$$

   Diese Bedingung wird von (5.61) und (5.62) offensichtlich erfüllt.
2. Die Normalkomponente der Verschiebungsdichte muss gemäß (5.50) die Kugeloberfläche stetig passieren. Mit

   $$\boldsymbol{D}_1 = \varepsilon_0\boldsymbol{E}_i + \boldsymbol{P},\ \boldsymbol{D}_2 = \varepsilon_0\boldsymbol{E}_a \quad \text{und} \quad \boldsymbol{u}_n = \boldsymbol{u}_r$$

   lautet (5.50):

   $$\varepsilon_0\boldsymbol{E}_i\cdot\boldsymbol{u}_r + \boldsymbol{P}\cdot\boldsymbol{u}_r = \varepsilon_0\boldsymbol{E}_a\cdot\boldsymbol{u}_r$$

   Ferner ist:

$$\boldsymbol{P} \cdot \boldsymbol{u}_r = P\boldsymbol{u}_x \cdot \boldsymbol{u}_r = P\cos\alpha,$$

$$\boldsymbol{E}_i \cdot \boldsymbol{u}_r = -\frac{\partial \phi_i}{\partial r} \quad \text{und} \quad \boldsymbol{E}_a \cdot \boldsymbol{u}_r = -\frac{\partial \phi_a}{\partial r}$$

Damit folgt als zweite Randbedingung für das Potential an der Kugeloberfläche:

$$\varepsilon_0 \left(\frac{\partial \phi_i}{\partial r} - \frac{\partial \phi_a}{\partial r} \right)_{r=R} = P\cos\alpha \tag{5.63}$$

Aus (5.61) und (5.62) folgt:

$$\frac{\partial \phi_i}{\partial r} = \left(\frac{P}{3\varepsilon_0} - E_0 \right) \cos\alpha$$

und:

$$\frac{\partial \phi_a}{\partial r} = \left(-\frac{2P}{3\varepsilon_0} \frac{R^3}{r^3} - E_0 \right) \cos\alpha$$

Für $r = R$ ergibt die Differenz $(P/\varepsilon_0)\cos\alpha$. Somit ist also (5.63), d.h. die zweite Randbedingung, ebenfalls erfüllt.

3. Für $r \to \infty$ muss die Feldstärke E_a in die Feldstärke $\boldsymbol{E}_0$ des ungestörten Außenfeldes, d.h. das Potential ϕ_a in den Wert $-E_0 x$ übergehen. Wie aus (5.60) hervorgeht, ist auch diese letzte Randbedingung erfüllt.

Damit sind alle Voraussetzungen für die Anwendbarkeit des Eindeutigkeitssatzes gegeben, d.h. es ist

$$\varphi_i(r,\alpha) = \phi_i(r,\alpha) \quad \text{und} \quad \varphi_a(r,\alpha) = \phi_a(r,\alpha)$$

Die eingangs geäußerte Vermutung wird somit bestätigt.
Die durch das Außenfeld induzierte Polarisation läßt sich, ausgehend von der Beziehung

$$\boldsymbol{E}_i = \boldsymbol{E}_0 - \frac{1}{3\varepsilon_0}\boldsymbol{P}$$

berechnen. Mit $\boldsymbol{P} = \chi\varepsilon_0\boldsymbol{E}_i$ und $\chi = \varepsilon_r - 1$ folgt:

$$\frac{1}{\chi\varepsilon_0}\boldsymbol{P} = \boldsymbol{E}_0 - \frac{1}{3\varepsilon_0}\boldsymbol{P}$$

oder:

$$\boldsymbol{P}\left(\frac{1}{\chi} + \frac{1}{3}\right) = \varepsilon_0\boldsymbol{E}_0 = \boldsymbol{P}\left(\frac{3+\chi}{3\chi}\right) = \boldsymbol{P}\frac{1}{3}\left(\frac{\varepsilon_r + 2}{\varepsilon_r - 1}\right)$$

Das ergibt schließlich:

$$\boldsymbol{P} = 3\varepsilon_0 \frac{\varepsilon_r - 1}{\varepsilon_r + 2}\boldsymbol{E}_0$$

Das Dipolmoment $\boldsymbol{m} = \boldsymbol{P}V$ der Kugel beträgt dann:

$$\boldsymbol{m} = 4\pi\varepsilon_0 R^3 \frac{\varepsilon_r - 1}{\varepsilon_r + 2}\boldsymbol{E}_0$$

5.4 Amperescher Satz des Magnetfeldes

Die Ableitungen sind ganz analog zu denjenigen des Gaußschen Satzes und werden deshalb nur relativ kurz besprochen. Für das Linienintegral der magnetischen Induktion längs eines konzentrischen Kreises um eine geradlinige Strombahn der Stromstärke I ergibt sich nach Gl. (3.38)

$$\boldsymbol{B} = \frac{\mu_0 I}{2\pi r} \boldsymbol{u}_\vartheta$$

und somit

$$\oint_{\text{Kreis}} \boldsymbol{B} \cdot \mathrm{d}\boldsymbol{s} = \mu_0 I$$

unabhängig vom Radius der Kreisbahn (Bild 5.27). Das Ergebnis bleibt auch für einen beliebigen geschlossenen Integrationsweg in einer Ebene ⊥ zur Strombahn richtig.

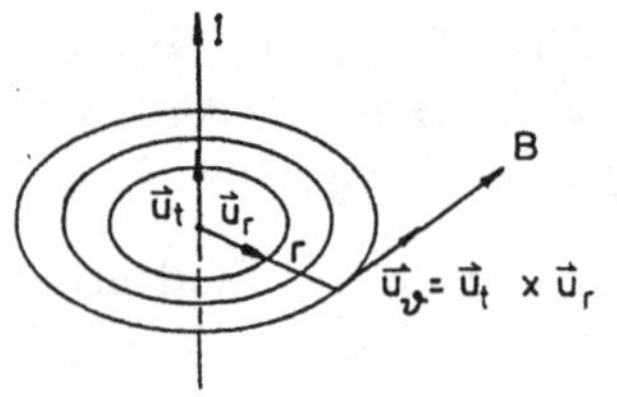

Abb. 5.27. Magnetfeld um einen langen geraden Leiter.

Mit den Bezeichnungen von Bild 5.28 folgt

$$\begin{aligned}\boldsymbol{B}(r) \cdot \mathrm{d}\boldsymbol{s}_r &= B(r) \cdot \mathrm{d}s_r \cos\alpha \\ &= B(r) r \cdot \mathrm{d}\Theta = \frac{r}{R} B(r) \cdot \mathrm{d}s_R \\ &= B(R) \cdot \mathrm{d}s_R\end{aligned}$$

und somit

$$\oint_{\text{Integr.Weg}} \boldsymbol{B} \cdot \mathrm{d}\boldsymbol{s} = \oint_{\text{Radius } R} \boldsymbol{B} \cdot \mathrm{d}\boldsymbol{s} = \mu_0 I$$

Mit einer etwas aufwendigeren geometrischen Betrachtung läßt sich zeigen, dass die abgeleitete Gleichung auch bei beliebig gekrümmtem, geschlossenen Integrationsweg um I gültig ist. Aus der allgemeinen Form des BIOT-SAVARTschen Gesetzes Gl. (3.35a) ergibt sich ferner und schließlich entsprechend: Längs eines **beliebig gekrümmten** geschlossenen Integrationsweges um einen **beliebig gekrümmten** Leiter mit der Stromstärke I gilt für die durch I bewirkte magnetische Induktion der AMPEREsche Satz

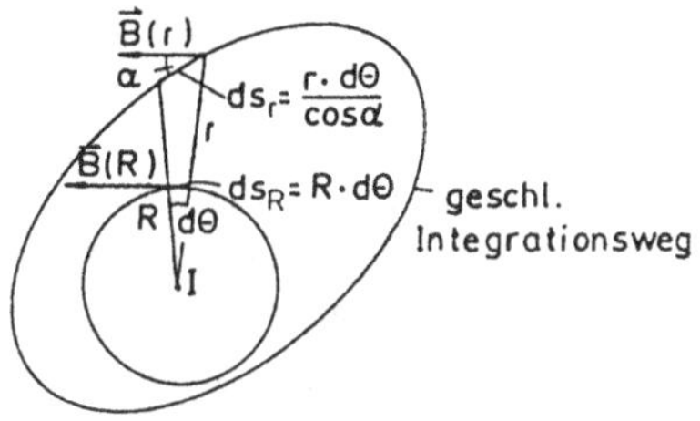

Abb. 5.28. Zum AMPEREschen Satz.

$$\boxed{\oint \boldsymbol{B} \cdot \mathrm{d}\boldsymbol{s} = \mu_0 I} \tag{5.64}$$

Vom Integrationsweg wird eine bestimmte Fläche O begrenzt, die durch die Strombahn I geschnitten wird.
Schneiden mehrere Strombahnen I_1, I_2, I_3 diese Fläche oder fließt der elektrische Strom in einem ausgedehnten Leiter, so bleibt Gl. (5.64) richtig, wenn wir gemäß Gl. (4.3) die Stromstärke I durch $\int \boldsymbol{j} \cdot \mathrm{d}\boldsymbol{o}$ ersetzen. Der AMPEREsche Satz in allgemeiner Form lautet dann (Bild 5.29):

$$\boxed{\oint\limits_{\text{Rand von } O} \boldsymbol{B} \cdot \mathrm{d}\boldsymbol{s} = \mu_0 \int\limits_O \boldsymbol{j} \cdot \mathrm{d}\boldsymbol{o}} \tag{5.65}$$

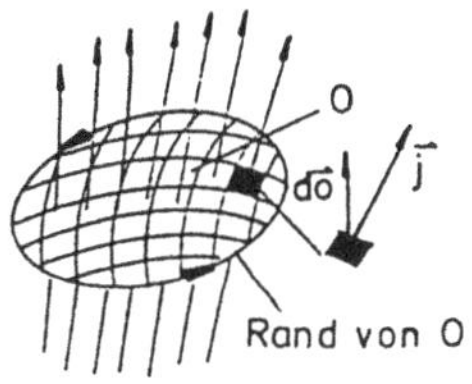

Abb. 5.29. Zur allgemeinen Formulierung des AMPEREschen Satzes.

Anwendungsbeispiele

1. BIOT-SAVARTsches Gesetz und AMPEREscher Satz.
   Genauso wie das COULOMBsche Gesetz und der Gaußsche Satz des elektrischen Feldes, so sind auch das BIOT-SAVARTsche Gesetz und der AMPEREsche Satz des Magnetfeldes einander äquivalent. Im vorstehenden ist der AMPEREsche Satz aus dem BIOT-SAVARTschen Gesetz abgeleitet worden. Umgekehrt ergibt sich für einen geradlinigen Leiter nach Bild 5.27 wegen der Kreissymmetrie $B = B(r)\boldsymbol{u}_\vartheta$ aus dem AMPEREschen Satz die Beziehung $B(r) = \mu_0 I/(2\pi r)$, also das BIOT-SAVARTsche Gesetz für einen geradlinigen Leiter.

2. Berechnung der magnetischen Induktion im Innern einer sehr langen stromdurchflossenen Spule hoher Windungszahl.
   Der AMPEREsche Satz läßt sich, genauso wie der Gaußsche Satz im Fall des elektrischen Feldes, immer dann leicht anwenden, wenn das Problem zu einer sofort einsichtigen Symmetrie der magnetischen Induktion führt. Im Fall einer langen Spule wollen wir die magnetische Induktion im Zentrum der Spule ausrechnen und wählen den in Bild 5.30 angegebenen Integrationsweg S_0.

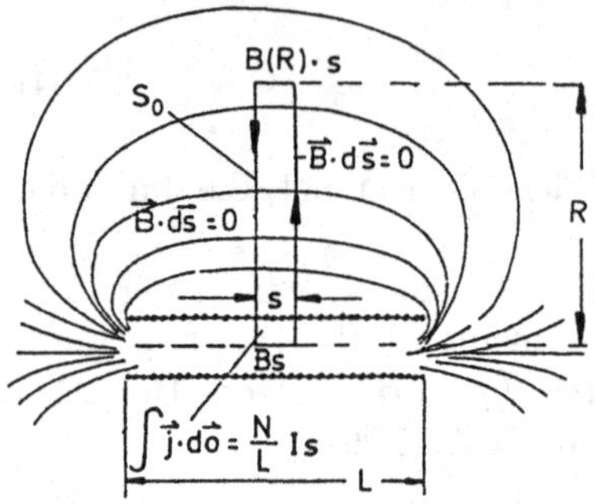

Abb. 5.30. Zur Ableitung der magnetischen Induktion im Zentrum einer langen Spule.

Es gilt sicher $B(R) \to 0$ für $R \to \infty$. Also wählen wir R hinreichend groß. Dann ist

$$\oint \boldsymbol{B} \cdot \mathrm{d}\boldsymbol{s} = Bs = \mu_0 \frac{N}{L} Is$$

Das ergibt

$$B = \mu_0 \frac{N}{L} I$$

bei insgesamt N Windungen und der Stromstärke I.

Amperescher Satz in differentieller Form Wir betrachten ein quadratisches Flächenelement senkrecht zur x-Richtung in einem B-Feld (Bild 5.31).

Das Flächenelement $\Delta O = \Delta z \cdot \Delta y$ sei so klein, dass überall $\boldsymbol{j} = \text{const}$ gilt. Damit wird

$$\int_{\Delta O} \boldsymbol{j} \cdot \mathrm{d}\boldsymbol{o} = j_x \cdot \Delta y \cdot \Delta z$$

Die Integration längs des Randes von ΔO führt auf vier Teilintegrale:

$$\oint \boldsymbol{B} \cdot \mathrm{d}\boldsymbol{s} = \int_1^2 \boldsymbol{B}\boldsymbol{u}_y \cdot \mathrm{d}y + \int_2^3 \boldsymbol{B}\boldsymbol{u}_z \cdot \mathrm{d}z$$

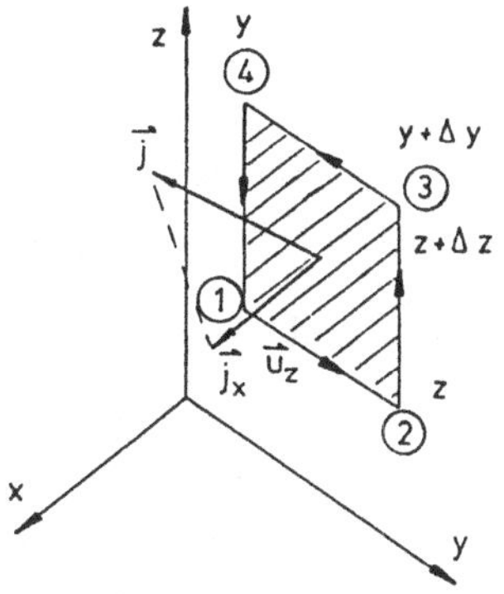

Abb. 5.31. Zur Ableitung des AMPEREschen Satzes in differentieller Form.

$$
\begin{aligned}
&+ \int_3^4 \boldsymbol{B}(-\boldsymbol{u}_y) \cdot \mathrm{d}y + \int_4^1 \boldsymbol{B}(-\boldsymbol{u}_z) \cdot \mathrm{d}z \\
&= B_y(z) \cdot \Delta y + B_z(y + \Delta y) \cdot \Delta z \\
&- B_y(z + \Delta z) \cdot \Delta y - B_z(y) \cdot \Delta z
\end{aligned}
$$

B_y, B_z sind die Komponenten der magnetischen Induktion in $y-$ und $z-$Richtung. B_y an der Stelle $z + \Delta z$ wird sich aber i.a. noch etwas von B_y an der Stelle z unterscheiden. Entsprechendes gilt für B_z. Nach Umstellung erhält man

$$
\begin{aligned}
\oint \boldsymbol{B} \cdot \mathrm{d}\boldsymbol{s} &= \Big[B_z(y + \Delta y) - B_z(y)\Big] \cdot \Delta z \\
&- \Big[B_y(z + \Delta z) - B_y(z)\Big] \cdot \Delta y
\end{aligned}
$$

Die Anwendung des AMPEREschen Satzes Gl. (5.65) ergibt nach Division durch $\Delta y \cdot \Delta z$

$$
\frac{B_z(y + \Delta y) - B_z(y)}{\Delta y} - \frac{B_y(z + \Delta z) - B_y(z)}{\Delta z} = \mu_0 j_x
$$

Der Grenzübergang $\Delta y, \Delta z \to 0$ liefert

$$
\frac{\partial B_z}{\partial y} - \frac{\partial B_y}{\partial z} = \mu_0 j_x
$$

Entsprechende Gleichungen ergeben sich, falls wir die Fläche ΔO senkrecht zur $y-$ bzw. $z-$Achse orientieren. Wir definieren zu einer ortsabhängigen Vektorfunktion $\boldsymbol{a}(\boldsymbol{r})$ die Rotation

$$
\boxed{\operatorname{rot} \boldsymbol{a} = \left(\frac{\partial a_z}{\partial y} - \frac{\partial a_y}{\partial z}\right) \boldsymbol{u}_x + \left(\frac{\partial a_x}{\partial z} - \frac{\partial a_z}{\partial x}\right) \boldsymbol{u}_y + \left(\frac{\partial a_y}{\partial x} - \frac{\partial a_x}{\partial y}\right) \boldsymbol{u}_z} \quad (5.66)
$$

und erhalten damit den AMPEREschen Satz in differentieller Form

$$\boxed{\operatorname{rot} \boldsymbol{B} = \mu_0 \boldsymbol{j}} \tag{5.67}$$

Bei bekannter Stromdichteverteilung $\boldsymbol{j}(\boldsymbol{r})$ kann die magnetische Induktion als Lösung der Differentialgleichung (5.67) errechnet werden. Elektrisches Analogon: Bei bekannter Raumladungsverteilung $\varrho(\boldsymbol{r})$ kann $\boldsymbol{E}$ aus div $\boldsymbol{E} = \varrho/\varepsilon_0$ errechnet werden.
Zur Gegenüberstellung der Verhältnisse im elektrischen und magnetischen Feld sei noch ergänzt: Aus Gl. (4.32) folgt:

$$\boxed{\operatorname{rot} \boldsymbol{E} = 0} \tag{5.68}$$

Ferner gilt: Es gibt keine magnetische "Ladung". Magnetische "Monopole" sind nicht beobachtet worden. Die Kraftlinien des magnetischen Feldes sind also stets geschlossen.
Daher ist der magnetische Fluss durch eine geschlossene Fläche stets gleich Null. Der mathematische Beweis kann mit dem BIOT-SAVARTschen Gesetz Gl. (3.35a) geführt werden. Qualitativ anschaulich zeigt dies Bild 5.32.

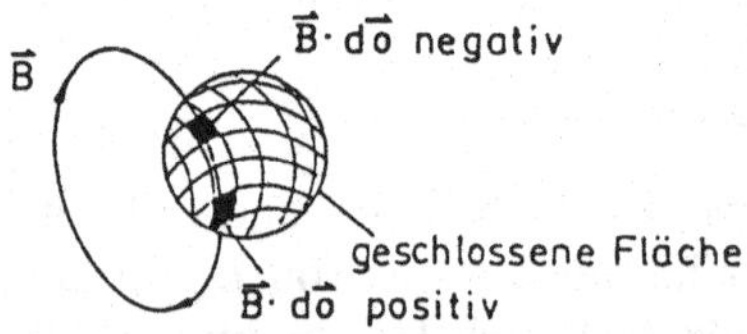

Abb. 5.32. Zum magnetischen Fluss.

Somit ist stets

$$\oint \boldsymbol{B} \cdot \mathrm{d}\boldsymbol{o} = 0$$

und damit

$$\operatorname{div} \boldsymbol{B} = 0 \tag{5.69}$$

5.5 Materie im Magnetfeld

In den Abschnitten 3.1 und 3.3 wurde ausgeführt, dass jeder in sich geschlossene Strom einen magnetischen Dipol darstellt. Die Elektronenbewegung um den Atomkern bewirkt daher auch ein magnetisches Dipolmoment, und je nach Symmetrie und Orientierung der verschiedenen Elektronenbahnen kann ein Atom ein resultierendes permanentes Dipolmoment besitzen oder nicht. Selbst im Fall eines vorhandenen permanenten Dipolmoments des einzelnen Atoms/Moleküls wird aber i.a. das resultierende Dipolmoment eines größeren Volumenelements der Materie wegen der regellosen Orientierung der Einzeldipole verschwinden. Eine Ausnahme bilden die noch zu besprechenden ferromagnetische Substanzen. Bei Einschalten eines äußeren Magnetfeldes erhalten wir stets induzierte Dipolmomente in den Einzelatomen/Molekülen (Diamagnetismus), und bei Vorhandensein permanenter Dipolmomente eine ebenfalls von der Stärke des Magnetfeldes abhängige Orientierung der Dipole in Feldrichtung (Paramagnetismus). Insgesamt ergibt sich in jedem Fall in einem Volumenelement $\mathrm{d}V$ mit vielen Atomen/Molekülen ein von 0 verschiedenes resultierendes Dipolmoment $\mathrm{d}m$. Analog zur Polarisation im elektrischen Feld definieren wir als **Magnetisierung $\boldsymbol{M}$**

$$\boxed{\boldsymbol{M} = \frac{\mathrm{d}\boldsymbol{m}}{\mathrm{d}V}} \qquad \text{mit} \qquad [M] = \frac{\mathrm{A}}{\mathrm{m}} \tag{5.70}$$

Historisch bedingt wird nun die Magnetisierung nicht in Abhängigkeit von der magnetischen Induktion B beschrieben, so wie die elektrische Polarisation in Abhängigkeit von $\boldsymbol{E}$ (vgl. Gl. (5.21)), sondern von einer jetzt einzuführenden Größe $\boldsymbol{H}$. Sie ist physikalisch eher vergleichbar der elektrischen Verschiebungsdichte und wird konventionellerweise **magnetische Feldstärke** genannt. Es sollen daher zunächst der Zusammenhang zwischen $\boldsymbol{B}, \boldsymbol{M}$ und $\boldsymbol{H}$ erläutert werden. Dies geschieht im leicht zugänglichen Fall eines zylindrischen Stabes aus magnetischer Materie. Die daraus abgeleiteten Gleichungen gelten aber ganz allgemein. In Bild 5.33 ist das resultierende Dipolmoment jedes Volumenelements als Kreisstrom dargestellt. Diese heben sich im Innern alle gegeneinander auf. An der Oberfläche resultiert jedoch ein den Stab umkreisender scheinbarer Oberflächenstrom. Für diesen durch Magnetisierung entstandenen Strom I_m erhält man folgende Zusammenhänge:

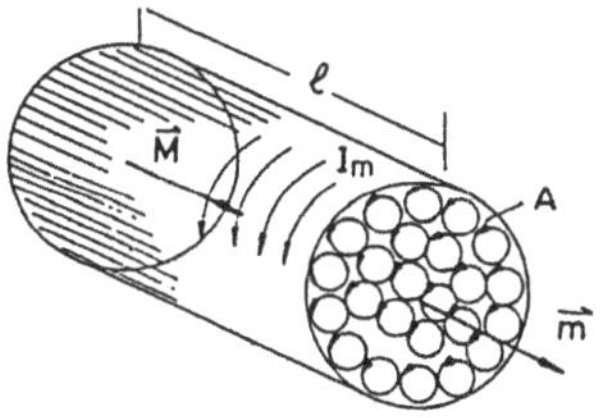

Abb. 5.33. Oberflächenmagnetisierungsstrom in einem zylindrischen Stab. $\boldsymbol{M}$ ist parallel zur Zylinderachse.

Es sei $\boldsymbol{m}$ das resultierende Dipolmoment des gesamten Stabes. Mit Gl. (5.70) folgt

$$\boldsymbol{m} = \boldsymbol{M} A \ell$$

Andererseits führt Gl. (3.9) auf

$$m = I_m A$$

und

$$I_m = M\ell \quad \text{bzw.} \quad \frac{I_m}{\ell} = M$$

I_m/ℓ ist die Oberflächenstromdichte, bezogen auf die Länge des zylindrischen Stabes. Wir bringen diesen Stab nun in eine lange stromdurchflossene Spule. Wir denken uns also die Magnetisierung $\boldsymbol{M}$ durch das Feld der Spule erzeugt (Bild 5.34).

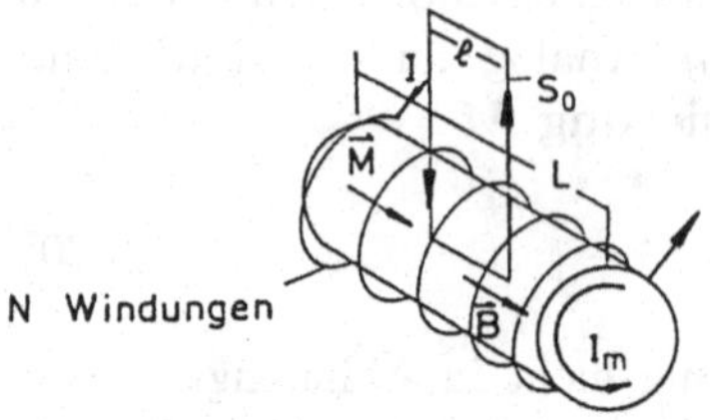

Abb. 5.34. Materie im Magnetfeld (zur Herleitung von Gl. (5.71)).

Zusätzlich zu dem in der Spule fließenden Strom I ist bei Anwendung des AMPEREschen Gesetzes der durch die Magnetisierung erzeugte Oberflächenstrom I_m zu berücksichtigen, so dass man für den angegebenen Integrationsweg S_0 erhält: Der "freie Strom" im Leiter (Strom der frei beweglichen Ladungsträger) ist durch den Gesamtstrom (freier Strom + Oberflächenstrom) zu ersetzen. Es sind die Ströme pro Längeneinheit zu addieren, und daher wird

$$B = \mu_0 \left(\frac{N}{L} I + \frac{I_m}{L} \right)$$

und wegen $I_m/L = M$

$$\frac{N}{L} I = \frac{1}{\mu_0} B - M$$

Allgemein führen wir als Magnetfeldstärke die Größe $\boldsymbol{H}$ gemäß

$$\boldsymbol{H} = \frac{1}{\mu_0} \boldsymbol{B} - \boldsymbol{M} \tag{5.71}$$

ein mit

$$[H] = \frac{A}{m}$$

Die Magnetfeldstärke in einer langen stromdurchflossenen Spule ist also, ob mit oder ohne Materie, stets

$$\boxed{H = \frac{N}{L} I} \tag{5.72}$$

Der Zusammenhang zwischen der Magnetisierung $\boldsymbol{M}$ und der Magnetfeldstärke $\boldsymbol{H}$ ist in vielen Fällen linear, so dass wir analog zu Gl. (5.21) schreiben können

$$\boxed{\boldsymbol{M} = \chi_m \boldsymbol{H}} \tag{5.73}$$

$\boldsymbol{M}$ und $\boldsymbol{H}$ haben dieselbe Einheit. χ_m ist die sogenannte **magnetische Suszeptibilität**. Sie ist also eine reine Zahl. Gl. (5.73) ergibt

$$\boldsymbol{B} = \mu \boldsymbol{H}$$

mit $\mu = \mu_0(1 + \chi_m)$ (5.74)

μ heißt **Permeabilität**.

Genauso, wie die elektrische Verschiebungsdichte mit den freien Oberflächenladungen verknüpft ist, ist die magnetische Feldstärke mit dem freien Srom verknüpft. Es läßt sich allgemein zeigen, dass folgende Beziehung gilt

$$\boxed{\oint_{\text{Rand von } O} \boldsymbol{H} \cdot \mathrm{d}\boldsymbol{s} = \int_O \boldsymbol{j}_{\text{frei}} \cdot \mathrm{d}\boldsymbol{o} = I_{\text{frei}}} \tag{5.75}$$

Im Fall des Bildes 5.34 ist dies offensichtlich. Also können wir, falls $\boldsymbol{B} = \mu \boldsymbol{H}$ und $\mu = \text{const}$ gültig ist, den AMPEREschen Satz auch schreiben

$$\boxed{\oint \boldsymbol{B} \cdot \mathrm{d}\boldsymbol{s} = \mu I_{\text{frei}}} \tag{5.76}$$

bzw. in differentieller Form

$$\boxed{\text{rot } \boldsymbol{B} = \mu \boldsymbol{j}_{\text{frei}}} \tag{5.77}$$

Paramagnetische und diamagnetische Stoffe **Paramagnetische Stoffe** sind solche, bei denen der Orientierungseffekt der vorhandenen atomaren/molekularen permanenten Dipolmomente im äußeren Feld den stets vorhandenen diamagnetischen Effekt (s.u.) überwiegt. Die permanenten Dipole richten sich im Feld aus, so dass ein zusätzliches magnetisches Moment in Feldrichtung erzeugt wird. Die magnetische Suszeptibilität ist **positiv**. Sie nimmt mit zunehmender Temperatur gemäß $\chi_m \sim 1/T$ ab, wie zu erwarten ist, da sich jeweils ein Gleichgewicht zwischen der Orientierung durch das Feld und der Aufhebung der Orientierung durch die thermische Bewegung der Atome/Moleküle einstellt.

Diamagnetische Stoffe Diamagnetisches Verhalten zeigen alle Stoffe, obwohl es in vielen durch den Paramagnetismus überdeckt ist. Auch im Fall eines nicht vorhandenen permanenten Dipolmoments der Atome/Moleküle wird durch die vom Feld "induzierten" Dipolmomente eine resultierende Magnetisierung erzeugt. Zur Erläuterung (Plausibilitätsbetrachtung, Berechnung erst quantenmechanisch möglich) werde Bild 5.35 betrachtet.

Ein Hüllenelektron laufe auf seiner Bahn, die als senkrecht zu $\boldsymbol{B}$ angenommen wird, in der angegebenen Richtung um. Es sei zunächst $\boldsymbol{B} = 0$. Dann ist hierfür eine Kraft $\boldsymbol{F}$ erforderlich mit

$$F = m_e \omega_0^2 r$$

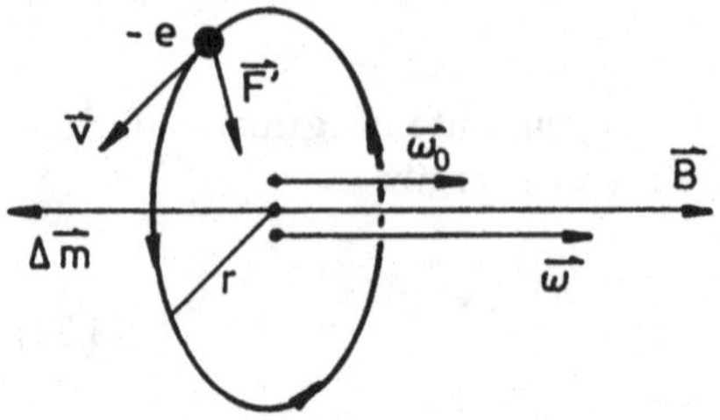

Abb. 5.35. Qualitative Betrachtung zum induzierten Dipolmoment.

Es sei nun $B \neq 0$, dann wird gemäß Gl. (3.1) eine zusätzliche Kraft auf das Elektron ausgeübt, nämlich

$$\boldsymbol{F}' = q\boldsymbol{v} \times \boldsymbol{B}$$

Da $q = -e$ negativ ist, sind $\boldsymbol{F}'$ und $\boldsymbol{F}$ gleichgerichtet, so dass die Winkelgeschwindigkeit bei konstantem Bahnradius entsprechend

$$F + F' = m_e \omega^2 r$$

vergrößert wird. Damit wird ein zusätzliches Dipolmoment (vgl. (3.9))

$$m = I \cdot A = \frac{q \cdot v}{2\pi r} \cdot \pi r^2 = \frac{q}{2} r v = \frac{q}{2} r^2 \omega$$

$$\Delta \boldsymbol{m} = \frac{q}{2} r^2 (\boldsymbol{\omega} - \boldsymbol{\omega}_0)$$

erzeugt, das entgegengesetzt zu $\boldsymbol{B}$ gerichtet ist, da $q = -e$ negativ ist.
In diamagnetischen Substanzen ist die Magnetisierung also der Feldstärke entgegengerichtet. Das Feld wird geschwächt. Die magnetische Suszeptibilität ist **negativ**. Sie ist **temperaturunabhängig**.
Die magnetische Suszeptibilität paramagnetischer und diamagnetischer Stoffe ist i.a. $\ll 1$, so dass in den meisten Fällen $\mu \simeq \mu_0$ gesetzt werden kann, d.h. das mit Materie erfüllte Magnetfeld unterscheidet sich nicht vom materiefreien Fall.

Tabelle 5.2 Magnetische Suszeptibilität einiger diamagnetischer und paramagnetischer Stoffe

Diamagnetische Stoffe	χ_m	Paramagnetische Stoffe	χ_m
Wismut	$-1.7 \cdot 10^{-4}$	Eisenchlorid	$+3.7 \cdot 10^{-3}$
Blei	$-1.6 \cdot 10^{-5}$	Platin	$+2.6 \cdot 10^{-4}$
Kupfer	$-1 \cdot 10^{-5}$	Aluminium	$+2.3 \cdot 10^{-5}$
Wasser	$-9 \cdot 10^{-6}$	Sauerstoff (1 atm)	$+2 \cdot 10^{-6}$
Stickstoff (1 atm)	$-6.7 \cdot 10^{-9}$		

Trotz der geringen Größe der magnetischen Suszeptibilität lassen sich die Unterschiede zwischen diamagnetischen und paramagnetischen Substanzen doch sichtbar machen. Wir betrachten einen kleinen Körper einer paramagnetischen Substanz im inhomogenen Magnetfeld, z.B. in der Nähe des N-Pols eines Permanentmagneten. Das im Körper erzeugte Dipolmoment ist parallel zum äußeren Feld gerichtet. Es wirkt also eine resultierende anziehende Kraft (s. Bild 5.36). Im entgegengesetzten Fall einer diamagnetischen Substanz bekommen wir ein Dipolmoment entgegengesetzt zum äußeren Feld, also eine abstoßende Kraft.

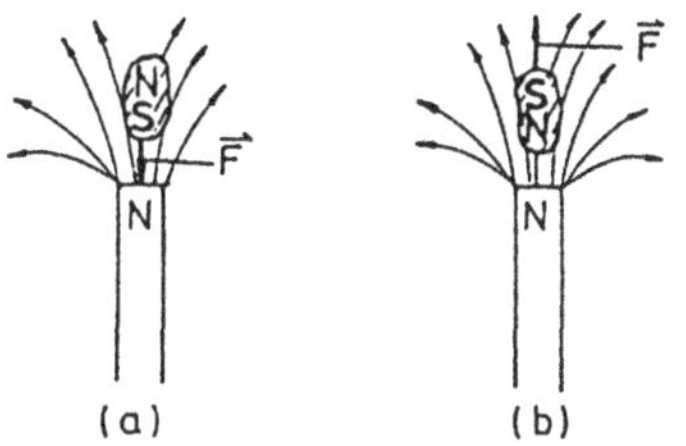

Abb. 5.36. Anziehende bzw. abstoßende Kraftwirkung im inhomogenen Magnetfeld auf eine (a) paramagnetische, (b) diamagnetische Substanz.

Ferromagnetismus ist eine Eigenschaft der kristallinen Struktur bestimmter Stoffe. Sie wird durch die Wechselwirkung zwischen den Elektronenspins bewirkt, wobei in diesen Substanzen der energetisch günstigere Zustand erreicht wird, wenn die Elektronenspins sich parallel ausrichten. Auf diese Weise kommt es in relativ großen Bereichen der Materie (Weißsche Bezirke, $10^{-8} - 10^{-12}$ $m^3, 10^{21} - 10^{17}$ Atome) zu einer vollständigen Ausrichtung. Ohne äußeres Feld können die resultierenden Dipolmomente der einzelnen Weißschen Bezirke regellos orientiert sein, so dass für die über einen größeren makroskopischen Bereich gemittelte Magnetisierung durchaus $\boldsymbol{M} = 0$ gelten kann, wie für paramagnetische Substanzen auch (Bild 5.37a).

Bei Einschalten eines äußeren Magnetfeldes vergrößern sich die in Feldrichtung orientierten Weißschen Bezirke durch Umklappen der Elektronenspins an den Rändern (Bild 5.37b). Schließlich wird eine vollständige Ausrichtung der Dipolmomente erreicht (Sättigungsmagnetisierung, Bild 5.37c). Wird anschließend die äußere Feldstärke wieder auf den Wert Null reduziert, so kann eine mehr oder weniger starke Ausrichtung der Weißschen Bezirke erhalten bleiben. Man erhält eine Restmagnetisierung (Remanenz, Permanentmagnete). In ferromagnetischen Substanzen ist, wie aus dem Vorstehendem deutlich wird, die Magnetisierung nicht mehr der Feldstärke proportional, sie wird durch eine Hysteresiskurve beschrieben (Bild 5.38), auf die hier im Detail nicht eingegangen wird.

Aus der gegebenen qualitativen Beschreibung des Ferromagnetismus ist verständlich, dass diese Eigenschaft temperaturabhängig sein muss. Der Ausrichtung der magnetischen Dipole wirkt die thermische Bewegung entgegen. Für jede ferromagnetische Substanz existiert eine bestimmte Temperatur

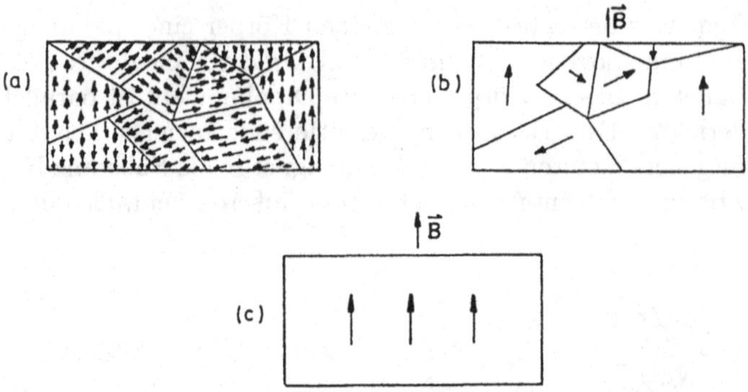

Abb. 5.37. Ferromagnetismus und Weißsche Bezirke.
(a) Regellose Orientierung der Weißschen Bezirke bei $\boldsymbol{B} = 0, \boldsymbol{M}_{\text{res}} = 0$. (b) Vergrößerung der Weißschen Bezirke mit $\boldsymbol{M} \parallel \boldsymbol{B}$ bei schwachem $\boldsymbol{B}$. (c) Vollständige Ausrichtung (Sättigungsmagnetisierung) bei starkem $\boldsymbol{B}$.

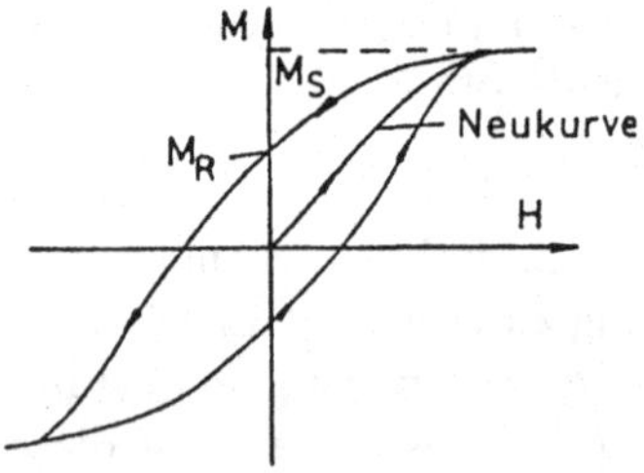

Abb. 5.38. $M(H)$ wird durch eine Hysteresiskurve beschrieben. Neukurve ist diejenige Kurve, die durchfahren wird, falls die Substanz bei $H = 0$ vollständig entmagnetisiert war. Die Kurve wird bis zur Sättigungsmagnetisierung M_S durchfahren, bei Abnahme von H (Pfeilrichtung) ergibt sich eine Restmagnetisierung M_R bei $H = 0$.

(Curie-Temperatur), oberhalb der der Ferromagnetismus verschwindet, so dass ein normaler Paramagnetismus verbleibt. Die wichtigsten ferromagnetischen Substanzen sind Eisen, Nickel, Kobalt. Im Gegensatz zu paramagnetischen und diamagnetischen Stoffen kann die maximale Permeabilität, die hier von H abhängt, sehr groß sein. Zum Beispiel ist für reines Eisen $\mu_{\text{max}}/\mu_0 \simeq 10^4$).
Ein dem Ferromagnetismus ähnliches Verhalten zeigen auch gewisse dielektrische Substanzen (**Ferroelektrizität**, Verweis auf Textbücher).
Neben dem Ferromagnetismus ist der **Antiferromagnetismus** (energetisch günstigster Zustand bei antiparalleler Spineinstellung) und der **Ferrimagnetismus** (magnetische Momente in einer Richtung $\neq$ magnetische Momente in entgegengesetzter Richtung, sonst ähnlich Antiferromagnetismus, Substanzen heißen **Ferrite** = Permanentmagnete) von Bedeutung.

5.6 Zusammenfassung der Gesetzmäßigkeiten des statischen elektrischen und magnetischen Feldes

Elektrisches Feld Die elektrische Feldstärke ist definiert durch die Kraft $\boldsymbol{F}$ auf eine Probeladung q gemäß

$$\boldsymbol{E} = \boldsymbol{F}/q$$

Mit dem STOKES'schen Satz und Gl. (5.68) folgt

$$\boxed{\oint \boldsymbol{E} \cdot \mathrm{d}\boldsymbol{s} = 0 \quad \Leftrightarrow \quad \mathrm{rot}\, \boldsymbol{E} = 0}$$

$\boldsymbol{E}$ kann aus einem skalaren Potential φ abgeleitet werden gemäß

$$\boldsymbol{E} = -\mathrm{grad}\, \varphi$$

Da stets rot (grad φ) = 0 gilt, ist rot $\boldsymbol{E} = 0$ gewährleistet.
Mit dem Gaußschen Satz (Gl. (5.4) und (5.7)) folgt

$$\boxed{\oint \boldsymbol{E} \cdot \mathrm{d}\boldsymbol{o} = \frac{q}{\varepsilon_0} \quad \Leftrightarrow \quad \mathrm{div}\, \boldsymbol{E} = \frac{\varrho}{\varepsilon_0}}$$

Allgemein wird der Fluss der elektrischen Feldstärke durch die Fläche O definiert durch:

$$\phi_e = \int_O \boldsymbol{E} \cdot \mathrm{d}\boldsymbol{o}$$

Die vorstehenden Gleichungen sind sowohl im Vakuum als auch im materieerfüllten Raum gültig. Zweckmäßigerweise unterscheidet man zwischen "freien" (Leiter) und "Polarisations"-Ladungen (Dielektrika). Man führt dazu die Größen $\boldsymbol{P}, \boldsymbol{D}, \chi_e$ bzw. ε ein.

Magnetisches Feld Die magnetische Induktion $\boldsymbol{B}$ ist definiert durch die Kraft

$$\boldsymbol{F} = q\boldsymbol{v} \times \boldsymbol{B}$$

auf eine Probeladung q. Mit dem STOKES'schen Satz (AMPEREscher Satz Gl. (5.65) und (5.67)) folgt

$$\boxed{\oint \boldsymbol{B} \cdot \mathrm{d}\boldsymbol{s} = \mu_0 I \quad \Leftrightarrow \quad \mathrm{rot}\, \boldsymbol{B} = \mu_0 \boldsymbol{j}}$$

Mit dem Gaußschen Satz (Gl. (5.69)) folgt

$$\boxed{\oint \boldsymbol{B} \cdot \mathrm{d}\boldsymbol{o} = 0 \quad \Leftrightarrow \quad \mathrm{div}\, \boldsymbol{B} = 0}$$

$\boldsymbol{B}$ kann aus einem Vektorpotential $\boldsymbol{A}$ abgeleitet werden gemäß

$$\boldsymbol{B} = \mathrm{rot}\, \boldsymbol{A}$$

Da stets div (rot $\boldsymbol{A}$) = 0 gilt, ist div $\boldsymbol{B} = 0$ gewährleistet.
Allgemein wird der Fluss der magnetischen Induktion durch die Fläche O definiert durch

$$\phi_m = \int\limits_O \boldsymbol{B} \cdot \mathrm{d}\boldsymbol{o} \tag{5.78}$$

Die vorstehenden Gleichungen sind sowohl im Vakuum als auch im materieerfüllten Raum gültig. Zweckmäßigerweise unterscheidet man zwischen "freien" (Leiter) und "Magnetisierungs"-Strömen durch Einführung der Größen $\boldsymbol{M}, \boldsymbol{H}$, χ_m bzw. μ.

6 Zeitabhängige elektromagnetische Felder

In den vorangehenden Abschnitten wurde der Zusammenhang zwischen einer statischen Ladungsverteilung und dem durch sie erzeugten elektrischen Feld bzw. zwischen einer stationären Stromverteilung und dem hierdurch bewirkten Magnetfeld beschrieben. Wesentlich hierbei war die zeitliche Konstanz der Ladungs- bzw. Stromverteilung, d.h. die zeitliche Konstanz des elektrischen und magnetischen Feldes. Diese Voraussetzung muss im allgemeinen Fall aufgegeben werden. Dabei zeigt sich, dass der Gaußsche Satz des elektrischen und magnetischen Feldes (Gl. (5.4), (5.26) und (5.69)) erhalten bleibt. Ein sich zeitlich änderndes Magnetfeld bewirkt aber ein elektrisches Feld ("Induktion"), und ebenso führt ein zeitlich variables elektrisches Feld zu einem Magnetfeld. Im folgenden werden diese Verknüpfungen zwischen elektrischem und magnetischem Feld näher erläutert. Die ihnen zugrundeliegenden Gesetzmäßigkeiten (FARADAY-HENRY-Satz und AMPERE-MAXWELL-Satz) bilden zusammen mit den Gaußschen Sätzen die MAXWELLschen Gleichungen.

6.1 Elektromagnetische Induktion, Faraday-Henry-Satz

Durch viele verschiedene Versuche (etwa: Spule im Magnetfeld bei Aus- und Einschalten des Magnetfeldes, Bewegung der Spule im zeitlichen konstanten Magnetfeld, Bewegung eines Permanentmagneten gegen eine Spule, Veränderung der Fläche einer Drahtschleife im zeitlich konstanten Magnetfeld) läßt sich demonstrieren, dass infolge der angegebenen zeitlichen Variationen eine Spannung U_{emk} im geschlossenen Leiter (Spule oder Drahtschlaufe) entsteht, aufgrund derer dann ein messbarer Strom fließt. Man nennt diesen Vorgang "Induktion", leider in unsauberer Identität mit der das magnetische Feld beschreibenden Größe $\boldsymbol{B}$. Bei allen angegebenen Anordnungen zeigt sich, dass die **"Induktionsspannung"** U_{emk} direkt proportional zur zeitlichen Änderung des magnetischen Flusses $\mathrm{d}\phi_m/\mathrm{d}t$ ist. Hierbei ist

$$\phi_m = \int\limits_O \boldsymbol{B} \cdot \mathrm{d}\boldsymbol{o} \tag{6.1}$$

der Fluss des Magnetfeldes $\boldsymbol{B}$ durch die vom geschlossenen Leiter berandete Fläche O (Gl. (5.78) und Bild 6.1).

Der Zusammenhang wird durch den FARADAY-HENRY-Satz (Induktionsgesetz)

$$\boxed{U_{\text{emk}} = -\frac{\mathrm{d}\phi_m}{\mathrm{d}t}} \tag{6.2}$$

beschrieben.

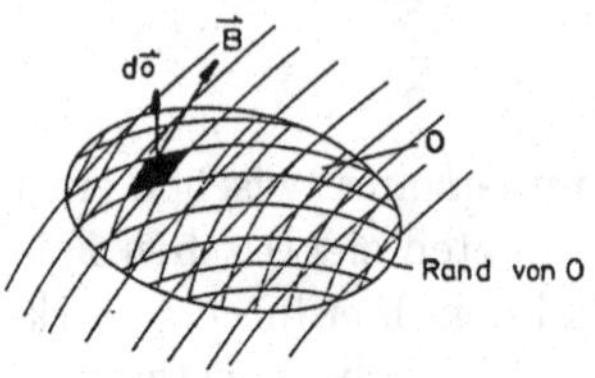

Abb. 6.1. Zur Erinnerung an die Definition des magnetischen Flusses ϕ_m.

Bemerkungen zum Vorzeichen: Nach Bild 5.1 ist der positive Umlaufsinn einer geschlossenen Randkurve und die Richtung des Oberflächenvektors definitionsgemäß durch den Rechtsschraubensinn miteinander verknüpft (Bild 6.2).

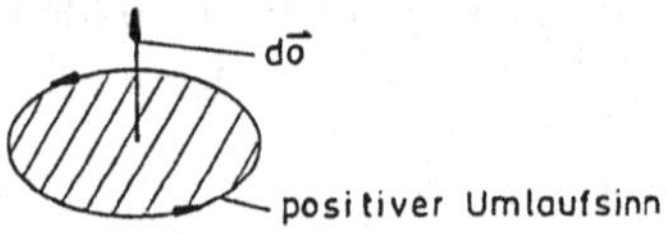

Abb. 6.2. Umlaufsinn und Flächenvektor.

Andererseits ist $U_{\text{emk}} = RI$, wobei I der im geschlossenen Leiter fließende Strom und R der Widerstand des Leiters ist. Nach Gl. (6.2) gelten also die in Bild 6.3 dargestellten Zusammenhänge.

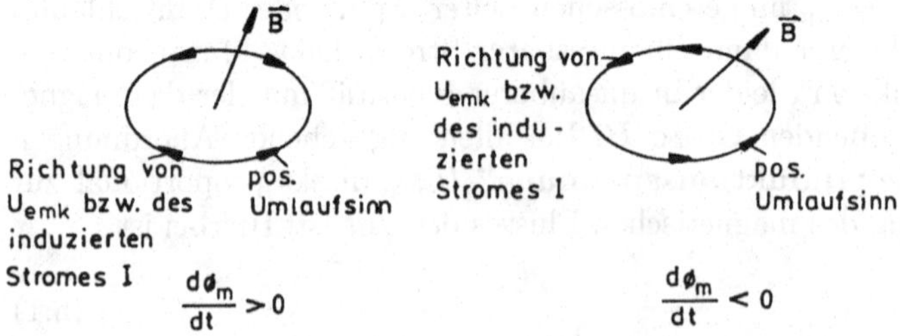

Abb. 6.3. Zur Festlegung des Vorzeichens in Gl. (6.2).

Induktion in einer Spule Handelt es sich insbesondere um eine eng gewickelte Spule aus n Windungen desselben Querschnitts und ist die Längenausdehnung der Spule zu vernachlässigen, so ist nach Gl. (6.1)

$$\phi_m = \int_O \boldsymbol{B} \cdot \mathrm{d}\boldsymbol{o} = n \cdot \int_{\text{Querschn.}} \boldsymbol{B} \cdot \mathrm{d}\boldsymbol{o} = n\phi_{m,q}$$

und somit

$$U_{\text{emk}} = -n\frac{\mathrm{d}\phi_{m,q}}{\mathrm{d}t} \quad \text{mit} \quad \phi_{m,q} = \int_{\text{Querschn.}} \boldsymbol{B} \cdot \mathrm{d}\boldsymbol{o}$$

Spannungsstoß Wird der magnetische Fluss im Zeitintervall (t_1, t_2) geändert, so erhält man durch Integration von Gl. (6.2) für den induzierten "Spannungsstoß"

$$\boxed{\int_{t_1}^{t_2} U \cdot \mathrm{d}t = -\Big[\phi(t_2) - \phi(t_1)\Big] = \phi(t_1) - \phi(t_2)}$$

Allgemeine Formulierung des FARADAY-HENRY-*Satzes* Nach Gl. (4.33) ist

$$U_{\text{emk}} = \oint \boldsymbol{E} \cdot \mathrm{d}\boldsymbol{s}$$

d.h. nach Gl. (6.2): Ein zeitabhängiges Magnetfeld bedingt die Existenz eines elektrischen Feldes. Dies gilt unabhängig davon, ob ein geschlossener Leiter vorhanden ist oder nicht. Falls, wie zunächst angenommen, dies der Fall ist, kann die Existenz des elektrischen Feldes durch die Kraftwirkung auf freie Ladungsträger, also einen Strom, nachgewiesen werden. Mit Gl. (4.33) wird dann aus (6.2)

$$\boxed{\int_{\text{Rand v. O}} \boldsymbol{E} \cdot \mathrm{d}\boldsymbol{s} = -\frac{\mathrm{d}}{\mathrm{d}t}\int_O \boldsymbol{B} \cdot \mathrm{d}\boldsymbol{o}} \qquad (6.3)$$

Ein elektrisches Feld kann also nicht nur durch die Existenz bestimmter Ladungen (Gaußscher Satz), sondern nach Gl. (6.3) auch durch ein sich änderndes Magnetfeld erzeugt werden. Für ein derartiges elektrisches Feld ist allerdings $\oint \boldsymbol{E} \cdot \mathrm{d}\boldsymbol{s} \neq 0$, also rot $\boldsymbol{E} \neq 0$. Dies ist gleichbedeutend damit, dass $\boldsymbol{E}$ nicht mehr als Gradient eines skalaren Potentials darstellbar ist. Die Darstellung $\boldsymbol{E} = -$ grad φ ist also tatsächlich auf den Fall statischer Felder ($\boldsymbol{E}, \boldsymbol{B}$ zeitlich konstant) beschränkt.

Differentielle Form des FARADAY-HENRY-*Satzes* Die Ableitung von (6.4) aus (6.3) ist der entsprechenden vorangehenden völlig analog und wird im folgenden nur kurz skizziert (vgl. Bild 6.4). Es ist

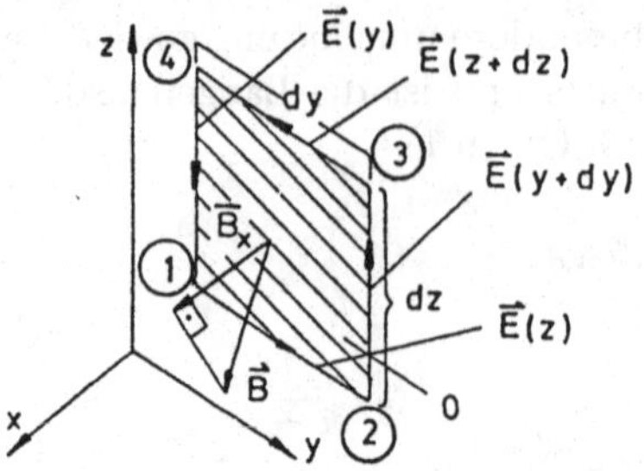

Abb. 6.4. Zur Ableitung von Gl. (6.4).

$$
\begin{aligned}
\oint \boldsymbol{E} \cdot \mathrm{d}\boldsymbol{s} &= \int_1^2 \boldsymbol{E} \cdot \mathrm{d}\boldsymbol{s} + \int_2^3 \boldsymbol{E} \cdot \mathrm{d}\boldsymbol{s} + \int_3^4 \boldsymbol{E} \cdot \mathrm{d}\boldsymbol{s} + \int_4^1 \boldsymbol{E} \cdot \mathrm{d}\boldsymbol{s} \\
&= E_y(z) \cdot \mathrm{d}y + E_z(y + \mathrm{d}y) \cdot \mathrm{d}z \\
&\quad - E_y(z + \mathrm{d}z) \cdot \mathrm{d}y - E_z(y) \cdot \mathrm{d}z \\
&= \left(\frac{\partial E_z}{\partial y} - \frac{\partial E_y}{\partial z} \right) \cdot \mathrm{d}y \cdot \mathrm{d}z
\end{aligned}
$$

Wegen

$$
\int_O \boldsymbol{B} \cdot \mathrm{d}\boldsymbol{o} = B_x \mathrm{d}y \cdot \mathrm{d}z
$$

folgt mit Gl. (6.3)

$$
\frac{\partial E_z}{\partial y} - \frac{\partial E_y}{\partial z} = -\frac{\partial B_x}{\partial t}
$$

Entsprechende Gleichungen gelten auch für die y- und z-Komponenten von $\boldsymbol{B}$. Die speziell gewählte Fläche O wird dazu senkrecht zur y- bzw. z-Achse orientiert. Mit der Definition Gl. (5.66) erhält man also den FARADAY-HENRY-Satz in differentieller Form

$$
\boxed{\operatorname{rot} \boldsymbol{E} = -\frac{\partial \boldsymbol{B}}{\partial t}} \tag{6.4}
$$

Anwendungen

1. Selbstinduktion:
   Wir betrachten einen stromdurchflossenen geschlossenen Leiter (Bild 6.5). Das hierdurch erzeugte Magnetfeld $\boldsymbol{B}$ ist nach dem BIOT-SAVARTschen Gesetz (Gl. (3.35a)) oder dem AMPEREschen Satz (Gl. (5.64)) proportional zur Stromstärke I.
   Für den magnetischen Fluss ϕ von $\boldsymbol{B}$ durch die vom geschlossenen Leiter aufgespannte Fläche O gilt dann wegen

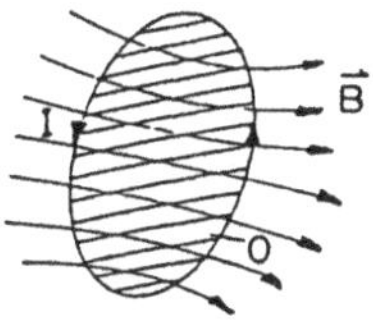

Abb. 6.5. Zur Definition der Selbstinduktion.

$$\boldsymbol{B} \sim I$$

auch

$$\phi = \int_O \boldsymbol{B} \cdot \mathrm{d}\boldsymbol{o} \sim I$$

Also ist

$$\boxed{\phi = LI} \tag{6.5}$$

Die Proportionalitätskonstante L heißt **Selbstinduktionskoeffizient**. Sie ist eine allein von der Geometrie und dem Material, in dem $\boldsymbol{B}$ erzeugt wird, abhängige Größe. Für die Einheiten von ϕ (nach Gl. (6.1)) und L (Gl. (6.5)) gilt folgendes: Es war [B] = T (Tesla), also ist

$$\boxed{[\phi] = \mathrm{T\ m^2}} \tag{6.6}$$

Die SI-Einheit T m^2 wird häufig auch mit Wb abgekürzt und heißt "Weber", d.h. es ist

$$1\ \mathrm{T\ m^2} = 1\ \mathrm{Wb} = 1\ \mathrm{Vs}$$

Somit folgt

$$\boxed{[L] = \frac{\mathrm{T\ m^2}}{\mathrm{A}}} \tag{6.7}$$

Die Einheit (T m^2)/A wird auch mit H abgekürzt und heißt "Henry", d.h. es ist

$$1\frac{\mathrm{T\ m^2}}{\mathrm{A}} = 1\frac{\mathrm{Wb}}{\mathrm{A}} = 1\frac{\mathrm{V\ s}}{\mathrm{A}} = 1\ \mathrm{H}$$

Der Zusammenhang Gl. (6.5) hat dann große Bedeutung, wenn L oder I zeitlich variabel sind. Dann wird nach Gl. (6.2) im geschlossenen Leiter selbst eine Spannung U_L induziert. Für sie gilt

$$\boxed{U_L = -\frac{\mathrm{d}}{\mathrm{d}t}(LI)} \tag{6.8}$$

bzw. falls $L = \mathrm{const}$ ist

$$\boxed{U_L = -L\frac{\mathrm{d}I}{\mathrm{d}t}} \qquad (6.8a)$$

Nach Gl. (6.8a) wird in einem stromdurchflossenen geschlossenen Leiter bei Stromänderung durch die induzierte Spannung ein Strom erzeugt, der der zeitlichen Änderung des Magnetfeldes entgegenwirkt (vgl. Bild 6.6).

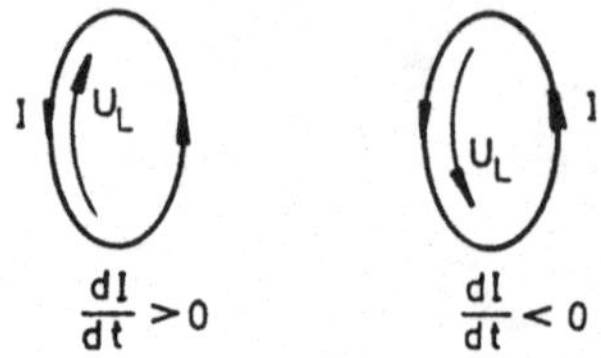

Abb. 6.6. Vorzeichen der Selbstinduktionsspannung.

Ein Magnetfeld kann also nie abrupt ein- oder ausgeschaltet werden. Aufgrund des Selbstinduktionskoeffizienten L hat es eine bestimmte Trägheit.

2. Einschalten einer Selbstinduktion; Energie des magnetischen Feldes: Die Trägheit des Magnetfeldes wird im folgenden Beispiel (Bild 6.7) deutlich. Hierbei sei zunächst bemerkt, dass eine Selbstinduktion niemals unabhängig von einem OHMschen Widerstand (Widerstand der Spule im Gleichstrombetrieb) zu realisieren ist. Im "Ersatzschaltbild" können wir zwar die Selbstinduktion L und den OHMschen Widerstand R isoliert voneinander betrachten, müssen sie dann aber, da sie von demselben Strom durchflossen werden, hintereinanderschalten. Liegt noch ein weiterer OHMscher Widerstand im Kreis, so ist die Serienschaltung von L und $R = R_{\text{Kreis}} + R_{\text{Spule}}$ zu betrachten.

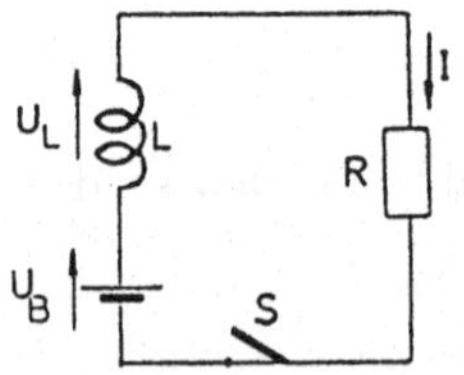

Abb. 6.7. Einschalten einer Selbstinduktion.
U_B = Batteriespannung
U_L = Selbstinduktionsspannung
$t < 0$ Schalter S offen
$t \geq 0$ Schalter S geschlossen

Bei $L = 0$ ist

$$I = 0 \text{ für } t < 0$$

und $$I = \frac{U_B}{R} \text{ für } t \geq 0$$

Ist $L \neq 0$, dann folgt

$$I = 0 \text{ für } t < 0$$

und $$U_B + U_L = RI \text{ für } t \geq 0$$

Nach Gl. (6.8a) ist

$$U_L = -L\frac{\mathrm{d}I}{\mathrm{d}t}$$

Das ergibt für I die Differentialgleichung

$$\boxed{U_B - L\frac{\mathrm{d}I}{\mathrm{d}t} = RI} \tag{6.9}$$

Die Lösung dieser Differentialgleichung gelingt durch "Separation der Variablen". Durch Umstellung erhält man

$$R\left(I - \frac{U_B}{R}\right) = -L\frac{\mathrm{d}I}{\mathrm{d}t}$$

bzw. $$\frac{dI}{I - \frac{U_B}{R}} = -\frac{R}{L} \cdot \mathrm{d}t$$

Die Integration auf beiden Seiten ergibt

$$\int\limits_{I(0)}^{I(t)} \frac{\mathrm{d}I}{I - \frac{U_B}{R}} = -\frac{R}{L}\int\limits_0^t \mathrm{d}t = -\frac{R}{L}t$$

oder

$$\ln\frac{I(t) - \frac{U_B}{R}}{I(0) - \frac{U_B}{R}} = -\frac{R}{L}t$$

und somit schließlich

$$I(t) = \frac{U_B}{R} + \left[I(0) - \frac{U_B}{R}\right] e^{-\frac{R}{L}t}$$

Dies ist die allgemeine Lösung. Die Integrationskonstante $I(0)$ erhält man durch die physikalisch bedingte Randbedingung:

$$I(t) \to \frac{U_B}{R} \qquad \text{für } t \to \infty$$

Daraus folgt $I(0) = 0$ und damit als Lösung

$$\boxed{I = \frac{U_B}{R}\left(1 - e^{-t/\tau}\right)} \tag{6.10}$$

mit der "Zeitkonstanten" $\tau = L/R$.

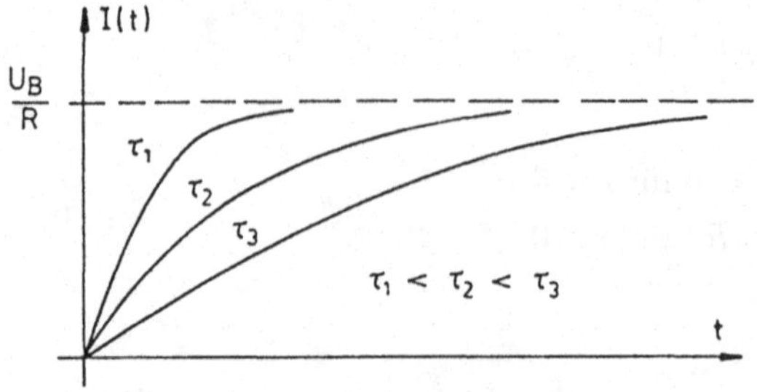

Abb. 6.8. Stromanstieg beim Einschalten einer Selbstinduktion.

3. Energie eines Magnetfeldes:
   In einem Stromkreis (Batteriespannung U_B, Strom I) wird pro Zeiteinheit die Energie $U_B I$ verbraucht (s. Gl. (4.18)). Für den Stromkreis des Bildes 6.7 erhalten wir nach Gl. (6.9):

$$U_B I = RI^2 + LI\frac{\mathrm{d}I}{\mathrm{d}t}$$

Hierin ist RI^2 die pro Zeiteinheit in R umgesetzte JOULEsche Wärme. $LI \cdot \mathrm{d}I/\mathrm{d}t$ muss dann offenbar die zur Aufrechterhaltung des Stroms durch L zur Herstellung des Magnetfeldes pro Zeiteinheit benötigte Energie sein. Damit folgt

$$\frac{\mathrm{d}W_m}{\mathrm{d}t} = LI\frac{dI}{dt} = \frac{1}{2}\,L\frac{\mathrm{d}}{\mathrm{d}t}(I^2)$$

Die Integration ergibt für die magnetische Energie, die zum Anstieg des Spulenstroms von $I = 0$ auf den Endwert I benötigt wird

$$\boxed{W_m = \frac{L}{2}I^2} \tag{6.11}$$

Im Vergleich hierzu ist die elektrische Energie, die zum Aufladen eines Kondensators von der Anfangsspannung $U = 0$ auf den Endwert U benötigt wird, gegeben durch $W_e = CU^2/2$. Analog zu Gl. (5.34) läßt sich allgemein zeigen, dass die Energie des Magnetfeldes beschrieben wird durch

$$\boxed{W_m = \frac{1}{2}\int \frac{1}{\mu}B^2 \cdot \mathrm{d}V} \tag{6.12}$$

wobei sich das Volumenintegral über den gesamten Raum erstreckt, in dem B existiert. Gl. (6.12) läßt sich im Beispiel einer langgestreckten Spule sehr leicht verifizieren. Die allgemeine Ableitung unterbleibt. Wir betrachten den mittleren Teil der Länge ℓ' einer langgestreckten, dicht gewickelten Spule mit Querschnitt O. Die Länge der Spule sei ℓ, die Zahl der Windungen N. Ferner sei $\mu = \mu_0$. Das Magnetfeld ist nahezu auf das Volumen innerhalb der Spule beschränkt. Daher gilt mit Gl. (3.41a):

$$\frac{1}{2}\int\frac{1}{\mu_0}B^2\cdot\mathrm{d}V=\frac{1}{2\mu_0}\left(\mu_0\frac{N}{\ell}I\right)^2\ell' O$$

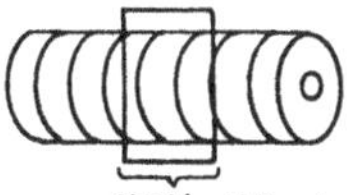

Abb. 6.9. Zur Feldenergie bei langer gerader Spule.

Andererseits ist wegen

$$B=\mu_0\frac{N}{\ell}I$$

der Fluss gegeben durch

$$\phi_{\ell'}=\mu_0\frac{N}{\ell}IN'O$$

Das ergibt schließlich mit $N'=N\ell'/\ell$:

$$W_m=\frac{L_{\ell'}}{2}I^2=\frac{1}{2}\,\mu_0\frac{N^2}{\ell^2}I^2\ell' O$$

Nach Gl. (6.12) kann man dann wieder eine Energiedichte des Magnetfeldes definieren, nämlich

$$\boxed{\frac{\mathrm{d}W_m}{\mathrm{d}V}=\frac{1}{2\mu}B^2=\frac{1}{2}BH} \tag{6.13}$$

Als Energiedichte des **elektromagnetischen** Feldes erhalten wir schließlich aus Gl. (5.35) und (6.13)

$$\boxed{\frac{\mathrm{d}W}{\mathrm{d}V}=\frac{1}{2}\,\varepsilon E^2+\frac{1}{2\mu}B^2} \tag{6.14}$$

Lenzsche Regel Mit den hier angestellten Überlegungen zum Energieinhalt des magnetischen Feldes läßt sich auch sehr leicht das Vorzeichen im FARADAY-HENRY-Gesez (Gl. (6.2) verstehen. Ein Stabmagnet werde etwa einer Spule genähert, so dass eine Spannung induziert wird, die einen Strom in der Spule erzeugt. Zum Aufbau des hierdurch erzeugten Magnetfeldes der Spule wie zur Aufrechterhaltung des Stroms im OHMschen Widerstand wird Energie benötigt, die offenbar nur der Relativbewegung zwischen Stabmagnet und Spule entnommen werden kann. Dann verlangt der Energieerhaltungssatz, dass bei Näherung des Stabmagneten an die Spule die Arbeit gegen eine Kraft zu leisten ist. Folglich muss das induzierte Magnetfeld der Spule entgegengesetzt demjenigen des Stabmagneten gerichtet sein. Entsprechende Überlegungen gelten für alle Induktionsvorgänge und führen zur LENZschen Regel: Die induzierte Spannung ist stets so gerichtet, dass sie der Änderung des magnetischen Flusses entgegenwirkt.

Bevor im folgenden kurz auf elektromagnetische Schwingungen eingegangen wird, soll zunächst der dem Ein- und Ausschalten einer Selbstinduktion analoge elektrische Vorgang nachgetragen werden.

4. Aufladung eines Kondensators:

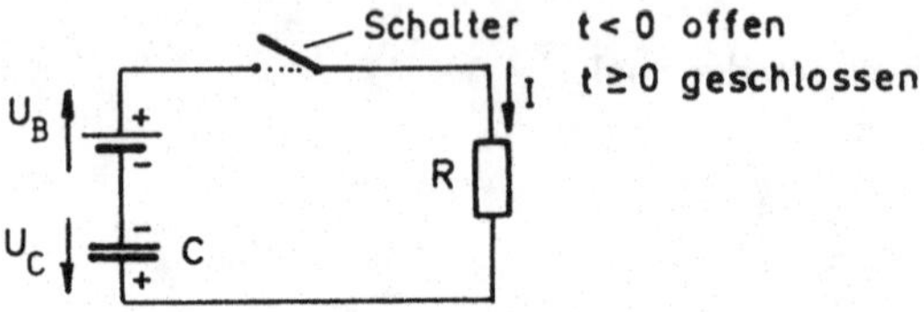

Abb. 6.10. Aufladung eines Kondensators.

Aus Bild 6.10 ist abzulesen

$$I = 0 \text{ für } t < 0$$

und $$U_B - U_C = RI \text{ für } t \geq 0$$

Wegen

$$U_C = \frac{Q}{C} = \frac{1}{C}\int_0^t I \cdot \mathrm{d}t$$

folgt

$$U_B - \frac{1}{C}\int_0^t I \cdot \mathrm{d}t = RI$$

Die Differentiation nach t führt wegen U_B = const und damit wegen $\mathrm{d}U_B/\mathrm{d}t = 0$ zur Differentialgleichung

$$-\frac{1}{C}I = R\frac{\mathrm{d}I}{\mathrm{d}t} \quad \text{bzw.} \quad \frac{\mathrm{d}I}{I} = -\frac{\mathrm{d}t}{RC}$$

für die Stromstärke I. Ihre Lösung ist

$$I = I_0 e^{-t/RC}$$

Die Randbedingung ist $U_C = 0$ für $t = 0$, da $Q = 0$ für $t = 0$. Also ist $U_B - 0 = RI(0)$. Damit folgt

$$I_0 = \frac{U_B}{R}$$

und schließlich

$$\boxed{I = \frac{U_B}{R} e^{-t/\tau}} \tag{6.15}$$

mit der Zeitkonstanten $\tau = RC$.

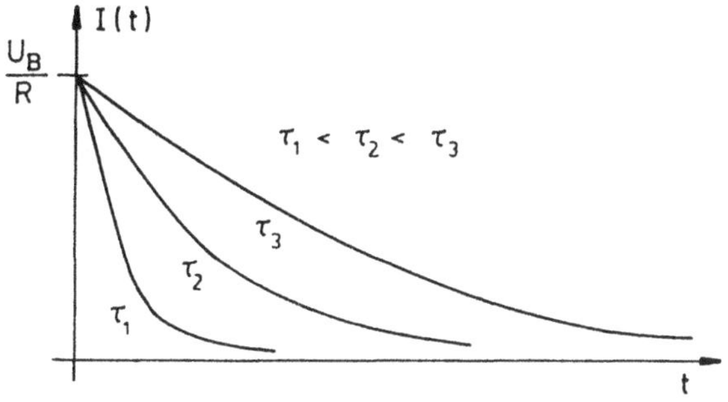

Abb. 6.11. Stromverlauf beim Aufladen eines Kondensators.

5. Serienschwingkreis:
Elektromagnetische Schwingungen nehmen heute in den vielfältigen Anwendungen einen so breiten Raum ein, dass eine auch nur übersichtsmäßige Darstellung aller hiermit zusammenhängender Eigenschaften unterbleiben muss. Die wesentlichen Grundlagen sollen am Beispiel eines L, C, R-Serienschwingkreis erläutert werden (Bild 6.12). Es gilt

$$U_C + U_L = RI$$

und
$$U_C = -\frac{Q}{C} = -\frac{1}{C}\int_0^t I \cdot \mathrm{d}t + U_C(0)$$

und
$$U_L = -L\frac{\mathrm{d}I}{\mathrm{d}t}$$

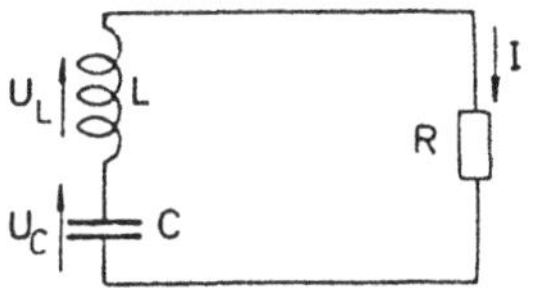

Abb. 6.12. Serienschwingkreis.

Die Differentiation nach t ergibt für I die Differentialgleichung

$$\boxed{L\frac{\mathrm{d}^2 I}{\mathrm{d}t^2} + R\frac{\mathrm{d}I}{\mathrm{d}t} + \frac{1}{C}I = 0} \tag{6.16}$$

Gl. (6.16) ist die Differentialgleichung einer gedämpften harmonischen Schwingung. (Zur Lösung siehe "Harmonische Schwingungen"; Band 1). Die Lösung lautet

$$\boxed{I = I_0 e^{-\delta t} \sin(\omega t + \alpha)} \tag{6.17}$$

mit

$$\delta = \frac{R}{2L}, \ \omega_0 = \frac{1}{\sqrt{LC}}, \ \omega = \sqrt{\omega_0^2 - \delta^2} \tag{6.17a}$$

Energiebetrachtung: Als Anfangsbedingung gelte etwa:

$$\left.\begin{aligned} U_C(t=0) &= U_0 \\ I(t=0) &= 0 \end{aligned}\right\} \Rightarrow \begin{aligned} U_L(0) &= -U_0 \\ -L\frac{\mathrm{d}I}{\mathrm{d}t}(0) &= -U_0 \end{aligned}$$

Gleichbedeutend ist

$$\begin{aligned} I(t=0) &= 0 && \Rightarrow \quad \alpha = 0 \\ \frac{\mathrm{d}I}{\mathrm{d}t}(t=0) &= \frac{U_0}{L} && \Rightarrow \quad I_0 = \frac{U_0}{\omega \cdot L} \end{aligned}$$

Die Lösung ist dann

$$I = \frac{U_0}{\omega L} e^{-\delta t} \sin \omega t$$

Im Fall der ungedämpften Schwingung, d.h. für $\delta \ll \omega_0$, folgt mit Gl. (6.11):

$$I = U_0 \sqrt{\frac{C}{L}} \sin \omega_0 t \quad \text{und} \quad W_m = \frac{C}{2} U_0^2 \sin^2 \omega_0 t$$

Für die Kondensatorspannung erhält man:

$$\begin{aligned} U_C &= U_0 - \frac{1}{C} \int_0^t I \cdot \mathrm{d}t = U_0 - \frac{1}{C} U_0 \sqrt{\frac{C}{L}} \int_0^t \sin \omega_0 t \cdot \mathrm{d}t \\ &= U_0 \Big[1 + (\cos \omega_0 t - 1)\Big] \end{aligned}$$

oder schließlich

$$U_C = U_0 \cos \omega_0 t \ \text{ und } \ W_e = \frac{C}{2} U_0^2 \cos^2 \omega_0 t \quad \text{(s. Gl.(5.33))}$$

Es gilt also

$$W_{\text{ges}} = W_e + W_m = \frac{C}{2} U_0^2 (\sin^2 \omega_0 t + \cos^2 \omega_0 t) = \frac{C}{2} U_0^2$$

d.h. die Gesamtenergie ist zeitunabhängig (Energieerhaltung). Die Gesamtenergie oszilliert zwischen Kondensator (elektrisches Feld) und Spule (magnetisches Feld).

Grenzfälle: Ungedämpfte Schwingung und aperiodischer Grenzfall. Der Fall der ungedämpften Schwingung $\delta \ll \omega_0$ wurde bereits erwähnt. Man erhält eine reine Sinusschwingung. Andererseits erhält man für $\delta = \omega_0$, d.h. für $R = 2\sqrt{L/C}, \omega = 0$, also nach Gl. (6.17) eine rein exponentiell abfallende Funktion (aperiodischer Grenzfall). Im übrigen siehe "Schwingungen"; Band 1.

6. Gegeninduktion und Transformator:
Häufig, wie etwa im Fall des Transformators, ist eine feste Anordnung zweier Spulen zueinander gegeben (Bild 6.13).

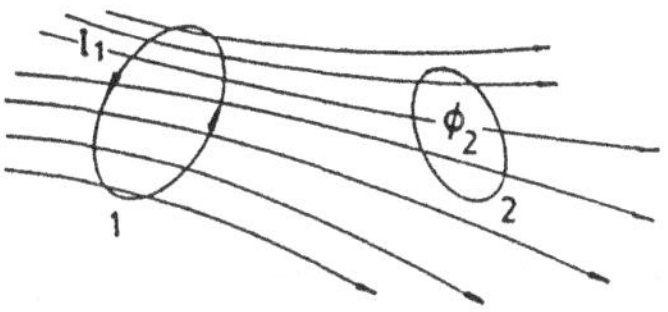

Abb. 6.13. Zur Definition der Gegeninduktion.

Der durch den geschlossenen Leiter 1 ("Primärspule" beim Trafo) fließende Strom I_1 erzeugt ein auch durch den geschlossenen Leiter 2 ("Sekundärspule" beim Trafo) durchgreifendes Magnetfeld $\boldsymbol{B} \sim I_1$. Der hierdurch in 2 bewirkte Fluss ϕ_2 ist also bei fester Geometrie proportional zu I_1. Der Proportionalitätsfaktor wird als **Gegeninduktionskoeffizient** L^* bezeichnet (vgl. Gl. (6.5)). Dann ist

$$\boxed{\phi_2 = L^* I_1} \tag{6.18}$$

Fließt ein Strom I_2 durch die Spule 2, so erhält man für den magnetischen Fluss ϕ_1 in Spule 1 entsprechend Gl. (6.18):

$$\phi_1 = L^* I_2$$

mit demselben Gegeninduktionskoeffizienten L^*. L^* hängt also nur von der geometrischen Anordnung der geschlossenen Leiter zueinander und vom Material im Magnetfeld ab. Sind z.B. die beiden Spulen auf einen gemeinsamen Weicheisenkern ($\mu \gg \mu_0$) gewickelt, so dass das von der Primärspule erzeugte Magnetfeld nahezu auf den Querschnitt des Eisenkerns konzentriert ist, d.h. die beiden Spulenquerschnitte vom selben Fluss durchsetzt werden, so erhält man für L^* in der Näherung langer Spulen (Bild 6.14), ausgehend von

$$B_1 = \mu \frac{N_1}{\ell} I_1 \quad \text{und} \quad \phi_2 = \mu \frac{N_1}{\ell} I_1 N_2 O$$

den Ausdruck

$$L^* = \mu \frac{N_1 N_2}{\ell} O \tag{6.19}$$

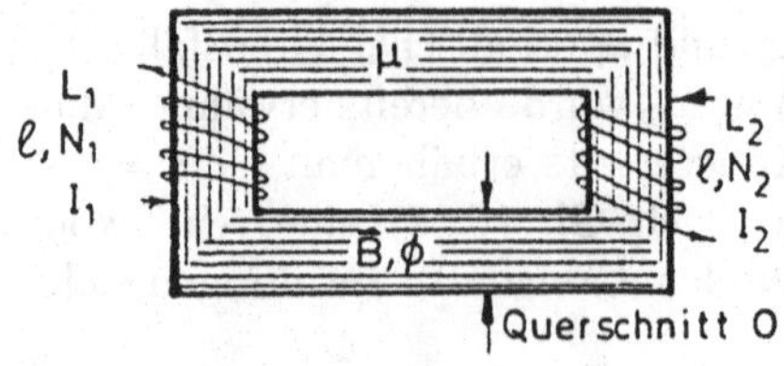

Abb. 6.14. Transformator.

Für die Selbstinduktionskoeffizienten gilt

$$\boxed{L_1 = \mu \frac{N_1^2}{\ell} O \quad \text{und} \quad L_2 = \mu \frac{N_2^2}{\ell} O} \tag{6.20}$$

Transformator ohne Belastung (Leerlaufbetrieb) An die Primärspule werde eine reine Sinus-Spannung angelegt, nämlich $U_1(t) = U_{0,1} \sin \omega t$. Der OHMsche Widerstand der Spule werde vernachlässigt. Dann gilt entsprechend Gl. (6.9)):

$$U_{0,1} \sin \omega t - L_1 \frac{\mathrm{d}I_1}{\mathrm{d}t} = 0$$

oder

$$\frac{\mathrm{d}I_1}{\mathrm{d}t} = \frac{U_{0,1}}{L_1} \sin \omega t$$

Die Sekundärspule sei offen. Also ist $I_2 = 0$. Nach dem FARADAY-HENRY-Gesetz Gl. (6.2) und (6.19) gilt

$$U_2(t) = -L^* \frac{\mathrm{d}I_1}{\mathrm{d}t}$$

Setzt man aus obiger Beziehung $\mathrm{d}I_1/\mathrm{d}t$ ein, so wird

$$U_2(t) = -\frac{L^*}{L_1} U_{0,1} \sin \omega t = U_{0,2} \sin \omega t$$

und mit (6.19), (6.20)

$$\boxed{\frac{U_{0,2}}{U_{0,1}} = -\frac{N_2}{N_1}} \tag{6.21}$$

Ein Transformator erzeugt also aus einer sinusförmigen Spannung eine wiederum sinusförmige Sekundärspannung, und die Amplituden werden im Übersetzungsverhältnis der Windungszahlen transformiert.

6.2 Ampere-Maxwell-Satz

Das FARADY-HENRY-Gesetz Gl. (6.3) lautet

$$\oint \boldsymbol{E} \cdot \mathrm{d}\boldsymbol{s} = -\frac{\mathrm{d}}{\mathrm{d}t} \int\limits_O \boldsymbol{B} \cdot \mathrm{d}\boldsymbol{o}$$

wobei das linke Integral über den Rand von O zu erstrecken ist. Wir suchen nach einem analogen Zusammenhang zwischen einem zeitlich variablen elektrischen Feld und einem hierdurch erzeugten Magnetfeld der Form

$$\oint \boldsymbol{B} \cdot \mathrm{d}\boldsymbol{s} = ?$$

Im statischen Fall galt hierfür der AMPEREsche Satz Gl. (5.65), nämlich

$$\oint\limits_{\mathrm{Randv.O}} \boldsymbol{B} \cdot \mathrm{d}\boldsymbol{s} = \mu_0 \int\limits_O \boldsymbol{j} \cdot \mathrm{d}\boldsymbol{o}$$

Dieser ist jetzt auf den Fall eines zeitlich variablen elektrischen Feldes zu erweitern. Zur Vorbereitung dient der folgende Abschnitt.

Ladungserhaltung bei Zeitabhängigkeit Wir betrachten eine geschlossene Fläche, die ein bestimmtes Volumen einschließt. Der Gesamtstrom durch die geschlossene Fläche muss bei Zeitunabhängigkeit $= 0$ sein, um Ladungserhaltung für alle Zeiten zu garantieren (vgl. Gl. (4.4)). Im hier zu betrachtenden nichtstationären Fall wird die Ladungserhaltung offenbar durch die Gleichung

$$\boxed{I = \oint \boldsymbol{j} \cdot \mathrm{d}\boldsymbol{o} = -\frac{\mathrm{d}q}{\mathrm{d}t}} \qquad (6.22)$$

erzwungen, wobei q die insgesamt im Volumen V vorhandene Ladung ist. Ist also $I > 0$, so nimmt entsprechend die Gesamtladung im Innern von V ab ($\mathrm{d}q/\mathrm{d}t < 0$ etc.). Andererseits gilt nach dem Gaußschen Satz (Gl. (5.4))

$$\oint \boldsymbol{E} \cdot \mathrm{d}\boldsymbol{o} = \frac{q}{\varepsilon_0}$$

Wir können daher die Ladungserhaltung Gl. (6.22) auch in der Form

$$\boxed{\oint \boldsymbol{j} \cdot \mathrm{d}\boldsymbol{o} + \varepsilon_0 \frac{\mathrm{d}}{\mathrm{d}t} \oint \boldsymbol{E} \cdot \mathrm{d}\boldsymbol{o} = 0} \qquad (6.23)$$

angeben.

Plausibilitätsbetrachtung zum Ampere-Maxwell-Satz Wir stellen uns eine Fläche O der Art in Bild 6.15 vor. Sicherlich gilt dann im Grenzfall der zu einem Punkt zusammenschrumpfenden Randkurve, da die Länge der Randkurve dann selbst gegen 0 geht.

$$\oint\limits_{\mathrm{Randv.O}} \boldsymbol{B} \cdot \mathrm{d}\boldsymbol{s} \to 0$$

für Rand von O → Punkt. In diesem Fall wird aus dem AMPEREschen Satz (O geht in geschlossene Oberfläche über).

$$\oint \boldsymbol{j} \cdot \mathrm{d}\boldsymbol{o} = 0$$

d.h. Ladungserhaltung im stationären Fall.

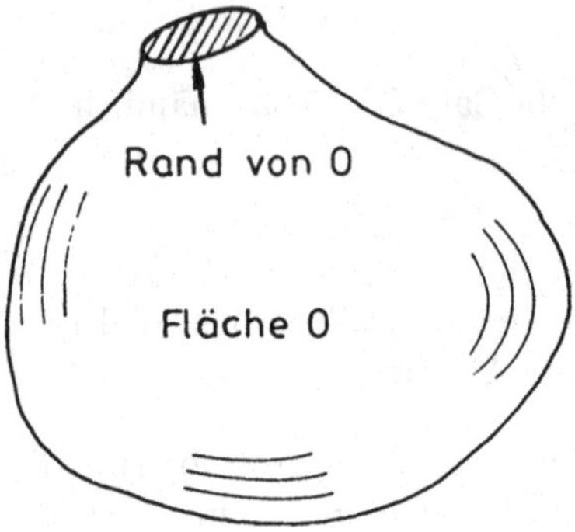

Abb. 6.15. Zur Herleitung des AMPERE-MAXWELL-Satzes.

Der AMPEREsche Satz beinhaltet also die Ladungserhaltung. Dann ist es plausibel anzunehmen, dass dies auch im nichtstationären Fall so sein muss. Hier ist die Ladungserhaltung aber durch Gl. (6.23) gegeben, so dass man offensichtlich im AMPEREschen Satz den Ausdruck

$$\int_O \boldsymbol{j} \cdot \mathrm{d}\boldsymbol{o} \quad \text{durch} \quad \int_O \boldsymbol{j} \cdot \mathrm{d}\boldsymbol{o} + \varepsilon_0 \frac{\mathrm{d}}{\mathrm{d}t} \int_O \boldsymbol{E} \cdot \mathrm{d}\boldsymbol{o}$$

ersetzen muss. Damit wird der **Ampere-Maxwell-Satz** (Gl. (6.24) s.u.) verständlich. Eine Herleitung ist dies natürlich nicht. Es handelt sich, wie bei den anderen bereits besprochenen Gesetzmäßigkeiten (Gaußsche Sätze des elektrischen und magnetischen Feldes, FARADAY-HENRY-Satz) um ein Grundgesetz der Elektrodynamik und lautet

$$\oint_{\text{Rand v. O}} \boldsymbol{B} \cdot \mathrm{d}\boldsymbol{s} = \mu_0 \int_O \boldsymbol{j} \cdot \mathrm{d}\boldsymbol{o} + \varepsilon_0 \mu_0 \frac{\mathrm{d}}{\mathrm{d}t} \int_O \boldsymbol{E} \cdot \mathrm{d}\boldsymbol{o} \tag{6.24}$$

Da ein Magnetfeld bereits durch einen stationären Strom erzeugt wird (AMPEREscher Satz), kommt die Analogie zwischen dem AMPERE-MAXWELL-Satz und dem FARADAY-HENRY-Satz besser zum Ausdruck, wenn wir den Fall $I = 0$ (etwa Vakuum; keine Materie, also auch keine Ladungsträger) betrachten. Hierfür ergibt sich nach Gl. (6.24) für $\boldsymbol{j} = 0$

$$\oint_{\text{Rand v. O}} \boldsymbol{B} \cdot \mathrm{d}\boldsymbol{s} = \varepsilon_0 \mu_0 \frac{\mathrm{d}\phi_e}{\mathrm{d}t} \tag{6.25}$$

$\phi_e = \int_O \boldsymbol{E} \cdot \, \mathrm{d}\boldsymbol{o}$ ist der Fluss der elektrischen Feldstärke $\boldsymbol{E}$ durch die Oberfläche O. **Die Änderung des elektrischen Flusses erzeugt ein Magnetfeld.** (FARADAY-HENRY-Satz: Die Änderung des magnetischen Flusses erzeugt ein elektrisches Feld).
Nach den vielfach gegebenen Ableitungen der differentiellen Form aus der integralen Form eines Satzes wird hier die differentielle Form des AMPERE-MAXWELL-Satzes ohne weitere Erläuterung angefügt. Sie lautet

$$\boxed{\operatorname{rot} \boldsymbol{B} = \mu_0 \left(\boldsymbol{j} + \varepsilon_0 \frac{\partial \boldsymbol{E}}{\partial t} \right)} \tag{6.26}$$

6.3 Maxwell-Gleichungen

In den vorangegangenen Kapiteln 2–6 ist gezeigt worden, dass es eine bestimmte Wechselwirkung (**elektromagnetische Wechselwirkung**) zwischen Elementarteilchen gibt, die aufgrund der Eigenschaft "elektrische Ladung" verstanden werden kann. Zur Beschreibung dieser Wechselwirkung werden zwei Vektorfelder, das elektrische Feld $\boldsymbol{E}$ und das magnetische Feld $\boldsymbol{B}$ eingeführt. Die Kraft auf ein Teilchen der Ladung q und Geschwindigkeit $\boldsymbol{v}$ ist dann durch die LORENTZ-Kraft (Gl. (3.3))

$$\boldsymbol{F} = q(\boldsymbol{E} + v \times \boldsymbol{B})$$

gegeben. Für die das elektrische bzw. magnetische Feld beschreibenden Größen $\boldsymbol{E}$ und $\boldsymbol{B}$ gelten die nachfolgenden sogenannten **Maxwellschen Gleichungen** (Gl. (5.4), (5.69), (6.3), (6.24) sowie die entsprechenden differentiellen Formen)

	Integrale Form	Differentielle Form
Gaußscher Satz des elektrischen Feldes	$\oint \boldsymbol{E} \cdot \mathrm{d}\boldsymbol{o} = \frac{q}{\varepsilon_0}$	$\operatorname{div} \boldsymbol{E} = \frac{\varrho}{\varepsilon_0}$
Gaußscher Satz des magnetischen Feldes	$\oint \boldsymbol{B} \cdot \mathrm{d}\boldsymbol{o} = 0$	$\operatorname{div} \boldsymbol{B} = 0$
FARADAY-HENRY-Satz	$\oint \boldsymbol{E} \cdot \mathrm{d}\boldsymbol{s} = -\frac{\mathrm{d}}{\mathrm{d}t} \int \boldsymbol{B} \cdot \mathrm{d}\boldsymbol{o}$	$\operatorname{rot} \boldsymbol{E} = -\frac{\partial \boldsymbol{B}}{\partial t}$
AMPERE-MAXWELL-Satz	$\oint \boldsymbol{B} \cdot \mathrm{d}\boldsymbol{s} = \mu_0 I + \varepsilon_0 \mu_0 \frac{\mathrm{d}}{\mathrm{d}t} \int \boldsymbol{E} \cdot \mathrm{d}\boldsymbol{o}$	$\operatorname{rot} \boldsymbol{B} = \mu_0 \boldsymbol{j} + \varepsilon_0 \mu_0 \frac{\partial \boldsymbol{E}}{\partial t}$

Für den Spezialfall des Vakuums lassen sich die MAXWELL-Gleichungen stark vereinfachen. Hier gilt $\varrho = 0$ und $\boldsymbol{j} = 0$, so dass man in differentieller Form

$$\boxed{\begin{array}{ll} \operatorname{div} \boldsymbol{E} = 0; & \operatorname{div} \boldsymbol{B} = 0 \\ \operatorname{rot} \boldsymbol{E} = -\frac{\partial \boldsymbol{B}}{\partial t}; & \operatorname{rot} \boldsymbol{B} = +\frac{1}{c^2} \cdot \frac{\partial \boldsymbol{E}}{\partial t} \end{array}} \tag{6.27}$$

erhält. Hierin ist $\varepsilon_0 \mu_0$ durch $1/c^2$ (c = Lichtgeschwindigkeit im Vakuum) ersetzt worden.

6.4 Ergänzung: Hochfrequente Wechselströme in Drähten

Betrachtet wird ein homogener, gerader, unendlich langer Draht in z-Richtung aus einem Metall mit der spezifischen Leitfähigkeit σ, der von einem Wechselstrom

$$I(t) = \int_A \boldsymbol{j} \cdot \mathrm{d}\boldsymbol{A} = \int_A \boldsymbol{j}_0 \mathrm{e}^{i\omega t} \cdot \mathrm{d}\boldsymbol{A}$$

durchflossen wird. Der Drahtquerschnitt A sei kreisförmig vom Radius R. Aus Symmetriegründen muss die Stromdichte $\boldsymbol{j}$ in z-Richtung weisen, d.h. es ist

$$\boldsymbol{j} = j\boldsymbol{u}_z \qquad \text{mit}$$
$$j = j_0 e^{i\omega t} \tag{6.28}$$

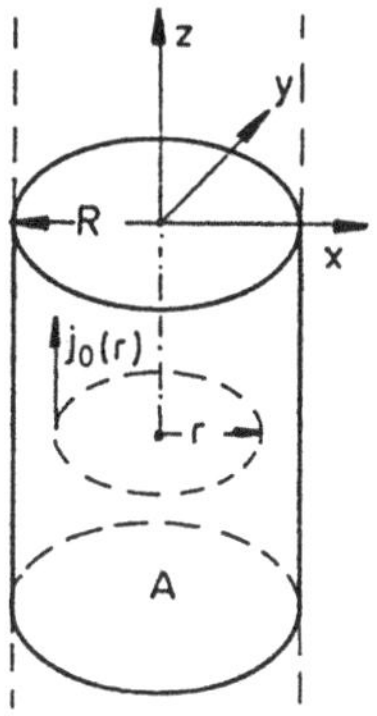

Abb. 6.16. Ausgangssituation beim Skin-Effekt.

Das **Ziel** ist die Berechnung der radialen Verteilung $j_0(r)$ der Stromdichte-Amplitude.
Ausgangspunkt sind die beiden in homogenen, isotropen und neutralen Leitermaterialen gültigen MAXWELLschen Gleichungen

$$\text{rot } \boldsymbol{B} = \varepsilon\mu\frac{\partial \boldsymbol{E}}{\partial t} + \mu\sigma\boldsymbol{E} \tag{6.29}$$

und

$$\text{rot } \boldsymbol{E} = -\frac{\partial \boldsymbol{B}}{\partial t} \tag{6.30}$$

und das sogenannte "OHMsche Gesetz in differentieller Form":

$$\boldsymbol{j} = \sigma\boldsymbol{E} \tag{6.31}$$

$\varepsilon = \varepsilon_r\varepsilon_0$ und $\mu = \mu_r\mu_0$ sind die Dielektrizitätskonstante und die Permeabilität des Materials. ε_r und μ_r sind die Dielektrizitätszahl und die Permeabilitätszahl. Die Elimination von $\boldsymbol{E}$ aus (6.29) und (6.30) mittels (6.31) ergibt

$$\text{rot } \boldsymbol{B} = \frac{\varepsilon\mu}{\sigma}\frac{\partial \boldsymbol{j}}{\partial t} + \mu\boldsymbol{j} \tag{6.32}$$

und

$$\text{rot } \boldsymbol{j} = -\sigma\frac{\partial \boldsymbol{B}}{\partial t} \tag{6.33}$$

Aus (6.28) folgt:

$$\frac{\partial \boldsymbol{j}}{\partial t} = \boldsymbol{u}_z\frac{\partial j}{\partial t} = i\omega j\boldsymbol{u}_z = i\omega\boldsymbol{j}$$

Damit lautet (6.32):

$$\text{rot}\,\boldsymbol{B} = \left(i\frac{\varepsilon\omega}{\sigma} + 1\right)\mu\boldsymbol{j} \tag{6.34}$$

Die Dielektrizitätskonstante von Metallen läßt sich mit den vertrauten elektrostatischen Methoden nicht bestimmen, da die Influenzerscheinungen die gesuchten Effekte überdecken. Es müssen optische oder Hochfrequenz-Verfahren angewendet werden. Die Messergebnisse zeigen, dass die Dielektrizitätskonstante von Metallen in derselben Größenordnung liegt, wie die von Isolatoren. Für Abschätzungen wird im folgenden $\varepsilon_r = 10$ angenommen. Das bekannteste Leitermetall Cu besitzt eine spezifische Leitfähigkeit von rund $\sigma = 1.5 \cdot 10^7$ A $\text{V}^{-1}\text{m}^{-1}$. Für einen Wechselstrom der Frequenz $\nu = 1$ GHz $= 10^9$ Hz, also der Kreisfrequenz $\omega = 2\pi \cdot 10^9\ \text{s}^{-1}$, ist dann

$$\frac{\varepsilon \cdot \omega}{\sigma} = 3.7 \cdot 10^{-8}$$

Dieser Wert ist vernachlässigbar klein gegen Eins. Unter diesen Voraussetzungen und damit erst recht bei tieferen Frequenzen kann also die Gleichung (6.34) in ihrer "quasistationären" Näherung

$$\text{rot}\,\boldsymbol{B} = \mu\boldsymbol{j} \tag{6.35}$$

verwendet werden. Anwendung des Rotationsoperators auf (6.33) und Vertauschung von örtlicher und zeitlicher Differentiation ergeben:

$$\text{rot}(\text{rot}\,\boldsymbol{j}) = \text{rot}\left(-\sigma\frac{\partial \boldsymbol{B}}{\partial t}\right) = -\sigma\frac{\partial}{\partial t}(\text{rot}\,\boldsymbol{B})$$

Einsetzen von (6.35) führt auf:

$$\text{rot}(\text{rot}\,\boldsymbol{j}) = -\mu\sigma\frac{\partial \boldsymbol{j}}{\partial t}$$

Die Vektoranalysis lehrt für die zweifache Anwendung des Rotationsoperators auf einen Vektor:

$$\text{rot}(\text{rot}\,\boldsymbol{j}) = \text{grad}(\text{div}\,\boldsymbol{j}) - \Delta\boldsymbol{j}$$

Damit ist:

$$\Delta\boldsymbol{j} = \mu\sigma\frac{\partial \boldsymbol{j}}{\partial t} - \text{grad}(\text{div}\,\boldsymbol{j})$$

Die Kontinuitätsgleichung div $\boldsymbol{j} = \text{d}\varrho/\text{d}t$ für elektrische Ladungen sagt aus, dass $\boldsymbol{j}$ nur dann Quellen aufweist, wenn sich vorhandene Raumladungsdichten zeitlich ändern. Das ist hier nicht der Fall. Also ist div $\boldsymbol{j} = 0$ und somit

$$\Delta\boldsymbol{j} = \mu\sigma\frac{\partial \boldsymbol{j}}{\partial t}$$

Diese (Vektor-) Gleichung repräsentiert drei (Skalar-) Gleichungen für die drei Komponenten j_x, j_y und j_z von $\boldsymbol{j}$. Wegen $j_x = j_y = 0$ und $j_z = j$ verbleibt

$$\Delta j = \mu\sigma \frac{\partial j}{\partial t} \tag{6.36}$$

Im kartesischen Koordinatensystem ist

$$\Delta j = \frac{\partial^2 j}{\partial x^2} + \frac{\partial^2 j}{\partial y^2} + \frac{\partial^2 j}{\partial z^2}$$

j ist – außer von der Zeit t – nur von $r = \sqrt{x^2 + y^2}$ abhängig, nicht dagegen von z. Also verbleibt:

$$\Delta j = \frac{\partial^2 j}{\partial x^2} + \frac{\partial^2 j}{\partial y^2}$$

Es ist:

$$\frac{\partial j}{\partial x} = \frac{\mathrm{d}j}{\mathrm{d}r}\frac{\partial r}{\partial x}$$

und damit:

$$\frac{\partial^2 j}{\partial x^2} = \frac{\partial}{\partial x}\left(\frac{\mathrm{d}j}{\mathrm{d}r}\right)\frac{\partial r}{\partial x} + \frac{\mathrm{d}j}{\mathrm{d}r}\frac{\partial^2 r}{\partial x^2} = \frac{\mathrm{d}^2 j}{\mathrm{d}r^2}\left(\frac{\partial r}{\partial x}\right)^2 + \frac{\mathrm{d}j}{\mathrm{d}r}\frac{\partial^2 r}{\partial x^2}$$

Mit

$$\frac{\partial r}{\partial x} = \frac{x}{r} \qquad \text{und} \qquad \frac{\partial^2 r}{\partial x^2} = \frac{1}{r} - \frac{x^2}{r^3}$$

folgt dann:

$$\frac{\partial^2 j}{\partial x^2} = \frac{x^2}{r^2}\frac{\mathrm{d}^2 j}{\mathrm{d}r^2} + \frac{1}{r}\frac{\mathrm{d}j}{\mathrm{d}r} - \frac{x^2}{r^3}\frac{\mathrm{d}j}{\mathrm{d}r} \tag{6.37}$$

In analoger Weise erhält man:

$$\frac{\partial^2 j}{\partial y^2} = \frac{y^2}{r^2}\frac{\mathrm{d}^2 j}{\mathrm{d}r^2} + \frac{1}{r}\frac{\mathrm{d}j}{\mathrm{d}r} - \frac{y^2}{r^3}\frac{\mathrm{d}j}{\mathrm{d}r} \tag{6.38}$$

Addition von (6.37) und (6.38) ergibt mit $x^2 + y^2 = r^2$:

$$\Delta j = \frac{\mathrm{d}^2 j}{\mathrm{d}r^2} + \frac{1}{r}\frac{\mathrm{d}j}{\mathrm{d}r}$$

Damit lautet (6.36):

$$\frac{\mathrm{d}^2 j}{\mathrm{d}r^2} + \frac{1}{r}\frac{\mathrm{d}j}{\mathrm{d}r} = \mu\sigma\frac{\partial j}{\partial t}$$

Einsetzen von (6.28) ergibt:

$$\frac{\mathrm{d}^2 j_0}{\mathrm{d}r^2} + \frac{1}{r}\frac{\mathrm{d}j_0}{\mathrm{d}r} - i\mu\sigma\omega j_0 = 0 \tag{6.39}$$

Mit den Abkürzungen

$$\mu\sigma\omega = a^2 \qquad \text{und} \qquad \varrho = \sqrt{-i}ar \tag{6.40}$$

folgt:

$$\frac{\mathrm{d}j_0}{\mathrm{d}r} = \sqrt{-ia}\frac{\mathrm{d}j_0}{\mathrm{d}\varrho} \qquad \text{und} \qquad \frac{\mathrm{d}^2 j_0}{\mathrm{d}r^2} = -ia^2\frac{\mathrm{d}^2 j_0}{\mathrm{d}\varrho^2}$$

Einsetzen in (6.39) liefert:

$$-ia^2\frac{\mathrm{d}^2 j_0}{\mathrm{d}\varrho^2} - \frac{ia^2}{\varrho}\frac{\mathrm{d}j_0}{\mathrm{d}\varrho} - ia^2 j_0 = 0$$

oder:

$$\frac{\mathrm{d}^2 j_0}{\mathrm{d}\varrho^2} + \frac{1}{\varrho}\frac{\mathrm{d}j_0}{\mathrm{d}\varrho} - j_0 = 0$$

Diese Gleichung ist ein Spezialfall der sogenannten **Besselschen Differentialgleichung**. Ihre Lösung ist proportional zur sogenannten **Besselfunktion nullter Ordnung**, die im folgenden mit $J_0(\varrho)$ bezeichnet wird, d.h. es ist:

$$j_0(\varrho) = N J_0(\varrho) \tag{6.41}$$

Der Faktor N dient zur Umrechnung der "mathematischen" Funktion J_0 in die "physikalische" Größe j_0.

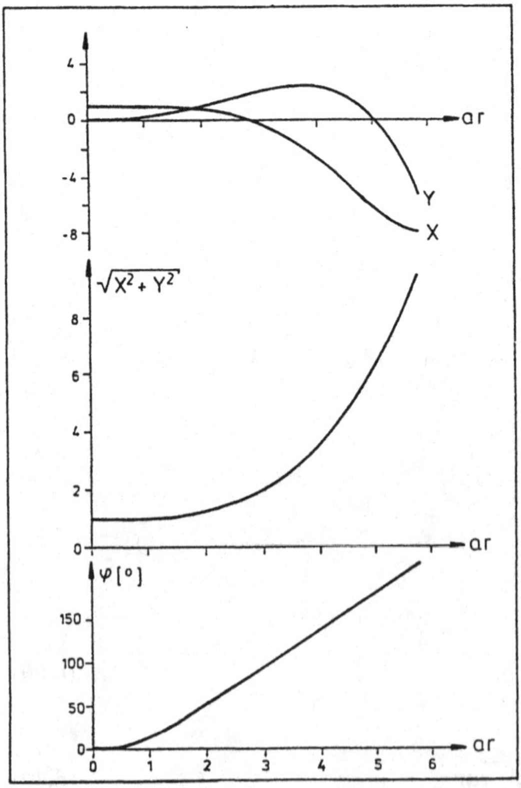

Abb. 6.17. Zur komplexen BESSEL-Funktion nullter Ordnung.

Die BESSEL-Funktionen lassen sich nicht in geschlossener mathematischer Form angeben. Sie können durch Integrale oder durch Rekursionsformeln oder durch unendliche Reihen dargestellt werden. Zahlenwerte sind in den meisten mathematischen Tabellen-Büchern zu finden. Im folgenden wird von der Reihenentwicklung ausgegangen. Sie lautet:

$$J_0(\varrho) = \sum_{n=0}^{\infty} \frac{(-1)^n}{(n!)^2} \left(\frac{\varrho}{2}\right)^{2n}$$

Ferner wird angenommen, dass die Summe aus den ersten sechs Gliedern dieser Reihe für die hier angestellten Betrachtungen eine ausreichend gute Näherung darstellt. Es wird also vorausgesetzt:

$$\begin{aligned} J_0(\varrho) &= \sum_{n=0}^{5} \frac{(-1)^n}{(n!)^2 2^{2n}} \cdot \varrho^{2n} \\ &= 1 - \frac{\varrho^2}{4} + \frac{\varrho^4}{64} - \frac{\varrho^6}{2304} + \frac{\varrho^8}{147456} - \frac{\varrho^{10}}{14745600} \end{aligned}$$

Die Variable ϱ ist eine **komplexe** Zahl. Aus (6.40) folgt:

$$\varrho^2 = -i(ar)^2; \quad \varrho^4 = -(ar)^4 \qquad \text{u.s.w.}$$

Damit ist:

$$\begin{aligned} J_0(r) &= 1 + i\frac{(ar)^2}{4} - \frac{(ar)^4}{64} - i\frac{(ar)^6}{2304} + \frac{(ar)^8}{147456} \\ &\quad + i\frac{(ar)^{10}}{14745600} \\ &= 1 - \frac{(ar)^4}{64} + \frac{(ar)^8}{147456} + i\left[\frac{(ar)^2}{4} - \frac{(ar)^6}{2304} + \frac{(ar)^{10}}{14745600}\right] \end{aligned}$$

$J_0(r)$ ist also ebenfalls **komplex**. Bezeichnet

$$X = 1 - \frac{(ar)^4}{64} + \frac{(ar)^8}{147456}$$

den **Realteil** und

$$Y = \frac{(ar)^2}{4} - \frac{(ar)^6}{2304} + \frac{(ar)^{10}}{14745600}$$

den **Imaginärteil**, dann ist:

$$J_0(r) = X + iY = \sqrt{X^2 + Y^2} e^{i\varphi}$$

Dabei gilt für den Phasenwinkel:

$$\varphi = \arctan \frac{Y}{X}$$

(6.28) und (6.41) ergeben somit für die Stromdichte:

$$\begin{aligned} j(r,t) &= j_0(r)e^{i\omega t} = NJ_0(r)e^{i\omega t} \\ &= N\sqrt{X^2+Y^2}e^{i(\omega t+\varphi)} \end{aligned} \tag{6.42}$$

Zur Veranschaulichung der Eigenschaften bzw. des Verlaufs der komplexen BESSEL-Funktion nullter Ordnung sind in der Graphik Bild 6.17 die Größen $X, Y, \sqrt{X^2+Y^2}$ und φ als Funktion von (ar) aufgetragen. Hieraus ist in Verbindung mit (6.42) abzulesen, dass der "Betrag" $|j_0(r)| = N\sqrt{X^2+Y^2}$ der Amplitude der Stromdichte $j(r,t)$ und deren Phasenverschiebung φ mit wachsendem Abstand r von der Drahtachse ansteigen.

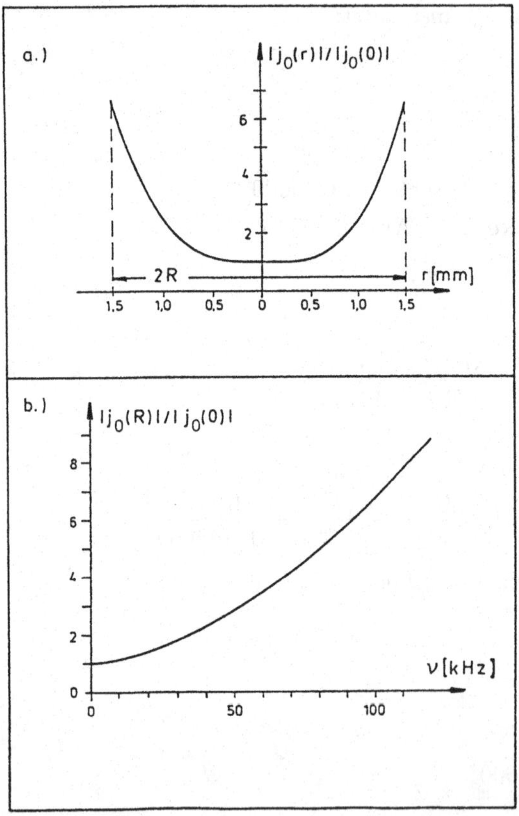

Abb. 6.18. Zum Skin-Effekt: a.) Stromdichte-Verteilung, b.) Frequenzabhängigkeit.

Die Stromdichte wird von der Drahtmitte zur Drahtoberfläche ("Haut"; engl.: Skin) gedrängt. Das Bild 6.18 zeigt in Teil a.) die Verteilung des Amplitudenbetrages $|j_0(r)|$ der Stromdichte entlang des Durchmessers eines 3 mm dicken Kupfer-Drahtes ($R = 1.5 \cdot 10^{-3}$ m) relativ zum Wert $|j_0(0)|$ auf der Drahtachse für eine Frequenz von $\nu = 0.1$ MHz $= 100$ kHz. Dabei wurde

näherungsweise $\mu = \mu_0$ gesetzt, da – mit Ausnahme der ferromagnetischen Substanzen – die Permeabilitätszahlen μ_r von Metallen nahe bei Eins liegen. Die Stärke des Skin-Effekts ist von der Frequenz ν des hindurchfließenden Wechselstroms abhängig. Diese Abhängigkeit steckt in der durch (6.40) definierten Größe $a = (\mu\sigma 2\pi\nu)^{1/2}$, die im Argument (ar) der BESSEL-Funktion enthalten ist. Hierzu zeigt der Teil b.) des Bildes – wiederum für einen 3 mm dicken Kupfer-Draht – den Amplitudenbetrag $|j_0(R)|$ der Stromdichte an der Drahtoberfläche $(r = R)$ relativ zum Wert $|j_0(0)|$ auf der Drahtachse als Funktion der Frequenz ν. Der Stromfluss verlagert sich also mit steigender Frequenz immer mehr in die Haut des Drahtes.
Die Integration von (6.42) über den Drahtquerschnitt A ergibt die Stromstärke $I(t)$, d.h. es ist

$$I(t) = \int_A j(r,t) \cdot \mathrm{d}A = N \int_A J_0(r) \cdot \mathrm{d}A e^{i\omega t} = I_0 e^{i\omega t}$$

mit

$$I_0 = N \int_A J_0(r) \mathrm{d}A$$

Ist die Stromamplitude I_0 vorgegeben oder durch Messung bestimmbar, dann kann der Umrechnungsfaktor N aus dem Integral der BESSEL-Funktion berechnet werden. Mit $\mathrm{d}A = 2\pi r\ \mathrm{d}r$ folgt:

$$N = \frac{I_0}{2\pi \int_0^R J_0(r) r \mathrm{d}r}$$

N hat die Maßeinheit der Stromdichte, also A m^{-2}.

6.5 Ergänzung: Selbsterregte Oszillatoren für elektrische Schwingungen

Ein Kreis aus einer Spule (Induktivität: L) und einem Kondensator (Kapazität: C) bildet einen (idealen) elektrischen Schwingkreis. Die Stromstärke $I(t)$ variiert zeitlich harmonisch mit der Kreisfrequenz (**Eigenfrequenz**).

$$\omega_0 = \frac{1}{\sqrt{LC}} \tag{6.43}$$

d.h. es ist mit den Anfangsbedingungen $I(0) = I_0$ und $(\mathrm{d}I/\mathrm{d}t)_{t=0} = 0$:

$$I(t) = I_0 \cos \omega_0 t$$

oder in der für Umrechnungen bequemeren **komplexen** Schreibweise:

$$I(t) = I_0 e^{i\omega_0 t}$$

Im realen Fall ist jeder elektrische Schwingkreis **bedämpft**. Die Hauptursachen hierfür sind die OHMschen Anteile in den Impedanzen der Spule und des Kondensators. Hinzu kommen Energieverluste durch Abstrahlung elektromagnetischer Felder, durch Ummagnetisierung eines eventuell verwendeten ferromagnetischen Spulenkerns und anderes. Die insgesamt zur Dämpfung beitragenden Effekte lassen sich **näherungsweise** durch einen OHMschen Widerstand R im Schwingkreis berücksichtigen oder erfassen. Sie führen dazu, dass (in dieser Näherung) die Amplituden einer einmal angestoßenen Schwingung exponentiell abnehmen. Bei entsprechenden Anfangsbedingungen ist:

$$I(t) = I_0 e^{-\delta t} e^{\mathrm{d}i\omega_D t} \qquad (6.44)$$

mit

$$\delta = \frac{R}{2L} \qquad \text{und} \qquad \omega_D^2 = \omega_0^2 - \delta^2$$

Dieses gilt allerdings nur, solange $\delta < \omega_0$ ist, also im sogenannten **Schwingfall**. In den Fällen $\delta = \omega_0$ (**Aperiodischer Grenzfall**) und $\delta > \omega_0$ (**Kriechfall**) treten keine Schwingungen mehr auf.

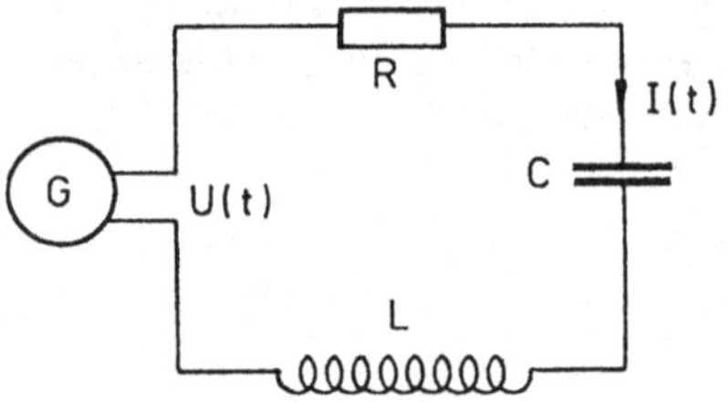

Ungedämpfte Schwingungen, also solche mit konstanter Amplitude, lassen sich grundsätzlich nur als **erzwungene** Schwingungen aufrechterhalten. Sie müssen von einem Sinus-Generator G im Kreis angetrieben werden.
Die von G gelieferte Spannung sei:

$$U(t) = U_0 e^{i\omega t} \qquad (6.45)$$

Die Maschenregel verlangt, dass diese ("eingeprägte") Spannung gleich der Summe der Spannungsabfälle im Kreis sein muss. Unter Vernachlässigung des Innenwiderstandes von G ist also:

$$U(t) = U_0 e^{i\omega t} = RI + \frac{Q}{C} + L\frac{\mathrm{d}I}{\mathrm{d}t}$$

Q ist die Kondensator-Ladung, und es gilt $\mathrm{d}Q/\mathrm{d}t = I$. Differentiation nach der Zeit t ergibt für $I(t)$ die Differentialgleichung:

$$L\frac{\mathrm{d}^2 I}{\mathrm{d}t^2} + R\frac{\mathrm{d}I}{\mathrm{d}t} + \frac{1}{C}I = i\omega U_0 e^{i\omega t}$$

oder mit (6.43) und $\delta = R/(2L)$:

$$\frac{\mathrm{d}^2 I}{\mathrm{d}t^2} + 2\delta \frac{\mathrm{d}I}{\mathrm{d}t} + \omega_0^2 I = i\frac{\omega}{L} U_0 e^{i\omega t} \tag{6.46}$$

Die allgemeine Lösung dieser Gleichung lautet, wobei Einschwingvorgänge bereits abgeklungen sein sollen:

$$I(t) = I_0 e^{i(\omega t - \varphi)} = I_0 e^{i\omega t} e^{-i\varphi} \tag{6.47}$$

Einsetzen in (6.46) ergibt:

$$\begin{aligned} &- \omega^2 I_0 e^{i\omega t} e^{-i\varphi} + 2i\delta\omega I_0 e^{i\omega t} e^{-i\varphi} \\ &+ \omega_0^2 I_0 e^{i\omega t} e^{-i\varphi} = i\frac{\omega}{L} U_0 e^{i\omega t} \end{aligned}$$

oder:

$$-\omega^2 + 2i\delta\omega + \omega_0^2 = i\frac{\omega}{L}\frac{U_0}{I_0} e^{i\varphi}$$

Mit

$$e^{i\varphi} = \cos\varphi + i\sin\varphi$$

folgt:

$$\omega_0^2 - \omega^2 + 2i\delta\omega = -\frac{\omega}{L}\frac{U_0}{I_0}\sin\varphi + i\frac{\omega}{L}\frac{U_0}{I_0}\cos\varphi$$

Gleichheit zweier **komplexer** Größen bedeutet, dass sowohl die Realteile als auch die Imaginärteile gleich sein müssen. Das führt auf die beiden Gleichungen:

$$\frac{L}{\omega}\frac{I_0}{U_0}(\omega^2 - \omega_0^2) = \sin\varphi \tag{6.48}$$

oder

$$2\delta L \frac{I_0}{U_0} = \cos\varphi \tag{6.49}$$

Division von (6.48) durch (6.49) ergibt für die Phasenverschiebung φ zwischen $U(t)$ und $I(t)$:

$$\tan\varphi = \frac{\omega^2 - \omega_0^2}{2\delta\omega} \tag{6.50}$$

Die Addition der Quadrate von (6.48) und (6.49) liefert unter Berücksichtigung der Beziehung $\sin^2\varphi + \cos^2\varphi = 1$ die Gleichung

$$\frac{L^2}{\omega^2}\frac{I_0^2}{U_0^2}(\omega^2 - \omega_0^2)^2 + 4\delta^2 L^2 \frac{I_0^2}{U_0^2} = 1$$

Daraus folgt für die Amplitude I_0 der erzwungenen Schwingung:

$$I_0 = \frac{U_0}{L} \frac{1}{\mathrm{d}\sqrt{4\delta^2 + \frac{1}{\omega^2}(\omega^2 - \omega_0^2)^2}} \tag{6.51}$$

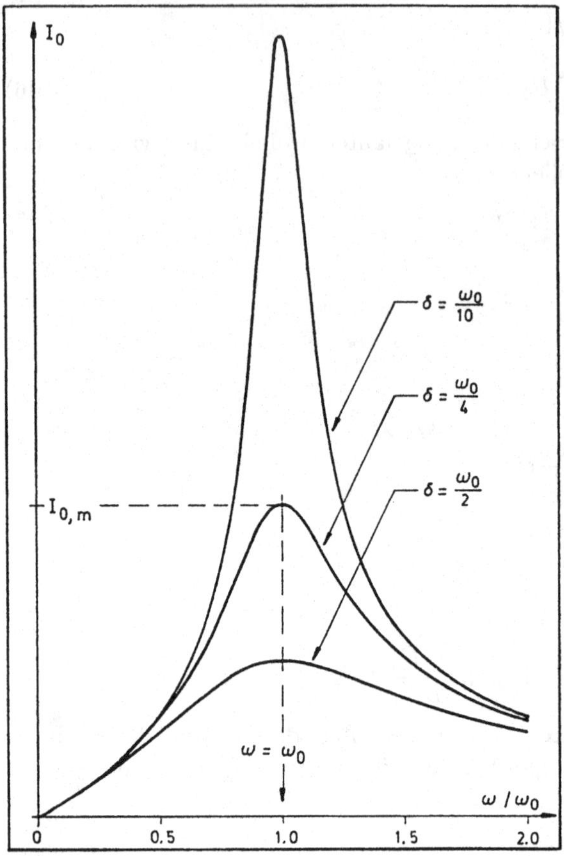

Abb. 6.19. Resonanzkurven $I_0(\omega)$ bei verschiedenen Dämpfungen.

I_0 durchläuft als Funktion von ω eine **Resonanzkurve**. Drei davon für verschieden starke Dämpfungen sind in dem Bild 6.19 aufgetragen.

I_0 erreicht den Maximalwert $I_{0,m}$, wenn die Kreisfrequenz ω der treibenden Spannung $U(t)$ mit der Eigenfrequenz ω_0 übereinstimmt. Aus (6.51) ergibt sich für $\omega = \omega_0$ mit $\delta = R/(2L)$:

$$I_{0,m} = \frac{U_0}{2\delta L} = \frac{U_0}{R}$$

Für die zugehörige Phasenverschiebung φ_m folgt aus (6.50):

$$\tan \varphi_m = 0$$

Nach (6.49) ist $\cos \varphi$ von ω unabhängig und stets positiv. Also gilt zusätzlich:

$$\cos \varphi_m > 0$$

Beide Bedingungen zusammen liefern:

$$\varphi_m = 2\pi n$$

wobei n eine ganze Zahl ist. Strom und Spannung sind also dann "in Phase". "Von außen betrachtet" verhält sich somit im **Resonanzfall** der Schwingkreis wie ein OHMscher Widerstand der Größe R.
Die Zusammenhänge zwischen $U(t)$ und $I(t)$ lassen sich in äquivalenter Weise auch mit Hilfe des Begriffs der **Impedanz** beschreiben. Aus (6.47) folgt mit (6.51) und (6.45):

$$I(t) = I_0 e^{i\omega t} e^{-i\varphi} = \frac{e^{-i\varphi}}{L\sqrt{4\delta^2 + \frac{1}{\omega^2}(\omega^2 - \omega_0^2)^2}} U_0 e^{i\omega t}$$

oder:

$$U(t) = ZI(t) \tag{6.52}$$

wobei

$$Z = L\sqrt{4\delta^2 + \frac{1}{\omega^2}(\omega^2 - \omega_0^2)^2} e^{i\varphi}$$
$$= \sqrt{R^2 + \left[\omega L - \frac{1}{\omega C}\right]^2} e^{i\varphi} = |Z| e^{i\varphi} \tag{6.53}$$

die Impedanz des (Serien-)Schwingkreises, also der Reihenschaltung aus OHMschem Widerstand, Spule und Kondensator bezeichnet.

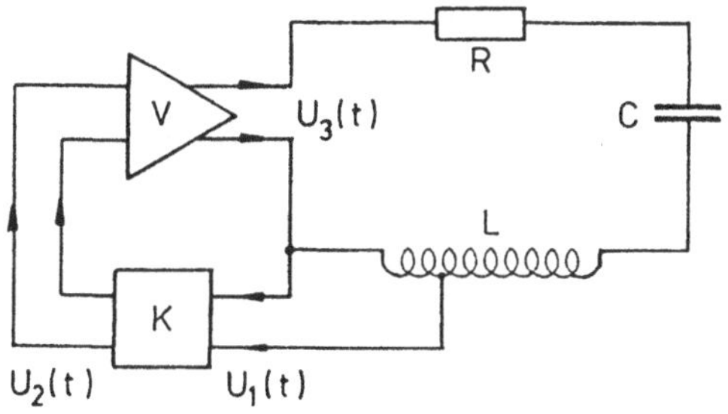

Abb. 6.20. Selbsterregung von Schwingungen mittels Rückkopplung.

Erzwungene Schwingungen bei der Eigenfrequenz ω_0 lassen sich auch ohne einen separaten Sinus-Generator nach der Methode der sogenannten "Selbsterregung eines Schwingkreises" erzeugen. Dabei wird dem Schwingkreis eine Teilspannung $U_1(t)$ des gesamten Spannungsabfalls $U(t)$ entnommen und über ein Rückkopplungsnetzwerk K als Eingangsspannung $U_2(t)$ einem Verstärker V zugeführt, dessen Ausgangsspannung $U_3(t)$ den Schwingkreis treiben soll. Die Spannung $U_1(t)$ kann induktiv, kapazitiv oder galvanisch an grundsätzlich jeder beliebigen Stelle des Schwingkreises ausgekoppelt werden. Sie kann beispielsweise, wie es das Bild 6.20 vorschlägt, an der Spule abgegriffen werden. Das Verhältnis

$$k = \frac{U_2(t)}{U(t)} = |k|e^{i\varphi_k} \tag{6.54}$$

heißt **Rückkopplungsfaktor**. φ_k ist die Phasenverschiebung zwischen $U_2(t)$ und $U(t)$. Das Verhältnis

$$v = \frac{U_3(t)}{U_2(t)} = |v|e^{i\varphi_v} \tag{6.55}$$

ist die **Verstärkung** von V, wobei φ_v die im Verstärker entstehende Phasenverschiebung zwischen $U_3(t)$ und $U_2(t)$ angibt. Mit diesen Bezeichnungen und mit (6.52) ist dann:

$$U_3(t) = kvU(t) = kvZI(t)$$

Vernachlässigt man die Belastung des Schwingkreises durch das Rückkopplungsnetzwerk K, dann liefert die Maschenregel für den Schwingkreis mit eingeprägter Spannung U_3:

$$U_3 = kvZI = RI + \frac{Q}{C} + L\frac{\mathrm{d}I}{\mathrm{d}t}$$

oder

$$L\frac{\mathrm{d}I}{\mathrm{d}t} + (R - kvZ)I + \frac{Q}{C} = 0$$

Differentiation nach der Zeit t und Division durch L ergeben:

$$\frac{\mathrm{d}^2 I}{\mathrm{d}t^2} + \frac{R - kvZ}{L}\frac{\mathrm{d}I}{\mathrm{d}t} + \frac{1}{LC}I = 0$$

Diese (homogene) Differentialgleichung für $I(t)$ stimmt formal mit derjenigen für einen (freien) bedämpften Schwingkreis überein. Ihre Lösung lautet also in Analogie zu (6.44):

$$I(t) = I_0 e^{-\Delta t} e^{i\Omega t} \tag{6.56}$$

mit

$$\Delta = \frac{R - kvZ}{2L} \quad \text{und} \quad \Omega^2 = \frac{1}{L^2C^2} - \Delta^2 = \omega_0^2 - \Delta^2 \tag{6.57}$$

Fallunterscheidung

1. Stellt man für einen vorgegebenen Schwingkreis, also bei bekanntem Z und R und für ein vorgegebenes Rückkopplungsnetzwerk, also bei bekanntem k die Verstärkung v so ein, dass die Bedingung

$$kv = \frac{R}{Z} \tag{6.58}$$

erfüllt wird, dann ist nach (6.57) $\Delta = 0$ und $\Omega = \omega_0^2$ und nach (6.56):

$$I(t) = I_0 e^{i\omega_0 t}$$

Die Schaltung erzeugt dann, wie angestrebt, **ungedämpfte** Schwingungen bei der Eigenfrequenz ω_0. Für $\omega = \omega_0$ ist $Z = R$. Somit lautet die Rückkopplungsbedingung (6.58) in diesem Fall:

$$kv = 1$$

oder mit (6.54) und (6.55):

$$kv = |k||v|e^{i(\varphi_k + \varphi_v)} = 1$$

Diese Gleichung verlangt Gleichheit der Beträge **und** Phasen auf beiden Seiten. Das ergibt die beiden Teilbedingungen:

$$|k||v| = 1 \qquad \text{und} \qquad \varphi_k + \varphi_v = 2\pi n$$

wobei n eine ganze Zahl ist.
Die erste dieser Bedingungen bedeutet, dass die durch die Rückkopplung bedingte Signalabschwächung durch den Verstärker wieder ausgeglichen werden muss. Die zweite sagt aus, dass die durch den gewählten Verstärkertyp festgelegte Phasenverschiebung φ_v durch das Rückkopplungsnetzwerk zu einem ganzzahligen Vielfachen von 2π ergänzt werden muss. Diese Phasenanpassung ist die Hauptaufgabe des Rückkopplungsnetzwerkes.
Phasenverschiebungen lassen sich auf einfachste Weise durch RC- oder RL-Spannungsteiler erzeugen. In diesem Zusammenhang sei an den einfachen RC-Kreis erinnert. Seine Impedanz ist

$$Z = R + \frac{1}{i\omega C} = |Z|e^{i\varphi}$$
$$= \sqrt{R^2 + \frac{1}{\omega^2 C^2}}\, e^{i\varphi}$$

Der Phasenwinkel beträgt

$$\varphi = \arctan\left[-\frac{1}{\omega RC}\right]$$

Ist $U(t)$ die angelegte Wechselspannung und $U_R(t)$ der Spannungsabfall an R, dann gilt:

$$\frac{U_R(t)}{U(t)} = \frac{R}{Z} \qquad \text{oder} \qquad U_R(t) = \frac{R}{|Z|}U(t)e^{-i\varphi}$$

d.h. mit

$$U(t) = U_0 e^{i\omega t} \quad \text{ist} \quad U_R(t) = \frac{R}{|Z|}U_0 e^{i(\omega t - \varphi)}$$

$U_R(t)$ ist also gegen die Eingangsspannung phasenverschoben. Die Phasenverschiebung φ läßt sich durch Variation der Zeitkonstanten RC im Bereich zwischen 0 und $\pi/2$ einstellen. Allerdings ändert sich dabei auch die Amplitude von $U_R(t)$, was durch entsprechende Nachregelung der

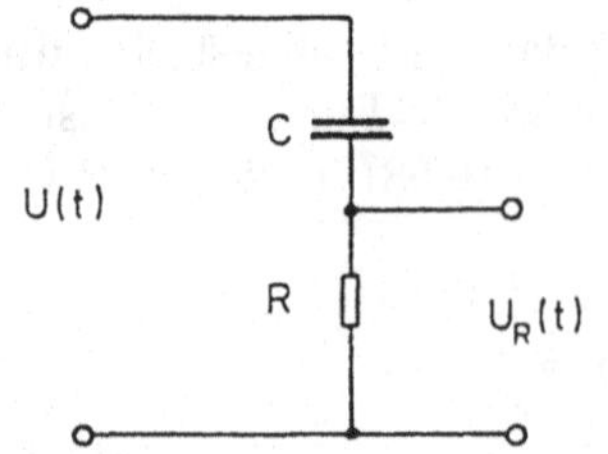

Verstärkung v ausgeglichen werden muss. Durch Nachschaltung weiterer RC-Spannungsteiler lassen sich entsprechend größere Phasenverschiebungen erreichen. Verschiebungen um $\varphi = \pi$ können auch durch geeignet gepolte Transformatoren erzeugt werden.

2. Ist die Verstärkung v **kleiner** als es die Bedingung (6.58) verlangt, gilt also

$$kv < \frac{R}{Z}$$

dann ist nach (6.57) Δ **positiv** und $\Omega < \omega_0$. Die Schaltung erzeugt dann gemäß (6.56) exponentiell **gedämpfte** Schwingungen.

3. Ist die Verstärkung v **größer** als es die Bedingung (6.58) verlangt, gilt also

$$kv > \frac{R}{Z}$$

dann ist nach (6.57) Δ **negativ** und $\Omega > \omega_0$. Die Schaltung erzeugt dann gemäß (6.56) Schwingungen, deren Amplitude zeitlich exponentiell **wächst**. In der Praxis wird diesem exponentiellen Anstieg durch die **Übersteuerung** des Verstärkers eine Grenze gesetzt. Oberhalb einer durch die Konstruktion des verwendeten Verstärkers festgelegten Amplitude U'_{02} der Eingangsspannung $U_2(t)$ kann jeder reale Verstärker nur noch eine konstante, ihm eigene Ausgangsamplitude U'_{03} liefern. Die Ausgangsspannung $U_3(t)$ ist dann allerdings nicht mehr sinusförmig, sondern – bei einem ideal übersteuernden Verstärker – ein "abgeschnittener Sinus" (siehe Bild 6.21).

Grundsätzlich ist dann auch der Strom $I(t)$ durch den Schwingkreis nicht mehr streng sinusförmig. Er ist jedoch "weitaus sinusförmiger" als $U_3(t)$ bei Übersteuerung, da der Schwingkreis aus dem FOURIER-Spektrum von $U_3(t)$ die Grundkomponente mit der Eigenfrequenz bevorzugt ausfiltert. Die Unterdrückung der anderen FOURIER-Komponenten ist um so effektiver, je kleiner die Schwingkreis-Dämpfung ist. Der folgende Fall dient zur Verdeutlichung: Der Verstärker sei so stark übersteuert, dass seine Ausgangsspannung praktisch eine Rechteck-Spannung mit der Periode $T = 2\pi/\omega_0$ ist.

Die FOURIER-Reihe für einen solchen Rechteck-Verlauf besteht aus Summanden, deren Kreisfrequenz $\omega = n\omega_0$ **ungeradzahlige** Vielfache von ω_0 sind und deren Amplituden durch

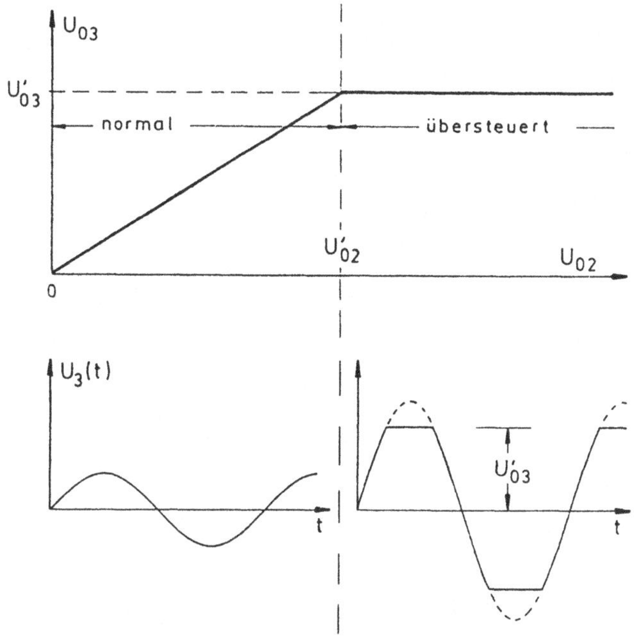

Abb. 6.21. Rückkopplung bei Übersteuerung.

$$U_{03}^{(n)} = \frac{4U'_{03}}{\pi}\frac{1}{n}$$

gegeben sind ($n = 1; 3; 5; 7; \ldots$). Für die zugehörigen Amplituden $I_0^{(n)}$ der FOURIER-Komponenten des Stroms $I(t)$ durch den Schwingkreis folgt dann:

$$I_0^{(n)} = \frac{U_{03}^{(n)}}{|Z(n\omega_0)|} = \frac{4U'_{03}}{\pi}\frac{1}{n|Z(n\omega_0)|}$$

Aus (6.53) ergibt sich für $\omega = n\omega_0$ und $\delta = m\omega_0$:

$$|Z| = L\sqrt{4m^2\omega_0^2 + \left(\frac{n^2-1}{n}\right)^2\omega_0^2} = \omega_0 L\sqrt{4m^2 + \left(\frac{n^2-1}{n}\right)^2}$$

Damit ist:

$$I_0^{(n)} = \frac{4U'_{03}}{\pi\omega_0 L}\frac{1}{\sqrt{4m^2n^2 + (n^2-1)^2}}$$

Für eine Dämpfung von $\delta = 0.1\omega_0$, die bei realen Schwingkreisen mühelos zu erreichen ist, betragen dann die Amplituden der ersten drei FOURIER-Komponenten für $I(t)$ mit der abkürzenden Bezeichnung $4U'_{03}/(\pi\omega_0 L) \equiv A$:

$\underline{n = 1}$:

$$I_0^{(1)} = 5A$$

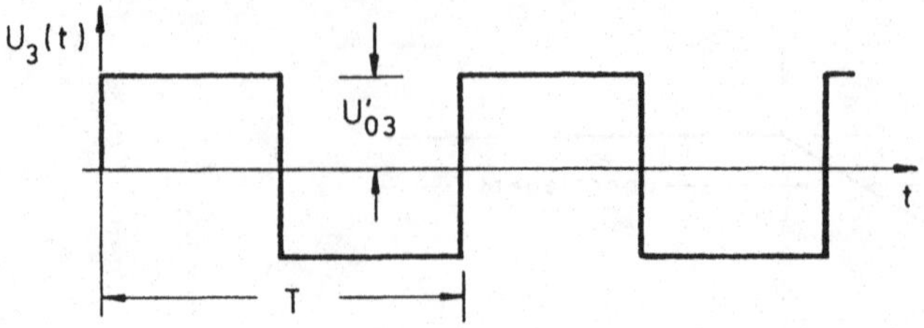

$\underline{n=3}$:

$$I_0^{(3)} = \frac{A}{\sqrt{64.36}} = 0.125A$$

$\underline{n=5}$:

$$I_0^{(5)} = \frac{A}{\sqrt{577}} = 0.042A$$

Das ergibt:

$$\frac{I_0^{(3)}}{I_0^{(1)}} = 0.025 \qquad \text{und} \qquad \frac{I_0^{(5)}}{I_0^{(1)}} = 0.008$$

Schon die zweite Komponente $I_0^{(3)}$ ist also nur noch mit 2.5% der Amplitude der Grundkomponente $I_0^{(1)}$ vertreten. Die Schwingung ist also "praktisch sinusförmig".

7 Anhang: Notizen und simple Beispiele zur Vektoranalysis

7.1 Radialkraftfeld

Vorgegeben sei ein Zentralkraftfeld der Form:

$$\boldsymbol{F} = A\boldsymbol{r} = Ax\boldsymbol{u}_x + Ay\boldsymbol{u}_y + Az\boldsymbol{u}_z$$

Zahlenwert z.B.: $A = 1\ \mathrm{N\ m}^{-1}$.
Wie groß ist die **Divergenz** von $\boldsymbol{F}$?

$$\begin{aligned}\operatorname{div} \boldsymbol{F} &= \frac{\partial F_x}{\partial x} + \frac{\partial F_y}{\partial y} + \frac{\partial F_z}{\partial z} = A + A + A = 3A \\ &= 3\ \frac{\mathrm{N}}{\mathrm{m}}\end{aligned}$$

7.2 Temperaturverteilung

Vorgegeben sei eine räumliche Temperaturverteilung der Form:

$$T = Br$$

Zahlenwert z.B.: $B = 1^\circ\ \mathrm{C\ m}^{-1}$.
Wie groß ist der **Gradient** von T?
Aus

$$\operatorname{grad} T = \frac{\partial T}{\partial x}\boldsymbol{u}_x + \frac{\partial T}{\partial y}\boldsymbol{u}_y + \frac{\partial T}{\partial z}\boldsymbol{u}_z$$

folgt mit:

$$r = \sqrt{x^2 + y^2 + z^2} = (x^2 + y^2 + z^2)^{1/2}$$

für die x-Komponente:

$$\begin{aligned}\frac{\partial T}{\partial x} &= \frac{\mathrm{d}T}{\mathrm{d}r}\frac{\partial r}{\partial x} = B\frac{\partial r}{\partial x} = B\frac{1}{2}(x^2 + y^2 + z^2)^{-1/2}2x \\ &= B\frac{x}{\sqrt{x^2 + y^2 + z^2}} = B\frac{x}{r}\end{aligned}$$

Entsprechendes ergibt sich für die anderen beiden Komponenten. Damit ist:

$$\operatorname{grad} T = \frac{B}{r}(x\boldsymbol{u}_x + y\boldsymbol{u}_y + z\boldsymbol{u}_z) = B\frac{\boldsymbol{r}}{r} = B\boldsymbol{u}_r$$

Der Gradient weist **vom Ursprung weg**. Er hat den Betrag:

$$|\operatorname{grad} T| = B = 1°\mathrm{C\ m}^{-1}$$

7.3 Druckverteilung

Vorgegeben sei eine räumliche Druckverteilung der Form:

$$p = \frac{C}{r}$$

Zahlenwert z.B.: $C = 1$ Pa m. Wie groß ist der **Gradient** von p? Aus

$$\operatorname{grad} p = \frac{\partial p}{\partial x}\boldsymbol{u}_x + \frac{\partial p}{\partial y}\boldsymbol{u}_y + \frac{\partial p}{\partial z}\boldsymbol{u}_z$$

folgt für die x-Komponente:

$$\frac{\partial p}{\partial x} = \frac{\mathrm{d}p}{\mathrm{d}r}\frac{\partial r}{\partial x} = -\frac{C}{r^2}\frac{x}{r} = -C\frac{x}{r^3}$$

und entsprechendes für die y- und z-Komponente. Das ergibt:

$$\operatorname{grad} p = -\frac{C}{r^3}(x\boldsymbol{u}_x + y\boldsymbol{u}_y + z\boldsymbol{u}_z) = -C\frac{\boldsymbol{r}}{r^3} = -\frac{C}{r^2}\boldsymbol{u}_r$$

Der Gradient weist **zum Ursprung hin**. Er hat den Betrag:

$$|\operatorname{grad} p| = \frac{C}{r^2} = \frac{1}{r^2}\ \mathrm{Pa\ m}^{-1} \qquad \text{für} \qquad [r] = \mathrm{m}$$

7.4 Zentralkraftfeld

Vorgegeben sei ein Zentralkraftfeld der Form:

$$\boldsymbol{F} = D\frac{\boldsymbol{r}}{r^3} = \frac{D}{r^2}\boldsymbol{u}_r$$

mit

$$F_x = \frac{D}{r^3}x, \ldots$$

Zahlenwert z.B.: $D = 1\ \mathrm{N\ m}^2$.
Zu berechnen ist die **Divergenz** von $\boldsymbol{F}$. Zunächst ist:

$$\frac{\partial F_x}{\partial x} = \frac{\partial}{\partial x}\left[D\frac{x}{r^3}\right] = D\frac{\partial}{\partial x}\left[\frac{x}{r^3}\right]$$

Aus der allgemeinen Differentiations-Formel:

$$\frac{\partial}{\partial x}\left[\frac{u}{v}\right] = \left[\frac{u}{v}\right]' = \frac{u'v - v'u}{v^2}$$

folgt mit

$$u = x, \quad v = r^3$$

also mit:

$$u' = \frac{\partial u}{\partial x} = 1 \quad \text{und} \quad v' = \frac{\partial v}{\partial x} = \frac{\partial r^3}{\partial x}$$

$$= \frac{\mathrm{d}r^3}{\mathrm{d}r}\frac{\partial r}{\partial x} = 3r^2\frac{x}{r} = 3rx :$$

$$\frac{\partial F_x}{\partial x} = D\frac{r^3 - 3rxx}{r^6} = \frac{D}{r^6}(r^3 - 3rx^2)$$

Entsprechend erhält man die Ableitungen $\partial F_y/\partial y$ und $\partial F_z/\partial z$. Das ergibt:

$$\operatorname{div} \boldsymbol{F} = \frac{D}{r^6}(r^3 - 3rx^2 + r^3 - 3ry^2 + r^3 - 3rz^2)$$

$$= \frac{D}{r^6}\left[3r^3 - 3r(x^2 + y^2 + z^2)\right] = \frac{D}{r^6}\left[3r^3 - 3rr^2\right]$$

also $\operatorname{div} \boldsymbol{F} = 0$.

7.5 Kraftfeld

Vorgegeben sei ein Kraftfeld der Form

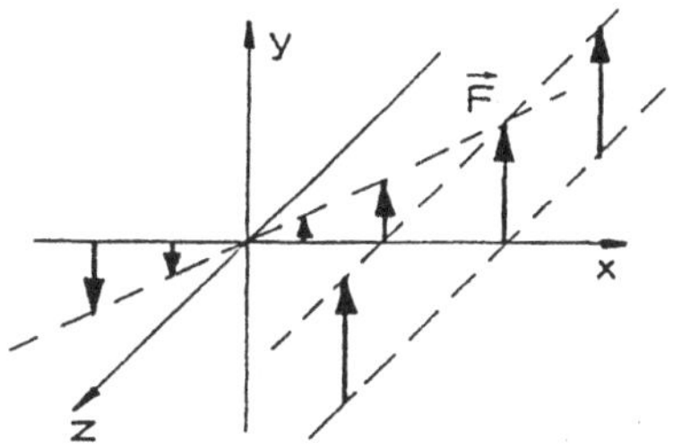

$$\boldsymbol{F} = 0\boldsymbol{u}_x + Ex \cdot \boldsymbol{u}_y + 0\boldsymbol{u}_z$$

Wie groß ist die **Rotation** von $\boldsymbol{F}$? Ausgehend von der Definition folgt für die Komponenten:

$$(\operatorname{rot} \boldsymbol{F})_x = \frac{\partial F_z}{\partial y} - \frac{\partial F_y}{\partial z} = 0 - \frac{\partial(Ex)}{\partial z} = 0,$$

$$(\operatorname{rot} \boldsymbol{F})_y = \frac{\partial F_x}{\partial z} - \frac{\partial F_z}{\partial x} = 0 - 0 = 0,$$

$$(\operatorname{rot}\boldsymbol{F})_z = \frac{\partial F_y}{\partial x} - \frac{\partial F_x}{\partial y} = E - 0 = E$$

Die Rotation weist in die (positive) z-Richtung.

7.6 Rotation eines Vektorfeldes. Einfache Beispiele aus der Mechanik

a.) Um die z-Achse rotierende starre Scheibe:
Für die Geschwindigkeit des Volumenelements $\mathrm{d}V$ gilt bekanntlich:

$$\boldsymbol{v} = \boldsymbol{\omega} \times \boldsymbol{r} \qquad \text{mit} \qquad v = \omega r\,,$$

letzteres wegen $\boldsymbol{v} \perp \boldsymbol{r}$. Wegen $\omega = \text{const}$ (starrer Körper) ist also:

$$v \sim r$$

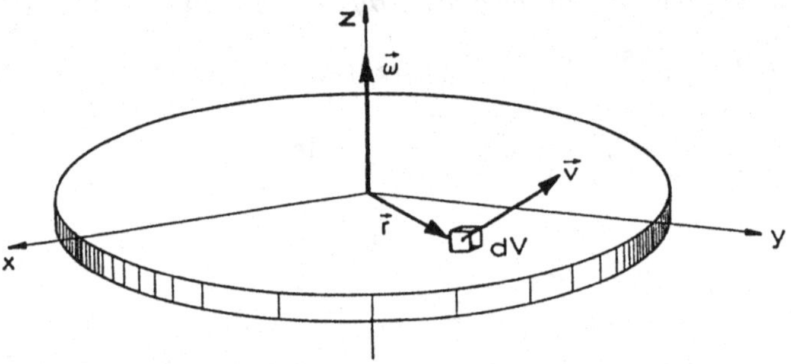

Abb. 7.1. Rotierende starre Scheibe.

Die Winkelgeschwindigkeit $\boldsymbol{\omega} = \omega \boldsymbol{u}_z$ hat die Komponenten:

$$\omega_x = \omega_y = 0 \qquad \text{und} \qquad \omega_z = \omega$$

Für die Komponenten von $\boldsymbol{v}$ folgt:

$$\begin{aligned} v_x &= (\boldsymbol{\omega} \times \boldsymbol{r})_x = \omega_y r_z - \omega_z r_y = -\omega y, \\ v_y &= (\boldsymbol{\omega} \times \boldsymbol{r})_y = \omega_z r_x - \omega_x r_z = \omega x, \\ v_z &= (\boldsymbol{\omega} \times \boldsymbol{r}) = 0 \end{aligned} \tag{7.1}$$

Also ist:

$$\boldsymbol{v} = -\omega y \boldsymbol{u}_x + \omega x \boldsymbol{u}_y$$

Ausgehend von der Definition der Rotation erhält man:

$$\operatorname{rot} \boldsymbol{v} = \left[\underbrace{\frac{\partial v_z}{\partial y}}_{=0} - \underbrace{\frac{\partial v_y}{\partial z}}_{=0} \right] \boldsymbol{u}_x + \left[\underbrace{\frac{\partial v_x}{\partial z}}_{=0} - \underbrace{\frac{\partial v_z}{\partial x}}_{=0} \right] \boldsymbol{u}_y + \left[\underbrace{\frac{\partial v_y}{\partial x}}_{=\omega} - \underbrace{\frac{\partial v_x}{\partial y}}_{=-\omega} \right] \boldsymbol{u}_z$$

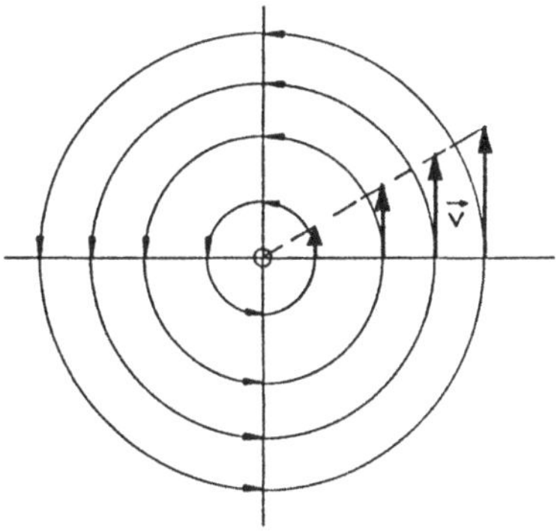

Abb. 7.2. Geschwindigkeitsfeld bei einer rotierenden starren Scheibe.

also:

$$\boxed{\text{rot}\ \boldsymbol{v} = 2\omega \boldsymbol{u}_z = 2\boldsymbol{\omega}}$$

b.) Magnus-Wirbel um die z-Achse:
Um einen in einem realen Fluid mit der Winkelgeschwindigkeit Ω rotierenden Zylinder vom Radius R bildet sich ein Strömungswirbel mit dem Betrag

$$v(r) = \frac{\Omega R^2}{r}$$

der Strömungsgeschwindigkeit aus. r ist der Abstand von der Zylinderachse (z-Achse). Für die Winkelgeschwindigkeit der Strömung folgt daraus mit der Abkürzung $A = \Omega R^2$:

$$\omega(r) = \frac{v(r)}{r} = \frac{A}{r^2}$$

Wie im Fall a.) hat auch hier die Rotation von $\boldsymbol{v}$ nur eine z-Komponente, d.h. es ist:

$$\text{rot}\ \boldsymbol{v} = \left[\frac{\partial v_y}{\partial x} - \frac{\partial v_x}{\partial y}\right] \boldsymbol{u}_z$$

Aus (7.2) ergibt sich:

$$\begin{aligned}
\frac{\partial v_y}{\partial x} &= \frac{\partial}{\partial x}\Big[\omega(r)x\Big] = \frac{\partial \omega}{\partial x}x + \omega = \frac{\mathrm{d}\omega}{\mathrm{d}r}\frac{\partial r}{\partial x}x + \omega \\
&= \left[-2\frac{A}{r^3}\right]\frac{\partial (x^2+y^2)^{1/2}}{\partial x}x + \frac{A}{r^2} \\
&= -\frac{2A}{r^3}\left[\frac{1}{2}(x^2+y^2)^{-1/2}2x\right]x + \frac{A}{r^2} \\
&= -2A\frac{x^2}{r^4} + \frac{A}{r^2} \qquad (7.2)
\end{aligned}$$

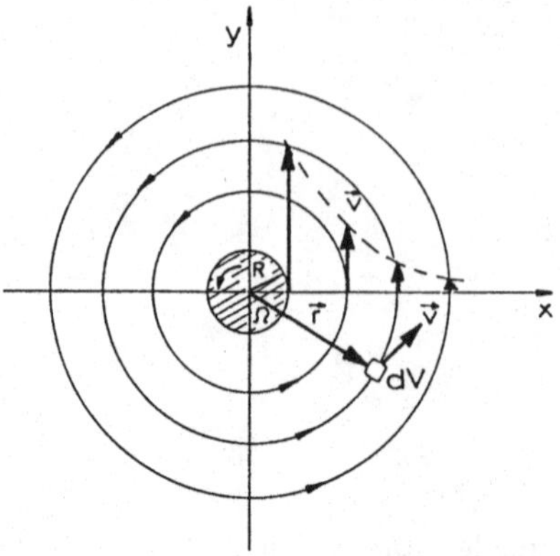

Abb. 7.3. Geschwindigkeitsverteilung bei einem Magnuswinkel.

und entsprechend:

$$\frac{\partial v_x}{\partial y} = \frac{\partial}{\partial y}\Big[-\omega(r)y\Big] = 2A\frac{y^2}{r^4} - \frac{A}{r^2}$$

Damit erhält man:

$$\begin{aligned} \text{rot } \boldsymbol{v} &= \left[-2A\frac{x^2}{r^4} + \frac{A}{r^2} - 2A\frac{y^2}{r^4} + \frac{A}{r^2}\right]\boldsymbol{u}_z \\ &= \left[\frac{2A}{r^2} - \frac{2A}{r^4}(x^2+y^2)\right] = \frac{2A}{r^2} - \frac{2A}{r^4}r^2 = 0 \end{aligned}$$

c.) Welche ebenen Wirbelfelder $\omega(r)$ sind rotationsfrei?
Wegen $\partial r/\partial x = x/r$ folgt aus (7.2):

$$\frac{\partial v_y}{\partial x} = \frac{\mathrm{d}\omega}{\mathrm{d}r}\frac{\partial r}{\partial x}x + \omega = \frac{\mathrm{d}\omega}{\mathrm{d}r}\frac{x}{r}x + \omega = \frac{\mathrm{d}\omega}{\mathrm{d}r}\frac{x^2}{r} + \omega$$

Entsprechend gilt:

$$\frac{\partial v_x}{\partial y} = -\frac{\mathrm{d}\omega}{\mathrm{d}r}\frac{y^2}{r} - \omega$$

Damit ist:

$$\begin{aligned} \text{rot } \boldsymbol{v} &= \left[\frac{\partial v_y}{\partial x} - \frac{\partial v_x}{\partial y}\right]\boldsymbol{u}_z \\ &= \left(\frac{\mathrm{d}\omega}{\mathrm{d}r}\frac{x^2}{r} + \omega - \left[-\frac{\mathrm{d}\omega}{\mathrm{d}r}\frac{y^2}{r} - \omega\right]\right)\boldsymbol{u}_z \\ &= \left[\frac{\mathrm{d}\omega}{\mathrm{d}r}\frac{x^2+y^2}{r} + 2\omega\right]\boldsymbol{u}_z = \left[r\frac{\mathrm{d}\omega}{\mathrm{d}r} + 2\omega\right]\boldsymbol{u}_z \end{aligned}$$

Gefordert wird rot $\boldsymbol{v} = 0$. Das führt auf:

$$\frac{\mathrm{d}\omega}{\mathrm{d}r} = -2\frac{\omega}{r} \qquad \text{oder} \qquad \frac{\mathrm{d}\omega}{\omega} = -2\frac{\mathrm{d}r}{r} \quad .$$

Die Integration

$$\int \frac{\mathrm{d}\omega}{\omega} = -2 \int \frac{\mathrm{d}r}{r}$$

ergibt mit den willkürlichen Integrationskonstanten ω_0 und r_0:

$$\ln \frac{\omega}{\omega_0} = -2 \ln \frac{r}{r_0} = \ln \frac{r_0^2}{r^2}$$

oder mit der Abkürzung $\alpha = \omega_0 r_0^2$:

$$\boxed{\omega(r) = \frac{\alpha}{r^2}}$$

7.7 Zum Begriff der "Divergenz" eines Vektorfeldes

Am Beispiel der Gravitations-Feldstärke einer homogenen Massenkugel (Masse M, Volumen V, Radius R, Dichte ϱ.

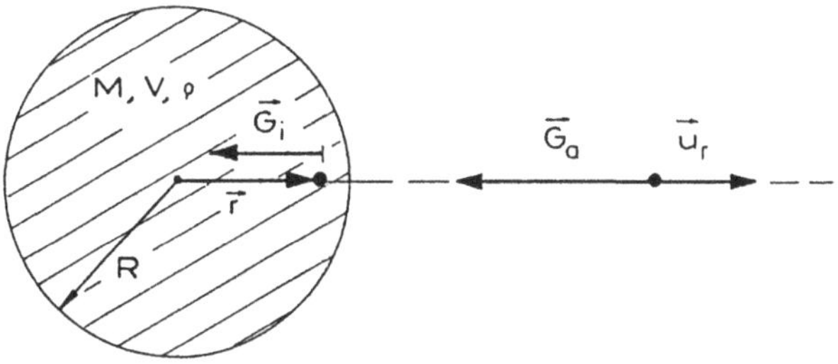

a.) **Innerhalb** der Kugel ist:

$$\boldsymbol{G}_i = -\gamma \frac{M}{R^3} r \boldsymbol{u}_r = -\gamma \frac{M}{R^3} \boldsymbol{r}$$

Mit $M = \varrho \cdot V = (4/3)\pi R^3 \varrho$ erhält man:

$$\boldsymbol{G}_i = -\frac{4}{3}\pi\gamma\varrho\boldsymbol{r}$$

Ausgehend von der Definition folgt:

$$\begin{aligned}
\operatorname{div} \boldsymbol{G}_i &= \frac{\partial G_{ix}}{\partial x} + \frac{\partial G_{iy}}{\partial y} + \frac{\partial G_{iz}}{\partial z} = -\frac{4}{3}\pi\gamma\varrho \cdot \operatorname{div} \boldsymbol{r} \\
&= -\frac{4}{3}\pi\gamma\varrho \left[\frac{\partial r_x}{\partial x} + \frac{\partial r_y}{\partial y} + \frac{\partial r_z}{\partial z} \right] \\
&= -\frac{4}{3}\pi\gamma\varrho \left[\frac{\partial x}{\partial x} + \frac{\partial y}{\partial y} + \frac{\partial z}{\partial z} \right]
\end{aligned}$$

oder:

$$\boxed{\operatorname{div} \boldsymbol{G}_i = -4\pi\gamma\varrho}$$

b.) **Außerhalb** der Kugel ist:

$$\boldsymbol{G}_a = -\gamma \frac{M}{r^2} \boldsymbol{u}_r = -\gamma M \frac{\boldsymbol{r}}{r^3}$$

Das ergibt:

$$\begin{aligned}\operatorname{div} \boldsymbol{G}_a &= -\gamma M \cdot \operatorname{div} \left[\frac{\boldsymbol{r}}{r^3}\right] \\ &= -\gamma M \left(\frac{\partial}{\partial x}\left[\frac{x}{r^3}\right] + \frac{\partial}{\partial y}\left[\frac{y}{r^3}\right] + \frac{\partial}{\partial z}\left[\frac{z}{r^3}\right]\right)\end{aligned}$$

Es ist:

$$\frac{\partial}{\partial x}\left[\frac{x}{r^3}\right] = x\frac{\partial}{\partial x}\left[\frac{1}{r^3}\right] + \frac{1}{r^3}\frac{\partial x}{\partial x} = -3x\frac{1}{r^4}\frac{\partial r}{\partial x} + \frac{1}{r^3}$$

Wegen $\partial r/\partial x = x/r$ folgt:

$$\frac{\partial}{\partial x}\left[\frac{x}{r^3}\right] = \frac{1}{r^3} - \frac{3x^2}{r^5}$$

Entsprechendes erhält man für die y- und z-Terme. Also ist:

$$\begin{aligned}\operatorname{div} \boldsymbol{G}_a &= -\gamma M \left[\frac{1}{r^3} - \frac{3x^2}{r^5} + \frac{1}{r^3} - \frac{3y^2}{r^5} + \frac{1}{r^3} - \frac{3z^2}{r^5}\right] \\ &= -\gamma M \left[\frac{3}{r^3} - 3\frac{x^2+y^2+z^2}{r^5}\right] = -\gamma M \left[\frac{3}{r^3} - 3\frac{r^2}{r^5}\right]\end{aligned}$$

oder:

$$\boxed{\operatorname{div} \boldsymbol{G}_a = 0}$$

c.) Erläuternde Bemerkungen:
Der Ursprung oder die "Quellen" des Gravitationsfeldes sind **Massen**. Die Feldlinien "entspringen" in Gebieten, in denen die Massendichte $\varrho = \mathrm{d}M/\mathrm{d}V$ von Null verschieden ist. Die Divergenz gibt die "Stärke" oder "Ergiebigkeit" dieser Quellen an. Diese ist nach Fall a.) proportional zu ϱ. Gebiete hoher Massendichte erzeugen "entsprechend viele Feldlinien". Im Sinne dieser Interpretation müsste somit außerhalb der Kugel, also im Gebiet mit $\varrho = 0$, die Quellstärke oder Divergenz verschwinden. Das Ergebnis des Falles b.) bestätigt diese Vermutung.

d.) Analoger elektrischer Fall:
Homogen geladene Kugel (Ladung Q, Volumen V, Radius R, Raumladungsdichte ϱ_e.
Die Gravitations-Kraft auf eine Masse m beträgt:

$$\boldsymbol{F} = -\gamma \frac{mM}{r^2} \boldsymbol{u}_r$$

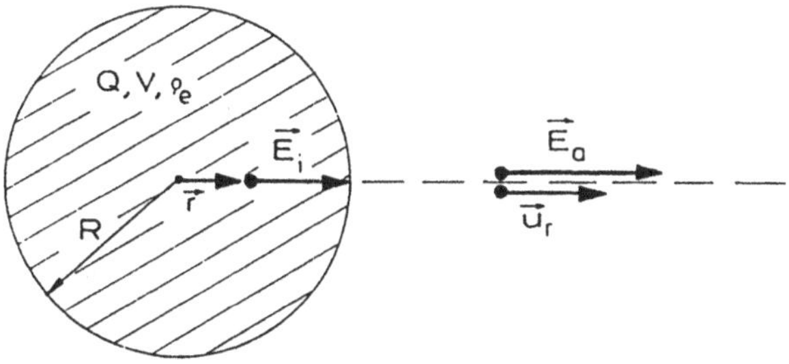

Die Coulomb-Kraft auf eine Ladung q beträgt:

$$\boldsymbol{F} = \frac{1}{4\pi\varepsilon_0}\frac{qQ}{r^2}\boldsymbol{u}_r$$

Durch den formalen Übergang $m \to q$; $M \to Q$; $-\gamma \to 1/(4\pi\varepsilon_0)$ erhält man als elektrische Feldstärke **innerhalb** der Kugel:

$$\boldsymbol{E}_i = \frac{1}{4\pi\varepsilon_0}\frac{Q}{R^3} r\boldsymbol{u}_r = \frac{1}{4\pi\varepsilon_0}\frac{Q}{R^3}\boldsymbol{r}$$

Mit $Q = \varrho_e V = (4/3)\pi R^3 \varrho_e$ folgt:

$$\boldsymbol{E}_i = \frac{1}{3\varepsilon_0}\varrho_e \boldsymbol{r}$$

Das ergibt:

$$\text{div } \boldsymbol{E}_i = \frac{1}{3\varepsilon_0}\varrho_e \cdot \text{div } \boldsymbol{r}$$

oder mit div $\boldsymbol{r} = 3$:

$$\boxed{\text{div } \boldsymbol{E}_i = \frac{\varrho_e}{\varepsilon_0}}$$

Außerhalb der Kugel ist:

$$\boldsymbol{E}_a = \frac{1}{4\pi\varepsilon_0}\frac{Q}{r^2}\boldsymbol{u}_r = \frac{1}{4\pi\varepsilon_0}\frac{Q}{r^3}\boldsymbol{r}$$

und damit:

$$\boxed{\text{div } \boldsymbol{E}_a = 0}$$

7.8 Welche Zentralkraftfelder $\boldsymbol{F} = f(r)\boldsymbol{r}$ sind quellenfrei?

In Komponenten-Schreibweise ist:

$$\boldsymbol{F} = f(r)x\boldsymbol{u}_x + f(r)y\boldsymbol{u}_y + f(r)z\boldsymbol{u}_z$$

Also folgt:

$$\frac{\partial F_x}{\partial x} = \frac{\partial}{\partial x}\Big[f(r)x\Big] = f(r)\frac{\partial x}{\partial x} + \frac{\partial f(r)}{\partial x}x = f(r) + \frac{\partial f(r)}{\partial x}x$$

oder mit:

$$\frac{\partial f(r)}{\partial x} = \frac{\mathrm{d}f(r)}{\mathrm{d}r}\frac{\partial r}{\partial x} \quad \text{und} \quad \frac{\partial r}{\partial x} = \frac{\partial}{\partial x}(x^2+y^2+z^2)^{1/2} = \frac{x}{r}:$$

$$\frac{\partial F_x}{\partial x} = f(r) + \frac{\mathrm{d}f(r)}{\mathrm{d}r}\frac{x}{r}x = f(r) + \frac{\mathrm{d}f(r)}{\mathrm{d}r}\frac{x^2}{r}$$

Die y- und z-Terme erhält man in entsprechender Weise. Das ergibt:

$$\begin{aligned}\operatorname{div}\boldsymbol{F} &= \frac{\partial F_x}{\partial x} + \frac{\partial F_y}{\partial y} + \frac{\partial F_z}{\partial z}\\ &= 3f(r) + \frac{\mathrm{d}f(r)}{\mathrm{d}r}\frac{1}{r}(x^2+y^2+z^2)\end{aligned}$$

oder wegen $x^2+y^2+z^2 = r^2$:

$$\operatorname{div}\boldsymbol{F} = 3f(r) + r\frac{\mathrm{d}f(r)}{\mathrm{d}r}$$

Gesucht wird die Funktion $f(r)$, welche die Forderung $\operatorname{div}\boldsymbol{F} = 0$ erfüllt. Sie führt auf:

$$r\frac{\mathrm{d}f(r)}{\mathrm{d}r} = -3f(r) \qquad \text{oder} \qquad \frac{\mathrm{d}f(r)}{f(r)} = -3\frac{\mathrm{d}r}{r}$$

Die Integration

$$\int \frac{\mathrm{d}f(r)}{f(r)} = -3\int \frac{\mathrm{d}r}{r}$$

mit den willkürlichen Integrationskonstanten f_0 und r_0 ergibt:

$$\ln\frac{f(r)}{f_0} = -3\ln\frac{r}{r_0} = \ln\frac{r_0^3}{r^3}$$

oder mit der Abkürzung $\alpha = f_0 r_0^3$:

$$\boxed{f(r) = \frac{\alpha}{r^3}}$$

Teil II

Elektromagnetische Wellen

1 Harmonische Wellen im Raum

1.1 Grundlagen und Definitionen

Bei der Ausbreitung harmonischer Wellen im (dreidimensionalen) Raum sind die geometrischen Orte aller Punkte gleicher Phase bzw. gleichen Schwingungszustandes Flächen in diesem Raum. Man nennt sie **Wellenflächen** oder auch **Wellenfronten**. Der Vektor $\boldsymbol{k}$ in Richtung der Ausbreitungsgeschwindigkeit $\boldsymbol{v}$ und demnach senkrecht zu den Wellenflächen mit dem Betrag

$$k = \frac{2\pi}{\lambda} = \frac{\omega}{v}$$

heißt Wellenvektor.

Sind v und damit k richtungsabhängig, dann nennt man den Raum bzw. das ihn ausfüllende Medium **anisotrop**, andernfalls **isotrop**.

Ist v von der Wellenlänge λ und damit von k abhängig, dann nennt man den Raum bzw. das ihn ausfüllende Medium **dispersiv**. Die Erscheinung selbst heißt **Dispersion**.

Die Wellengleichung, deren Lösungen alle Arten von Wellen – also nicht nur harmonische – beschreiben, hat im dreidimensionalen Fall bei Zugrundelegung eines kartesischen (x, y, z)-Koordinatensystems die Form:

$$\boxed{\Delta\psi = \frac{\partial^2\psi}{\partial x^2} + \frac{\partial^2\psi}{\partial y^2} + \frac{\partial^2\psi}{\partial z^2} = \frac{1}{v^2}\frac{\partial^2\psi}{\partial t^2}} \tag{1.1}$$

Dabei ist ψ die sich in der Welle ausbreitende Größe, also die longitudinale oder transversale Verschiebung, die elektrische oder magnetische Feldstärke, der Druck, u.s.w.

Von grundlegender Bedeutung sind die beiden folgenden speziellen harmonischen Lösungen von (1.1):

$$\boxed{\psi(\boldsymbol{r}, t) = \psi_0 \sin(\omega t - \boldsymbol{k}\boldsymbol{r})} \tag{1.2}$$

wobei $\boldsymbol{k}$ überall im Raum die gleiche Richtung hat und $\boldsymbol{r}$ der vom Koordinatenursprung zum betrachteten Aufpunkt weisende Ortsvektor ist;

$$\boxed{\psi(\boldsymbol{r}, t) = \frac{\psi_m}{r} \sin(\omega t - kr)} \tag{1.3}$$

wobei $\boldsymbol{k}$ und $\boldsymbol{r}$ überall im Raum gleichgerichtet sind und k von r abhängen kann.

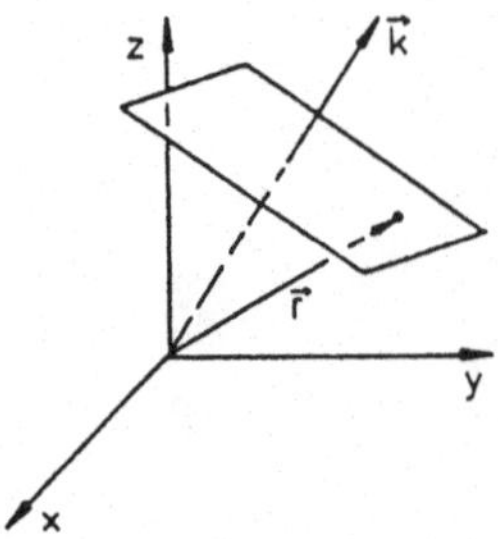

Abb. 1.1. Geometrie bei ebener Welle.

Die Wellenflächen der Welle (1.2) werden durch die Forderung

$$\omega t - \boldsymbol{k}\boldsymbol{r} = \text{const}$$

festgelegt. Sie sind Ebenen senkrecht zu $\boldsymbol{k}$ und bewegen sich mit der Geschwindigkeit v in Richtung von $\boldsymbol{k}$. Man nennt deswegen (1.2) eine **ebene harmonische Welle**.
Legt man speziell die x-Richtung des Koordinatensystems in die Richtung von $\boldsymbol{k}$, dann folgt für die Komponentenbeträge von $\boldsymbol{k}$: $k_x = k,\ k_y = 0,\ k_z = 0$. Damit ist: $\boldsymbol{k}\boldsymbol{r} = k_x x + k_y y + k_z z = kx$, wobei x, y, z die Koordinaten des Aufpunktes sind. Die in x-Richtung fortschreitende ebene Welle hat dann die Form:

$$\psi(\boldsymbol{r}, t) = \psi_0 \sin(\omega t - kx)$$

Die Wellenflächen der Welle (1.3), gegeben durch die Forderung

$$\omega t - kr = \text{const}$$

sind konzentrische Kugelflächen, deren Radien sich mit der Geschwindigkeit v vergrößern. Man nennt deswegen (1.3) eine **harmonische Kugelwelle**.
Die Amplitude $\psi_0 = \psi_m/r$ einer solchen Kugelwelle muss aus folgendem Grund, wie angegeben, umgekehrt proportional zu r abnehmen: Bei Vernachlässigung von Absorptionsvorgängen muss der Energiestrom $\mathrm{d}W/\mathrm{d}t$ durch jede konzentrische Kugeloberfläche $A = 4\pi r^2$ um den Koordinatenursprung konstant sein.

Die Intensität $I = \mathrm{d}W/(A\cdot \mathrm{d}t) = \mathrm{d}W/(4\pi r^2\cdot \mathrm{d}t)$ ist dann umgekehrt proportional zu r^2. Da andererseits I proportional zum Quadrat der Amplitude ψ_0 ist, ergibt sich:

$$I \sim \psi_0^2 \sim \frac{1}{r^2}$$

oder

$$\psi_0 \sim \frac{1}{r}$$

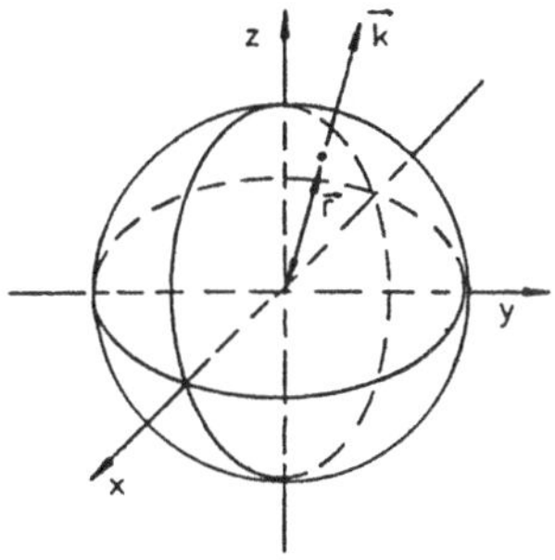

Abb. 1.2. Geometrie bei Kugelwellen.

1.2 Das Huygens'sche Prinzip der Wellenausbreitung

Die Bewegung einer Wellenfläche im Raum läßt sich durch eine physikalisch gerechtfertigte und mathematisch begründbare Modellvorstellung, das sogenannte **Huygens'sche Prinzip**, beschreiben, dem folgende Annahmen zugrundeliegen:

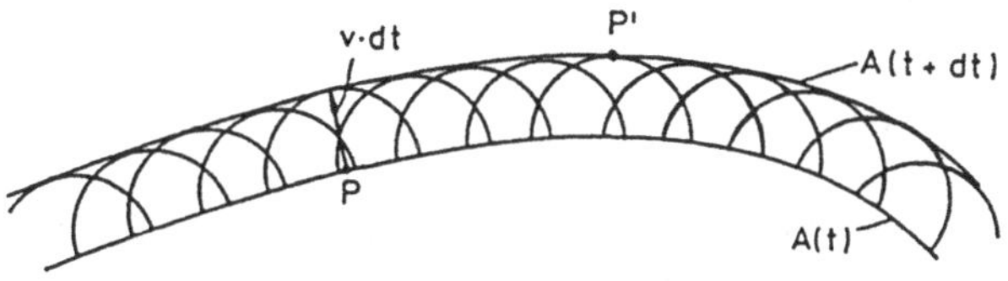

a.) Jeder Punkt P einer Wellenfläche $A(t)$ emittiert in Vorwärtsrichtung Kugelwellen, sogenannte **Elementarwellen**.
b.) Die Wellenfläche $A(t+\mathrm{d}t)$ zu einem um dt späteren Zeitpunkt $t+\mathrm{d}t$ ist die allen von $A(t)$ ausgehenden Elementarwellenflächen vom Radius $v{\cdot}\mathrm{d}t$ gemeinsame Tangentialfläche.
c.) Die Wellengröße $\psi(P')$ in einem Punkt P' auf $A(t+\mathrm{d}t)$ ergibt sich durch Überlagerung der von allen Punkten P auf $A(t)$ ausgehenden Elementarwellen.

Mit Hilfe des HUYGENS'schen Prinzips lassen sich viele Wellenphänomene, wie z.B. die Reflexion, die Brechung und die Beugung, in einfacher Weise quantitativ beschreiben.

1.3 Reflexion und Brechung

Trifft eine Welle (Intensität I_e, Wellenvektor $\boldsymbol{k}_e$) auf die Trennfläche T zweier Medien, in denen die Wellenausbreitungsgeschwindigkeiten v_1 und v_2 unterschiedlich sind, dann wird sie dort grundsätzlich in einen reflektierten Anteil $(I_r, \boldsymbol{k}_r)$ und einen durchgehenden Anteil $(I_g, \boldsymbol{k}_g)$ aufgespalten.

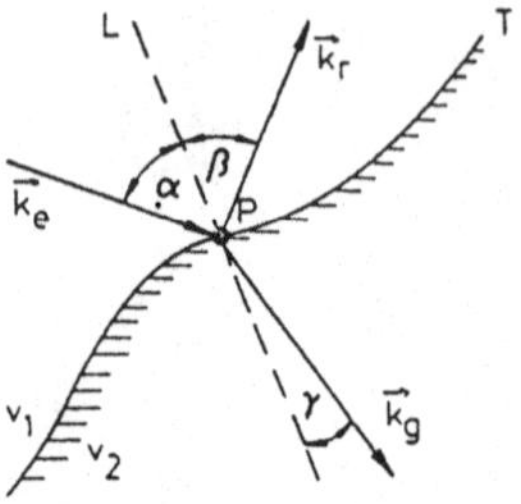

Abb. 1.3. Reflexion und Brechung von Wellen.

Die Quotienten $\varrho = I_r/I_e$ und $\sigma = I_g/I_e$ heißen das **Reflexions-** und das **Transmissionsvermögen** von T.
Wenn keine Absorption in der Trennfläche T auftritt, dann folgt bei senkrechtem Einfall aus dem Energie-Erhaltungssatz $I_r + I_g = I_e$ oder

$$\boxed{\varrho + \sigma = 1}$$

Man nennt die durch den betrachteten Auftreffpunkt P laufende Flächennormale L von T das **Einfallslot**, den Winkel α zwischen $\boldsymbol{k}_e$ und L den **Einfallswinkel** und den Winkel β zwischen $\boldsymbol{k}_r$ und L den **Reflexionswinkel**. L und die drei Wellenvektoren $\boldsymbol{k}_e, \boldsymbol{k}_r$ und $\boldsymbol{k}_g$ liegen stets in einer Ebene. Bei schrägem Einfall, d.h. für $\alpha \neq 0°$, erfährt der durchlaufende Wellenanteil eine Richtungsänderung. Diese Erscheinung heißt **Brechung**, der Winkel γ zwischen $\boldsymbol{k}_g$ und L **Brechungswinkel**.

Die Zusammenhänge zwischen α, β und γ lassen sich mittels des HUYGENS'schen Prinzips unter der Annahme herleiten, dass die von den Wellenflächen A_e der einlaufenden Welle getroffenen Orte von T Elementarwellen in die beiden durch T getrennten Teilräume hinein emittieren.
Für den grundsätzlich wichtigen Grenzfall einer **ebenen** Welle, die auf eine ebenfalls **ebene** Trennfläche auftrifft, ergeben sich gemäß Bild 1.4 die folgenden Beziehungen:
A_e, A_r, und A_g sind die (ebenen) Wellenflächen der einfallenden, reflektierten und gebrochenen Wellen in konstanten Zeitabständen Δt. Ferner sind A_{hr} und A_{hg} die Wellenflächen der entsprechenden Elementarwellen. Für die drei rechtwinkligen Dreiecke POR, QRO und SRO folgt:

$$\overline{OR} = \frac{\overline{PR}}{\sin(<POR)} = \frac{\overline{OQ}}{\sin(<QRO)} = \frac{\overline{OS}}{\sin(<SRO)}$$

Für die Winkel gilt:

$$<POR = \alpha; \quad <QRO = \beta; \quad <SRO = \gamma$$

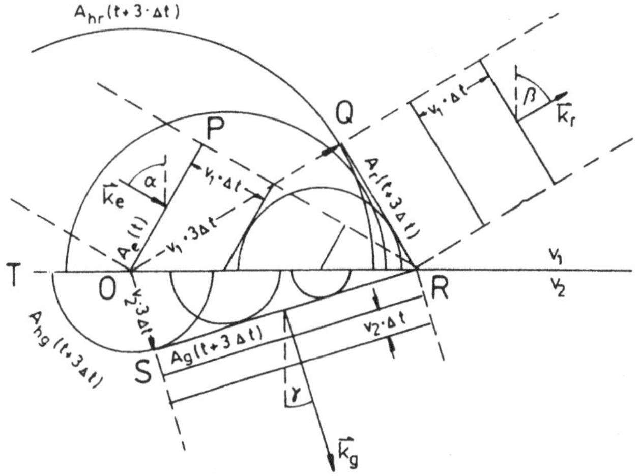

Abb. 1.4. Reflexion und Brechung nach dem HUYGENS'schen Prinzip.

Mit $\overline{PR} = 3v_1 \cdot \Delta t, \overline{OQ} = v_1 3 \cdot \Delta t$ und $\overline{OS} = v_2 3 \cdot \Delta t$ ergibt sich dann:

$$\frac{3v_1 \cdot \Delta t}{\sin\alpha} = \frac{v_1 3 \cdot \Delta t}{\sin\beta} = \frac{v_2 3 \cdot \Delta t}{\sin\gamma}$$

oder

$$\frac{1}{\sin\alpha} = \frac{1}{\sin\beta} \quad \text{und} \quad \frac{v_1}{\sin\alpha} = \frac{v_2}{\sin\gamma}$$

oder

$$\boxed{\alpha = \beta} \tag{1.4}$$

und

$$\boxed{\frac{\sin\alpha}{\sin\gamma} = \frac{v_1}{v_2}} \tag{1.5}$$

Die Beziehungen (1.4) und (1.5) heißen das **Reflexions-** und das **Brechungsgesetz**.

Es ist also der Reflexionswinkel β stets gleich dem Einfallswinkel α. Der Brechungswinkel γ dagegen ist außer von α noch vom Geschwindigkeitsverhältnis v_1/v_2 abhängig.

Ist $v_2 < v_1$, dann ist auch $\gamma < \alpha$. Die Welle, d.h. $\boldsymbol{k}$, wird zum Einfallslot hin abgelenkt.

Ist $v_2 > v_1$, dann ist auch $\gamma > \alpha$. Die Welle wird vom Einfallslot weg abgelenkt.

Der zweite Fall zeigt eine Besonderheit: Für den speziellen Einfallswinkel $\alpha = \alpha_G$, der die Bedingung

$$\boxed{\sin\alpha_G = \frac{v_1}{v_2}}$$

erfüllt, ist $\sin\gamma = 1$ oder $\gamma = 90°$, d.h. $\boldsymbol{k}_g$ verläuft parallel zur Trennfläche T. Bei Vergrößerung von α über α_G hinaus tritt keine Brechung mehr auf, sondern nur noch Reflexion, sogenannte **Totalreflexion**. α_G heißt der **Grenzwinkel** der Totalreflexion.

1.4 Beugung

1.4.1 Vorbemerkung

Trifft eine Welle auf eine ihren Querschnitt, d.h. die Ausdehnung ihrer Wellenflächen einengende Öffnung in einer sonst überall undurchlässigen Fläche, im einfachen Fall beispielsweise auf einen Spalt oder eine Kreisblende, dann folgt die Intensitätsverteilung dahinter nicht etwa dem geometrischen "Schattenriss" dieser Öffnung, sondern es entsteht dort eine sogenannte Beugungsverteilung oder Beugungsfigur. Die dazu führende Erscheinung nennt man **Beugung**.
Beugungserscheinungen lassen sich ebenfalls mit Hilfe des HUYGENS'schen Prinzips unter der Annahme beschreiben, dass jeder Punkt der Öffnung Elementarwellen emittiert, die dann in dem betrachteten Punkt interferieren, d.h. sich überlagern.
Aber nicht nur an Öffnungen, sondern allgmein an beliebig geformten und in die Welle hineinragenden Hindernissen, wie beispielsweise an Kanten, Kugeln u.s.w., treten Beugungserscheinungen auf. Dabei gilt allgemein, dass die Beugungsverteilungen **komplementärer Hindernisse** außerhalb des durch den geometrischen Umriss überdeckten Bereichs übereinstimmen. Diese Aussage heißt **Babinetsches Theorem**. Für Interessierte folgen Einzelheiten zu diesem Theorem und zu dessen Bedeutung für das Beispiel der Beugung am Gitter im Anhang.
Man nennt zwei Hindernisse komplementär, wenn sie durch Vertauschung ihrer durchlässigen und undurchlässigen Bereiche ineinander übergehen. Beispiele sind: Kreisblende und Kreisscheibe gleichen Durchmessers, Spalt und Draht gleicher Breite.
Beugungserscheinungen sind relativ einfach zu behandeln, wenn die folgenden beiden Voraussetzungen erfüllt sind:

a.) Die einfallende Welle ist eine **ebene** Welle.
b.) Die Beugungsverteilung wird in einer, gemessen am Durchmesser der Beugungsöffnung, praktisch unendlich großen Entfernung beobachtet, so dass die Wellenflächen der sich dort überlagernden Elementarwellen als praktisch eben und parallel zueinander angesehen werden können.

Beugung unter diesen beiden Voraussetzungen heißt **Fraunhofersche Beugung**, andernfalls **Fresnelsche Beugung**. In den nachfolgend behandelten Fällen wird FRAUNHOFERsche Beugung betrachtet:

1.4.2 Beugung am Spalt

Ein einfach zu beschreibender Fall ist die Beugung an einem langen, geraden Spalt der Breite d. Die von den verschiedenen Orten x der Spaltbreite ausgehenden Elementarwellen durchlaufen bis zu dem gegen d weit entfernten Punkt P unterschiedlich lange Wege $r = r_0 + \Delta$, wobei r_0 der Abstand der Spaltmitte von P ist. Der Weg- oder Gangunterschied Δ ist vom Standort x und dem Beobachtungswinkel α gegen die Symmetrieachse ($\alpha = 0°$) abhängig, und zwar gilt: $\Delta = x \sin\alpha$. Damit folgt für die Wellengröße $\psi_e(r,t)$ **einer** Elementarwelle im Punkt P:

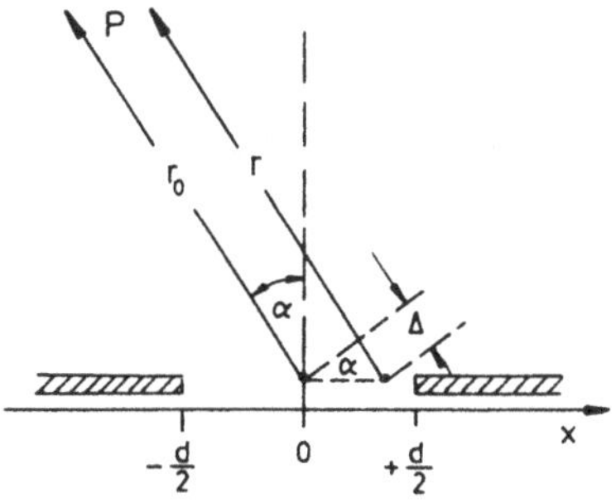

Abb. 1.5. Geometrie bei der Beugung am Spalt.

$$\psi_e(r,t) = \psi_{0e}\sin(\omega t - kr) = \psi_{0e}\sin\left[\omega t - k(r_0 + \Delta)\right]$$
$$= \psi_{0e}\sin(\omega t - kr_0 - kx\sin\alpha)$$

ψ_{0e} ist die dortige Amplitude von ψ_e. Die aus der Überlagerung aller Elementarwellen in P resultierende Wellengröße ψ ergibt sich durch Integration über alle Standorte x innerhalb der Spaltbreite zwischen $x = -d/2$ und $x = +d/2$:

$$\psi = \int_{-d/2}^{+d/2} \psi_{0e}\sin(\omega t - kr_0 - kx\sin\alpha)\cdot \mathrm{d}x$$

$$= \frac{\psi_{0e}}{k\sin\alpha}\left\{\cos\left(\omega t - kr_0 - \frac{kd}{2}\sin\alpha\right)\right.$$

$$\left. - \cos\left(\omega t - kr_0 + \frac{kd}{2}\sin\alpha\right)\right\}$$

Mit Hilfe des Additionstheorems

$$\cos(\beta - \gamma) - \cos(\beta + \gamma) = 2\sin\beta\cdot\sin\gamma$$

für Winkelfunktionen folgt:

$$\psi = \psi_0 \sin(\omega t - kr_0), \quad \text{wobei} \quad \psi_0 = \psi_{0e} d \frac{\sin\left(\frac{kd}{2} \cdot \sin\alpha\right)}{\frac{kd}{2} \sin\alpha}$$

die resultierende Amplitude ist.
Die Intensität I in P ist proportional zu ψ_0^2. Mit $k = 2\pi/\lambda$ folgt also:

$$I = I_0 \left[\frac{\sin\left(\frac{\pi d}{\lambda} \sin\alpha\right)}{\frac{\pi d}{\lambda} \sin\alpha} \right]^2 \tag{1.6}$$

Da die Funktion $(\sin x)/x$ für $x = 0$ den Wert 1 hat, ist die Proportionalitätskonstante I_0 die Intensität in Richtung $\alpha = 0°$. Der Verlauf von ψ_0 und I ist in Bild 1.6 aufgetragen.

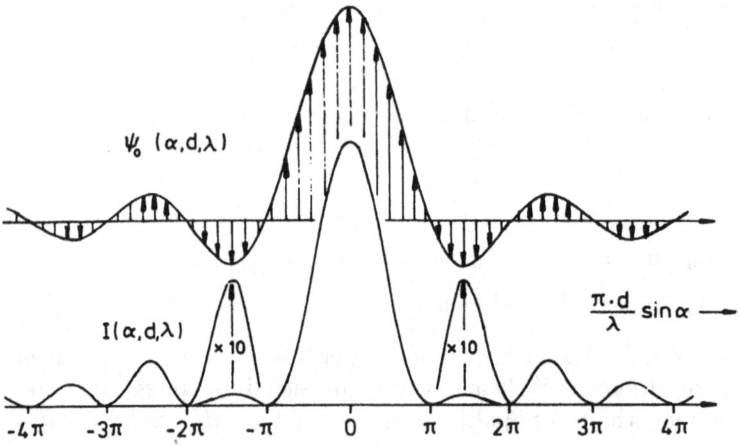

Abb. 1.6. Beugung am Spalt.

Die Beugungsfigur, d.h. die Intensitätsverteilung in Abhängigkeit von α bei vorgegebenem d und λ, besteht also aus Intensitätsstreifen parallel zum Spalt. Dabei dominiert der Zentralstreifen, das sogenannte Hauptmaximum, bei $\alpha = 0°$. In den Seitenstreifen, den Nebenmaxima, nimmt die Intensität sehr rasch mit α ab.
Die Winkel $\alpha_{\min}$, unter denen eine Auslöschung der Intensität auftritt, ergeben sich aus den Nullstellen des Zählers von (1.6), und zwar ist $I = 0$ für

$$\frac{\pi d}{\lambda} \sin\alpha_{\min} = m\pi$$

mit $m = \pm 1; \pm 2; \pm 3; \ldots$. Daraus folgt:

$$\boxed{\sin \alpha_{\min}(m, d, \lambda) = m\frac{\lambda}{d}}$$

m heißt die **Ordnung** der Beugung.
Für die Winkel $\alpha_{\max}$, unter denen die maximale Intensität in den Nebenmaxima auftritt, läßt sich keine ähnlich einfache Beziehung aufstellen, jedoch gilt in guter Näherung:

$$\boxed{\sin \alpha_{\max}(m, d, \lambda) = \left(m + \frac{1}{2}\right)\frac{\lambda}{d}}$$

mit $m = \pm 1; \pm 2; \pm 3; \ldots$. Für die Intensitäten unter den Winkeln α_{max} ergibt sich dann:

$$\boxed{I_{\max}(m) = \frac{I_0}{\pi^2 \left(m + \frac{1}{2}\right)^2}}$$

Daraus folgt:

$$I_{\max}(1) = 0.045 I_0;$$
$$I_{\max}(2) = 0.016 I_0;$$
$$I_{\max}(3) = 0.008 I_0$$

u.s.w.

1.4.3 Beugung an einer Kreisblende

Die FRAUNHOFERsche Beugungsverteilung hinter einer kreisförmigen Öffnung ergibt sich in entsprechender Weise wie beim Spalt – allerdings mit größerem mathematischen Aufwand – zu:

$$\boxed{I = 4I_0 \left[\frac{J_1\left(\frac{\pi d}{\lambda}\sin\alpha\right)}{\frac{\pi d}{\lambda}\sin\alpha}\right]^2} \tag{1.7}$$

Hierbei bedeutet $J_1(u)$ die **Besselfunktion** 1. Ordnung zum Argument u, d den Durchmesser der Öffnung und α den Winkel zur Symmetrieachse.
Die Funktion $\left[J_1(u)/u\right]^2$ hat für $u = 0$ den Wert 0.25. Also ist I_0 wiederum die Beugungsintensität unter $\alpha = 0°$. Der Verlauf von (1.7) ist zusammen mit dem Verlauf von (1.6) für einen Spalt in Bild 1.7 aufgetragen.

Die Beugungsfigur besteht aus einem zentralen Intensitätsmaximum, das konzentrisch von Intensitätsringen umgeben ist. In diesen Nebenmaxima

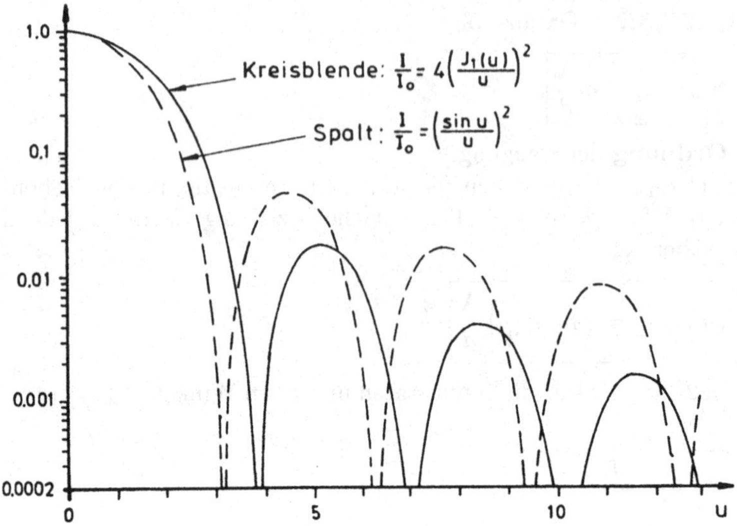

Abb. 1.7. Beugung bei Spalt und Kreisblende.

nimmt die Intensität rasch mit wachsendem α ab. Das zentrale Hauptmaximum wird auch **Beugungsscheibe** genannt.
Für die Winkel $\alpha_{\max}$ bzw. $\alpha_{\min}$, unter denen die Beugungsringe bzw. die Kreise mit $I = 0$ erscheinen, läßt sich hier kein allgemeiner und einfacher Zusammenhang angeben. Eine Analyse von (1.7) ergibt für die ersten drei Nebenmaxima bzw. -minima:

$$\sin \alpha_{\max}(p, d, \lambda) = p\frac{\lambda}{d} \quad \text{mit} \quad p = 1.638; 2.692; 3.700$$

und

$$\sin \alpha_{\min}(p, d, \lambda) = p\frac{\lambda}{d} \quad \text{mit} \quad p = 1.220; 2.232; 3.238$$

1.5 Interferenz

1.5.1 Vorbemerkung

Als Interferenz bezeichnet man alle diejenigen Erscheinungen, die bei der Überlagerung von Wellen auftreten. Bei der quantitativen Beschreibung von Interferenzerscheinungen geht man im allgemeinen vom sogenannten **Prinzip der ungestörten Superposition** aus. Es sagt aus, dass sich jede Einzelwelle unbeeinflusst durch die anderen im Raum ausbreitet und dass sich die resultierende Wellengröße $\psi(\boldsymbol{r}, t)$ am Ort $\boldsymbol{r}$ zum Zeitpunkt t durch Addition der Wellengrößen $\psi_i(\boldsymbol{r}, t)$ der Einzelwellen ergibt:

$$\psi(\boldsymbol{r},t) = \sum_i \psi_i(\boldsymbol{r},t)$$

Sind die ψ_i Vektoren, dann muss die Addition auch vektoriell erfolgen. Dieses Prinzip ist vorangehend bei der Behandlung der Beugungserscheinungen bereits angewandt worden. Im realen Fall ist es jedoch nur bei hinreichend kleinen Wellengrößen bzw. Störungen gültig, beispielsweise bei mechanischen Wellen in elastischen Medien nur dann, wenn die resultierenden Verformungen alle innerhalb des HOOKEschen Elastizitätsbereichs bleiben. Aber auch bei elektromagnetischen Wellen können bei hohen Feldstärken sogenannte nichtlineare Effekte auftreten.

Die resultierende Amplitude ψ_0 in einem Interferenzpunkt ist außer von den Amplituden ψ_{0i} der Einzelwellen auch noch von deren gegenseitigen Phasenunterschieden abhängig. Die resultierende Intensität I wiederum ist proportional zu ψ_0^2. Das bedeutet, dass sich bei einer Interferenz die Intensitäten I_i der Einzelwellen im allgemeinen nicht einfach additiv überlagern.

Die räumliche Verteilung von I ist dann **stationär**, d.h. zeitlich konstant, wenn es auch die Teilamplitude ψ_{0i} und die Phasenunterschiede sind. Eine solche stationäre Intensitätsverteilung nennt man auch eine **Interferenzfigur**.

1.5.2 Überlagerung zweier Kugelwellen

Wesentliche und grundlegende Erkenntnisse über die quantitativen Zusammenhänge bei Interferenzerscheinungen erhält man bereits aus einfachen Betrachtungen zur Überlagerung zweier Kugelwellen $\psi_1(r,t)$ und $\psi_2(r,t)$ gleicher Frequenz, die von zwei Punktquellen Q_1 und Q_2 emittiert werden.

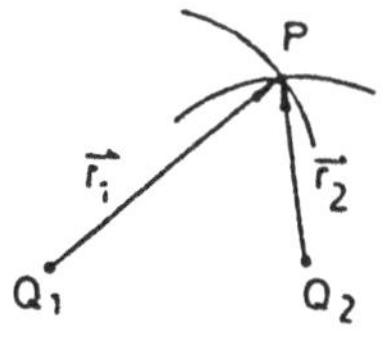

In einem Interferenzpunkt P, der von Q_1 und Q_2 die Abstände r_1 und r_2 hat, überlagern sich die beiden Einzelwellen $\psi_1(r_1,t) = \psi_{01}\sin(\omega t - kr_1)$ und $\psi_2(r_2,t) = \psi_{02}\sin(\omega t - kr_2 + \varphi)$ mit einem Phasenunterschied von

$$\begin{aligned}\delta &= (\omega t - kr_1) - (\omega t - kr_2 + \varphi)\\ &= k(r_2 - r_1) - \varphi\end{aligned}$$

Dabei ist φ die konstante Phasenverschiebung, mit der die beiden Wellen von Q_1 und Q_2 ausgehen. Die Wegdifferenz $r_2 - r_1$ nennt man auch den **Gangunterschied**.

Die Amplitude ψ_0 der Summe $\psi_1 + \psi_2$ im Punkt P ergibt sich, wie bereits im Zusammenhang mit der Überlagerung von Schwingungen erläutert wurde, zu:

$$\psi_0 = \sqrt{\psi_{01}^2 + \psi_{02}^2 + 2\psi_{01}\psi_{02}\cos\delta}$$

Für die resultierende Intensität I in P folgt daraus wegen $I \sim \psi_0^2$ und $I_i \sim \psi_{0i}^2$:

$$I = I_1 + I_2 + 2\sqrt{I_1 I_2}\cos\delta$$

Zu der Summe $I_1 + I_2$ der Einzelintensitäten kommt also noch ein von δ abhängiger sogenannter **Interferenzterm** hinzu.

Grenzfälle

a.) Ist der Phasenunterschied δ ein **geradzahliges** Vielfaches von π, also $\delta = 2n\pi$ mit $n = 0, \pm 1, \pm 2$, u.s.w., dann ist $\cos\delta = 1$, und ψ_0 und I erreichen ihre Maximalwerte:

$$\psi_0 = \psi_{01} + \psi_{02} \quad \text{und} \quad I = I_1 + I_2 + 2\sqrt{I_1 I_2}$$

Die Interferenz ist **konstruktiv**. Es ist $I > I_1 + I_2$.

b.) Ist δ ein **ungeradzahliges** Vielfaches von π, also $\delta = (2n+1)\pi$, dann ist $\cos\delta = -1$, und ψ_0 und I erreichen ihre Minimalwerte:

$$\psi_0 = \psi_{01} - \psi_{02} \quad \text{und} \quad I = I_1 + I_2 - 2\sqrt{I_1 I_2}$$

Die Interferenz ist **destruktiv**. Es ist $I < I_1 + I_2$.

c.) Ist δ ein **ungeradzahliges** Vielfaches von $\pi/2$, also $\delta = (2n+1)\pi/2$, dann ist $\cos\delta = 0$, und ψ_0 und I erreichen die Zwischenwerte:

$$\psi_0 = \sqrt{\psi_{01}^2 + \psi_{02}^2} \quad \text{und} \quad I = I_1 + I_2$$

Die Interferenz ist **additiv** in Bezug auf I.

Ist speziell $\psi_{01} = \psi_{02}$ und damit $I_1 = I_2$, dann folgt:

a.) $\psi_0 = 2\psi_{01}$; $I = 4I_1$.
b.) $\psi_0 = 0$; $I = 0$.
c.) $\psi_0 = \sqrt{2}\psi_{01}$; $I = 2I_1$.

Die geometrischen Orte aller Interferenzpunkte mit vorgegebenem konstanten Phasenunterschied δ ergeben sich aus der Forderung:

$$\delta = k(r_2 - r_1) - \varphi = \text{const}_1$$

oder, da k und φ als konstant vorausgesetzt werden, aus

$$r_2 - r_1 = \text{const}_2$$

Diese Beziehung beschreibt **Rotations-Hyperbelflächen** mit den beiden Brennpunkten Q_1 und Q_2.

Ist speziell $\varphi = 0$, d.h. werden die beiden Wellen gleichphasig von Q_1 und Q_2 emittiert, dann wird δ allein durch den Gangunterschied $r_2 - r_1$ bestimmt. Die Bedingung für **konstruktive** Interferenz lautet dann:

$$\delta = k(r_2 - r_1) = \frac{2\pi}{\lambda}(r_2 - r_1) = 2n\pi$$

oder

$$\boxed{r_2 - r_1 = n\lambda}$$

Es muss also der Gangunterschied ein ganzzahliges Vielfaches der Wellenlänge sein.

Die Interferenz ist **destruktiv**, wenn

$$\delta = \frac{2\pi}{\lambda}(r_2 - r_1) = (2n + 1)\pi$$

oder

$$\boxed{r_2 - r_1 = (2n + 1) \cdot \frac{\lambda}{2}}$$

ist, d.h. wenn der Gangunterschied ein ungeradzahliges Vielfaches der halben Wellenlänge ist.

Ein Schnitt durch die Kugelwellenflächen A_K und eine Schar der Hyperbel-Interferenzflächen A_H ist in Bild 1.8 zur Veranschaulichung des Problems dargestellt.

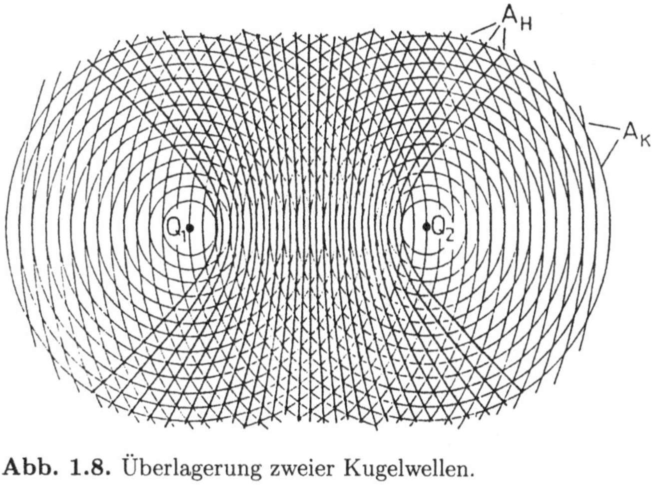

Abb. 1.8. Überlagerung zweier Kugelwellen.

Wellen, deren Überlagerung zu einer stationären Verteilung der Interferenz-Intensität führt, die also alle die gleiche Frequenz und zeitlich konstante Phasenunterschiede untereinander besitzen, nennt man **kohärent**, andernfalls **inkohärent**.

Vollständige Inkohärenz entsteht z.B. dann, wenn die Phasenverschiebung φ bei der Wellen-Emission zeitlich statistisch so schwankt, dass alle Werte zwischen 0 und 2π mit gleicher Wahrscheinlichkeit vorkommen. Mit φ variiert dann auch der lokale Phasenunterschied δ statistisch innerhalb eines Intervalls der Breite 2π. Über $\delta(t)$ ist die Intensität in einem Interferenzpunkt ebenfalls zeitabhängig:

$$I(t) = I_1 + I_2 + 2\sqrt{I_1 I_2}\cos\delta(t)$$

Für den zeitlichen Mittelwert $\overline{I(t)}$ folgt, da I_1 und I_2 als zeitlich konstant vorausgesetzt werden kann und da bei den über $\varphi(t)$ gemachten Annahmen $\overline{\cos\delta(t)} = 0$, ist:

$$\overline{I(t)} = I_1 + I_2$$

Bei der Überlagerung inkohärenter Wellen ist also der zeitliche Mittelwert der resultierenden Intensität gleich der Summe der Einzelintensitäten.

1.5.3 Überlagerung mehrerer ebener Wellen

Eine weitere grundsätzlich wichtige Interferenzerscheinung tritt dann auf, wenn sich mehrere (Anzahl N) ebene Wellen überlagern, die alle den gleichen Wellenvektor $\boldsymbol{k}$, die gleiche Amplitude ψ_0 und einen konstanten Phasenabstand δ relativ zueinander haben. Legt man $\boldsymbol{k}$ in die Richtung der x-Achse, dann haben diese ebenen Einzelwellen die Form:

$$\psi_i(x,t) = \psi_0 \sin(\omega t - kx + i\delta)$$

Die resultierende Wellengröße $\psi(x,t)$ ergibt sich nach dem Superpositionsprinzip zu:

$$\psi(x,t) = \sum_{i=0}^{N-1} \psi_i(x,t) = \psi_0 \sum_{i=0}^{N-1} \sin(\omega t - kx + i\delta)$$

Mit Hilfe des erweiterten Additionstheorems für Wellenfunktionen, nämlich

$$\sum_{i=0}^{\ell} \sin(\beta + i\gamma) = \frac{\sin\left(\beta + \dfrac{\ell\gamma}{2}\right)\sin\left(\dfrac{\ell+1}{2}\right)\gamma}{\sin\dfrac{\gamma}{2}}$$

erhält man:

$$\psi(x,t) = \psi_R \sin\left(\omega t - kx + \frac{N-1}{2}\delta\right)$$

wobei

$$\psi_R = \psi_0 \frac{\sin\left(\dfrac{N\delta}{2}\right)}{\sin\dfrac{\delta}{2}}$$

die resultierende Amplitude ist. Daraus folgt die resultierende Intensität:

$$\boxed{I = I_0 \left[\frac{\sin\left(\frac{N\delta}{2}\right)}{\sin\frac{\delta}{2}} \right]^2} \tag{1.8}$$

Für $N = 1$ ist $I = I_0$, d.h. I_0 ist die Intensität jeder Einzelwelle. Die Nullstellen des Zählers von (1.8) liegen bei

$$N\frac{\delta}{2} = n\pi, \quad \text{d.h. bei} \quad \delta_n = \frac{2\pi n}{N} \tag{1.9}$$

mit $n = 0, \pm 1, \pm 2, \ldots$. In diesen Fällen ist also auch $I = 0$. Eine **Ausnahme** davon tritt bei denjenigen Phasenunterschieden δ auf, bei denen Zähler und Nenner von (1.8) beide gleich Null sind. Das ist dann der Fall, wenn das Verhältnis n/N ganzzahlig ist, d.h. wenn die Beziehung:

$$\frac{n}{N} = m \qquad \text{mit} \qquad m = 0, \pm 1, \pm 2, \ldots$$

erfüllt ist, so dass $\delta = 2\pi m$ und somit $\sin(\delta/2) = 0$ wird. Bei diesen Werten erscheinen keine Nullstellen von I, sondern – ganz im Gegenteil – prominente Maxima. Die Höhe dieser sogenannten **Hauptmaxima** beträgt $I_{\max} = N^2 I_0$. Sie wächst also quadratisch mit der Anzahl N der interferierenden Wellen. Zwischen den Hauptmaxima liegen $N-2$ sogenannte **Nebenmaxima**. Deren Höhen relativ zu denen der Hauptmaxima werden mit zunehmendem N rasch kleiner und sind bei großem N praktisch vernachlässigbar.
Die Breite Γ_N der Nebenmaxima, das ist der Abstand der sie beidseitig begrenzenden Nullstellen von I, ergibt sich aus (1.9) zu:

$$\Gamma_N = \delta_{n+1} - \delta_n = \frac{2\pi}{N} \cdot (n+1) - \frac{2\pi}{N} n = \frac{2\pi}{N}$$

Die entsprechende Breite Γ_H der Hauptmaxima ist dann doppelt so groß. Beide werden also mit wachsendem N kleiner.
Die beiden Parameter

$$\boxed{I_{\max} = N^2 I_0 \qquad \text{und} \qquad \Gamma_H = \frac{4\pi}{N}}$$

welche die Hauptmaxima charakterisieren, sind von grundlegender Bedeutung für die Anwendung der hier behandelten sogenannten **Vielstrahlinterferenz** in der Spektrometrie von Wellen insbesondere im Bereich der Optik.
In Bild 1.9 ist $I(\delta)$ gemäß (1.8) für die Fälle $N = 2, 4$ und 10 aufgetragen. Die Ordinatenmaßstäbe der drei Verläufe sind willkürlich gewählt und nicht miteinander vergleichbar.

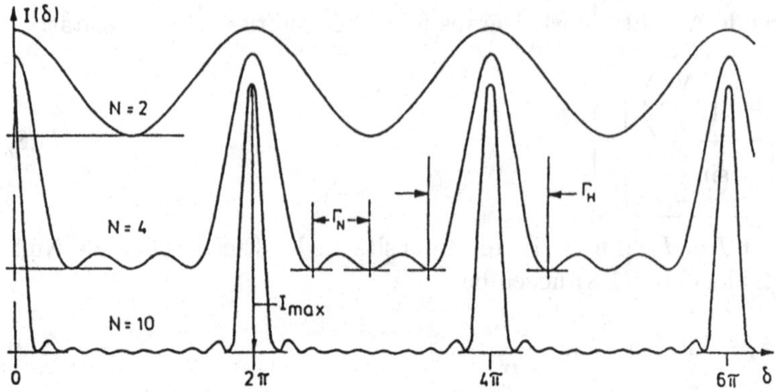

Abb. 1.9. Vielstrahlinterferenz.

Sonderfälle

a.) $\underline{N = 2}$: Über die trigonometrische Beziehung

$$\sin 2\beta = 2 \sin \beta \cos \beta$$

erhält man aus (1.8):

$$I = 4I_0 \cos^2 \frac{\delta}{2}$$

In Bild 1.9 ist dieser Verlauf dargestellt. Die Amplitude $\psi_R = 2\psi_0 \cos(\delta/2)$ variiert also kosinusförmig.

b.) $\underline{N \to \infty}$, wobei $N\delta = u$ konstant bleibt. Aus (1.8) folgt:

$$I = I_0 \left[\frac{\sin(u/2)}{\sin(u/2N)} \right]^2$$

Mit $N \to \infty$ geht $(u/2N)$ gegen Null und $\sin(u/2N)$ gegen $u/2N$. Damit ist

$$I = N^2 I_0 \left[\frac{\sin(u/2)}{u/2} \right]^2$$

Diese Intensitätsverteilung stimmt mit derjenigen überein, die bei der FRAUNHOFERschen Beugung an einem Spalt entsteht (siehe Bild 1.6 und Gl. (1.6)). Diese Übereinstimmung erklärt sich aus der Tatsache, dass diese Beugungserscheinung durch die Überlagerung von unendlich vielen Elementarwellen zustande kommt, die von kontinuierlich über die Spaltbreite verteilten Orten emittiert werden und deren infinitesimal kleine Phasenunterschiede δ in einem Interferenzpunkt relativ zueinander durch entsprechende Gangunterschiede Δ entstehen.

1.5.4 Beugung am Gitter

Als Gitter oder Beugungsgitter bezeichnet man eine äquidistante Folge zueinander paralleler und gerader Spalte. Die Intensitätsverteilung der FRAUNHOFERschen Beugung an einem solchen Gitter läßt sich auf der Grundlage der vorangehend behandelten Zusammenhänge über Beugungs- und Interferenzerscheinungen in zwei getrennten Etappen ermitteln.

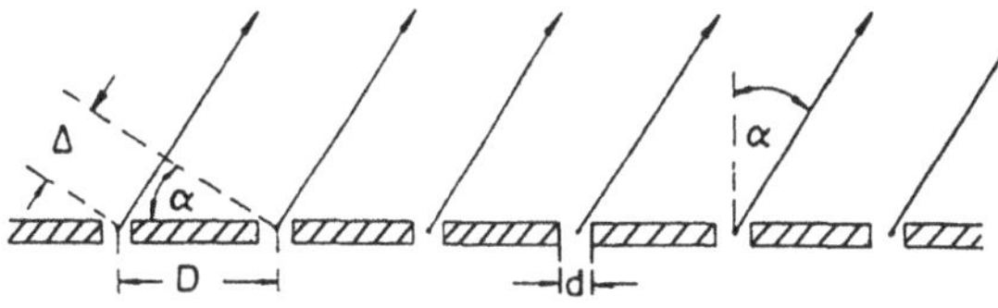

Abb. 1.10. Geometrie bei der Gitterbeugung.

Trifft eine (ebene) Welle auf das Gitter, dann wird jeder der insgesamt N Spalte als ganzes zum Ausgangspunkt einer Teilwelle. Diese N kohärenten Teilwellen überlagern sich in einem ausreichend weit entfernten Punkt mit einem Gangunterschied $\Delta = D \sin\alpha$ relativ zueinander. Dabei ist D der Abstand zweier benachbarter Spalte, die sogenannte Gitterkonstante, und α der Winkel gegen die Symmetrieachse, unter dem die Interferenz beobachtet wird. Diesem Gangunterschied entspricht ein Phasenunterschied von

$$\delta = \frac{2\pi}{\lambda}\Delta = \frac{2\pi D}{\lambda}\sin\alpha \tag{1.10}$$

Eine solche Interferenz führt gemäß (1.8) auf eine Intensitätsverteilung:

$$I = I_{01}\left[\frac{\sin\left(\dfrac{\pi N D}{\lambda}\sin\alpha\right)}{\sin\left(\dfrac{\pi D}{\lambda}\sin\alpha\right)}\right]^2$$

Im zweiten Schritt muss die Beugung an jedem einzelnen der N Spalte berücksichtigt werden. Sie äußert sich darin, dass die Intensität I_{01} jeder der Teilwellen im Interferenzbereich nicht – wie oben angenommen – richtungsunabhängig ist, sondern gemäß der Beugungsverteilung hinter einem Einzelspalt mit der Funktion (1.6) richtungsmoduliert erscheint. Es ist also:

$$I_{01} = I_0\left[\frac{\sin\left(\dfrac{\pi d}{\lambda}\sin\alpha\right)}{\dfrac{\pi d}{\lambda}\sin\alpha}\right]^2$$

wobei d wiederum die Spaltbreite ist.

Damit folgt für die Intensitätsverteilung hinter einem Beugungsgitter:

$$I = I_0 \left[\frac{\sin\left(\frac{\pi d}{\lambda}\sin\alpha\right)}{\frac{\pi d}{\lambda}\sin\alpha} \frac{\sin\left(\frac{\pi N D}{\lambda}\sin\alpha\right)}{\sin\left(\frac{\pi D}{\lambda}\sin\alpha\right)} \right]^2$$

Bild 1.11 zeigt schematisch den Verlauf von I für den Fall $N = 8$ und macht deutlich, in welcher Weise die Vielstrahlinterferenzverteilung I mit der Beugungsverteilung I_{01} für den Einzelspalt moduliert ist.

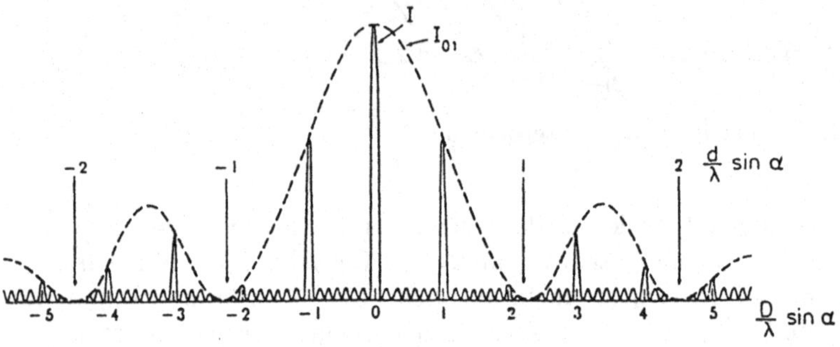

Abb. 1.11. Beugung am Gitter.

Die Hauptmaxima, die bei großem N allein von praktischer Bedeutung sind, liegen, wie vorangehend erläutert wurde, bei

$$\delta = 2\pi m = \frac{2\pi D}{\lambda}\sin\alpha$$

falls sie dort nicht gerade durch eine Nullstelle von I_{01} unterdrückt werden. Für die Beugungswinkel α, unter denen sie erscheinen, folgt daraus:

$$\boxed{\sin\alpha(m, D, \lambda) = m\frac{\lambda}{D}} \tag{1.11}$$

m heißt die **Ordnung** des Beugungsmaximums.

Beugungsgitter finden eine wichtige praktische Anwendung in den sogenannten **Gitter-Spektralapparaten** oder **-Spektrometern**, mit denen gemäß (1.11) bei bekannter Gitterkonstante D durch Messung von α die Wellenlänge λ einer Wellenstrahlung oder allgemein deren **Spektrum** bestimmt werden kann. Unter dem Spektrum einer Strahlung, speziell einem Wellenlängen-, Frequenz- oder Energie-Spektrum, versteht man allgemein die Auftragung der Strahlungsintensität gegen die Wellenlänge, die Frequenz oder die Energie.

Ein wichtiges Merkmal eines jeden Spektrometers ist sein **spektrales Auflösungsvermögen** R. Damit bezeichnet man dessen Vermögen, zwei benachbarte Wellenlängen noch als unterschiedlich erkennen zu lassen. Ist $|\Delta\lambda|$ der

noch auflösbare Mindestabstand bei der Wellenlänge λ, dann ist das Auflösungsvermögen definiert als $R = \lambda/|\Delta\lambda|$.
Benachbarte Wellenlängen erzeugen entsprechend benachbarte Beugungsmaxima. Erfahrungsgemäß erkennt man sie als voneinander getrennt, solange ihr Abstand nicht kleiner als deren halbe Breite ist. Für den erforderlich Mindestabstand $\Delta\delta$ folgt also:

$$\Delta\delta = \frac{\Gamma_H}{2} = \frac{2\pi}{N} \tag{1.12}$$

Dieser Grenzfall heißt **Rayleighsche Grenzlage**.

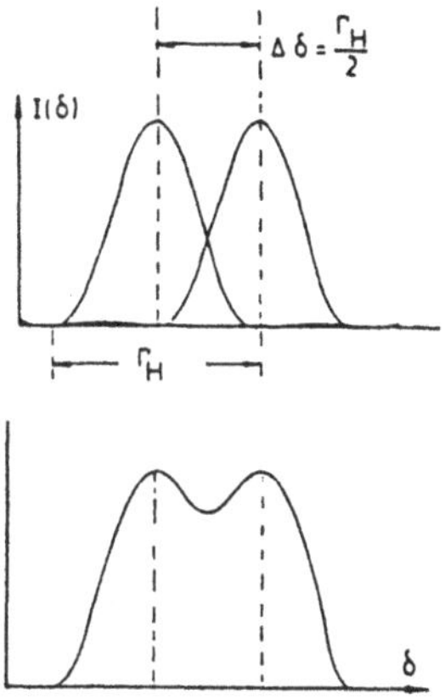

Abb. 1.12. Zum Auflösungsvermögen eines Gitterspektrometers.

Aus (1.10) ergibt sich in linearer Näherung:

$$\Delta\delta = \frac{\partial\delta}{\partial\lambda}\cdot\Delta\lambda = \left[\frac{\partial}{\partial\lambda}\left(\frac{2\pi D}{\lambda}\sin\alpha\right)\right]\cdot\Delta\lambda = -\frac{2\pi D}{\lambda^2}\sin\alpha\cdot\Delta\lambda$$

Mit (1.12) folgt:

$$-\frac{2\pi D}{\lambda^2}\sin\alpha\cdot\Delta\lambda = \frac{2\pi}{N}$$

oder

$$\frac{\lambda}{|\Delta\lambda|} = N\frac{D}{\lambda}\sin\alpha$$

Durch Einsetzen von $\sin\alpha$ gemäß (1.11) erhält man schließlich:

$$\boxed{R = \frac{\lambda}{|\Delta\lambda|} = mN}$$

Das Auflösungsvermögen eines Gitterspektrometers wächst also proportional zur Anzahl N der von der Welle getroffenen Spalte und zur Ordnung m des beobachteten Beugungsmaximums. Im optischen Bereich sind Werte bis zu rund $R = 300.000$ erreichbar. Allgemein sei angemerkt, dass sich Beugungserscheinungen auch mit Hilfe der sogenannten FOURIER-Transformation berechnen lassen. Näheres dazu und Beispiele hierfür folgen für Interessierte im Abschnitt 1.7 als Ergänzung.

1.6 Ergänzung: Das Babinetsche Theorem bei der Beugung am Gitter

1.6.1 Vorbemerkungen zur Beugung an Gittern

Unter einem Gitter wird nachfolgend stets ein **Strichgitter** verstanden, also eine äquidistante Folge von parallelen langen, geraden, strahlungsdurchlässigen Spalten. d bezeichnet die **Spaltbreite**, D den Abstand benachbarter Spalte, die sogenannte **Gitterkonstante**.

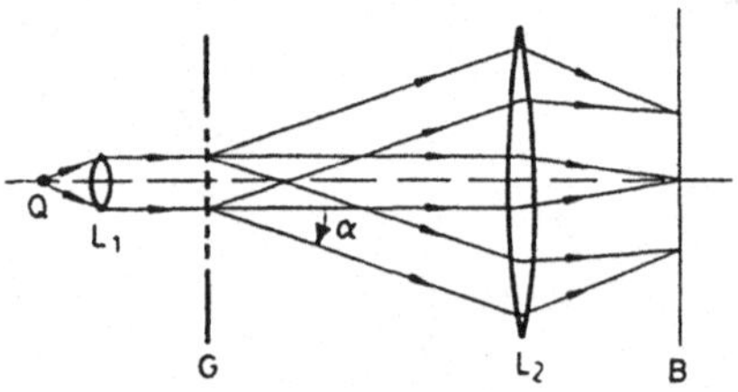

Die Beugung an solchen Gittern ist nicht nur von grundsätzlichem physikalischen Interesse, sondern auch von großer messtechnischer Bedeutung für die Spektrometrie von Wellenstrahlung insbesondere im Bereich der Optik. Die sogenannten Gitter-Spektrometer oder -Spektrographen funktionieren nach eben diesem Prinzip der Gitter-Beugung.
Betrachtet wird ausschließlich der Grenzfall der **Fraunhoferschen Beugung**. Das bedeutet:

a.) Die einfallende Welle ist eine **ebene Welle**, das einfallende Strahlenbündel also ein paralleles.
b.) Die Beobachtungsebene für die Beugungserscheinungen liegt im **Unendlichen**.

Die Bedingung a.) läßt sich in der Praxis – wie es die obige Skizze schematisch darstellt – durch Verwendung einer Punktquelle Q im Brennpunkt einer Sammellinse L_1 realisieren. Q kann auch eine parallel zu den Gitterspalten orientierte Linienquelle sein.
Mittels einer zweiten Sammellinse L_2 hinter dem Gitter G kann die durch die Bedingung b.) geforderte unendlich ferne Beobachtungsebene B in die Brennebene von L_2 vorverlegt werden.

Beide Bedingungen können – wenn auch nur näherungsweise – auf eine einfachere und in der folgenden Skizze erläuterte Art immer dann erfüllt werden, wenn der experimentelle Aufbau einen gegen die Gitterkonstante D großen Beobachtungsabstand L zuläßt.

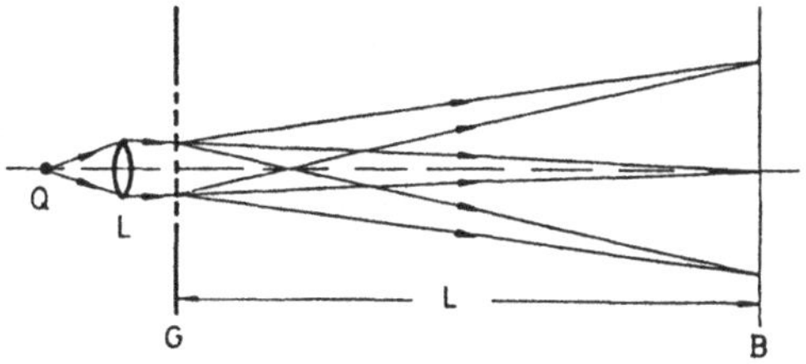

Eine Sammellinse L dicht vor dem Gitter G erzeugt von der Quelle Q ein (reelles) Bild in der Beobachtungsebene B. Eine weitere Linse entfällt. Zur Demonstration von Beugungserscheinungen im sichtbaren Spektralbereich sind Gitter mit rund 100 Spalten pro mm ($D = 10^{-5}$ m) fein genug. Ein Strahlenbündel von 1 mm Breite leuchtet dann 100 Spalte aus. Unter solchen Voraussetzungen sind Abstände von $L = 1$ m bereits so groß, dass in guter Näherung die einfallende Welle als eben und die Beobachtungsebene als unendlich fern betrachtet werden können.

1.6.2 Gesetzmäßigkeiten der Beugung an Gittern

Bezeichnet λ die Wellenlänge der einfallenden Strahlung und α den Beobachtungswinkel gegen die optische Achse, dann ist bei FRAUNHOFERscher Beugung die Intensitätsverteilung der gebeugten Strahlung gegeben durch:

$$I(\alpha) = Cd^2 \left[\frac{\sin\left(\frac{\pi d}{\lambda}\sin\alpha\right)}{\frac{\pi d}{\lambda}\sin\alpha} \right]^2 \left[\frac{\sin\left(\frac{\pi N D}{\lambda}\sin\alpha\right)}{\sin\left(\frac{\pi D}{\lambda}\sin\alpha\right)} \right]^2$$

C ist ein Proportionalitätsfaktor mit der Dimension einer Intensität; N ist die Anzahl der durch das einfallende Strahlenbündel ausgeleuchteten Gitterspalte. Mit den Abkürzungen

$$\frac{\pi D}{\lambda}\sin\alpha \equiv x \qquad \text{und} \qquad \frac{d}{D} \equiv a \tag{1.13}$$

folgt:

$$I = \underbrace{Cd^2N^2}_{I_0} \underbrace{\left[\frac{\sin(a \cdot x)}{ax}\right]^2}_{T_1} \underbrace{\left[\frac{\sin(Nx)}{N\sin x}\right]^2}_{T_2} \tag{1.14}$$

Man nennt T_1 den **Beugungsterm** und T_2 den **Interferenzterm**. Der Term T_2 beschreibt die **Vielstrahlinterferenz** der von den N ausgeleuchteten Spalten ausgehenden HUYGENS'schen Elementarwellen (Zylinderwellen). Er berücksichtigt **nicht** das durch die Beugung an jedem **einzelnen** Spalt zusätzlich erzeugte Beugungsmuster. Dieses geschieht durch den Term T_1. Er beschreibt in bekannter Weise die Beugung an einem **Einzelspalt**.
Die Werte der beiden Terme in Vorwärtsrichtung, also für $\alpha = 0°$ bzw. $x = 0$, lassen sich nicht einfach durch Einsetzen von $x = 0$ berechnen. Das führt nämlich in beiden Fällen auf die mathematisch unbestimmten Quotienten "Null durch Null". $T_1(0)$ und $T_2(0)$ können daher nur durch einen entsprechenden Grenzübergang ermittelt werden. Hierzu eignet sich im vorliegenden Fall die wichtige sogenannte **Regel von de l'Hospital**. Sie sagt in leicht vereinfachter Formulierung folgendes aus:
Sind $f(x)$ und $g(x)$ zwei in der Umgebung von $x = 0$ stetige Funktionen mit $f(0) = g(0) = 0$ und ist überdies die erste Ableitung von $g(x)$ bei $x = 0$ von Null verschieden, d.h. gilt $g'(0) \neq 0$, dann folgt für den Quotienten $f(0)/g(0)$:

$$\lim_{x\to 0} \frac{f(x)}{g(x)} = \lim_{x\to 0} \frac{f'(x)}{g'(x)}$$

Die Anwendung dieser Regel auf den Term T_1 ergibt mit $f(x) = \sin(ax)$ und $g(x) = ax$:

$$\lim_{x\to 0} \frac{\sin(ax)}{ax} = \lim_{x\to 0} \frac{a\cos(ax)}{a} = 1, \quad \text{also} \quad T_1(0) = 1$$

Entsprechend erhält man für T_2:

$$\lim_{x\to 0} \frac{\sin(Nx)}{N\sin x} = \lim_{x\to 0} \frac{N\cos(Nx)}{N\cos x} = 1, \quad \text{also} \quad T_2(0) = 1$$

Damit folgt nach (1.13) für die Beugungsintensität in Vorwärtsrichtung:

$$I(0) = I_0 = Cd^2N^2$$

Der Verlauf von T_2 für verschiedene N als Funktion von x und somit bei festgehaltenem λ und D auch als Funktion von α ist im Bild 1.13 aufgetragen: Für $N = 1$, also bei Beleuchtung nur eines Spaltes, ist T_2 von x und damit von α unabhängig. Die Winkelverteilung ist **isotrop**. Erst bei $N = 2$ (Doppelspalt) wird T_2 winkelabhängig. In diesem Fall ist gemäß (1.13):

$$T_2 = \left[\frac{\sin(2x)}{2\sin x}\right]^2 = \left[\frac{2\sin x \cdot \cos x}{2\sin x}\right]^2 = \cos^2 x$$

Die Maxima von T_2 liegen bei

$$x_m = m\pi \qquad \text{mit} \qquad m = 0, \pm 1, \pm 2, \ldots$$

Für die entsprechenden Richtungen folgt dann:

$$\sin\alpha_m = m\frac{\lambda}{D}$$

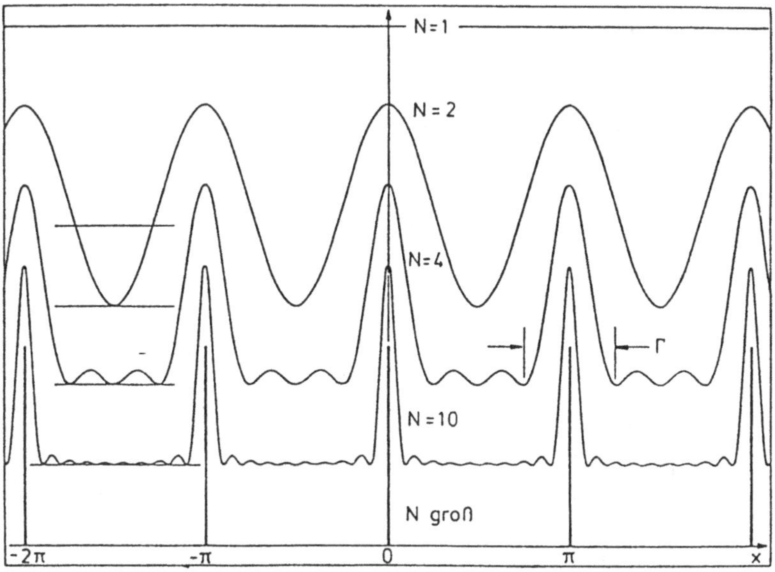

Abb. 1.13. Der Interferenzterm $T_2(x)$ bei der Beugung an einem Gitter.

Mit wachsendem N (siehe Bild 1.13: $N = 4; N = 10$) werden diese Maxima zunehmend schmaler und dominanter. Zwischen je zweien dieser **Hauptmaxima** treten zusätzlich **N-2 Nebenmaxima** auf. Die (Fuß-) Breite Γ der Hauptmaxima beträgt $\Gamma = 2\pi/N$. Diese Aussage ist bekanntlich prinzipiell wichtig für das mit einem Gitterspektrometer erreichbare "Auflösungsvermögen". Für große N schließlich besteht T_2 dann praktisch nur noch aus den entsprechend schmalen Hauptmaxima. Sie sind in der vorherigen Abbildung **symbolisch** durch vertikale Balken an den Stellen x_m bzw. α_m dargestellt. Nachfolgend wird N stets als so groß vorausgesetzt, dass eine solche "Balken-Darstellung" für T_2 gerechtfertigt ist. Um $I(x)$ bzw. $I(\alpha)$ zu erhalten, muss gemäß (1.13) der Term T_2 mit dem die Einzelspalt-Beugung beschreibenden Term T_1 multipliziert oder – anschaulich ausgedrückt – "amplitudenmoduliert" werden. Was dabei herauskommt, verdeutlich Bild 1.14 in zwei Fällen: Der Teil a.) zeigt gestrichelt den Verlauf von T_1 und in Balken-Darstellung das Produkt $T_1T_2 = I/(Cd^2N^2)$. Dabei wurde $a = d/D = 0.053$ angenommen. Die Spaltbreite ist also rund 20-mal kleiner als die Gitterkonstante.
Verdoppelt man die Spaltbreite, ohne dabei die Gitterkonstante zu verändern, so dass dann d nur noch rund 10-mal kleiner als D ist ($a = 0.106$), dann ergibt sich der im Teil b.) aufgetragene Sachverhalt. Die Lage der Hauptmaxima (Balken) bleibt erhalten, da D gleichbleibt; die Modulation zieht sich in x-Richtung zusammen, da sich d vergrößert; die Intensität I_0 in Vorwärtsrichtung vervierfacht sich, da sie proportional zu d^2 ist.

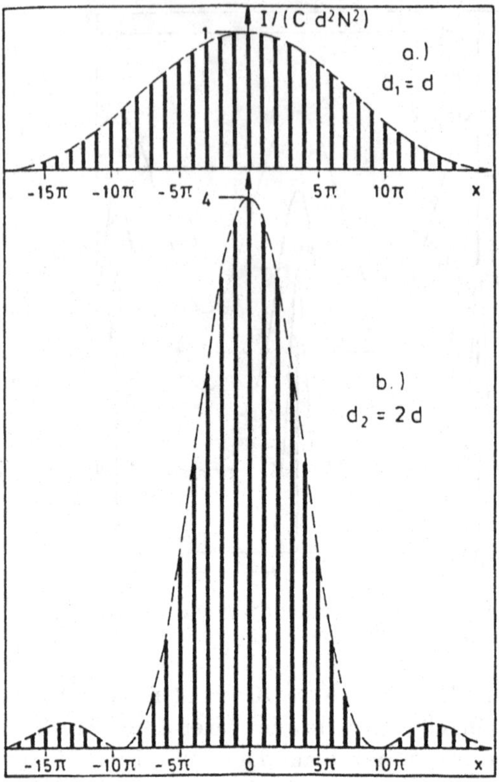

Abb. 1.14. Beugung am Gitter bei gleicher Gitterkonstante und unterschiedlicher Spaltbreite.

1.6.3 Das Babinetsche Theorem

Das BABINETsche Theorem macht eine allgemeine, grundlegende und einfache Aussage zu den Beugungserscheinungen an sogenannten **komplementären** Beugungs-Strukturen oder -Hindernissen. Man nennt zwei Hindernisse komplementär, wenn sie durch Vertauschung von durchlässigen und undurchlässigen Bereichen ineinander übergehen. Einfachste Beispiele sind:
Langer, gerader, durchlässiger Spalt der Breite d in einer undurchlässigen Wand einerseits und langes, gerades, undurchlässiges Band der Breite d in einer durchlässigen Umgebung andererseits oder kreisförmige, durchlässige Öffnung vom Radius r in einer undurchlässigen Wand einerseits und kreisförmige undurchlässige Scheibe vom Radius r in einer durchlässigen Umgebung andererseits.
Das zu einem Gitter mit der Spaltbreite d und der Gitterkonstanten D **komplementäre** Gitter ist eines mit derselben Gitterkonstanten $D_k = D$ und der Spaltbreite $d_k = D - d$, wie Bild 1.15 verdeutlicht.

Das Theorem besagt:

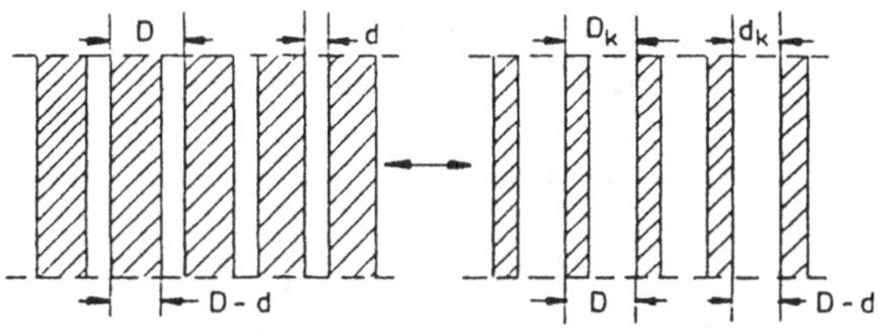

Abb. 1.15. Komplementäre Gitter.

Korollar 1.1 *Die durch Beugung an komplementären Hindernissen entstehenden Intensitätsverteilungen sind identisch, mit Ausnahme der Intensitäten in Vorwärtsrichtung.*

Diese Aussage läßt sich für den Grenzfall der FRAUNHOFERschen Beugung auf einfachem Wege anhand der in der folgenden Abbildung 1.16 angegebenen Skizzenfolge von schematischen und bereits angesprochenen Strahlengängen beweisen.

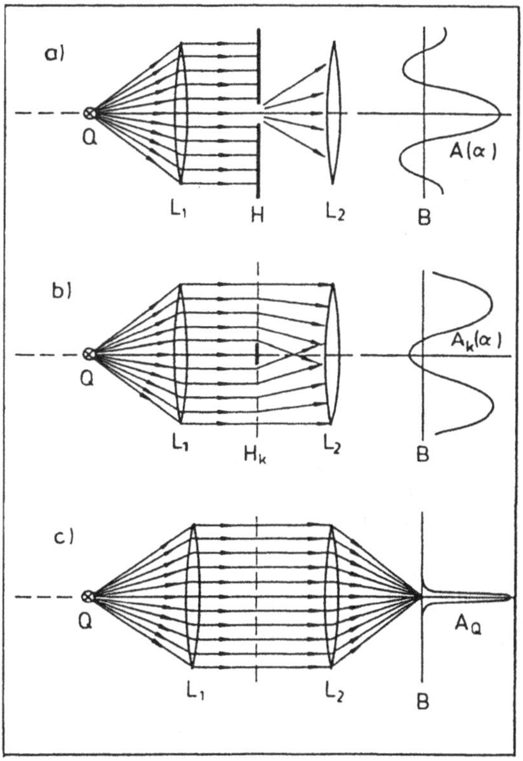

Abb. 1.16. Zum BABINETschen Theorem.

1. Die Sammellinse L_1 erzeugt ein paralleles Bündel der von Q ausgehenden Strahlen, die an einem Hindernis H, z.B. an einer Öffnung in einer Wand gebeugt werden. Die Sammellinse L_2 rückt die Beobachtungsebene B in ihre Brennebene. $A(\alpha)$ ist die **Amplituden**-Verteilung der dort beobachteten Beugungsfigur.
2. Das komplementäre Hindernis H_k, also eine undurchlässige Scheibe von der Form der Öffnung in H, erzeugt in B die Amplitudenverteilung $A_k(\alpha)$.
3. Die Kombination der Durchlässigkeitsbereiche von H und H_k führt zu einer überall durchlässigen Hindernisebene. Es ist kein Hindernis mehr vorhanden. In B erscheint das reelle Bild von Q. Die Ausdehnung und Form von A_Q entspricht derjenigen von Q. Außerhalb des Bildes herrscht Dunkelheit. Überall dort müssen sich also die Amplitudenverteilungen $A(\alpha)$ und $A_k(\alpha)$ gegenseitig kompensieren, d.h. es muss gelten:

$$A(\alpha) + A_k(\alpha) = 0 \qquad \text{oder} \qquad A(\alpha) = -A_k(\alpha)$$

Intensitäten sind stets den Amplitudenquadraten proportional. Also ist mit einem Proportionalitätsfaktor c:

$$I(\alpha) = cA^2(\alpha) = c\big[-A_k(\alpha)\big]^2 = cA_k^2(\alpha) = I_k(\alpha)$$

womit das Theorem bewiesen ist.

1.6.4 Anwendung auf die Gitterbeugung

Wie vorangehend erläutert, haben komplementäre Gitter dieselbe Gitterkonstante ($D_k = D$). Für die Spaltbreiten gilt: $d_k = D - d$. Damit ergibt sich für die Abkürzungen:

$$x_k = \frac{\pi D_k}{\lambda}\sin\alpha = \frac{\pi D}{\lambda}\sin\alpha = x$$

und

$$a_k = \frac{d_k}{D_k} = \frac{D-d}{D} = 1 - a$$

Unter der (selbstverständlichen) Randbedingung, dass in beiden Fällen die gleiche Anzahl von Spalten ausgeleuchtet wird ($N_k = N$), folgt dann für die zu (1.13) analoge Intensitätsverteilung der Beugung an einem komplementären Gitter:

$$\begin{aligned} I_k &= Cd_k^2N_k^2\left[\frac{\sin(a_kx_k)}{a_kx_k}\right]^2\left[\frac{\sin(N_kx_k)}{N_k\sin x_k}\right]^2 \\ &= \underbrace{C\cdot(D-d)^2N^2}_{I_{0,k}}\underbrace{\left[\frac{\sin(1-ax)}{(1-a)x}\right]^2}_{T_{1,k}}\underbrace{\left[\frac{\sin(Nx)}{N\sin x}\right]^2}_{T_{2,k}} \end{aligned} \qquad (1.15)$$

Die Interferenzterme beider Verteilungen (1.13) und (1.14) sind gleich. Nach den vorausgehenden Erläuterungen zu T_2 bedeutet dieses, dass in beiden

Fällen die Hauptmaxima an den gleichen und bereits genannten Stellen liegen, nämlich bei

$$x \equiv x_m = m\pi \quad \text{bzw. bei} \quad \alpha \equiv \alpha_m = \arcsin(m\lambda/D) \tag{1.16}$$

und dass sie die gleiche Breite aufweisen ($\Gamma_k = \Gamma = 2\pi/N$). Wie verabredet, soll N stets so groß sein, dass der Interferenzterm praktisch nur aus den Hauptmaxima mit entsprechend geringer Breite besteht und dass zwischen ihnen "Dunkelheit" herrscht. Unter dieser Voraussetzung ist es zweckmäßig und sinnvoll, die kontinuierliche Variable x mittels (1.15) durch die diskrete Variable m, die sogenannte **Beugungsordnung**, zu ersetzen. Die Werte der Interferenzterme T_2 und $T_{2,k}$ an den Stellen $x = m\pi$ müssen wegen $\sin(Nm\pi) = 0$ und $\sin(m\pi) = 0$ wiederum nach der DE L'HOSPITALschen Regel berechnet werden, diesmal für den Grenzübergang $x \to m\pi$. Das ergibt: $T_2(m\pi) = T_{2,k}(m\pi) = 1$. Damit folgt aus (1.13):

$$I(m) = Cd^2N^2 \left[\frac{\sin(am\pi)}{am\pi}\right]^2 \tag{1.17}$$

und aus (1.14)

$$I_k(m) = C(D-d)^2N^2 \left[\frac{\sin([1-a]m\pi)}{(1-a)m\pi}\right]^2 \tag{1.18}$$

Der Fall $m = 0$ ("Nullte Beugungsordnung = Vorwärtsrichtung) muss getrennt behandelt werden, da auch hier bei direktem Einsetzen die Klammerausdrücke auf die Brüche 0/0 führen. Die DE L'HOSPITALsche Regel liefert:

$$I(0) = Cd^2N^2 \qquad \text{und} \qquad I_k(0) = C(D-d)^2N^2$$

oder

$$\frac{I_k(0)}{I(0)} = \left(\frac{D-d}{d}\right)^2 = \left(\frac{1}{a} - 1\right)^2 \tag{1.19}$$

Im allgemeinen sind also die Vorwärts-Intensitäten komplementärer Gitter **unterschiedlich**. Ausnahmsweise gleich sind sie lediglich für $D = 2d$ oder $a = 0.5$. Dann aber sind ja auch beide Gitter identisch.
Die Fälle $m \neq 0$ können "normal" behandelt und berechnet werden. Mit

$$\sin([1-a]m\pi) = \sin(m\pi)\cdot\cos(am\pi) - \cos(m\pi)\cdot\sin(am\pi)$$

und $\sin(m\pi) = 0$ und $\cos(m\pi) = \pm 1$ geht dann (1.17) über in

$$I_k(m) = C\frac{(D-d)^2}{(1-a)^2}N^2\left[\frac{\sin(am\pi)}{m\pi}\right]^2 = CD^2N^2\left[\frac{\sin(am\pi)}{m\pi}\right]^2$$

oder

$$I_k(m) = Cd^2N^2\left[\frac{\sin(am\pi)}{am\pi}\right]^2$$

Dieses Ergebnis ist mit (1.16) identisch, d.h. es ist

$$I_k(m) = I(m) \qquad \text{für} \qquad m \neq 0 \tag{1.20}$$

Die entsprechenden Beugungsordnungen **komplementärer Gitter** erscheinen also nicht nur unter den **gleichen Winkeln**, sondern sie haben bei gleicher Ordnung – mit Ausnahme der nullten – auch die **gleiche Intensität**. Die Aussagen (1.18) und (1.19) sind im Einklang mit dem BABINETschen Theorem.

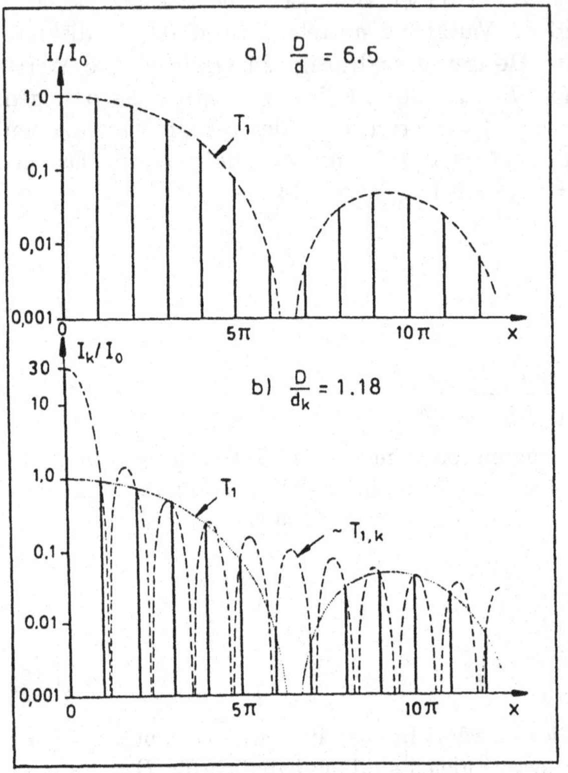

Abb. 1.17. Beugung an komplementären Gittern.

Eine quantitative Darstellung der Beugung an komplementären Gittern zeigt das Bild 1.17. Wie zuvor sind die Hauptmaxima als Balken und die durch T_1 bzw. $T_{1,k}$ hervorgerufene Modulation gestrichelt aufgetragen. Anders als dort aber ist hier der Ordinatenmaßstab **logarithmisch** geteilt, um die Maxima höherer Beugungsordnung deutlicher hervortreten zu lassen, und es ist nur der Bereich $x \geq 0$ dargestellt. Der Teil a.) der Abbildung gilt für ein Gitter, dessen Gitterkonstante 6.5-mal größer ist als die Spaltbreite ($1/a = D/d = 6.5$). Der Teil b.) gibt das Beugungsmuster des komplementären Gitters wieder. Hier ist D nur noch rund 1.2-mal größer als d ($1[1-a] = 1.18$). Aufgrund der deutlich vergrößerten Spaltbreite verläuft die Modulation durch $T_{1,k}$ wesentlich "schneller". Zum Vergleich ist zusätzlich und punktiert die Modulation des Teils a.) eingetragen. Man erkennt, dass beide Modulationskurven trotz ihrer ansonsten sehr unterschiedlichen Form an den Orten $x = m\pi$ der Hauptmaxima dieselbe Höhe haben, sofern $m \neq 0$ ist. Für $x = 0$ dagegen ist die Intensität rund 30-mal größer als im Fall a.) Aus (1.18) folgt:

$$I_k(0) = \left(\frac{1}{a} - 1\right)^2 I(0) = 5.5^2 I_0$$

1.7 Ergänzung: Beugung und Fourier-Transformation

1.7.1 Mathematische Vorbemerkungen

Die Mathematik kennt eine Reihe sogenannter "Integral-Transformationen", mit denen eine vorgegebene Funktion $f(x)$ durch eine Integral-Operation in eine andere Funktion $F(k)$ eines anderen Arguments k überführt werden kann. Eine der wichtigsten Transformationen dieser Art ist die **Fourier-Transformation**. Sie ist definiert durch die Beziehung:

$$F(k) = \int_{-\infty}^{+\infty} f(x) e^{ikx} \cdot \mathrm{d}x \tag{1.21}$$

Über die Formel

$$e^{i\alpha} = \cos\alpha + i\sin\alpha \tag{1.22}$$

läßt sich die Transformation auch mit Hilfe von Winkelfunktionen ausdrücken. Dann ist

$$F(k) = \int_{-\infty}^{+\infty} f(x)\cos(kx) \cdot \mathrm{d}x + i \int_{-\infty}^{+\infty} f(x)\sin(kx) \cdot \mathrm{d}x$$

Es ist allgemein üblich, eine Funktions-Transformation zu Abkürzung der Schreibweise symbolisch mit Hilfe eines "Transformations-Operators" in der Form $F(k) = \widehat{F}[f(x)]$ darzustellen. $\widehat{F}$ ist im hier diskutierten Zusammenhang der Operator der FOURIER-Transformation.

Im folgenden werden ferner die zu (1.21) inversen Formeln benötigt. Aus (1.21) folgt:

$$e^{-i\alpha} = \cos(-\alpha) + i\sin(-\alpha) = \cos\alpha - i\sin\alpha \tag{1.23}$$

Addiert man (1.21) und (1.22), dann ergibt sich:

$$\cos\alpha = \frac{1}{2}\left(e^{i\alpha} + e^{-i\alpha}\right) \tag{1.24}$$

Subtrahiert man (1.22) von (1.21), dann erhält man:

$$\sin\alpha = \frac{1}{2i}\left(e^{i\alpha} - e^{-i\alpha}\right) \tag{1.25}$$

1.7.2 Ein erstes mathematisches Beispiel

Die vorgegebene Funktion $f(x)$ ist eine zu $x = 0$ symmetrische Rechteckfunktion mit den Eigenschaften

$$f(x) = 1 \quad \text{für} \quad -\frac{a}{2} \leq x \leq \frac{a}{2} \quad \text{und}$$

$$f(x) = 0 \quad \text{sonst}$$

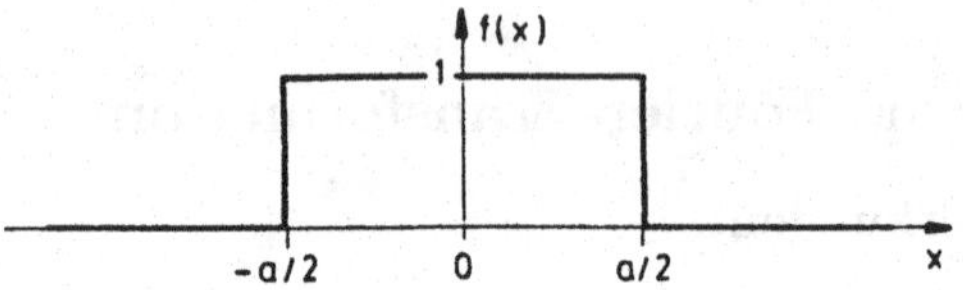

Aus (1.20) folgt dann:

$$F(k) = \int_{-a/2}^{a/2} e^{ikx} \cdot \mathrm{d}x = \frac{1}{ik}\left[e^{ikx}\right]_{-a/2}^{a/2} = \frac{1}{ik}\left(e^{i\frac{ka}{2}} - e^{-i\frac{ka}{2}}\right)$$

Anwendung der Formel (1.24) ergibt:

$$F(k) = \frac{2}{k}\sin\left(\frac{ka}{2}\right) \quad \text{oder} \quad F(k) = a\frac{\sin\left(\frac{ka}{2}\right)}{\frac{ka}{2}} \tag{1.26}$$

Der Verlauf der Funktion $F(k)$ ist in dem Bild 1.18 aufgetragen. Sie ist eine zu $k = 0$ symmetrische "hyperbolisch gedämpfte Sinus-Schwingung". Für $k = 0$ ist $F(0) = a$. Da direktes Einsetzen von $k = 0$ in (1.25) auf den mathematisch nicht definierten Quotienten "Null durch Null" führt, kann $F(0)$ nur durch einen geeigneten Grenzübergang etwa mit Hilfe der Regel von DE L'HOSPITAL bestimmt werden. Die Nullstellen liegen bei $ka/2 = m\pi$ mit $m = \pm 1; \pm 2; \pm 3; \ldots$ bzw. bei $k \equiv k_0 = m2\pi/a$. Mit wachsender Länge a des Rechtecks rücken die Nullstellen also dichter an den Koordinatenursprung $k = 0$ heran. Die Funktion zieht sich in k-Richtung zusammen.

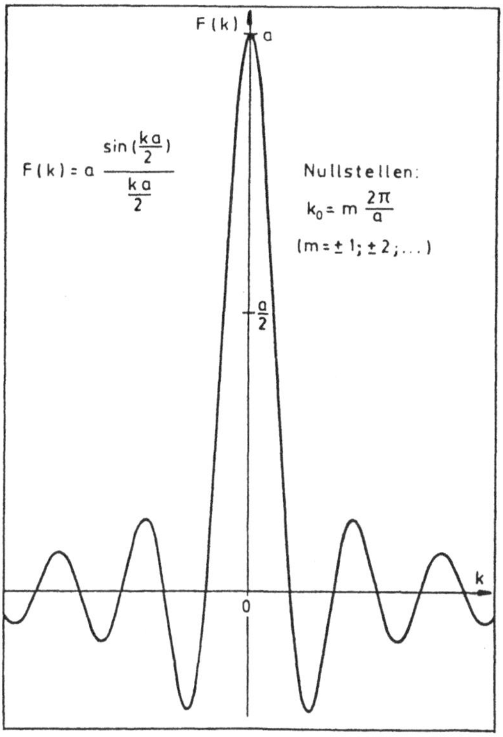

Abb. 1.18. FOURIER-Transformierte einer Rechteck-Funktion.

1.7.3 Beugung am Spalt

Betrachtet wird ein langer, gerader Spalt der Breite a parallel zur z-Achse, senkrecht zur x-Achse und symmetrisch zu $x = 0$, an welchem eine aus (negativer) y-Richtung einfallende Welle gebeugt wird.

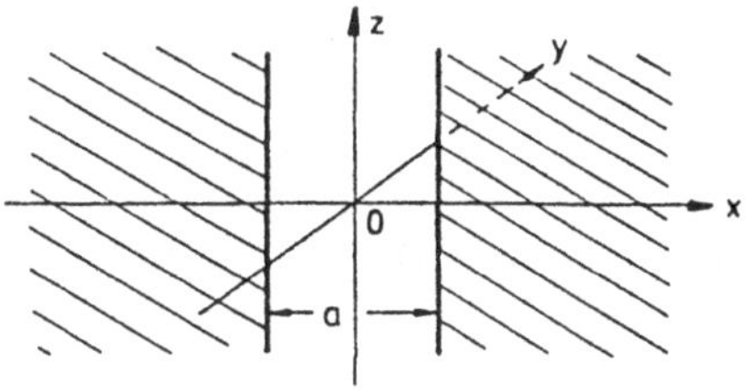

Die Durchlässigkeit $D(x)$ des Spaltes entlang der x-Achse hat die Form einer Rechteckfunktion. Innerhalb der Spaltbreite a ist der Spalt vollständig durchlässig ($D = 1$), außerhalb undurchlässig ($D = 0$).

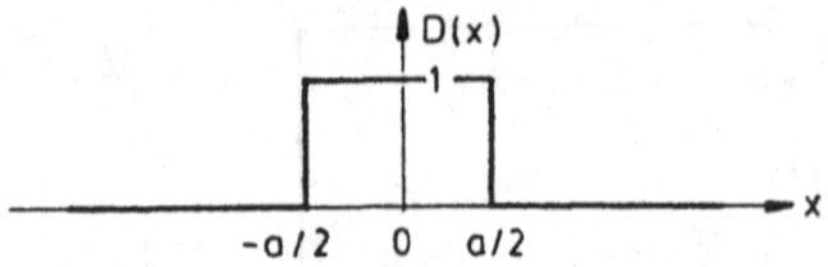

Für den Grenzfall der FRAUNHOFERschen Beugung, also wenn

1. die einfallende Welle eine **ebene Welle** ist und
2. die Beugungsverteilung in **unendlich großem Abstand** vom beugenden Objekt beobachtet wird,

ergibt die Anwendung des HUYGENS'schen Prinzips für die Amplitudenverteilung der gebeugten Welle den bekannten Zusammenhang:

$$A(\alpha) = Ca\frac{\sin\left(\frac{\pi a}{\lambda}\sin\alpha\right)}{\frac{\pi a}{\lambda}\sin\alpha} \tag{1.27}$$

C ist ein Proportionalitätsfaktor. λ ist die Wellenlänge der einfallenden und der gebeugten Welle. α ist der Beobachtungswinkel gegen die y-Achse in der $x-y$-Ebene bzw. in allen dazu parallelen Ebenen. Der Grenzübergang $\alpha \to 0$ liefert für die Amplitude in Vorwärtsrichtung

$$A(0) \equiv A_0 = Ca$$

A_0 ist also proportional zur Spaltbreite a. Die Größe

$$k_x = \frac{2\pi}{\lambda}\sin\alpha \tag{1.28}$$

ist die x-Komponente des in Richtung α weisenden Wellenvektors $\boldsymbol{k}$ der gebeugten Welle.

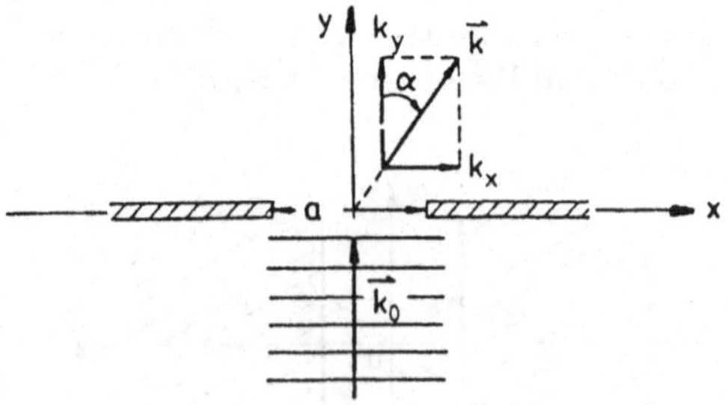

$\boldsymbol{k}$ und der Wellenvektor $\boldsymbol{k}_0$ der einfallenden Welle haben den gleichen Betrag $|\boldsymbol{k}| = |\boldsymbol{k}_0| = 2\pi/\lambda$. Einsetzen von (1.28) in (1.27) ergibt:

$$A(k_x) = Ca\frac{\sin\left(\frac{k_x a}{2}\right)}{\frac{k_x a}{2}} \tag{1.29}$$

Der Vergleich mit (1.26) führt zu der Aussage: Die Amplitudenverteilung nach FRAUNHOFERscher Beugung einer Welle an einem Spalt als Funktion der x-**Komponente** des Wellenvektors ist proportional zur FOURIER-Transformierten der Durchlässigkeit des Spaltes in x-Richtung, d.h. es ist

$$A(k_x) = C\widehat{F}[D(x)]$$

1.7.4 Ein zweites mathematische Beispiel

Die vorgegebene Funktion $f(x)$ besteht aus insgesamt N Rechteckfunktionen der Breite a, die in konstanten Abständen b symmetrisch zu $x = 0$ entlang der x-Achse aufgereiht sind, d.h. es ist

$$f(x) = 1 \qquad \text{für} \qquad mb - \frac{a}{2} \leq x \leq mb + \frac{a}{2}$$

$$\text{mit} \qquad m = 0, \pm 1, \pm 2, \pm 3, \ldots, \pm \frac{N-1}{2}$$

und

$$f(x) = 0 \qquad \text{sonst}$$

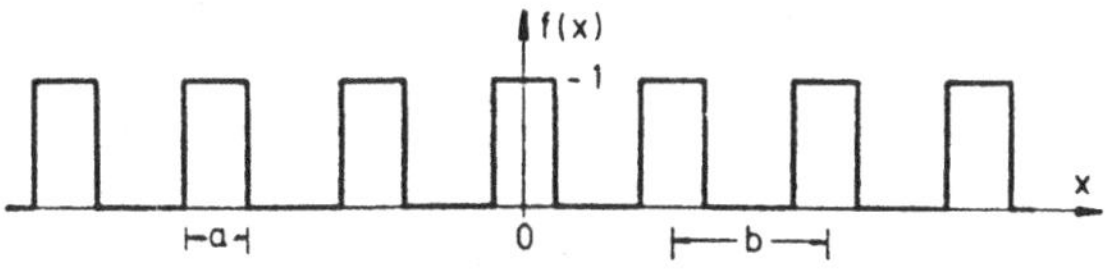

Bei dieser Festlegung ist N eine ungerade (positive) Zahl und also $(N-1)/2$ eine gerade (positive) Zahl.
Das Integral (1.21) kann dann in eine Summe aus N Integralen über die einzelnen Rechtecke zerlegt werden, d.h. es ist

$$F(k) = \sum_{m=-\frac{N-1}{2}}^{\frac{N-1}{2}} \left[\int_{mb-\frac{a}{2}}^{mb+\frac{a}{2}} e^{ikx} \cdot \mathrm{d}x \right]$$

Die Integration ergibt unter Anwendung der Formel (1.25):

$$\int_{mb-\frac{a}{2}}^{mb+\frac{a}{2}} e^{ikx} \cdot \mathrm{d}x = \frac{1}{ik} \left[e^{ikx} \right]_{m\cdot b-\frac{a}{2}}^{mb+\frac{a}{2}}$$

$$= \frac{1}{ik} \left[e^{ik\left(mb+\frac{a}{2}\right)} - e^{ik\left(mb-\frac{a}{2}\right)} \right]$$

$$= \frac{1}{ik} e^{imkb} \left(e^{i\frac{ka}{2}} - e^{-i\frac{ka}{2}} \right)$$

$$= \frac{2}{k} \sin\left(\frac{ka}{2}\right) e^{imkb}$$

Damit folgt:

$$F(k) = \frac{2}{k} \sin\left(\frac{ka}{2}\right) \sum_{m=-\frac{N-1}{2}}^{\frac{N-1}{2}} e^{imkb}$$

Abspalten des Summanden mit $m = 0$ und paarweises Zusammenfassen der Glieder mit entgegengesetzt gleichem m ergibt mit $e^0 = 1$ und mit (1.24):

$$F(k) = \frac{2}{k} \sin\left(\frac{ka}{2}\right) \left[1 + \sum_{m=1}^{\frac{N-1}{2}} \left(e^{imkb} + e^{-imkb} \right) \right]$$

$$= \frac{2}{k} \sin\left(\frac{ka}{2}\right) \left[1 + \sum_{m=1}^{\frac{N-1}{2}} 2\cos(mkb) \right]$$

Für Winkelfunktionen gelten unter anderem die beiden folgenden verallgemeinerten Additions-Theoreme:

$$\sum_{m=1}^{M} \cos(m\alpha) = \frac{\sin\left(\frac{M+1}{2}\alpha\right)\cos\left(\frac{M}{2}\alpha\right)}{\sin\left(\frac{\alpha}{2}\right)} - 1 \tag{1.30}$$

und

$$\sin\alpha + \sin\beta = 2\sin\left(\frac{\alpha+\beta}{2}\right)\cos\left(\frac{\alpha-\beta}{2}\right) \tag{1.31}$$

Die Anwendung der Formel (1.30) führt mit $\alpha = kb$ und $M = (N-1)/2$ auf

$$F(k) = \frac{2}{k} \sin\left(\frac{ka}{2}\right) \left[\frac{2\sin\left(\frac{N+1}{4}kb\right)\cos\left(\frac{N-1}{4}kb\right)}{\sin\left(\frac{kb}{2}\right)} - 1 \right]$$

Durch Anwendung der Formel (1.31) mit $\alpha = Nkb/2$ und $\beta = kb/2$ erhält man

$$F(k) = \frac{2}{k} \sin\left(\frac{ka}{2}\right) \left[\frac{\sin\left(\frac{Nk \cdot b}{2}\right) + \sin\left(\frac{kb}{2}\right)}{\sin\left(\frac{kb}{2}\right)} - 1 \right]$$

$$= \frac{2}{k} \sin\left(\frac{ka}{2}\right) \left[\frac{\sin\left(\frac{Nkb}{2}\right)}{\sin\left(\frac{kb}{2}\right)}\right]$$

oder

$$F(k) = aN \underbrace{\frac{\sin\left(\frac{ka}{2}\right)}{\frac{ka}{2}}}_{A_1(k)} \underbrace{\frac{\sin\left(\frac{Nkb}{2}\right)}{N \sin\left(\frac{kb}{2}\right)}}_{A_2(k)} \tag{1.32}$$

Der Verlauf des Terms $A_1(k)$ wird allein durch die Rechtecklänge a bestimmt. Das Produkt $aA_1(k)$ ist identisch mit (1.26). Die Eigenschaften des Terms $A_2(k)$ sind von der Gesamtzahl N der Rechtecke und deren gegenseitigem Abstand b abhängig. Ist $kb/2$ ein ganzzahliges Vielfaches von π, ist also

$$k \equiv k_{00} = m\frac{2\pi}{b} \qquad \text{mit} \qquad m = 0; \pm 1; \pm 2; \pm 3; \ldots$$

dann verschwinden sowohl der Zähler als auch der Nenner von $A_2(k)$. Wenn – wie vorausgesetzt – N eine ungerade Zahl ist, dann liefert der Grenzübergang $k \to k_{00}$ unter Zuhilfenahme der Regel von DE L'HOSPITAL an diesen Orten die Funktionswerte $A_2(k_{00}) = +1$.
Ist $Nkb/2$ ein ganzzahliges Vielfaches von π, ist also

$$k \equiv k_0 = \frac{n}{N}\frac{2\pi}{b} \qquad \text{mit} \qquad n = 0; \pm 1; \pm 2; \pm 3; \ldots$$

aber n/N **keine ganze Zahl**, dann verschwindet nur der Zähler von $A_2(k)$. An diesen Orten liegen also die Nullstellen der Funktion, d.h. es ist $A_2(k_0) = 0$.

Wie sich der Term $A_2(k)$ mit wachsendem N entwickelt, zeigt das Bild 1.19 (oben) für die Fälle $N = 3, 5$ und 9. Die Werte $A_2(k_{00}) = +1$ sind die maximalen Funktionswerte. Diese "Hauptmaxima" werden mit zunehmendem N schmaler oder "schärfer". Zwischen ihnen liegen jeweils $N - 1$ Nullstellen und $N - 2$ "Nebenmaxima bzw. -minima", deren Höhe mit wachsendem N abnimmt. Bei "großem" N sind praktisch nur noch die entsprechend schmalen Hauptmaxima von Bedeutung.
Ist N eine gerade Zahl, dann ändern die Hauptmaxima abwechselnd ihr Vorzeichen, d.h. es folgen im Wechsel Hauptmaxima und Hauptminima aufeinander. Alle weiteren oben genannten Merkmale bleiben erhalten. In Bild 1.19 (unten) ist der Verlauf von $A_2(k)$ für $N = 4$ und 8 aufgetragen.

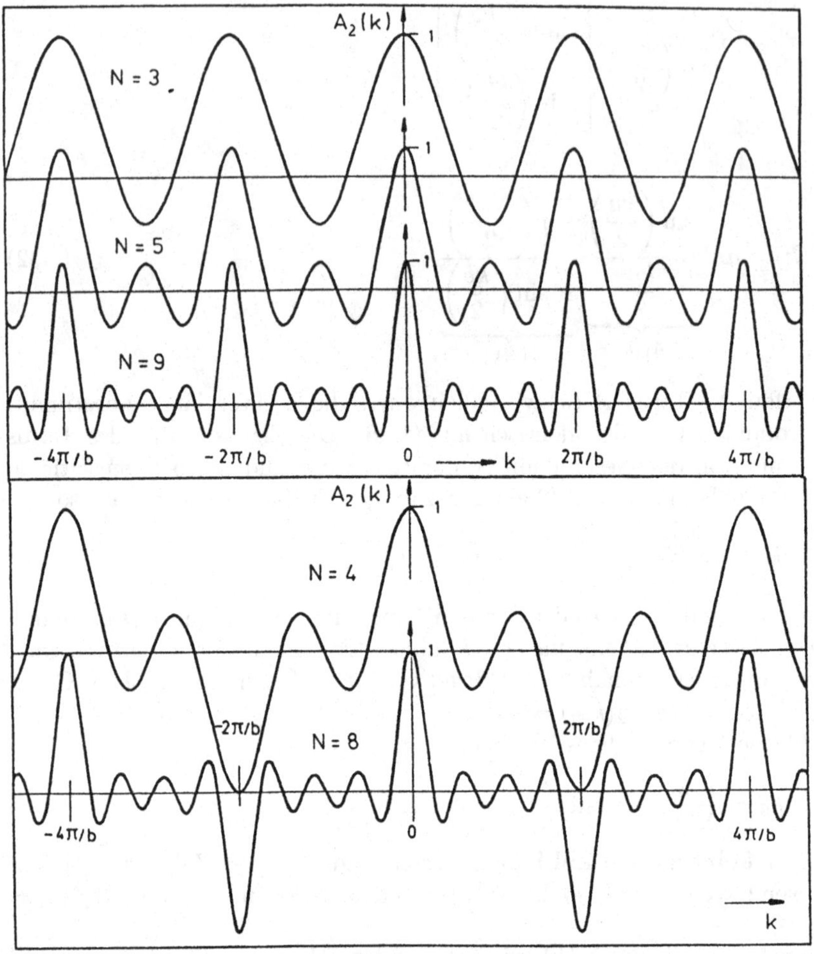

Abb. 1.19. Zur FOURIER-Transformation einer Folge von Rechteck-Funktionen.

1.7.5 Beugung am Gitter

Betrachtet wird ein Strichgitter in der $x-z$-Ebene. Die Striche verlaufen in z-Richtung, also senkrecht zur x-Achse. a bezeichnet die Spaltbreite, b den Abstand benachbarter Spalte, die sogenannte "Gitterkonstante".

Die Durchlässigkeit $D(x)$ entlang der x-Achse folgt der im Abschnitt 3 diskutierten Rechteckfunktion $f(x)$. Die FRAUNHOFERsche Beugung einer aus (negativer) y-Richtung einfallenden Welle der Wellenlänge λ führt bekanntlich zu einer Amplitudenverteilung der Form

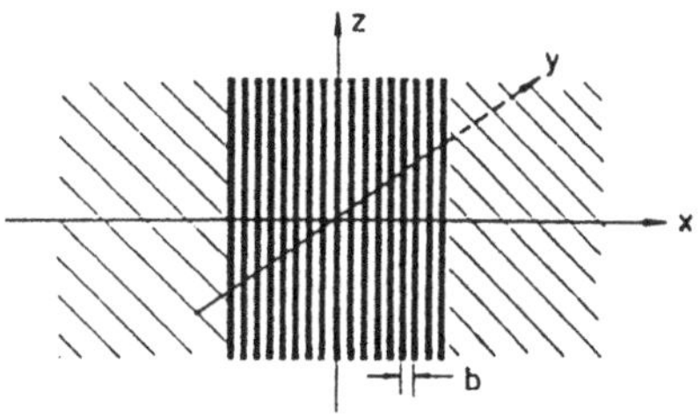

$$A(\alpha) = CaN \frac{\sin\left(\frac{\pi a}{\lambda}\sin\alpha\right)}{\frac{\pi a}{\lambda}\sin\alpha} \frac{\sin\left(\frac{\pi b}{\lambda}N\sin\alpha\right)}{N\sin\left(\frac{\pi b}{\lambda}\sin\alpha\right)}$$

Die Amplitude in Vorwärtsrichtung ($\alpha = 0$) beträgt $A(0) = CaN$. Führt man wiederum über die Beziehung (1.28) die x-Komponente k_x des Wellenvektors $\boldsymbol{k}$ des gebeugten Wellenfeldes ein, dann folgt:

$$A(k_x) = CaN \frac{\sin\left(\frac{k_x a}{2}\right)}{\frac{k_x a}{2}} \frac{\sin\left(\frac{N k_x b}{2}\right)}{N\sin\left(\frac{k_x b}{2}\right)} \tag{1.33}$$

Der Vergleich mit (1.32) ergibt, dass auch hier die bei der Behandlung der Beugung am Spalt gewonnene Aussage $A(k_x) = C\widehat{F}[D(x)]$ gilt.

Dieser an den beiden voranstehend diskutierten konkreten Fällen dargelegte Zusammenhang läßt sich verallgemeinern:
Die Amplitudenverteilung der FRAUNHOFERschen Beugung an einer (ebenen) Beugungsstruktur als Funktion der Komponente des Wellenvektors bezüglich einer vorgegebenen Koordinatenrichtung parallel zur Beugungsebene ist proportional zur FOURIER-Transformierten des Durchlässigkeitsverlaufs der Beugungsstruktur entlang der gleichen Koordinatenrichtung.
Mögliche weitergehende Verallgemeinerungen dieser Aussage werden hier nicht betrachtet. Stattdessen wird in den folgenden beiden Abschnitten dieses Theorem zur Beschreibung von Beugungserscheinungen an komplizierteren Strukturen angewendet.

1.7.6 Beugung am Sinus-Gitter

Unter einem "Sinus-Gitter" wird im folgenden ein in z-Richtung orientiertes Strichgitter verstanden, dessen Durchlässigkeit in x-Richtung sinus- (oder cosinus-) förmig zwischen $D = 0$ und $D = 1$ variiert. Bezeichnet a die Periode von $D(x)$ und erstreckt sich das Gitter über insgesamt N Perioden, dann ist also mit der Vereinbarung $D(0) = 1$ und $D(x) = D(-x)$:

$$D(x) = \frac{1}{2}\left[1 + \cos\left(\frac{2\pi}{a}\right)x\right] \quad \text{für} \quad -\frac{Na}{2} \leq x \leq \frac{Na}{2}$$

und

$$D(x) = 0 \qquad \text{sonst}$$

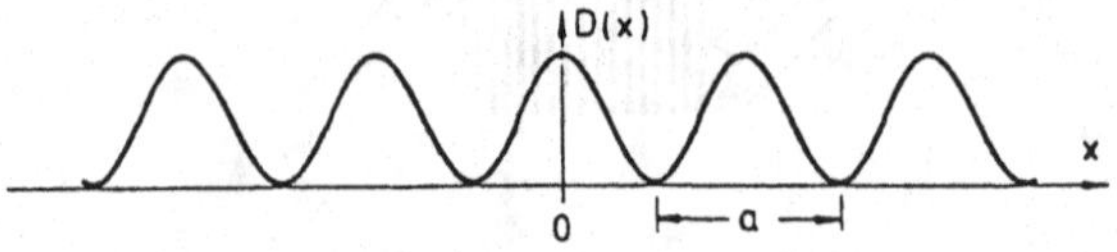

Bei dieser Festlegung ist N eine ungerade (positive) Zahl. Mit (1.21) folgt dann für die Amplitudenverteilung bei FRAUNHOFERscher Beugung einer senkrecht auf ein solches Gitter treffenden Welle:

$$A(k_x) = C\widehat{F}[D(x)] = C \int\limits_{-Na/2}^{Na/2} \frac{1}{2}\left[1 + \cos\left(\frac{2\pi}{a}x\right)\right] e^{ik_x x} \cdot \mathrm{d}x$$

$$= \frac{C}{2} \int\limits_{-Na/2}^{Na/2} e^{ik_x x} \cdot \mathrm{d}x + \frac{C}{2} \int\limits_{-Na/2}^{Na/2} \cos\left(\frac{2\pi}{a}x\right) e^{ik_x x} \cdot \mathrm{d}x \qquad (1.34)$$

Für das erste Integral ergibt sich unter Verwendung von (1.25):

$$\int\limits_{-Na/2}^{Na/2} e^{ik_x x} \cdot \mathrm{d}x = \frac{1}{ik_x}\left(e^{iNk_x a/2} - e^{-iNk_x a/2}\right)$$

$$= 2\frac{\sin\left(\dfrac{Nk_x a}{2}\right)}{k_x}$$

Für das zweite Integral erhält man unter Verwendung von (1.24) und (1.25):

$$\int\limits_{-Na/2}^{Na/2} \cos\left(\frac{2\pi}{a} \cdot x\right) e^{ik_x x} \cdot \mathrm{d}x$$

$$= \frac{1}{2} \int\limits_{-Na/2}^{Na/2} \left[e^{i\frac{2\pi}{a}x} + e^{-i\frac{2\pi}{a}x}\right] e^{ik_x x} \cdot \mathrm{d}x$$

$$= \frac{1}{2} \int_{-Na/2}^{Na/2} e^{i\left(k_x + \frac{2\pi}{a}\right)x} \cdot dx + \frac{1}{2} \int_{-Na/2}^{Na/2} e^{i\left(k_x - \frac{2\pi}{a}\right)x} \cdot dx$$

$$= \frac{\sin\left[N\left(k_x + \frac{2\pi}{a}\right)\frac{a}{2}\right]}{k_x + \frac{2\pi}{a}} + \frac{\sin\left[N\left(k_x - \frac{2\pi}{a}\right)\frac{a}{2}\right]}{k_x - \frac{2\pi}{a}}$$

Damit lautet (1.34):

$$\frac{A(k_x)}{C} = \frac{\sin\left(\frac{Nk_xa}{2}\right)}{k_x} + \frac{1}{2}\frac{\sin\left[N\left(\frac{k_xa}{2} + \pi\right)\right]}{k_x + \frac{2\pi}{a}} + \frac{1}{2}\frac{\sin\left[N\left(\frac{k_xa}{2} - \pi\right)\right]}{k_x - \frac{2\pi}{a}}$$

Mit der Abkürzung $k_xa/2 \equiv p$ folgt:

$$\frac{2}{aC}A(p) = \frac{\sin(Np)}{p} + \frac{1}{2}\frac{\sin[N(p+\pi)]}{p+\pi} + \frac{1}{2}\frac{\sin[N(p-\pi)]}{p-\pi} \tag{1.35}$$

Alle drei Summanden sind vom gleichen Funktionstyp. Der zweite (dritte) Summand entsteht aus dem ersten durch Verschiebung des Abszissen-Nullpunktes um $-\pi(+\pi)$ und Halbierung der Ordinatenwerte. Durch Anwendung der einfachen Additionstheoreme für Winkelfunktionen läßt sich die Summe zusammenfassen. Es ist

$$\sin[N(p \pm \pi)] = \sin(Np)\cos(N\pi) \pm \cos(Np)\sin(N\pi)$$

Mit $\cos(N\pi) = -1$ für ungerades N und mit $\sin(N\pi) = 0$ ergibt sich $\sin[N(p \pm \pi)] = -\sin(Np)$. Damit ist

$$\frac{2}{aC}A(p) = \frac{\sin(Np)}{p}\left[1 - \frac{1}{2}\left(\frac{p}{p+\pi} + \frac{p}{p-\pi}\right)\right]$$

oder

$$\frac{2}{aC}A(p) = \pi^2\frac{\sin(Np)}{p}\frac{1}{1-\left(\frac{p}{\pi}\right)^2} \tag{1.36}$$

Die weitere Abkürzung

$$\frac{2}{\pi^2 CaN} \equiv A^*(p)$$

führt dann auf die "reduzierte" Beugungsamplitude

$$A^*(p) = \frac{\sin(Np)}{Np} \frac{1}{1 - \left(\frac{p}{\pi}\right)^2}$$

Die Funktionswerte an den Stellen $p = 0$ und $p = \pm\pi$ lassen sich durch direktes Einsetzen nicht ermitteln. In allen drei Fällen kommt dabei nämlich der mathematisch nicht definierte Quotient "Null durch Null" heraus. Wiederum läßt sich die Regel von DE L'HOSPITAL erfolgreich anwenden. Sie liefert $A^*(0) = 1$ und $A^*(\pm\pi) = 1/2$.
In dem folgenden Bild 1.20 ist $A^*(p)$ für $N = 1, 3$ und 9 aufgetragen. Der Fall $N = 1$ bedeutet Beugung an einem langen geraden Einzelspalt, dessen Durchlässigkeit quer zur Spaltbreite a mit einer einzelnen Kosinus-Periode moduliert ist. Bei $N = 9$ erscheinen die drei in der Darstellung (1.35) auftretenden Summanden bereits deutlich voneinander getrennt.

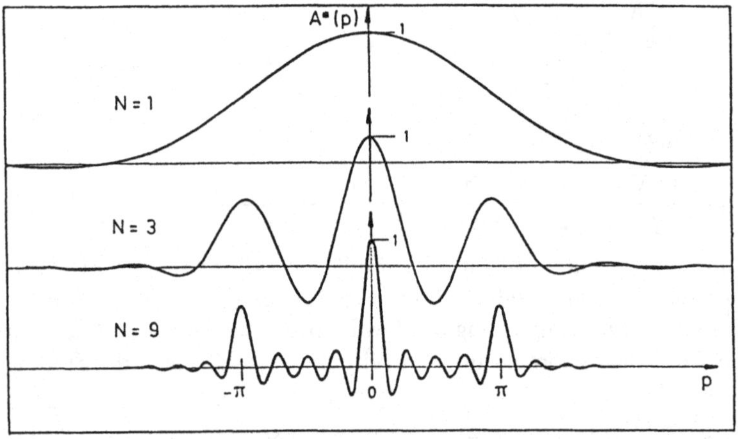

Abb. 1.20. Beugung am Sinus-Gitter.

Die Intensität I einer Welle ist proportional zum Quadrat der Wellenamplitude A. Der Übergang von der Amplituden- zur Intensitäts-Verteilung für die Beugung an einem Sinus-Gitter mit $N = 9$ ist im nächsten Bild 1.21 dargestellt. Die Amplitude A_0 in Vorwärtsrichtung, also für $\alpha = 0$ und damit gemäß der Definition

$$p = \frac{k_x a}{2} = \frac{\pi a}{\lambda} \sin\alpha \tag{1.37}$$

auch für $p = 0$, ergibt sich aus (1.36) zu

$$A_0 \equiv A(0) = \frac{\pi^2}{2} CaNA^*(0) = \frac{\pi^2 C}{2} aN$$

Damit folgt mit einem entsprechenden Proportionalitätsfaktor für die Intensität I_0 in Vorwärtsrichtung: $I_0 \equiv I(0) = C'a^2N^2$. Sie ist also proportional zum Quadrat der Periode a des Gitters und zum Quadrat der Anzahl N der von der einfallenden Welle erfaßten Perioden.

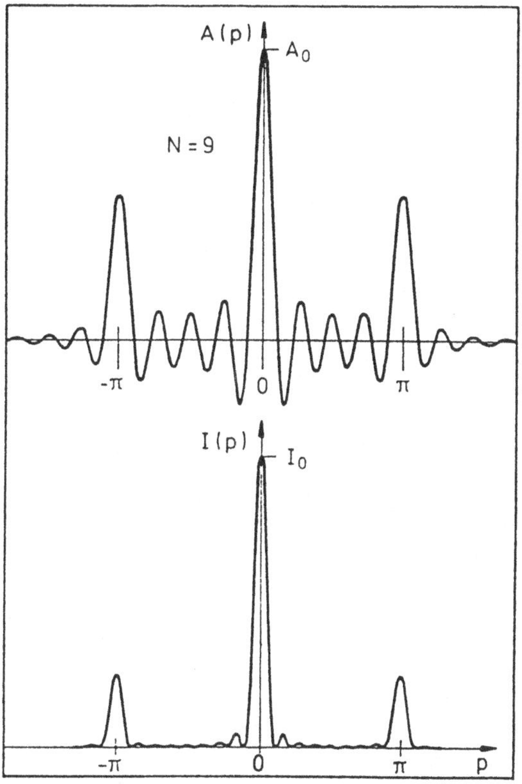

Abb. 1.21. Beugung am Sinus-Gitter (Amplitude und Intensität).

In der Intensitätsverteilung machen sich die Nebenmaxima zwischen den Hauptmaxima und außerhalb von ihnen schon für $N = 9$ nur noch relativ schwach bemerkbar. Mit wachsendem N nimmt ihr Einfluss weiter rasch ab. Bei großem N besteht die Beugungsfigur dann praktisch nur noch aus drei schmalen Linien. Für Winkel α_s, unter denen die beiden Seitenlinien erscheinen, ergibt sich aus (1.36) mit $p = \pm\pi$:

$$\sin\alpha_s = \pm\frac{\lambda}{a}$$

Höhere Beugungsordnungen, wie etwa bei einem normalen Strichgitter, kommen also bei einem Sinus-Gitter nicht vor.

1.7.7 Beugung am Grau-Keil

Unter einem "Grau-Keil" wird nachfolgend ein langer gerader Spalt entlang der z-Achse senkrecht zur x-Achse verstanden, dessen Durchlässigkeit $D(x)$ innerhalb der Spaltbreite a linear von $D = 0$ auf $D = 1$ ansteigt. Es ist also:

$$D(x) = \frac{1}{2} + \frac{x}{a} \qquad \text{für} \qquad -\frac{a}{2} \leq x \leq \frac{a}{2}$$

und

$$D(x) = 0 \qquad \text{sonst}$$

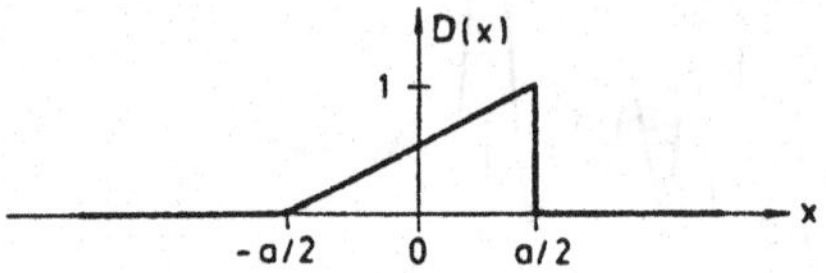

Mit (1.21) folgt dann für die Amplitudenverteilung der gebeugten Welle:

$$A(k_x) = C\widehat{F}[D(x)] = C \int_{-a/2}^{a/2} \left(\frac{1}{2} + \frac{x}{a}\right) e^{ik_x x} \cdot \mathrm{d}x$$

$$= \frac{C}{2} \int_{-a/2}^{a/2} e^{ik_x x} \cdot \mathrm{d}x + \frac{C}{a} \int_{-a/2}^{a/2} x e^{ik_x x} \cdot \mathrm{d}x \tag{1.38}$$

Für das erste Integral ergibt sich in bekannter Weise unter Beachtung von (1.25):

$$\int_{-a/2}^{a/2} e^{ik_x x} \cdot \mathrm{d}x = \frac{2}{k_x} \sin\left(\frac{k_x a}{2}\right) \tag{1.39}$$

Das zweite Integral läßt sich nach den Regeln der sogenannten "partiellen" Integration berechnen:
Sind $f'(x)$ und $g'(x)$ die Ableitungen zweier Funktionen $f(x)$ und $g(x)$, dann gilt:

$$\int f(x)g'(x) \cdot \mathrm{d}x = f(x)g(x) - \int f'(x)g(x) \cdot \mathrm{d}x \tag{1.40}$$

Setzt man

$$f(x) = x \qquad \text{und} \qquad g'(x) = e^{ik_x x}$$

dann ist

$$f'(x) = 1 \qquad \text{und} \qquad g(x) = \frac{1}{ik_x} e^{ik_x x}$$

Einsetzen in (1.40) liefert:

$$\begin{aligned}\int x e^{ik_x x} \cdot \mathrm{d}x &= \frac{1}{ik_x} x e^{ik_x x} - \frac{1}{ik_x} \int e^{ik_x x} \cdot \mathrm{d}x \\ &= \frac{1}{ik_x} x e^{ik_x x} + \frac{1}{k_x^2} e^{ik_x x}\end{aligned}$$

Damit folgt für das zweite Integral von (1.38):

$$\begin{aligned}\int\limits_{-a/2}^{a/2} x e^{ik_x x} \cdot \mathrm{d}x &= \frac{1}{ik_x} \left[x e^{ik_x x} \right]_{-a/2}^{a/2} + \frac{1}{k_x^2} \left[e^{ik_x x} \right]_{-a/2}^{a/2} \\ &= \frac{a}{2ik_x} \left(e^{i\frac{k_x a}{2}} + e^{-i\frac{k_x a}{2}} \right) \\ &\quad + \frac{1}{k_x^2} \left(e^{i\frac{k_x a}{2}} - e^{-i\frac{k_x a}{2}} \right)\end{aligned}$$

Anwendung von (1.24) und (1.25) führt auf:

$$\int\limits_{-a/2}^{a/2} x e^{ik_x x} \cdot \mathrm{d}x = \frac{a}{ik_x} \cos\left(\frac{k_x a}{2}\right) + \frac{2 \cdot i}{k_x^2} \sin\left(\frac{k_x a}{2}\right)$$

Einsetzen in (1.38) zusammen mit (1.39) ergibt:

$$A(k_x) = C \left[\frac{1}{k_x} \sin\left(\frac{k_x a}{2}\right) + \frac{2i}{k_x a} \sin\left(\frac{k_x a}{2}\right) - \frac{i}{k_x} \cos\left(\frac{k_x a}{2}\right) \right]$$

Mit der Abkürzung (1.37) erhält man schließlich:

$$A(p) = \frac{Ca}{2p} \left[\sin p + i \left(\frac{\sin p}{p} - \cos p \right) \right]$$

oder

$$A(p) = \frac{Ca}{2} \frac{\sin p}{p} \left[1 + i \left(\frac{1}{p} - \frac{1}{\tan p} \right) \right]$$

Anders als in allen bisher behandelten Fällen erscheint hier die Amplitude als **komplexe** Größe mit dem Betrag

$$|A(p)| = \frac{Ca}{2} \left| \frac{\sin p}{p} \right| \sqrt{1 + \left(\frac{1}{p} - \frac{1}{\tan p} \right)^2}$$

und dem Phasenwinkel

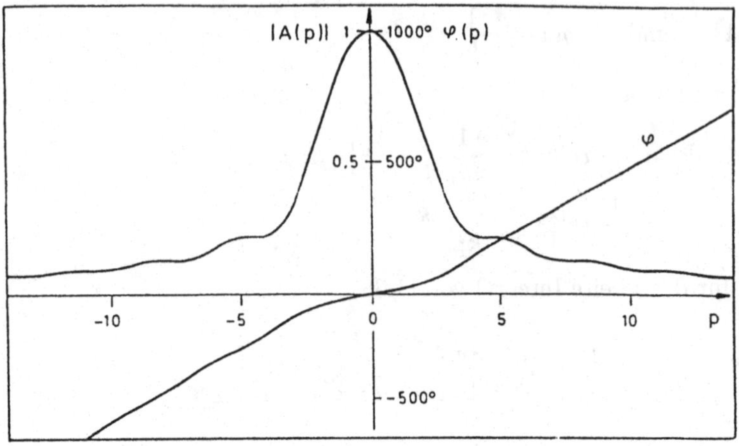

Abb. 1.22. Beugung am Grau-Keil (Betrag und Phasenwinkel der FOURIER-Transformierten).

$$\varphi = \arctan\left(\frac{1}{p} - \frac{1}{\tan p}\right)$$

Eine komplexe Wellenamplitude bedeutet physikalisch, dass Phasenverschiebungen auftreten. Die Orts-Zeit-Abhängigkeit einer Wellengröße ψ in beispielsweise einer ebenen Welle mit der Kreisfrequenz ω und dem Wellenvektor $\boldsymbol{k}$ lautet bekanntlich in komplexer Schreibweise

$$\psi(\boldsymbol{r}, t) = Ae^{i(\omega t - \boldsymbol{kr})}$$

Ist die Amplitude A komplex, ist also

$$A = |A|e^{i\varphi}$$

dann folgt

$$\psi(\boldsymbol{r}, t) = |A|e^{i(\omega t - \boldsymbol{kr} + \varphi)}$$

φ erfasst bei der Überlagerung von Elementarwellen in einem Beugungsvorgang alle diejenigen Phasenverschiebungen, die sich nicht auf Zeit- oder Weg-Unterschiede zurückführen lassen. Bei der Beugung am Grau-Keil entstehen solche zusätzlichen Phasenverschiebungen durch die Tatsache, dass die Elementarwellen von der Beugungsebene mit zur optischen Achse unsymmetrisch verteilten Anfangsamplituden starten.

In Bild 1.22 sind die Verteilung des Betrages der (reduzierten) Amplitude $A^*(p) = 2A(p)/(Ca)$ und der Verlauf des Phasenwinkels $\varphi(p)$ aufgetragen. Für die Beugungsintensität gilt wiederum $I(p) \sim |A(p)|^2$. Sie ist für einen erweiterten Bereich von p und damit für einen entsprechend großen Bereich von Beugungswinkeln α in dem darauf folgenden Bild 1.23 dargestellt. Die Beugungsintensität I_0 in Vorwärtsrichtung ist proportional zum Quadrat der

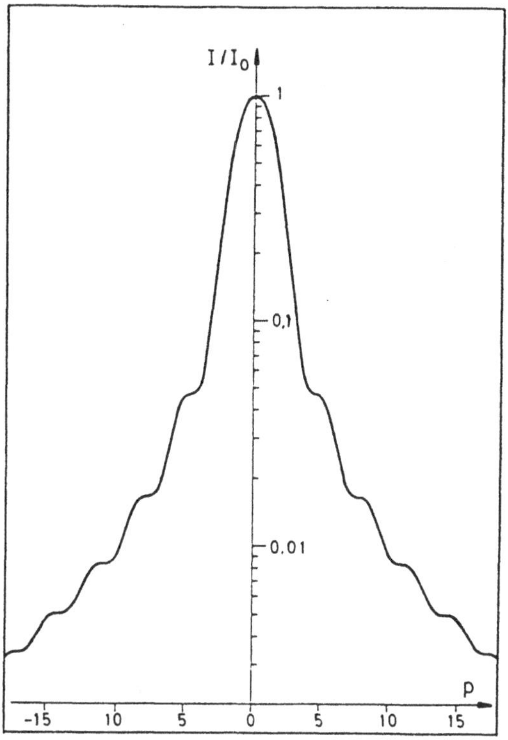

Abb. 1.23. Beugung am Grau-Keil (Intensität).

Grau-Keil-Breite a. Die Ordinatenachse ist logarithmisch geteilt, um die Stufenstruktur der Beugungsfigur deutlicher hervortreten zu lassen.

1.7.8 Ein wichtiger Sonderfall der Fourier-Transformation

Eine in vielen Bereichen der Physik wichtige Funktion ist die sogenannte **Gauß-Funktion** oder "Gaußsche Fehlerkurve"

$$f(x) = e^{-\dfrac{x^2}{2\sigma^2}}$$

Sie ist symmetrisch zu $x = 0$ und hat den in der nächsten Abbildung gezeigten "glockenförmigen" Verlauf. Der Parameter σ heißt die **Standardabweichung** oder die Varianz der Funktion. Für $x = \pm\sigma$ ist

$$f(\pm\sigma) = e^{-1/2} = 0.607$$

Die Breite der Funktion bei diesem Ordinatenwert beträgt also

$$\Delta x = 2\sigma$$

Für die FOURIER-Transformierte folgt nach (1.21):

$$F(k) = \int_{-\infty}^{\infty} e^{-\frac{x^2}{2\sigma^2}} e^{ikx} \cdot \mathrm{d}x = \int_{-\infty}^{\infty} e^{ikx \frac{x^2}{2\sigma^2}} \cdot \mathrm{d}x \tag{1.41}$$

Der Exponent läßt sich in folgender Weise umformen:

$$\begin{aligned} ikx - \frac{x^2}{2\sigma^2} &= ikx - \frac{x^2}{2\sigma^2} + \frac{\sigma^2 k^2}{2} - \frac{\sigma^2 k^2}{2} \\ &= -\left(\frac{x^2}{2\sigma^2} - ikx - \frac{\sigma^2 k^2}{2}\right) - \frac{\sigma^2 k^2}{2} \\ &= -\left(\frac{x}{\sqrt{2}\sigma} - i\frac{\sigma k}{\sqrt{2}}\right)^2 - \frac{\sigma^2 k^2}{2} \end{aligned}$$

Setzt man

$$\frac{x}{\sqrt{2}\sigma} - i\frac{\sigma}{\sqrt{2}} = p, \qquad \text{dann ist} \qquad \frac{\mathrm{d}p}{\mathrm{d}x} = \frac{1}{\sqrt{2}\sigma}$$

oder

$$\mathrm{d}x = \sqrt{2}\sigma \cdot \mathrm{d}p$$

Damit lautet (1.41):

$$F(k) = \int_{-\infty}^{\infty} e^{-p^2 - \frac{\sigma^2 k^2}{2}} \sqrt{2}\sigma \cdot \mathrm{d}p = \sqrt{2}\sigma e^{-\frac{\sigma^2 k^2}{2}} \int_{-\infty}^{\infty} e^{-p^2} \cdot \mathrm{d}p \tag{1.42}$$

Das verbleibende Integral (Abkürzung: I) läßt sich direkt nicht auf elementare Weise berechnen, wohl aber auf dem Umweg über dessen Quadrat. Es ist

$$\begin{aligned} I^2 &= \left[\int_{-\infty}^{\infty} e^{-p^2} \cdot \mathrm{d}p\right]^2 = \left[\int_{-\infty}^{\infty} e^{-p^2} \cdot \mathrm{d}p\right]\left[\int_{-\infty}^{\infty} e^{-q^2} \cdot \mathrm{d}q\right] \\ &= \int_{-\infty}^{+\infty}\int_{-\infty}^{\infty} e^{-(p^2+q^2)} \cdot \mathrm{d}p \cdot \mathrm{d}q \end{aligned}$$

Betrachtet man p und q als kartesische Koordinaten eines Punktes in einer Ebene, dann ist $p^2 + q^2 = r^2$ das Abstandsquadrat dieses Punktes vom Koordinatenursprung. Ersetzt man das (kartesische) Flächenelement $\mathrm{d}p \cdot q$ durch das Flächenelement $r \cdot \mathrm{d}\varphi \cdot \mathrm{d}r$ in ebenen Polarkoordinaten und beachtet man, dass dann die Integration über r von 0 bis ∞ und über φ von 0 bis 2π zu erstrecken ist, dann folgt:

$$I^2 = \int_0^{\infty}\int_0^{2\pi} e^{-r^2} r \cdot \mathrm{d}\varphi \cdot \mathrm{d}r = \pi \int_0^{\infty} e^{-r^2} 2r \cdot \mathrm{d}r$$

Die weitere Substitution $r^2 = y$ mit $\mathrm{d}y/\mathrm{d}r = 2r$ oder $\mathrm{d}y = 2r \cdot \mathrm{d}r$ ergibt schließlich

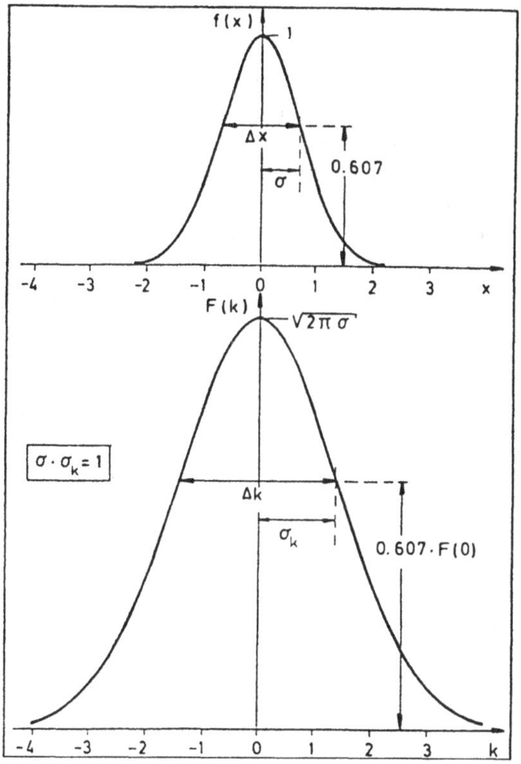

Abb. 1.24. FOURIER-Transformierte einer Gauß-Funktion.

$$I^2 = \pi \int_0^\infty e^{-y} \cdot \mathrm{d}y = \pi \left[-e^{-y} \right]_0^\infty = \pi \quad \text{oder} \quad I = \sqrt{\pi}$$

Also ist gemäß (1.42):

$$F(k) = \sqrt{2}\sigma\sqrt{\pi} e^{-\frac{\sigma^2 k^2}{2}} \quad \text{oder} \quad F(k) = \sqrt{2\pi\sigma^2} e^{-\frac{k^2}{(2/\sigma^2)}}$$

Die FOURIER-Transformierte $F(k)$ der Gauß-Funktion $f(x)$ ist also **wiederum** eine Gauß-Funktion. Ihre Standardabweichung beträgt $\sigma_k = 1/\sigma$, d.h. es ist

$$\sigma\sigma_k = 1$$

$F(k)$ hat bei $k = 0$ den Wert $F(0) = \sqrt{2\pi}\sigma$. Die Breite der Funktion beim Ordinatenwert $0.607 \cdot F(0)$ beträgt $\Delta k = 2\sigma_k$, d.h. es ist

$$\Delta x \cdot \Delta k = 4$$

Je schmaler also $f(x)$ ist, umso breiter ist $F(k)$ und umgekehrt. Der Zusammenhang zwischen $f(x)$ und $F(k)$ ist in dem Bild 1.24 graphisch dargestellt.

1.8 Wellenausbreitung in dispersiven Medien

Bei der Ausbreitung einer harmonischen Welle, die ja durch einen einzigen Wert der Wellenlänge charakterisiert ist, äußert sich die Dispersion eines Mediums, d.h. die Variation der Ausbreitungsgeschwindigkeit v mit λ, lediglich in der absoluten Größe von v bei dem vorgegebenen Wert von λ. Ihr Einfluss ist dagegen von weit größerer Bedeutung, wenn die Welle anharmonisch ist. Solche Wellen – und allgemein jede Funktion – lassen sich nach Maßgabe des FOURIER-Theorems in eine Folge harmonischer Komponenten unterschiedlicher Frequenz bzw. Wellenlänge zerlegen. Diese Folge ist diskret, wenn die Welle periodisch, und kontinuierlich, wenn sie nichtperiodisch ist. In einem dispersiven Medium breiten sich diese Komponenten mit unterschiedlichen Geschwindigkeiten $v(\lambda)$ aus. Das hat insbesondere zur Folge, dass sich im Verlauf der Zeit die Form der Welle verändert.
Grundlegende Einsichten in die Problematik vermittelt bereits der einfache Fall einer ebenen, anharmonischen Welle $\psi(x,t)$, die in x-Richtung fortschreitet und aus zwei FOURIER-Komponenten $\psi_1(x,t)$ und $\psi_2(x,t)$ mit der gleichen Amplitude ψ_0 zusammengesetzt ist, wobei deren Kreisfrequenz und Wellenvektor-Beträge (Wellenzahlen) um fest vorgegebene Werte $\pm\Delta\omega$ bzw. $\pm\Delta k$ gegen die Mittelwerte ω und k verschoben sind. Für diese Welle gilt also:

$$\begin{aligned}\psi(x,t) &= \psi_1(x,t) + \psi_2(x,t) \\ &= \psi_0 \sin\Big[(\omega+\Delta\omega)t - (k+\Delta k)x\Big] \\ &+ \psi_0 \sin\Big[(\omega-\Delta\omega)t - (k-\Delta k)x\Big]\end{aligned}$$

Mit Hilfe des Additionstheorems

$$\sin\beta + \sin\gamma = 2\cos\frac{\beta-\gamma}{2}\sin\frac{\beta+\gamma}{2}$$

für Winkelfunktionen erhält man:

$$\psi(x,t) = 2\psi_0 \cdot \cos(\Delta\omega t - \Delta k x) \cdot \sin(\omega t - kx)$$

Setzt man $\Delta\omega$ und Δk als klein gegen ω und k voraus, dann stellt $\psi(x,t)$ eine ebene (Sinus) Welle dar, deren Amplitude zeitlich und räumlich relativ langsam mit einer (Kosinus) Welle moduliert ist. Bild 1.25 zeigt eine "Momentaufnahme" einer solchen sogenannten **Schwebungswelle**. Sie besteht aus aufeinanderfolgenden **Wellengruppen**.

Die Geschwindigkeit $v = \mathrm{d}x_p/\mathrm{d}t$, mit der sich ein Ort x_p einer fest vorgegebenen Phase φ_p des Sinus-Anteils bewegt, ergibt sich aus:

$$\varphi_p = \omega t - kx_p = \text{const} \quad \text{zu} \quad v = \frac{\omega}{k}$$

Für die Geschwindigkeit $v_g = \mathrm{d}x_g/\mathrm{d}t$, mit der sich ein Ort x_g einer fest vorgegebenen Phase φ_g des Modulations-(Kosinus)-Anteils bewegt, folgt entsprechend $v_g = \Delta\omega/\Delta k$. Mit dieser Geschwindigkeit bewegen sich also die

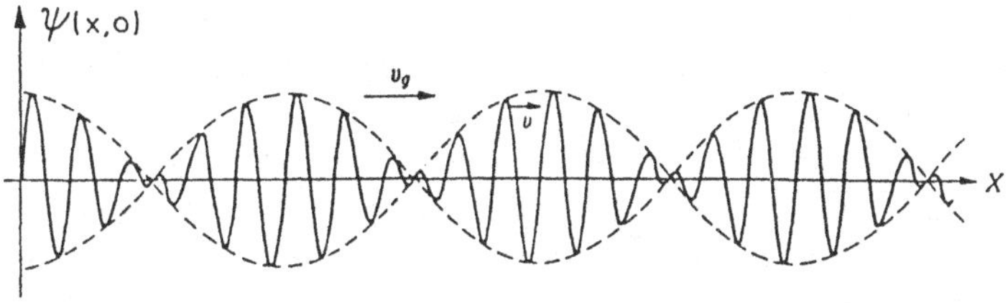

Abb. 1.25. Schwebungswelle (Wellengruppen).

Wellengruppen als Ganzes. Man nennt v_g dabei die **Gruppengeschwindigkeit** und – im Gegensatz dazu – v die **Phasengeschwindigkeit** einer Wellengruppe. Allgemein bezeichnet man als Gruppengeschwindigkeit den Differentialquotienten:

$$\boxed{v_g = \frac{\mathrm{d}\omega}{\mathrm{d}k}}$$

der Funktion $\omega = \omega(k)$. Mit $\omega = kv(k)$ erhält man:

$$v_g = \frac{\mathrm{d}(kv)}{\mathrm{d}k} = v + k\frac{\mathrm{d}v}{\mathrm{d}k}$$

oder mit $k = (2\pi)/\lambda$:

$$\begin{aligned} v_g &= v + \frac{2\pi}{\lambda}\frac{\mathrm{d}v}{\mathrm{d}\lambda}\frac{\mathrm{d}\lambda}{\mathrm{d}k} = v + \frac{2\pi}{\lambda}\frac{\mathrm{d}v}{\mathrm{d}\lambda}\cdot\frac{\mathrm{d}(2\pi/k)}{\mathrm{d}k} \\ &= v + \frac{2\pi}{\lambda}\frac{\mathrm{d}v}{\mathrm{d}\lambda}2\pi\left(-\frac{1}{k^2}\right) = v - \frac{2\pi}{\lambda}\frac{\mathrm{d}v}{\mathrm{d}\lambda}\frac{\lambda^2}{2\pi} \end{aligned}$$

Also ist auch

$$\boxed{v_g = v - \lambda\frac{\mathrm{d}v}{\mathrm{d}\lambda}} \qquad (1.43)$$

Wächst v mit λ, d.h. ist $\mathrm{d}v/\mathrm{d}\lambda > 0$, dann ist $v_g < v$. Fällt v mit λ, d.h. ist $\mathrm{d}v/\mathrm{d}\lambda < 0$, dann ist $v_g > v$. Ist v unabhängig von λ, d.h. tritt keine Dispersion auf, dann ist $\mathrm{d}v/\mathrm{d}\lambda = 0$ und $v_g = v$.
Im vorstehenden behandelten Fall ist v_g konstant, da $\Delta\omega$ und Δk als konstant vorausgesetzt wurden. Allgemein kann jedoch v_g noch von λ bzw. k abhängen. Setzt sich eine Wellengruppe aus FOURIER-Komponenten mit Wellenzahlen k aus einem Intervall δk zusammen, dann ergibt sich in linearer Näherung für die Streuung δv_g der Gruppengeschwindigkeit:

$$\delta v_g = \frac{\mathrm{d}v_g}{\mathrm{d}k}\delta k = \frac{\mathrm{d}^2\omega}{\mathrm{d}k^2}\delta k$$

Ist $\omega(k)$ eine lineare Funktion von k, dann ist v_g konstant und $\delta v_g = 0$. Das bedeutet, dass die Form der Wellengruppe bei der Ausbreitung der Welle konstant bleibt.

Ist dagegen $\omega(k)$ eine nichtlineare Funktion von k, dann ist v_g von k abhängig und $v_g \neq 0$. Das hat zur Folge, dass die Wellengruppe im Verlauf der Zeit ihre Form verändert. Sie "zerfließt" nach genügend langer Zeit.
Ein bekanntes Beispiel für Wellen mit Dispersion sind die mechanischen Wellen auf Flüssigkeitsoberflächen. Ist die Flüssigkeitstiefe groß gegen die Wellenlänge und vernachlässigt man Einflüsse der Reibung und der Oberflächenspannung, dann ergibt sich als Phasengeschwindigkeit dieser Wellen:

$$v = \sqrt{\frac{g\lambda}{2\pi}} = \sqrt{\frac{g}{k}}$$

wobei g die Schwerebeschleunigung ist. Lange Wellen laufen also schneller als kurze. Mit $\omega = kv$ folgt daraus:

$$\omega = \sqrt{gk} \quad \text{und} \quad v_g = \frac{\mathrm{d}\omega}{\mathrm{d}k} = \frac{1}{2}\frac{g}{\sqrt{gk}} = \frac{1}{2}\sqrt{\frac{g}{k}} = \frac{1}{2}\,v$$

Die Gruppengeschwindigkeit ist also halb so groß wie die Phasengeschwindigkeit.

1.9 Ergänzung: Zur Dispersion von Wellen

1.9.1 Allgemeines

Im Zusammenhang mit der Ausbreitung von Wellen bezeichnet man als **Dispersion** die Erscheinung, dass die **Phasengeschwindigkeit**

$$v = \frac{\omega}{k} = \nu\lambda$$

einer Welle mit der Kreisfrequenz $\omega = 2\pi\nu$ (ν = Frequenz) und der Wellenzahl $k = 2\pi/\lambda$ (λ = Wellenlänge) von λ bzw. k abhängt.
Die **Gruppengeschwindigkeit** errechnet sich aus:

$$v_g = \frac{\mathrm{d}\omega}{\mathrm{d}k}$$

Wegen $\omega = kv$ ist dann:

$$v_g(k) = \frac{\mathrm{d}(kv)}{\mathrm{d}k} = v + k\frac{\mathrm{d}v}{\mathrm{d}k} \tag{1.44}$$

Die Abhängigkeit der Gruppengeschwindigkeit von der Wellenlänge ergibt sich daraus mit

$$\frac{\mathrm{d}v}{\mathrm{d}\lambda} = \frac{\mathrm{d}v}{\mathrm{d}k}\frac{\mathrm{d}k}{\mathrm{d}\lambda} = \frac{\mathrm{d}v}{\mathrm{d}k}\frac{\mathrm{d}(2\pi/\lambda)}{\mathrm{d}\lambda} = \frac{\mathrm{d}v}{\mathrm{d}k}\left[-\frac{2\pi}{\lambda^2}\right]$$

also mit

$$\frac{\mathrm{d}v}{\mathrm{d}k} = -\frac{\lambda^2}{2\pi}\frac{\mathrm{d}v}{\mathrm{d}\lambda}$$

zu

$$v_g(\lambda) = v - \lambda \frac{\mathrm{d}v}{\mathrm{d}\lambda} \tag{1.45}$$

Wenn v mit λ ansteigt, also mit k abfällt, dann ist $\mathrm{d}v/\mathrm{d}\lambda > 0$, $\mathrm{d}v/\mathrm{d}k < 0$ und somit $v_g < v$.
Wenn v Extrema (Maxima oder Minima) durchläuft oder wenn keine Dispersion auftritt, dann ist $\mathrm{d}v/\mathrm{d}\lambda = 0$ und somit $v_g = v$.

1.9.2 Wellenausbreitung ohne Dispersion

Hier ist

$$v = \frac{\omega}{k} = \text{const} = v_0$$

Damit ist also die Kreisfrequenz proportional zur Wellenzahl bzw. umgekehrt proportional zur Wellenlänge und die Gruppengeschwindigkeit gleich der Phasengeschwindigkeit. Konkret gilt

$$\omega(k) = v_0 k; \quad \omega(\lambda) = 2\pi v_0 \frac{1}{\lambda}; \quad v_g(k) = v_g(\lambda) = \frac{\mathrm{d}\omega}{\mathrm{d}k} = v_0$$

Eine dispersionsfreie Ausbreitung zeigen beispielsweise Schallwellen in Gasen. Der Vollständigkeit halber sei jedoch angemerkt, dass dieses streng genommen nur dann der Fall ist, wenn bei den Kompressionen und Expansionen in einer solchen Welle stets Gleichgewichtszustände im thermodynamischen Sinne durchlaufen werden. Im Bereich akustischer Frequenzen ist das weitestgehend erfüllt.
Die oben angegebenen einfachen Zusammenhänge sind im Bild 1.26 für Schallwellen in Luft ($v_0 = 330\ \mathrm{m\ s^{-1}}$) graphisch dargestellt, um die Unterschiede zu den nachfolgend behandelten beiden Fällen anschaulicher und direkter erkennbar zu machen.

1.9.3 Wellenausbreitung mit Dispersion an zwei Beispielen mechanischer Wellen

Wellen auf Flüssigkeitsoberflächen Für die Phasengeschwindigkeit solcher Wellen gilt:

$$v(\lambda) = \sqrt{\frac{g}{2\pi}\lambda + \frac{2\pi\sigma}{\varrho}\frac{1}{\lambda}}$$

oder wegen $2\pi/\lambda = k$:

$$v(k) = \sqrt{\frac{g}{k} + \frac{\sigma}{\varrho}k}$$

Dabei sind σ und ϱ die Oberflächenspannung und die Dichte der Flüssigkeit. g ist die Schwerebeschleunigung. Mit $\omega = kv$ folgt daraus für die Kreisfrequenzen:

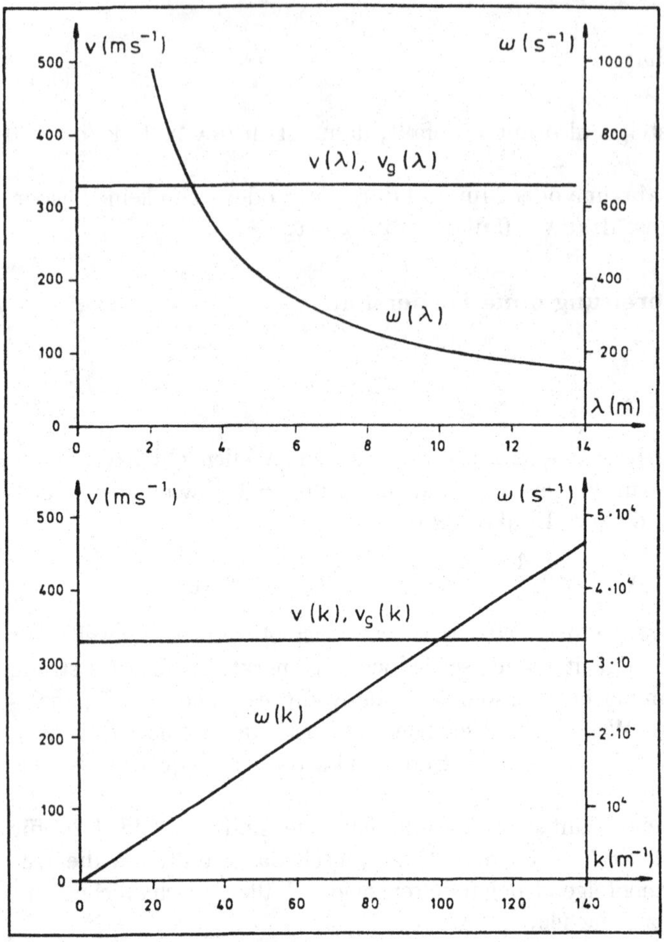

Abb. 1.26. Wellenausbreitung ohne Dispersion am Beispiel von Schallwellen in Luft.

$$\omega(k) = \sqrt{gk + \frac{\sigma}{\varrho}k^3}$$

und

$$\omega(\lambda) = \sqrt{2\pi g\frac{1}{\lambda} + \frac{(2\pi)^3\sigma}{\varrho}\frac{1}{\lambda^3}}$$

Als Gruppengeschwindigkeit erhält man damit:

$$v_g(k) = \frac{\mathrm{d}\omega(k)}{\mathrm{d}k} = \frac{g + \frac{3\sigma}{\varrho}k^2}{2\sqrt{gk + \frac{\sigma}{\varrho}k^3}} = \frac{\frac{g}{k} + \frac{3\sigma}{\varrho}k}{2\sqrt{\frac{g}{k} + \frac{\sigma}{\varrho}k}}$$

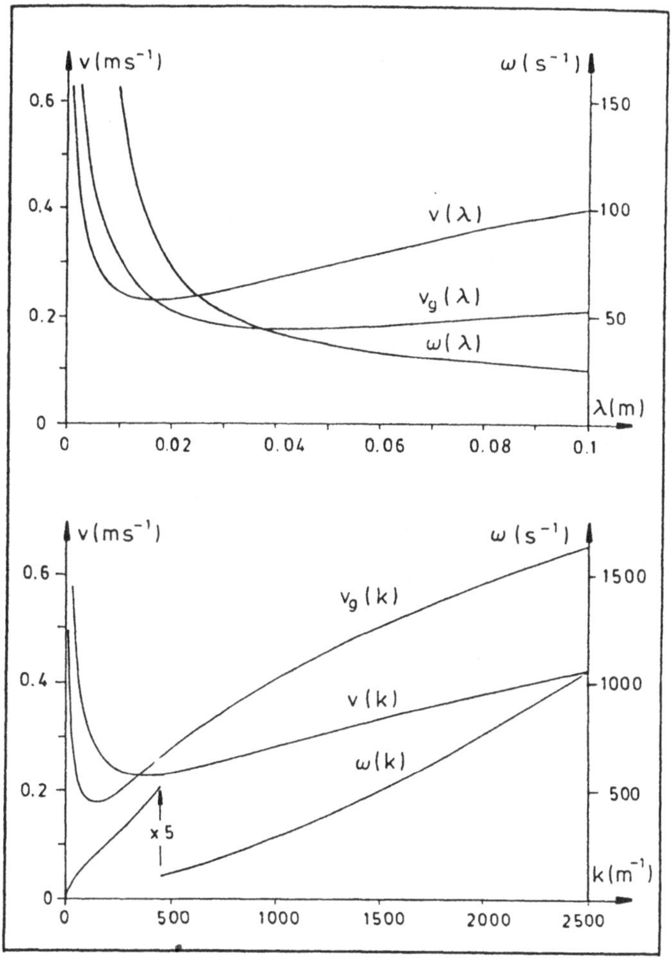

Abb. 1.27. Wellenausbreitung mit Dispersion am Beispiel von Wellen auf der Oberfläche von Wasser.

oder

$$v_g(k) = \frac{\dfrac{g}{k} + \dfrac{3\sigma}{\varrho}k}{2v(k)}$$

und

$$v_g(\lambda) = \frac{\dfrac{g}{2\pi}\lambda + \dfrac{6\pi\sigma}{\varrho}\dfrac{1}{\lambda}}{2\sqrt{\dfrac{g}{2\pi}\lambda + \dfrac{2\pi\sigma}{\varrho}\dfrac{1}{\lambda}}}$$

oder

$$v_g(\lambda) = \frac{\dfrac{g}{2\pi}\lambda + \dfrac{6\pi\sigma}{\varrho}\dfrac{1}{\lambda}}{2v(\lambda)}$$

Die hier zusammengestellten Beziehungen sind im Bild 1.27 für Oberflächenwellen auf Wasser ($\sigma = 0.07$ N m^{-1}, $\varrho = 1000$ kg m^{-3}) aufgetragen. Alle Geschwindigkeiten durchlaufen jeweils ein Minimum. Zu kleinen Wellenlängen bzw. großen Wellenzahlen hin gewinnt die Oberflächenspannung zunehmend an Einfluss. Zu großen Wellenlängen bzw. kleinen Wellenzahlen hin wird die Schwerkraft zunehmend wirksam.
Im Einklang mit den Aussagen der Formeln (1.44) und (1.45) sind aus der Graphik die folgenden Merkmale abzulesen:
Im Minimum der Phasengeschwindigkeit $(\mathrm{d}v/\mathrm{d}\lambda) = \mathrm{d}v/\mathrm{d}k = 0)$ ist $v_g = v$.
"Links" davon $(\mathrm{d}v/\mathrm{d}\lambda) < 0$, $\mathrm{d}v/\mathrm{d}k < 0)$ ist $v_g(\lambda) > v(\lambda)$ und $v_g(k) < v(k)$.
"Rechts" davon $(\mathrm{d}v/\mathrm{d}\lambda) > 0$, $\mathrm{d}v/\mathrm{d}k > 0)$ ist $v_g(\lambda) < v(\lambda)$ und $v_g(k) > v(k)$.

Wellen auf einer Linearen Kette Unter einer Linearen Kette versteht man allgemein eine unendlich lange lineare Aufreihung von Massen m_i, die durch elastische Kräfte aneinander gebunden sind. Solche Kräfte können bekanntlich mittels elastischer Schraubenfedern mit den Federkonstanten D_i realisiert werden. Bei der hier betrachteten Linearen Kette sollen einerseits alle Massen und andererseits die Federkonstanten aller Kopplungsfedern gleich sein ($m_i = m$ und $D_i = D$).

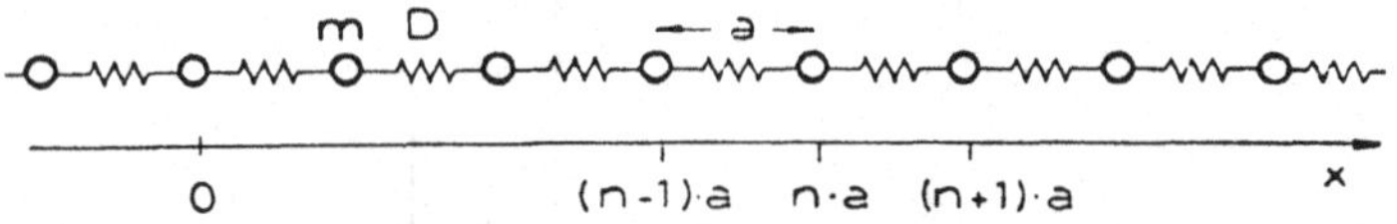

Wählt man die Richtung der Kette zur x-Achse mit dem Nullpunkt bei irgendeiner Masse und bezeichnet a den konstanten Abstand benachbarter Massen im Ruhestand, dann liegen die Massen im Ruhezustand an den Orten

$$x = na \qquad \text{mit} \qquad 0; \pm 1; \pm 2; \pm 3; \cdots$$

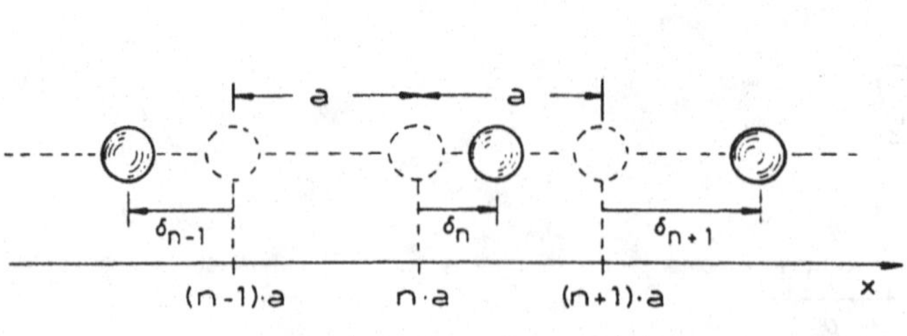

Wird eine Masse aus ihrer Ruhelage ausgelenkt, dann läuft diese Störung aufgrund der Kopplung mit den anderen Massen als Welle die Kette entlang.

Ist die Auslenkung eine harmonische Schwingung, dann ist die entstehende Welle ebenfalls harmonisch.

Im folgenden bedeutet y_n die longitudinale Auslenkung der Masse Nummer n aus ihrer Ruhelage. Die auf sie wirkende Kraft wird dann bestimmt durch die Dehnung oder Stauchung der beiden an ihr angreifenden Federn und damit – außer durch y_n selbst – durch die Auslenkungen y_{n-1} und y_{n+1} der beiden ihr benachbarten Massen.
Quantitativ gilt für die Kraft:

$$\begin{aligned} F &= -D(y_n - y_{n+1}) - D(y_n - y_{n-1}) \\ &= -D(2y_n - y_{n+1} + y_{n-1}) \end{aligned}$$

Damit lautet die Bewegungsgleichung für die n-te Masse:

$$m\frac{\mathrm{d}^2 y_n}{\mathrm{d}t^2} = -D(2y_n - y_{n+1} - y_{n-1}) \tag{1.46}$$

Eine harmonische Welle der Amplitude A wird in komplexer Schreibweise bekanntlich durch die Funktion

$$y(x,t) = Ae^{i(\omega t - kx)}$$

beschrieben. Mit $x = na$ folgt daraus für eine harmonische Welle auf einer Linearen Kette:

$$y_n(t) = Ae^{i(\omega t - kna)}$$

Verwendet man diese Funktion als Lösungsansatz für die Bewegungsgleichung (1.46), dann erhält man mit

$$\frac{\mathrm{d}^2 y_n(t)}{\mathrm{d}t^2} = -\omega^2 Ae^{i(\omega t - kna)}$$

durch Einsetzen in (1.46):

$$\begin{aligned} -m\omega^2 Ae^{i(\omega t - kna)} &= -2DAe^{i(\omega t - kna)} \\ &\quad + DAe^{i[\omega t - k(n+1)a]} \\ &\quad + DAe^{i[\omega t - k(n-1)a]} \end{aligned}$$

oder mit der Abkürzung $D/m = \omega_0^2$:

$$\frac{\omega^2}{\omega_0^2} e^{-ikna} = 2e^{-ikna} - e^{-ik(n+1)a} - e^{-ik(n-1)a}$$

oder:

$$\frac{\omega^2}{\omega_0^2} = 2 - \left[e^{-ika} + e^{ika}\right]$$

Wegen:

$$e^{ika} + e^{-ika} = 2\cos(ka)$$

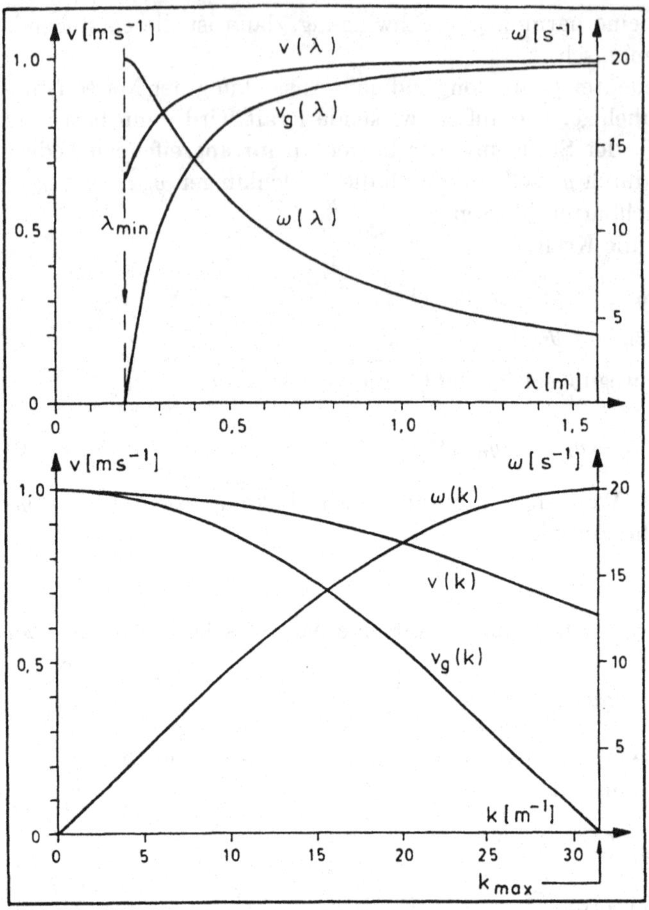

Abb. 1.28. Wellenausbreitung auf einer Linearen Kette.

folgt:

$$\omega^2 = 2\omega_0^2\Big[1 - \cos(ka)\Big]$$

Mit Hilfe der allgemeinen Formel:

$$\cos(ka) = \cos^2\left[\frac{ka}{2}\right] - \sin^2\left[\frac{ka}{2}\right] = 1 - 2\sin^2\left[\frac{ka}{2}\right]$$

ergibt sich schließlich:

$$\omega(k) = 2\omega_0 \sin\left[\frac{ka}{2}\right]$$

oder:

$$\omega(\lambda) = 2\omega_0 \sin\left[\frac{\pi a}{\lambda}\right]$$

Der Bereich der auf einer Linearen Kette möglichen Wellenlängen hat eine untere Grenze bei $\lambda_{\min} = 2a$. Dem entspricht für die Wellenzahlen eine obere Grenze von $k_{\max} = 2\pi/\lambda_{\min} = \pi/a$. Kürzere Wellenlängen sind nicht denkbar und ergeben keinen Sinn.
Die obigen Beziehungen für die Kreisfrequenzen gelten also in den Bereichen $0 \leq k \leq \pi/a$ und $2a \leq \lambda \leq \infty$.
Für die Phasengeschwindigkeit folgt dann:

$$v(k) = \frac{\omega(k)}{k} = \frac{2\omega_0}{k} \sin\left[\frac{ka}{2}\right]$$

und

$$v(\lambda) = \frac{\omega_0}{\pi} \lambda \sin\left[\frac{\pi a}{\lambda}\right]$$

Die Gruppengeschwindigkeiten betragen:

$$v_g(k) = \frac{\mathrm{d}\omega(k)}{\mathrm{d}k} = \omega_0 a \cos\left[\frac{ka}{2}\right]$$

und

$$v_g(\lambda) = \omega_0 a \cos\left[\frac{\pi a}{\lambda}\right]$$

Die oben hergeleiteten Zusammenhänge für eine Lineare Kette mit den Eigenschaften $a = 0.1$ m, $m = 0.01$ kg, $D = 1$ N m^{-1}, also $\omega_0 = 10$ s^{-1} sind im Bild 1.28 aufgetragen. Man erkennt, dass mit wachsender Wellenlänge $v(\lambda)$ und $v_g(\lambda)$ in einen konstanten und gleichen Wert übergehen. Für $\lambda \gg a$ verhält sich also – wie auch zu erwarten ist – die Lineare Kette wie ein eindimensionales Kontinuum ohne Dispersion (Stahldraht, Gummifaden, o. ä.).
Abschließend sei angemerkt, dass die hier gewonnenen Erkenntnisse über die Wellenausbreitung auf einer Linearen Kette und über deren Eigenschwingungen den Ausgangspunkt theoretischer Betrachtungen im Rahmen der Festkörperphysik zur Dynamik von Kristallgittern bilden und zum Begriff des "Phonons" führen. Eine Lineare Kette ist das einfachste Modell für ein Kristallgitter.

2 Elektromagnetische Wellen

2.1 Existenz und grundsätzliche Eigenschaften

Die Existenz elektromagnetischer Wellen und deren grundsätzliche Eigenschaften lassen sich aus den **Maxwellschen Gleichungen** ableiten, deren Herkunft und Gehalt an physikalischen Aussagen als bekannt vorausgesetzt werden.
Betrachtet werden die Verhältnisse für ein homogenes, isotropes, neutrales und nichtleitendes Medium mit der Dielektrizitätskonstanten ϵ und der Permeabilität μ. Da keine Raumladungen vorhanden sind (Raumladungsdichte $\varrho = 0$) und keine Ströme fließen können (Stromdichte $\boldsymbol{j} = 0$), gilt:

$$\text{div}\ \boldsymbol{E} = 0 \tag{2.1}$$

Korollar 2.1 *Das elektrische Feld ist quellenfrei. Sein Fluss durch jede geschlossene Fläche verschwindet.*

$$\text{div}\ \boldsymbol{B} = 0 \tag{2.2}$$

Korollar 2.2 *Das Feld der magnetischen Induktion ist quellenfrei. Sein Fluss durch jede geschlossene Fläche verschwindet.*

$$\text{rot}\ \boldsymbol{E} = -\frac{\partial \boldsymbol{B}}{\partial t} \tag{2.3}$$

Korollar 2.3 *Zeitliche Änderungen des Magnetfeldes erzeugen ein elektrisches Wirbelfeld.*

$$\text{rot}\ \boldsymbol{B} = \varepsilon\mu\frac{\partial \boldsymbol{E}}{\partial t} \tag{2.4}$$

Korollar 2.4 *Zeitliche Änderungen des elektrischen Feldes erzeugen ein magnetisches Wirbelfeld.*

Die Anwendung des Rotations-Operators auf (2.3) führt zunächst zusammen mit (2.4) auf

$$\text{rot}(\text{rot}\ \boldsymbol{E}) = \text{rot}\left[-\frac{\partial \boldsymbol{B}}{\partial t}\right] = -\frac{\partial}{\partial t}(\text{rot}\ \boldsymbol{B}) = -\varepsilon\mu\frac{\partial^2 \boldsymbol{E}}{\partial t^2}$$

Zum anderen liefert die Vektoranalysis für die zweimalige Anwendung des Rotations-Operators den Zusammenhang

$$\mathrm{rot}(\mathrm{rot}\,\boldsymbol{E}) = \mathrm{grad}(\mathrm{div}\,\boldsymbol{E}) - \Delta\boldsymbol{E}$$

Wegen (2.1) verbleibt

$$\mathrm{rot}(\mathrm{rot}\,\boldsymbol{E}) = -\Delta\boldsymbol{E}$$

Das ergibt schließlich

$$\Delta\boldsymbol{E} = \varepsilon\mu\frac{\partial^2\boldsymbol{E}}{\partial t^2} \tag{2.5}$$

also die bekannte **Wellengleichung**. Ein elektrisches Wechselfeld wird sich somit in dem Medium als (elektrische) Welle mit der Phasengeschwindigkeit

$$v = \frac{1}{\sqrt{\varepsilon\mu}} \tag{2.6}$$

ausbreiten.

Betrachtet werden im folgenden als Lösungen von (2.5) **ebene harmonische** Wellen, also solche, bei denen auf jeder vorgegebenen Ebene senkrecht zu dem in Ausbreitungsrichtung weisenden Wellenvektor $\boldsymbol{k}$ die Feldstärke $\boldsymbol{E}$ nur noch von der Zeit, nicht aber vom Ort auf dieser Ebene abhängt. Solche Wellen werden dargestellt durch die Funktion

$$\boldsymbol{E}(\boldsymbol{r},t) = \boldsymbol{E}_0 \sin(\omega t - \boldsymbol{kr}) \tag{2.7}$$

Dabei ist $\omega = 2\pi\nu$ die Kreisfrequenz, ν die Frequenz, $k = 2\pi/\lambda$ die Wellenzahl und λ die Wellenlänge.

Wegen

$$\boldsymbol{k}\cdot\boldsymbol{r} = k_x x + k_y y + k_z z$$

und

$$\frac{\partial E_x}{\partial x} = -k_x E_{0x}\cos(\omega t - \boldsymbol{kr})$$

und entsprechender Ausdrücke für $\partial E_y/\partial y$ und $\partial E_z/\partial z$ folgt für die Divergenz von (2.7)

$$\begin{aligned}\mathrm{div}\,\boldsymbol{E} = \frac{\partial E_x}{\partial x} + \frac{\partial E_y}{\partial y} + \frac{\partial E_z}{\partial z} &= -(k_x \cdot E_{0x} + k_y E_{0y} + k_z E_{0z}) \\ &\quad\cdot \cos(\omega t - \boldsymbol{kr}) \\ &= -(\boldsymbol{k}\cdot\boldsymbol{E}_0)\cos(\omega t - \boldsymbol{kr})\end{aligned}$$

Da die Quellenfreiheit von $\boldsymbol{E}$ zu jedem Zeitpunkt und an jedem Ort erfüllt sein muss, führt (2.1) auf den grundlegenden Zusammenhang

$$\boxed{\boldsymbol{k}\cdot\boldsymbol{E}_0 = 0}$$

Er sagt aus, dass $\boldsymbol{E}_0$ stets senkrecht auf $\boldsymbol{k}$ steht. Die elektrische Welle ist also **transversal**.

Aus (2.7) erhält man ferner

$$\frac{\partial E_z}{\partial y} = -k_y E_{0z} \cos(\omega t - \boldsymbol{kr})$$

und

$$\frac{\partial E_y}{\partial z} = -k_z E_{0y} \cos(\omega t - \boldsymbol{kr})$$

Damit ergibt sich für die x-Komponente der Rotation von (2.7)

$$(\mathrm{rot}\boldsymbol{E})_x = \frac{\partial E_z}{\partial y} - \frac{\partial E_y}{\partial z} = -(k_y E_{0z} - k_z E_{0y}) \cos(\omega t - \boldsymbol{kr})$$

Der erste Klammerausdruck ist die x-Komponente des Vektorprodukts aus $\boldsymbol{k}$ und $\boldsymbol{E}_0$, d.h. es ist

$$(\mathrm{rot}\ \boldsymbol{E})_x = -(\boldsymbol{k} \times \boldsymbol{E}_0)_x \cos(\omega t - \boldsymbol{kr})$$

Entsprechendes erhält man für die anderen Rotationskomponenten, so dass insgesamt

$$\mathrm{rot}\ \boldsymbol{E} = -(\boldsymbol{k} \times \boldsymbol{E}_0) \cos(\omega t - \boldsymbol{kr})$$

folgt. Einsetzen in (2.3) führt dann auf

$$\frac{\partial \boldsymbol{B}}{\partial t} = (\boldsymbol{k} \times \boldsymbol{E}_0) \cos(\omega t - \boldsymbol{kr}) \tag{2.8}$$

Bei der Berechnung von $\boldsymbol{B}$ hieraus muss grundsätzlich beachtet werden, dass bei der Integration über einen **partiellen** Differentialquotienten als zusätzliche Integrationskonstante additiv eine beliebige Funktion all derjenigen Variablen auftritt, nach denen nicht differenziert worden ist. Hier also ist

$$\boldsymbol{B}(\boldsymbol{r}, t) = \int_0^t \frac{\partial \boldsymbol{B}}{\partial \tau} \cdot \mathrm{d}\tau + \boldsymbol{B}_s(\boldsymbol{r})$$

$\boldsymbol{B}_s(\boldsymbol{r})$ kennzeichnet ein dem Geschehen überlagertes **statisches** Magnetfeld. Da ein solches auf die hier diskutierten Wellenvorgänge keinerlei Einfluss hat, soll $\boldsymbol{B}_s(\boldsymbol{r}) = 0$ vorausgesetzt werden. Damit ergibt die Integration von (2.8)

$$\boldsymbol{B}(\boldsymbol{r}, t) = \boldsymbol{B}_0 \sin(\omega t - \boldsymbol{kr}) \tag{2.9}$$

mit

$$\boldsymbol{B}_0 = \frac{1}{\omega}(\boldsymbol{k} \times \boldsymbol{E}_0) \tag{2.10}$$

Danach steht $\boldsymbol{B}_0$ also senkrecht sowohl auf $\boldsymbol{k}$ als auch auf $\boldsymbol{E}_0$.

Die Schlussfolgerungen aus (2.7), (2.9) und (2.10) lauten somit: Mit einer elektrischen Welle ist zwangsläufig auch eine magnetische Welle verknüpft.

Beide Wellentypen sind transversale Wellen. Sie laufen mit gleicher Frequenz ν und gleicher Wellenlänge λ – also auch mit gleicher Phasengeschwindigkeit $v = \omega/k = \nu\lambda$ – in die gleiche Richtung und schwingen **gleichphasig** senkrecht zueinander. Ihre Amplituden sind voneinander abhängig. Da $\boldsymbol{E}_0$ senkrecht auf $\boldsymbol{k}$ steht, erhält man aus (2.10) durch Betragsbildung

$$B_0 = \frac{k}{\omega}E_0 = .\frac{E_0}{v} \qquad \text{oder} \qquad E_0 = vB_0$$

Wegen der Gleichphasigkeit gilt dieser Zusammenhang auch für die Momentanwerte, d.h. es ist

$$E = vB \tag{2.11}$$

In z.B. der Reihenfolge $\boldsymbol{E}, \boldsymbol{B}$ und $\boldsymbol{k}$ bilden diese drei Vektoren ein "rechtshändiges" System:

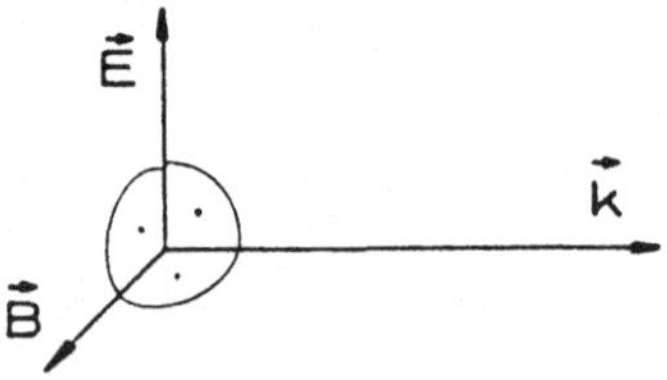

Es gibt also keine rein elektrischen oder rein magnetischen Wellen, sondern stets nur **elektromagnetische** Wellen.

Den Quotienten

$$n = \frac{c}{v}$$

aus der Vakuumlichtgeschwindigkeit c und der Phasengeschwindigkeit v nennt man den **Brechungsindex** des Mediums. Mit $\varepsilon = \varepsilon_r\varepsilon_0$ und $\mu = \mu_r\mu_0$ (ε_r: Dielektrizitätszahl, ε_0: Elektrische Feldkonstante, μ_r: Permeabilitätszahl, μ_0: Magnetische Feldkonstante), und wegen $\varepsilon_0\mu_0 = 1/c^2$ folgt aus (2.6)

$$v = \frac{1}{\sqrt{\varepsilon_r\mu_r\varepsilon_0\mu_0}} = \frac{c}{\sqrt{\varepsilon_r\mu_r}} \qquad \text{oder} \qquad n = \sqrt{\varepsilon_r\mu_r} \tag{2.12}$$

2.2 Energietransport durch elektromagnetische Wellen

Elektromagnetische Wellen – wie andere Wellen auch – transportieren Energie. Den folgenden Diskussionen wird wiederum das im vorangehenden Abschnitt definierte Medium zugrundegelegt, und es werden – der Einfachheit halber – wieder ebene Wellen betrachtet.

Durch eine ortsfeste und senkrecht zum Wellenvektor $\boldsymbol{k}$ orientierte Fläche der Größe A schiebt sich im Zeitintervall dt diejenige Energie dW hindurch,

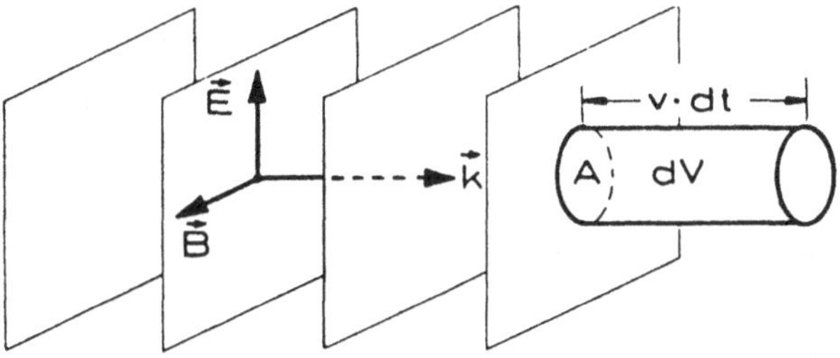

Abb. 2.1. Zum Energietransport bei elektromagnetischen Wellen.

welche in einem Zylinder mit dem Volumen $\mathrm{d}V = Av\cdot\,\mathrm{d}t$ enthalten ist. Die Energiedichte

$$w = \frac{\mathrm{d}W}{\mathrm{d}V} = \frac{1}{Av}\cdot\frac{\mathrm{d}W}{\mathrm{d}t} \tag{2.13}$$

eines elektromagnetischen Feldes setzt sich additiv aus den beiden Anteilen w_E des elektrischen und w_B des magnetischen Feldes zusammen. Wie von den Grundlagen der Elektrizitätslehre bekannt ist, gilt

$$w_E = \frac{\varepsilon}{2}E^2 \qquad \text{und} \qquad w_B = \frac{1}{2\mu}B^2 \tag{2.14}$$

Für eine elektromagnetische Welle folgt mit (2.11) und (2.6)

$$w_B = \frac{1}{2\mu}\frac{E^2}{v^2} = \frac{\varepsilon}{2}E^2$$

also $w_B = w_E$ und damit

$$w = w_E + w_B = \varepsilon E^2$$

Für den sogenannten **Energiestrom** $\mathrm{d}W/\mathrm{d}t$ durch die Fläche A ergibt sich dann aus (2.13)

$$\frac{\mathrm{d}W}{\mathrm{d}t} = Avw = Av\varepsilon E^2$$

Eine weitere den Energietransport charakterisierende wichtige Größe ist die **Intensität** I. Sie ist definiert als **Flächendichte des Energiestroms**, d.h. es ist

$$I = \frac{\mathrm{d}}{\mathrm{d}A}\left[\frac{\mathrm{d}W}{\mathrm{d}t}\right] = \frac{\mathrm{d}^2W}{\mathrm{d}A\cdot\mathrm{d}t}$$

Da hier $\mathrm{d}W/\mathrm{d}t$ proportional zu A ist, folgt

$$I = \frac{\mathrm{d}}{\mathrm{d}A}(Av\varepsilon E^2) = v\varepsilon E^2\frac{\mathrm{d}A}{\mathrm{d}A}$$

oder

$$I = v\varepsilon E^2 \tag{2.15}$$

Mit dem expliziten Ausdruck (2.7) für eine ebene Welle ist also

$$I = v\varepsilon E_0^2 \sin^2(\omega t - \boldsymbol{kr}) \tag{2.16}$$

Allgemeinere Aussagen zum Energietransport, zur Richtung des Energieflusses und zur Energie-Erhaltung, die sich nicht nur speziell auf elektromagnetische Wellen, sondern generell auf elektromagnetische Felder beziehen, lassen sich aus einer vektoriellen Größe gewinnen, die sich in folgender Weise aus den MAXWELLschen Gleichungen herleiten läßt:
Die Multiplikation von (2.3) mit $\boldsymbol{B}$ und von (2.4) mit $\boldsymbol{E}$ und die anschließende Subtraktion des ersten Produkts vom zweiten führt auf

$$\boldsymbol{E} \cdot \text{rot}\, \boldsymbol{B} - \boldsymbol{B} \cdot \text{rot}\, \boldsymbol{E} = \varepsilon\mu \boldsymbol{E} \cdot \frac{\partial \boldsymbol{E}}{\partial t} + \boldsymbol{B} \cdot \frac{\partial \boldsymbol{B}}{\partial t}$$

Zur Anwendung des Divergenz-Operators auf das Vektorprodukt zweier Vektoren $\boldsymbol{a}$ und $\boldsymbol{b}$ lehrt die Vektoranalysis

$$-\text{div}\, (\boldsymbol{a} \times \boldsymbol{b}) = \boldsymbol{a} \cdot \text{rot}\, \boldsymbol{b} - \boldsymbol{b} \cdot \text{rot}\, \boldsymbol{a}$$

Damit ist

$$\text{div}\, (\boldsymbol{E} \times \boldsymbol{B}) = -\left[\varepsilon\mu \boldsymbol{E} \cdot \frac{\partial \boldsymbol{E}}{\partial t} + \boldsymbol{B} \cdot \frac{\partial \boldsymbol{B}}{\partial t}\right]$$

Ferner gilt

$$\boldsymbol{a} \cdot \frac{\partial \boldsymbol{a}}{\partial t} = \frac{1}{2}\left[\boldsymbol{a} \cdot \frac{\partial \boldsymbol{a}}{\partial t} + \frac{\partial \boldsymbol{a}}{\partial t} \cdot \boldsymbol{a}\right] = \frac{1}{2}\frac{\partial}{\partial t}(\boldsymbol{a} \cdot \boldsymbol{a}) = \frac{1}{2}\frac{\partial a^2}{\partial t}$$

Das ergibt nach zusätzlicher Division durch μ

$$\frac{1}{\mu} \cdot \text{div}\, (\boldsymbol{E} \times \boldsymbol{B}) = -\frac{\partial}{\partial t}\left[\frac{\varepsilon}{2}\boldsymbol{E}^2 + \frac{1}{2\mu}\boldsymbol{B}^2\right]$$

Wie der Vergleich mit (2.14) zeigt, ist der Klammerausdruck auf der rechten Seite gleich der gesamten Energiedichte $w = w_E + w_B$. Mit der Bezeichnung

$$\boldsymbol{S} = \frac{1}{\mu}\boldsymbol{E} \times \boldsymbol{B} \tag{2.17}$$

erhält man somit

$$\text{div}\, \boldsymbol{S} = -\frac{\partial w}{\partial t} \tag{2.18}$$

Der Vektor $\boldsymbol{S}$ heißt **Poynting-Vektor**. Er steht also senkrecht auf $\boldsymbol{E}$ und $\boldsymbol{B}$ und hat den Betrag

$$S = \frac{1}{\mu} EB \sin \angle(\boldsymbol{E}, \boldsymbol{B})$$

Die Formel (2.18) heißt **Poyntingscher Satz**. Sie besagt, dass Orte abnehmender Energiedichte Quellen, solche zunehmender Energiedichte Senken für $\boldsymbol{S}$ darstellen. Vielleicht etwas anschaulicher wird diese Aussage in ihrer makroskopischen Formulierung. Die Integration von (2.18) über ein endliches

Volumen V_0 mit der Oberfläche A_0 führt unter Anwendung des Gaußschen Satzes der Vektoranalysis auf

$$\int_{V_0} \mathrm{div}\boldsymbol{S} \cdot \mathrm{d}V = \oint \boldsymbol{S} \cdot \mathrm{d}\boldsymbol{A} = -\frac{\partial}{\partial t} \int_{V_0} w \cdot \mathrm{d}V = -\frac{\partial W_0}{\partial t}$$

wobei W_0 die gesamte elektromagnetische Energie im Volumen V_0 bedeutet. Aufgrund der Energie-Erhaltung hat eine Abnahme bzw. Zunahme von W_0 einen Energiestrom $\partial W/\partial t = -\partial W_0/\partial t$ durch A_0 nach außen bzw. nach innen zur Folge, d.h. es ist auch

$$\oint_{A_0} \boldsymbol{S} \cdot \mathrm{d}\boldsymbol{A} = \frac{\partial W}{\partial t}$$

Dieser Energietransport wird vom Vektorfeld $\boldsymbol{S}$ übernommen, dessen Fluss durch A_0 den Energiestrom durch A_0 angibt.
Bei einer **elektromagnetischen Welle** weist $\boldsymbol{S}$ in die Richtung von $\boldsymbol{k}$, also in die Ausbreitungsrichtung. Wegen $1/\mu = v^2\varepsilon$ gemäß (2.6) folgt aus (2.17)

$$\boldsymbol{S} = v^2\varepsilon \boldsymbol{E} \times \boldsymbol{B}$$

Da hier $\boldsymbol{E}$ und $\boldsymbol{B}$ senkrecht aufeinander stehen und außerdem gemäß (2.11) $B = E/v$ ist, gilt für den Betrag

$$S = v^2\varepsilon EB = v\varepsilon E^2$$

Der Rückblick auf (2.15) zeigt, dass der **Betrag des Poynting-Vektors** identisch mit der **Intensität** der Welle ist, d.h. es ist

$$S(\boldsymbol{r}, t) = I(\boldsymbol{r}, t)$$

Bei Betrachtungen zum Energietransport durch insbesondere hochfrequente Wellen ist die periodische Zeitabhängigkeit der Intensität, wie sie in (2.16) zum Ausdruck kommt, von untergeordnetem Interesse. Stattdessen verwendet man hier den auch messtechnisch zuverlässiger erfassbaren **zeitlichen Mittelwert** von I und bezeichnet diesen, ohne ausdrücklich auf den Unterschied hinzuweisen, als Intensität. Die zeitliche Mittelung der $\sin^2$ -Funktion in (2.16) über eine Schwingungsperiode T ergibt bekanntlich

$$\overline{\sin^2(\omega t - \boldsymbol{kr})}^T = \frac{1}{T} \int_0^T \sin^2\left[\frac{2\pi}{T}t - \boldsymbol{kr}\right] \cdot \mathrm{d}t = \frac{1}{2}$$

Damit lautet (2.16):

$$I(\boldsymbol{r}) = \frac{v}{2}\varepsilon E_0^2$$

Nimmt man die ferromagnetischen Substanzen aus, so liegen die Permeabilitätszahlen μ_r der Stoffe stets sehr nahe bei Eins. Insbesondere für die hier behandelten Isolatoren ist in sehr guter Näherung $\mu_r = 1$. Damit ist gemäß (2.12)

$$n = \sqrt{\varepsilon_r} \qquad \text{und} \qquad \varepsilon = \varepsilon_r \varepsilon_0 = n^2 \varepsilon_0$$

Setzt man zudem $v = c/n$, dann erhält man

$$I = \frac{c\varepsilon_0}{2} n E_0^2 \tag{2.19}$$

2.3 Reflexion und Transmission elektromagnetischer Wellen

In diesem Abschnitt wird die Wechselwirkung einer ebenen elektromagnetischen Welle mit der ebenen Trennfläche zwischen zwei Medien mit unterschiedlichen Brechungsindizes n_1 und n_2 diskutiert. Ansonsten sollen für die beiden Medien alle bereits vorangehend genannten Voraussetzungen gelten. Der Sprung im Brechungsindex hat zur Folge, dass die **einfallende** Welle in einen **reflektierten** und einen **transmittierten** Anteil aufgespalten wird. Die physikalischen Größen dieser drei Anteile werden nachfolgend durch die Indizes 1, 2 und 3 gekennzeichnet.

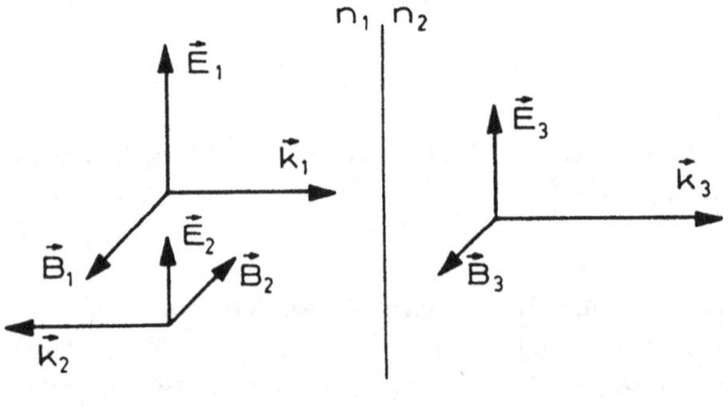

Abb. 2.2. Feldorientierungen bei Reflexion und Transmission.

Als erstes wird die spezielle Situation des **senkrechten** Einfalls betrachtet. Hier stehen die Wellenvektoren $\boldsymbol{k}_1, \boldsymbol{k}_2$ und $\boldsymbol{k}_3$ senkrecht zur Trennfläche. Die Feldstärken $\boldsymbol{E}_1, \boldsymbol{E}_2, \boldsymbol{E}_3$ und $\boldsymbol{B}_1, \boldsymbol{B}_2, \boldsymbol{B}_3$ schwingen parallel zu ihr.
Die Bilanz in der Trennfläche für beispielsweise die elektrische Feldstärke läßt sich aus der MAXWELLschen Gleichung (2.3) gewinnen: Integriert man diese über eine endliche Fläche A_0 mit der geschlossenen Umrandung S_0, dann erhält man bekanntlich unter Ausnutzung des STOKES'schen Satzes der Vektoranalysis

$$\int\limits_{A_0} \mathrm{rot}\boldsymbol{E} \cdot \mathrm{d}\boldsymbol{A} = -\frac{\partial}{\partial t} \int\limits_{A} \boldsymbol{B} \cdot \mathrm{d}\boldsymbol{A} = \oint\limits_{S_0} \boldsymbol{E} \cdot \mathrm{d}\boldsymbol{s}$$

Wählt man – wie es das nachfolgende Bild 2.3 angibt – als Integrationsfläche ein symmetrisch und senkrecht zur Trennfläche orientiertes Rechteck mit den Seiten a und b, dann ergibt sich

$$\oint_{S_0} \boldsymbol{E} \cdot \mathrm{d}\boldsymbol{s} = a(E_1 + E_2) - aE_3 = -\frac{\partial}{\partial t} \int_{ab} \boldsymbol{B} \cdot \mathrm{d}\boldsymbol{A}$$

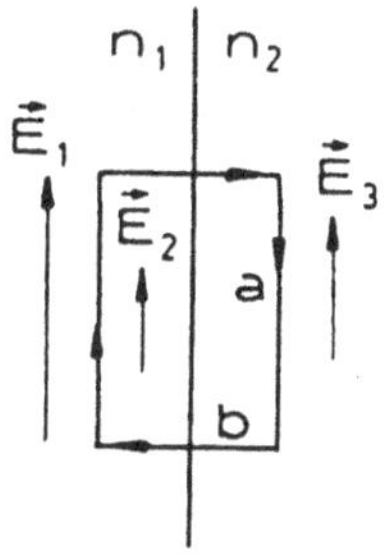

Abb. 2.3. Grenzbedingung für das E-Feld.

Läßt man nun, um die Verhältnisse in der Trennfläche zu erfassen, b gegen Null laufen, dann geht wegen $A_0 = ab \to 0$ auch der Fluss des magnetischen Feldes durch A_0 gegen Null, und es verbleibt

$$a(E_1 + E_2) - aE_3 = 0 \qquad \text{oder} \qquad E_1 + E_2 = E_3$$

Diese Bedingung gilt für jeden Momentanwert, also auch für die entsprechenden Amplituden, d.h. es ist auch

$$E_{01} + E_{02} = E_{03} \tag{2.20}$$

Die Verhältnisse

$$R = \frac{E_{02}}{E_{01}} \qquad \text{und} \qquad T = \frac{E_{03}}{E_{01}}$$

nennt man den **Reflexions-** und den **Transmissions-Koeffizienten**. Also ist

$$T - R = 1 \tag{2.21}$$

Auf gleichem Wege erhält man – jetzt ausgehend von der MAXWELLschen Gleichung (2.4) – als Grenzbedingung für die magnetischen Feldstärken

$$B_{01} + B_{02} = B_{03} \tag{2.22}$$

Dieser Zusammenhang läßt sich in eine zweite Bedingung für die elektrischen Feldstärken umformen. Aus

$$\boldsymbol{B}_0 = \frac{\boldsymbol{k}}{\omega} \times \boldsymbol{E}_0$$

gemäß (2.10) und wegen

$$\frac{k_1}{\omega} = \frac{1}{v_1} = \frac{n_1}{c} \qquad \text{und} \qquad \frac{k_3}{\omega} = \frac{1}{v_3} = \frac{n_2}{c}$$

folgen für die einfallende und die durchlaufende Welle als Beziehungen zwischen den Vektor-Beträgen

$$B_{01} = \frac{n_1}{c} E_{01} \qquad \text{und} \qquad B_{03} = \frac{n_2}{c} E_{03}$$

Bei der reflektierten Welle ist zu beachten, dass ihr Wellenvektor $\boldsymbol{k}_2$ nicht nur entgegengesetzt zu $\boldsymbol{k}_1$ gerichtet ist, sondern auch denselben Betrag wie $\boldsymbol{k}_1$ hat. Beide Wellen – die einfallende und die reflektierte – laufen ja im gleichen Medium. Wegen $\boldsymbol{k}_2 = -\boldsymbol{k}_1$ ist somit

$$\boldsymbol{B}_{02} = \frac{\boldsymbol{k}_2}{\omega} \times \boldsymbol{E}_{02} = -\frac{\boldsymbol{k}_1}{\omega} \times \boldsymbol{E}_{02} \qquad \text{oder} \qquad B_{02} = -\frac{n_1}{c} E_{02}$$

Damit lautet (2.22)

$$\frac{n_1}{c} E_{01} - \frac{n_1}{c} E_{02} = \frac{n_2}{c} E_{03} \quad \text{bzw.} \quad n_1(E_{01} - E_{02}) = n_2 E_{03}$$

oder nach Division durch E_{01}

$$n_1(1 - R) = n_2 T \tag{2.23}$$

Mit $T = 1 + R$ gemäß (2.21) folgt daraus

$$n_1 - n_1 R = n_2 + n_2 R$$

oder

$$R = \frac{E_{02}}{E_{01}} = \frac{n_1 - n_2}{n_1 + n_2} \tag{2.24}$$

und

$$T = \frac{E_{03}}{E_{01}} = \frac{2 \cdot n_1}{n_1 + n_2} \tag{2.25}$$

In Bild 2.4 sind R und T als Funktionen von n_2/n_1 im Bereich $0.5 \le n_2/n_1 \le 2$ aufgetragen. Für $n_2/n_1 > 1$, also für $n_2 > n_1$, ist R **negativ**, was bedeutet, dass die reflektierte Welle entgegengesetzt zur einfallenden schwingt. Bei der Reflexion erfährt in diesem Bereich die Welle einen Phasensprung von $180° \mathrel{\hat{=}} \pi$. Im Gegensatz dazu ist T durchgehend positiv.

Die Intensitätsverhältnisse

$$\varrho = \frac{I_2}{I_1} \qquad \text{und} \qquad \sigma = \frac{I_3}{I_1}$$

nennt man das **Reflexions-** und das **Transmissions-Vermögen**. Mit (2.19) folgt

$$\frac{I_2}{I_1} = \frac{n_1 E_{02}^2}{n_1 E_{01}^2} = R^2 \qquad \text{und} \qquad \frac{I_3}{I_1} = \frac{n_2 E_{03}^2}{n_1 E_{01}^2} = \frac{n_2}{n_1} T^2$$

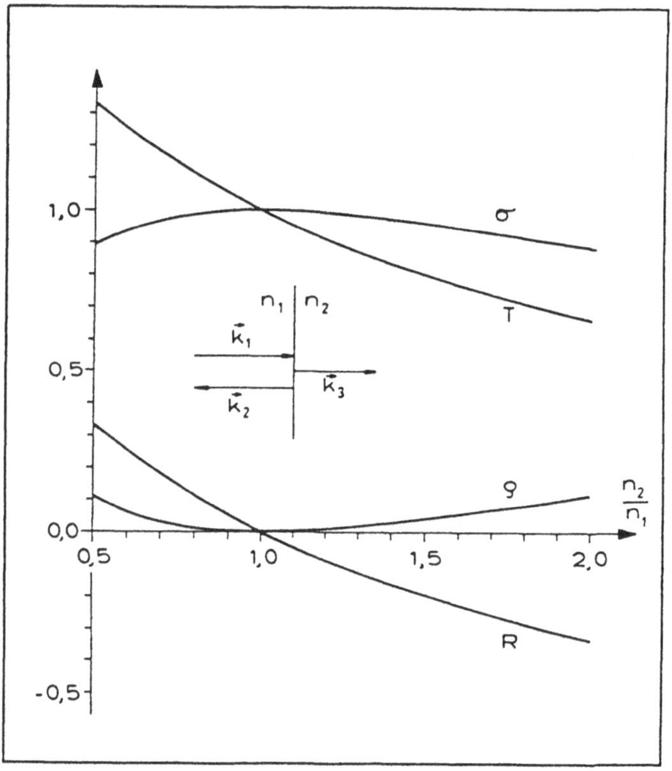

Abb. 2.4. Reflexion und Transmission einer elektromagnetischen Welle bei senkrechtem Einfall.

Das ergibt mit (2.24) und (2.25)

$$\varrho = \frac{I_2}{I_1} = \left[\frac{n_1 - n_2}{n_1 + n_2}\right]^2 \tag{2.26}$$

und

$$\sigma = \frac{I_3}{I_1} = \frac{4n_1 n_2}{(n_1 + n_2)^2} \tag{2.27}$$

ϱ und σ sind ebenfalls in Bild 2.4 aufgetragen. Die Behandlung des **schrägen** Einfalls der Welle erfordert einen deutlich größeren Rechenaufwand. Hier schwingen, von noch zu diskutierenden Spezialfällen abgesehen, $\boldsymbol{E}$ und $\boldsymbol{B}$ schräg zur Trennfläche. Die Grenzbedingungen für die Komponenten parallel zur Trennfläche (Tangentialkomponenten) und für diejenigen senkrecht dazu (Normalkomponenten) sind unterschiedlich. Sie müssen getrennt aufgestellt und betrachtet werden. Zudem schwingen im allgemeinen $\boldsymbol{E}$ und $\boldsymbol{B}$ auch schräg zur Einfallsebene, also zu der vom Wellenvektor $\boldsymbol{k}_1$ der einfallenden Welle und dem Einfallslot der aufgespannten Ebene. Dieser allgemeine Fall läßt sich auf zwei Basis-Fälle zurückführen, die nachfolgend behandelt werden sollen:

a.) $\boldsymbol{E}$ schwingt parallel zur Einfallsebene: Bild 2.5 dient zur Veranschaulichung der Situation und zur Festlegung der Bezeichnungen.

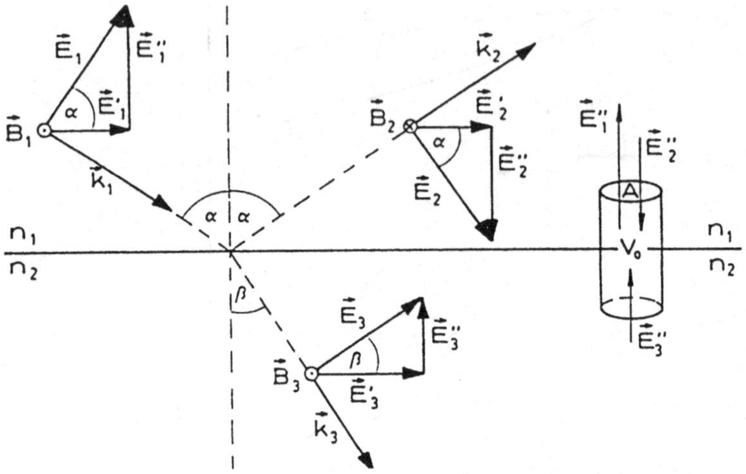

Abb. 2.5. Feldorientierungen und Grenzbedingungen bei schrägem Einfall. ⊙: $\boldsymbol{B}$ weist aus der Zeichenebene heraus; ⊗ : $\boldsymbol{B}$ weist in die Zeichenebene hinein.

Da hier $\boldsymbol{B}$ senkrecht zur Einfallsebene, also **parallel** zur Trennfläche schwingt, können die Grenzbedingung (2.22) und der aus ihr resultierende Zusammenhang (2.23) direkt übernommen werden, d.h. es ist

$$n_1(1 - R_p) = n_2 T_p \tag{2.28}$$

Der Index p kennzeichnet die Parallelität von $\boldsymbol{E}$ zur Einfallsebene. Für die Tangentialkomponenten von $\boldsymbol{E}$ gilt in völliger Analogie zu (2.20) die Bedingung

$$E'_{01} + E'_{02} = E'_{03}$$

oder

$$E_{01}\cos\alpha + E_{02}\cos\alpha = E_{03}\cos\beta$$

bzw. nach Division durch E_{01}

$$(R_p + 1)\cos\alpha = T_p\cos\beta \tag{2.29}$$

Die Grenzbedingung für die Normalkomponenten von $\boldsymbol{E}$ läßt sich aus der Quellenfreiheit für die elektrische Verschiebungsdichte $\boldsymbol{D}$ gewinnen, d.h. aus

$$\mathrm{div}\boldsymbol{D} = 0 \qquad \text{mit} \qquad \boldsymbol{D} = \varepsilon\boldsymbol{E} = \varepsilon_r\varepsilon_0\boldsymbol{E} = n^2\varepsilon_0\boldsymbol{E} \tag{2.30}$$

Die Quellen von $\boldsymbol{D}$ sind bekanntlich nur die **freien** Ladungen, also nicht auch die bei Einwirkung eines elektrischen Feldes auf einen Isolator durch Polarisation entstehenden (gebundenen Oberflächen-) Ladungen. Die Quellen von $\boldsymbol{E}$ dagegen sind **sämtliche** Ladungen. Die Integration von (2.30) über das Volumen V_0 eines die Trennfläche senkrecht durchsetzenden Zylinders mit der Oberfläche A_0 und dem Querschnitt A (siehe Bild 2.5!) ergibt zusammen mit dem Gaußschen Satz der Vektoranalysis

$$\int\limits_{V_0} \operatorname{div} \boldsymbol{D} \cdot \mathrm{d}V = \oint\limits_{A_0} \boldsymbol{D} \cdot \mathrm{d}A = A(D_1 - D_2) - AD_3$$

$$= A(n_1^2 \varepsilon_0 E_1'' - n_1^2 \varepsilon_0 E_2'' - n_2^2 \varepsilon_0 E_3'') = 0$$

oder

$$n_1^2(E_1'' - E_2'') = n_2^2 E_3''$$

oder

$$n_1^2 \sin\alpha \cdot (E_1 - E_2) = n_2^2 \sin\beta \cdot E_3$$

Der Übergang von den Momentanwerten zu den Amplituden ($E_1, E_2, E_3 \to E_{01}, E_{02}, E_{03}$) und die anschließende Division durch E_{01} führen auf

$$n_1^2 \sin\alpha(1 - R_p) = n_2^2 \sin\beta \cdot T_p \tag{2.31}$$

Aus den drei Grenzbedingungen (2.28), (2.29) und (2.31) lassen sich die folgenden wichtigen Aussagen herleiten:
Dividiert man (2.31) durch (2.28), dann erhält man

$$n_1 \sin\alpha = n_2 \sin\beta \qquad \text{oder} \qquad \frac{\sin\alpha}{\sin\beta} = \frac{n_2}{n_1} \tag{2.32}$$

also das bekannte **Snellius'sche Brechungsgesetz**.
Einsetzen von

$$T_p = (1 - R_p)\frac{n_1}{n_2} \tag{2.33}$$

gemäß (2.28) in (2.29) liefert

$$(R_p + 1) n_2 \cos\alpha = (1 - R_p) n_1 \cos\beta$$

oder

$$R_p(n_2 \cos\alpha + n_1 \cos\beta) = n_1 \cos\beta - n_2 \cos\alpha$$

Also ist

$$R_p = \frac{n_1 \cos\beta - n_2 \cos\alpha}{n_1 \cos\beta + n_2 \cos\alpha} \tag{2.34}$$

und gemäß (2.33)

$$T_p = \frac{2 n_1 \cos\alpha}{n_1 \cos\beta + n_2 \cos\alpha} \tag{2.35}$$

b.) $\boldsymbol{E}$ schwingt senkrecht zur Einfallsebene: Hier schwingt $\boldsymbol{B}$ **parallel** zur Einfallsebene. Unter Vertauschung der Rollen von $\boldsymbol{E}$ und $\boldsymbol{B}$ erhält man auf zum Fall a.) analogem Wege aus den entsprechenden Grenzbedingungen wiederum das Brechungsgesetz (2.32) und für den Reflexions- und Transmissions-Koeffizienten die Beziehungen

$$R_s = \frac{n_1 \cos\alpha - n_2 \cos\beta}{n_1 \cos\alpha + n_2 \cos\beta} \tag{2.36}$$

und

$$T_s = \frac{2n_1 \cos\alpha}{n_1 \cos\alpha + n_2 \cos\beta} \tag{2.37}$$

Der Index s kennzeichnet die Voraussetzung, dass $\boldsymbol{E}$ senkrecht zur Einfallsebene weist.
Die Aussagen (2.34) bis (2.37) heißen **Fresnelsche Formeln**. Für den senkrechten Einfall ($\alpha = \beta = 0°$) gehen sie erwartungsgemäß in die Formeln (2.24) und (2.25) über. Hier ist eine Unterscheidung zwischen den Fällen a.) und b.) gegenstandslos. Durch Elimination der Brechungsindizes mittels des Brechungsgesetzes (2.32) lassen sich die FRESNELschen Formeln auch durch die Winkel α und β allein ausdrücken. Einsetzen von $n_2 = n_1 \sin\alpha / \sin\beta$ gemäß (2.32) beispielsweise in (2.36) ergibt unter Anwendung der Additionstheoreme für Sinus-Funktionen

$$R_s = \frac{n_1 \cos\alpha - n_1 \dfrac{\sin\alpha}{\sin\beta} \cos\beta}{n_1 \cos\alpha + n_1 \dfrac{\sin\alpha}{\sin\beta} \cos\beta} = \frac{\sin\beta \cdot \cos\alpha - \cos\beta \cdot \sin\alpha}{\sin\beta \cdot \cos\alpha + \cos\beta \cdot \sin\alpha}$$

oder

$$R_s = \frac{\sin(\beta - \alpha)}{\sin(\beta + \alpha)}$$

In entsprechender Weise erhält man

$$T_s = \frac{2 \sin\beta \cdot \cos\alpha}{\sin(\beta + \alpha)}$$

$$R_p = -\frac{\tan(\beta - \alpha)}{\tan(\beta + \alpha)} \tag{2.38}$$

und

$$T_p = \frac{2 \sin\beta \cdot \cos\alpha}{\sin(\beta + \alpha) \cdot \cos(\beta - \alpha)}$$

In Bild 2.6 sind die sich aus den FRESNELschen Formeln ergebenden Reflexions- und Transmissions-Koeffizienten für den Fall $n_2/n_1 = 1.5$ als Funktionen des Einfallswinkels α aufgetragen. T_p und T_s sind durchgehend positiv. R_s ist durchgehend negativ. Mit wachsendem α fallen T_p und T_s auf

$T_p(90°) = T_s(90°) = 0$ ab, während R_s dem Betrage nach auf $R_s(90°) = 1$ ansteigt. Der Unterschied in den Verläufen von T_p und T_s ist relativ gering. Im gesamten Bereich ist $T_p > T_s$. Einen physikalisch interessanten Verlauf zeigt R_p. Unterhalb eines bestimmten Einfallswinkels α_p ist R_p negativ, oberhalb davon positiv. Für α_p ist $R_p = 0$. Hier wird also nichts reflektiert. Wie groß dieser besondere Einfallswinkel ist bzw. wovon er abhängt, läßt sich aus der zugehörigen Formel (2.38) ablesen. Danach ist $R_p = 0$ für $\beta + \alpha = 90°$. Dann nämlich ist $\tan(\beta + \alpha) = \infty$. Also gilt zunächst für den zu α_p gehörenden Brechungswinkel $\beta_p = 90° - \alpha_p$. Das Brechungsgesetz (2.32) liefert damit

$$\frac{\sin\alpha_p}{\sin\beta_p} = \frac{\sin\alpha_p}{\sin(90° - \alpha_p)} = \frac{\sin\alpha_p}{\cos\alpha_p} = \tan\alpha_p = \frac{n_2}{n_1} \tag{2.39}$$

oder

$$\boxed{\alpha_p = \arctan\frac{n_2}{n_1}} \quad .$$

Dieses Ergebnis heißt **Brewstersches Gesetz.** α_p nennt man den **Brewster-Winkel** oder den **Polarisationswinkel.** Für $n_2/n_1 = 1.5$ beispielsweise erhält man $\alpha_p = 56.3°$.

Der Name "Polarisationswinkel" soll folgenden Sachverhalt zum Ausdruck bringen: Eine elektromagnetische Welle, bei der $\boldsymbol{E}$ und damit auch $\boldsymbol{B}$ stets dieselbe Richtung im Raume beibehalten, nennt man **linear polarisiert.** Strahlt man nun unter dem BREWSTER-Winkel α_p eine unpolarisierte Welle ein, also eine solche, bei welcher sich die Richtung von $\boldsymbol{E}$ und damit auch von $\boldsymbol{B}$ laufend und in beliebiger Weise ändert, dann wird bei der Reflexion die parallel zur Einfallsebene schwingende Komponente von $\boldsymbol{E}$ unterdrückt. Die reflektierte Welle ist dann folglich in der Weise linear polarisiert, dass $\boldsymbol{E}$ senkrecht zur Einfallsebene schwingt und $\boldsymbol{B}$ somit parallel zu ihr.

Die Größe der anderen Koeffizienten R_s, T_p und T_s bei Einstrahlung unter dem Polarisationswinkel α_p läßt sich zum Beispiel auf folgendem Wege berechnen: Kürzt man (2.36) durch $\cos\alpha_p$ und berücksichtigt (2.39) und den Zusammenhang $\cos\beta_p = \cos(90° - \alpha_p) = \sin\alpha_p$, dann folgt

$$R_s(\alpha_p) = \frac{n_1 - n_2\dfrac{\sin\alpha_p}{\cos\alpha_p}}{n_1 + n_2\dfrac{\sin\alpha_p}{\cos\alpha_p}} = \frac{n_1 - \dfrac{n_2^2}{n_1}}{n_1 + \dfrac{n_2^2}{n_1}} \qquad \text{oder} \qquad R_s(\alpha_p) = \frac{n_1^2 - n_2^2}{n_1^2 + n_2^2}$$

In entsprechender Weise erhält man aus (2.35)

$$T_p(\alpha_p) = \frac{2n_1}{n_1\dfrac{\sin\alpha_p}{\cos\alpha_p} + n_2} = \frac{2n_1}{n_2 + n_2} \qquad \text{oder} \qquad T_p(\alpha_p) = \frac{n_1}{n_2}$$

und aus (2.37)

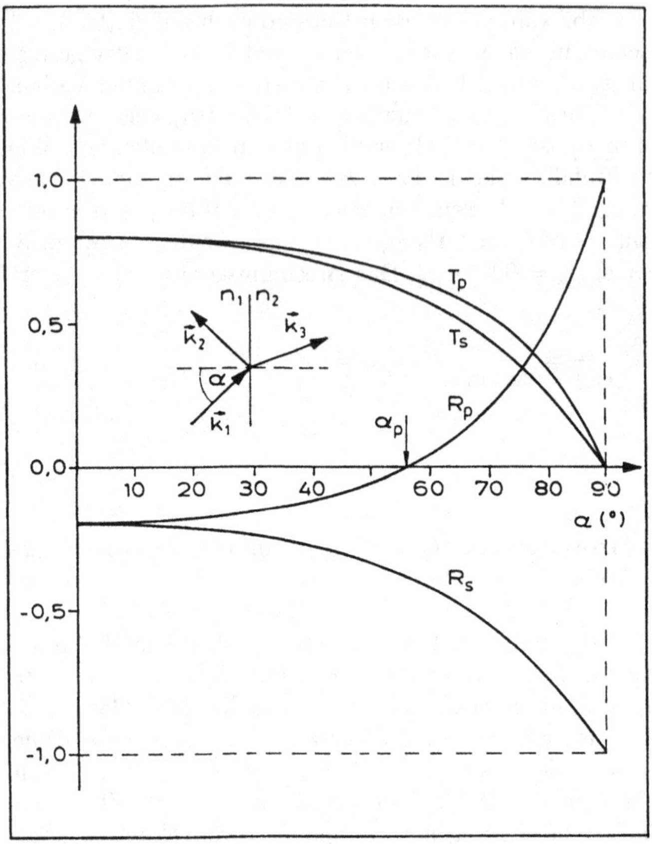

Abb. 2.6. Reflexion und Transmission einer elektromagnetischen Welle bei schrägem Einfall für $n_2/n_1 = 1.5$.

$$T_s(\alpha_p) = \frac{2n_1}{n_1 + n_2 \dfrac{\sin\alpha_p}{\cos\alpha_p}} = \frac{2n_1}{n_1 + \dfrac{n_2^2}{n_1}} \qquad \text{oder} \qquad T_s(\alpha_p) = \frac{2n_1^2}{n_1^2 + n_2^2}$$

Die in Bild 2.6 dargestellten Zusammenhänge beziehen sich auf den Fall $n_2 \geq n_1$. Hier trifft die Welle also auf einen **positiven** Sprung im Brechungsindex. Der Vollständigkeit halber sollen nun noch einfach anhand eines Vergleichs des Bildes 2.6 mit dem folgenden Bild 2.7 einige Besonderheiten kurz angesprochen werden, die sich für den Fall $n_2 \leq n_1$, d.h. bei einem **negativen** Sprung im Brechungsindex ergeben. Für die Bild 2.7 wurde $n_1/n_2 = 1.5$ angenommen. R_s und R_p sind hier bis zum BREWSTER-Winkel α_p hin positiv und erreichen danach rasch die Werte +1 bzw. –1 bei einem Winkel α_g noch vor dem maximalen Einfallswinkel $\alpha = 90°$.

Größer als Eins können die Beträge der Reflexions-Koeffizienten nicht werden, was bedeutet, dass oberhalb von α_g die einfallende Welle vollständig

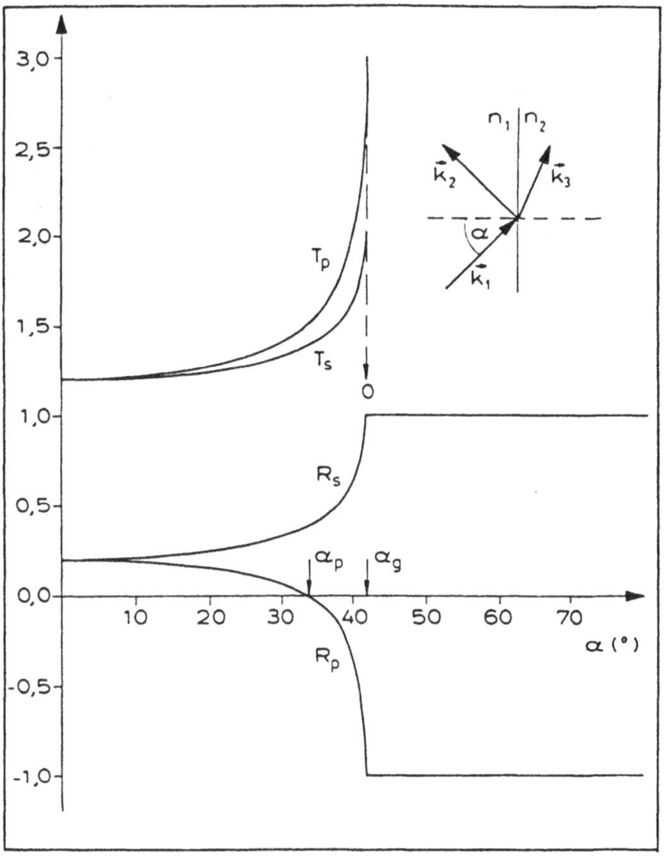

Abb. 2.7. Reflexion und Transmission einer elektromagnetischen Welle bei schrägem Einfall für $n_1/n_2 = 1.5$.

oder total reflektiert wird. Auskunft über die Größe von α_g erhält man aus der entsprechenden FRESNELschen Formel und dem Brechungsgesetz. Die Forderung $R_s = 1$ beispielsweise ergibt gemäß (2.36) für α_g und den zugehörigen Brechungswinkel β_g die Beziehung

$$n_1 \cos \alpha_g - n_2 \cos \beta_g = n_1 \cos \alpha_g + n_2 \cos \beta_g$$

oder

$$2n_2 \cos \beta_g = 0 \qquad \text{bzw.} \qquad \cos \beta_g = 0 \qquad \text{bzw.} \qquad \beta_g = 90°$$

Die gebrochene Welle läuft dann also parallel zur Trennfläche. Größer kann β_g nicht werden. Aus (2.32) folgt hiermit

$$\frac{\sin \alpha_g}{\sin \beta_g} = \sin \alpha_g = \frac{n_2}{n_1} \qquad \text{oder} \qquad \alpha_g = \arcsin \frac{n_2}{n_1}$$

α_g heißt **Grenzwinkel der Totalreflexion**. Für das gewählte Beispiel ($n_1/n_2 = 1.5$) ist $\alpha_g = 41.8°$ und $\alpha_p = 33.7°$. Die Transmissions-Koeffizienten T_p und T_s sind durchgehend positiv, größer als Eins und ansteigend, hier von 1.2 bei 0° auf 3.0 bzw. 2.0 bei α_g, von wo aus sie dann abrupt auf Null abfallen. Die relativ hohen Transmissionswerte stellen keineswegs die Energie-Erhaltung in Frage. Der Energiestrom, den eine Welle transportiert, ist nicht nur von der Amplitude abhängig, sondern auch vom Brechungsindex und von Flächenverhältnissen, wie anschließend noch gezeigt werden wird. Während bisher die Feldstärken bzw. deren Amplituden betrachtet wurden, sollen nun Fragen der Reflexion und Transmission bezüglich der Energieströme und Intensitäten diskutiert werden. Das Bild 2.8 dient zur Verdeutlichung der folgenden Argumentation.

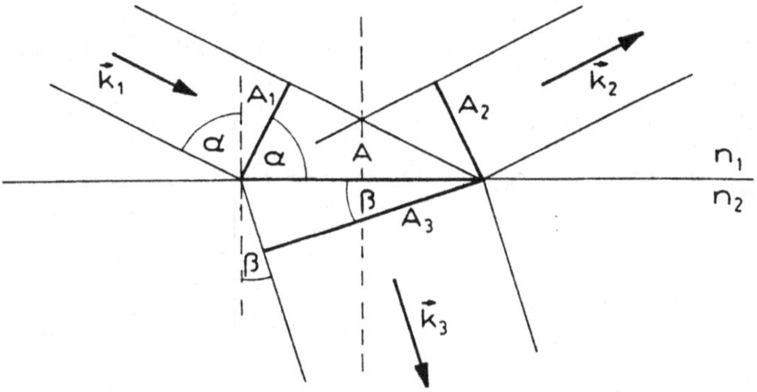

Abb. 2.8. Zur Intensitäts-Aufteilung bei schrägem Einfall.

Es werde angenommen, dass die unter dem Winkel α einfallende ebene Welle einen (endlichen) Querschnitt A_1 hat. Auf der Trennebene zwischen den beiden Medien wird dann eine Fläche der Größe $A = A_1/\cos\alpha$ "ausgeleuchtet". Der Querschnitt des reflektierten Wellenanteils stimmt mit dem der einfallenden Welle überein, d.h. es ist $A_2 = A_1$. Der die Trennfläche durchquerende Wellenanteil dagegen, nimmt man den senkrechten Einfall aus, hat dagegen infolge der Richtungsänderung durch Brechung einen von A_1 verschiedenen Querschnitt $A_3 = A\cos\beta$. Für die Querschnittsverhältnisse erhält man somit

$$\frac{A_2}{A_1} = 1 \qquad \text{und} \qquad \frac{A_3}{A_1} = \frac{\cos\beta}{\cos\alpha} \tag{2.40}$$

Gemäß (2.19) ist die Intensität einer ebenen Welle unabhängig vom Ort innerhalb des Wellenfeldes. Der Energiestrom durch eine Fläche ist dann, wie bereits vorangehend im Zusammenhang mit (2.15) erläutert wurde, proportional zur Fläche, nämlich $\mathrm{d}W/\mathrm{d}t = IA$.

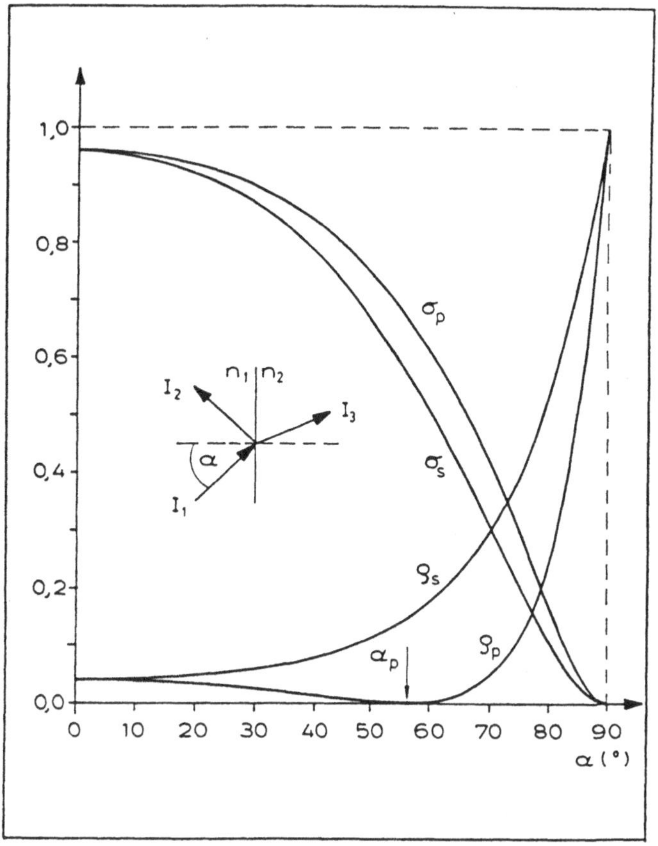

Abb. 2.9. Reflexions- und Transmissions-Vermögen einer elektromagnetischen Welle bei schrägem Einfall für $n_2/n_1 = 1.5$.

Für die Energieströme der drei Wellenanteile verlangt die Energie-Erhaltung

$$\frac{\mathrm{d}W_1}{\mathrm{d}t} = \frac{\mathrm{d}W_2}{\mathrm{d}t} + \frac{\mathrm{d}W_3}{\mathrm{d}t}$$

also

$$I_1 A_1 = I_2 A_2 + I_3 A_3 \tag{2.41}$$

Mit (2.40) folgt daraus

$$I_1 = I_2 + \frac{\cos\beta}{\cos\alpha} I_3$$

Mit Ausnahme des senkrechten Einfalls ($\alpha = \beta = 0°$) gilt somit Intensitätserhaltung **nicht**, d.h. es ist $I_1 \neq I_2 + I_3$. Die Division durch I_1 ergibt als Zusammenhang zwischen dem Reflexions- und dem Transmissions-Vermögen

$$1 = \frac{I_2}{I_1} + \frac{\cos\beta}{\cos\alpha}\frac{I_3}{I_1} = \varrho + \frac{\cos\beta}{\cos\alpha}\sigma$$

oder

$$1 - \varrho = \frac{\cos\beta}{\cos\alpha}\sigma \tag{2.42}$$

Aus (2.19) erhält man, was bereits bei der Diskussion des senkrechten Einfalls angegeben wurde,

$$\frac{I_2}{I_1} = \left[\frac{E_{02}}{E_{01}}\right]^2 \qquad \text{oder} \qquad \varrho = R^2 \tag{2.43}$$

und

$$\frac{I_3}{I_1} = \frac{n_2}{n_1}\left[\frac{E_{03}}{E_{01}}\right]^2 \qquad \text{oder} \qquad \sigma = \frac{n_2}{n_1}T^2 \tag{2.44}$$

Zusammen mit (2.42) führt das auf die Verknüpfung

$$1 - R^2 = \frac{n_2}{n_1}\frac{\cos\beta}{\cos\alpha}T^2$$

zwischen dem Reflexions- und dem Transmissions-Koeffizienten. Die sich aus den FRESNELschen Formeln gemäß (2.43) und (2.44) ergebenden Reflexions- und Transmissions-Vermögen $\varrho_p, \varrho_s, \sigma_p$ und σ_s für $n_2/n_1 = 1.5$ sind in Bild 2.9 dargestellt.

Beim BREWSTER-Winkel α_p erhält man mit den bereits angegebenen Koeffizienten für diesen Einfallswinkel die Beziehungen

$$\varrho_p(\alpha_p) = 0,$$

$$\varrho_s(\alpha_p) = R_s(\alpha_p)^2 = \left[\frac{n_1^2 - n_2^2}{n_1^2 + n_2^2}\right]^2,$$

$$\sigma_p(\alpha_p) = \frac{n_2}{n_1}T_p(\alpha_p)^2 = \frac{n_2}{n_1}\left[\frac{n_1}{n_2}\right]^2 = \frac{n_1}{n_2} \qquad \text{und}$$

$$\sigma_s(\alpha_p) = \frac{n_2}{n_1}T_s(\alpha_p)^2 = \frac{n_2}{n_1}\left[\frac{2n_1^2}{n_1^2 + n_2^2}\right]^2$$

Für die Reflexions- und Transmissions-Vermögen **bezüglich der Energieströme**, definiert durch

$$r = \frac{\mathrm{d}W_2/\mathrm{d}t}{\mathrm{d}W_1/\mathrm{d}t} \qquad \text{und} \qquad s = \frac{\mathrm{d}W_3/\mathrm{d}t}{\mathrm{d}W_1/\mathrm{d}t}$$

gilt mit (2.41) und (2.40)

$$r = \frac{I_2}{I_1}\frac{A_2}{A_1} = \frac{I_2}{I_1} = \varrho \qquad \text{und} \qquad s = \frac{I_3}{I_1}\frac{A_3}{A_1} = \frac{\cos\beta}{\cos\alpha}\cdot\sigma$$

Erwartungsgemäß und durch (2.42) bestätigt und aus Bild 2.10 ersichtlich, ist $r + s = 1$ bzw. $r_p + s_p = 1$ und $r_s + s_s = 1$.

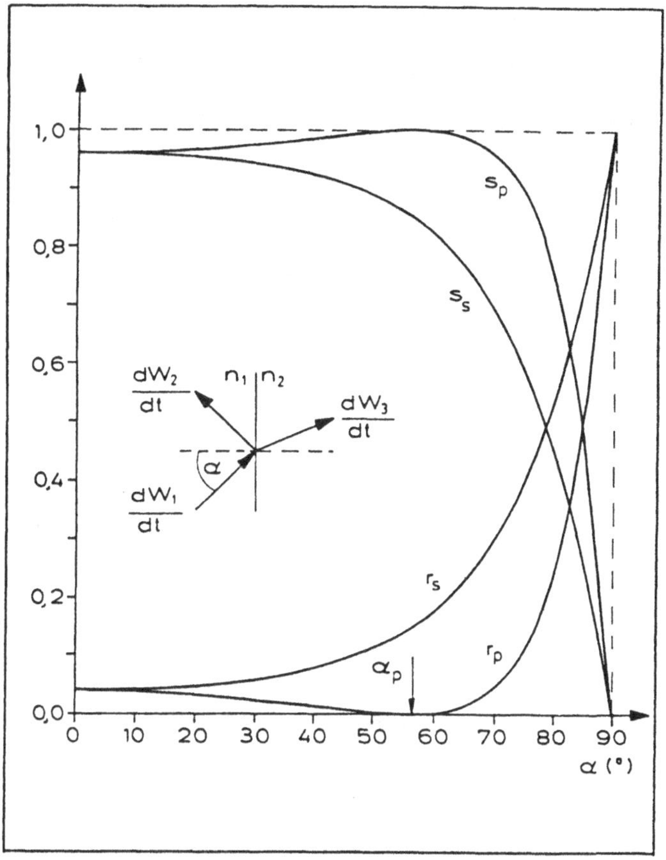

Abb. 2.10. Reflexions- und Transmissions-Vermögen einer elektromagnetischen Welle bezüglich der Energieströme bei schrägem Einfall für $n_2/n_1 = 1.5$.

2.4 Elektromagnetische Wellen in homogenen, isotropen, neutralen und leitenden Substanzen

In elektrisch leitenden Stoffen gibt es freie oder nur schwach gebundene Ladungen, die sich unter der Wirkung eines elektrischen Feldes bewegen können, so dass ein elektrischer Strom fließt. Von den vier MAXWELLschen Gleichungen muss somit (2.4) um den Beitrag der Stromdichte $\boldsymbol{j}$ zum magnetischen Wirbelfeld erweitert werden, d.h. es ist nun

$$\mathrm{rot}\boldsymbol{B} = \varepsilon\mu\frac{\partial \boldsymbol{E}}{\partial t} + \mu\boldsymbol{j}$$

Bezeichnet κ die als von $\boldsymbol{E}$ unabhängig vorausgesetzte **spezifische Leitfähigkeit** der Substanz, dann ergibt sich wegen $\boldsymbol{j} = \kappa\boldsymbol{E}$ der Zusammenhang

$$\mathrm{rot}\boldsymbol{B} = \varepsilon\mu\frac{\partial \boldsymbol{E}}{\partial t} + \mu\kappa\boldsymbol{E} \tag{2.45}$$

Die MAXWELL-Gleichungen (2.2) und (2.3) können unverändert übernommen werden. Sie gelten auch hier. Ist das Medium – wie vorausgesetzt – neutral, d.h. ist überall innerhalb des Mediums die Raumladungsdichte ϱ_+ der positiven Ladungen gleich der (negativen) Raumladungsdichte ϱ_- der negativen Ladungen, dann ist überall $\varrho = \varrho_+ + \varrho_- = 0$ und damit das $\boldsymbol{E}$-Feld quellenfrei. Also gilt auch (2.1). Allerdings stellt sich die Frage, ob das unter der Einwirkung einer elektromagnetischen Störung, wie zum Beispiel einer elektromagnetischen Welle, auch so bleibt oder ob dadurch nicht etwa das Raumladungsgleichgewicht gestört und somit $\varrho/\varepsilon = \text{div}\ \boldsymbol{E} \neq 0$ wird. Eine Antwort darauf läßt sich auf folgendem Wege geben: Wendet man auf (2.45) den Divergenz-Operator an, dann erhält man wegen div(rot $\boldsymbol{B}$) = 0 zunächst

$$\text{div}\frac{\partial \boldsymbol{E}}{\partial t} = \frac{\partial}{\partial t}(\text{div}\ \boldsymbol{E}) = -\frac{\kappa}{\varepsilon}\text{div}\ \boldsymbol{E}$$

und mit div $\boldsymbol{E} = \varrho/\varepsilon$ schließlich

$$\frac{\partial \varrho}{\partial t} = -\frac{\kappa}{\varepsilon}\varrho \tag{2.46}$$

Die Lösung dieser Differentialgleichung lautet bekanntlich

$$\varrho(t) = \varrho_0 e^{-\frac{t}{\tau}} \qquad \text{mit} \qquad \tau = \frac{\varepsilon}{\kappa}$$

wobei ϱ_0 die Raumladungsdichte zum Zeitpunkt $t = 0$ ist und τ die Relaxationszeit heißt. τ ist nur von der Art des Materials, nicht aber von $\boldsymbol{E}$ oder $\boldsymbol{B}$ abhängig. Die gefundene Beziehung sagt aus, dass in einem Leitermaterial jede lokale Anhäufung von Ladungen eines Vorzeichens im Laufe der Zeit "zerfließt" und dass die Ladungen einer gleichmäßigen Verteilung über das gesamte zugängliche Volumen zustreben. Dieser Ausgleichsvorgang läuft umso schneller ab, je kleiner τ, also je größer κ ist, was als selbstverständlich erscheint. Ist insbesondere zu Anfang die Substanz überall neutral ($\varrho_0 = 0$), was vorausgesetzt wurde, dann bleibt sie das auch weiterhin, auch unter elektromagnetischen Einflüssen. Fazit: Die MAXWELL-Gleichung (2.1) kann ebenfalls übernommen werden.
(Übrigens: Mit $\kappa \cdot \varrho/\varepsilon = \text{div}(\kappa \boldsymbol{E}) = \text{div}\ \boldsymbol{j}$ lautet (2.46) div $\boldsymbol{j} = -\partial\varrho/\partial t$. Das ist aber nichts anderes als die bekannte Kontinuitätsgleichung für die elektrische Ladung).

Geht man nun weiter so vor, wie im Abschnitt 2.1 bei der Ableitung der Wellengleichung (2.5), dann kommt man zu folgenden Zusammenhängen: Die Anwendung des Rotations-Operators auf (2.45) ergibt zunächst

$$\text{rot}(\text{rot}\boldsymbol{B}) = \text{grad}(\text{div}\boldsymbol{B}) - \Delta\boldsymbol{B} = \varepsilon\mu\frac{\partial}{\partial t}(\text{rot}\ \boldsymbol{E}) + \mu\kappa\ \text{rot}\ \boldsymbol{E}$$

und mit (2.2) und (2.3)

$$\Delta\boldsymbol{B} = \varepsilon\mu\frac{\partial^2 \boldsymbol{B}}{\partial t^2} + \mu\kappa\frac{\partial \boldsymbol{B}}{\partial t} \tag{2.47}$$

Geht man von (2.3) aus, dann erhält man mit (2.1) und (2.45) auf gleichem Wege

$$\Delta \boldsymbol{E} = \varepsilon\mu \frac{\partial^2 \boldsymbol{E}}{\partial t^2} + \mu\kappa \frac{\partial \boldsymbol{E}}{\partial t} \tag{2.48}$$

Die Lösungen dieser sozusagen "erweiterten Wellengleichungen" werden sicher nicht solche Wellen darstellen, wie sie vorangehend behandelt worden sind, da sie im Vergleich zur "echten" Wellengleichung (2.5) zusätzlich die **ersten** zeitlichen Ableitungen von $\boldsymbol{E}$ bzw. $\boldsymbol{B}$ enthalten.
Dem weiteren Vorgehen zur Auffindung der Lösungen von (2.47) und (2.48) soll folgende Situation zugrundegelegt werden: Eine ebene elektromagnetische Welle, wie sie durch (2.7) und (2.9) beschrieben wird, läuft in einem **nichtleitenden** Medium in positiver x-Richtung senkrecht auf die ebene Oberfläche einer **leitenden** Substanz zu. Die an der Trennfläche auftretende Reflexion soll zunächst außeracht gelassen werden. Betrachtet wird nur der durchlaufende Anteil. Zudem soll die einlaufende Welle in der Weise linear polarisiert sein, dass $\boldsymbol{E}$ in y-Richtung schwingt. Folglich muss dann $\boldsymbol{B}$ in z-Richtung schwingen.

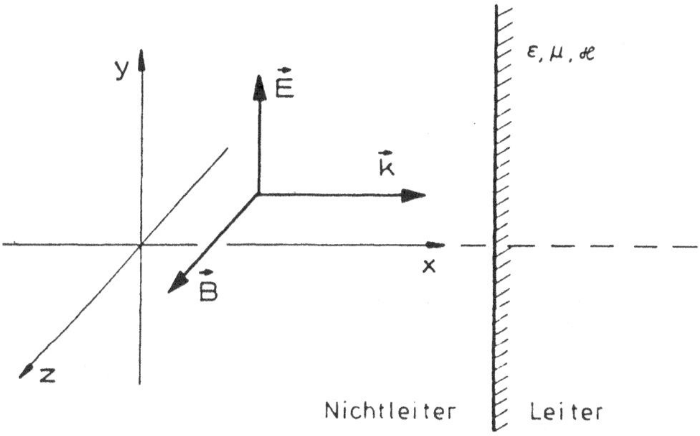

Abb. 2.11. Zur Wechselwirkung elektromagnetischer Wellen mit Leiteroberflächen.

Mit dieser Verabredung ist dann, wenn $\boldsymbol{u}_x, \boldsymbol{u}_y$ und $\boldsymbol{u}_z$ die Einheitsvektoren für die entsprechenden Koordinaten-Richtungen sind,

$$\boldsymbol{k} = k\boldsymbol{u}_x, \quad \boldsymbol{k} \cdot \boldsymbol{r} = kx, \quad \boldsymbol{E} = E\boldsymbol{u}_y \quad \text{und} \quad \boldsymbol{B} = B\boldsymbol{u}_z \tag{2.49}$$

(2.7) und (2.9) lauten somit

$$E(x,t) = E_0 \sin(\omega t - kx) \ \text{ und } \ B(x,t) = B_0 \sin(\omega t - kx)$$

Die in die Leitersubstanz eindringende Welle wird dort zu elektrischen Strömen führen, die über die entstehende "JOULEsche Wärme" der Welle laufend Energie entziehen werden, so dass deren Amplitude mit der Eindringtiefe abnehmen muss. Es ist daher naheliegend, als Lösungsansätze für (2.47) und (2.48) unter Beibehaltung der durch (2.49) ausgedrückten Verabredung die Funktionen

$$E(x,t) = C_1 e^{-ax} \sin(\omega t - bx)$$
$$B(x,t) = C_2 e^{-ax} \sin(\omega t - bx) \tag{2.50}$$

zu versuchen. Sie stellen eine in x-Richtung laufende und exponentiell gedämpfte ebene Welle mit dem Dämpfungsfaktor a und der Wellenzahl b dar. Für die Rotationen von $\boldsymbol{E}$ und $\boldsymbol{B}$ erhält man, am bequemsten über die Determinanten-Darstellung,

$$\text{rot}\,\boldsymbol{E} = \begin{vmatrix} \boldsymbol{u}_x & \boldsymbol{u}_y & \boldsymbol{u}_z \\ \dfrac{\partial}{\partial x} & \dfrac{\partial}{\partial y} & \dfrac{\partial}{\partial z} \\ 0 & E & 0 \end{vmatrix} = -\frac{\partial E}{\partial z}\boldsymbol{u}_x + \frac{\partial E}{\partial x}\boldsymbol{u}_z$$

und

$$\text{rot}\,\boldsymbol{B} = \begin{vmatrix} \boldsymbol{u}_x & \boldsymbol{u}_y & \boldsymbol{u}_z \\ \dfrac{\partial}{\partial x} & \dfrac{\partial}{\partial y} & \dfrac{\partial}{\partial z} \\ 0 & 0 & B \end{vmatrix} = \frac{\partial B}{\partial y}\boldsymbol{u}_x - \frac{\partial B}{\partial x}\boldsymbol{u}_y$$

Hiermit lauten die MAXWELL-Gleichungen (2.3) und (2.45)

$$-\frac{\partial E}{\partial z}\boldsymbol{u}_x + \frac{\partial E}{\partial x}\boldsymbol{u}_z = -\frac{\partial B}{\partial t}\boldsymbol{u}_z$$

und

$$\frac{\partial B}{\partial y}\boldsymbol{u}_x - \frac{\partial B}{\partial x}\boldsymbol{u}_y = \left(\varepsilon\mu\frac{\partial E}{\partial t} + \mu\kappa E\right)\boldsymbol{u}_y$$

Der Komponenten-Vergleich für diese beiden Vektor-Gleichungen führt auf die vier Bedingungen

$$\frac{\partial E}{\partial z} = 0, \qquad \frac{\partial B}{\partial y} = 0,$$
$$\frac{\partial E}{\partial x} = -\frac{\partial B}{\partial t}, \qquad \frac{\partial B}{\partial x} = -\varepsilon\mu\frac{\partial E}{\partial t} - \mu\kappa E \tag{2.51}$$

Die ersten beiden besagen lediglich, dass E in z-Richtung und B in y-Richtung konstant bleiben im Einklang mit der Voraussetzung einer polarisierten ebenen Welle. Aus den beiden Bedingungen (2.51) dagegen lassen sich die Größen a und b und das Verhältnis C_2/C_1 des Ansatzes (2.50) bestimmen. Die dafür erforderliche "Rechnerei" wird wesentlich vereinfacht, wenn man zur **komplexen Schreibweise** der Sinusfunktion übergeht. Bekanntlich kann man ja nach Maßgabe der EULERschen Formel

$$e^{i\alpha} = \cos\alpha + i\sin\alpha$$

die Sinus- bzw. Kosinus-Funktion durch den Imaginär- bzw. Real-Teil der obigen e-Funktion ersetzen, d.h. es ist

$$\sin\alpha = \Im(e^{i\alpha}) \qquad \text{und} \qquad \cos\alpha = \Re(e^{i\alpha})$$

Aufgrund dieses Zusammenhangs kann man dann statt mit Winkel-Funktionen mit e-Funktionen rechnen, was oft leichter geht, und muss dann zum Schluss zum Imaginär- oder Real-Teil des "mathematischen" Endergebnisses zurückkehren, um zum gesuchten "physikalischen" Resultat zu gelangen. In diesem Sinne lauten die beiden Ansätze (2.50)

$$\begin{aligned} E(x,t) &= C_1 e^{-ax} e^{i(\omega t - bx)} \\ &= C_1 e^{i(\omega t - bx + iax)} \\ B(x,t) &= C_2 e^{-ax} e^{i(\omega t - bx)} \\ &= C_2 e^{i(\omega t - bx + iax)} \end{aligned} \tag{2.52}$$

Hiermit ergeben die beiden Beziehungen (2.51)

$$\frac{\partial E}{\partial x} = (-a - ib)E = -\frac{\partial B}{\partial t} = -i\omega B$$

oder wegen $B/E = C_2/C_1$

$$a + ib = i\omega\frac{C_2}{C_1} \tag{2.53}$$

und

$$\begin{aligned} \frac{\partial B}{\partial x} &= (-a - ib)B = -\varepsilon\mu\frac{\partial E}{\partial t} - \mu\kappa E \\ &= -i\omega\varepsilon\mu E - \mu\kappa E \end{aligned}$$

oder

$$(a + ib)\frac{C_2}{C_1} = \mu\kappa + i\omega\varepsilon\mu \tag{2.54}$$

Aus (2.53) folgt

$$\frac{C_2}{C_1} = \frac{1}{\omega}(b - ia) = \left|\frac{C_2}{C_1}\right| e^{i\varphi} = \frac{1}{\omega}\sqrt{a^2 + b^2}e^{i\varphi} \tag{2.55}$$

mit

$$\tan\varphi = \frac{\Im(C_2/C_1)}{\Re(C_2/C_1)} = -\frac{a}{b} \tag{2.56}$$

Einsetzen von (2.55) in (2.54) führt auf

$$(a + ib)(b - ia) = 2ab + i(b^2 - a^2) = \omega\mu\kappa + i\omega^2\varepsilon\mu$$

Gleichheit zweier komplexer Größen bedeutet Gleichheit beider Real-Teile und beider Imaginär-Teile. Also erhält man die beiden Zusammenhänge

$$2ab = \omega\mu\kappa \qquad \text{und} \qquad b^2 - a^2 = \omega^2\varepsilon\mu \tag{2.57}$$

Mit

$$b^2 = \frac{\omega^2\mu^2\kappa^2}{4a^2} \qquad \text{ist dann} \qquad \frac{\omega^2\mu^2\kappa^2}{4a^2} - a^2 = \omega^2\varepsilon\mu$$

oder

$$a^4 + \omega^2\varepsilon\mu a^2 - \frac{\omega^2\mu^2\kappa^2}{4} = 0$$

Die Auflösung dieser in a^2 quadratischen Gleichung nach a^2 ergibt

$$a^2 = \frac{\omega^2\mu}{2}\left[\sqrt{\varepsilon^2 + \frac{\kappa^2}{\omega^2}} - \varepsilon\right] \tag{2.58}$$

Einsetzen in (2.57) liefert

$$b^2 = \frac{\omega^2\mu}{2}\left[\sqrt{\varepsilon^2 + \frac{\kappa^2}{\omega^2}} + \varepsilon\right] \tag{2.59}$$

b ist die Wellenzahl der Welle. Also ist $v = \omega/b$ deren Phasengeschwindigkeit. Der Brechungsindex eines Mediums ist bekanntlich über die Vakuum-Lichtgeschwindigkeit c definiert durch $n = c/v$. Somit ist

$$n = \frac{c}{v} = \frac{cb}{\omega} \qquad \text{oder} \qquad b^2 = \frac{n^2\omega^2}{c^2}$$

Der Brechungsindex einer leitenden Substanz beträgt damit, setzt man dieses Ergebnis in (2.59) ein,

$$n = c\left[\frac{\mu}{2}\left(\sqrt{\varepsilon^2 + \frac{\kappa^2}{\omega^2}} + \varepsilon\right)\right]^{1/2} \tag{2.60}$$

Bezeichnet k_0 die "Vakuum-Wellenzahl", dann ist wegen $c = \omega/k_0$

$$b^2 = \frac{n^2c^2 \cdot k_0^2}{c^2} \qquad \text{oder} \qquad b = nk_0 \tag{2.61}$$

Den Quotienten $\beta = a/k_0 = ac/\omega$ nennt man den **Extinktions-Koeffizienten**, d.h. es ist

$$a^2 = \frac{\beta^2\omega^2}{c^2} \qquad \text{und} \qquad a = \beta k_0 \tag{2.62}$$

Also folgt aus (2.58)

$$\beta = c\left[\frac{\mu}{2}\left(\sqrt{\varepsilon^2 + \frac{\kappa^2}{\omega^2}} - \varepsilon\right)\right]^{1/2} \tag{2.63}$$

Schließlich erhält man aus (2.55) mit (2.61) und (2.62) und $k_0/\omega = 1/c$

$$C_2 = \frac{C_1}{c}\sqrt{\beta^2 + n^2}e^{i\varphi} \qquad \text{mit} \qquad \tan\varphi = -\frac{\beta}{n}$$

Hiermit und nach Einsetzen von (2.61) und (2.62) lauten dann die beiden Funktionen (2.52):

$$E(x,t) = C_1 e^{-\beta k_0 x} e^{i(\omega t - n k_0 x)}$$

$$B(x,t) = C_1 \frac{\sqrt{\beta^2 + n^2}}{c} e^{-\beta k_0 x} e^{i(\omega t - n k_0 x + \varphi)} \tag{2.64}$$

oder nach Rückkehr zum Imaginärteil, d.h. zur "physikalischen" Darstellung, und mit der Umbenennung $C_1 = C$

$$E(x,t) = C e^{-\beta k_0 x} \sin(\omega t - n k_0 x)$$

$$B(x,t) = C \frac{\sqrt{\beta^2 + n^2}}{c} e^{-\beta k_0 x} \sin(\omega t - n k_0 x + \varphi) \tag{2.65}$$

wobei β und n durch (2.63) und (2.60) gegeben sind.
Für in x-Richtung laufende ebene und gemäß der Absprache (2.49) linear polarisierte Wellen gehen die beiden "Wellengleichungen" (2.47) und (2.48) über in

$$\frac{\partial^2 B}{\partial x^2} = \varepsilon\mu \frac{\partial^2 B}{\partial t^2} + \mu\kappa \frac{\partial B}{\partial t}$$

und in dieselbe Beziehung für $E(x,t)$. Dass die Funktionen (2.65) Lösungen dieser Gleichungen sind, muss nicht extra bewiesen werden. Sie genügen den MAXWELLschen Gleichungen, aus denen ja gerade diese Wellengleichungen hervorgegangen sind. Sicherheitshalber oder zur Probe sollte man aber überprüfen, ob die Lösungen in die Darstellung ebener Wellen in Isolatoren übergehen, wenn man $\kappa = 0$ setzt: Zunächst folgt mit $\kappa = 0$ aus (2.63) auch $\beta = 0$. Damit ist

$$e^{-\beta k_0 x} = 1, \qquad \tan\varphi = -\frac{\beta}{n} = 0, \qquad \text{also} \qquad \varphi = 0,$$

$$\frac{1}{c}\sqrt{\beta^2 + n^2} = \frac{n}{c} = \frac{1}{v} \qquad \text{und} \qquad n k_0 = n\frac{\omega}{c} = \frac{\omega}{v} = k$$

Mit $C = E_0$ bleibt also - wie erwartet - übrig:

$$E = E_0 \sin(\omega t - kx) \qquad \text{und} \qquad B = \frac{E_0}{v} \sin(\omega t - kx)$$

Nachdrücklich hingewiesen sei auf die Tatsache, dass in leitenden Substanzen E und B gegeneinander um φ **phasenverschoben** sind. Im Gegensatz zu Isolatoren schwingen sie also nicht mehr synchron oder "in Phase" zueinander. Die Proportionalität $E = vB$ gemäß (2.11) zwischen den Momentanwerten von E und B gilt hier also nicht mehr.
Als Betrag des für den Energietransport verantworlichen POYNTING-Vektors (2.17) ergibt sich mit der zur Vereinfachung der Schreibweise eingeführten Abkürzung $\gamma = \omega t - n k_0 x$ aus (2.65)

$$S = \frac{1}{\mu} EB = \frac{C^2}{\mu c} \sqrt{\beta^2 + n^2} e^{-2\beta k_0 x} \sin\gamma \sin(\gamma + \varphi)$$

Mit

$$\begin{aligned}\sin\gamma \cdot \sin(\gamma+\varphi) &= \sin\gamma(\sin\gamma \cdot \cos\varphi + \cos\gamma \cdot \sin\varphi) \\ &= \cos\varphi \cdot \sin^2\gamma + \sin\varphi \cdot \sin\gamma \cdot \cos\gamma \\ &= \cos\varphi \cdot \sin^2\gamma + \frac{1}{2}\sin\varphi \cdot \sin(2\gamma)\end{aligned}$$

und nach zeitlicher Mittelung erhält man dann wegen

$$\overline{\sin^2\gamma}^t = \frac{1}{2} \qquad \text{und} \qquad \overline{\sin(2\gamma)}^t = 0$$

für die Intensität als zeitlichem Mittelwert von S

$$I(x) = \frac{C^2}{2\mu c}\sqrt{\beta^2+n^2}\cos\varphi \cdot e^{-x/d}$$

wobei

$$d = \frac{1}{2\beta k_0} \tag{2.66}$$

die **Eindringtiefe** genannt wird. Sie gibt diejenige Strecke an, nach welcher die Intensität jeweils um den Faktor e abnimmt.
Es muss nun noch die Reflexion der Welle behandelt werden. Die Argumentation verläuft völlig analog zu der im Abschnitt 2.3 für den senkrechten Einfall. In exakt derselben Weise wie dort erhält man als Grenzbedingungen für die elektrischen und magnetischen Feldstärken der einfallenden Welle und des reflektierten bzw. durchlaufenden Anteils in der Trennfläche die Beziehungen

$$E_1 + E_2 = E_3 \qquad \text{und} \qquad B_1 + B_2 = B_3, \tag{2.67}$$

die für jeden Zeitpunkt erfüllt sein müssen. Die **Tangentialkomponenten** von E und B durchqueren **jede** Trennfläche **stetig**.
Wiederum soll zur Vereinfachung des Rechenganges die komplexe Schreibweise verwendet werden. Wie bisher bezeichnen n_1 und n_2 die Brechungsindizes des Isolators, aus dem die Welle kommt, und der leitenden Substanz. Mit $k = n_1 k_0$ werden dann die einfallende Welle bzw. ihr reflektierter Anteil dargestellt durch die Funktionen

$$E_1(x,t) = E_{01}e^{i(\omega t - n_1 k_0 x)}$$

und

$$\begin{aligned} B_1(x,t) &= B_{01}e^{i(\omega t - n_1 k_0 x)}, \\ E_2(x,t) &= E_{02}e^{i(\omega t + n_1 k_0 x)} \end{aligned} \tag{2.68}$$

und

$$B_2(x,t) = B_{02}e^{i(\omega t + n_1 k_0 x)}$$

Schreibt man den durchlaufenden Anteil (2.64) auch in der Form

$$\begin{aligned} E_3(x,t) &= E_{03}e^{i(\omega t - n_2 k_0 x)}, \\ B_3(x,t) &= B_{03}e^{i(\omega t - n_2 k_0 x)} \end{aligned} \tag{2.69}$$

mit

$$n_2 = n - i\beta$$

und

$$E_{03} = C_1 \qquad \text{bzw.}$$

$$B_{03} = C_1 \frac{\sqrt{n^2+\beta^2}}{c} e^{i\varphi} = E_{03} \frac{\sqrt{n^2+\beta^2}}{c} e^{i\varphi} \tag{2.70}$$

dann sehen die Funktionen (2.69) **rein formal** so aus, als beschrieben sie eine "ungedämpfte" ebene Welle mit einer komplexen Amplitude B_{03} in einem Medium mit einem komplexen Brechungsindex n_2.
Legt man die Trennfläche an den Ort $x = 0$, dann erhält man für die Grenzbedingungen (2.67) mit (2.68) und (2.69) und $x = 0$

$$E_{01} e^{i\omega t} + E_{02} e^{i\omega t} = E_{03} e^{i\omega t}$$

und den entsprechenden Ausdruck für B_1, B_2 und B_3 . Da die Zeitabhängigkeit herausfällt, gelten also in komplexer Schreibweise auch hier - wie schon vom Abschnitt 2.3 her bekannt - die Amplitudenbeziehungen

$$E_{01} + E_{02} = E_{03} \qquad \text{und} \qquad B_{01} + B_{02} = B_{03} \tag{2.71}$$

Die Amplitudenbedingung für B läßt sich durch die Amplituden von E ausdrücken. Übernimmt man aus dem Abschnitt 2.3 die Zusammenhänge $B_{01} = (n_1/c)E_{01}$ und $B_{02} = -(n_1/c)E_{02}$, dann folgen mit (2.70) aus (2.71) die für die Berechnung des Reflexions- und des Transmissions-Koeffizienten ausreichenden beiden Gleichungen

$$E_{01} + E_{02} = E_{03} \quad \text{und} \quad n_1(E_{01} - E_{02}) = E_{03}\sqrt{n^2+\beta^2} e^{i\varphi}$$

aus denen man – nach Division durch E_{01} –

$$1 + R = T \qquad \text{und} \qquad 1 - R = T \frac{\sqrt{n^2+\beta^2}}{n_1} e^{i\varphi}$$

erhält. Die Auflösung nach R und T ergibt

$$R = \frac{E_{02}}{E_{01}} = \frac{n_1 - \sqrt{n^2+\beta^2} e^{i\varphi}}{n_1 + \sqrt{n^2+\beta^2} e^{i\varphi}}$$

und

$$T = \frac{E_{03}}{E_{01}} = \frac{2n_1}{n_1 + \sqrt{n^2+\beta^2} e^{i\varphi}}$$

Bekanntlich kann nach Maßgabe der bereits genannten EULERschen Formel eine komplexe Größe entweder durch Real- und Imaginär-Teil oder durch Betrag und Phasenwinkel dargestellt werden. In diesem Sinne ist wegen $\tan\varphi = -\beta/n$ oder $\beta/n = \tan(-\varphi)$

$$\sqrt{n^2+\beta^2} e^{i\varphi} = n - i\beta$$

In dieser Darstellung ist dann

$$R = \frac{n_1 - (n - i\beta)}{n_1 + (n - i\beta)} \tag{2.72}$$

und

$$T = \frac{2n_1}{n_1 + (n - i\beta)} \tag{2.73}$$

Mit der bereits genannten Bezeichnung $n_2 = n - i\beta$ stimmen diese beiden Formeln formal mit (2.24) und (2.25) überein.
Das Reflexions-Vermögen $\varrho = I_2/I_1$ ist bei reellem R bekanntlich gleich R^2. Dem entspricht bei komplexem R das Betrags-Quadrat $|R|^2 = RR^*$, wobei R^* die zu R konjugiert-komplexe Größe bezeichnet. Zur Erinnerung: Zwei komplexe Größen heißen zueinander konjugiert, wenn sie sich lediglich in den Vorzeichen ihrer Imaginär-Teile unterscheiden. Also folgt aus (2.72)

$$\varrho = RR^* = \frac{n_1 - (n - i\beta)}{n_1 + (n - i\beta)} \frac{n_1 - (n + i\beta)}{n_1 + (n + i\beta)}$$

oder

$$\varrho = \frac{(n_1 - n)^2 + \beta^2}{(n_1 + n)^2 + \beta^2} \tag{2.74}$$

Bei senkrechtem Einfall beträgt das Transmissions-Vermögen

$$\sigma = \frac{I_3}{I_1} = 1 - \varrho = \frac{(n_1 + n)^2 + \beta^2 - (n_1 - n)^2 - \beta^2}{(n_1 + n)^2 + \beta^2}$$

oder

$$\boxed{\sigma = \frac{4n_1 n}{(n_1 + n)^2 + \beta^2}}$$

Die Tatsache, dass R und T komplex sind, bedeutet physikalisch, dass bei der Reflexion und Transmission Phasenverschiebungen auftreten. Deren Größe läßt sich aus dem Quotienten von Imaginär- und Real-Teil ermitteln, der ja den Tangens dieser Phasenverschiebungen angibt. Dazu müssen zunächst diese Anteile für R und T bestimmt werden. Durch Erweiterung von (2.72) mit dem konjugiert-komplexen Nenner erhält man

$$R = \frac{n_1 - (n - i\beta)}{n_1 + (n - i\beta)} \frac{n_1 + (n + i\beta)}{n_1 + (n + i\beta)} = \frac{n_1^2 - n^2 - \beta^2 + i2\beta n_1}{(n_1 + n)^2 + \beta^2}$$

also

$$\Re(R) = \frac{n_1^2 - n^2 - \beta^2}{(n_1 + n)^2 + \beta^2} \quad \text{und} \quad \Im(R) = \frac{2\beta n_1}{(n_1 + n)^2 + \beta^2}$$

und damit für die Phasenverschiebung δ_r bei der Reflexion

$$\tan \delta_r = \frac{2\beta n_1}{n_1^2 - n^2 - \beta^2} \tag{2.75}$$

Auf analogem Wege erhält man aus (2.73) für die Phasenverschiebung δ_t bei der Transmission

$$\tan\delta_t = \frac{\beta}{n_1 + n}$$

Über β und n hängen diese Phasenverschiebungen mit der Phasenverschiebung φ zwischen E_3 und B_3 in dem in die leitende Substanz eindringenden Wellenanteil zusammen. Mit $\beta = -n\tan\varphi$ ergibt sich beispielsweise

$$\tan\delta_r = -\frac{2\dfrac{n_1}{n}\tan\varphi}{\left[\dfrac{n_1}{n}\right]^2 - 1 - \tan^2\varphi} \qquad \text{und} \qquad \tan\delta_t = -\frac{\tan\varphi}{\dfrac{n_1}{n} + 1}$$

Die hier hergeleiteten Beziehungen werden im folgenden Abschnitt auf einen konkreten Fall angewendet.

2.5 Wechselwirkung elektromagnetischer Wellen mit Metallen

Metalle zeichnen sich durch eine hohe spezifische Leitfähigkeit κ aus. Die beweglichen Ladungsträger sind hier Elektronen. Dieser Umstand erlaubt es, die im vorangehenden Abschnitt diskutierten Zusammenhänge in sehr guten Näherungen weitgehend zu vereinfachen. Gewisse Probleme wirft dabei die Frage nach der Dielektrizitätskonstanten ε von Metallen auf. Sie kann auf elektrostatischem Wege, etwa in vertrauter Weise durch Einführung des Metalls in das Feld eines Plattenkondensators und Beobachtung der resultierenden Kapazitätsänderung, nicht ermittelt werden, da die dabei auftretenden Influenzerscheinungen den gesuchten Effekt völlig überdecken. Vielmehr müssen Hochfrequenz-Verfahren oder optische Methoden herangezogen werden, mit denen dann gerade auf der Basis der nun zu diskutierenden Relationen ε bestimmt werden kann.
Wie dem auch sei: Die so gewonnenen Resultate zeigen im großen und ganzen, dass die Dielektrizitätskonstanten der Metalle in derselben Größenordnung liegen wie die anderer – auch nichtleitender – Substanzen. Für die folgenden Abschätzungen werde $\varepsilon_r = 10$ angenommen. Das ergibt $\varepsilon = \varepsilon_r\varepsilon_0 = 8.85 \cdot 10^{-11}$ A s V^{-1} m^{-1}. Ein bekanntes Leiter-Metall ist Kupfer. Es hat bei 0°C eine spezifische Leitfähigkeit von $\kappa = 64.5 \cdot 10^7$A V^{-1} m^{-1}.

Mit diesen Zahlenwerten ergibt sich für eine Welle der Frequenz $\nu = 1$ GHz, entsprechend $\omega = 2\pi \cdot 10^9$ s^{-1}, rund

$$\frac{\kappa}{\varepsilon\omega} = 1.1 \cdot 10^8 \qquad \text{bzw.} \qquad \frac{\kappa^2}{\varepsilon^2\omega^2} = 1.2 \cdot 10^{16}$$

also Werte, gegen welche die Eins sicher zu vernachlässigen ist. Selbst für den Bereich des sichtbaren Lichtes, etwa für eine Wellenlänge von $\lambda_0 = 600$ nm, entsprechend einer Kreisfrequenz von $\omega = 2\pi c/\lambda_0 = 3 \cdot 10^{15}\ \mathrm{s}^{-1}$, erhält man immerhin noch

$$\frac{\kappa}{\varepsilon\omega} = 2.3 \cdot 10^2 \qquad \text{bzw.} \qquad \frac{\kappa^2}{\varepsilon^2\omega^2} = 5.3 \cdot 10^4$$

also ebenfalls noch gegen die Eins große Werte.
Aufgrund dieser Größenverhältnisse lassen sich zunächst einmal die Formeln (2.60) und (2.63) für den Brechungsindex n und den Extinktions-Koeffizienten β vereinfachen. Sie lassen sich umformen zu

$$n = c\left[\frac{\varepsilon\mu}{2}\left(\sqrt{1+\frac{\kappa^2}{\varepsilon^2\omega^2}}+1\right)\right]^{1/2} \qquad \text{und}$$

$$\beta = c\left[\frac{\varepsilon\mu}{2}\left(\sqrt{1+\frac{\kappa^2}{\varepsilon^2\omega^2}}-1\right)\right]^{1/2}$$

Die Streichung der Eins unter der Wurzel führt in einem ersten Schritt zu den exzellenten Näherungen

$$n = c\left[\frac{\varepsilon\mu}{2}\left(\frac{\kappa}{\varepsilon\omega}+1\right)\right]^{1/2} \quad \text{und} \quad \beta = c\left[\frac{\varepsilon\mu}{2}\left(\frac{\kappa}{\varepsilon\omega}-1\right)\right]^{1/2}$$

In einem zweiten Schritt folgt nach Streichung der Eins in der inneren Klammer in einer mit sinkendem ω schnell besser werdenden Näherung

$$n = \beta = c\sqrt{\frac{\mu\kappa}{2\omega}} \tag{2.76}$$

Die Phasenverschiebung φ zwischen dem elektrischen und dem magnetischen Anteil der in das Metall vordringenden Welle beträgt wegen

$$\tan\varphi = -\frac{\beta}{n} = -1 \qquad \text{somit} \qquad \varphi = -\frac{\pi}{4} \mathrel{\widehat{=}} -45^\circ$$

Für die Eindringtiefe d gemäß (2.66) gelangt man mit (2.76) und $k_0 = \omega/c$ zu

$$d = \frac{1}{2c}\sqrt{\frac{2\omega}{\mu\kappa}\frac{c}{\omega}} = \frac{1}{\sqrt{2\mu\kappa\omega}}$$

Wie bereits betont wurde, gilt für die Permeabilitätszahl in guter Näherung $\mu_r \approx 1$, wenn man von den ferromagnetischen Substanzen absieht. Mit $\mu = \mu_r\mu_0 = \mu_0$ ist dann

$$d = \frac{1}{\sqrt{2\mu_0\kappa\omega}}$$

Die hiernach berechneten Eindringtiefen für die Metalle Kupfer, Aluminium und Blei sind in Bild 2.12 getrennt für zwei Frequenzbereiche, in doppelt-logarithmischer Darstellung aufgetragen. Die Größe von d ist von praktischer Bedeutung für die Abschirmung von Räumen oder empfindlichen

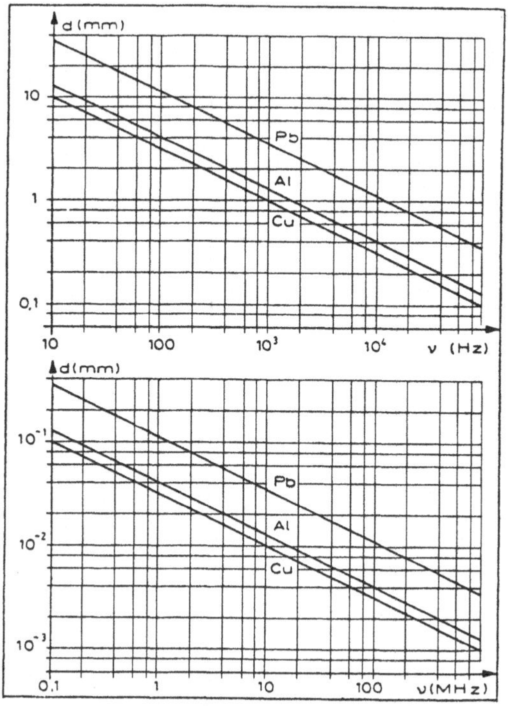

Abb. 2.12. Eindringtiefe elektromagnetischer Wellen in Kupfer, Aluminium und Blei.

Messeinrichtungen gegen elektromagnetische Wellen oder Störungen mittels Metallwänden.

Für das Reflexions-Vermögen gemäß (2.74) erhält man mit (2.76) und unter der vereinfachenden Annahme, dass die Welle aus dem Vakuum kommend auf das Metall trifft, so dass $n_1 = 1$ gesetzt werden kann,

$$\varrho = \frac{(1-n)^2 + n^2}{(1+n)^2 + n^2} = \frac{1 - 2n + 2n^2}{1 + 2n + 2n^2}$$

Mit der vorübergehenden Umbenennung

$$\frac{1}{n} = \sqrt{\frac{2\omega}{c^2 \mu\kappa}} = x \qquad \text{ist} \qquad \varrho = \frac{1 - x + \dfrac{x^2}{2}}{1 + x + \dfrac{x^2}{2}}$$

Wie das nachfolgende Zahlenbeispiel gleich zeigen wird, ist x bis hinauf zu Frequenzen des optischen Bereichs eine gegen Eins sehr kleine Zahl. Mit $c^2 = 9 \cdot 10^{16}$ m^2 s^{-1}, $\mu = \mu_0 = 4\pi \cdot 10^7$ V s A^{-1} m^{-1} und $\kappa = 6.5 \cdot 10^7$ A V^{-1} m^{-1} für Kupfer ist nämlich

$$x = \sqrt{2.7 \cdot 10^{-19} \omega(\mathrm{Hz})} = \sqrt{1.7 \cdot 10^{-18} \nu(\mathrm{Hz})} = 1.3 \cdot 10^{-9} \sqrt{\nu(\mathrm{Hz})}$$

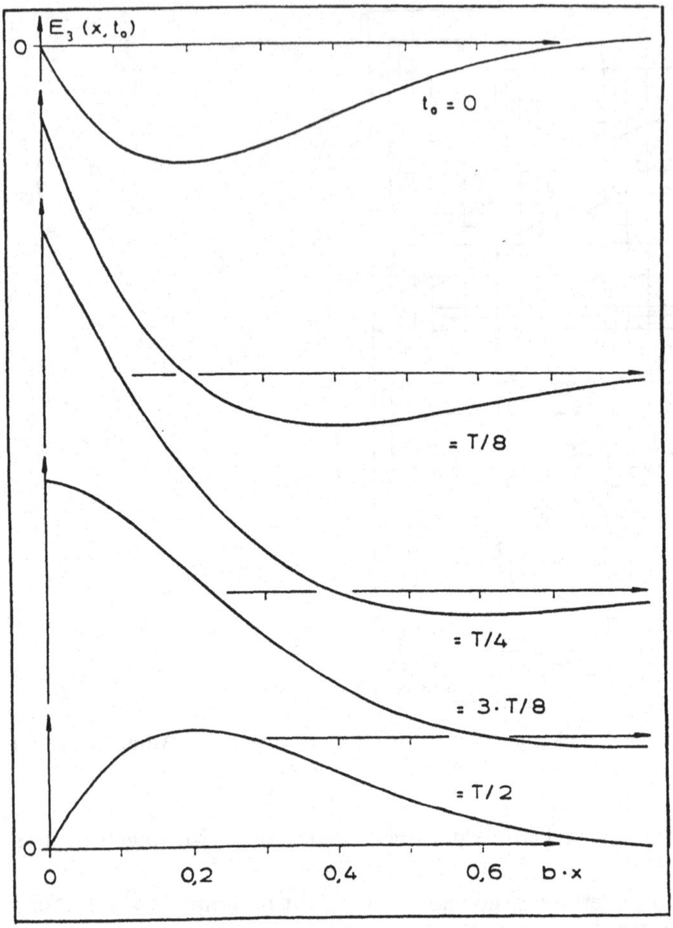

Abb. 2.13. Gedämpfte elektromagnetische Wellen in Metallen

In allen bisherigen Diskussionen wurde als selbstverständlich angenommen, dass die spezifische Leitfähigkeit κ – bei fester Temperatur – eine reine Materialkonstante ist. Im optischen Frequenzbereich und erst recht darüber hinaus wird diese Voraussetzung immer fragwürdiger, da sich dann – anschaulich ausgedrückt – die Trägheit der Elektronen bezüglich ihrer Reaktion auf ein elektromagnetisches Wechselfeld in zunehmendem Maße bemerkbar macht. Das äußert sich makroskopisch so, als würde κ mit steigender Frequenz abnehmen. Solange sich diese Tatsache noch nicht auswirkt und die Frequenz so tief liegt, dass nach Auskunft des oben berechneten zahlenmäßigen Zusammenhangs x klein gegen Eins bleibt, ist eine lineare Näherung für ϱ, also

$$\varrho(x) = \varrho(0) + \left(\frac{\mathrm{d}\varrho}{\mathrm{d}x}\right)_{x=0} x = 1 - 2x$$

gerechtfertigt. In diesem Sinne ist dann

$$\varrho = 1 - \sqrt{\frac{8\omega}{c^2\mu\kappa}}$$

Diese Beziehung wird auch **Hagen-Rubens'sche Formel** genannt. Für Kupfer beispielsweise liefert sie $\varrho = 1 - 2.6 \cdot 10^{-9}\sqrt{\nu(\mathrm{Hz})}$. D.h. im Bereich der Radio- oder Mikro-Wellen ist praktisch $\varrho = 1$. Zu höheren Frequenzen hin bis zum Übergang in den optischen Bereich wird die Gültigkeit der obigen Formel durch experimentelle Ergebnisse gut bestätigt.

Für die Phasenverschiebung bei der Reflexion gemäß (2.75) folgt mit $\beta = n, n_1 = 1$ und in linearer Näherung

$$\tan\delta_r = \frac{2n}{1-2n^2} \approx -\frac{1}{n} = -\sqrt{\frac{2\omega}{c^2\mu\kappa}}$$

Zum Schluss soll noch in anschaulicher Weise auf ein besonderes Merkmal der in das Metall eindringenden Welle aufmerksam gemacht werden. Wegen $n = \beta$ ist gemäß (2.61) und (2.62) auch $b = nk_0 = \beta k_0 = a$. Damit lautet etwa der elektrische Anteil von (2.50) bzw. (2.69)

$$E_3(x,t) = E_{03}e^{-bx}\sin(\omega t - bx)$$

Die Besonderheit besteht hier darin, dass die Dämpfungskonstante und die Wellenzahl übereinstimmen. Das hat zur Folge, dass man solchen Wellen auf den ersten Blick den typischen Charakter "gedämpfter Wellen" gar nicht so recht ansieht, wie es Bild 2.13 an einer Serie von "Momentaufnahmen" zu verschiedenen Zeitpunkten t_0 zeigt und was letztlich an der relativ starken Dämpfung liegt. $T = 1/\nu$ bezeichnet die Schwingungsdauer.

2.6 Übertragung von Signalen durch Kabel

In diesem Abschnitt wird diskutiert, nach welchen physikalischen Gesetzmäßigkeiten ein elektrisches Signal, das von einem Generator erzeugt oder von einer Antenne aufgefangen wird, über ein Kabel zu einem Verbraucher oder einem Empfänger übertragen wird. Gebräuchliche Kabel-Typen sind die **Doppel-Leitung**, bestehend aus zwei parallel zueinander laufenden Drähten, und das **Koaxial-Kabel**, bestehend aus einem Draht, der zylindersymmetrisch von einem Metallmantel umgeben wird.

Natürlich läßt sich das Problem lösen, indem man von den MAXWELLschen Gleichungen ausgeht, wie das vorangehend geschehen ist. Hier aber genügen bereits einfachere Zusammenhänge aus der Elektrizitätslehre, die quasi die Vorläufer der MAXWELLschen Gleichungen sind.

Konkret behandelt werden die Verhältnisse für eine in x-Richtung aufgespannte Doppel-Leitung, die bei $x = 0$ beginnt und zunächst unendlich lang sein soll. Zudem soll vorerst angenommen werden, dass der OHMsche Widerstand der Drähte vernachlässigbar klein und die Isolation zwischen ihnen ideal ist.

Das eingespeiste und die Leitung entlang laufende Signal wird in den Drähten Ströme I und zwischen ihnen Spannungen U hervorrufen, die vom Ort x und der Zeit t abhängen werden. Mit $I(x,t)$ ist ein Magnetfeld $B(x,t)$, mit $U(x,t)$ ein elektrisches Feld $E(x,t)$ verbunden.
Für ein Kabelstück der (infinitesimalen) Länge $\mathrm{d}x$ lassen sich die folgenden Beziehungen aufstellen: Es sei Q die Ladung auf dem Drahtstück $\mathrm{d}x$. Deren zeitliche Änderung ergibt sich bekanntlich und nach Maßgabe der Kontinuitätsgleichung div $\boldsymbol{j} = -\partial\varrho/\partial t$ für elektrische Ladungen aus der Bilanz der in das Drahtstück hinein- und aus ihm herausfließenden Ströme, d.h. es ist

$$\frac{\partial Q}{\partial t} = I(x) - I(x + \mathrm{d}x) = I(x) - \left[I(x) + \frac{\partial I}{\partial x} \cdot \mathrm{d}x\right]$$

oder

$$\frac{\partial Q}{\partial t} = -\frac{\partial I}{\partial x} \cdot \mathrm{d}x$$

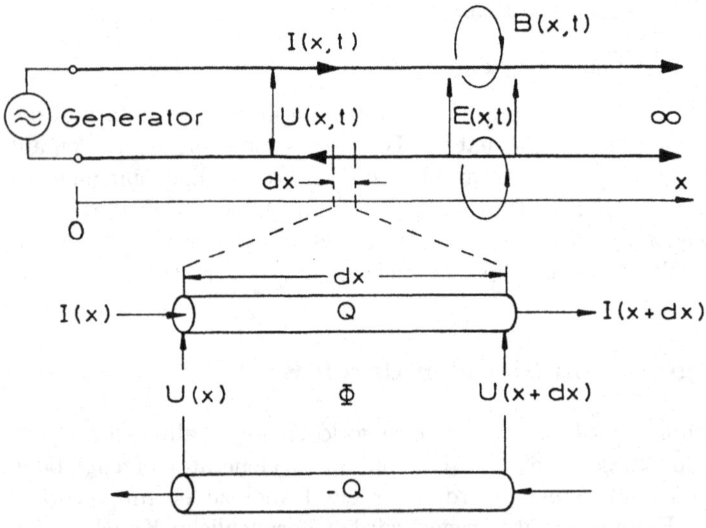

Abb. 2.14. Zur Leitung von Signalen auf Kabeln.

Für ein homogenes Kabel, was vorausgesetzt werden soll, ist dessen Kapazität C proportional zur Kabellänge ℓ. Die für den jeweiligen Kabeltyp charakteristische Proportionalitätskonstante $C^* = C/\ell$ nennt man den **Kapazitätsbelag** des Kabels. Das Kabelstück $\mathrm{d}x$ hat also die Kapazität $C = C^* \cdot \mathrm{d}x$. Wegen $Q = CU$ ist dann

$$\frac{\partial Q}{\partial t} = \frac{\partial (CU)}{\partial t} = C\frac{\partial U}{\partial t} = C^* \cdot \mathrm{d}x \cdot \frac{\partial U}{\partial t} = -\frac{\partial I}{\partial x} \cdot \mathrm{d}x$$

oder

$$C^* \frac{\partial U}{\partial t} = -\frac{\partial I}{\partial x} \tag{2.77}$$

Bezeichnet Φ den Fluss des Magnetfeldes durch die Fläche zwischen den beiden Drähten des Kabelstückes dx, dann verlangt das Induktionsgesetz, dass die Änderung der Spannung auf der Strecke dx gleich der zeitlichen Abnahme von Φ ist, d.h. es gilt

$$-\frac{\partial \Phi}{\partial t} = U(x + \mathrm{d}x) - U(x) = \left[U(x) + \frac{\partial U}{\partial x} \cdot \mathrm{d}x\right] - U(x)$$

oder

$$\frac{\partial \Phi}{\partial t} = -\frac{\partial U}{\partial x} \cdot \mathrm{d}x$$

Ist $L^* = L/\ell$ der **Induktivitätsbelag** des Kabels, also $L = L^* \cdot \mathrm{d}x$ die Induktivität des Kabelstückes $\mathrm{d}x$, dann folgt wegen $\Phi = LI$

$$\frac{\partial \Phi}{\partial t} = \frac{\partial (LI)}{\partial t} = L\frac{\partial I}{\partial t} = L^* \cdot \mathrm{d}x \cdot \frac{\partial I}{\partial t} = -\frac{\partial U}{\partial x} \cdot \mathrm{d}x$$

oder

$$L^* \frac{\partial I}{\partial t} = -\frac{\partial U}{\partial x} \tag{2.78}$$

Die beiden Beziehungen (2.77) und (2.78) verknüpfen wechselseitig die **zeitliche** Änderung einer der beiden Signalgrößen mit der **örtlichen** Änderung der jeweils anderen. Die partielle Differentiation von (2.77) nach t und von (2.78) nach x führt auf

$$C^* \frac{\partial^2 U}{\partial t^2} = -\frac{\partial^2 I}{\partial x \cdot \partial t} \qquad \text{und} \qquad \frac{1}{L^*} \frac{\partial^2 U}{\partial x^2} = -\frac{\partial^2 I}{\partial x \cdot \partial t}$$

Die Kombination beider Gleichungen ergibt

$$\frac{\partial^2 U}{\partial x^2} = L^* C^* \frac{\partial^2 U}{\partial t^2}$$

Durch partielle Differentiation von (2.77) nach x und von (2.78) nach t erhält man auf gleichem Wege

$$\frac{\partial^2 I}{\partial x^2} = L^* C^* \frac{\partial^2 I}{\partial t^2}$$

U und I gehorchen also der bekannten Wellengleichung. Damit ist die Frage, wie ein Signal über ein Kabel läuft, prinzipiell beantwortet. Es tut dieses als **Welle** mit der Phasengeschwindigkeit

$$v = \frac{1}{\sqrt{L^* C^*}} \tag{2.79}$$

Im Zusammenhang mit v ist der folgende Sachverhalt erwähnenswert: L^* und C^* sind von der Kabelgeometrie abhängig. Für eine Doppel-Leitung beispielsweise findet man

$$L^* = \frac{\mu}{\pi} \ln\left(\frac{d-r}{r}\right) \qquad \text{und} \qquad C^* = \frac{\pi\varepsilon}{\ln\left(\frac{d-r}{r}\right)} \tag{2.80}$$

Dabei ist d der Abstand beider Drähte voneinander und r deren Radius. μ und ε sind die Permeabilität und die Dielektrizitätskonstante des Mediums, in welches die Leitung eingebettet ist. Damit folgt

$$L^* \cdot C^* = \varepsilon\mu \qquad \text{und} \qquad v = \frac{1}{\sqrt{\varepsilon\mu}}$$

Überraschenderweise ist also die Phasengeschwindigkeit von der Kabelgeometrie unabhängig. Sie wird einzig und allein durch die elektrischen und magnetischen Eigenschaften des umgebenden Mediums bestimmt. Diese Aussage gilt generell für alle gängigen Kabel-Typen.
Speist der Generator eine harmonische Wechselspannung $U(t) = U_0 \sin(\omega t)$ ein, dann wird eine harmonische Spannungs-Strom-Welle das Kabel entlanglaufen, in bekannter Weise beschrieben durch

$$U(x,t) = U_0 \sin(\omega t - kx) \quad \text{und} \quad I(x,t) = I_0 \sin(\omega t - kx + \varphi) \tag{2.81}$$

φ berücksichtigt eine eventuelle Phasenverschiebung zwischen U und I. Für diese Funktionen ist

$$\frac{\partial U}{\partial t} = \omega U_0 \cos(\omega t - kx) \quad \text{und}$$
$$\frac{\partial I}{\partial x} = -kI_0 \cos(\omega t - kx + \varphi)$$

Einsetzen in (2.77) führt auf

$$C^* \omega U_0 \cos(\omega t - kx) = kI_0 \cos(\omega t - kx + \varphi)$$

Aus dieser Beziehung sind zwei Dinge abzulesen: Zum ersten ist $\varphi = 0$, d.h. die Spannungs- und die Strom-Welle laufen **phasengleich**. Zum zweiten sind deren Amplituden proportional zueinander. Mit $\omega/k = v$ und (2.79) erhält man

$$C^* v U_0 = \frac{C^*}{\sqrt{L^* C^*}} U_0 = \sqrt{\frac{C^*}{L^*}} U_0 = I_0$$

Die Größe

$$\boxed{Z = \sqrt{\frac{L^*}{C^*}}}$$

hat die Dimension eines Widerstands und heißt der **Wellenwiderstand** des Kabels. Damit ist

$$U_0 = ZI_0 \qquad \text{und} \qquad I(x,t) = \frac{U_0}{Z} \sin(\omega t - kx) \tag{2.82}$$

Anders als v ist Z sehr wohl von der Kabelgeometrie abhängig. Für eine Doppel-Leitung beispielsweise folgt aus (2.80)

$$Z = \frac{1}{\pi}\sqrt{\frac{\mu}{\varepsilon}\ln^2\left(\frac{d-r}{r}\right)}$$

Betrachtet werden sollen nun die Verhältnisse für die realistischere Situation eines **endlich langen** Kabels der Länge ℓ, das mit einem OHMschen Widerstand R "abgeschlossen" ist, was bedeutet, dass die beiden Leiter des Kabels an dessen Ende über diesen Widerstand miteinander verbunden sind. Im praktischen Fall ist R der Eingangswiderstand des an das Kabel angeschlossenen Verbrauchers. Wie sich gleich zeigen wird, kann im allgemeinen nur ein bestimmter Bruchteil der auf das Kabel zulaufenden Welle – exakter ausgedrückt, der von ihr mitgeführten Energie – von R aufgenommen oder absorbiert werden. Der verbleibende Anteil wird reflektiert und läuft zum Kabelanfang zurück, wobei vorausgesetzt werden soll, dass er vom Generator vollständig absorbiert, also dort nicht abermals reflektiert wird.
Die Spannungs- und Strom-Verteilungen $U(x,t)$ und $I(x,t)$ auf dem Kabel bestehen dann aus einer Überlagerung der hinlaufenden Welle $U_1(x,t), I_1(x,t)$ und der rücklaufenden Welle $U_2(x,t), I_2(x,t)$. Erstere wird durch (2.81) bzw. (2.82) beschrieben. Letztere bewegt sich in Richtung fallender x-Werte und geht bekanntlich aus (2.81) bzw. (2.82) durch einen Wechsel im Vorzeichen von k hervor. Zusammenfassend erhält man also

$$U(x,t) = U_1(x,t) + U_2(x,t) = U_{01}\sin(\omega t - kx) + U_{02}\sin(\omega t + kx) \quad (2.83)$$

und

$$I(x,t) = I_1(x,t) + I_2(x,t) = I_{01}\sin(\omega t - kx) + I_{02}\sin(\omega t + kx) \quad (2.84)$$

Für U_2 und I_2 ergibt sich aus (2.77)

$$C^*\omega U_{02}\cos(\omega t + kx) = -kI_{02}\cos(\omega t + kx) \quad \text{oder}$$
$$I_{02} = -\frac{U_{02}}{Z}$$

Damit und wegen $I_{01} = U_{01}/Z$ gemäß (2.82) lautet dann (2.84)

$$I(x,t) = \frac{U_{01}}{Z}\sin(\omega t - kx) - \frac{U_{02}}{Z}\sin(\omega t + kx) \quad (2.85)$$

Der Einfachheit halber und ohne damit die Allgemeingültigkeit der Aussagen zu berühren sei angenommen, dass das Kabelende bei $x = 0$ liegt. Der Anfang hat also die Position $x = -\ell$.

$U(x,t)$ gemäß (2.83) und $I(x,t)$ gemäß (2.85) sind dann durch die Bedingung

$$\begin{aligned} U(0,t) &= (U_{01} + U_{02})\sin\omega t = RI(0,t) \\ &= \frac{R}{Z}(U_{01} - U_{02})\sin\omega t \end{aligned}$$

miteinder verknüpft. Nach Division durch $U_{01}\sin\omega t$ und mit der Abkürzung $U_{02}/U_{01} = r_u$ verbleibt

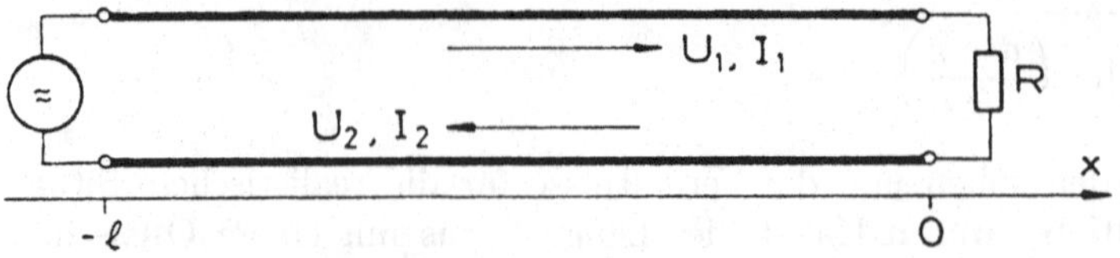

Abb. 2.15. Mit einem Widerstand R abgeschlossenes Kabel.

$$1 + r_u = \frac{R}{Z}(1 - r_u)$$

Die Auflösung nach r_u führt auf

$$r_u = \frac{R - Z}{R + Z} \tag{2.86}$$

r_u wird Spannungs-**Reflexionsfaktor** genannt. Setzt man in (2.83) $U_{01} = Z \cdot I_{01}$ und $U_{02} = -ZI_{02}$ und kombiniert anschließend (2.83) mit (2.84) über $U(0,t) = RI(0,t)$, dann folgt für den Strom-Reflexionsfaktor $r_i = I_{02}/I_{01}$ auf analogem Wege

$$r_i = \frac{Z - R}{Z + R} = -r_u$$

Aus dieser Formel sind einige grundsätzliche Zusammenhänge abzulesen:

a.) $\underline{R = 0}$ (kurzgeschlossenes Kabel):
Hier ist $r_u = -1$ und $r_i = 1$. Die Welle wird also am Kabelende vollständig reflektiert. Die Spannung wechselt dort ihre Polarität, was einem Phasensprung der Spannungs-Welle um $\pi = 180°$ gleichkommt. Die Strom-Welle dagegen erleidet keine Phasenänderung.

b.) $\underline{R < Z}$:
Hier liegen die Reflexionsfaktoren in den Bereichen $-1 < r_u < 0$ und $0 < r_i < 1$. Für die Phasenänderungen am Kabelende bezüglich des reflektierten Anteils gilt somit dasselbe wie im Fall a.)

c.) $\underline{R = Z}$:
Nun ist $r_u = r_i = 0$. Die Welle wird vom Abschlusswiderstand völlig absorbiert. Es wird also nichts reflektiert. Der Empfänger ist – wie man auch sagt – "an das Kabel angepasst".

d.) $\underline{R > Z}$:
Die Reflexionsfaktoren fallen hier in die Bereiche $0 < r_u < 1$ und $-1 < r_i < 0$. In Bezug auf die reflektierten Anteile erfährt nun die Strom-Welle einen Phasensprung von $\pi = 180°$, die Spannungswelle keinen.

e.) $\underline{R = \infty}$ (offenes Kabel):
In diesem Fall ist $r_u = 1$ und $r_i = -1$. Wiederum ist die Reflexion vollständig. Die Phasenverschiebungen am Kabelende stimmen mit denen des Falles d.) überein.

Vorausgehend wurde angenommen, dass der Generator die reflektierte Welle völlig absorbiert. Der Fall c.) zeigt, wie das realisiert werden kann. Es muss daher der Innenwiderstand R_i des Generators an das Kabel angepasst werden, d.h. es muss $R_i = Z$ sein.
Erwähnenswert, weil von praktischem Interesse, ist derjenige Fall, bei welchem sich an ein Kabel mit dem Wellenwiderstand Z_1 und der Phasengeschwindigkeit $v_1 = \omega/k_1$ ein zweites Kabel mit den Eigenschaften Z_2 und $v_2 = \omega/k_2$ anschließt. Das erste Kabel kann beispielsweise eine Doppel-Leitung, das zweite ein Koaxial-Kabel sein. Von primärer Bedeutung ist hier die Frage, wie die Welle diese Kontinuität oder "Stoßstelle" überwindet.
Das zweite Kabel soll unendlich lang oder mit seinem Wellenwiderstand Z_2 abgeschlossen sein. Der die Stoßstelle passierende Wellenanteil wird dann durch

$$U_3(x,t) = U_{03}\sin(\omega t - k_2 x) \quad \text{und} \quad I_3(x,t) = \frac{U_{03}}{Z_2}\sin(\omega t - k_2 x) \tag{2.87}$$

beschrieben. Für die Verhältnisse auf dem ersten Kabel gelten nach wie vor (2.83) und (2.85) mit k_1 statt k und Z_1 statt Z. Die Grenzbedingungen bei $x = 0$, nämlich

$$U_1(0,t) + U_2(0,t) = U_3(0,t) \qquad \text{und} \qquad I_1(0,t) + I_2(0,t) = I_3(0,t)$$

ergeben mit (2.83), (2.85) und (2.87)

$$U_{01} + U_{02} = U_{03} \qquad \text{und} \qquad \frac{U_{01}}{Z_1} - \frac{U_{02}}{Z_1} = \frac{U_{03}}{Z_2}$$

bzw. nach Division durch U_{01} und mit der Abkürzung $U_{03}/U_{01} = s_u$

$$1 + r_u = s_u \qquad \text{und} \qquad 1 - r_u = \frac{Z_1}{Z_2}s_u$$

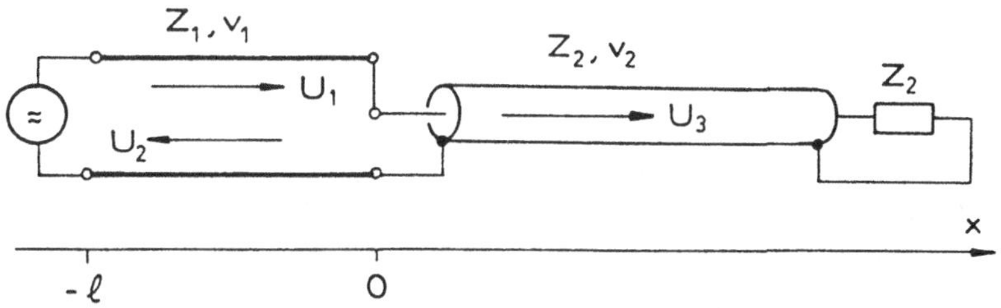

Abb. 2.16. Übergang zwischen Kabeln.

Die Auflösung nach r_u und s_u führt auf

$$r_u = \frac{Z_2 - Z_1}{Z_2 + Z_1} \qquad \text{und} \qquad s_u = \frac{2Z_2}{Z_2 + Z_1}$$

s_u ist der Spannungs-**Transmissionsfaktor**. Für die Strom-Faktoren folgt entsprechend

$$r_i = \frac{Z_1 - Z_2}{Z_1 + Z_2} \qquad \text{und} \qquad s_i = \frac{2Z_1}{Z_1 + Z_2}$$

Die Welle durchquert die Verbindungsstelle zweier Kabel also nur dann störungs- oder verlustfrei, wenn beide Kabel denselben Wellenwiderstand besitzen. Dann nämlich ist $r_u = r_i = 0$ und $s_u = s_i = 1$.
Ein wichtiges Merkmal eines Kabels ist dessen Eingangswiderstand R_E, also derjenige Widerstand, den der treibende Generator "sieht" und an den er seine Ausgangsleistung abgeben muss. Mit $x = -\ell$ (Kabelanfang) folgt aus (2.83) und (2.85)

$$R_E = \frac{U(-\ell,t)}{I(-\ell,t)} = \frac{U_{01}\sin(\omega t + k\ell) + U_{02}\sin(\omega t - k\ell)}{\frac{U_{01}}{Z}\sin(\omega t + k\ell) - \frac{U_{02}}{Z}\sin(\omega t - k\ell)}$$

bzw. nach Erweiterung mit Z und nach Division durch U_{01}

$$R_E = Z\frac{\sin(\omega t + k\ell) + r_u \sin(\omega t - k\ell)}{\sin(\omega t + k\ell) - r_u \sin(\omega t - k\ell)}$$

Die in dieser Beziehung enthaltenen Informationen lassen sich leichter überschauen, wenn man zur komplexen Schreibweise übergeht. Dann ist

$$R_E = Z \cdot \frac{e^{i(\omega t + k\ell)} + r_u e^{i(\omega t - k\ell)}}{e^{i(\omega t + k\ell)} - r_u e^{i(\omega t - k\ell)}}$$

oder

$$R_E = Z\frac{e^{ik\ell} + r_u e^{-ik\ell}}{e^{ik\ell} - r_u e^{-ik\ell}}$$

R_E ist also abhängig vom Wellenwiderstand Z des Kabels, über r_u vom Abschlusswiderstand R und wegen $k\ell = 2\pi\ell/\lambda$ vom Verhältnis der Kabellänge ℓ zur Wellenlänge λ. Anhand dieser Formel werden nachstehend einige Spezialfälle näher diskutiert:

a.) $\underline{R = 0}$ (kurzgeschlossenes Kabel):
Hier ist $r_u = -1$ und somit

$$R_E = Z\frac{e^{ik\ell} - e^{-ik\ell}}{e^{ik\ell} + e^{-ik\ell}}$$

Wegen

$$\frac{e^{i\alpha} - e^{-i\alpha}}{e^{i\alpha} + e^{-i\alpha}} = i\tan\alpha \qquad \text{und} \qquad i = e^{i\pi/2} \tag{2.88}$$

ergibt sich

$$R_E = Z\tan(k\ell)e^{i\pi/2}$$

Der Phasenfaktor zeigt an, dass Spannung und Strom am Kabelanfang um $\pi/2 \mathrel{\widehat{=}} 90°$ gegeneinander verschoben sind, wie das bei einer Induktivität der Fall ist. R_E hat hier "induktiven Charakter".

b.) $\underline{R = Z}$ (abgeschlossenes Kabel):
Wegen $r_u = 0$ verbleibt

$$R_E = Z$$

c.) $\underline{R = \infty}$ (offenes Kabel):
Wegen $r_u = 1$ und mit (2.88) erhält man nun

$$R_E = \frac{Z}{\tan k\ell} e^{-i\pi/2}$$

Eingangs-Spannung und -Strom sind hier, wie bei einer Kapazität, um $-\pi/2 \mathrel{\widehat{=}} -90°$ gegeneinander phasenverschoben. R_E hat "kapazitiven Charakter".

d.) $\underline{\ell = n\lambda/2}$ $(n = 1; 2; 3; \ldots)$:
Beträgt die Kabellänge ein ganzzahliges Vielfaches der halben Wellenlänge, dann ist wegen

$$k\ell = \frac{2\pi}{\lambda} n \frac{\lambda}{2} = n\pi \qquad \text{und} \qquad e^{in\pi} = e^{-in\pi} = (-1)^n$$

$$R_E = Z \frac{1 + r_u}{1 - r_u}$$

oder wegen $(1 + r_u)/(1 - r_u) = R/Z$ gemäß (2.86)

$$R_E = R$$

Der Abschlusswiderstand wird auf den Kabeleingang projiziert. Bei einem kurzgeschlossenen $\lambda/2$-Kabel ist also $R_E = 0$, bei einem offenen $R_E = \infty$.

e.) $\underline{\ell = \lambda/4}$:
Hier ist

$$k\ell = \frac{\pi}{2}, \quad e^{i\pi/2} = i \qquad \text{und} \qquad e^{-i\pi/2} = -i$$

Das ergibt

$$R_E = Z \frac{1 - r_u}{1 + r_u} \qquad \text{oder wegen (2.86)} \qquad R_E = \frac{Z^2}{R} \tag{2.89}$$

Für ein kurzgeschlossenes $\lambda/4$-Kabel ist somit $R_E = \infty$, für ein offenes $R_E = 0$.
Der Fall e.) findet eine wichtige Anwendung beim sogenannten $\lambda/4$-**Transformator** zur reflexions- und verlustfreien Anpassung zweier Kabel mit unterschiedlichen Wellenwiderständen Z_1 und Z_2 aneinander.

Eine solche Anpassung gelingt durch Zwischenschalten eines $\lambda/4$-langen Kabelstückes mit einem entsprechend gewählten Wellenwiderstand Z. Ist das zweite Kabel mit seinem Wellenwiderstand Z_2 abgeschlossen, dann ist dieser

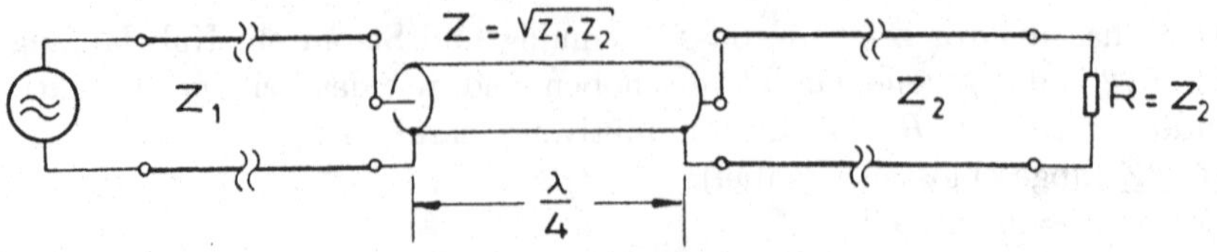

Abb. 2.17. Anpassung zweier Kabel aneinander.

gleichzeitig auch der Abschlusswiderstand R für das $\lambda/4$-Kabel. Dessen Eingangswiderstand beträgt dann gemäß (2.89) $R_E = Z^2/Z_2$.
Soll dieser das erste Kabel reflexionsfrei abschließen, dann muss $R_E = Z_1$ sein, woraus für den gesuchten Wellenwiderstand des $\lambda/4$-Transformatorkabels $Z = \sqrt{Z_1 Z_2}$ folgt. Jede Reflexion einer Welle am Kabelende führt zur Bildung sogenannter "Stehender Wellen" auf dem Kabel, worunter man die nachfolgend beschriebene Erscheinung versteht: Mit $U_{02} = r_u U_{01}$ und den Abkürzungen $\omega t - kx = \alpha$ und $\omega t + kx = \beta$ lautet die Spannungsverteilung $U(x,t)$ auf dem Kabel gemäß (2.83)

$$\begin{aligned} U(x,t) &= U_{01}(\sin\alpha + r_u \sin\beta) \\ &= U_{01}(\sin\alpha + r_u \sin\alpha - r_u \sin\alpha + r_u \sin\beta) \\ &= U_{01}\left[(1+r_u)\sin\alpha + r_u(\sin\beta - \sin\alpha)\right] \end{aligned}$$

oder nach Anwendung des entsprechenden Theorems für die Addition zweier Winkelfunktionen

$$U(x,t) = U_{01}\left[(1+r_u)\sin\alpha + 2r_u \sin\left(\frac{\beta-\alpha}{2}\right)\cos\left(\frac{\beta+\alpha}{2}\right)\right]$$

Nach Rückkehr zur Originalbedeutung von α und β erhält man

$$\frac{\beta-\alpha}{2} = kx \qquad \text{und} \qquad \frac{\beta+\alpha}{2} = \omega t$$

und somit

$$U(x,t) = (1+r_u)U_{01}\sin(\omega t - kx) + 2r_u U_{01}\sin(kx)\cos(\omega t) \tag{2.90}$$

Der erste Term beschreibt eine in Richtung zunehmender x-Werte laufende Spannungs-Welle mit der Amplitude $(1+r_u)U_{01}$. Der zweite Term stellt die dem Namen nach bereits erwähnte Stehende Welle dar. Sie heißt zwar "Welle", ist aber keine, was klar und deutlich an der Tatsache zu erkennen ist, dass die beiden hier vorkommenden Winkelfunktionen nicht von der für eine Welle typischen Zeit-Ort-Kombination $(\omega t - kx)$ abhängen, sondern nur von der Zeit bzw. vom Ort allein. Eine Stehende Welle ist vielmehr ein **Schwingungszustand** mit folgenden Eigenschaften: An jedem Ort x des Kabels beobachtet man eine Wechselspannung $A\cos\omega t$, deren Amplitude $A = 2r_u U_{01}$ sinusförmig mit dem Ort variiert. Ausgehend von (2.84) erhält man wegen $I_{02}/I_{01} = r_i = -r_u$ als Stromverteilung auf dem Kabel

$$I(x,t) = I_{01}(\sin\alpha - r_u \sin\beta)$$

und, nach demselben Muster wie oben,

$$I(x,t) = (1 + r_u)I_{01}\sin(\omega t - kx) - 2r_u I_{01}\cos kx \sin\omega t \tag{2.91}$$

Die örtliche Modulation des Wechselstromes im Anteil der Stehenden Welle verläuft hier kosinusförmig, ist also gegen die bei der Spannungsverteilung um $kx = \pi/2$, d.h. um $x = \lambda/4$ verschoben.
Stehende Wellen in "Reinkultur" erhält man bei vollständiger Reflexion der Welle am Kabelende, also bei einem kurzgeschlossenen oder offenen Kabel. Im ersten Fall ist bekanntlich $r_u = -1$ und somit $1 + r_u = 0$. Es entfällt dann der (echte) Wellenanteil in (2.90) und (2.91), und es verbleibt

$$\begin{aligned} U(x,t) &= -2U_{01}\sin kx \cos\omega t \\ &= 2U_{01}\sin(-kx)\cos\omega t \end{aligned}$$

und

$$I(x,t) = 2I_{01}\cos kx \sin\omega t = 2I_{01}\cos(-kx)\sin\omega t$$

Am Kabelende bei $x = 0$ ist $U(0,t) = 0$, wie das bei einem Kurzschluss auch sein muss, und $I(0,t) = 2I_{01}\sin\omega t$. Der Strom schwingt hier mit maximaler Amplitude. Dieselbe Situation findet man allgemein für $-kx = n\pi$ vor, also an den Orten $x_n = -n\lambda/2$, wobei n die natürlichen Zahlen durchläuft. Hier hat die Spannung ihre "Knoten" und der Strom seine "Bäuche". Die Spannungsbäuche und Stromknoten liegen jeweils dazwischen, d.h. bei $-(x_{n+1} + x_n)/2$. Die Knoten einerseits und die Bäuche andererseits folgen somit im Abstand $\lambda/2$ aufeinander. Bild 2.18 soll die geschilderten Verhältnisse bei einer Stehenden Welle veranschaulichen, wobei die Doppelpfeile die Spannungs- bzw. Strom-Schwingungen symbolisieren und die Kurven die Modulation angeben.

Schließlich soll noch einmal ausdrücklich darauf aufmerksam gemacht werden, dass sich die vorangehenden Betrachtungen auf **ideale** Kabel beziehen. Der OHMsche Widerstand der Leitungsdrähte und der Isolationswiderstand zwischen ihnen wurden nicht berücksichtigt. Was passiert, wenn diese Voraussetzungen nicht mehr zu halten sind, soll nachfolgend skizzenhaft dargelegt werden.
Bezeichnet $R^* = R/\ell$ den **Widerstandsbelag** des Kabels und $G^* = G/\ell$ dessen **Leitwertbelag**, wobei R der Drahtwiderstand eines Kabelstückes der Länge ℓ und $1/G$ dessen Isolationswiderstand ist, dann erweitern sich zunächst einmal die beiden Leitungsgleichungen (2.77) und (2.78) um die Beiträge G^*U des Ableitungsstroms und R^*I des Spannungsabfalls, und man erhält

$$C^*\frac{\partial U}{\partial t} + G^*U = -\frac{\partial I}{\partial x} \qquad \text{und} \qquad L^*\frac{\partial I}{\partial t} + R^*I = -\frac{\partial U}{\partial x}$$

Es ist klar, dass der Einfluss von R^* und G^* zu einer Dämpfung der Welle führen muss. Es wird ihr ja laufend Energie in Form von JOULEscher Wärme

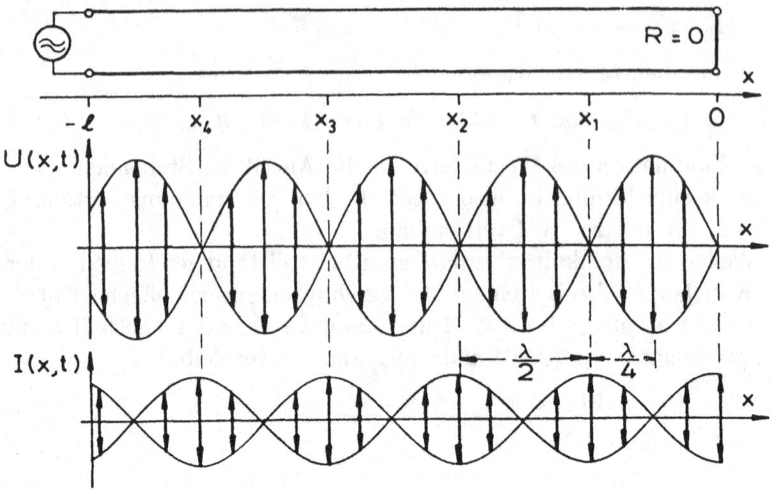

Abb. 2.18. Stehende Wellen auf einem Kabel.

entzogen. Die naheliegenden Lösungsansätze für gedämpfte Wellen, nämlich

$$U(x,t) = U_0 e^{-ax} \sin(\omega t - bx) \quad \text{und}$$
$$I(x,t) = I_0 e^{-ax} \sin(\omega t - bx)$$

genügen in der Tat den beiden Gleichungen. Für die Dämpfungskonstante a und die Wellenzahl b ergeben sich relativ komplizierte Ausdrücke. Mit den Abkürzungen

$$\frac{R^*}{\omega L^*} = x, \quad \frac{G^*}{\omega C^*} = y \qquad \text{und}$$
$$z = \omega^2 L^* C^* \sqrt{1 + x^2 + y^2 + x^2 y^2}$$

folgt

$$a^2 = \frac{1}{2}\left[z - \omega^2 L^* C^*(1 - xy)\right] \qquad \text{und}$$
$$b^2 = \frac{1}{2}\left[z + \omega^2 L^* C^*(1 - xy)\right]$$

Für ein ideales Kabel ist $x = y = 0$ und damit $z = \omega^2 L^* C^*$. Erwartungsgemäß ist dann $a = 0$ und $b^2 = \omega^2 L^* C^*$, d.h. $v = \omega/b = 1/\sqrt{L^* C^*}$. Die Größen x bzw. y sind die Quotienten aus dem Ohmschen und induktiven Widerstandsbelag bzw. Ohmschen und kapazitiven Leitwertbelag. Moderne Kabel verfügen über hochwertige Leiter- und Isolations-Materialien, so dass aus praktischer Sicht die Näherungen

$$R^* \ll \omega L^*, \quad \text{also} \quad x \ll 1 \qquad \text{und} \qquad G^* \ll \omega C^*, \quad \text{also} \quad y \ll 1$$

gerechtfertigt sind. Vernachlässigt man im Hinblick darauf in z den doppeltquadratischen Term $x^2 y^2$ gegen Eins und verwendet die in x^2 und y^2 lineare Näherung für den Wurzelausdruck, dann verbleibt

$$z = \omega^2 L^* C^* \left[1 + \frac{x^2}{2} + \frac{y^2}{2}\right]$$

Das ergibt dann

$$a^2 = \frac{\omega^2 L^* C^*}{4}(x+y)^2 \quad \text{und} \quad b^2 = \omega^2 L^* C^* \left[1 + \frac{1}{4}(x-y)^2\right]$$

oder mit der Originalbedeutung von x und y

$$a = \frac{1}{2}\left[R^* \sqrt{\frac{C^*}{L^*}} + G^* \sqrt{\frac{L^*}{C^*}}\right] \quad \text{und}$$

$$b^2 = \omega^2 L^* C^* + \frac{1}{4}\left[R^* \sqrt{\frac{C^*}{L^*}} - G^* \sqrt{\frac{L^*}{C^*}}\right]^2$$

Diese beiden Formeln enthalten zwei für die Praxis erwähnenswerte Informationen: Zum ersten liest man ab, dass die Phasengeschwindigkeit $v = \omega/b$ frequenzabhängig ist. Diese auch "Dispersion" genannte Tatsache bedingt, dass **anharmonische** Signale, also etwa Impulse oder Impulsfolgen, verformt oder verzerrt übertragen werden. Nach Auskunft des FOURIER-Theorems besitzen solche Signale ja bekanntlich ein Frequenz-**Spektrum**, dessen einzelne Anteile dann mit unterschiedlichen Geschwindigkeiten über das Kabel laufen. Als Folge davon sieht das am Kabelende empfangene Signal anders aus als das am Anfang eingespeiste. Zum zweiten stellt man fest, dass die Dämpfungskonstante a als Funktion von $u = L^*/C^*$ ein Minimum durchläuft. Bei welchem Wert u_m es auftritt, ergibt sich aus der Extremums-Bedingung

$$\left[\frac{\mathrm{d}a}{\mathrm{d}u}\right]_{u_m} = \frac{1}{2}\left[\frac{\mathrm{d}}{\mathrm{d}u}\left(R^* u^{-1/2} + G^* u^{+1/2}\right)\right]_{u_m}$$
$$= \frac{1}{2}\left[-\frac{1}{2}R^* u^{-3/2} + \frac{1}{2}G^* u^{-1/2}\right]_{u_m} = 0$$

zu $u_m = (L^*/C^*)_m = R^*/G^*$. Das Kabel hat also dann die geringste Dämpfung, wenn die Quotienten aus Induktivitäts- und Kapazitätsbelag einerseits und aus Widerstands- und Leitwertbelag andererseits gleich sind. Der Minimalwert a_m der Dämpfungskonstante eines solchen Kabels beträgt

$$a_m = \frac{1}{2}\left[R^* \sqrt{\frac{G^*}{R^*}} + G^* \sqrt{\frac{R^*}{G^*}}\right] = \sqrt{R^* G^*}$$

Für die Wellenzahl b_m unter diesen Bedingungen folgt

$$b_m^2 = \omega^2 L^* C^* + \frac{1}{4}\left[R^* \sqrt{\frac{G^*}{R^*}} - G^* \sqrt{\frac{R^*}{G^*}}\right]^2 = \omega^2 L^* C^*$$

Damit erhält man für die Phasengeschwindigkeit $v_m = \omega/b_m = (L^* C^*)^{-1/2}$. Sie ist nun unabhängig von der Frequenz und gleich der für ein ideales Kabel. Die Signalübertragung erfolgt also jetzt dispersions- oder verzerrungsfrei.

Letztendlich sei angemerkt, dass der Wellenwiderstand $Z = U_0/I_0$ bei einem realen Kabel in komplexer Schreibweise durch

$$Z = \sqrt{\frac{(R^*)^2 + (\omega L^*)^2}{(G^*)^2 + (\omega C^*)^2}} e^{i\varphi} \quad \text{mit}$$

$$\tan 2\varphi = \omega \frac{G^* L^* - R^* C^*}{R^* G^* + \omega^2 L^* C^*}$$

gegeben ist, was physikalisch bedeutet, dass die Spannungs- und die Strom-Welle phasenverschoben über das Kabel laufen.

2.7 Doppler-Effekt und Aberration bei elektromagnetischen Wellen

Ausgangspunkt der folgenden Betrachtungen sind zwei Bezugssysteme S und S', die von kartesischen Koordinaten x, y, z und x', y', z' aufgespannt werden und sich gegeneinander mit der **konstanten** Geschwindigkeit $\boldsymbol{v}$ bewegen. Ohne damit die Allgemeingültigkeit der Aussagen einzuschränken, wird angenommen,

- dass die entsprechenden Koordinatenachsen beider Systeme parallel zueinander orientiert sind,
- dass die x- und x'-Achsen zusammenfallen,
- dass die Geschwindigkeit $\boldsymbol{v}$ in x-Richtung weist und
- dass zum Zeitpunkt $t = 0$ die Ursprünge beider Koordinatensysteme zusammenfallen.

Beantwortet werden soll die Frage, wie zwei mit S und S' fest verbundene Beobachter die Eigenschaften ein und derselben ebenen elektromagnetischen Welle beurteilen, die von S aus betrachtet parallel zur $x-y$-Ebene und unter dem Neigungswinkel α gegen die $x-z$-Ebene einfällt.
Die Größe von $\boldsymbol{v}$ soll keinen Beschränkungen unterliegen. Sie kann hinaufreichen bis in das Gebiet der Phasengeschwindigkeiten elektromagnetischer Wellen, letztlich also bis zur Vakuum-Lichtgeschwindigkeit c. Beim Übergang von einem Bezugssystem zum anderen müssen dann die Gesetzmäßigkeiten der LORENTZ-Transformation angewendet werden. Sie folgen bekanntlich aus der physikalisch gesicherten Tatsache, dass in allen sich gegeneinander mit beliebiger, aber konstanter Geschwindigkeit bewegenden Bezugssystemen die Vakuum-Lichtgeschwindigkeit gleich ist. Unter den oben genannten Voraussetzungen lauten sie

$$x = \frac{x' + vt'}{\sqrt{1 - \frac{v^2}{c^2}}}, \; y = y', \; z = z' \tag{2.92}$$

für die Orts-Koordinaten und

$$t = \frac{t' + \frac{v}{c^2}x'}{\sqrt{1 - \frac{v^2}{c^2}}} \tag{2.93}$$

für die Zeit.

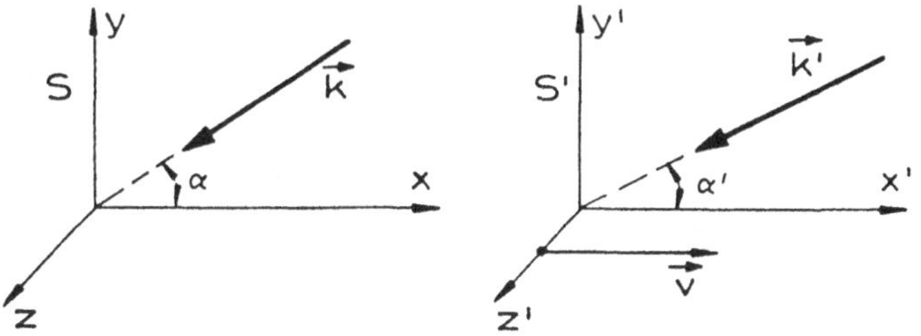

Abb. 2.19. Welle in zwei Bezugssystemen.

Im Bezugssystem S wird die einfallende ebene Welle durch die Funktion

$$\boldsymbol{E}(\boldsymbol{r}, t) = \boldsymbol{E}_0 \sin(\omega t + \boldsymbol{kr})$$

beschrieben. Der magnetische Anteil kann in den weiteren Erörterungen unberücksichtigt bleiben. Unter den genannten Voraussetzungen bezüglich der Einfallsrichtung folgt für die Komponenten des Wellenvektors $\boldsymbol{k}$

$$k_x = k\cos\alpha, \; k_y = k\sin\alpha, \; k_z = 0$$

Damit ist

$$\boldsymbol{k} \cdot \boldsymbol{r} = k_x x + k_y y + k_z z = kx\cos\alpha + ky\sin\alpha$$

und

$$\boldsymbol{E}(x, y, t) = \boldsymbol{E}_0 \sin(\omega t + kx\cos\alpha + ky\sin\alpha) \tag{2.94}$$

Von S' aus betrachtet und zunächst **rein formal** wird diese Welle durch den Ansatz

$$\boldsymbol{E}(x', y', t') = \boldsymbol{E}_0' \sin(\omega' t' + k'x'\cos\alpha' + k'y'\sin\alpha') \tag{2.95}$$

dargestellt. Welche konkreten **physikalischen** Unterschiede gegenüber (2.94) bestehen, ergibt sich durch die Übertragung von (2.94) in das S'-System mittels der LORENTZ-Beziehungen und aus dem anschließenden Vergleich des Resultats mit dem Ansatz (2.95). Einsetzen von (2.92) und (2.93) in (2.94) führt auf

$$\boldsymbol{E}(x', y', t') = \boldsymbol{E}_0' \sin\left\{\omega \frac{t' + \frac{v}{c^2}x'}{\sqrt{1 - \frac{v^2}{c^2}}} + k\frac{x' + vt'}{\sqrt{1 - \frac{v^2}{c^2}}}\cos\alpha + ky'\sin\alpha\right\}$$

$$= \boldsymbol{E}_0' \sin\left\{\frac{\omega + kv\cos\alpha}{\sqrt{1-\frac{v^2}{c^2}}}t' + \frac{k\cos\alpha + \frac{\omega v}{c^2}}{\sqrt{1-\frac{v^2}{c^2}}}x' + ky'\sin\alpha\right\}$$

Auch das ist offensichtlich eine **ebene** Welle. Der Vergleich mit (2.95) hinsichtlich der Orts- und Zeit-Abhängigkeit ergibt die drei Gleichungen

$$k'\cos\alpha' = \frac{k\cos\alpha + \frac{\omega v}{c^2}}{\sqrt{1-\frac{v^2}{c^2}}} \qquad (2.96)$$

$$k'\sin\alpha' = k\sin\alpha \qquad (2.97)$$

$$\omega' = \frac{\omega + kv\cos\alpha}{\sqrt{1-\frac{v^2}{c^2}}} \qquad (2.98)$$

zur Bestimmung von α', k' und ω'. Die Welle soll im Vakuum laufen. Also ist $k = \omega/c$. Wegen $\omega = 2\pi\nu$ folgt dann aus (2.98) für die Frequenzänderung (Doppler-Effekt)

$$\nu' = \nu\frac{1 + \frac{v}{c}\cos\alpha}{\sqrt{1-\frac{v^2}{c^2}}} \qquad (2.99)$$

Im nicht-relativistischen oder "klassischen" Grenzfall $v^2/c^2 \ll 1$ geht (2.99) über in

$$\nu_k' = \nu\left[1 + \frac{v}{c}\cos\alpha\right]$$

Diese Formel ist vom Doppler-Effekt bei Schallwellen für den Fall eines bewegten Beobachters her bekannt. Dort ist c natürlich die Schallgeschwindigkeit. Die durch (2.99) beschriebenen Zusammenhänge sind in Bild 2.20 in halblogarithmischem Maßstab dargestellt. Aufgetragen ist das Frequenzverhältnis ν'/ν als Funktion des Geschwindigkeits-Verhältnisses v/c für verschiedene Einfallswinkel. Hervorzuheben sind hierbei zwei Aspekte. Zum einen tritt auch dann eine Frequenzänderung auf, wenn sich der Beobachter **senkrecht** zur Richtung der Welle bewegt, wenn also $\alpha = 90°$ beträgt. ν' steigt hier mit v an. Diesen sogenannten **transversalen** Doppler-Effekt gibt es im klassischen Grenzfall nicht. Dagegen folgt aus (2.99) für $\alpha = 90°$

$$\nu_t' = \frac{\nu}{\sqrt{1-\frac{v^2}{c^2}}}.$$

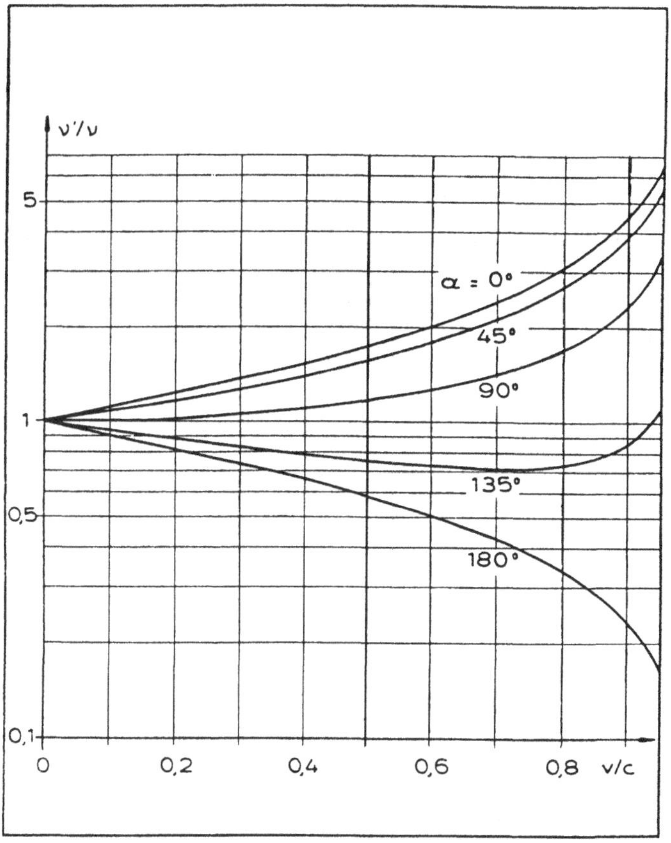

Abb. 2.20. Doppler-Effekt bei elektromagnetischen Wellen.

Mit der Frequenzänderung ist auch eine Wellenlängenänderung verknüpft. Wegen der Gleichheit der Lichtgeschwindigkeit c in beiden Systemen S und S', also wegen $\nu'\lambda' = \nu\lambda = c$ erhält man aus (2.99)

$$\lambda' = \lambda\frac{\nu}{\nu'} = \lambda\frac{\sqrt{1-\dfrac{v^2}{c^2}}}{1+\dfrac{v}{c}\cos\alpha}$$

Zum anderen durchläuft ν' als Funktion von v für den Bereich rückwärtiger Einfallswinkel $90° < \alpha < 180°$ ein Minimum, wie es das Bild 2.20 am Beispiel $\alpha = 135°$ zeigt. Dieser Punkt wird weiter unten noch genauer beleuchtet. Ein weiterer wichtiger Zusammenhang ergibt sich aus der Division von (2.97) durch (2.96). Sie liefert

$$\frac{\sin\alpha'}{\cos\alpha'} = \tan\alpha' = \sqrt{1-\frac{v^2}{c^2}}\frac{\sin\alpha}{\cos\alpha+\dfrac{\omega v}{kc^2}}$$

oder wegen $\omega/k = c$

$$\tan\alpha' = \sqrt{1-\frac{v^2}{c^2}}\,\frac{\sin\alpha}{\cos\alpha + \dfrac{v}{c}} \tag{2.100}$$

Der mit S' verbundene Beobachter sieht also die Welle im allgemeinen aus einer geänderten Richtung kommend, d.h. es ist $\alpha' \neq \alpha$. "Im allgemeinen" soll heißen: Es gibt zwei Ausnahmen. Kommt im S-System die Welle direkt von vorne ($\alpha = 0°, \sin\alpha = 0$) oder direkt von hinten ($\alpha = 180°, \sin\alpha = 0$), dann bleibt es auch im S'-System so, d.h. es ist ebenfalls $\alpha' = 0$ bzw. $\alpha' = 180°$. Abgesehen von diesen Grenzfällen nimmt α' mit wachsender Geschwindigkeit v ab, wie es das Bild 2.21 für verschiedene Einfallswinkel α zeigt.

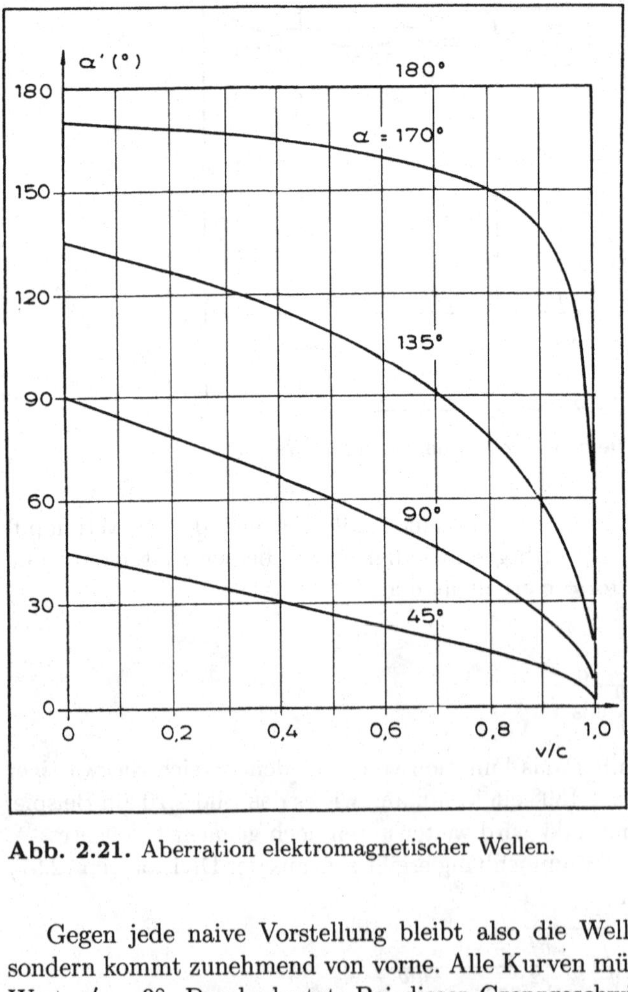

Abb. 2.21. Aberration elektromagnetischer Wellen.

Gegen jede naive Vorstellung bleibt also die Welle nicht etwa zurück, sondern kommt zunehmend von vorne. Alle Kurven münden bei $v = c$ in den Wert $\alpha' = 0°$. Das bedeutet: Bei dieser Grenzgeschwindigkeit kommen im

S'-System alle Wellen von vorne, unabhängig davon, unter welchem Winkel α sie im S-System einfallen. Die hier beschriebene Erscheinung heißt die (relativistische) **Aberration** elektromagnetischer Wellen.
Zwischen dem Minimum von ν' als Funktion von v beim Doppler-Effekt, auf das bereits hingewiesen wurde, und der Aberration besteht eine einfache Verbindung, die nachfolgend erläutert wird. Die Bedingung für ein Minimum der Funktion $\nu' = f(v/c)$ – Maximum gibt es hier nicht – lautet bekanntlich

$$[\mathrm{d}\nu'/\mathrm{d}(v/c)]_{v=v_m} = 0 \tag{2.101}$$

v_m bezeichnet diejenige Geschwindigkeit, bei der das Minimum auftritt. Die Differentiation von (2.99) nach v/c liefert

$$\begin{aligned}
\frac{\mathrm{d}\nu'}{\mathrm{d}(v/c)} &= \frac{\nu\cos\alpha}{\sqrt{1-\dfrac{v^2}{c^2}}} + \frac{\nu\left[1+\dfrac{v}{c}\cos\alpha\right]\dfrac{v}{c}}{\left[1-\dfrac{v^2}{c^2}\right]^{3/2}} \\
&= \frac{\nu}{\left[1-\dfrac{v^2}{c^2}\right]^{3/2}}\left[\left(1-\frac{v^2}{c^2}\right)\cos\alpha+\frac{v}{c}+\frac{v^2}{c^2}\cos\alpha\right] \\
&= \frac{\nu}{\left[1-\dfrac{v^2}{c^2}\right]^{3/2}}\left[\cos\alpha+\frac{v}{c}\right]
\end{aligned}$$

Die Minimums-Bedingung (2.101) führt damit auf

$$\cos\alpha + \frac{v_m}{c} = 0 \qquad \text{oder} \qquad \frac{v_m}{c} = -\cos\alpha \tag{2.102}$$

Verabredungsgemäß bewegt sich S' in Richtung wachsender x-Werte. v/c ist also positiv. Die Frequenzminima treten somit nur bei negativen Werten von $\cos\alpha$ auf, vom System S aus betrachtet, also nur bei rückwärtigem Einfall der Welle ($90° < \alpha < 180°$). Die Minimalfrequenz $\nu'_m = \nu'(v_m)$ selbst erhält man mit (2.102) aus (2.99) zu

$$\nu'_m = \nu\sqrt{1-\frac{v_m^2}{c^2}}$$

oder wegen $v_m^2/c^2 = \cos^2\alpha = 1-\sin^2\alpha$ zu

$$\nu'_m = \nu\sin\alpha$$

Einsetzen von (2.102) in die Aberrationsformel (2.100) ergibt

$$\tan\alpha'_m = \infty \qquad \text{oder} \qquad \alpha'_m = 90°$$

Das Frequenzminimum tritt somit immer genau dann auf, wenn im S'-System der Einfallswinkel die 90°-Marke passiert, wenn also die Einfallsrichtung der Welle vom Rückwärts- in den Vorwärts-Bereich umschlägt. Bild 2.22 zeigt die hier geschilderten Zusammenhänge für den Fall $\alpha = 140°$.

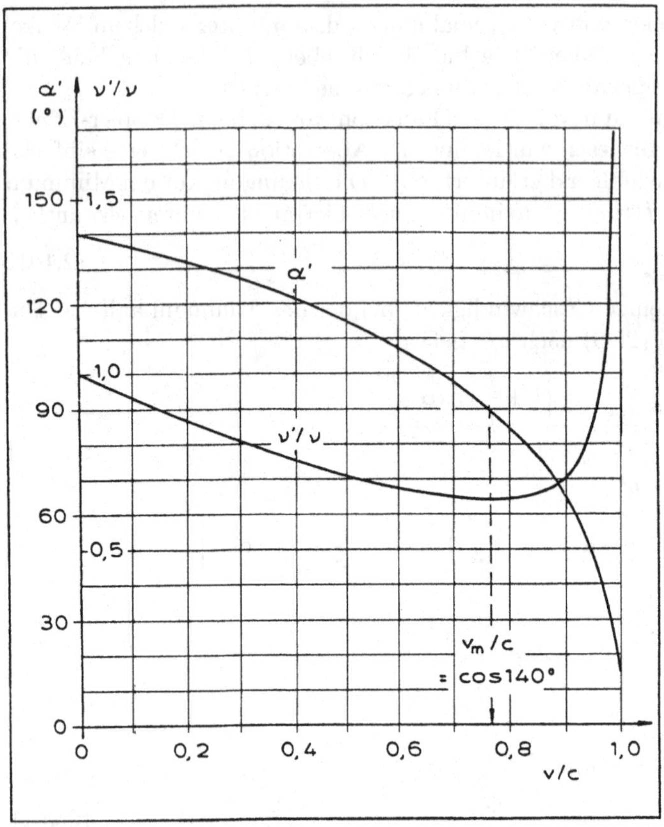

Abb. 2.22. Zusammenhang zwischen Doppler-Effekt und Aberration bei elektromagnetischen Wellen

Bild 2.23 schließlich soll anhand eines einfachen Beispiels ein anschauliches Bild zur Auswirkung der Aberration vermitteln. Dargestellt sind sechs Richtungsdiagramme. Die Punkte auf den jeweiligen Kreisen symbolisieren beispielsweise die Positionen von Sternen am Firmament. Als Folge der Aberration kontrahiert sich mit wachsender Geschwindigkeit v zunehmend der gesamte Sternenhimmel in Fahrtrichtung. Lediglich der "Rückwärts-Stern" behält seine Position. Von einem Raumfahrzeug aus, dessen Geschwindigkeit nicht mehr vernachlässigbar klein gegen die Lichtgeschwindigkeit ist, wird aufgrund dieser Erscheinung die Navigation nach Sternposition erschwert oder gar unmöglich gemacht. Bei einer solchen Raumfahrt-Mission tritt aber noch ein weiteres grundsätzliches Problem auf: Infolge des Doppler-Effekts verschiebt sich das Emissionsspektrum des Sternenlichts. Das bedingt nicht nur eine Veränderung der "Farben" der Sterne, sondern kann soweit führen, dass ursprünglich sichtbare Sterne unsichtbar werden und ursprünglich unsichtbare sichtbar.

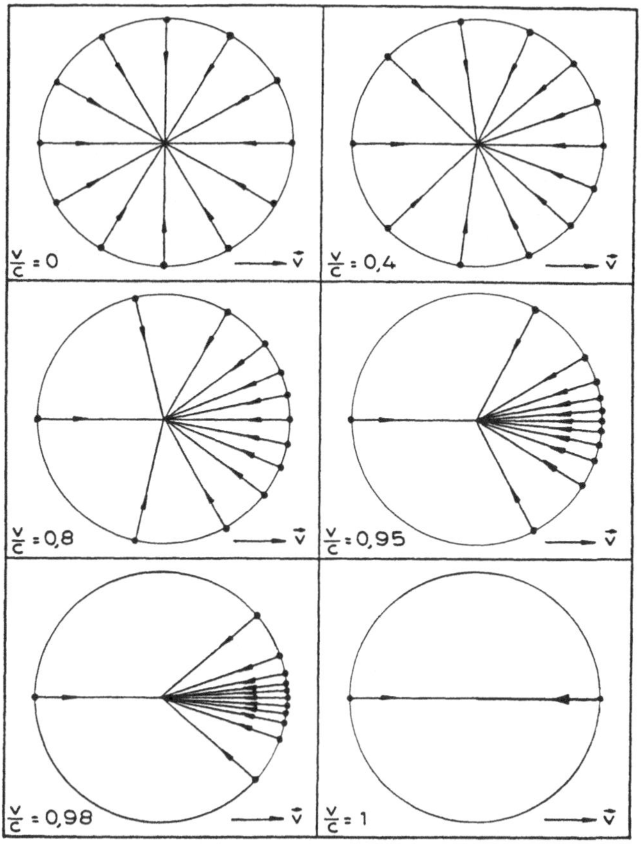

Abb. 2.23. Beispiel zur Aberration des Lichts. "Schrumpfung" des Sternenhimmels in Fahrtrichtung.

2.8 Entstehung elektromagnetischer Wellen

2.8.1 Potentiale zeitabhängiger Raumladungs- und Strom-Dichteverteilungen

Es muss nun endlich die Frage diskutiert werden, wie oder wann oder unter welchen grundsätzlichen Voraussetzungen elektromagnetische Wellen überhaupt entstehen oder technisch erzeugt werden können. Eines ist klar: Von **ruhenden** Ladungen oder von **stationären** Raumladungs- bzw. Strom-Dichteverteilungen $\varrho(\boldsymbol{r})$ bzw. $\boldsymbol{j}(\boldsymbol{r})$ können keine Wellen ausgehen. Sie führen zu **statischen** $\boldsymbol{E}$- bzw. $\boldsymbol{B}$-Feldern. Den Ursprung für die Ausbildung von Wellen aber können nur zeitlich veränderliche Felder bilden, wie sie von entsprechend bewegten Ladungen bzw. zeitlich variierenden Verteilungen $\varrho(\boldsymbol{r},t)$ oder $\boldsymbol{j}(\boldsymbol{r},t)$ generiert werden.

Feldstärken werden im allgemeinen über geeignete Vektor-Operationen aus Potentialen berechnet. Bekanntlich kann ein wirbelfreies Vektorfeld $\boldsymbol{a}$, also

ein solches mit rot $\boldsymbol{a} = 0$, über die Operation $\boldsymbol{a} = -$ grad ψ aus einem skalaren Potential ψ ermittelt werden. Beispiele solcher "Gradienten-Felder" sind das Feld konservativer Kräfte $\boldsymbol{F}(\boldsymbol{r})$ und das elektrostatische Feld $\boldsymbol{E}(\boldsymbol{r})$. Im ersten Fall ist ψ die potentielle Energie W_p, im zweiten das elektrostatische Potential φ. Wegen rot(grad ψ) $= 0$ ist die Wirbelfreiheit dann stets garantiert. Ein Magnetfeld dagegen ist selbst im statischen Fall nicht allgemein wirbelfrei. Seine Wirbelstärke ist hier nach Maßgabe des sogenannten AMPEREschen Satzes rot $\boldsymbol{B}(\boldsymbol{r}) = \mu \boldsymbol{j}(\boldsymbol{r})$ proportional zur (stationären) Stromdichte. Allenfalls in Isolatoren oder im Vakuum, wo zwangsläufig $\boldsymbol{j} = 0$ sein muss und folglich rot $\boldsymbol{B} = 0$ ist, ließe sich $\boldsymbol{B}$ durch Gradientenbildung aus einem skalaren Potential gewinnen. Generell jedoch geht das nicht.
Nun ist aber grundsätzlich, also auch bei zeitabhängigen Vorgängen, das $\boldsymbol{B}$-Feld quellenfrei, d.h. es gilt stets div $\boldsymbol{B} = 0$. Das macht es möglich, $\boldsymbol{B}$ über die Beziehung

$$\boldsymbol{B} = \mathrm{rot}\boldsymbol{A} \tag{2.103}$$

aus einem Vektorfeld $\boldsymbol{A}$, dem sogenannten **Vektorpotential**, abzuleiten. Wegen div(rot $\boldsymbol{A}$) $= 0$ bleibt die Quellenfreiheit von $\boldsymbol{B}$ gewahrt. Die MAXWELL-Gleichung (2.3) führt dann auf

$$\mathrm{rot}\ \boldsymbol{E} = -\frac{\partial \boldsymbol{B}}{\partial t} = -\frac{\partial}{\partial t}(\mathrm{rot}\ \boldsymbol{A}) = \mathrm{rot}\left[-\frac{\partial \boldsymbol{A}}{\partial t}\right]$$

oder

$$\mathrm{rot}\left[\boldsymbol{E} + \frac{\partial \boldsymbol{A}}{\partial t}\right] = 0$$

Der Vektor $\boldsymbol{E} + \partial \boldsymbol{A}/\partial t$ ist also wirbelfrei und damit gemäß

$$\boldsymbol{E} + \frac{\partial \boldsymbol{A}}{\partial t} = -\mathrm{grad}\ \varphi$$

durch ein Skalar-Potential φ darstellbar. Anders als im statischen Fall ist

$$\boldsymbol{E} = -\mathrm{grad}\ \varphi - \frac{\partial \boldsymbol{A}}{\partial t} \tag{2.104}$$

hier kein reines Gradientenfeld. Das kann auch nicht sein, da $\boldsymbol{E}$ nicht wirbelfrei ist. Für die Quellstärke von $\boldsymbol{E}$ erhält man

$$\mathrm{div}\ \boldsymbol{E} = \frac{\varrho}{\varepsilon} = -\mathrm{div}(\mathrm{grad}\ \varphi) - \frac{\partial}{\partial t}(\mathrm{div}\ \boldsymbol{A})$$

und wegen div(grad φ) $= \Delta\varphi$ als Zusammenhang zwischen den Potentialen und der Raumladungsdichte

$$\Delta\varphi + \frac{\partial}{\partial t}(\mathrm{div}\boldsymbol{A}) = -\frac{\varrho}{\varepsilon} \tag{2.105}$$

Für den entsprechenden Zusammenhang mit der Stromdichte ergibt sich mit (2.103) und (2.104) aus der vorangehenden MAXWELL-Gleichung (2.45)

$$\text{rot}(\text{rot}\,\boldsymbol{A}) = \varepsilon\mu\frac{\partial}{\partial t}\left[-\text{grad}\,\varphi - \frac{\partial \boldsymbol{A}}{\partial t}\right] + \mu\boldsymbol{j}$$
$$= -\varepsilon\mu\text{grad}\left[\frac{\partial\varphi}{\partial t}\right] - \varepsilon\mu\frac{\partial^2\boldsymbol{A}}{\partial t^2} + \mu\boldsymbol{j}$$

oder wegen $\text{rot}(\text{rot}\,\boldsymbol{A}) = \text{grad}(\text{div}\,\boldsymbol{A}) - \Delta\boldsymbol{A}$ und $\varepsilon\mu = 1/v^2$

$$\Delta\boldsymbol{A} - \frac{1}{v^2}\frac{\partial^2\boldsymbol{A}}{\partial t^2} - \frac{1}{v^2}\text{grad}\left[\frac{\partial\varphi}{\partial t} + v^2\text{div}\,\boldsymbol{A}\right] = -\mu\boldsymbol{j} \qquad (2.106)$$

Durch (2.103) wird nur über die Wirbel des Vektorpotentials $\boldsymbol{A}$ verfügt. Die Vektoranalysis lehrt aber, dass ein Vektorfeld erst dann eindeutig festgelegt ist, wenn seine Wirbel **und** Quellen vorgegeben sind. Über die Quellen von $\boldsymbol{A}$ kann also noch frei und nach Belieben verfügt werden, ohne dass die bisher gewonnenen physikalischen Aussagen dadurch angetastet werden. In dem hier diskutierten Zusammenhang ist es üblich und zweckmäßig, die Übereinkunft

$$\text{div}\,\boldsymbol{A} = -\frac{1}{v^2}\frac{\partial\varphi}{\partial t}$$

zu treffen. Sie heißt **Lorentz-Eichung** des Vektorpotentials oder auch **Lorentz-Konvention**. Damit gehen (2.105) und (2.106) über in

$$\Delta\varphi - \frac{1}{v^2}\frac{\partial^2\varphi}{\partial t^2} = -\frac{\varrho}{\varepsilon} \qquad (2.107)$$

und

$$\Delta\boldsymbol{A} - \frac{1}{v^2}\frac{\partial^2\boldsymbol{A}}{\partial t^2} = -\mu\boldsymbol{j} \qquad (2.108)$$

Beide Differentialgleichungen sind mathematisch vom selben Typ. Aus ihnen lassen sich nun bei vorgegebenen Raumladungs- bzw. Strom-Dichteverteilungen $\varrho(\boldsymbol{r},t)$ bzw. $\boldsymbol{j}(\boldsymbol{r},t)$ die Potentiale $\varphi(\boldsymbol{r},t)$ bzw. $\boldsymbol{A}(\boldsymbol{r},t)$ und anschließend gemäß (2.104) und (2.103) die Feldstärken $\boldsymbol{E}(\boldsymbol{r},t)$ und $\boldsymbol{B}(\boldsymbol{r},t)$ berechnen. Wie es sich gehört, gehen im **stationären**, also zeitunabhängigen Fall (2.107) und (2.108) in die vertrauten Potentialgleichungen

$$\Delta\varphi(\boldsymbol{r}) = -\frac{\varrho(\boldsymbol{r})}{\varepsilon} \qquad \text{und} \qquad \Delta\boldsymbol{A}(\boldsymbol{r}) = -\mu\boldsymbol{j}(\boldsymbol{r}) \qquad (2.109)$$

aus der Elektro- bzw. Magneto-Statik über.

Die bekannten Lösungen von (2.109) einerseits und die gesuchten Lösungen von (2.107) und (2.108) andererseits weisen bezüglich ihrer äußeren Form große Ähnlichkeiten auf, wie gleich noch erläutert wird. Speziell im Hinblick auf die hinzukommende Zeitabhängigkeit allerdings gibt es einen grundlegend wichtigen und anschaulich deutbaren Unterschied. Um diesen deutlich zu machen, werde zunächst an die Lösungen von (2.109) erinnert.

Es sei $\boldsymbol{R}$ der Ortsvektor eines Volumenelements dV innerhalb einer Ladungswolke mit dem Volumen V_0 und der Raumladungsdichte $\varrho(\boldsymbol{R})$. Die in $\mathrm{d}V$ eingeschlossene Ladung $\mathrm{d}q(\boldsymbol{R}) = \varrho(\boldsymbol{R})\cdot\,\mathrm{d}V$ liefert zum (elektrischen) Potential in einem Aufpunkt P mit dem Ortsvektor $\boldsymbol{r}$ den Beitrag

$$d\varphi(\boldsymbol{r}) = \frac{1}{4\pi\varepsilon}\frac{dq(\boldsymbol{R})}{|\boldsymbol{r}-\boldsymbol{R}|}$$

wobei $\boldsymbol{r} - \boldsymbol{R}$ der von dV zum Aufpunkt P weisende Vektor ist. Die gesamte Ladungswolke erzeugt also in P das Potential

$$\varphi(\boldsymbol{r}) = \frac{1}{4\pi\varepsilon}\int_{V_0}\frac{\varrho(\boldsymbol{R})}{|\boldsymbol{r}-\boldsymbol{R}|}\cdot dV \tag{2.110}$$

Entsprechend erhält man für das von einer stationären Stromdichteverteilung $\boldsymbol{j}(\boldsymbol{R})$ verursachte Vektorpotential

$$\boldsymbol{A}(\boldsymbol{r}) = \frac{\mu}{4\pi}\int_{V_0}\frac{\boldsymbol{j}(\boldsymbol{R})}{|\boldsymbol{r}-\boldsymbol{R}|}\cdot dV \tag{2.111}$$

Ist nun die Raumladungsdichte **zeitabhängig**, ist also $\varrho = \varrho(\boldsymbol{R}, t)$, dann sind das selbstverständlich auch die Potentialbeiträge der einzelnen Volumenelemente dV im Aufpunkt P. **Aber**: Bedingt durch die **endliche** Geschwindigkeit v, mit der sich zeitliche Änderungen in einem Medium ausbreiten, registriert der Beobachter in P die Auswirkungen der in dV ablaufenden Änderungen mit einer Verspätung von $\Delta t = |\boldsymbol{r} - \boldsymbol{R}|/v$. Die Ursache für Potentialänderungen in P liegt also zeitlich um Δt zurück, d.h. es ist

$$d\varphi(\boldsymbol{r}, t) = \frac{1}{4\pi\varepsilon}\frac{\varrho\left[\boldsymbol{R}, t - \dfrac{|\boldsymbol{r}-\boldsymbol{R}|}{v}\right]}{|\boldsymbol{r}-\boldsymbol{R}|}\cdot dV$$

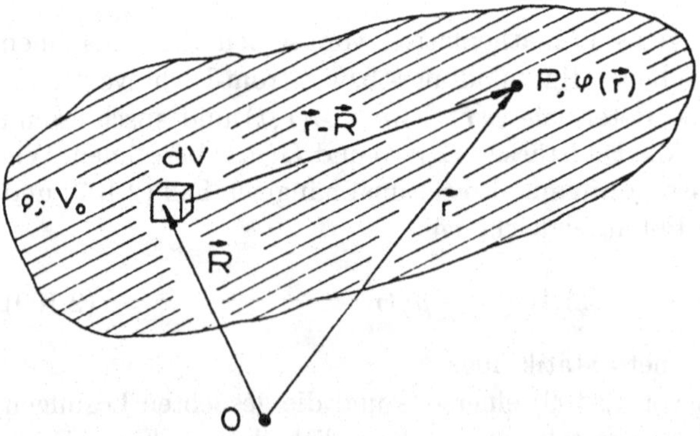

Abb. 2.24. Zum Potential einer Ladungswolke.

Entsprechendes gilt für das Vektorpotential einer zeitabhängigen Stromdichteverteilung. Damit folgt für die Potentiale

$$\varphi(\boldsymbol{r}, t) = \frac{1}{4\pi\varepsilon}\int_{V_0}\frac{\varrho\left[\boldsymbol{R}, t - \dfrac{|\boldsymbol{r}-\boldsymbol{R}|}{v}\right]}{|\boldsymbol{r}-\boldsymbol{R}|}\cdot dV \tag{2.112}$$

und

$$\boldsymbol{A}(\boldsymbol{r},t) = \frac{\mu}{4\pi} \int\limits_{V_0} \frac{\boldsymbol{j}\left[\boldsymbol{R}, t - \frac{|\boldsymbol{r}-\boldsymbol{R}|}{v}\right]}{|\boldsymbol{r}-\boldsymbol{R}|} \cdot \mathrm{d}V \tag{2.113}$$

Sie werden wegen der für sie typischen Zeitabhängigkeit auch **retardierte** ("verzögerte" oder "verspätete") Potentiale genannt. Natürliche kann man auf streng mathematischem Wege zeigen, dass die Potentiale (2.110), (2.111), (2.112) und (2.113) Lösungen der Potentialgleichungen (2.109), (2.107) und (2.108) sind.

2.8.2 Elektromagnetische Wellen von bewegten Punktladungen

Im folgenden Abschnitt wird erörtert, unter welchen Bedingungen eine bewegte Punktladung elektromagnetische Wellen oder – etwas allgemeiner ausgedrückt – elektromagnetische Strahlung emittiert und welche Eigenschaften diese Strahlung hat. Ausgangspunkt der Betrachtungen sind die retardierten Potentiale $\varphi(\boldsymbol{r},t)$ und $\boldsymbol{A}(\boldsymbol{r},t)$ gemäß (2.112) und (2.113). Der exakte und konsequente mathematische Weg zur Berechnung der Feldstärken $\boldsymbol{E}(\boldsymbol{r},t)$ und $\boldsymbol{B}(\boldsymbol{r},t)$ aus diesen Potentialen ist relativ aufwendig und soll hier nur grob skizziert werden.

Als erstes Problem erhebt sich die Frage: Wie kann man eine sich bewegende **punktförmige** Ladung q durch eine Raumladungs-**Dichte** ϱ bzw. eine Strom-**Dichte** $\boldsymbol{j}$ beschreiben oder darstellen? Man braucht ja ϱ und $\boldsymbol{j}$, will man von (2.112) und (2.113) aus starten. Die Antwort läßt sich mit Hilfe der DIRACschen Delta-Funktion $\delta(x)$ formulieren, die zwar eine "Funktion" genannt wird, von den Mathematikern aber zur Klasse der sogenannten "Distributionen" gezählt wird. Ihre Grundeigenschaften seien kurz in Erinnerung gerufen: Es ist

$$\delta(x-a) = 0 \qquad \text{für} \qquad x \neq a$$

und undefiniert für $x = a$. Wohldefiniert dagegen ist das Integral über die Funktion, und zwar gilt

$$\int \delta(x-a) \cdot \mathrm{d}x = 1$$

wenn $x = a$ innerhalb des Integrationsbereichs liegt. Wenn nicht, ist das Integral natürlich gleich Null. Aus diesen Eigenschaften folgt insbesondere der wichtige Zusammenhang

$$\int f(x)\delta(x-a) \cdot \mathrm{d}x = f(a)$$

Die Funktion $\delta(x-a)$ filtert also gewissermaßen aus einer anderen beliebigen Funktion $f(x)$ per Integration den Wert $f(a)$ heraus, wiederum falls $x = a$

vom Integrationsintervall überdeckt wird. Die Erweiterung auf mehrere Dimensionen gelingt mittels des Produkts aus entsprechend vielen eindimensionalen δ-Funktionen. Hat ein Aufpunkt P die Koordinaten x_0, y_0, z_0 bzw. den Ortsvektor $\boldsymbol{r}_0$, dann ist

$$\delta(x-x_0)\delta(y-y_0)\delta(z-z_0) \equiv \delta^3(\boldsymbol{r}-\boldsymbol{r}_0) = 0 \quad \text{für} \quad \boldsymbol{r} \neq \boldsymbol{r}_0$$

und, falls P innerhalb des Integrationsvolumens V_0 liegt,

$$\int\limits_{V_0} \delta^3(\boldsymbol{r}-\boldsymbol{r}_0) \cdot \mathrm{d}V = 1 \quad \text{bzw.} \quad \int\limits_{V_0} f(\boldsymbol{r})\delta^3(\boldsymbol{r}-\boldsymbol{r}_0) \cdot \mathrm{d}V = f(\boldsymbol{r}_0) \tag{2.114}$$

Nun zurück zur physikalischen Fragestellung: Angenommen werde eine Ansammlung von N **Punktladungen** q_i im Vakuum oder in einem Medium mit $\varepsilon_r = \mu_r = 1(\varepsilon \to \varepsilon_0;\ \mu \to \mu_0)$ an den Orten $\boldsymbol{R}_i$ innerhalb eines Volumens V_0. Sie erzeugt in einem Aufpunkt P am Ort $\boldsymbol{r}$ das elektrostatische Potential

$$\varphi(\boldsymbol{r}) = \frac{1}{4\pi\varepsilon_0} \sum_{i=1}^{N} \frac{q_i}{|\boldsymbol{r}-\boldsymbol{R}_i|}$$

Die einzelnen Summanden lassen sich mit Hilfe der δ-Funktion als Integrale schreiben. Gemäß (2.114) gilt nämlich

$$\frac{q_i}{|\boldsymbol{r}-\boldsymbol{R}_i|} = \int\limits_{V_0} \frac{q_i\delta^3(\boldsymbol{R}-\boldsymbol{R}_i)}{|\boldsymbol{r}-\boldsymbol{R}|} \cdot \mathrm{d}V$$

Damit folgt

$$\begin{aligned}
\varphi(\boldsymbol{r}) &= \frac{1}{4\pi\varepsilon_0} \sum_{i=1}^{N} \left[\int\limits_{V_0} \frac{q_i\delta^3(\boldsymbol{R}-\boldsymbol{R}_i)}{|\boldsymbol{r}-\boldsymbol{R}|} \cdot \mathrm{d}V \right] \\
&= \frac{1}{4\pi\varepsilon_0} \int\limits_{V_0} \left[\sum_{i=1}^{N} \frac{q_i\delta^3(\boldsymbol{R}-\boldsymbol{R}_i)}{|\boldsymbol{r}-\boldsymbol{R}|} \right] \cdot \mathrm{d}V \\
&= \frac{1}{4\pi\varepsilon_0} \int\limits_{V_0} \frac{\sum\limits_{i=1}^{N} q_i\delta^3(\boldsymbol{R}-\boldsymbol{R}_i)}{|\boldsymbol{r}-\boldsymbol{R}|} \cdot \mathrm{d}V
\end{aligned}$$

Der Vergleich mit dem Ausdruck (2.110) für das Potential einer "kontinuierlichen" Ladungswolke zeigt nun, dass ein System von Punktladungen durch die Raumladungsdichte

$$\varrho(\boldsymbol{R}) = \sum_{i=1}^{N} q_i\delta^3(\boldsymbol{R}-\boldsymbol{R}_i)$$

repräsentiert wird. Für eine **einzelne** Punktladung q am Ort $\boldsymbol{R}_0$ erhält man somit als äquivalente Raumladungsdichte

$$\varrho_e(\boldsymbol{R}) = q\delta^3(\boldsymbol{R} - \boldsymbol{R}_0) \tag{2.115}$$

Aus analogen Überlegungen erhält man für die (stationäre) Stromdichte einer sich mit der Geschwindigkeit $\boldsymbol{v}(\boldsymbol{R}_o)$ bewegenden Punktladung

$$\boldsymbol{j}_e(\boldsymbol{R}) = q\boldsymbol{v}\delta^3(\boldsymbol{R} - \boldsymbol{R}_0) \tag{2.116}$$

(**Anmerkung**: Fürderhin bedeutet $\boldsymbol{v}$ die Geschwindigkeit der **Punktladung**, nicht etwa die Phasengeschwindigkeit einer Welle. Letztere ist, da $\varepsilon_r = \mu_r = 1$ vorausgesetzt wird, gleich der Vakuumlichtgeschwindigkeit c.) Das Teilchen mit der Ladung q soll sich nun längs einer durch $\boldsymbol{R}_0(t)$ beschriebenen Bahn mit der Geschwindigkeit $\boldsymbol{v}(t)$ und der Beschleunigung $\boldsymbol{a}(t) = \mathrm{d}\boldsymbol{v}(t)/\mathrm{d}t$ bewegen.

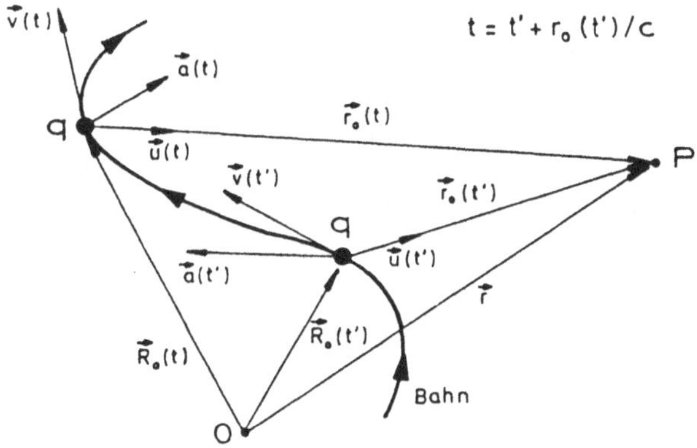

Abb. 2.25. Zum Potential einer bewegten Punktladung.

Über $\boldsymbol{R}_0(t)$ und $\boldsymbol{v}(t)$ sind dann auch die Dichten $\varrho_e(t)$ und $\boldsymbol{j}_e$ explizit von der Zeit abhängig. Um nach (2.112) und (2.113) die Potentiale φ und $\boldsymbol{A}$ ausrechnen zu können, muss jetzt noch in einem nächsten Schritt der Retardierungs-Effekt eingebaut werden. Das geht wieder durch Multiplikation mit einer entsprechend zeitabhängigen δ-Funktion, nämlich mit $\delta([t - r_0(t')/c] - t')$. Wie man ihrem Argument ansieht, trägt sie der Tatsache Rechnung, dass die Zeitskalen bezüglich der Teilchenbewegung einerseits (t') und bezüglich der Potentialänderungen im Aufpunkt P andererseits (t) um die Zeit $\Delta t = r_0(t')/c$ gegeneinander verschoben sind, wobei abkürzend $\boldsymbol{r}_0 = \boldsymbol{r} - \boldsymbol{R}_0$ den vom Teilchen zum Aufpunkt weisenden Ortsvektor bezeichnet. Damit gehen (2.115) und (2.116) über in

$$\varrho_e(\boldsymbol{R}, t - r_0/c) = q\delta^3\left[\boldsymbol{R} - \boldsymbol{R}_0(t')\right]\delta\left[t - t' - r_o(t')/c\right]$$

und

$$\boldsymbol{j}_e(\boldsymbol{R}, t - r_0/c) = q\boldsymbol{v}(t')\delta^3\left[\boldsymbol{R} - \boldsymbol{R}_0(t')\right]\delta\left[t - t' - r_0(t')/c\right]$$

Allerdings muss hier auf folgendes hingewiesen werden: Diese Darstellung ist insofern nicht ganz einwandfrei, als die letzte δ-Funktion, welche die Retardierung regeln soll, erst dann zur Wirkung kommen kann, wenn nach Einsetzen der obigen Ausdrücke in die Potential-Formeln (2.112) und (2.113) außer über das Volumen V_0 zusätzlich auch noch über die Zeit t' integriert worden ist. In diesem Sinne folgt dann für die Potentiale

$$\varphi(\boldsymbol{r},t) = \frac{1}{4\pi\varepsilon_0} \int\limits_{V_0} \int\limits_{\Delta t_0} \frac{q\delta^3\left[\boldsymbol{R}-\boldsymbol{R}_0(t')\right]\delta\left[t-t'-r_0(t')/c\right]}{|\boldsymbol{r}-\boldsymbol{R}|} \cdot \mathrm{d}V \cdot \mathrm{d}t'$$

und

$$\boldsymbol{A}(\boldsymbol{r},t) = \frac{\mu_0}{4\pi} \int\limits_{V_0} \int\limits_{\Delta t_0} \frac{q\boldsymbol{v}(t')\delta^3\left[\boldsymbol{R}-\boldsymbol{R}_0(t')\right]\delta\left[t-t'-r_0(t')/c\right]}{|\boldsymbol{r}-\boldsymbol{R}|} \cdot \mathrm{d}V \cdot \mathrm{d}t'$$

Das Integrations-Zeitintervall Δt_0 soll stets so groß sein, dass es während des ganzen Bewegungsablaufs innerhalb von V_0 die Beobachtungszeit t im Aufpunkt P voll überdeckt. Aufgrund der Eigenschaft (2.114) der δ-Funktion ist die Integration über V_0 leicht ausführbar. Sie ergibt einfach die Funktion $f(\boldsymbol{R}) = q/|\boldsymbol{r}-\boldsymbol{R}|$ an der Stelle $\boldsymbol{R} = R_0(t')$, also $q/|\boldsymbol{r}-\boldsymbol{R}_0(t')| = q/r_0(t')$. Damit ist

$$\varphi(\boldsymbol{r},t) = \frac{q}{4\pi\varepsilon_0} \int\limits_{\Delta t_0} \frac{\delta\left[t-t'-r_0(t')/c\right]}{r_0(t')} \cdot \mathrm{d}t'$$

und

$$\boldsymbol{A}(\boldsymbol{r},t) = \frac{\mu_0 q}{4\pi} \int\limits_{\Delta t_0} \frac{\boldsymbol{v}(t')\delta\left[t-t'-r_0(t')/c\right]}{r_0(t')} \cdot \mathrm{d}t'$$

Die nun noch erforderliche Integration über t' ist deutlich schwieriger durchführbar, was daran liegt, dass auch r_0 und $\boldsymbol{v}$ von t' abhängen. Sie gelingt letztlich durch eine geschickte Substitution der Integrationsvariablen. Das aber und die anschließende Berechnung der Feldstärken nach (2.103) und (2.104) sollen hier nicht weiter erläutert werden. Stattdessen werden die Ergebnisse nur angegeben und nachfolgend ausführlich diskutiert.
Zunächst zeigt sich generell, dass sich die Feldstärken gemäß

$$\boldsymbol{E}(\boldsymbol{r},t) = \boldsymbol{E}_v(\boldsymbol{r},t) + \boldsymbol{E}_a(\boldsymbol{r},t) \quad \text{und} \quad \boldsymbol{B}(\boldsymbol{r},t) = \boldsymbol{B}_v(\boldsymbol{r},t) + \boldsymbol{B}_a(\boldsymbol{r},t)$$

additiv aus jeweils zwei Anteilen zusammensetzen. Dabei ist das "Geschwindigkeits-Feld" $\boldsymbol{E}_v, \boldsymbol{B}_v$ **nur** von der Teilchengeschwindigkeit $\boldsymbol{v}$, das "Beschleunigungs-Feld" $\boldsymbol{E}_a, \boldsymbol{B}_a$ **zusätzlich** von der Teilchenbeschleunigung $\boldsymbol{a}$ abhängig. Im Detail gilt

$$\boldsymbol{E}_v(\boldsymbol{r},t) = \frac{q}{4\pi\varepsilon_0}\left[\frac{1-\beta^2}{r_0^2}\frac{\boldsymbol{u}-\boldsymbol{\beta}}{(1-\boldsymbol{\beta}\cdot\boldsymbol{u})^3}\right]_{t'} \qquad (2.117)$$

$$\boldsymbol{B}_v(\boldsymbol{r},t) = \frac{1}{c}\left[\boldsymbol{\beta}\times\boldsymbol{E}_v\right]_{t'} \qquad (2.118)$$

$$\boldsymbol{E}_a(\boldsymbol{r},t) = \frac{\mu_0 q}{4\pi}\left[\frac{1}{r_0}\frac{\boldsymbol{u}\times[(\boldsymbol{u}-\boldsymbol{\beta})\times\boldsymbol{a}]}{(1-\boldsymbol{\beta}\cdot\boldsymbol{u})^3}\right]_{t'} \tag{2.119}$$

$$\boldsymbol{B}_a(\boldsymbol{r},t) = \frac{1}{c}\,[\boldsymbol{u}\times\boldsymbol{E}_a]_{t'} \tag{2.120}$$

Dabei ist $\boldsymbol{\beta} = \boldsymbol{v}/c$ und $\boldsymbol{u} = \boldsymbol{r}_0/r_0$ der vom Teilchen zum Aufpunkt weisende Einheitsvektor. Der Index t' soll ausdrücklich betonen, dass sich die für die Teilchenbewegung charakteristischen Größen $\boldsymbol{r}_0, \boldsymbol{u}, \boldsymbol{\beta}$ und $\boldsymbol{a}$ auf die (retardierte) Zeit $t' = t - r_0(t')/c$ beziehen. Er wird im folgenden – wo nicht unbedingt erforderlich – der Einfachheit halber weggelassen.
Ein bemerkenswerter Unterschied zwischen dem Geschwindigkeits- und dem Beschleunigungs-Feld besteht darin, dass ersteres mit r_0^2 abfällt, wie das statische Feld einer Punktladung, letzteres dagegen nur mit r_0, wie das Feld in einer Kugelwelle. In beiden Fällen stehen $\boldsymbol{E}$ und $\boldsymbol{B}$ senkrecht aufeinander.

2.8.3 Spezialfälle

Elektromagnetisches Feld einer gleichförmig bewegten Punktladung Für ein gleichförmig bewegtes Teilchen ist $\boldsymbol{v} = c\cdot\boldsymbol{\beta}$ konstant, also $\boldsymbol{a} = 0$, und damit auch gemäß (2.119) und (2.120) $\boldsymbol{E}_a = \boldsymbol{B}_a = 0$. Nach (2.117) ist die Richtung des $\boldsymbol{E}$-Feldes die des Vektors $\boldsymbol{u}(t') - \boldsymbol{\beta}$. Welche Richtung das ist, ersieht man sofort, wenn man von der retardierten Zeit t' zur momentanen Zeit t übergeht.

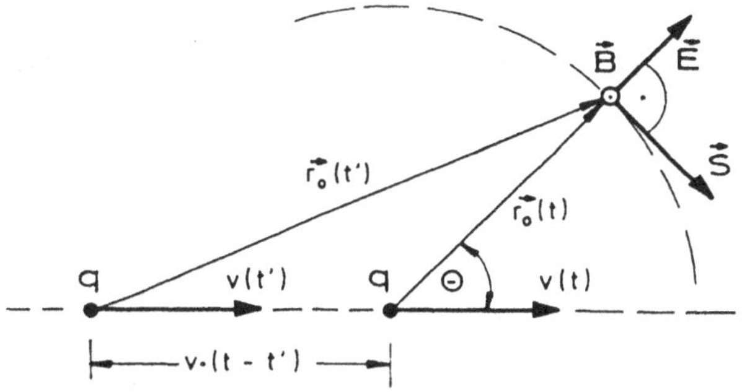

Abb. 2.26. Gleichförmig bewegte Punktladung und Feld-Geometrie.

Da $\boldsymbol{v}$ konstant, also $\boldsymbol{v}(t) = \boldsymbol{v}(t')$ ist, legt das Teilchen in der Zeitspanne $t - t' = r_0(t')/c$ die Strecke $vr_0(t')/c$ zurück. Damit ist (siehe Bild 2.26)

$$\boldsymbol{v}r_0(t')/c = r_0(t')\boldsymbol{\beta} = \boldsymbol{r}_0(t') - \boldsymbol{r}_0(t) \quad \text{oder} \quad \boldsymbol{u}(t') - \boldsymbol{\beta} = \boldsymbol{r}_0(t)/r_0(t')$$

Also ergibt sich

$$\boldsymbol{E}_v(\boldsymbol{r},t) = \frac{q}{4\pi\epsilon_0}\frac{1-\beta^2}{(r_0 - \boldsymbol{\beta}\cdot\boldsymbol{r}_0)^3_{t'}}\boldsymbol{r}_0(t) \tag{2.121}$$

Die Feldrichtung ist somit die des **momentanen** Ortsvektors $\boldsymbol{r}_0(t)$. Bezüglich der Momentanposition der Ladung q ist das $\boldsymbol{E}$-Feld folglich ein reines **Radialfeld**. Durch Anwendung des bekannten Kosinus-Satzes der Trigonometrie auf das Dreieck, dessen Eckpunkte der Aufpunkt und die beiden Ladungspositionen zu den Zeiten t' und t sind, läßt sich auch der Nenner von (2.121) von t' auf t transformieren. Das führt auf

$$\boldsymbol{E}_v(\boldsymbol{r},t) = \frac{q}{4\pi\epsilon_0}\frac{1-\beta^2}{(1-\beta^2\sin^2\Theta)^{3/2}}\frac{\boldsymbol{u}}{r_0^2} \tag{2.122}$$

Dabei ist Θ der Winkel zwischen der Geschwindigkeit $\boldsymbol{v}$ und dem Ortsvektor $\boldsymbol{r}_0$ bzw. $\boldsymbol{u}$.
Für die Feldkomponente E_p **parallel** zu $\boldsymbol{v}$ ergibt sich mit $\Theta = 0°$ bzw. $180°$

$$E_p = \frac{q}{4\pi\epsilon_0}\frac{1-\beta^2}{r_0^2}$$

Sie nimmt mit wachsender Geschwindigkeit $v = c\beta$ ab.
Für die Komponente E_s **senkrecht** zu $\boldsymbol{v}$ erhält man mit $\Theta = 90°$ bzw. $270°$

$$E_s = \frac{q}{4\pi\epsilon_0}\frac{1}{r_0^2}\cdot\frac{1}{\sqrt{1-\beta^2}}$$

Sie wächst mit steigender Geschwindigkeit.
Im Grenzfall $v \to c$, also $\beta \to 1$, geht E_p gegen Null und E_s gegen Unendlich.
Für $v = 0(\beta = 0)$ folgt zusammen mit (2.118)

$$\boldsymbol{E}_v = \frac{q}{4\pi\epsilon_0}\frac{\boldsymbol{u}}{r_0^2} \qquad \text{und} \qquad \boldsymbol{B}_v = 0$$

also das vertraute kugelsymmetrische Coulomb-Feld einer ruhenden Punktladung.

In Bild 2.27 ist die Winkelverteilung der elektrischen Feldstärke (2.122) für verschiedene ausgewählte Geschwindigkeiten dargestellt. Mit wachsendem v wird die anfänglich isotrope Verteilung in zunehmendem Maße in Richtung der Bewegung zusammengestaucht bzw. abgeplattet.
Der Vollständigkeit halber sei darauf hingewiesen, dass sich (2.122) auch durch die Anwendung der LORENTZ-Transformation auf elektromagnetische Felder gewinnen läßt, also auf der Grundlage der Aussagen der Speziellen Relativitätstheorie.
Die hier interessierende Frage, ob bei dieser Teilchenbewegung eine elektromagnetische Welle abgestrahlt wird, kann mit einem klaren "Nein" beantwortet werden. Der Beweis für diese Behauptung bedarf keinerlei Rechnerei. Das ergibt sich einfach aus den Feld-Orientierungen. Das $\boldsymbol{E}$-Feld ist ein **Radial**-Feld. Nach (2.118) ist dann das $\boldsymbol{B}$-Feld ein **Tangential**-Feld. Das Feld des POYNTING-Vektors (2.17), nämlich $\boldsymbol{S} = \boldsymbol{E} \times \boldsymbol{B}/\mu_0$, ist folglich ebenfalls ein **Tangential**-Feld, wie es Bild 2.26 andeutet. Damit aber ist der Fluss von $\boldsymbol{S}$ durch jede die Ladung umschließende Fläche gleich Null. Nach Auskunft des POYNTINGschen Satzes (2.18) bzw. seiner integralen Form wird somit

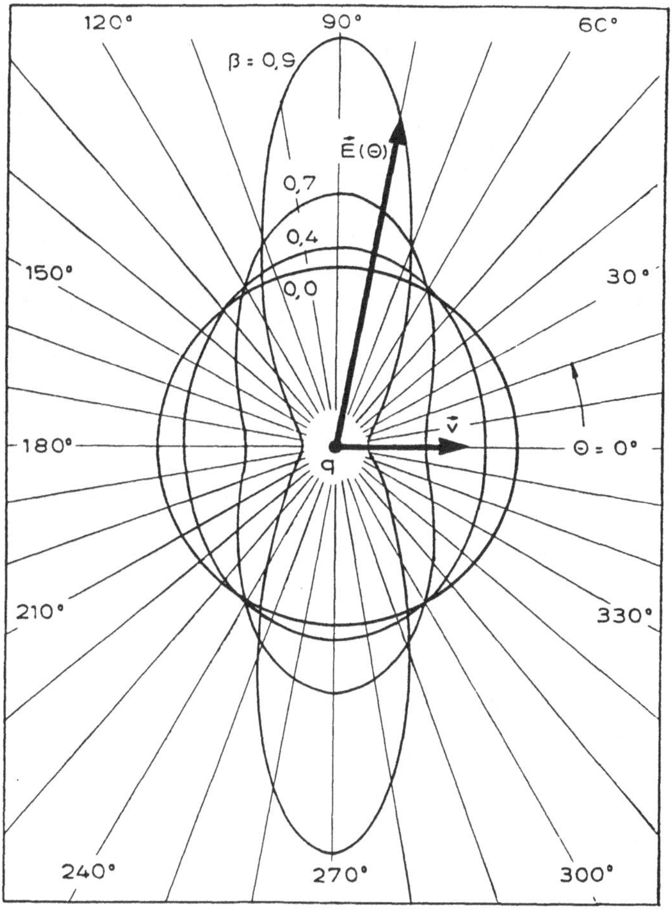

Abb. 2.27. Winkelabhängigkeit der elektrischen Feldstärke um eine gleichförmig bewegte Punktladung für verschiedene Geschwindigkeiten.

keinerlei elektromagnetische Energie aus dem von der Fläche umschlossenen Volumen herausgetragen. Das Fazit lautet also: Von einer **gleichförmig bewegten** Ladung wird **keine** elektromagnetische Welle emittiert.

Elektromagnetisches Feld einer geradlinig beschleunigten Punktladung Nach den Erörterungen des vorangehenden Abschnitts liefert das Geschwindigkeitsfeld keinen Beitrag zur Abstrahlung einer elektromagnetischen Welle. Also braucht im folgenden nur das Beschleunigungsfeld betrachtet zu werden.

Aus (2.119) folgt zunächst – bis auf $\boldsymbol{E}_a$ selbst alles in t'-Größen ausgedrückt

$$\boldsymbol{E}_a(\boldsymbol{r},t) = \frac{\mu_0 q}{4\pi}\frac{1}{r_0}\frac{\boldsymbol{u}\times(\boldsymbol{u}\times\boldsymbol{a}-\boldsymbol{\beta}\times\boldsymbol{a})}{(1-\boldsymbol{\beta}\cdot\boldsymbol{u})^3}$$

Bei einer geradlinigen Bewegung sind $\boldsymbol{v}$ bzw. $\boldsymbol{\beta}$ und $\boldsymbol{a}$ parallel zueinander. Also ist $\boldsymbol{\beta} \times \boldsymbol{a} = 0$, und es verbleibt

$$\boldsymbol{E}_a(\boldsymbol{r},t) = \frac{\mu_0 q}{4\pi} \frac{1}{r_0} \frac{\boldsymbol{u} \times (\boldsymbol{u} \times \boldsymbol{a})}{(1 - \boldsymbol{\beta} \cdot \boldsymbol{u})^3} \tag{2.123}$$

Von der retardierten Teilchenposition aus gesehen, ist der Vektor $\boldsymbol{u} \times \boldsymbol{a}$ tangential gerichtet. Der Vektor $\boldsymbol{u} \times (\boldsymbol{u} \times \boldsymbol{a})$ ist es dann ebenfalls, steht aber senkrecht zum ersten. Folglich sind das $\boldsymbol{E}$-Feld und somit gemäß (2.120) auch das $\boldsymbol{B}$-Feld **Tangential**-Felder, wobei $\boldsymbol{E}_a$ in der von $\boldsymbol{u}$ und $\boldsymbol{a}$ aufgespannten Ebene liegt, während $\boldsymbol{B}_a$ senkrecht auf ihr steht, und zwar so, dass der POYNTING-Vektor $\boldsymbol{S}$ in Richtung von $\boldsymbol{u}$, d.h. radial nach außen weist. Sein Fluss durch eine die Ladung umschließende Fläche wird nun also von Null verschieden und zudem positiv sein, so dass bereits aus diesen qualitativen Betrachtungen gefolgert werden kann, dass bei der hier erörterten Teilchenbewegung elektromagnetische Strahlung emittiert werden muss. Bild 2.28 erläutert anschaulich die Vektor-Orientierungen. Da über die Zeitabhängigkeit $a(t)$ der Beschleunigung quantitativ nichts vorausgesetzt wird, kann eine konkrete Transformation von der t'- auf die t-Skala nicht durchgeführt werden, weil die vom Teilchen in der Zeitspanne t' bis t durchlaufene Strecke Δs explizit nicht angegeben werden kann.

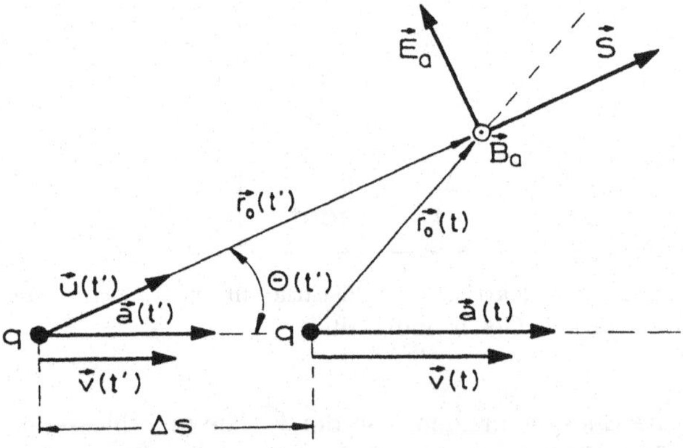

Abb. 2.28. Geradlinig beschleunigte Ladung und Feld-Geometrie.

Für den POYNTING-Vektor folgt mit (2.120) und unter Anwendung der entsprechenden Formeln für die Umformung eines doppelten Vektorprodukts

$$\begin{aligned}\boldsymbol{S}(\boldsymbol{r},t) &= \frac{1}{\mu_0} \boldsymbol{E}_a \times \boldsymbol{B}_a = \frac{1}{\mu_0} \boldsymbol{E}_a \times \left[\frac{1}{c} \boldsymbol{u} \times \boldsymbol{E}_a\right] \\ &= \frac{1}{\mu_0 c} \left[\boldsymbol{u}(\boldsymbol{E}_a \cdot \boldsymbol{E}_a) - \boldsymbol{E}_a(\boldsymbol{E}_a \cdot \boldsymbol{u})\right]\end{aligned}$$

Da $\boldsymbol{E}_a$ und $\boldsymbol{u}$ senkrecht aufeinander stehen, ist $\boldsymbol{E}_a \cdot \boldsymbol{u} = 0$, so dass

$$S = \frac{1}{\mu_0 c}|\boldsymbol{E}_a|^2 \boldsymbol{u} = \frac{1}{\mu_0 c} E_a^2 \boldsymbol{u}$$

verbleibt. Wegen $|\boldsymbol{u} \times (\boldsymbol{u} \times \boldsymbol{a})| = |\boldsymbol{u} \times \boldsymbol{a}|$ folgt dann mit (2.123)

$$\boldsymbol{S} = \frac{\mu_0 q^2}{16\pi^2 c} \frac{1}{r_0^2} \frac{|\boldsymbol{u} \times \boldsymbol{a}|^2}{(1 - \boldsymbol{\beta} \cdot \boldsymbol{u})^6} \boldsymbol{u}$$

Bezeichnet Θ den Winkel zwischen $\boldsymbol{a}$ bzw. $\boldsymbol{v}$ und $\boldsymbol{r}_0$ bzw. $\boldsymbol{u}$ (siehe Bild 2.28), dann ist wegen $|\boldsymbol{u} \times \boldsymbol{a}| = a \sin\Theta$ und $\boldsymbol{\beta} \cdot \boldsymbol{u} = \beta \cos\Theta$

$$\boldsymbol{S} = \frac{\mu_0 q^2}{16\pi^2 c} \frac{a^2}{r_0^2} \frac{\sin^2\Theta}{(1 - \beta\cos\Theta)^6} \boldsymbol{u} \tag{2.124}$$

Wie im Abschnitt 2.2 erläutert wurde, ist der Betrag S des POYNTING-Vektors gleichbedeutend mit der Intensität $I = \mathrm{d}^2 W/(\mathrm{d}A \cdot \mathrm{d}t)$. Ein senkrecht zu $\boldsymbol{S}$ orientiertes Flächenelement dA im Aufpunkt erscheint aus der Sicht der (retardierten) Teilchenposition unter dem Raumwinkel $\mathrm{d}\,\Omega = \mathrm{d}A/r_0^2(t')$.

Der durch die Teilchenbewegung erzeugte und auf $\mathrm{d}\Omega$ bezogene Energiestrom beträgt dann

$$\begin{aligned} L(t') &= \frac{\mathrm{d}^2 W}{\mathrm{d}t' \cdot \mathrm{d}\Omega} = \frac{\mathrm{d}^2 W}{\mathrm{d}t' \cdot \mathrm{d}A} r_0^2(t') = \frac{\mathrm{d}^2 W}{\mathrm{d}A \cdot \mathrm{d}t} \cdot \frac{\mathrm{d}t}{\mathrm{d}t'} r_0^2(t') \\ &= I(\boldsymbol{r}, t) \frac{\mathrm{d}t}{\mathrm{d}t'} r_0^2(t') = S(\boldsymbol{r}, t) r_0^2(t') \cdot \frac{\mathrm{d}t}{\mathrm{d}t'} \end{aligned} \tag{2.125}$$

Bezeichnen x_0, y_0 und z_0 die Komponenten von $\boldsymbol{r}_0(t')$, dann folgt

$$\begin{aligned} \frac{\mathrm{d}t}{\mathrm{d}t'} &= \frac{\mathrm{d}}{\mathrm{d}t'}\left[t' + \frac{r_0(t')}{c}\right] = 1 + \frac{1}{c}\frac{\mathrm{d}r_0(t')}{\mathrm{d}t'} \\ &= 1 + \frac{1}{c}\frac{\mathrm{d}}{\mathrm{d}t'}\sqrt{x_0^2 + y_0^2 + z_0^2} \\ &= 1 + \frac{1}{c}\frac{1}{2r_0(t')}\left[2x_0\frac{\mathrm{d}x_0}{\mathrm{d}t'} + 2y_0\frac{\mathrm{d}y_0}{\mathrm{d}t'} + 2z_0\frac{\mathrm{d}z_0}{\mathrm{d}t'}\right] \\ &= 1 + \frac{1}{c r_0(t')}\boldsymbol{r}_0(t')\frac{\mathrm{d}\boldsymbol{r}_0(t')}{\mathrm{d}t'} \end{aligned}$$

Da $\boldsymbol{r}_0(t') = \boldsymbol{r} - \boldsymbol{R}_0(t')$ und $\boldsymbol{r}$ als Ortsvektor eines **vorgegebenen** Aufpunktes von t' unabhängig ist, ergibt sich

$$\frac{\mathrm{d}\boldsymbol{r}_0(t')}{\mathrm{d}t'} = \frac{\mathrm{d}}{\mathrm{d}t'}[\boldsymbol{r} - \boldsymbol{R}_0(t')] = -\frac{\mathrm{d}\boldsymbol{R}_0(t')}{\mathrm{d}t'} = -\boldsymbol{v}(t')$$

Damit ist

$$\frac{\mathrm{d}t}{\mathrm{d}t'} = 1 - \frac{\boldsymbol{v}(t')}{c} \cdot \frac{\boldsymbol{r}_0(t')}{r_0(t')} = 1 - \boldsymbol{\beta}(t') \cdot \boldsymbol{u}(t') = 1 - \beta(t')\cos\Theta$$

Einsetzen dieses Ergebnisses in (2.125) zusammen mit dem Betrag von (2.124) führt dann unter Fortlassung der Funktionsargumente auf

$$L = \frac{\mu_0 q^2}{16\pi^2 c} a^2 \frac{\sin^2\Theta}{(1 - \beta\cos\Theta)^5} \tag{2.126}$$

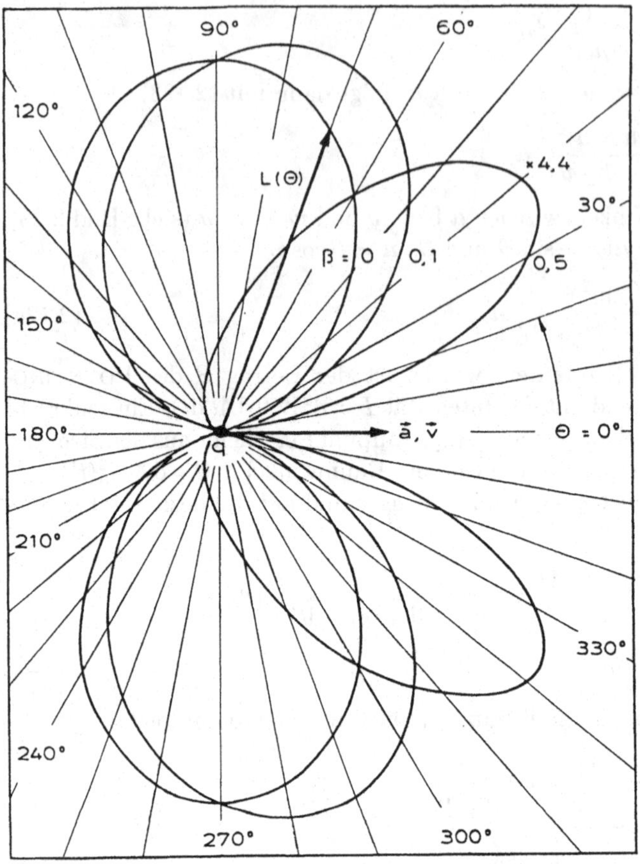

Abb. 2.29. Winkelabhängigkeit der Emission elektromagnetischer Strahlung durch eine geradlinig beschleunigte Ladung.

Die Größe L wird zuweilen auch kurz die "Abstrahlung" genannt. Erwähnenswert sind die folgenden Grundmerkmale:

Die Beschleunigung a geht quadratisch ein. Ihr Vorzeichen spielt also keine Rolle. Eine "echte" Beschleunigung oder eine entsprechend große Abbremsung führen zum gleichen Effekt.

Die Abstrahlung unter $\Theta = 90°(\sin\Theta = 1;\ \cos\Theta = 0)$ ist von β , also der Geschwindigkeit, unabhängig, und zwar gilt:

$$L(90°) = \frac{\mu_0 q^2}{16\pi^2 c} a^2$$

Bei **kleinen** Geschwindigkeiten, die eine Vernachlässigung des Produkts $\beta \cos\Theta$ gegen Eins rechtfertigen, geht (2.126) in die sogenannte **Larmor-Formel**

$$L_0 = \frac{\mu_0 q^2}{16\pi^2 c} a^2 \sin^2\Theta$$

über. In diesem Grenzbereich ist die Abstrahlung maximal **senkrecht** zur Richtung der Beschleunigung.
Wie die Geschwindigkeit die Winkelverteilung $L(\Theta)$ beeinflusst zeigt Bild 2.29 in Polarkoordinaten-Darstellung. Hierbei ist zu beachten, dass die Verteilung für $\beta = 0.5$ um rund den Faktor 4.4 gestaucht werden musste, damit sie "auf's Papier passt".

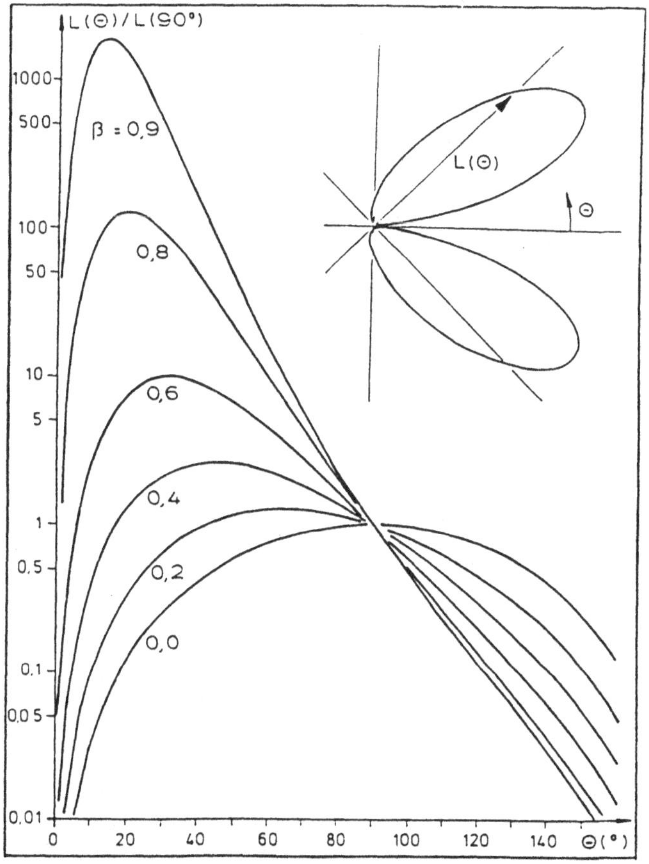

Abb. 2.30. Winkelabhängigkeit der Emission elektromagnetischer Strahlung durch eine geradlinig beschleunigte Ladung für einen erweiterten Geschwindigkeitsbereich in halblogarithmischer Darstellung.

Mit wachsendem $v = \beta c$ erfolgt also die Abstrahlung zunehmend in Vorwärtsrichtung, wobei aber stets $L(0°) = 0$ bleibt. Eine Darstellung dieser Winkelabhängigkeit über einen wesentlich erweiterten Geschwindigkeitsbereich von $\beta = 0.0$ bis hinauf zu $\beta = 0.9$ bietet Bild 2.30, nun aber in einer anderen, nämlich halblogarithmischen Auftragung. Aufgezeichnet ist das Verhältnis $L(\Theta)/L(90°)$ als Funktion von Θ. Klar erkennbar ist das mit steigendem β steile Anwachsen des Maximums um mehr als drei Größenordnungen in dem hier erfassten β-Bereich, die Verschiebung des Maximums zu kleineren Winkeln hin und der allen Kurven gemeinsame Wert bei $\Theta = 90°$. Die Eigenschaften des Maximums, also dessen Winkellage Θ_m und dessen Höhe $L(\Theta_m) = L_m$ lassen sich in bekannter Weise aus der Forderung $[\mathrm{d}L(\Theta)/\mathrm{d}\Theta]_{\Theta_m} = 0$ ermitteln. Die Differentiation von (2.126) nach Θ ergibt

$$\frac{1}{L(90°)}\frac{dL}{d\Theta} = \frac{2\sin\Theta\cos\Theta}{(1-\beta\cos\Theta)^5} - \frac{5\beta\sin^3\Theta}{(1-\beta\cos\Theta)^6}$$

Damit führt die Maximums-Bedingung auf

$$2\cos\Theta_m(1-\beta\cos\Theta_m) - 5\beta\sin^2\Theta_m = 0$$

bzw.

$$3\beta\cos^2\Theta_m + 2\cos\Theta_m - 5\beta = 0$$

Die Auflösung dieser in $\cos\Theta_m$ quadratischen Gleichung liefert dann schließlich

$$\Theta_m = \arccos\frac{\sqrt{1+15\beta^2}-1}{3\beta}$$

Nach Einsetzen in (2.126) und einigen einfachen Umrechnungen erhält man für die Höhe des Maximums

$$L_m = 54L(90°)\frac{\sqrt{1+15\beta^2}-3\beta^2-1}{\beta^2(4-\sqrt{1+15\beta^2})^5}$$

Die beiden hier erhaltenen Ausdrücke sind, was den Einfluss der Geschwindigkeit anlangt, recht unübersichtlich. Ihre Abhängigkeit von β ist nicht so unmittelbar zu erkennen. Deswegen sind in Bild 2.31 die Funktionen $\Theta_m(\beta)$ und $L_m(\beta)/L(90°)$ graphisch dargestellt, und zwar Θ_m in linearer und $L_m/L(90°)$ in logarithmischer Auftragung.
Für $\beta \to 1$, also $v \to c$, läuft Θ_m gegen Null und $L_m/L(90°)$ gegen Unendlich. Den in den gesamten Raumwinkel 4π abgestrahlten Energiestrom erhält man durch Integration von (2.126) über Θ von 0 bis π. Das Ergebnis lautet

$$\frac{\mathrm{d}W}{\mathrm{d}t} = \frac{\mu_0 q^2}{6\pi c}\frac{a^2}{(1-\beta^2)^3} \tag{2.127}$$

Abschließend sei vermerkt, dass die hier diskutierte elektromagnetische Strahlung beispielsweise als sogenannter Bremsstrahlungs-Anteil in der von RÖNTGEN-Röhren erzeugten (RÖNTGEN-) Strahlung auftritt. In solchen Röhren werden ja bekanntlich von einer Glühkathode erzeugte Elektronen mittels einer elektrischen Spannung auf eine Anode, die sogenannte “Antikathode”, geschossen und dort abgebremst.

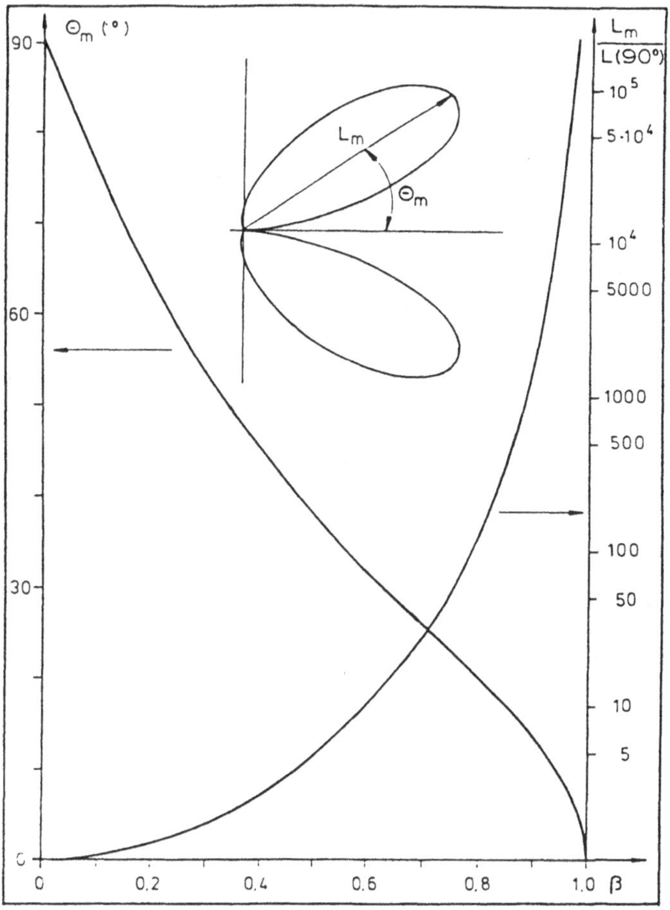

Abb. 2.31. Elektromagnetische Strahlung von einer geradlinig beschleunigten Ladung: Maximalwert der Abstrahlung und zugehöriger Emissionswinkel.

Elektromagnetisches Feld einer gleichförmig kreisförmig bewegten Punktladung Ein auf einer Kreisbahn mit konstanter Winkelgeschwindigkeit umlaufendes Teilchen erfährt bekanntlich eine zum Kreismittelpunkt M weisende (Radial) Beschleunigung $\boldsymbol{a}$ konstanten Betrages. Seine Geschwindigkeit $\boldsymbol{v}$ ist tangential gerichtet und ebenfalls von konstantem Betrag. $\boldsymbol{a}$ und $\boldsymbol{v}$ stehen also senkrecht aufeinander. Beide Vektoren liegen in der Kreisebene. Bild 2.32 erläutert die geometrischen Verhältnisse.

Die Ausdrücke (2.119) und (2.120) für die Feldstärken können hier nicht weiter vereinfacht werden. Für den POYNTING-Vektor erhält man dann – anschließend an (2.124)

$$\boldsymbol{S} = \frac{\mu_0 q^2}{16\pi^2 c} \frac{1}{r_0^2} \frac{|\boldsymbol{u} \times [(\boldsymbol{u} - \boldsymbol{\beta}) \times \boldsymbol{a}]|^2}{(1 - \boldsymbol{\beta} \cdot \boldsymbol{u})^6} \boldsymbol{u}$$

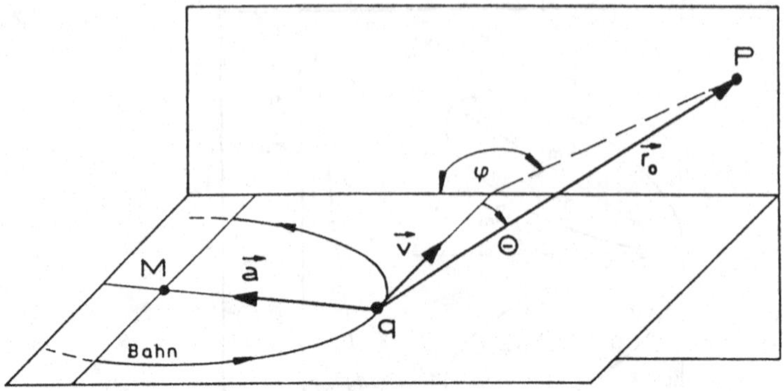

Abb. 2.32. Gleichförmig kreisförmig bewegte Punktladung.

Nach wie vor ist $\boldsymbol{u}$ der Einheitsvektor des Ortsvektors $\boldsymbol{r}_0(t')$ von der sich bewegenden Ladung q zum Aufpunkt P. Allein die Erkenntnis, dass $\boldsymbol{S}$ die Richtung von $\boldsymbol{u}$ hat, genügt bereits als Beweis dafür, dass auch eine gleichförmig auf einer Kreisbahn umlaufende Ladung elektromagnetische Strahlung emittiert. Anders aber als im vorangehend behandelten Fall erfolgt die Abstrahlung hier nicht mehr rotationssymmetrisch zur $\boldsymbol{v}$-Richtung. Sie hängt außer vom Polarwinkel Θ zwischen $\boldsymbol{v}$ bzw. $\boldsymbol{\beta}$ und $\boldsymbol{u}$ bzw. $\boldsymbol{r}_0$ auch noch vom Azimutwinkel φ ab (siehe Bild 2.32). Aus $\boldsymbol{S}$ erhält man nach ähnlichen Umrechnungen, wie sie im vorstehenden Abschnitt durchgeführt wurden,

$$L(\Theta,\varphi) = \frac{\mu_0 q^2}{16\pi^2 c} a^2 \frac{(1-\beta\cos\Theta)^2 - (1-\beta^2)\sin^2\Theta\cos^2\varphi}{(1-\beta\cos\Theta)^5} \tag{2.128}$$

Vernachlässigt man β bzw. $\beta\cos\Theta$ gegen Eins, dann ergibt sich mit der Abkürzung

$$L^* = \frac{\mu_0 q^2}{16\pi^2 c} a^2$$

als Näherungsformel für den Grenzfall kleiner Geschwindigkeiten ($v \ll c$)

$$L_0(\Theta,\varphi) = L^*(1-\sin^2\Theta\cos^2\varphi) \tag{2.129}$$

Die wesentlichsten oder interessantesten Merkmale der Abstrahlungs-Charakteristik ersieht man aus der Abstrahlung $L(\Theta)$ in der von $\boldsymbol{v}$ und $\boldsymbol{a}$ aufgespannten Ebene, also in der Kreisebene. Für $\varphi = 0°$ bzw. $180°$, also für $\cos^2\varphi = 1$, gehen (2.128) und (2.129) über in

$$L(\Theta) = L^* \frac{(1-\beta\cos\Theta)^2 - (1-\beta^2)\sin^2\Theta}{(1-\beta\cos\Theta)^5} \tag{2.130}$$

und

$$L_0(\Theta) = L^*(1-\sin^2\Theta) = L^*\cos^2\Theta \tag{2.131}$$

Für die Abstrahlung in Vorwärtsrichtung ($\Theta = 0°, \cos\Theta = 1, \sin\Theta = 0$) bzw. in Rückwärtsrichtung ($\Theta = 180°, \cos\Theta = -1, \sin\Theta = 0$), folgt daraus

$$L(0^\circ) = \frac{L^*}{(1-\beta)^3} \qquad \text{bzw.} \qquad L(180^\circ) = \frac{L^*}{(1+\beta)^3}$$

Während also mit steigendem β, also wachsender Geschwindigkeit, $L(0^\circ)$ zunehmend steil anwächst und für $\beta \to 1$ rasch gegen Unendlich strebt, fällt $L(180^\circ)$ mit β und nähert sich für $\beta \to 1$ dem Grenzwert $L^*/8$.
Die in (2.130) enthaltenen Aussagen über die Richtungs-Charakteristik der Abstrahlung in der Bewegungsebene sind in Bild 2.33 für einige ausgewählte Fälle zusammengestellt. Das Polardiagramm zeigt die Winkelverteilung $L(\Theta)$ für $\beta = 0.3$. Selbst bei dieser noch relativ kleinen Geschwindigkeit dominiert bereits klar ersichtlich die Vorwärts-Emission. Der rückwärtige Anteil verkümmert mit zunehmendem β rasch zu einem bedeutungslosen und vernachlässigbaren Appendix. Für diesen und drei weitere β-Werte sind ferner in halblogarithmischer Auftragung die Relativ-Werte $L(\Theta)/L^*$ dargestellt. Bei jeder der vier Kurven erkennt man deutlich die durch jeweils eine Nullstelle voneinander getrennten Vorwärts- bzw. Rückwärts-Anteile. Die Nullstellen markieren diejenigen Winkel, unter denen keine Strahlung emittiert wird. Wegen der logarithmisch eingeteilten Ordinate werden sie natürlich rein graphisch nicht erreicht bzw. erfasst. Die Kurve für $\beta = 0$ ist gemäß (2.129) eine $\cos^2\Theta$-Verteilung, also symmetrisch zur Nullstelle bei $\Theta = 90^\circ$. Mit steigendem β wandern die Nullstellen zu kleineren Winkeln hin, was bedeutet, dass die Emissions-"Keule" in Vorwärtsrichtung nicht nur immer länger, sondern auch immer schmaler wird. Bezeichnet $\Delta\Theta = |\Theta_1 - \Theta_2|$ dasjenige zu $\Theta = 0^\circ$ symmetrische Winkelintervall, dessen Grenzen durch $L(\Theta_1) = L(\Theta_2) = L(0^\circ)/2$ festgelegt sind ("Halbwertsbreite der Keule"), dann liest man aus den Kurvenverläufen die runden Werte $\Delta\Theta = 102^\circ$ für $\beta = 0$ und $\Delta\Theta = 16^\circ$ für $\beta = 0.9$ ab, wobei sich gleichzeitig die Vorwärtsabstrahlung $L(0^\circ)$ um den Faktor 1000 vergrößert hat. Mit $\beta \to 1$ läuft $\Delta\Theta$ gegen Null. Die Vorwärtskeule geht dann immer mehr in einen "scharfen" Strahl über. Für Geschwindigkeiten nahe bei c, also für β nahe bei Eins, gilt näherungsweise $\Delta\Theta \approx \sqrt{1-\beta^2}$ rad.

Durch Integration von (2.128) über Θ und φ ergibt sich der in den gesamten Raumwinkel 4π abgestrahlte Energiestrom zu

$$\frac{\mathrm{d}W}{\mathrm{d}t} = \frac{\mu_0 q^2}{6\pi c} \frac{a^2}{(1-\beta^2)^2} \qquad (2.132)$$

Der Vergleich mit (2.127) zeigt, dass der Energiestrom bei einer geradlinig beschleunigten Ladung schneller mit β anwächst als bei einer radial beschleunigten.

Die hier behandelte Strahlung heißt aus naheliegenden Gründen **Synchrotron-Strahlung**. Synchrotrons sind Teilchenbeschleuniger, bei denen die zu beschleunigenden geladenen Teilchen – vorwiegend Elektronen oder Protonen – mittels Ablenkmagneten auf geschlossenen kreisähnlichen Bahnen geführt und auf Zwischenabschnitten mittels longitudinaler elektrischer Hochfrequenzfelder auf die gewünschte Endenergie gebracht werden. Die

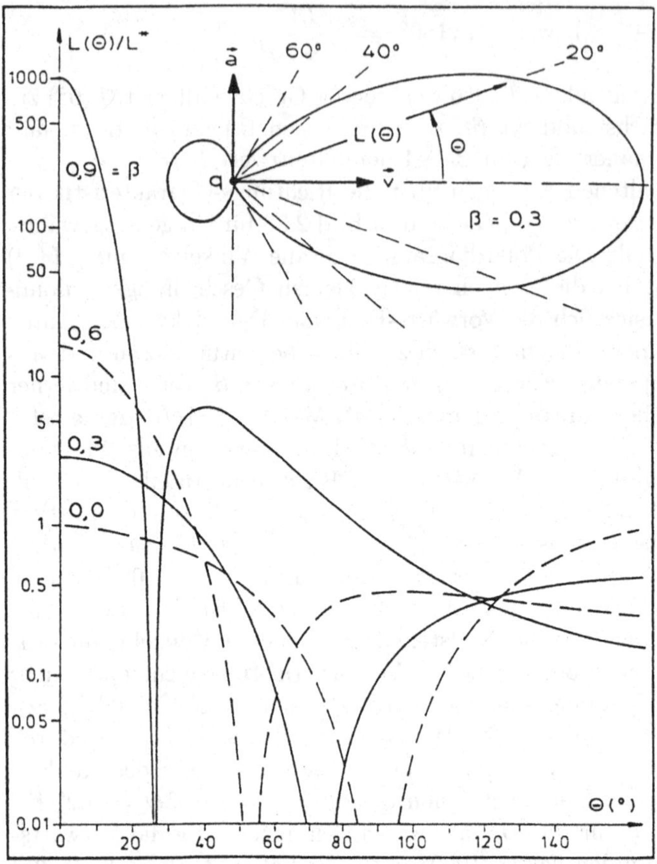

Abb. 2.33. Winkelabhängigkeit der Emission elektromagnetischer Strahlung durch eine gleichförmig kreisförmig bewegte Ladung (Synchrotronstrahlung) in polarer und halblogarithmischer Darstellung.

Synchrotron-Strahlung wird intensiv für physikalische Forschungszwecke genutzt, da ihr (Frequenz-, Wellenlängen- oder Energie-) Spektrum Bereiche überdeckt, die mit anderen Strahlungsquellen kaum oder nur mit unzulänglichen Intensitäten erreicht werden können. Die Berechnung des Spektrums ist sehr aufwendig und bei verträglichem Rechenaufwand auch nur näherungsweise möglich. Das Bild 2.34 soll schematisch und qualitativ die Fragestellung erhellen: Ein Beobachter in der Bewegungsebene und außerhalb der Kreisbahn, der tangential gegen die Teilchengeschwindigkeit $\boldsymbol{v}$ blickt, registriert mit einem geeigneten Detektor oder Empfänger immer dann einen Strahlungsimpuls $I(t)$, wenn die mit dem Teilchen umlaufende Strahlungskeule sein Blickfeld bzw. die Apertur seines Empfängers überstreicht.
Im hochrelativistischen Fall $v \approx c$ ist die Breite des Impulses näherungsweise gegeben durch

$$\Delta t \approx \frac{R}{c}(1-\beta^2)^{3/2}$$

wobei R den Bahnradius angibt. $c/R = \omega_0$ ist die Winkelgeschwindigkeit des Teilchenumlaufs. Vom zeitlichen Intensitätsverlauf $I(t)$ zur spektralen (Frequenz-) Verteilung $I(\nu)$ bzw. $I(\omega)$ gelangt man bekanntlich durch Anwendung der FOURIER-Transformation. Sie liefert für einen einzelnen Strahlungsimpuls ein kontinuierliches Spektrum, dessen obere Frequenzgrenze umso höher liegt, je schmaler der Impuls ist. Ein für praktische Abschätzungen brauchbares Maß für diese obere Grenze ist die (Kreis-) Frequenz

$$\omega_m = \frac{1}{\Delta t} \approx \frac{c}{R} \cdot (1-\beta^2)^{-3/2} = \frac{\omega_0}{(1-\beta^2)^{3/2}}$$

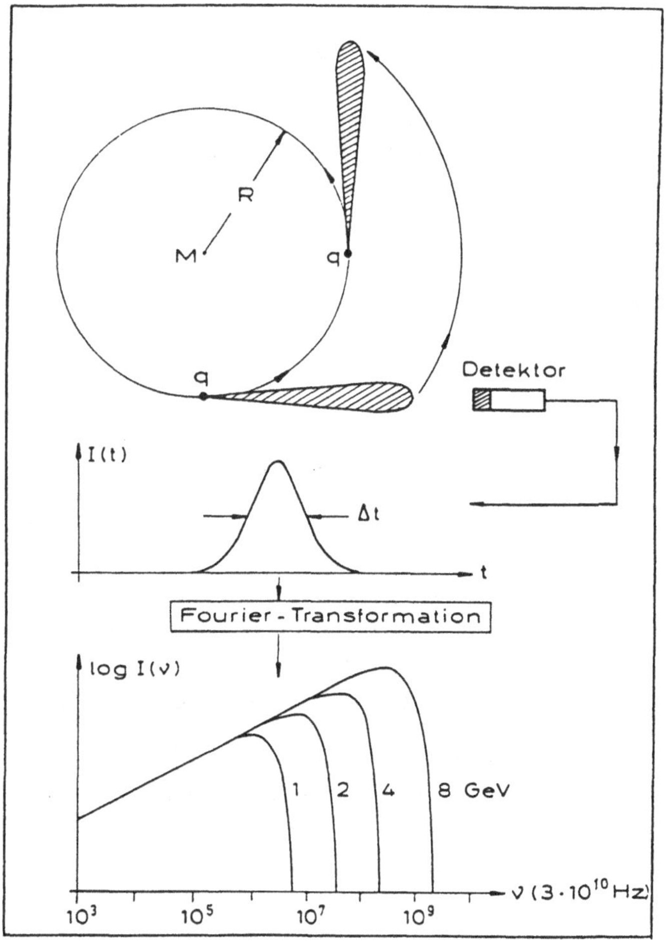

Abb. 2.34. Zum Spektrum der Synchrotronstrahlung.

Oberhalb von ω_m fällt die Intensität rasch ab. Ihr Beitrag in diesem Bereich zum gesamten Energiestrom ist praktisch vernachlässigbar klein. Im unteren Teil des Bildes 2.34 sind – leicht schematisiert und in doppeltlogarithmischer Darstellung – einige Synchrotronstrahlungs-Spektren aufgetragen, wie sie von Elektronen der angegebenen Energien erzeugt werden (1 GeV $= 10^9$ eV). Der Frequenz-Skala entnimmt man, dass sich die Spektren vom infraroten über den sichtbaren bis hinein in den Röntgen-Bereich erstrecken. Läuft eine einzelne Punktladung oder ein einzelnes, aus mehreren Punktladungen bestehendes Teilchenpaket um, dann folgen die Strahlungsimpulse in Abständen der Umlaufszeit $T_0 = 2\pi/\omega_0$ aufeinander. Sind mehrere, etwa N Teilchenpakete gleichzeitig "unterwegs", was bei den meisten Synchrotrons der Fall ist, dann verringert sich der Abstand zweier aufeinanderfolgender Impulse entsprechend auf $T = T_0/N = 2\pi/(N\omega_0)$. Bei einer **periodischen** Impulsfolge liefert die FOURIER-Analyse bekanntlich eine **diskrete** Folge von Spektrallinien bei Frequenzen ω, die ein ganzzahliges Vielfaches der Grundfrequenz sind, für die also $\omega = n\omega_0$ bzw. $\omega = nN\omega_0$ gilt. Genau genommen ist somit das Spektrum der Synchrotronstrahlung ein Linienspektrum.

Für $v \approx c$ beträgt die Radialbeschleunigung $a = v^2/R \approx c^2/R$. Bezeichnet m_0 die Ruhemasse des umlaufenden Teilchens und $G = mc^2$ dessen Gesamtenergie, dann erhält man wegen $\sqrt{1-\beta^2} = m_0/m$ aus (2.132) für den Energiestrom im hochrelativistischen Fall

$$\frac{\mathrm{d}W}{\mathrm{d}t} = \frac{\mu_0 q^2}{6\pi c} \frac{c^4}{R^2} \frac{m^4}{m_0^4}$$

oder

$$\frac{\mathrm{d}W}{\mathrm{d}t} = \frac{\mu_0 q^2}{6\pi c^5} \frac{1}{R^2} \frac{G^4}{m_0^4}$$

Bei vorgegebener Gesamtenergie des Teilchens fällt also der Energiestrom mit der vierten Potenz seiner Ruhemasse ab. Das ist der Grund dafür, dass Synchrotronstrahlung ausnutzbarer Stärke nur bei Elektronen- bzw. Positronen-Synchrotrons auftritt. Bei Protonen-Synchrotrons ist sie – um das mal so auszudrücken – nur "theoretisch" vorhanden, da die Ruhemasse eines Protons rund 2000-mal größer ist als die eines Elektrons bzw. Positrons.

2.8.4 Elektromagnetische Wellen von einem oszillierenden Dipol

Punktförmiger Dipol Das wohl wichtigste Verfahren zur technischen Erzeugung von elektromagnetischen Wellen geht von einer Ladungsverteilung als Quelle aus, die ein zeitlich harmonisch mit der Kreisfrequenz ω variierendes elektrisches Dipolmoment

$$\boldsymbol{p}(t) = \boldsymbol{p}_0 \sin \omega t \tag{2.133}$$

der Amplitude $\boldsymbol{p}_0$ besitzt. Wie man Sendeantennen mit einer solchen Eigenschaft realisiert, wird weiter unten angesprochen. Für die grundsätzliche

Beschreibung des von einem solchen Dipolmoment erzeugten elektromagnetischen Feldes soll zunächst von einem "punktförmigen" Dipol ausgegangen werden, also von einer entsprechenden Ladungsverteilung mit verschwindend kleinen Dimensionen. Der Gang der Berechnungen ist in den vorangehenden Abschnitten vorgezeichnet worden: Als erstes müssen die Raumladungsdichte ϱ und die Stromdichte $\boldsymbol{j}$ bestimmt werden. Sie braucht man, um gemäß (2.112) und (2.113) die retardierten Potentiale $\varphi(\boldsymbol{r},t)$ und $\boldsymbol{A}(\boldsymbol{r},t)$ herleiten zu können. Die gesuchten Feldstärken $\boldsymbol{E}(\boldsymbol{r},t)$ und $\boldsymbol{B}(\boldsymbol{r},t)$ ergeben sich dann schließlich aus (2.104) und (2.103).

Für die Raumladungsdichte einer **Punktladung** q im Koordinatenursprung erhält man aus (2.115) mit $\boldsymbol{R}_0 = 0$ und $\boldsymbol{R} = \boldsymbol{r}$ die Darstellung $\varrho(\boldsymbol{r}) = q\delta^3(\boldsymbol{r})$. Die POISSON-Gleichung $\Delta\varphi = -\varrho/\varepsilon_0$ liefert dann

$$\Delta\left[\frac{q}{4\pi\varepsilon_0 r}\right] = -\frac{q\delta^3(\boldsymbol{r})}{\varepsilon_0}$$

und damit den für die folgenden Betrachtungen benötigten Zusammenhang

$$\Delta\left[\frac{1}{r}\right] = -4\pi\delta^3(\boldsymbol{r}) \tag{2.134}$$

Für das Potential eines makroskopischen Dipols in großer Entfernung oder das eines punktförmigen Dipols gilt bekanntlich

$$\varphi = -\frac{1}{4\pi\varepsilon_0}\boldsymbol{p}\cdot\operatorname{grad}\left[\frac{1}{r}\right]$$

Die Anwendung der POISSON-Gleichung führt dann auf

$$\frac{\varrho}{\varepsilon_0} = -\Delta\varphi = \frac{1}{4\pi\varepsilon_0}\Delta\left(\boldsymbol{p}\cdot\operatorname{grad}\left[\frac{1}{r}\right]\right)$$

Da $\boldsymbol{p}$ ein von $\boldsymbol{r}$ unabhängiger Vektor ist, folgt aufgrund entsprechender Gesetzmäßigkeiten der Vektoranalysis und unter Anwendung von (2.134)

$$\Delta\left(\boldsymbol{p}\cdot\operatorname{grad}\left[\frac{1}{r}\right]\right) = \boldsymbol{p}\cdot\operatorname{grad}\left(\Delta\left[\frac{1}{r}\right]\right) = -4\pi\boldsymbol{p}\cdot\operatorname{grad}\left[\delta^3(\boldsymbol{r})\right]$$

Damit ist

$$\varrho = -\boldsymbol{p}\cdot\operatorname{grad}\left[\delta^3(\boldsymbol{r})\right] \tag{2.135}$$

der einem Punkt-Dipol im Koordinatenursprung angepasste Ausdruck für die Raumladungsdichte. Die zugehörige Stromdichte läßt sich beispielsweise aus der Kontinuitätsgleichung div $\boldsymbol{j} = -\partial\varrho/\partial t$ gewinnen. Sie ergibt mit (2.135)

$$\operatorname{div}\boldsymbol{j} = \frac{\mathrm{d}\boldsymbol{p}}{\mathrm{d}t}\cdot\operatorname{grad}\left[\delta^3(\boldsymbol{r})\right]$$

Für das Skalarprodukt eines Vektors mit einem Gradienten liefert die Vektoranalysis den Zusammenhang

$$\frac{\mathrm{d}\boldsymbol{p}}{\mathrm{d}t}\cdot\operatorname{grad}\left[\delta^3(\boldsymbol{r})\right] = \operatorname{div}\left[\frac{\mathrm{d}\boldsymbol{p}}{\mathrm{d}t}\delta^3(\boldsymbol{r})\right] - \delta^3(\boldsymbol{r})\operatorname{div}\left[\frac{\mathrm{d}\boldsymbol{p}}{\mathrm{d}t}\right]$$

Da $\mathrm{d}\boldsymbol{p}/\mathrm{d}t$ vom Ort unabhängig ist, folgt $\operatorname{div}(\mathrm{d}\boldsymbol{p}/\mathrm{d}t) = 0$. Also verbleibt

$$\operatorname{div}\boldsymbol{j} = \operatorname{div}\left[\frac{\mathrm{d}\boldsymbol{p}}{\mathrm{d}t}\delta^3(\boldsymbol{r})\right] \quad \text{oder} \quad \boldsymbol{j} = \frac{\mathrm{d}\boldsymbol{p}}{\mathrm{d}t}\delta^3(\boldsymbol{r}) \tag{2.136}$$

als Stromdichte für einen Punkt-Dipol mit einem zeitlich veränderlichen Moment $\boldsymbol{p}(t)$. Berücksichtigt man nun noch, wie das im Abschnitt 2.8.2 ausführlich dargestellt wurde, mittels der dort angegebenen zeitabhängigen Delta-Funktion die Retardierung, dann führt die Ausführung der Integration in (2.112) und (2.113) mit den Ergebnissen (2.135) und (2.136) auf die Dipol-Potentiale

$$\varphi(\boldsymbol{r},t) = -\frac{1}{4\pi\varepsilon_0}\operatorname{div}\left[\frac{\boldsymbol{p}(t-r/c)}{r}\right]$$

und

$$\boldsymbol{A}(\boldsymbol{r},t) = \frac{\mu_0}{4\pi}\frac{1}{r}\frac{\mathrm{d}}{\mathrm{d}t}\left[\boldsymbol{p}(t-r/c)\right]$$

Aus ihnen ergeben sich schließlich gemäß (2.104) und (2.103) nach längerer Umrechnung und in einer nach Potenzen des Abstandes r geordneten Darstellung die Feldstärken

$$\begin{aligned}\boldsymbol{E}(\boldsymbol{r},t) = \frac{1}{4\pi\varepsilon_0}\Bigg\{&\left[3(\boldsymbol{p}\boldsymbol{u}_r)\boldsymbol{u}_r - \boldsymbol{p}\right]\frac{1}{r^3}\\ &+ \frac{1}{c}\left(3\left[\frac{\mathrm{d}\boldsymbol{p}}{\mathrm{d}t}\boldsymbol{u}_r\right]\boldsymbol{u}_r - \frac{\mathrm{d}\boldsymbol{p}}{\mathrm{d}t}\right)\frac{1}{r^2}\\ &+ \frac{1}{c^2}\left(\left[\frac{\mathrm{d}^2\boldsymbol{p}}{\mathrm{d}t^2}\boldsymbol{u}_r\right]\boldsymbol{u}_r - \frac{\mathrm{d}^2\boldsymbol{p}}{\mathrm{d}t^2}\right)\frac{1}{r}\Bigg\}\end{aligned}$$

und

$$\boldsymbol{B}(\boldsymbol{r},t) = \frac{\mu_0}{4\pi}\left(\left[\frac{\mathrm{d}\boldsymbol{p}}{\mathrm{d}t}\times\boldsymbol{u}_r\right]\frac{1}{r^2} + \frac{1}{c}\left[\frac{d^2\boldsymbol{p}}{dt^2}\times\boldsymbol{u}_r\right]\frac{1}{r}\right)$$

Das $\boldsymbol{E}$-Feld besteht also aus drei, das $\boldsymbol{B}$-Feld aus zwei Termen, die unterschiedlich schnell mit r abfallen. Das Dipolmoment $\boldsymbol{p}$ selbst und dessen zeitliche Ableitungen beziehen sich selbstverständlich auf die retardierte Zeit $t' = t - r/c$, d.h. es ist

$$\begin{aligned}\boldsymbol{p}(t) &= \boldsymbol{p}_0\sin\left[\omega(t-r/c)\right]\\ \frac{\mathrm{d}\boldsymbol{p}}{\mathrm{d}t} &= \omega\boldsymbol{p}_0\cos\left[\omega(t-r/c)\right]\\ \frac{\mathrm{d}^2\boldsymbol{p}}{\mathrm{d}t^2} &= -\omega^2\boldsymbol{p}_0\sin\left[\omega(t-r/c)\right]\end{aligned}$$

Einsetzen dieser Ausdrücke ergibt:

$$\begin{aligned} \boldsymbol{E}(\boldsymbol{r},t) = \frac{1}{4\pi\varepsilon_0}\Bigg\{ & \frac{1}{r^3}\left[3(\boldsymbol{p}_0\boldsymbol{u}_r)\boldsymbol{u}_r - \boldsymbol{p}_0\right]\sin\left[\omega(t-r/c)\right] \\ & + \frac{1}{r^2}\left[3(\boldsymbol{p}_0\boldsymbol{u}_r)\boldsymbol{u}_r - \boldsymbol{p}_0\right]\frac{\omega}{c}\cos\left[\omega(t-r/c)\right] \\ & - \frac{1}{r}\left[(\boldsymbol{p}_0\boldsymbol{u}_r)\boldsymbol{u}_r - \boldsymbol{p}_0\right]\frac{\omega^2}{c^2}\sin\left[\omega(t-r/c)\right]\Bigg\} \end{aligned}$$

und

$$\begin{aligned} \boldsymbol{B}(\boldsymbol{r},t) = \frac{\mu_0\omega}{4\pi}(\boldsymbol{p}_0 \times \boldsymbol{u}_r)\Bigg\{ & \frac{1}{r^2}\cos\left[\omega(t-r/c)\right] \\ & - \frac{1}{r}\frac{\omega}{c}\sin\left[\omega(t-r/c)\right]\Bigg\} \end{aligned}$$

Aus den Vektoranteilen dieser Ergebnisse liest man ab, dass $\boldsymbol{E}$ in der vom Dipolmoment und dem Ortsvektor aufgespannten Ebene liegt und $\boldsymbol{B}$ senkrecht dazu gerichtet ist. Diese Feldstruktur legt es nahe, dem Problem ein Polarkoordinatensystem zugrunde zu legen, wobei $\boldsymbol{p}_0$ die Bezugsrichtung angibt, wie die folgende Skizze veranschaulicht.
Bezeichnen Θ und φ den Polar- und den Azimut-Winkel, dann gilt zunächst

$$\boldsymbol{p}_0\boldsymbol{u}_r = p_0\cos\Theta, \qquad \boldsymbol{p}_0 \times \boldsymbol{u}_r = p_0\sin\Theta\boldsymbol{u}_\varphi$$

und

$$\boldsymbol{p}_0 = p_0\cos\Theta\boldsymbol{u}_r - p_0\sin\Theta\boldsymbol{u}_\Theta$$

Daraus folgt

$$3(\boldsymbol{p}_0\boldsymbol{u}_r)\boldsymbol{u}_r - \boldsymbol{p}_0 = p_0(2\cos\Theta\boldsymbol{u}_r + \sin\Theta\boldsymbol{u}_\Theta)$$

und

$$(\boldsymbol{p}_0\boldsymbol{u}_r)\boldsymbol{u}_r - \boldsymbol{p}_0 = p_0\sin\Theta\boldsymbol{u}_\Theta$$

Einfügen dieser Ergebnisse in die voranstehenden Feldstärke-Formeln und Sortieren nach Radial-, Polar- und Azimutal-Komponenten liefert dann

$$\boldsymbol{E}(r,\Theta,\varphi,t) = E_r(r,\Theta,\varphi,t)\boldsymbol{u}_r + E_\Theta(r,\Theta,\varphi,t)\boldsymbol{u}_\Theta$$

und

$$\boldsymbol{B}(r,\Theta,\varphi,t) = B_\varphi(r,\Theta,\varphi,t)\boldsymbol{u}_\varphi$$

mit

$$E_r = \frac{p_0}{2\pi\varepsilon_0}\cos\Theta\left\{\frac{\sin[\omega(t-r/c)]}{r^3} + \frac{\omega}{c}\frac{\cos[\omega(t-r/c)]}{r^2}\right\},$$

$$E_\Theta = \frac{p_0}{4\pi\varepsilon_0}\sin\Theta\Bigg\{\frac{\sin[\omega(t-r/c)]}{r^3} + \frac{\omega}{c}\frac{\cos[\omega(t-r/c)]}{r^2}$$

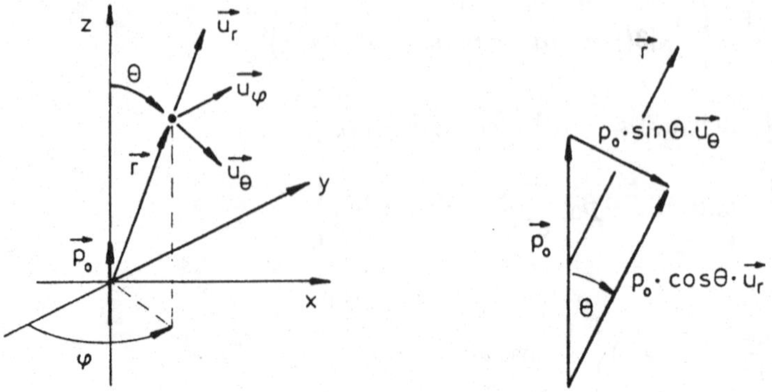

Abb. 2.35. Geometrie-Verhältnisse beim Dipol.

$$\left. - \frac{\omega^2}{c^2} \frac{\sin[\omega(t - r/c)]}{r} \right\} \tag{2.137}$$

$$B_\varphi = \frac{\mu_0 \omega p_0}{4\pi} \sin \Theta \left\{ \frac{\cos[\omega(t - r/c)]}{r^2} \right.$$

$$\left. - \frac{\omega}{c} \frac{\sin[\omega(t - r/c)]}{r} \right\} \tag{2.138}$$

Das $\boldsymbol{E}$-Feld hat also keine Azimutal-Komponente, das $\boldsymbol{B}$-Feld nur eine solche.

Der unterschiedlich starke Einfluss des Abstandes r auf die einzelnen Summanden der Feldkomponenten legt es nahe, das Feld in zwei Grenzbereichen näher zu betrachten. Führt man über den bekannten Zusammenhang $\omega/c = k = 2\pi/\lambda$ die Wellenzahl und die Wellenlänge ein, dann erhält man nach einfacher Umformung und wegen $c^2\mu_0 = 1/\varepsilon_0$

$$E_r = \frac{p_0}{2\pi\varepsilon_0} \frac{\cos \Theta}{r^3} \left\{ \sin(\omega t - kr) + 2\pi \frac{r}{\lambda} \cos(\omega t - kr) \right\} \tag{2.139}$$

$$E_\Theta = \frac{p_0}{4\pi\varepsilon_0} \frac{\sin \Theta}{r^3} \left\{ \sin(\omega t - kr) + 2\pi \frac{r}{\lambda} \cos(\omega t - kr) \right.$$

$$\left. - 4\pi^2 \left[\frac{r}{\lambda} \right]^2 \sin(\omega t - kr) \right\} \tag{2.140}$$

$$B_\varphi = \frac{1}{c^2} \frac{\omega p_0}{4\pi\varepsilon_0} \frac{\sin \Theta}{r^2} \left\{ \cos(\omega t - kr) - 2\pi \frac{r}{\lambda} \sin(\omega t - kr) \right\}$$

$$= \frac{1}{c} \frac{p_0}{4\pi\varepsilon_0} \frac{\sin \Theta}{r^3} \left\{ 2\pi \frac{r}{\lambda} \cos(\omega t - kr) \right.$$

$$\left. - 4\pi^2 \left[\frac{r}{\lambda}\right]^2 \sin(\omega t - kr)\right\} \tag{2.141}$$

Dieser Darstellung entnimmt man nun, dass die Beiträge der einzelnen Anteile zum Gesamtfeld vom Verhältnis r/λ bestimmt werden. Aufgrund dieser Tatsache lassen sich zwei Raumbereiche festlegen:

a.) Nahzone ($r \ll \lambda$):
Vernachlässigt man hier alle Terme mit r/λ und $(r/\lambda)^2$ und zudem wegen der entsprechenden Nähe zum Dipol auch die Retardierung ($t' \to t$), dann verbleibt

$$\boldsymbol{E} = \frac{1}{4\pi\varepsilon_0}\frac{p_0}{r^3}(2\cos\Theta\boldsymbol{u}_r + \sin\Theta\boldsymbol{u}_\Theta)\sin\omega t$$

und

$$\boldsymbol{B} = \frac{1}{c^2}\frac{\omega}{4\pi\varepsilon_0}\cdot\frac{p_0}{r^2}\sin\Theta\boldsymbol{u}_\varphi\cos\omega t$$

Der Ausdruck vor der $\sin\omega t$-Funktion beschreibt das elektrische Feld eines **statischen** Dipols vom Moment p_0. In der Nahzone findet man also die vertraute Feldstruktur eines Dipols, wobei die Feldstärke zeitlich sinusförmig variiert. Diese zeitliche Änderung bewirkt gemäß (2.136) mit (2.133) eine Stromdichte

$$\boldsymbol{j} = \delta^3(\boldsymbol{r})\boldsymbol{p}_0\omega\cos\omega t$$

als deren Folge sich das angegebene $\boldsymbol{B}$-Feld ergibt, das mit einer 90°-Phasenverschiebung gegen das $\boldsymbol{E}$-Feld schwingt.

b.) Fernzone ($r \gg \lambda$):
Hier dominieren die Terme mit $(r/\lambda)^2$. Vernachlässigt man alle anderen dagegen, dann geht E_r gegen Null und es verbleibt mit $2\pi/\lambda = k$

$$\boldsymbol{E} = -\frac{k^2}{4\pi\varepsilon_0}\frac{p_0\sin\Theta}{r}\sin(\omega t - kr)\cdot\boldsymbol{u}_\Theta$$

und

$$\boldsymbol{B} = -\frac{1}{c}\frac{k^2}{4\pi\varepsilon_0}\frac{p_0\sin\Theta}{r}\sin(\omega t - kr)\cdot\boldsymbol{u}_\varphi$$

Auf konzentrischen Kugeloberflächen mit vorgegebenen Radien r um den Dipol schwingen hier $\boldsymbol{E}$ und $\boldsymbol{B}$ gleichphasig und senkrecht sowohl zueinander als auch zum Ortsvektor $\boldsymbol{r}$ bzw. dessen Einheitsvektor $\boldsymbol{u}_r$. Um das Bild des Koordinatensystems auf der Erdoberfläche zu bemühen: $\boldsymbol{E}$ schwingt tangential zu den "Längenkreisen", $\boldsymbol{B}$ tangential zu den "Breitenkreisen", $\boldsymbol{p}_0$ weist in Richtung der "Erdachse". Der Radius r_0 jeder herausgegriffenen Kugeloberfläche mit festgehaltener Phase $\varphi_0 = \omega t - kr_0$ wächst gemäß $r_0 = \omega t/k - \varphi_0/k = ct - \varphi_0/k$ mit der Geschwindigkeit c linear mit der Zeit. Außerdem sind $\boldsymbol{E}$ und $\boldsymbol{B}$ miteinander verknüpft. Der Vergleich der obigen Feldstärke-Formeln ergibt für die Beträge die Proportionalitätsbeziehungen

$B = E/c$ bzw. $E = cB$, die bereits von den ebenen Wellen her bekannt sind. In der Fernzone erzeugt der schwingende Dipol also Kugelwellen, weshalb man diesen Raumbereich auch die **Wellenzone** nennt. Die Richtungsverteilung der Abstrahlung wird weiter unten diskutiert.

Im Übergangsbereich zwischen der Nah- und der Fernzone sind die Verhältnisse relativ kompliziert. Legt man beispielsweise und willkürlich als Grenze zwischen diesen beiden Raumbereichen den Abstand $r_0 = \lambda/(2\pi) = 1/k$ fest, dann ergibt sich hier aus (2.139), (2.140) und (2.141)

$$\begin{aligned}
E_r(r_0) &= \frac{p_0}{2\pi\varepsilon_0}\frac{\cos\Theta}{r_0^3}\left[\sin(\omega t - 1) + \cos(\omega t - 1)\right] \\
&= \frac{\sqrt{2}p_0}{2\pi\varepsilon_0}\frac{\cos\Theta}{r_0^3}\cos\left[\omega t - 1 - \frac{\pi}{4}\right] \\
E_\Theta(r_0) &= \frac{p_0}{4\pi\varepsilon_0}\frac{\sin\Theta}{r_0^3}\cos(\omega t - 1) \\
B_\varphi(r_0) &= \frac{1}{c}\frac{p_0}{4\pi\varepsilon_0}\frac{\sin\Theta}{r_0^3}\left[\cos(\omega t - 1) - \sin(\omega t - 1)\right] \\
&= \frac{1}{c}\frac{\sqrt{2}p_0}{4\pi\varepsilon_0}\frac{\sin\Theta}{r_0^3}\cos\left[\omega t - 1 + \frac{\pi}{4}\right]
\end{aligned}$$

Erwähnenswert an diesem Ergebnis ist allenfalls, dass bei diesem speziellen Abstand vom Dipol die Phasenverschiebung zwischen den drei Feldkomponenten in der angegebenen Reihenfolge um jeweils $\pi/4 \mathrel{\hat{=}} 45°$ zunimmt.

Interessanter ist da schon die Tatsache, dass in der Übergangszone, in der keinerlei Vernachlässigungen erlaubt sind, Phasengeschwindigkeiten vorkommen, die **größer** als die Vakuum-Lichtgeschwindigkeit c sind. Führt man über die Definition $\omega r/c = \tan\varphi = \sin\varphi/\cos\varphi$ einen (Phasen-) Winkel φ in beispielsweise den (exakten) Ausdruck (2.138) für das $\boldsymbol{B}$-Feld ein, dann folgt

$$\begin{aligned}
B_\varphi &= \frac{\mu_0\omega p_0}{4\pi}\frac{\sin\Theta}{r^2}\left\{\cos\left[\omega(t - r/c)\right] - \tan\varphi\sin\left[\omega(t - r/c)\right]\right\} \\
&= \frac{\mu_0\omega p_0}{4\pi\cos\varphi}\frac{\sin\Theta}{r^2}\cdot\left\{\cos\varphi\cos\left[\omega(t - r/c)\right]\right. \\
&\quad \left. - \sin\varphi\sin\left[\omega(t - r/c)\right]\right\}
\end{aligned}$$

Wegen

$$\frac{1}{\cos\varphi} = \sqrt{1 + \tan^2\varphi} = \sqrt{1 + \left[\frac{\omega r}{c}\right]^2}$$

und nach Anwendung des entsprechenden Additions-Theorems für Winkelfunktionen erhält man

$$B_\varphi = \frac{\mu_0 \omega p_0}{4\pi}\sqrt{1+\left[\frac{\omega r}{c}\right]^2}\frac{\sin\Theta}{r^2}\cos\left[\omega(t-r/c)+\varphi\right]$$
$$= \frac{\mu_0 \omega p_0}{4\pi}\sqrt{1+\left[\frac{\omega r}{c}\right]^2}\frac{\sin\Theta}{r^2}$$
$$\cdot\cos\left\{\omega\left(t-\frac{r}{c}+\frac{1}{\omega}\arctan\left[\frac{\omega r}{c}\right]\right)\right\}$$

Die Phasengeschwindigkeit ist bekanntlich diejenige Geschwindigkeit $v = \mathrm{d}r/\mathrm{d}t$, mit der sich ein vorgegebener Wert β_0 der Phase

$$\beta = \omega\left(t-\frac{r}{c}+\frac{1}{\omega}\arctan\left[\frac{\omega r}{c}\right]\right)$$

bewegt. Die zeitliche Differentiation unter Berücksichtigung von

$$\frac{\mathrm{d}\beta_0}{\mathrm{d}t} = 0 \quad \text{und} \quad \frac{\mathrm{d}}{\mathrm{d}t}\left(\arctan\left[\frac{\omega r}{c}\right]\right) = \frac{1}{1+\left[\frac{\omega r}{c}\right]^2}\frac{\omega}{c}\frac{\mathrm{d}r}{\mathrm{d}t}$$

ergibt

$$0 = \omega\left(1-\frac{v}{c}+\frac{1}{\omega}\frac{1}{1+\left[\frac{\omega r}{c}\right]^2}\frac{\omega}{c}v\right)$$

oder mit $\omega/c = 2\pi/\lambda$

$$v = c\left(1+\left[\frac{c}{\omega r}\right]^2\right) = c\left(1+\frac{1}{4\pi^2}\left[\frac{\lambda}{r}\right]^2\right)$$

Es ist also $v > c$. In der Fernzone ($r \gg \lambda$) geht erwartungsgemäß v gegen c. In der Nahzone ($r \ll \lambda$ oder $\omega r \ll c$) geht v gegen $(c^3/\omega^2)/r^2$, wächst somit für $r \to 0$ über alle Maßen, was lediglich ausdrückt, dass bei Annäherung an den Dipol der Retardierungseffekt immer wirkungsloser wird und das Feld in unmittelbarer Umgebung des Dipols "praktisch sofort da ist".

Für den POYNTING-Vektor des Dipol-Feldes erhält man, ausgehend von der Definition (2.17),

$$\boldsymbol{S} = \frac{1}{\mu_0}\boldsymbol{E}\times\boldsymbol{B} = \frac{1}{\mu_0}(E_r\boldsymbol{u}_r + E_\Theta\boldsymbol{u}_\Theta)\times B_\varphi\boldsymbol{u}_\varphi$$
$$= \frac{1}{\mu_0}(E_r B_\varphi \boldsymbol{u}_r\times\boldsymbol{u}_\varphi + E_\Theta B_\varphi \boldsymbol{u}_\Theta\times\boldsymbol{u}_\varphi)$$

oder wegen $\boldsymbol{u}_r\times\boldsymbol{u}_\varphi = -\boldsymbol{u}_\Theta$ und $\boldsymbol{u}_\Theta\times\boldsymbol{u}_\varphi = \boldsymbol{u}_r$

$$\boldsymbol{S} = \frac{1}{\mu_0}(E_\Theta B_\varphi \boldsymbol{u}_r - E_r B_\varphi \boldsymbol{u}_\Theta)$$

$\boldsymbol{S}$ hat also eine Radial- und eine Polar-Komponente. Nach Aussage des POYNTINGschen Satzes (2.18) gibt bekanntlich der Fluss von $\boldsymbol{S}$ durch eine den Dipol umschließende Fläche den emittierten Energiestrom an. Da die Polar-Komponente zu diesem Fluss nichts beiträgt, braucht somit in Verbindung mit Fragen zur Intensität und zum Energiestrom der abgestrahlten Welle nur der Radial-Anteil $S_r = E_\Theta B_\varphi/\mu_0$ betrachtet zu werden. Mit der Abkürzung $\omega\cdot(t-r/c) = \alpha$ ergibt sich aus (2.137) und (2.138) nach einfachen Umrechnungen und Umstellungen

$$S_r = \frac{\omega p_0^2}{16\pi^2\varepsilon_0}\sin^2\Theta\left[\frac{\sin\alpha}{r^3}+\frac{\omega}{c}\frac{\cos\alpha}{r^2}-\frac{\omega^2}{c^2}\frac{\sin\alpha}{r}\right]$$
$$\cdot\left[\frac{\cos\alpha}{r^2}-\frac{\omega}{c}\frac{\sin\alpha}{r}\right]$$
$$= \frac{\omega p_0^2}{16\pi^2\varepsilon_0}\frac{\sin^2\Theta}{r^2}\left\{\frac{\sin(2\alpha)}{2r^3}+\frac{\omega}{c}\frac{(1-2\sin^2\alpha)}{r^2}\right.$$
$$\left.-\frac{\omega^2}{c^2}\frac{\sin(2\alpha)}{r}+\frac{\omega^3}{c^3}sin^2\alpha\right\}$$

Wie am Ende des Abschnitts 2.2 dargelegt wurde, erhält man die Intensität durch zeitliche Mittelung des POYNTING-Vektors über eine oder mehrere Schwingungsperioden T. Wegen

$$\overline{\sin(2\alpha)}^T = 0 \qquad \text{und} \qquad \overline{\sin^2\alpha}^T = \frac{1}{2}$$

führt diese Mittelung mit $\varepsilon_0 c^2 = 1/\mu_0$ auf

$$I(r,\Theta) = \frac{\mu_0\omega^4 p_0^2}{32\pi^2 c}\frac{\sin^2\Theta}{r^2} \tag{2.142}$$

Die Intensität ist also maximal in der "Äquatorbene" ($\Theta = 90°$) und Null in Dipolrichtung ($\Theta = 0°$). Bemerkenswert ist ferner das steile Anwachsen mit der vierten Potenz der Frequenz. Der in den gesamten Raumwinkel abgestrahlte Energiestrom läßt sich hier auf einfache Weise berechnen. Für ein Flächenelement auf einer Kugeloberfläche mit dem Radius r gilt

$$\mathrm{d}A = r^2\mathrm{d}\Omega = r^2\sin\Theta\cdot\mathrm{d}\Theta\cdot\mathrm{d}\varphi$$

Bei der Integration über die gesamte Kugeloberfläche läuft φ von 0 bis 2π und Θ von 0 bis π. Da der Integrand – hier (2.142) – von φ unabhängig ist, hat das Integral über φ den Wert 2π. Mit dem Dipol im Kugelmittelpunkt folgt also

$$\frac{\mathrm{d}W}{\mathrm{d}t} = \oint I(r,\Theta)\cdot\mathrm{d}A = \frac{\mu_0\omega^4 p_0^2}{32\pi^2 c}\int_0^\pi \frac{\sin^2\Theta}{r^2}2\pi r^2\sin\Theta\cdot\mathrm{d}\Theta$$

oder

$$\frac{\mathrm{d}W}{\mathrm{d}t} = \frac{\mu_0\omega^4 p_0^2}{16\pi c}\int_0^\pi \sin^3\Theta\cdot\mathrm{d}\Theta$$

Die Substitution $\cos\Theta = x$ ergibt $\mathrm{d}x = -\sin\Theta\cdot \mathrm{d}\Theta$ und $\sin^2\Theta = 1-\cos^2\Theta = 1-x^2$. Mit den entsprechend geänderten Integrationsgrenzen $\Theta = 0 \to x = 1$ und $\Theta = \pi \to x = -1$ ist dann

$$\frac{\mathrm{d}W}{\mathrm{d}t} = \frac{\mu_0\omega^4 p_0^2}{16\pi c}\int\limits_1^{-1}(x^2-1)\cdot\mathrm{d}x = \frac{\mu_0\omega^4 p_0^2}{16\pi c}\left[\frac{x^3}{3} - x\right]_1^{-1}$$

oder schließlich

$$\boxed{\frac{\mathrm{d}W}{\mathrm{d}t} = \frac{\mu_0}{12\pi c}\omega^4 p_0^2}$$

Ergänzend sei noch folgendes angeführt: Die hier behandelten Resultate für einen schwingenden **elektrischen** Dipol lassen sich auf die von einem schwingenden **magnetischen** Dipol erzeugten elektromagnetischen Wellen übertragen, indem man im wesentlichen die Rollen von $\boldsymbol{E}$ und $\boldsymbol{B}$ vertauscht. So weist dann beispielsweise in der Wellenzone $\boldsymbol{B}$ tangential zu den Längenkreisen und $\boldsymbol{E}$ tangential zu den Breitenkreisen. Ersetzt man in allen "elektrischen" Formeln $\boldsymbol{p}$ bzw. $\boldsymbol{p}_0$ durch $\boldsymbol{m}/c$ bzw. $\boldsymbol{m}_0/c$, wobei $\boldsymbol{m} = \boldsymbol{m}_0\sin(\omega t)$ das Moment des magnetischen Dipols bedeutet, dann gilt quantitativ für den "magnetischen" Fall

$$\boldsymbol{E}_m = -c\boldsymbol{B}, \quad \boldsymbol{B}_m = \frac{\boldsymbol{E}}{c}, \quad I_m = I$$

und so weiter.

Dipol-Antennen **Reale** (Dipol-) Antennen haben endliche Abmessungen. Es ist klar, dass dann das Nahfeld mit durch die räumliche Struktur der Antenne bestimmt wird. Ebenso offensichtlich ist aber auch, dass sich in Abständen, die sehr groß gegen die Antennendimensionen sind, die Verhältnisse denen für einen punktförmigen Dipol in dessen Fernzone annähern müssen. Vor die Diskussion einiger grundsätzlicher Aspekte zur technischen Realisierung von Dipol-Antennen soll eine etwas allgemeinere Betrachtung gestellt werden: Die im Abschnitt 2.8.1 bei der Herleitung der retardierten Potentiale vorausgesetzte Raumladungs- und Stromdichte-Wolke sei hier ein schlanker Zylinder der Länge ℓ und des Querschnitts $a \ll \ell$, dessen Achse in z-Richtung orientiert ist und dessen Mitte im Koordinatenursprung liegt, wie es Bild 2.36 angibt. Die Stromdichte $\boldsymbol{j}$ weise überall innerhalb des Zylindervolumens $V_0 = a\ell$ ebenfalls in z-Richtung und sei zeitabhängig.

Mit $\boldsymbol{R} = z\boldsymbol{u}_z$ für den Ortsvektor zum Volumenelement $\mathrm{d}V = a\cdot \mathrm{d}z$ ist also $\boldsymbol{j}(\boldsymbol{R}, t') = j(z, t')\boldsymbol{u}_z$, wobei t' die retardierte Zeit bedeutet. Für Abstände $r \gg \ell$ zwischen einem Aufpunkt P und dem Zylinder gilt mit Θ als Polar-Winkel

$$|\boldsymbol{r} - \boldsymbol{R}| = |\boldsymbol{r} - z\boldsymbol{u}_z| \approx r - z\cos\Theta \tag{2.143}$$

Damit folgt aus (2.113) für das Vektorpotential in P

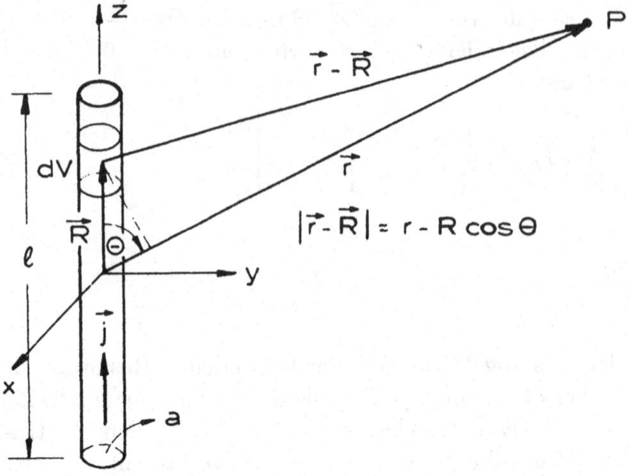

Abb. 2.36. Geometrie bei einer Dipol-Antenne.

$$A(r,t) = \frac{\mu_0}{4\pi}\int\limits_{-\ell/2}^{\ell/2} \frac{j(z,t')u_z}{r - z\cos\Theta} a \cdot \mathrm{d}z$$

$$= \frac{\mu_0}{4\pi}\frac{u_z}{r}\int\limits_{-\ell/2}^{\ell/2} \frac{aj(z,t')}{1 - \dfrac{z}{r}\cos\Theta} \cdot \mathrm{d}z$$

$aj(z,t') = I(z,t')$ ist die **Stromstärke** im Zylinder. Vernachlässigt man im Nenner des Integranden $(z/r)\cos\Theta$ gegen Eins, was wegen $\ell/r \ll 1$ vertretbar ist, dann erhält man

$$A(r,t) = \frac{\mu_0}{4\pi} u_z \frac{1}{r}\int\limits_{-\ell/2}^{\ell/2} I(z,t') \cdot \mathrm{d}z \tag{2.144}$$

Das Vektorpotential weist also in z-Richtung und fällt mit $1/r$ ab. Gemäß (2.103) ergibt sich somit für das $\boldsymbol{B}$-Feld

$$\boldsymbol{B} = \mathrm{rot}\boldsymbol{A} = \begin{vmatrix} u_x & u_y & u_z \\ \dfrac{\partial}{\partial x} & \dfrac{\partial}{\partial y} & \dfrac{\partial}{\partial z} \\ 0 & 0 & A \end{vmatrix} = \frac{\partial A}{\partial y} u_x - \frac{\partial A}{\partial x} u_y$$

Die Einführung der zeitlichen Änderung von A führt auf

$$\boldsymbol{B} = \frac{\partial A}{\partial t'}\frac{\partial t'}{\partial y} u_x - \frac{\partial A}{\partial t'}\frac{\partial t'}{\partial x} u_y$$

Mit der Näherung (2.143) und – wie schon praktiziert – unter Vernachlässigung von $z\cos\Theta$ gegen r ist $t' = t - |r - zu_z|/c \approx t - r/c$. Folglich resultiert

$$\frac{\partial t'}{\partial x} = -\frac{1}{c}\frac{\partial r}{\partial x} = -\frac{1}{c}\frac{\partial}{\partial x}\sqrt{x^2+y^2+z^2} = -\frac{1}{c}\frac{x}{r} \quad \text{und}$$

$$\frac{\partial t'}{\partial y} = -\frac{1}{c}\frac{y}{r}$$

$x/r = u_{r,x}$ und $y/r = u_{r,y}$ sind die x- und y-Komponenten des Einheitsvektors $\boldsymbol{u}_r$. Bei vorgegebenem Abstand r gilt außerdem $\partial A/\partial t' = \partial A/\partial t$. Damit ist, was man unmittelbar aus der Determinanten-Darstellung für ein Vektorprodukt erkennt,

$$\boldsymbol{B} = -\frac{1}{c}\left[u_{r,y}\frac{\partial A}{\partial t}\boldsymbol{u}_y\right]$$

$$= -\frac{1}{c}\begin{vmatrix} \boldsymbol{u}_x & \boldsymbol{u}_y & \boldsymbol{u}_x \\ u_{r,x} & u_{r,y} & u_{r,z} \\ 0 & 0 & \frac{\partial A}{\partial t} \end{vmatrix} = -\frac{1}{c}\boldsymbol{u}_r \times \frac{\partial \boldsymbol{A}}{\partial t}$$

oder

$$\boldsymbol{B} = \frac{1}{c}\frac{\partial A}{\partial t}\boldsymbol{u}_z \times \boldsymbol{u}_r$$

oder wegen $\boldsymbol{u}_z \times \boldsymbol{u}_r = \sin\Theta \cdot \boldsymbol{u}_\varphi$

$$\boldsymbol{B} = \frac{1}{c}\frac{\partial A}{\partial t}\sin\Theta \cdot \boldsymbol{u}_\varphi \tag{2.145}$$

Der technische Grundtyp einer Dipol-Antenne ist ein gerader Metallstab oder Draht, der in der Mitte aufgetrennt und dort über ein Kabel an den Sende-Oszillator angeschlossen ist. Dieser treibt durch die Antenne einen örtlich und zeitlich variierenden Strom, der an den Antennen-Enden stets gleich Null sein muss und der sich symmetrisch auf die beiden Antennen-Arme verteilt, also nur vom **Abstand** zur Antennen-Mitte abhängt.
Bild 2.37 erläutert diesen Sachverhalt. Die Pfeile entlang der Antenne markieren die momentane Stromrichtung, die vertikalen Doppelpfeile die zeitliche Variation der Stromstärke an den verschiedenen Orten. Die Verhältnisse entsprechen denen Stehender Wellen auf einem offenen Kabel.

Bezeichnet ℓ die Länge der Antenne, dann wird die Stromstärkeverteilung bei Vernachlässigung von Dämpfungsverlusten durch die Funktion

$$I(z,t') = I_0 \sin\left(k\left[\frac{\ell}{2} - |z|\right]\right)\sin\omega t' \tag{2.146}$$

beschrieben. $k = 2\pi/\lambda = \omega/c$ ist die Wellenzahl. Wie gefordert, ist $I(\pm\ell/2, t') = 0$. Die Stromstärke in der Antennen-Mitte ($z = 0$) beträgt

$$I(0,t') = I_0 \sin\left[\frac{k\ell}{2}\right]\sin(\omega t') = I_0 \sin\left[\pi\frac{\ell}{\lambda}\right]\sin\omega t'$$

Sie ist also vom Verhältnis ℓ/λ abhängig. Ist ℓ ein ungeradzahliges Vielfaches von $\lambda/2$, dann ist $I(0,t') = I_0 \sin\omega t'$. Diese Stromstärke ist noch nicht diejenige, mit welcher der Oszillator im Sendebetrieb belastet wird. Dann nämlich

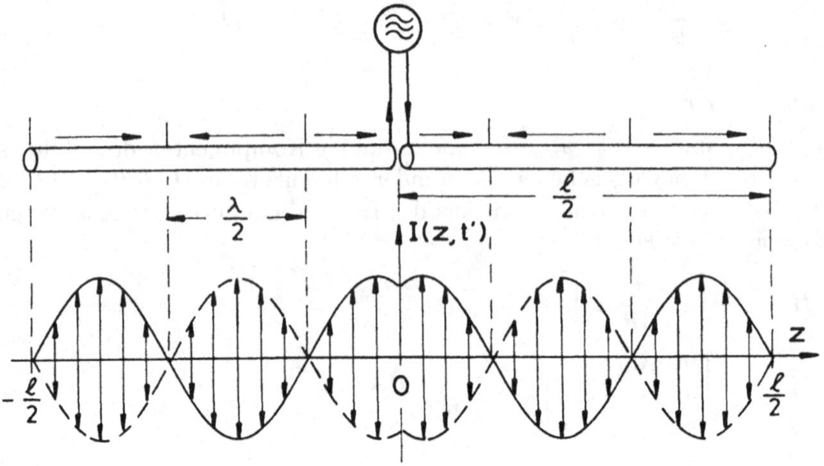

Abb. 2.37. Stromverteilung bei einer Dipol-Antenne.

muss die **abgestrahlte** Leistung mit berücksichtigt werden. Die Antennen-Koordinate z steckt in (2.146) implizit auch in der retardierten Zeit t'. Mit (2.143) folgt

$$I(z,t) = I_0 \sin\left(k\left[\frac{\ell}{2} - |z|\right]\right) \sin\left(\omega\left[t - \frac{r - z\cos\Theta}{c}\right]\right)$$

Eine Vernachlässigung von $z\cos\Theta$ gegen r ist hier nicht zu rechtfertigen, da sonst die **zeitliche** Variation des Antennen-Stroms mit z unberücksichtigt bliebe bzw. verlorenginge. Die Berechnung des Integrals in (2.144) ist zwar etwas umständlich, aber elementar durchführbar. Sie führt auf das Vektorpotential

$$\boldsymbol{A}(\boldsymbol{r},t) = \frac{\mu_0}{2\pi}\boldsymbol{u}_z \frac{I_0}{k\cdot r} \frac{\cos\left[\frac{k\ell}{2}\cos\Theta\right] - \cos\left[\frac{k\ell}{2}\right]}{\sin^2\Theta} \sin(\omega t - kr)$$

Wegen $\partial A/\partial t = \omega A$ und $\omega/c = k$ ergibt sich dann aus (2.145)

$$\boldsymbol{B} = kA\sin\Theta\cdot\boldsymbol{u}_\varphi$$

oder

$$\boldsymbol{B} = \frac{\mu_0}{2\pi}\boldsymbol{u}_\varphi \frac{I_0}{r} \frac{\cos\left[\frac{k\ell}{2}\cos\Theta\right] - \cos\left[\frac{k\ell}{2}\right]}{\sin\Theta} \sin(\omega t - kr)$$

Wie vorangehend für einen Punkt-Dipol dargelegt wurde, schwingen in der Fern- oder Wellenzone $\boldsymbol{E}$ und $\boldsymbol{B}$ senkrecht zueinander, nämlich $\boldsymbol{E}$ in Θ- und $\boldsymbol{B}$ in φ-Richtung, und zwar stets so, dass der POYNTING-Vektor radial nach außen weist. Zudem gilt dort $E = cB$. Damit erhält man für die Intensität, also für den zeitlich gemittelten Betrag des POYNTING-Vektors,

$$\widetilde{I} = \bar{S}^T = \frac{1}{\mu_0} \cdot \overline{E \cdot B}^T = \frac{c}{\mu_0} \overline{B^2}^T$$

Mit $k = 2\pi/\lambda$ und $\overline{\sin^2(\omega t - kr)}^T = 1/2$ ist dann

$$\widetilde{I} = \frac{\mu_0 c}{8\pi^2} \frac{I_0^2}{r^2} \left(\frac{\cos\left[\pi \frac{\ell}{\lambda} \cos\Theta\right] - \cos\left[\pi \frac{\ell}{\lambda}\right]}{\sin\Theta} \right)^2 \tag{2.147}$$

(Anmerkung: Die Intensität ist hier mit $\widetilde{I}$ bezeichnet worden, um Verwechselungen mit der Stromstärke I zu vermeiden.)
Die Intensität in Richtung der Antennen-Achse ($\Theta = 0°$) kann aus (2.147) durch direktes Nullsetzen von Θ nicht gewonnen werden, da dann sowohl der Zähler $Z(\Theta)$ als auch der Nenner $N(\Theta)$ des Quotienten in der eckigen Klammer Null ergeben. Hier hilft die nützliche "Regel von DE L'HOSPITAL" weiter, welche in Kurzform folgendes besagt: Sind $Z(\Theta)$ und $N(\Theta)$ mit $Z(0) = N(0) = 0$ genügend oft differenzierbar und sind die Ableitungen von $N(\Theta)$ bei $\Theta = 0$ von Null verschieden, dann gilt

$$\left(\frac{Z}{N}\right)_{\Theta\to 0} = \left(\frac{\mathrm{d}Z/\mathrm{d}\Theta}{\mathrm{d}N/\mathrm{d}\Theta}\right)_{\Theta\to 0} = \left(\frac{\mathrm{d}^2 Z/\mathrm{d}\Theta^2}{\mathrm{d}^2 N/\mathrm{d}\Theta^2}\right)_{\Theta\to 0} = \cdots$$

Im vorliegenden Fall ist

$$\frac{\mathrm{d}Z}{\mathrm{d}\Theta} = \pi\frac{\ell}{\lambda} \sin\left[\pi\frac{\ell}{\lambda}\cos\Theta\right] \cdot \sin\Theta \qquad \text{und} \qquad \frac{\mathrm{d}N}{\mathrm{d}\Theta} = \cos\Theta$$

Somit folgt

$$\left(\frac{N}{Z}\right)_{\Theta\to 0} = \left(\frac{\pi\frac{\ell}{\lambda}\sin\left[\pi\frac{\ell}{\lambda}\Theta\right]\sin\Theta}{\cos\Theta}\right)_{\Theta\to 0} = 0$$

also, was eigentlich auch zu erwarten war, $\widetilde{I}(\Theta = 0) = 0$. Die Intensität in der Äquatorebene ($\Theta = 90°$) beträgt nach (2.147)

$$\widetilde{I}(\Theta = 90°) = \frac{\mu_0 c}{8\pi^2} \frac{I_0^2}{r^2} \left(1 - \cos\left[\pi\frac{\ell}{\lambda}\right]\right)^2 \tag{2.148}$$

Auf diesen Zusammenhang wird weiter unten noch einmal eingegangen werden.
Die Intensität ist vom Verhältnis ℓ/λ abhängig, also von der Antennen-Länge in Bezug auf die Wellenlänge. Gleiches gilt, wie bereits im Zusammenhang mit der Stromstärkeverteilung (2.146) auf der Antenne festgestellt wurde, für den Maximalwert der Stromstärke in der Antennen-Mitte ($z = 0$). Er beträgt $I_m(0) = I_0 \sin(\pi\ell/\lambda)$. Damit kann (2.147) auch in der Form

$$\widetilde{I} = \frac{\mu_0 c}{8\pi^2} \frac{I_m^2(0)}{r^2} \left(\frac{\cos\left[\pi \frac{\ell}{\lambda} \cos\Theta\right] - \cos\left[\pi \frac{\ell}{\lambda}\right]}{\sin\left[\pi \frac{\ell}{\lambda}\right] \sin\Theta} \right)^2$$

geschrieben werden. Bei **kurzen** Antennen, womit $\ell \ll \lambda$ gemeint ist, führt diese Beziehung mit den Kleinwinkel-Näherungen

$$\sin\left[\pi \frac{\ell}{\lambda}\right] \approx \pi \frac{\ell}{\lambda}, \quad \cos\left[\pi \frac{\ell}{\lambda}\right] \approx 1 - \frac{\pi^2}{2} \frac{\ell^2}{\lambda^2}$$

und

$$\cos\left[\pi \frac{\ell}{\lambda} \cos\Theta\right] \approx 1 - \frac{\pi^2}{2} \frac{\ell^2}{\lambda^2} \cos^2\Theta$$

auf

$$\widetilde{I} = \frac{\mu_0 c}{32} \frac{I_m^2(0)}{r^2} \frac{\ell^2}{\lambda^2} \left[\frac{1 - \cos^2\Theta}{\sin\Theta}\right]^2$$

oder

$$\widetilde{I} = \frac{\mu_0 c}{32} \left[\frac{\ell}{\lambda}\right]^2 I_m^2(0) \frac{\sin^2\Theta}{r^2} \tag{2.149}$$

Ersetzt man gemäß $\lambda = 2\pi c/\omega$ die Wellenlänge durch die Frequenz, dann ist auch

$$\widetilde{I} = \frac{\mu_0 \omega^4}{32\pi^2 c} \left[\frac{I_m(0)\ell}{2\omega}\right]^2 \frac{\sin^2\Theta}{r^2}$$

Wie der Vergleich mit (2.142) zeigt, strahlt eine kurze Antenne wie ein Punkt-Dipol mit dem Moment

$$p_0 = \frac{I_m(0)\ell}{2\omega}$$

In den meisten praktischen Fällen, vor allem bei Sendern für den Kurzwellen- bzw. Ultrakurzwellen-Bereich, werden die Antennen "in Resonanz" betrieben. Dabei ist die Antenne so auf die Wellenlänge abgestimmt, dass ihre Länge ein ganzzahliges Vielfaches der **halben** Wellenlänge ist ($\ell = n\lambda/2$). Die Stromverteilungen entlang der Antenne in diesen Fällen sind für $n = 1$, 2 und 3 in Bild 2.38 aufgetragen.

Für die Intensität folgt dann aus (2.147):

$$\widetilde{I}(n) = \frac{\mu_0 c}{8\pi^2} \frac{I_0^2}{r^2} \left(\frac{\cos\left[n \frac{\pi}{2} \cos\Theta\right] - \cos\left[n \frac{\pi}{2}\right]}{\sin\Theta} \right)^2 \tag{2.150}$$

Für die häufig verwendete "$\lambda/2$-Antenne" ($n = 1$) erhält man hieraus

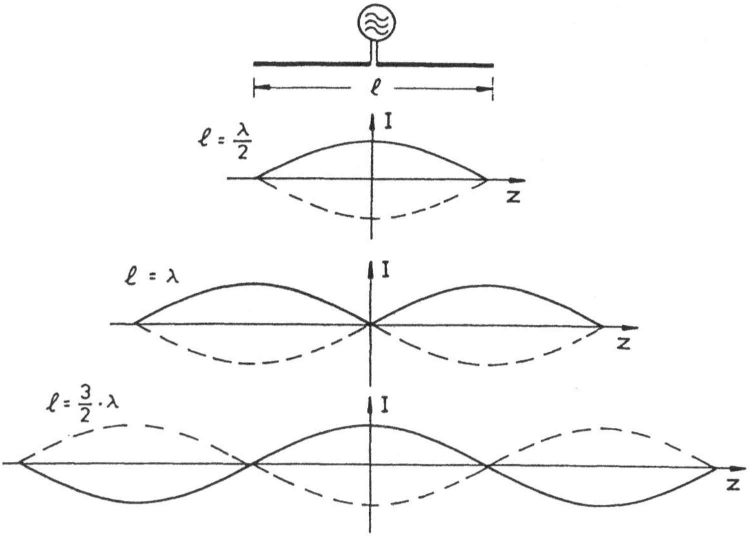

Abb. 2.38. Stromverteilung bei verschieden langen Dipol-Antennen.

$$\widetilde{I}(1) = \frac{\mu_0 c}{8\pi^2} \frac{I_0^2}{r^2} \frac{\cos^2\left[\frac{\pi}{2}\cos\Theta\right]}{\sin^2\Theta}$$

Bezüglich der **Winkelverteilung** unterscheidet sich diese Intensität von der mit einer $\sin^2\Theta$-Abhängigkeit, wie sie nach (2.149) bei einer kurzen Antenne oder nach (2.142) bei einem Punkt-Dipol auftritt, nur relativ wenig. Die quantitativen Unterschiede gehen aus Bild 2.39 hervor. Es zeigt ferner, dass beim Übergang zu einer λ-Antenne ($n = 2$) die Unterschiede wesentlich deutlicher werden. Die Abstrahlung in die Äquatorebene wird "schärfer" und auch intensiver.

Des besseren Vergleichs wegen ist für diesen Fall die Figur um den Faktor 4 gestaucht worden. Für die Intensität gilt hier nach (2.150)

$$\widetilde{I}(2) = \frac{\mu_0 c}{8\pi^2} \frac{I_0^2}{r^2} \left[\frac{\cos(\pi\cos\Theta) + 1}{\sin\Theta}\right]^2$$

oder wegen $\cos(2\alpha) = 2\cos^2\alpha - 1$

$$\widetilde{I}(2) = \frac{\mu_0 c}{2\pi^2} \frac{I_0^2}{r^2} \frac{\cos^4\left[\frac{\pi}{2}\cos\Theta\right]}{\sin^2\Theta} = 4 \cdot \widetilde{I}(1)\cos^2\left[\frac{\pi}{2}\cos\Theta\right]$$

Die nachfolgend gezeigte Kurve ist die graphische Darstellung der durch (2.148) ausgedrückten "Äquatorial-Intensität". Aufgetragen ist der Quotient $\widetilde{I}(90°)/\widetilde{I}_*$ mit der Abkürzung $\widetilde{I}_* = \mu_0 c I_0^2/(8\pi^2 r^2)$ als Funktion des Verhältnisses ℓ/λ. Er steigt zwischen 0 und 1 von 0 auf 4 und fällt anschließend zwischen 1 und 2 wieder von 4 auf 0 ab. Dieser Vorgang wiederholt sich periodisch.

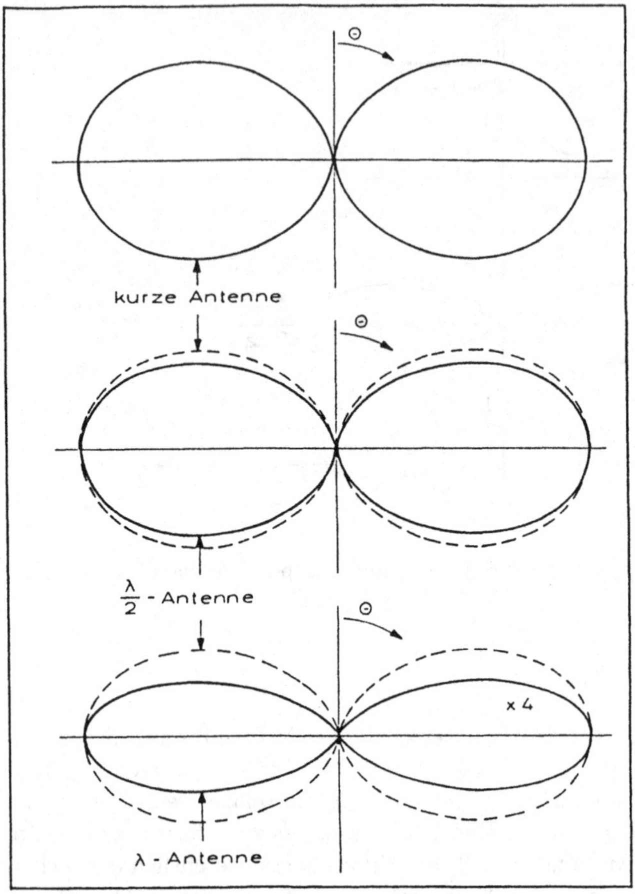

Abb. 2.39. Winkelabhängigkeit der Intensität für eine kurze, eine $\lambda/2$- und eine λ-Antenne.

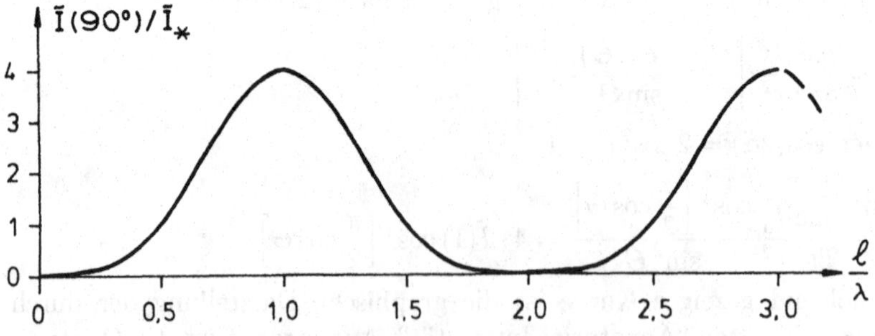

Abb. 2.40. Intensität in der Äquator-Ebene einer Dipol-Antenne.

Der Abfall für Antennen-Längen zwischen λ und 2λ bedeutet aber nicht zwangsläufig, dass die in den gesamten Raumwinkel emittierte Intensität, also der Energiestrom, abnimmt, sondern ist darauf zurückzuführen, dass sich hier die Abstrahlung in zunehmendem Maße von der Äquatorebene zu anderen Winkelbereichen hin verlagert. Zwei Beispiele für die Winkelabhängigkeit der Intensität in diesem Bereich sind in Bild 2.41 aufgetragen, und zwar für $\ell = 1.4\lambda$ und $\ell = 2\lambda$. Der etwas "krumme" Wert im ersten Fall ist gewählt worden, um die charakteristischen Merkmale der Veränderung möglichst deutlich hervortreten zu lassen.

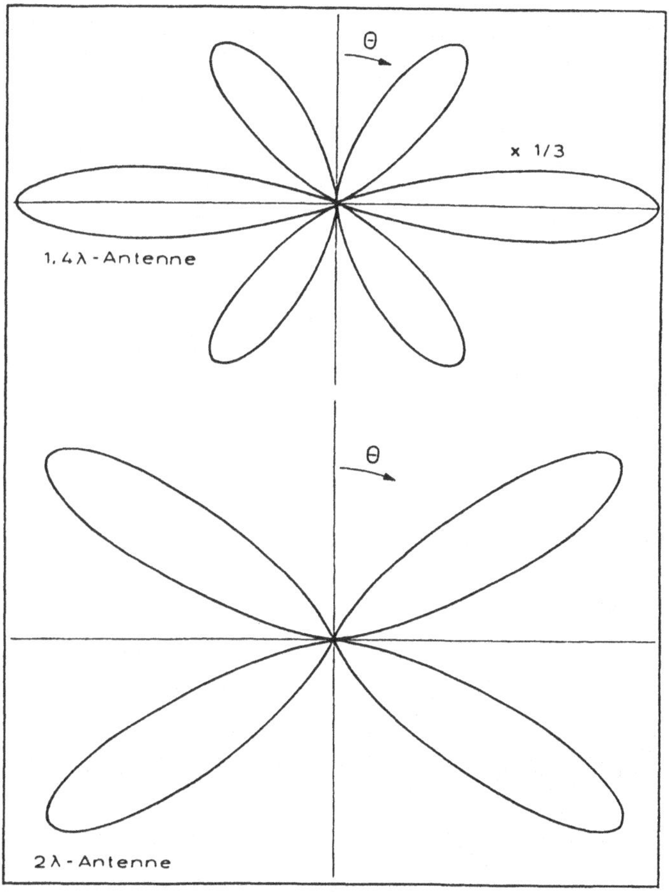

Abb. 2.41. Winkelabhängigkeit der Intensität für eine 1.4λ- und eine 2λ-Antenne.

Es muss nun noch erläutert oder bewiesen werden, dass die hier besprochenen Antennen in der Tat schwingende elektrische Dipole repräsentieren. Auskunft hierüber erhält man aus der Kontinuitätsgleichung für die elektrische Ladung. Da die Stromdichte nur eine z-Komponente aufweist und – außer von t' – nur noch von z abhängt, lautet sie

$$\operatorname{div} \boldsymbol{j}(z,t') = \frac{\partial j(z,t')}{\partial z} = -\frac{\partial \varrho(z,t')}{\partial t'}$$

Wegen $j = I/a$ (a ist der Querschnitt des Antennen-Drahtes) folgt dann mit (2.146)

$$\frac{\partial j}{\partial z} = \mp k \frac{I_0}{a} \cos\left(k\left[\frac{\ell}{2} - |z|\right]\right) \sin \omega t' = -\frac{\partial \varrho}{\partial t'}$$

Das obere Vorzeichen gilt für den positiven z-Bereich ($0 \le z \le \ell/2$), das untere für den negativen ($-\ell/2 \ge z \ge 0$). Die Integration über t' führt mit $k/\omega = 1/c$ auf die Raumladungsdichte

$$\varrho(z,t') = \mp \frac{I_0}{ac} \cos\left(k\left[\frac{\ell}{2} - |z|\right]\right) \cos \omega t' \tag{2.151}$$

Im Gegensatz zu j ist ϱ eine **antisymmetrische** Funktion von z, d.h. es ist $\varrho(z,t') = -\varrho(-z,t')$, wie es das Bild 2.42 am Beispiel $\ell < \lambda$ verdeutlicht.

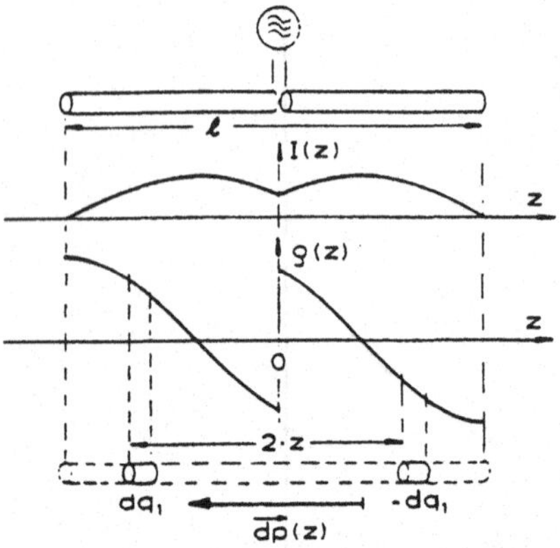

Abb. 2.42. Strom- und Ladungsverteilung auf einer Dipol-Antenne.

Zwei symmetrisch zur Antennen-Mitte $z = 0$ liegende Volumenelemente $\mathrm{d}V = a\cdot \mathrm{d}z$, die somit den Abstand $2z$ voneinander haben, tragen also die Ladungen

$$\mathrm{d}q_1 = \varrho(z,t')a \cdot \mathrm{d}z \qquad \text{und} \qquad \mathrm{d}q_2 = \varrho(-z,t')a \cdot \mathrm{d}z = -\mathrm{d}q_1$$

Sie bilden einen (elektrischen) Dipol mit dem Moment

$$\mathrm{d}p(z,t') = 2z \cdot \mathrm{d}q_1 = 2az\varrho(z,t') \cdot \mathrm{d}z$$

Das Dipolmoment der gesamten Antenne oder, nach Abspaltung der Zeitabhängigkeit, dessen Amplitude p_0 erhält man durch Integration über z von 0 bis $\ell/2$. In diesem Intervall gilt das negative Vorzeichen in (2.151), und es ist dort zudem $|z| = z$. Also ergibt sich mit (2.151)

$$p_0(k,\ell) = -\frac{2I_0}{c}\int\limits_0^{\ell/2} z\cos\left(k\left[\frac{\ell}{2}-z\right]\right)\cdot \mathrm{d}z$$

oder mit der Substitution $\ell/2 - z = u$

$$p_0(k,\ell) = \frac{2I_0}{c}\int\limits_{\ell/2}^{0}\left[\frac{\ell}{2}-u\right]\cos ku\cdot \mathrm{d}u$$

$$= \frac{2I_0}{c}\left[\int\limits_{\ell/2}^{0}\frac{\ell}{2}\cos ku\cdot \mathrm{d}u - \int\limits_{\ell/2}^{0} u\cos ku\cdot \mathrm{d}u\right]$$

Die beiden Integrale sind einfach zu berechnen. Man erhält

$$p_0(k,\ell) = \frac{2I_0}{c}\left[\frac{\ell}{2k}\sin ku - \frac{1}{k^2}\cos ku - \frac{u}{k}\sin ku\right]_{\ell/2}^{0}$$

$$= \frac{2I_0}{k^2c}\left(\cos\left[\frac{k\ell}{2}\right]-1\right)$$

Wegen $k = 2\pi/\lambda$ ist dann schließlich

$$p_0(\lambda,\ell) = \frac{1}{2\pi^2c}I_0\lambda^2\left(\cos\left[\pi\frac{\ell}{\lambda}\right]-1\right) \qquad (2.152)$$

Diese Formel bedarf einer grundsätzlichen Kommentierung. Sie sagt nämlich beispielsweise aus, dass eine 2λ-Antenne wegen $\cos 2\pi = 1$ **kein** Dipolmoment besitzt. Gleichwohl aber emittiert eine solche Antenne, wie es die vorangehenden Intensitäts-Betrachtungen belegen, elektromagnetische Wellen. Bezeichnet $p_0(n)$ das Dipolmoment einer $(n\lambda/2)$-Antenne, dann folgt aus (2.152): $p_0(2) = 2p_0(1)$, $p_0(3) = p_0(1)$, $p_0(4) = 0$, $p_0(5) = p_0(1)$ u.s.f. Die Erklärung für dieses Verhalten liefert unmittelbar und anschaulich Bild 2.43 anhand dreier Beispiele.

a.) Eine λ-Antenne wirkt wie zwei aneinandergereihte $\lambda/2$-Antennen im Abstand ℓ, deren Strombäuche **gleichphasig** schwingen, deren Dipolmomente somit zu jedem Zeitpunkt dieselbe Richtung haben. Also ist $p_0(2) = 2p_0(1)$.

b.) Vergrößert man ℓ über λ hinaus, dann bildet sich in der Antennen-Mitte ein dritter Strombauch, der aber **gegenphasig** zu den beiden $\lambda/2$-Bäuchen schwingt, dessen zugehöriges Dipolmoment p_0' also stets denen der $\lambda/2$-Bäuche entgegengesetzt gerichtet ist. Damit ist $p_0 = 2p_0(1) - p_0' < p_0(1)$.

c.) Eine 2λ-Antenne ist eine Aneinanderreihung von vier $\lambda/2$-Antennen, wobei die beiden inneren gleichphasig schwingen, die beiden äußeren ebenfalls, aber **gegenphasig** zu den inneren. Somit beträgt das Dipolmoment dieser Antenne $p_0(4) = 2p_0(1) - 2p_0(1) = 0$. Das abgestrahlte elektromagnetische Feld ist das Interferenzfeld von vier "$\lambda/2$-Feldern".

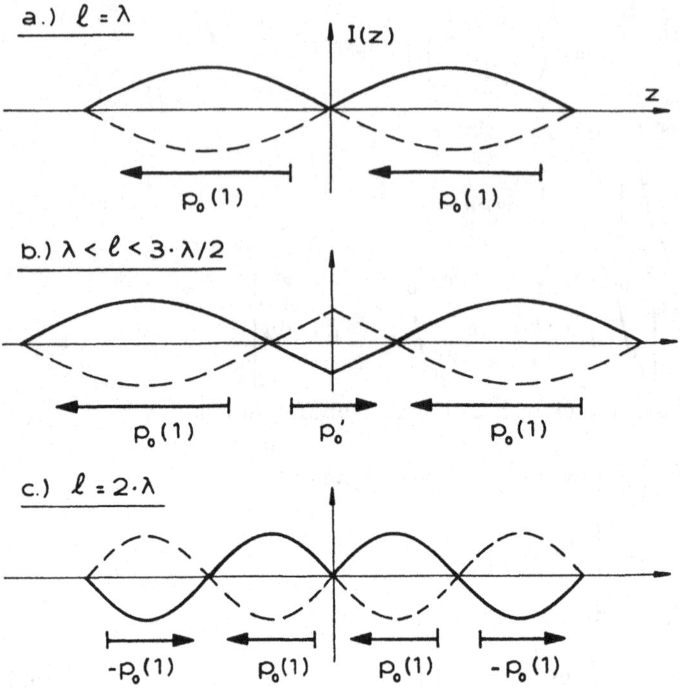

Abb. 2.43. Dipolmomenten-Aufteilung bei einer Antenne.

Den von der Antenne in den gesamten Raumwinkel abgestrahlten Energiestrom erhält man auf inzwischen vertraute Weise durch Integration der Intensität über eine die Antenne umschließende (Kugel-) Fläche. Für eine kurze Antenne läuft die Berechnung in exakt derselben Weise ab, wie sie für den Punkt-Dipol detailliert vorgeführt worden ist. Aus (2.149) folgt

$$\frac{\mathrm{d}W}{\mathrm{d}t} = \oint \widetilde{I}(r,\Theta)\cdot \mathrm{d}A = \frac{\pi\mu_0 c}{16}\left[\frac{\ell}{\lambda}\right]^2 I_m^2(0)\int\limits_0^\pi \sin^3\Theta\cdot \mathrm{d}\Theta$$

oder

$$\frac{\mathrm{d}W}{\mathrm{d}t} = \frac{\pi\mu_0 c}{12}\left[\frac{\ell}{\lambda}\right]^2 I_m^2(0) \tag{2.153}$$

Dieser Energiestrom ist identisch mit der **Sendeleistung** P_s, welche der die Antenne treibende Oszillator aufbringen muss. Bekanntlich ist allgemein $P = RI_0^2/2$ die von einem Wechselstrom der Amplitude I_0 an einem OHMschen Widerstand R umgesetzte Leistung. In Analogie dazu bezeichnet man den Quotienten $R_s = P_s/\left[I_m^2(0)/2\right]$ als den **Strahlungswiderstand** der Antenne. Aus (2.153) resultiert somit für eine kurze Antenne

$$R_s = \frac{\pi\mu_0 c}{6}\left[\frac{\ell}{\lambda}\right]^2 = 197\left[\frac{\ell}{\lambda}\right]^2\ \Omega$$

Er wächst quadratisch mit ℓ/λ und beträgt beispielsweise für eine $\lambda/10$-Antenne rund $R_s = 2\ \Omega$.
An dieser Stelle soll, um Verwirrungen vorzubeugen, die folgende Bemerkung eingeschoben werden: Unter einer **kurzen** Antenne wird hier stets eine kurze, zentral gespeiste **Stab-** oder **Draht-** Antenne verstanden werden. Die Stromverteilung auf ihr ergibt sich wegen $\ell \ll \lambda$ mit der Kleinwinkel-Näherung $\sin\alpha \approx \alpha$ aus (2.146) zu

$$I(z) = \pi I_0 \frac{\ell}{\lambda}\left[1 - 2\frac{|z|}{\ell}\right]$$

Die Stromstärke fällt also zu jedem Zeitpunkt von der Mitte aus linear und symmetrisch zu den Antennen-Enden hin ab. In manchen Lehrbüchern wird unter dem Thema "Erzeugung elektromagnetischer Wellen" als Prototyp einer kurzen Dipol-Antenne eine Anordnung behandelt, die aus zwei Kugeln im Abstand $\ell \ll \lambda$ besteht, welche durch einen Oszillator periodisch und gegenphasig umgeladen werden.

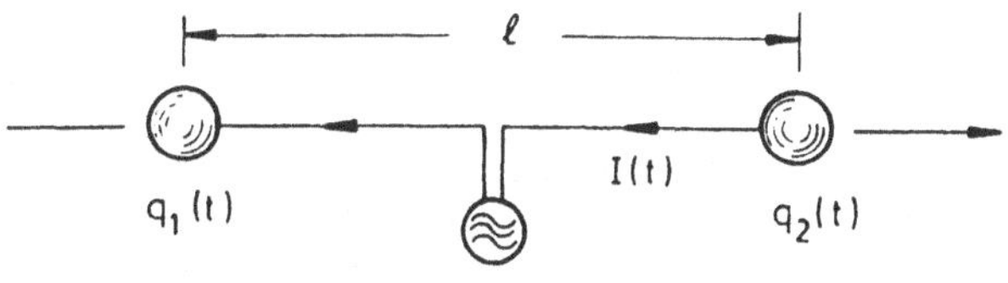

Abb. 2.44. Dipol aus zwei Kugel-Elektroden.

Für Ladungen auf den Kugeln gilt dann

$$q_1(t) = -q_2(t) = q_0 \sin\omega t$$

Der erforderliche Umladestrom beträgt

$$I(t) = \frac{\mathrm{d}q_1}{\mathrm{d}t} = \omega q_0 \cos\omega t = I_0 \cos\omega t$$

und wird als von z unabhängig vorausgesetzt. Das resultierende Dipolmoment hat somit die Amplitude

$$p_0 = q_0 \ell = \frac{I_0 \ell}{\omega}$$

Sie ist also doppelt so groß wie die einer kurzen Stab-Antenne. Der Energiestrom und damit auch der Strahlungswiderstand sind bekanntlich proportional zu p_0^2. Folglich sind beide Größen hier viermal größer als die einer kurzen Stab-Antenne, d.h. es ist

$$R_s = \frac{2\pi\mu_0 \cdot c}{3}\left[\frac{\ell}{\lambda}\right]^2 = 788\left[\frac{\ell}{\lambda}\right]^2\ \Omega$$

Im allgemeinen Fall müssen der Energiestrom bzw. der Strahlungswiderstand durch Integration von (2.147) bestimmt werden. Mit dem bereits über den

Azimut-Winkel integrierten Kugelflächenelement $\mathrm{d}A = 2\pi r^2 \sin\Theta \cdot \mathrm{d}\Theta$ ist also

$$\frac{\mathrm{d}W}{\mathrm{d}t} = \frac{\mu_0 c}{4\pi} I_0^2 \int_0^{\pi} \left(\frac{\cos\left[\pi \frac{\ell}{\lambda} \cos\Theta\right] - \cos\left[\pi \frac{\ell}{\lambda}\right]}{\sin\Theta} \right)^2 \sin\Theta \cdot \mathrm{d}\Theta$$

Die vorangehend bereits angewendete Substitution $\cos\Theta = x$ führt wegen $\sin^2\Theta = 1 - \cos^2\Theta = 1 - x^2$ auf den Strahlungswiderstand

$$R_s = \frac{\mu_0 c}{2\pi} \int_{-1}^{1} \frac{\left(\cos\left[\pi \frac{\ell}{\lambda} x\right] - \cos\left[\pi \frac{\ell}{\lambda}\right]\right)^2}{1 - x^2} \cdot \mathrm{d}x$$

Das Integral kann nicht elementar berechnet werden. Es kann allenfalls durch weitere geschickte Substitutionen auf Integrale zurückgeführt werden, die zu einer bekannten Gruppe der sogenannten "Höheren Funktionen der Mathematik" gehören und deren Zahlenwerte in entsprechenden Tabellen-Büchern aufgelistet sind. Auf jeden Fall muss numerisch ausgewertet werden. Das Ergebnis ist in Bild 2.45 aufgetragen.

Bemerkenswert daran ist, dass – sieht man vom Fall $\ell = \lambda/2$ ab – die auftretenden Maxima und Minima nicht genau bei den Resonanzlängen $\ell = \lambda$, $(3/2)\lambda$, 2λ, $(5/2)\lambda$, 3λ, usw. liegen, sondern stets deutlich darunter. Danach ergeben sich beispielsweise Strahlungswiderstände von rund

$$R_s = 73\ \Omega \text{ für eine } \lambda/2 - \text{Antenne}$$

und $$R_s = 200\ \Omega \text{ für eine } \lambda - \text{Antenne.}$$

Zum Abschluss der Betrachtungen über Dipol-Antennen sollen noch einige praxisnahe Gesichtspunkte angesprochen werden:
Jede reale Antenne besitzt einen OHMschen (Verlust-) Widerstand R_v, der aufgrund des Skin-Effekts von der Frequenz abhängt und an dem ein Teil der Oszillator-Leistung in JOULEsche Wärme umgewandelt wird. Der Oszillator muss also insgesamt die Leistung $P = P_s + P_v = (R_s + R_v)I_0^2/2$ liefern.

Die Abstrahlungs-Eigenschaften einer Antenne können unter Umständen deutlich durch Reflexion der emittierten Welle an Häuserwänden und insbesondere am Erdboden beeinträchtigt werden. Der wieder auf die Antenne treffende reflektierte Anteil induziert dort einen zusätzlichen Strom, der sich dem primären Antennen-Strom mit einer durch den Abstand zur reflektierten Fläche bestimmten Phasenverschiebung überlagert. Der Phasenunterschied kann dabei sowohl konstruktiv als auch destruktiv wirken, d.h. den Antennen-Strom sowohl stärken als auch schwächen, was die Sendeleistung und damit auch den Strahlungswiderstand beeinflusst. Ein Beispiel für einen solchen

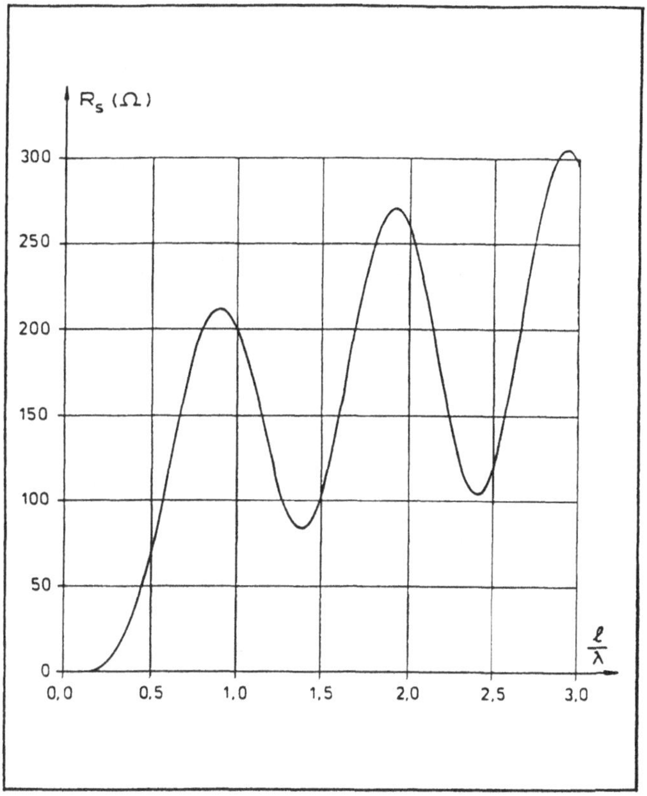

Abb. 2.45. Strahlungswiderstand einer Antenne.

Effekt zeigt Bild 2.46(a)[1]. Aufgetragen ist der Strahlungswiderstand R_s einer horizontalen $\lambda/2$-Antenne in Abhängigkeit von der auf die Wellenlänge λ bezogenen Höhe h über dem als vollständig reflektierend angenommenen Erdboden. Mit wachsendem h nähert sich R_s "gedämpft oszillierend" und erwartungsgemäß dem oben angegebenen Wert von 73 Ω. Von Einfluss auf die Resonanzlänge einer abgestimmten Antenne ist auch der Durchmesser D des Stabes oder Drahtes, aus dem sie besteht. In welchem Maße das der Fall ist, geht aus Bild 2.46(b)[3] – wiederum für eine $\lambda/2$-Antenne – hervor. Auf der Abszisse ist in logarithmischem Maßstab der reziproke Wert von D bezogen auf $\lambda/2$ aufgetragen. Die Ordinaten-Größe K ist der Korrekturfaktor, mit welchem der $\lambda/2$-Wert multipliziert werden muss, um die "richtige" Antennen-Länge zu erhalten. Er nimmt mit wachsendem D ab. Danach muss beispielsweise eine $\lambda/2$-Stab-Antenne mit einem Durchmesser von $D = 1$ cm für eine Wellenlänge von $\lambda = 2$ m $[(\lambda/2)/D = 100]$ eine Länge von $\ell = 96.5$ cm haben, wenn sie im $\lambda/2$-Modus betrieben werden soll.

[1] Aus: The Radio Amateurs Handbook, 26th Edition (1949), The American Radio Relay League, The Rumford Press, U.S.A.

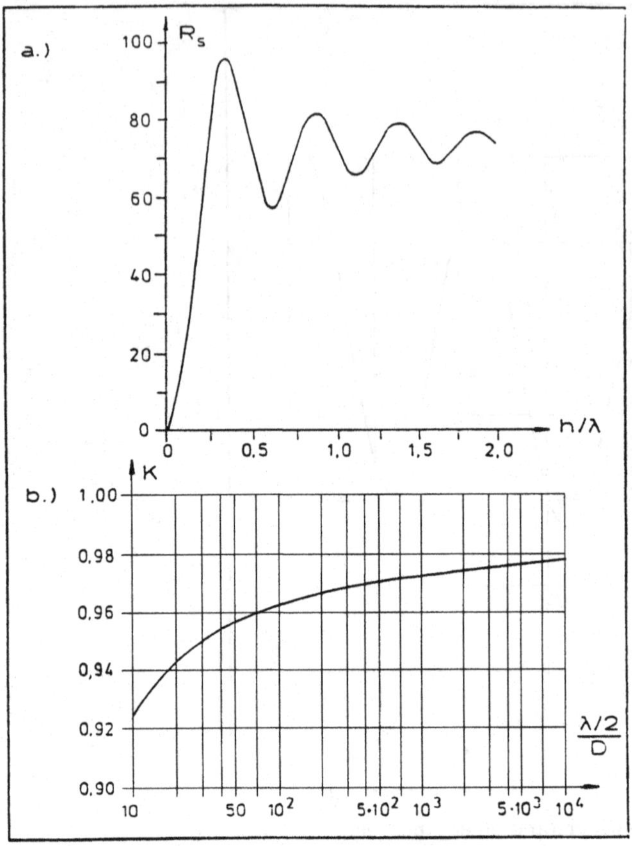

Abb. 2.46. a.) Strahlungswiderstand einer horizontalen $\lambda/2$-Antenne in Abhängigkeit von der Höhe über einem vollständig reflektierenden Erdboden. b.) Einfluss des Stab- oder Draht-Durchmessers auf die Resonanzlänge einer $\lambda/2$-Antenne.

3 Optik

3.1 Einleitung

Die Optik ist die Lehre vom Licht. Darunter versteht man im anderen Sinne die vom menschlichen Auge wahrnehmbare Strahlung. Es ist diese eine elektromagnetische Strahlung mit Wellenlängen zwischen 400 und 800 nm. Im erweiterten Sinne zählt man zum Licht auch noch diejenige (unsichtbare) Strahlung, die sich an die Grenzen dieses Wellenlängenbereichs anschließt, und nennt sie **ultraviolettes** Licht ($\lambda < 400$ nm) bzw. **infrarotes** Licht ($\lambda > 800$ nm).
Licht entsteht dann, wenn sich Elektronen in den Atom- oder Molekülhüllen umordnen. Diese Vorgänge dauern größenordnungsmäßig 10^{-8} s und folgen zeitlich statistisch aufeinander. Demzufolge besteht das von einer Quelle emittierte Licht aus zeitlich statistisch verteilten Wellenzügen oder Wellengruppen. Man nennt diese Wellengruppen auch **Lichtquanten** oder **Photonen**.
Die Energie W eines Photons, das ist der Inhalt einer Wellengruppe an elektromagnetischer Energie, ist proportional zur Frequenz ν und somit wegen $\nu\lambda = c$ umgekehrt proportional zur Wellenlänge λ:

$$\boxed{W = h\nu = \frac{hc}{\lambda}}$$

h ist eine Naturkonstante und heißt **Plancksches Wirkungsquantum**. Es hat die Größe

$$h = 6.626 \cdot 10^{-34}\ \mathrm{W\ s^2} = 4.136 \cdot 10^{-15}\ \mathrm{eV\ s}$$

Photonen mit Wellenlängen zwischen 400 und 800 nm haben also Energien zwischen 3.10 und 1.55 eV.
Eine aus Gruppen bestehende Welle $\psi(\boldsymbol{r}, t)$ ist keine streng harmonische, d.h. durch einen einzigen Wert der Frequenz charakterisierte Welle, sondern besitzt ein Frequenzspektrum $I(\omega)$. Dessen Form ergibt sich mit Hilfe des FOURIER-Theorems.
Ist Δt die Dauer einer Wellengruppe und verläuft ψ innerhalb der Gruppe harmonisch mit konstanter Amplitude und der Kreisfrequenz ω_0, dann folgt:

$$I(\omega) = I_0 \left[\frac{\sin\left(\frac{\omega_0 - \omega}{2} \cdot \Delta t\right)}{\frac{\omega_0 - \omega}{2} \cdot \Delta t} \right]^2 \cdot (\Delta t)^2$$

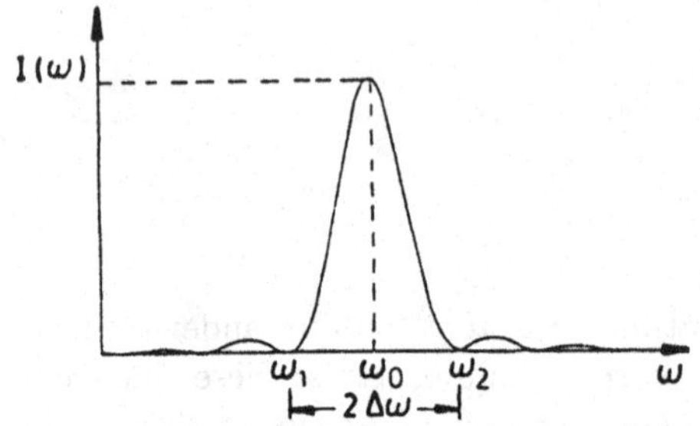

Abb. 3.1. Spektrum einer Wellengruppe.

Der Verlauf von $I(\omega)$ stimmt formal mit dem der Intensitätsverteilung bei der FRAUNHOFERschen Beugung an einem Spalt überein. $I(\omega)$ besitzt also ein prominentes Hauptmaximum, das man im Zusammenhang mit optischen Erscheinungen als "Spektrallinie" bezeichnet. Die Lage ω_1 und ω_2 der Nullstellen, die dieses Maximum beidseitig begrenzen, ergibt sich aus den Forderungen:

$$\frac{\omega_0 - \omega_1}{2} \cdot \Delta t = +\pi \qquad \text{und} \qquad \frac{\omega_0 - \omega_2}{2} \cdot \Delta t = -\pi$$

Danach beträgt der Abstand beider Nullstellen voneinander:

$$|\omega_1 - \omega_2| = \frac{4\pi}{\Delta t}$$

Üblicherweise bezeichnet man als **Breite** $\Delta\omega$ des Hauptmaximums bzw. der Spektrallinie die Hälfte dieses Abstandes. Also ist $\Delta\omega = 2\pi/\Delta t$. Mit $\omega = 2\pi\nu$ folgt daraus:

$$\Delta\nu = \frac{1}{\Delta t} \qquad \text{oder} \qquad \boxed{\Delta\nu \cdot \Delta t = 1}$$

Die Länge Δx einer Wellengruppe ergibt sich aus Δt und der Ausbreitungsgeschwindigkeit c zu $\Delta x = c \cdot \Delta t$. Damit ist $\Delta\nu \cdot \Delta x = c$. Mit $\nu = c/\lambda = kc/(2\pi)$ erhält man:

$$\boxed{\Delta k \cdot \Delta x = 2\pi} \tag{3.1}$$

Man nennt Δx auch die **Kohärenzlänge** der Lichtwelle. Zum Intervall Δk gehört ein entsprechendes Wellenlängenintervall $\Delta\lambda$. In linearer Näherung folgt:

$$\Delta k = \left|\frac{\mathrm{d}k}{\mathrm{d}\lambda}\right|_{\lambda_0} \cdot \Delta\lambda = \frac{2\pi \cdot \Delta\lambda}{\lambda_0^2}$$

Dabei ist λ_0 die Wellenlänge innerhalb der Gruppe. Einsetzen in (3.1) ergibt:

$$\Delta\lambda \cdot \Delta x = \lambda_0^2 \qquad \text{oder} \qquad \boxed{\Delta\lambda = \frac{\lambda_0^2}{\Delta x} = \frac{\lambda_0^2}{c \cdot \Delta t}}$$

Daraus erhält man beispielsweise bei einer Wellenlänge von $\lambda_0 = 500$ nm und einer Gruppendauer von $\Delta t = 10^{-8}$ s eine Linienbreite von $\Delta\lambda \approx 10^{-4}$ nm und eine Kohärenzlänge von $\Delta x \approx 3$ m.
Alle obigen Zusammenhänge zeigen, dass eine rein harmonische Welle ohne Frequenz- und Wellenlängenstreuung ($\Delta\nu = 0$; $\Delta\lambda = 0$) eine sogenannte **streng monochromatische** Welle, unendlich lang sein und unendlich lange dauern müsste ($\Delta x \to \infty$; $\Delta t \to \infty$).
Die im realen Fall beobachteten Linienbreiten und Kohärenzlängen können zum Teil erheblich von den über die aufgeführten Zusammenhänge berechenbaren Werten abweichen. Das hat verschiedene Gründe:

a.) **Strahlungsdämpfung**: Da bei den Umordnungsprozessen in den Elektronenhüllen Energie abgestrahlt wird, erfolgt die Bewegung der beteiligten Elektronen gedämpft. Anschaulich betrachtet, klingt infolgedessen die Amplitude innerhalb einer Wellengruppe ab. Die FOURIER-Transformation liefert für diesen Fall eine größere Linienbreite. Den Beitrag dieser Strahlungsdämpfung zu $\Delta\lambda$ nennt man die "natürliche Linienbreite". Er ist jedoch sehr klein im Vergleich zu dem der beiden folgenden Effekte.
b.) **Druckverbreiterung**: Um zu gewährleisten, dass sich die Atome oder Moleküle während ihrer Lichtemission möglichst wenig beeinflussen, muss man die entsprechende Substanz im **gasförmigen** Zustand zum Leuchten anregen. Dennoch können Zusammenstöße passieren, die den individuellen Emissionsprozess unterbrechen. Damit wird Δx kleiner und $\Delta\lambda$ größer. Diese sogenannte Druckverbreiterung wird umso deutlicher, je kleiner die mittlere stoßfreie Zeit im Vergleich zur Emissionsdauer Δt ist. Durch möglichst weite Herabsetzung des Gasdruckes und damit der räumlichen Dichte der Atome bzw. Moleküle läßt sich dieser Effekt verkleinern.
c.) **Doppler-Verbreiterung**: Die Atome bzw. Moleküle des leuchtenden Gases befinden sich in thermischer Bewegung. Das Licht wird also von bewegten Quellen emittiert und erleidet demnach eine Frequenzverschiebung aufgrund des Dopplereffekts. Da die Bewegung ungeordnet ist, ergibt sich pauschal eine Vergrößerung von $\Delta\lambda$. Durch Herabsetzung der Gastemperatur kann diese Doppler-Verbreiterung vermindert werden.

Die erläuterte spezielle Natur von Lichtwellen erfordert die Einhaltung verschiedener Bedingungen bei der Beobachtung von Interferenzerscheinungen. Es sind dies:

a.) **Die Kohärenzbedingung**: Sie ist bereits im Zusammenhang mit den allgemeinen Betrachtungen zur Interferenz von Wellen behandelt worden und verlangt, dass die Wellengruppen an jedem Interferenzort **konstante** Phasenunterschiede zueinander aufweisen müssen.

b.) **Die Koinzidenzbedingung**: Am Interferenzort muss der Gangunterschied Δr der sich dort überlagernden Wellen kleiner sein als die Länge Δx der Wellengruppen: $\Delta r < \Delta x$. Andernfalls tritt keine Überlappung der Wellengruppen auf.

c.) **Die Sichtbarkeitsbedingung**: Jede reale Lichtquelle hat eine räumliche Ausdehnung. Die von den einzelnen Punkten der Quelle emittierten Lichtwellen sind im allgemeinen inkohärent. Dann können sichtbare Interferenz- oder Beugungserscheinungen überhaupt nur dann auftreten, wenn der Winkel α, unter dem die Lichtquelle in ihrer Ausdehnung vom beugenden Objekt aus erscheint, die Bedingung $\alpha \ll \lambda/d$ erfüllt. Dabei ist d ein "charakteristischer" Durchmesser des beugenden Objekts.

Lichtwellen, die diesen Bedingungen gehorchen, nennt man **kohärent**. Von Ausnahmen abgesehen, besteht die **einzige** Möglichkeit zur Erzeugung kohärenter Lichtbündel praktisch darin, das Licht **einer** Quelle durch entsprechende optische Systeme (Spiegel, Prismen, u.s.w.) in Teilbündel aufzuspalten und die dann zur Überlagerung zu bringen. Beispiele dafür folgen.

3.2 Geometrische Optik

3.2.1 Vorbemerkung

Die geometrische Optik behandelt die Ausbreitung von **Lichtstrahlen**, das sind (ebene) Lichtwellen, deren Querschnitt klein gegen die zurückgelegten Laufwege ist. Ihre Grundlagen sind das Reflexionsgesetz, das Brechungsgesetz und die Voraussetzung, dass sich Lichtstrahlen geradlinig und voneinander unbeeinflusst ausbreiten.

3.2.2 Spiegel

Spiegel sind Flächen mit einem hohen Reflexionsvermögen. Von besonderer praktischer Bedeutung sind hierbei die **ebenen** und die **sphärischen** Spiegel.

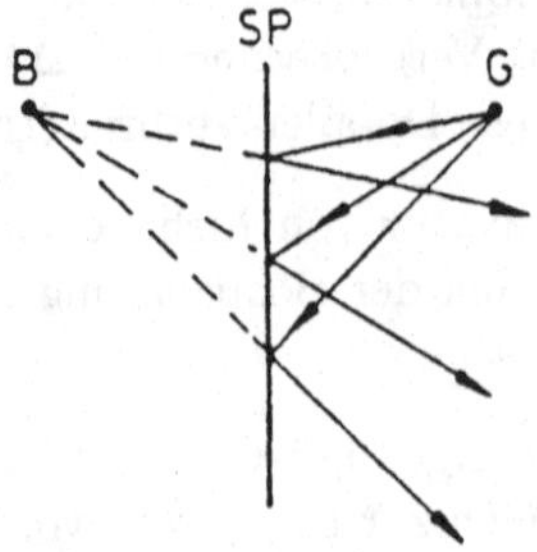

Die von einem leuchtenden oder beleuchteten Gegenstandspunkt G ausgehenden Lichtstrahlen werden von einem **ebenen Spiegel** SP so reflektiert, als kämen sie von einem Bildpunkt B hinter der Spiegelebene her, wobei G und B symmetrisch zu SP liegen. Ein in das reflektierte Lichtbündel blickendes Auge sieht in B ein scheinbares oder **virtuelles Bild** von G.
Bei den **sphärischen Spiegeln** sind die reflektierten Flächen Teil einer **Kugelfläche**. Reflektiert die Innenfläche, dann nennt man den Spiegel **konkav**, reflektiert die Außenfläche, nennt man ihn **konvex**.

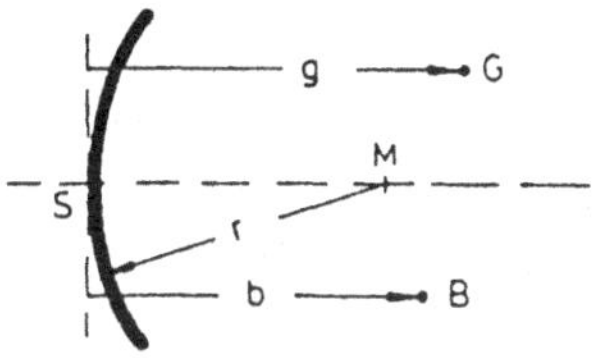

Die Gerade durch den Kugelmittelpunkt M und die Spiegelmitte heißt **optische Achse** des Spiegels. Sie durchstößt die Spiegelfläche im sogenannten **Scheitelpunkt** S. Die senkrechten Abstände eines Gegenstandspunktes G oder eines Bildpunktes B von der senkrecht zur optischen Achse durch S verlaufenden Ebene heißen **Gegenstandsweite** g oder **Bildweite** b. r ist der Krümmungsradius des Spiegels.

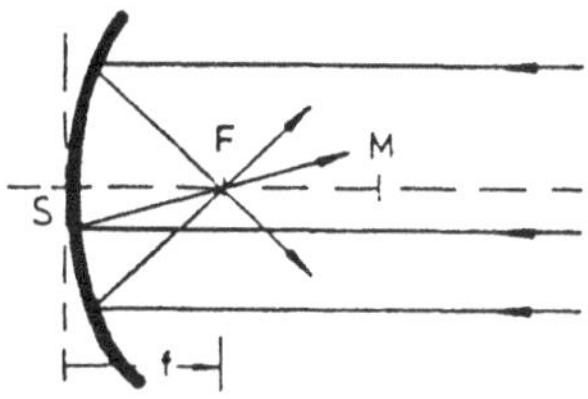

Bei Beschränkung auf **paraxiale Strahlen**, das sind Lichtstrahlen, die unter kleinen Winkeln zur optischen Achse verlaufen und deren Abstand von ihr überall klein ist gegen r, ergibt die Anwendung des Reflexionsgesetzes auf sphärische Spiegel folgende Zusammenhänge:

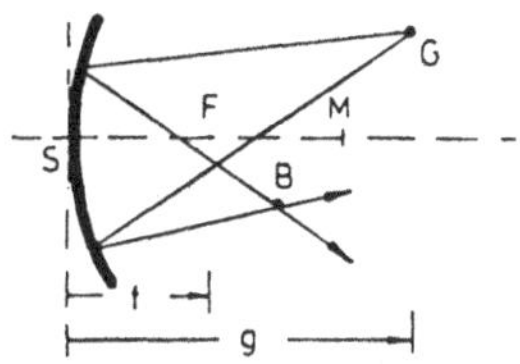

a.) Parallel zur optischen Achse einfallende Strahlen werden durch einen **Konkavspiegel** in einen Punkt F auf der optischen Achse zusammengeführt, der die Strecke $SM = r$ halbiert. F heißt **Brennpunkt** des Spiegels, sein Abstand $f = r/2$ von S dessen **Brennweite**. Da der Strahlenverlauf bei der Reflexion grundsätzlich umkehrbar ist, werden von F ausgehende Lichtstrahlen parallel zur optischen Achse reflektiert.

b.) Von einem Gegenstandspunkt G ausgehende Strahlen werden von einem **Konkavspiegel** dann wieder in einem Bildpunkt B vereinigt, wenn $g > f$ ist. B ist ein **reelles** Bild von G. Dabei liegen G, B und S in einer Ebene und G und B auf entgegengesetzten Seiten der optischen Achse oder beide auf ihr.

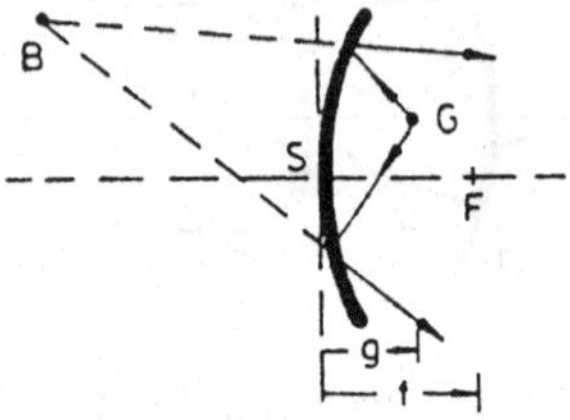

c.) Von einem Gegenstandspunkt G für den Fall $g < f$ ausgehende Strahlen werden von einem **Konkavspiegel** so reflektiert, als kämen sie von einem **virtuellen** Bildpunkt B hinter der Spiegelfläche. G, B und S liegen in einer Ebene. G und B liegen auf der gleichen Seite der optischen Achse oder beide auf ihr.

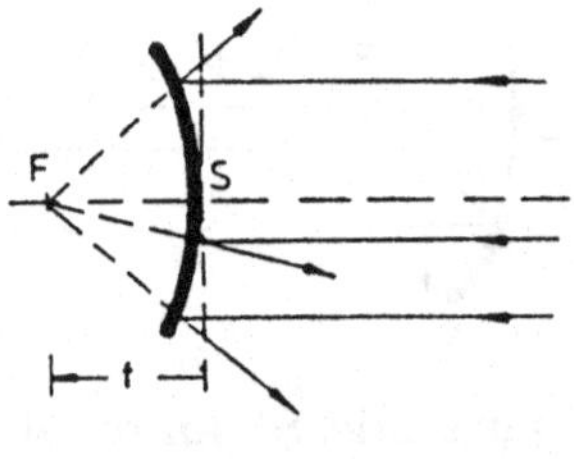

d.) Parallel zur optischen Achse einfallende Strahlen werden von einem **Konvexspiegel** so reflektiert, als kämen sie von einem **virtuellen Brennpunkt** F auf der optischen Achse hinter der Spiegelfläche her. Dessen Abstand $f = r/2$ von S heißt ebenfalls **Brennweite**.

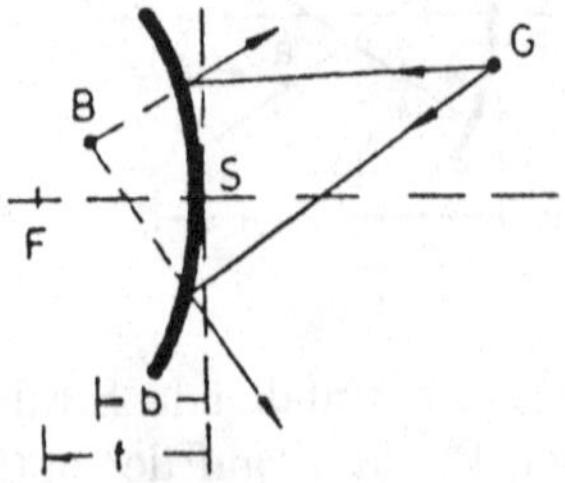

e.) Von einem Gegenstandspunkt G ausgehende Strahlen werden von einem **Konvexspiegel** stets so reflektiert, als kämen sie von einem **virtuellen** Bildpunkt B hinter der Spiegelfläche her. Dabei ist stets $b < f$. G, B und S liegen in einer Ebene. G und B liegen auf der gleichen Seite der optischen Achse oder auf ihr.

f.) Der quantitative Zusammenhang zwischen Gegenstands-, Bild- und Brennweite wird durch die **Abbildungsgleichung** für sphärische Spiegel

$$\boxed{\frac{1}{g} + \frac{1}{b} = \frac{1}{f}}$$

beschrieben. Sind f und g vorgegeben, dann kann die Bildweite b daraus berechnet werden. Es folgt:

$$\boxed{b = \frac{gf}{g - f}}$$

Sich daraus ergebende **negative** Werte für b bedeuten Bildpunkte **hinter** der Spiegelfläche, also **virtuelle** Bildpunkte. Entsprechend muss bei Anwendung der Beziehung auf Konvexspiegel die (virtuelle) Brennweite **negativ** eingesetzt werden. Die Fälle a.) und d.) ergeben sich als Grenzfälle für $g = \infty$.

g.) Der zu einem vorgegebenen Gegenstandspunkt G gehörende Bildpunkt B läßt sich auf einfache Weise **graphisch** ermitteln, indem man den bekannten Verlauf typischer Lichtstrahlen ausnutzt. Hierzu gehören:
Parallel zur optischen Achse einfallende Strahlen: Sie verlaufen nach der Reflexion durch F.
Durch F einfallende Strahlen: Sie werden parallel zur optischen Achse reflektiert.
In S auftreffende Strahlen: Sie werden symmetrisch zur optischen Achse reflektiert.
Durch M einfallende Strahlen: Sie werden in sich selbst reflektiert.
Das Bild eines **ausgedehnten** Gegenstandes läßt sich auf diese Weise Punkt für Punkt konstruieren.

In den folgenden typischen Konstruktionsbeispielen wird der abzubildende Gegenstand durch einen Pfeil symbolisiert, der auf der optischen Achse senkrecht zu ihr steht und die Länge ℓ_G hat. Ist ℓ_B die Länge des Bildpfeils, dann heißt $V = \ell_B/\ell_G$ die **Vergrößerung** oder der **Abbildungsmaßstab**.

Beispiel 1: Konkavspiegel mit $g > r = 2f$. Das Bild liegt zwischen F und M, ist reell, umgekehrt und verkleinert. V ergibt sich durch Vergleich der ähnlichen Dreiecke GSG_0 und BSB_0. Aus $\ell_G/g = \ell_B/b$ folgt $V = b/g < 1$. Im Grenzfall $g = r = 2f$ ist $b = g$ und $V = 1$.

Beispiel 2: Konkavspiegel mit $f < g < r = 2f$. Durch Umkehrung des Strahlenverlaufs erhält man hierfür ein reelles, umgekehrtes und vergrößertes Bild zwischen M und ∞ mit $V = b/g > 1$. Im Grenzfall $g = f$ ist $b = \infty$ und $V = \infty$.

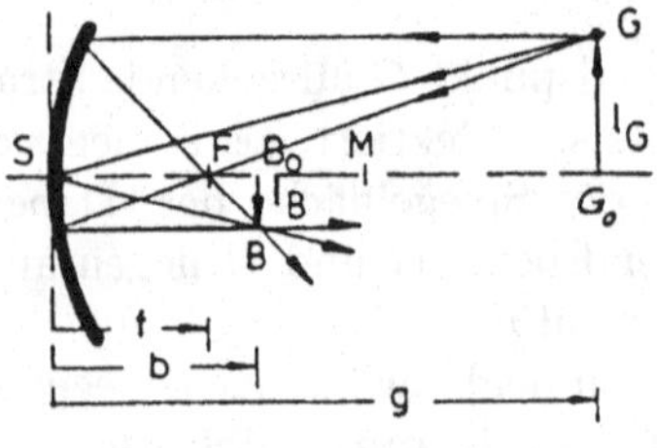

Beispiel 3: Konkavspiegel mit $g < f$.
Das Bild liegt zwischen S und $-\infty$, ist virtuell, aufrecht und vergrößert. Durch Vergleich der ähnlichen Dreiecke GSG_0 und BSB_0 ergibt sich wiederum $V = b/g > 1$.

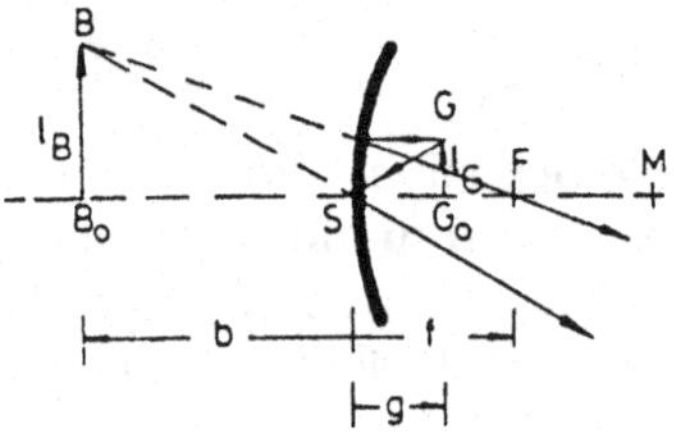

Beispiel 4: Konvexspiegel und g beliebig.
Das Bild liegt zwischen F und S, ist virtuell, aufrecht und verkleinert. Durch Vergleich der ähnlichen Dreiecke GSG_0 und BSB_0 erhält man $V = b/g < 1$. Im Grenzfall $g = \infty$ ist $b = f$ und $V = 0$.

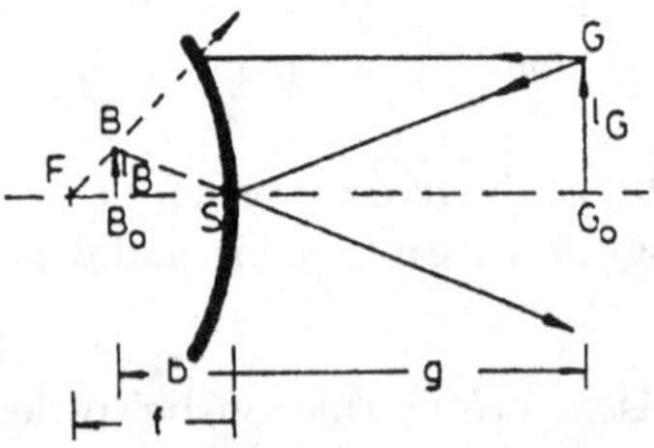

Die unter den Punkten a.) bis g.) diskutierten Eigenschaften sphärischer Spiegel gelten nur, wie anfangs ausdrücklich festgelegt, bei Verwendung paraxialer Strahlen. Wird diese Voraussetzung aufgegeben, dann treten **Abbildungsfehler**, sogenannte **sphärische** Aberrationen auf. Eine fehlerlose Abbildung erfordert Spiegelflächen, die komplizierter sind als die einfache Kugeloberfläche. Praktische Bedeutung haben in diesem Zusammenhang beispielsweise Rotationsparaboloide (**Parabolspiegel**) zur Erzeugung paralleler Lichtbündel in Scheinwerfern.

3.2.3 Brechung an planparallelen Platten

Eine planparallele Platte ist ein von zwei parallelen Ebenen begrenztes optisches Medium. Trifft ein Lichtstrahl unter dem Einfallswinkel α aus dem Vakuum auf eine solche Platte mit dem Brechungsindex n und der Dicke d, dann folgt für den Brechungswinkel β aus dem Brechungsgesetz: $\sin\beta = (1/n)\sin\alpha$.

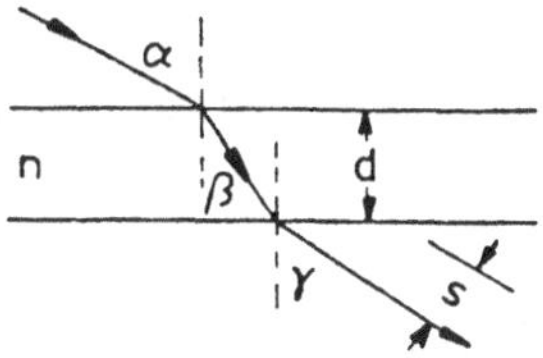

β ist gleichzeitig der Einfallswinkel für den Austritt des Strahls aus der Platte, so dass sich für den Austrittswinkel γ ergibt:

$$\begin{aligned}\sin\gamma &= n\sin\beta = n\left(\frac{1}{n}\right)\sin\alpha\\ &= \sin\alpha \quad \text{oder} \quad \gamma = \alpha\end{aligned}$$

Der Strahl passiert die Platte also ohne Richtungsänderung, erhält jedoch eine **Parallelversetzung** der Größe

$$s = \frac{d}{\cos\beta}\sin(\alpha - \beta)$$

Ersetzt man in dieser Beziehung mittels des Brechungsgesetzes β durch n und α, dann folgt:

$$\boxed{s = d\sin\alpha\left(1 - \frac{\cos\alpha}{\sqrt{n^2 - \sin^2\alpha}}\right)}$$

s wächst mit α. Für $\alpha = 0°$ ist ebenfalls $s = 0$.

3.2.4 Brechung an Prismen

Ein Prisma ist ein von zwei zueinander geneigten Ebenen begrenztes optisches Medium.

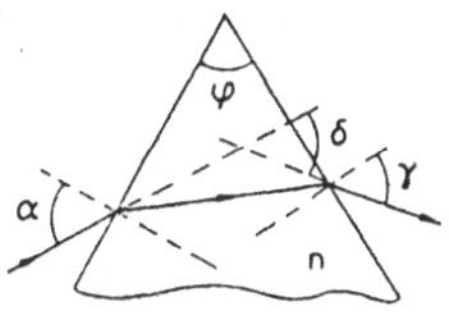

Die Schnittgerade beider Ebenen heißt **brechende Kante** des Prismas, der von ihnen eingeschlossene Winkel φ dessen **brechender Winkel**. Trifft ein Lichtstrahl in der skizzierten Weise auf ein Prisma mit dem Brechungsindex n, dann erfährt er aufgrund der Brechung an der Eintritts- und der Austrittsfläche Ablenkungen im gleichen Drehsinn.
Der Winkel δ der Gesamtablenkung ergibt sich aus geometrischen Überlegungen zu $\delta = \alpha + \gamma - \varphi$, wobei α und γ die Einfalls- und Austrittswinkel sind. Mit Hilfe des Brechungsgesetzes läßt sich δ als Funktion von α, φ und n umrechnen. Besonders einfach ist der Zusammenhang beim sogenannten **symmetrischen** Strahlengang, bei welchem $\alpha = \gamma$ ist. In diesem Fall gilt:

$$\boxed{\sin\frac{\delta+\varphi}{2} = n\sin\frac{\varphi}{2}}$$

Die zweimalige Ablenkung des Lichtstrahls mit gleicher Drehrichtung kann bei Medien mit deutlicher Dispersion eine starke Abhängigkeit des Winkels δ von der Wellenlänge λ hervorrufen. Diesen Umstand nutzt man aus, um Licht hinsichtlich seiner Wellenlänge zu analysieren.
Allgemein nennt man die Auftragung der Lichtintensität gegen die Wellenlänge λ das **Spektrum** des Lichts, oder präziser, das **Wellenlängenspektrum**. Entsprechend heißt die Auftragung gegen die Frequenz ν bzw. die Energie $W = h\nu$ das **Frequenz-** bzw. **Energiespektrum**.
Instrumente zur Messung oder Beobachtung von Spektren nennt man **Spektralapparate** bzw. je nach ihrer technischen Ausführung oder Ausstattung Spektroskope, Spektrographen oder Spektrometer. **Prismen-Spektralapparate** nutzen die oben diskutierte Ablenkung des Lichts durch ein Prisma aus.
Die große praktische Bedeutung der Beobachtung und Messung von Spektren besteht darin, dass deren Art und Form charakteristisch ist für die chemische Zusammensetzung und den physikalischen Zustand der leuchtenden Substanz. Die Ausnutzung dieser Tatsache für die qualitative und quantitative chemische Analyse heißt **Spektralanalyse**.
Grundsätzlich emittieren leuchtende **feste Körper** und **Flüssigkeiten** ein **kontinuierliches Spektrum**, das ist ein solches, bei dem innerhalb eines im allgemeinen relativ breiten Wellenlängenintervalls Licht jeder Wellenlänge vorkommt. Im Gegensatz dazu emittieren **leuchtende Gase** ein **Linienspektrum**, das ist ein solches, in welchem nur Licht diskreter Wellenlängen-Werte vorkommt.
Zur Aufnahme des Spektrums einer Substanz muss diese zum Leuchten angeregt werden. Das kann auf verschiedene Weise, z.B. durch Glühen oder mittels einer elektrischen Gas-, Bogen- oder Funkenentladung geschehen.

Nicht nur das Emissionsspektrum, sondern auch die spektrale Verteilung der Absorption ist charakteristisch für die Zusammensetzung und den Zustand eines Stoffes, wobei auch hier wiederum feste Körper und Flüssigkeiten kontinuierlich, Gase dagegen linienhaft absorbieren. Anders als bei der **Emissions-Spektralanalyse** wird bei der **Absorptions-Spektralanalyse** die

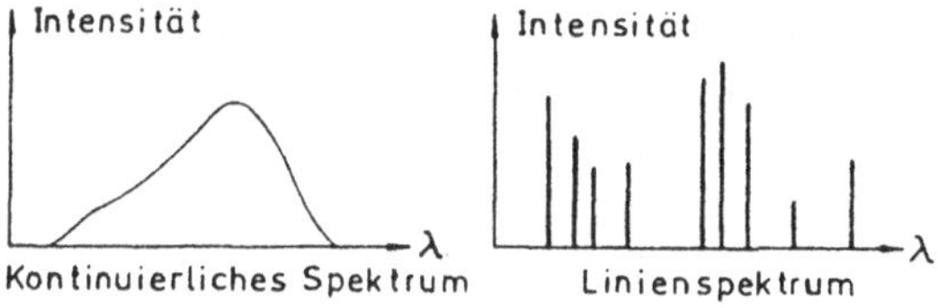

zu untersuchende Substanz mit Licht, dessen im allgemeinen kontinuierliches Spektrum hinreichend genau bekannt ist, durchstrahlt. Ein bekanntes Beispiel für ein Linien-Absorptionsspektrum sind die **Fraunhofer-Linien** auf dem Hintergrund des kontinuierlichen Sonnenspektrums. Sie entstehen durch selektive Absorption des Sonnenlichts durch die gasförmige äußere Sonnenhülle. Aus der Lage und Stärke dieser Linien kann auf den Aufbau der Hülle geschlossen werden.

3.2.5 Brechung an sphärischen Linsen

Allgemeines Eine sphärische Linse ist ein von zwei Kugelflächen begrenztes optisches Medium. Dabei ist eingeschlossen, dass eine der beiden Flächen auch eine Ebene sein kann, d.h. eine Kugelfläche mit unendlich großem Radius.
Hinsichtlich der Orientierung der Kugelflächen zueinander unterscheidet man verschiedene **Linsentypen**, und zwar:

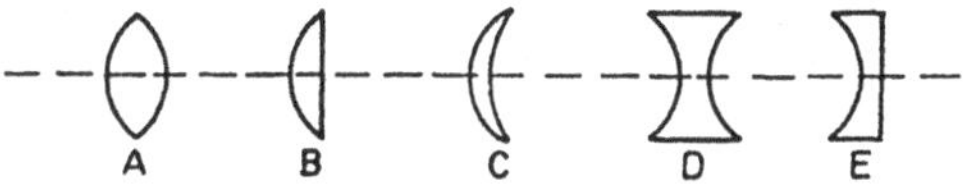

bikonvexe (A), plankonvexe (B), konkav-konvexe (C), bikonkave (D) und plankonkave (E) Linsen. Aufgrund ihrer anschließend behandelten Abbildungseigenschaften nennt man Linsen, die von der Mitte zum Rand hin dünner werden, **Sammellinsen**, solche, die zum Rand hin dicker werden, **Zerstreuungslinsen**.

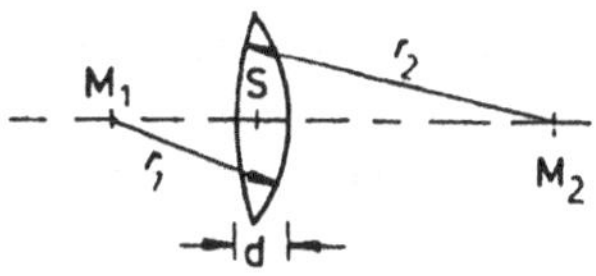

Im folgenden werden nur solche Linsen betrachtet, deren maximale Dicke d klein ist gegen die Radien r_1 und r_2 der begrenzenden Kugelflächen. Solche

Linsen heißen **dünne Linsen**. Die durch die Kugelmittelpunkte M_1 und M_2 laufende Gerade ist die **optische Achse** der Linse. Ihr Durchstoßpunkt S durch die Linsenebene heißt Scheitelpunkt.

Abbildungseigenschaften sphärischer Linsen Bei Beschränkung auf **paraxiale Strahlen** ergibt die Anwendung des Brechungsgesetzes auf sphärische Linsen folgende Zusammenhänge:

a.) Parallel zur optischen Achse einfallende Strahlen werden durch eine **Sammellinse** in einen reellen **Brennpunkt** F auf der optischen Achse jenseits der Linsenebene zusammengeführt. In umgekehrter Richtung einfallende Parallelstrahlen werden in einem diesseitigen reellen Brennpunkt vereinigt.

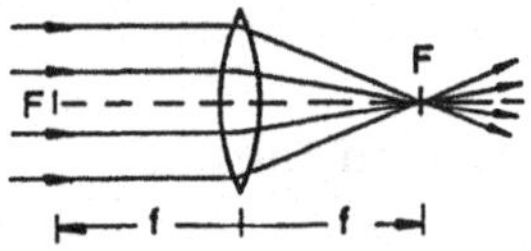

Der Abstand beider Brennpunkte von der Linsenebene ist gleich und heißt **Brennweite** f. Sie ist abhängig von r_1, r_2 und dem Brechungsindex n des Linsenmediums, und zwar gilt:

$$\frac{1}{f} = (n-1)\left(\frac{1}{r_1} + \frac{1}{r_2}\right) \quad \text{oder} \quad f = \frac{r_1 r_2}{(n-1)(r_1 + r_2)}$$

Der Strahlengang ist umkehrbar, so dass von den Brennpunkten ausgehende Strahlen nach Durchquerung der Linse parallel zur optischen Achse verlaufen.

b.) Eine **Sammellinse** erzeugt von einem Gegenstandspunkt G dann einen **reellen** Bildpunkt B jenseits der Linsenebene, wenn $g > f$ ist. Die Gegenstandsweite g ist der senkrechte Abstand von G zur Linsenebene. G, B und S liegen stets in einer Ebene und G und B auf entgegengesetzten Seiten der optischen Achse oder beide auf ihr.

c.) Ist $g < f$, dann werden von G ausgehende Strahlen durch eine **Sammellinse** so gebrochen, als kämen sie von einem **virtuellen** Bildpunkt B diesseits der Linsenebene her. G und B liegen auf der gleichen Seite der optischen Achse oder beide auf ihr.

d.) Parallel zur optischen Achse einfallende Strahlen werden von einer **Zerstreuungslinse** so gebrochen, als kämen sie von einem **virtuellen Brennpunkt** F auf der optischen Achse diesseits der Linsenebene her. Für die **Brennweite** f gilt auch hier die unter a.) genannte Beziehung.

e.) Eine **Zerstreuungslinse** erzeugt von einem Gegenstandspunkt G stets nur **virtuelle** Bildpunkte B diesseits der Linsenebene zwischen F und

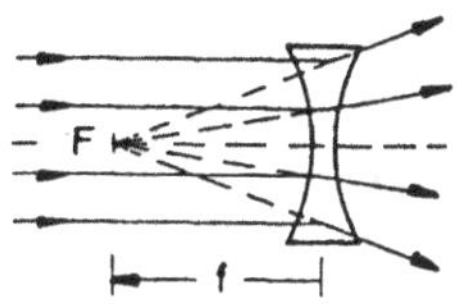

G. G und B liegen auf der gleichen Seite der optischen Achse oder beide auf ihr.

f.) Für den quantitativen Zusammenhang zwischen g, b und f gilt die **Abbildungsgleichung** für sphärische Linsen:

$$\boxed{\frac{1}{g} + \frac{1}{b} = \frac{1}{f}}$$

Sind f und g vorgegeben, dann folgt für b:

$$\boxed{b = \frac{gf}{g - f}}$$

Sich daraus ergebende **negative** Werte für b bedeuten **virtuelle** Bildpunkte **diesseits** der Linsenebene. Bei Anwendung auf Zerstreuungslinsen muss die (virtuelle) Brennweite entsprechend **negativ** eingesetzt werden. Die Fälle a.) und d.) folgen als Grenzfälle für $g = \infty$.

g.) Wie bei den sphärischen Spiegeln läßt sich auch hier das Bild eines **ausgedehnten** Gegenstandes punktweise konstruieren, indem man den Verlauf typischer Lichtstrahlen ausnutzt. Hierzu gehören:
Parallel zur optischen Achse einfallende Strahlen: Sie verlaufen hinter der Linse durch F.
Durch F einfallende Strahlen: Sie werden parallel zur optischen Achse gebrochen.
Durch S verlaufende Strahlen: Sie durchlaufen die Linse ohne Richtungsänderung. Deren Parallelverschiebung ist bei dünnen Linsen vernachlässigbar.

Die folgenden drei Konstruktionsbeispiele zeigen drei typische Fälle.

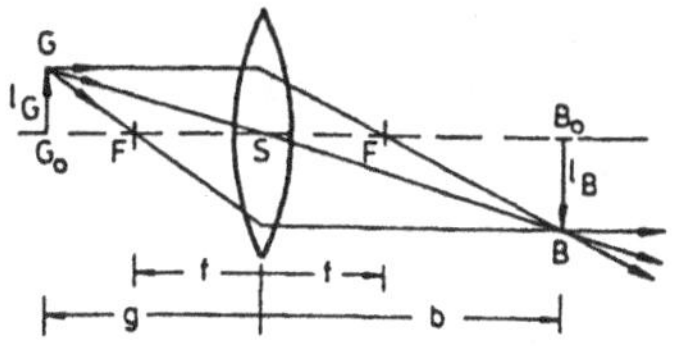

Beispiel 1: Sammellinse mit $g > f$.
Das Bild ist reell und umgekehrt, und es ist $b > f$. Durch Vergleich der

ähnlichen Dreiecke GSG_0 und BSB_0 ergibt sich $V = b/g$. Für $g = 2f$ folgt aus der Abbildungsgleichung $b = 2f = g$. In diesem Fall ist $V = 1$. Für $g > 2f$ ist $V < 1$; für $f < g < 2f$ ist $V > 1$.

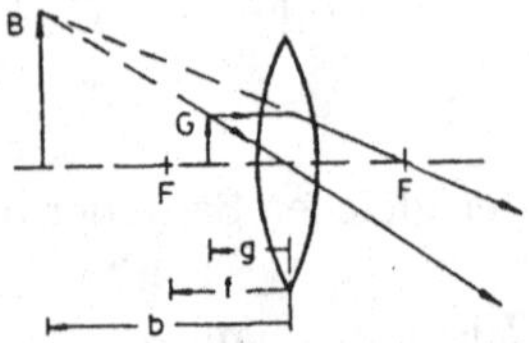

Beispiel 2: Sammellinse mit $g < f$.
Das Bild ist virtuell, aufrecht und vergrößert. Es ist $V = b/g > 1$. In den beiden Grenzfällen $g = f$ bzw. $g = 0$ ist $b = \infty$ bzw. $b = 0$ und $V = \infty$ bzw. $V = 1$.

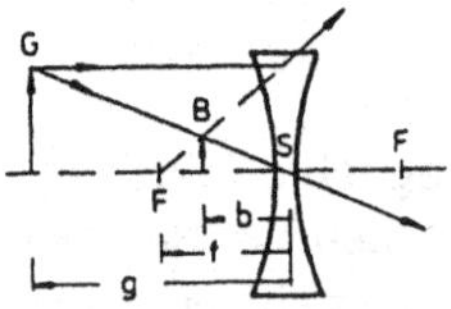

Beispiel 3: Zerstreuungslinse und g beliebig.
Das Bild ist virtuell, aufrecht, verkleinert und liegt stets zwischen F und S. Es ist $V = b/g < 1$. In den drei Grenzfällen $g = \infty, g = f,\ g = 0$ ist $b = f,\ b = f/2, B = 0$ und $V = 0,\ V = 1/2, V = 1$.

Kombination dünner Linsen Ordnet man zwei dünne Linsen mit den Brennweiten f_1 und f_2 im Abstand a voneinander auf einer gemeinsamen optischen Achse an, dann ergibt sich für die Brennweite f dieses Linsensystems:

$$\boxed{\frac{1}{f} = \frac{1}{f_1} + \frac{1}{f_2} - \frac{a}{f_1 f_2} \quad \text{oder} \quad f = \frac{f_1 f_2}{f_1 + f_2 - a}}$$

Der reziproke Wert $D = 1/f$ der Brennweite heißt **Brechkraft** einer Linse bzw. einer Linsenkombination. Deren Maßeinheit m^{-1} nennt man insbesondere in der angewandten Optik die **Dioptrie**. Damit ist:

$$\boxed{D = D_1 + D_2 - a \cdot D_1 D_2}$$

Folgen die Linsen so dicht aufeinander, dass a gegen die beteiligten Brennweiten zu vernachlässigen ist, dann ist näherungsweise:

$$\boxed{\frac{1}{f} = \frac{1}{f_1} + \frac{1}{f_2} \quad \text{oder} \quad D = D_1 + D_2}$$

Wiederum ist bei Anwendung obiger Beziehungen zu beachten, dass für Zerstreuungslinsen negative Brennweiten f_1 und f_2 einzusetzen sind und dass eine negative resultierende Brennweite f ein zerstreuendes Linsensystem bedeutet.

Abbildungsfehler Die Abbildung von Gegenständen durch sphärische Linsen ist insbesondere bei Aufgaben der Beschränkung auf paraxiale Strahlen mit Fehlern behaftet. Die wichtigsten äußern sich in folgender Weise:
Parallel zur optischen Achse in verschiedenen Abständen d von ihr einfallende Strahlen werden in verschiedenen Brennpunkten vereinigt, und zwar nimmt die Brennweite f mit wachsendem d ab. Dieser Fehler heißt **sphärische Aberration**.

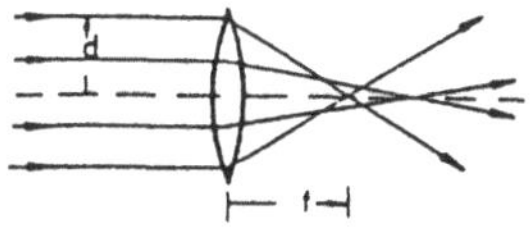

Für Interessierende werden im Anhang das Zustandekommen dieses Fehlers und verwandte Fragen näher behandelt.

Ein unter einem großen Winkel zur optischen Achse einfallendes Bündel paralleler Strahlen wird nicht mehr in einem Brennpunkt, sondern lediglich in zwei aufeinander folgenden und senkrecht zueinander stehenden Brennlinien vereinigt. Dieser Fehler heißt **Astigmatismus**, das bedeutet "Punktlosigkeit".

Punkte von einer senkrecht zur optischen Achse verlaufenden Gegenstandsebene werden nicht auf eine Ebene, sondern auf eine zur Linse hin konkave Bildfläche abgebildet. Dieser Fehler heißt **Bildfeldwölbung**.

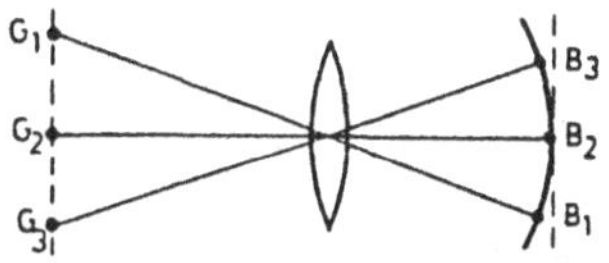

Infolge der Dispersion des Linsenmediums ist die Brennweite f von der Wellenlänge, d.h. von der Farbe des einfallenden Lichtes abhängig. Bei normaler Dispersion ist f für blaues Licht kleiner als für rotes. Dieser Fehler heißt **chromatische Aberration**. Er hat zur Folge, dass die Bilder farbiger Gegenstände, zerlegt in die einzelnen Farbanteile, bei verschiedenen Bildweiten entstehen.

Durch eine geeignete Kombination verschiedener Linsen lassen sich viele Abbildungsfehler weitgehend korrigieren. Zum Beispiel sind sogenannte **An-**

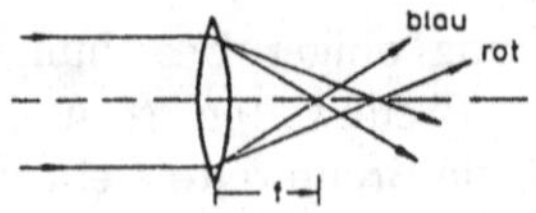

astigmate oder **Achromate** auf Astigmatismus oder chromatische Aberration korrigierte Linsensysteme.

3.2.6 Ergänzung: Die sphärische Aberration für einen einfachen Fall

Vorbemerkung Die einfache Abbildungsgleichung

$$\frac{1}{g} + \frac{1}{b} = \frac{1}{f}$$

für sphärische, d.h. beidseitig durch Kugelflächen begrenzte Linsen, wobei g die Gegenstandsweite, b die Bildweite und f die Brennweite bedeuten, gilt bekanntlich nur **näherungsweise**, nämlich solange vorausgesetzt werden kann, dass

1. die Linse **dünn** ist und
2. die beteiligten Strahlen **paraxial** sind.

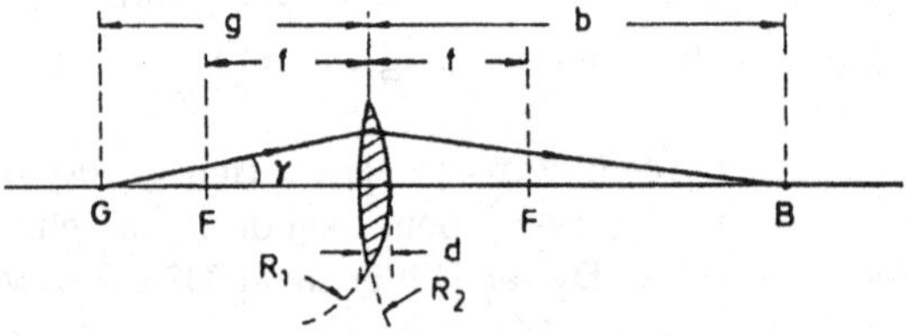

Linsen heißen "dünn", wenn ihre Dicke d entlang der optischen Achse klein ist gegen die Krümmungsradien R_1 und R_2 der begrenzenden Kugelflächen. Strahlen heißen "paraxial", wenn ihre Abstände zur optischen Achse durchweg klein gegen R_1 und R_2 bleiben und wenn ihre Winkel γ gegen die optische Achse so klein sind, dass die Näherung $\sin\gamma \approx \gamma$ gerechtfertigt ist.
Läßt man diese Voraussetzungen fallen, dann führt die konsequente Anwendung des SNELLIUS'schen Brechungsgesetzes auf einen grundsätzlichen Abbildungsfehler, die sogenannte **sphärische Aberration**.
Die allgemeine und exakte Behandlung des Strahlenverlaufs durch eine sphärische Linse, also durch eine Folge von zwei Kugelflächen, die Medien mit unterschiedlichen Brechungsindizes voneinander trennen, erfordert einen erheblichen Rechenaufwand. Das Wesen und das grundsätzliche Zustandekommen der sphärischen Aberration lassen sich aber bereits am einfachen Fall der

Brechung parallel zur optischen Achse einfallender Strahlen an einer einzelnen Kugelfläche demonstrieren und erläutern. Dieser Fall wird im folgenden nach allgemeinen Erörterungen diskutiert und durch ein weiteres Beispiel ergänzt.

Allgemeines Betrachtet wird eine zur y-Achse rotationssymmetrische Trennfläche zwischen zwei optischen Medien mit den Brechungsindizes n_1 und n_2. Der Einfachheit halber wird $n_1 = 1$ und $n_2 = n$ gesetzt. Die Funktion $y = f(x)$ beschreibt die Schnittlinie der Fläche und der $x - y$-Ebene. Wegen der Rotationssymmetrie ist $f(x) = f(-x)$. Um zu gewährleisten, dass parallel zur y-Achse einfallende Strahlen zur y-Achse hin gebrochen werden, wird zusätzlich angenommen, dass die Fläche, in y-Richtung gesehen, **konvex** ist, d.h. es gilt zusätzlich

$$y'(x) = \frac{\mathrm{d}f(x)}{\mathrm{d}x} > 0 \quad \text{für} \quad x > 0 \quad \text{und} \quad y'(-x) = -y'(x)$$

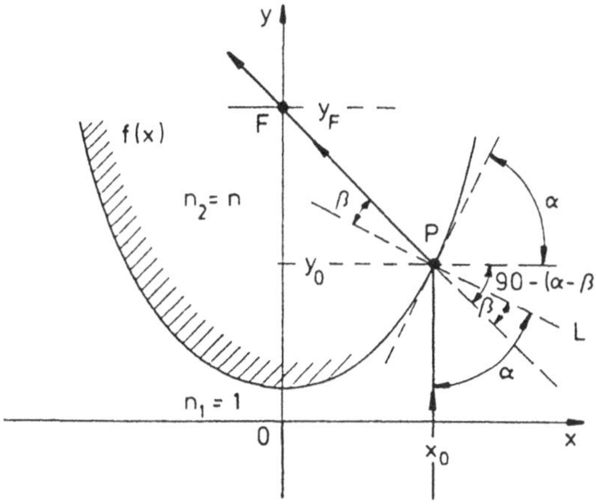

Abb. 3.2. Brechung an einer konvexen Fläche.

Anhand des Bildes 3.2 lassen sich die folgenden Zusammenhänge ablesen: Für parallel zur y-Achse einfallende Strahlen ist deren Einfallswinkel α gegen das Lot L gleich dem Steigungswinkel von $f(x)$ im Auftreffpunkt P. Bezeichnen x_0 und y_0 die Koordinaten von P, dann ist also

$$\tan\alpha(x_0) = y'(x_0) \tag{3.1}$$

Der gebrochene Strahl schneidet die y-Achse im Punkt F. Bezeichnet β dessen Winkel gegen das Lot L, dann lautet die Gleichung für die Gerade durch die Punkte P und F:

$$\frac{y - y_0}{x - x_0} = -\tan\left[90^\circ - (\alpha - \beta)\right] \tag{3.2}$$

Gesucht wird die Ordinate y_F des Schnittpunktes F. Sie ergibt sich aus (3.2.6) für $x = 0$. Wegen

$$\tan\left[90° - (\alpha - \beta)\right] = \cot(\alpha - \beta) = \frac{1}{\tan(\alpha - \beta)}$$

ist also

$$y_F = \frac{x_0}{\tan(\alpha - \beta)} + y_0$$

Das Additionstheorem für die Tangens-Funktion liefert unter Berücksichtigung von (3.1):

$$y_F = \frac{\tan\alpha \cdot \tan\beta + 1}{\tan\alpha - \tan\beta} x_0 + y_0 = \frac{\tan\beta \cdot y'(x_0) + 1}{y'(x_0) - \tan\beta} x_0 + y_0 \tag{3.3}$$

Der Brechungswinkel β läßt sich über das Brechungsgesetz

$$\frac{\sin\alpha}{\sin\beta} = n \qquad \text{oder} \qquad \sin\beta = \frac{\sin\alpha}{n}$$

durch den Einfallswinkel α ersetzen. Der Übergang von der Sinus- zur Tangens-Funktion ergibt

$$\sin\beta = \frac{\tan\beta}{\sqrt{1 + \tan^2\beta}} = \frac{\sin\alpha}{n} = \frac{\tan\alpha}{n\sqrt{1 + \tan^2\alpha}}$$

Daraus folgt mit (3.1):

$$\tan\beta = \frac{\tan\alpha}{\sqrt{n^2 + (n^2 - 1)\tan^2\alpha}} = \frac{y'(x_0)}{\sqrt{n^2 + (n^2 - 1)y'^2(x_0)}}$$

Damit lautet (3.1):

$$y_F = \frac{\dfrac{y'^2(x_0)}{\sqrt{n^2 + (n^2 - 1)y'^2(x_0)}} + 1}{y'(x_0) - \dfrac{y'(x_0)}{\sqrt{n^2 + (n^2 - 1)y'^2(x_0)}}} x_0 + y_0$$

$$= \frac{y'^2(x_0) + \sqrt{n^2 + (n^2 - 1)y'^2(x_0)}}{y'(x_0)\sqrt{n^2 + (n^2 - 1)y'^2(x_0)} - y'(x_0)} x_0 + y_0$$

oder

$$y_F = \frac{\sqrt{n^2 + (n^2 - 1)y'^2(x_0)} + y'^2(x_0)}{\sqrt{n^2 + (n^2 - 1)y'^2(x_0)} - 1} \frac{x_0}{y'(x_0)} + y_0 \tag{3.4}$$

Brechung an einer Kugelfläche (Sphärische Aberration) Die Trennfläche zwischen den beiden Medien ist der konvexe Teil einer Kugeloberfläche vom Radius R. Für die Schnittlinie $f(x)$ gilt also $y^2 + x^2 = R^2$, wobei nur die **negativen** y-Werte in Betracht kommen, d.h. es ist

$$y = f(x) = -\sqrt{R^2 - x^2} \quad \text{bzw.} \quad y_0 = f(x_0) = -\sqrt{R^2 - x_0^2} \tag{3.5}$$

Die Wurzel ist dann stets **positiv** zu nehmen. Damit folgt:

$$y' = -\frac{1}{2}\frac{1}{\sqrt{R^2 - x^2}}(-2x) = \frac{x}{\sqrt{R^2 - x^2}}$$

Das ergibt:

$$y'^2(x_0) = \frac{x_0^2}{R^2 - x_0^2} \qquad \text{und} \qquad \frac{x_0}{y'(x_0)} = \sqrt{R^2 - x_0^2} \tag{3.6}$$

Einsetzen von (3.3) und (3.4) in die allgemeine Beziehung (3.2) liefert:

$$\begin{aligned} y_F &= \frac{\sqrt{n^2 + (n^2 - 1)\dfrac{x_0^2}{R^2 - x_0^2}} + \dfrac{x_0^2}{R^2 - x_0^2}}{\sqrt{n^2 + (n^2 - 1)\dfrac{x_0^2}{R^2 - x_0^2}} - 1}\sqrt{R^2 - x_0^2} - \sqrt{R^2 - x_0^2} \\ &= \sqrt{R^2 - x_0^2}\frac{1 + \dfrac{x_0^2}{R^2 - x_0^2}}{\sqrt{n^2 + (n^2 - 1)\dfrac{x_0^2}{R^2 - x_0^2}} - 1} \\ &= \frac{R^2}{\sqrt{n^2(R^2 - x_0^2)x_0^2} - \sqrt{R^2 - x_0^2}} \end{aligned}$$

oder

$$y_F = \frac{R^2}{\sqrt{n^2 R^2 - x^2} - \sqrt{R^2 - x^2}} \tag{3.7}$$

Einführung der Relativ-Koordinaten

$$Y_F = \frac{y_F}{R} \qquad \text{und} \qquad X_0 = \frac{x_0}{R}$$

ergibt schließlich:

$$Y_F = \frac{1}{\sqrt{n^2 - X_0^2} - \sqrt{1 - X_0^2}} \tag{3.8}$$

Die Verhältnisse bei der Brechung an einer Kugelfläche, wie sie durch (3.4) oder (3.5) beschrieben werden, sind in dem folgenden Bild 3.3 für den Fall $n = 1.5$ graphisch dargestellt.

Sie zeigt

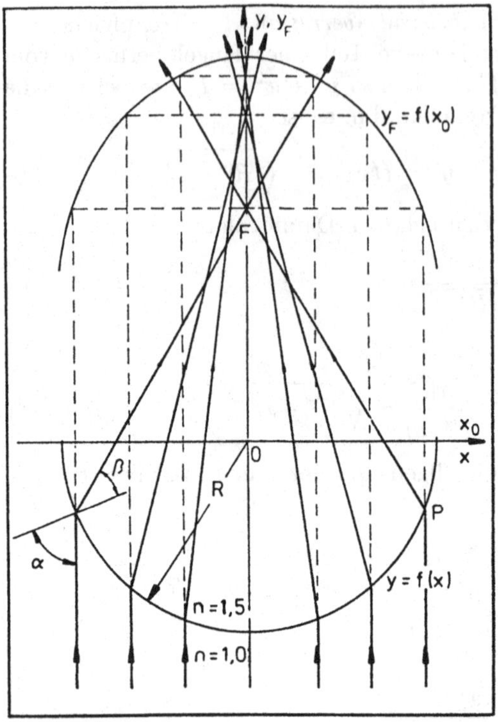

Abb. 3.3. Brechung an einer konvexen Kugelfläche.

- im unteren Teil die Schnittlinie $y = f(x)$, also einen Halbkreis vom Radius R,
- im oberen Teil die Ordinate y_F des Schnittpunktes F des gebrochenen Strahls mit der optischen Achse in Abhängigkeit von der Abszisse x_0 des Auftreffpunktes P und
- den Verlauf einiger Lichtstrahlen.

Mit wachsendem Abstand x_0 der einfallenden Strahlen von der optischen Achse nimmt y_F ab, d.h. der Schnittpunkt F rückt näher an die brechende Fläche heran. Ein Brenn-"Punkt", also ein von x_0 unabhängiger Abstand y_F, kommt nicht zustande.
Bei einer sphärischen Linse tritt diese Art der Aberration gleichsinnig sowohl bei der Brechung an der Eintritts-, als auch der Austritts-Fläche, insgesamt also in noch verstärktem Maße auf.

Aberrationsfreie Fläche Prinzipiell ließe sich aus der allgemeinen Beziehung (3.2) über die Forderung $y_F = \text{const}$ diejenige rotationssymmetrische Fläche bestimmen, die keine (geometrische) Aberration der in Abschnitt 3 diskutierten Art aufweist und somit einen Brenn-**Punkt** erzeugt. Hierzu müsste (3.2) nach x_0 differenziert und aus der Forderung $\mathrm{d}y_F/\mathrm{d}x_0 = 0$ die Funktion

$y_0 = f(x_0)$ der Schnittlinie berechnet werden. Dieser Weg erfordert einen beträchtlichen Rechenaufwand. Auf einfachere Weise führen folgende Überlegungen zum Ziel:
Einem Bündel paralleler Lichtstrahlen entspricht im Wellenbild eine ebene Welle. Die Flächen gleicher Phase sind Ebenen senkrecht zur Ausbreitungsrichtung.

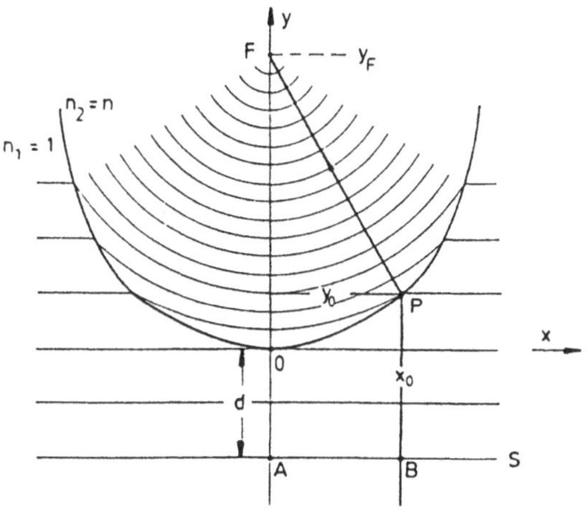

Abb. 3.4. Zur Berechnung einer aberrationsfreien Fläche.

Einem Bündel auf einen Punkt gerichteter Lichtstrahlen entspricht im Wellenbild eine auf ihr Zentrum zulaufende Kugelwelle. Eine aberrationsfreie Fläche muss also in der Lage sein, eine ebene Welle in eine solche Kugelwelle umzusetzen, wie es in dem folgenden Bild 3.4 schematisch dargestellt ist. Das bedeutet notwendigerweise, dass die auf einer willkürlich ausgewählten Wellenebene der einlaufenden Welle beobachtete Phase von allen Punkten dieser Ebene in **gleichen** Zeiten das Zentrum der Kugelwelle erreichen muss. Andernfalls käme überhaupt keine Kugelwelle zustande. Anhand des Bildes 3.4 ergeben sich somit die folgenden quantitativen Zusammenhänge:
S sei die betrachtete Wellenebene der einlaufenden Welle zum Zeitpunkt $t = 0$. Bezeichnet t_1 die Laufzeit der Phase auf S für den direkten Weg von A über den Koordinatenursprung 0 zum Zentrum F der konvergierenden Kugelwelle und t_2 die Laufzeit derselben Phase von B aus auf dem Umweg über den Auftreffpunkt P zum Zentrum F, dann muss gelten: $t_1 = t_2$.
Ist c die (Vakuum-) Lichtgeschwindigkeit und sind n_1, n_2 die beiden Brechungsindizes der durch die gesuchte Fläche getrennten Medien, dann folgt:

$$t_1 = \frac{d}{\frac{c}{n_1}} + \frac{y_F}{\frac{c}{n_2}} = t_2 = \frac{d + y_0}{\frac{c}{n_1}} + \frac{\sqrt{(y_F - y_0)^2 + x_0^2}}{\frac{c}{n_2}}$$

oder unter der Vereinfachung $n_1 = 1$ und $n_2 = n$:

$$n\sqrt{(y_F - y_0)^2 + x_0^2} = ny_F - y_0$$

Quadrieren ergibt:

$$n^2y_F^2 - 2n^2y_Fy_0 + n^2y_0^2 + n^2x_0^2 = n^2y_F^2 - 2ny_Fy_0 + y_0^2$$

oder

$$(n^2 - 1)y_0^2 - 2n(n-1)y_Fy_0 + n^2x_0^2 = 0$$

bzw.

$$y_0^2 - 2\frac{n(n-1)}{n^2-1}y_Fy_0 + \frac{n^2}{n^2-1}x_0^2 = 0$$

Mit den Abkürzungen

$$\frac{n(n-1)}{n^2-1}y_F = a \qquad \text{und} \tag{3.9}$$

$$\frac{n^2}{n^2-1} = \frac{a^2}{b^2}$$

folgt $$y_0^2 - 2a \cdot y_0 + \frac{a^2}{b^2}x_0^2 = 0$$

oder

$$y_0^2 - 2ay_0 + a^2 + \frac{a^2}{b^2}x_0^2 = a^2$$

bzw.

$$(y_0 - a)^2 + \frac{a^2}{b^2}x_0^2 = a^2$$

Die Schnittlinie $y_0 = f(x_0)$ folgt also der Gleichung

$$\frac{(y_0 - a)^2}{a^2} + \frac{x_0^2}{b^2} = 1$$

Das ist die Gleichung einer **Ellipse** mit den Halbachsen a und b, deren Mittelpunkt um a in (positiver) Richtung der y-Achse verschoben ist. Die x-Achse tangiert also diese Ellipse. Wegen $n > 1$ ist nach (3.6) $a > b$. Die gesuchte (aberrationsfreie) Fläche ist also ein in Richtung der einfallenden (ebenen) Welle gestrecktes Rotations-Ellipsoid, dessen Halbachsen-Verhältnis bei vorgegebenem Brechungsindex durch die Forderung

$$\frac{a}{b} = \frac{n}{\sqrt{n^2-1}} \tag{3.10}$$

festgelegt ist. Für die Ordinate y_F des Brennpunktes F folgt aus (3.9):

$$y_F = a\frac{n^2-1}{n(n-1)} = a\frac{n+1}{n} = a + \frac{a}{n} \tag{3.11}$$

Aus (3.10) ergibt sich $n = a/\sqrt{a^2 - b^2}$. Einsetzen in (3.11) liefert:

$$y_F = a + \sqrt{a^2 - b^2} \tag{3.12}$$

$e = \sqrt{a^2 - b^2}$ ist aber gerade der Abstand der beiden Ellipsoid-Brennpunkte vom Mittelpunkt, die sogenannte "lineare Exzentrizität". Das Bündel parallel einfallender Lichtstrahlen wird also im fernen Brennpunkt des Ellipsoids fokussiert, wie es das folgende Bild 3.5 darstellt.

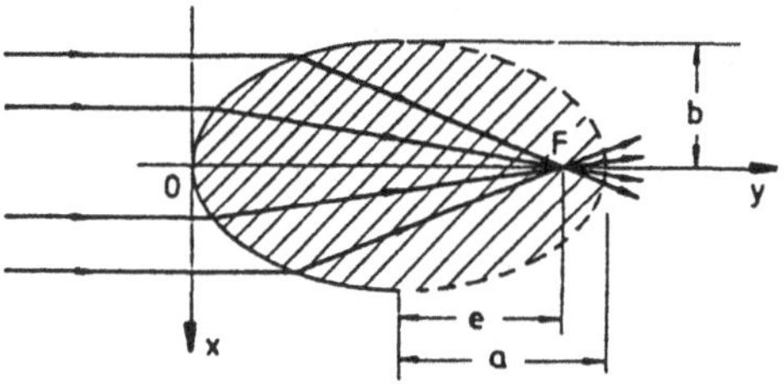

Abb. 3.5. Brechung am gestreckten Rotations-Ellipsoid.

Bestätigung des Ergebnisses durch die allgemeine Formel (3.2) Der Vollständigkeit halber soll abschliessend noch gezeigt werden, dass das im vorangehend erzielte Ergebnis für eine aberrationsfreie Fläche auch durch die allgemeine Beziehung (3.2) für die Brechung an konvexen Flächen bestätigt wird, wenn man ein gestrecktes Rotations-Ellipsoid zugrunde legt.
Der Einfachheit halber werde hier angenommen, dass der Mittelpunkt des Ellipsoids im Koordinatenursprung liegt. Für die Schnittlinie $y = f(x)$ bzw. $y_0 = f(x_0)$ gilt dann:

$$\frac{y_0^2}{a^2} + \frac{x_0^2}{b^2} = 1$$

wobei zum konvexen Teil der Fläche nur die **negativen** y_0-Werte gehören. Es ist also

$$y_0 = -\frac{a}{b}\sqrt{b^2 - x_0^2} \tag{3.13}$$

mit **positiver** Wurzel. Das ergibt:

$$y'(x_0) = y_0' = \frac{a}{b}\frac{x_0}{\sqrt{b^2 - x_0^2}} \quad \text{und} \quad \frac{x_0}{y'(x_0)} = \frac{b}{a}\sqrt{b^2 - x_0^2} \tag{3.14}$$

Einsetzen von (3.10) und (3.11) in (3.2) liefert dann:

$$y_F = \frac{\sqrt{n^2 + (n^2-1)\dfrac{a^2}{b^2}\dfrac{x_0^2}{b^2 - x_0^2} + \dfrac{a^2}{b^2}\dfrac{x_0^2}{b^2 - x_0^2}}}{\sqrt{n^2 + (n^2-1)\dfrac{a^2}{b^2}\dfrac{x_0^2}{b^2 - x_0^2}} - 1}\,\frac{b}{a}\sqrt{b^2 - x_0^2} - \frac{a}{b}\sqrt{b^2 - x_0^2}$$

Aus (3.7) folgt:

$$n^2 = \frac{a^2}{a^2 - b^2} \quad \text{und} \quad n^2 - 1 = \frac{b^2}{a^2 - b^2}$$

Damit ist:

$$y_F = \frac{\dfrac{ab}{\sqrt{(a^2 - b^2)(b^2 - x_0^2)}} + \dfrac{a^2}{b^2}\dfrac{x_0^2}{b^2 - x_0^2}}{\dfrac{ab}{\sqrt{(a^2 - b^2)(b^2 - x_0^2)}} - 1} \frac{b}{a}\sqrt{b^2 - x_0^2}$$

$$- \frac{a}{b}\sqrt{b^2 - x_0^2}$$

$$= \frac{\dfrac{b^2}{\sqrt{a^2 - b^2}} + \dfrac{a}{b}\dfrac{x_0^2}{\sqrt{b^2 - x_0^2}} - \dfrac{a^2}{\sqrt{b^2 - x^2}} + \dfrac{a}{b}\sqrt{b^2 - x^2}}{ab - \sqrt{(a^2 - b^2)(b^2 - x_0^2)}}$$

$$\sqrt{a^2 - b^2}\sqrt{b^2 - x_0^2}$$

$$= \sqrt{a^2 - b^2}\,\frac{\dfrac{a}{b}x_0^2 + \dfrac{a}{b}(b^2 - x_0^2) - \sqrt{(a^2 - b^2)(b^2 - x_0^2)}}{ab - \sqrt{(a^2 - b^2)(b^2 - x_0^2)}}$$

oder

$$y_F = \sqrt{a^2 - b^2}$$

Damit ist das Ergebnis (3.10) – berücksichtigt man die Mittelpunktsverschiebung um a in y-Richtung – bestätigt.

3.2.7 Optische Instrumente

Vorbemerkung Dem betrachteten Auge A erscheint ein Gegenstand G der vorgegebenen Größe ℓ_G im Abstand s unter dem sogenannten **Sehwinkel** ε.

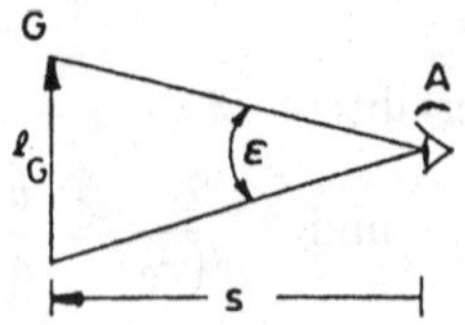

Die Größe dieses Winkels bestimmt den Eindruck, den das Auge dem Betrachter von der Größe des Gegenstandes vermittelt. ε ist von s abhängig: Bei Verkleinerung des Abstandes vergrößert sich der Sehwinkel. Unterhalb eines Mindestabstandes $s_{\min}$, der beim normalsichtigen jugendlichen Auge bei rund 0.1 m liegt, verliert das Auge seine Fähigkeit zur Akkomodation.

Wird $s < s_{\min}$, dann kann das Auge den Gegenstand nicht mehr scharf und deutlich erkennen. In diesem Bereich kann also die durch Verkleinerung von s erreichbare Vergrößerung von ε nicht mehr dazu ausgenutzt werden, um den Gegenstand "größer" zu sehen.
Zur Vergrößerung von ε bei Abständen $s > s_{\min}$ über den zu $s_{\min}$ gehörenden Maximalwinkel hinaus dienen eine Reihe optischer Instrumente, wie die Lupe, das Mikroskop und das Fernrohr.
Da ε von s abhängt, muss bei der Angabe von Sehwinkel-Vergrößerungen solcher Instrumente ein Bezugsabstand s zugrunde gelegt werden. Als solches dient im allgemeinen die sogenannte **deutliche Sehweite** oder **Bezugs-Sehweite** $s = s_0 = 0.25$ m. Man geht dabei von der Erfahrung aus, dass bei Betrachtung eines Gegenstandes unter dieser Entfernung das Auge minimal belastet und ermüdet wird.
Sind ε_0 bzw. ε_m die Sehwinkel, unter denen dem Auge bei gleichem Abstand s_0 der Gegenstand bzw. dessen durch ein optisches Instrument vergrößertes Bild erscheinen, dann bezeichnet man das Verhältnis

$$\boxed{v = \frac{\varepsilon_m}{\varepsilon_0}}$$

als die **Vergrößerung** dieses Instruments oder, genauer, als dessen Sehwinkel- bzw. Angularvergrößerung. Davon abweichend ist die Vergrößerung von Fernrohren definiert, wie noch gezeigt wird.
Im folgenden werden, wo erforderlich, die Sehwinkel durch die Quotienten aus Gegenstandsgröße und -abstand bzw. Bildgröße und -abstand angenähert. Der dadurch entstehende Fehler beträgt rund 5% bei $\varepsilon = 60°$ und wird mit abnehmendem Winkel rasch kleiner. Damit ist $\varepsilon_0 = \ell_G/s_0$, $\varepsilon_m = \ell_B/s_0$ und $v = \ell_B/\ell_G$. Hier bei ist die Voraussetzung zu beachten, dass ℓ_B die Größe des vom Instrument im Abstand s_0 vom Auge erzeugten Bildes ist.

Lupe Eine Lupe ist eine Sammellinse, die von dem zu betrachtenden Gegenstand ein vergrößertes, aufrechtes, virtuelles Bild erzeugt.

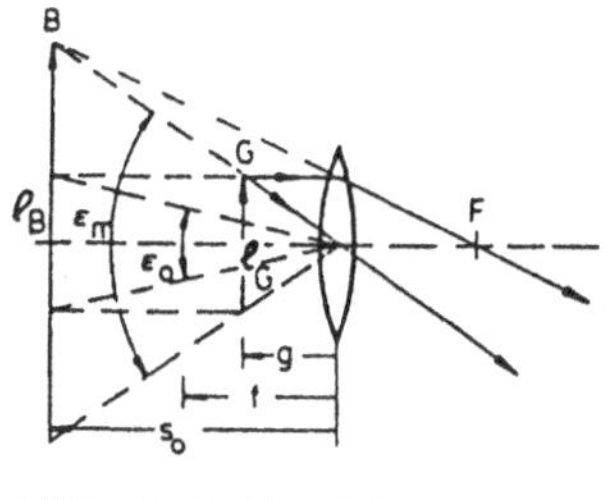

Abb. 3.6. Strahlengang bei einer Lupe.

Dazu muss $g < f$ sein. Befindet sich das Auge unmittelbar an der Lupe, dann ist näherungsweise der Bildabstand s gleich der Bildweite b. Soll $b = s_0$

sein, dann folgt die dazu erforderliche Gegenstandsweite g bei Berücksichtigung **negativer** Bildweiten bei **virtuellen** Bildern aus der Abbildungsgleichung

$$\frac{1}{g} - \frac{1}{s_0} = \frac{1}{f} \quad \text{zu} \quad g = \frac{s_0 f}{s_0 + f}$$

Weiterhin ist dann die Vergrößerung v gleich dem Abbildungsmaßstab V. Damit ergibt sich:

$$v = V = \frac{b}{g} = \frac{s_0(s_0 + f)}{s_0 f} \quad \text{oder} \quad \boxed{v = \frac{s_0}{f} + 1}$$

Eine Lupe mit der Brennweite $f = 5$ cm hat also eine Vergrößerung von $v = 6$.
Ist f klein gegen s_0, dann ist näherungsweise $v = s_0/f$.

Mikroskop Ein Mikroskop besteht aus zwei Linsen bzw. auf Abbildungsfehler korrigierten Linsensystemen. Die dem zu betrachtenden Gegenstand, dem **Objekt**, zugewandte Linse heißt das **Objektiv**, die dem betrachtenden Auge zugewandte, das **Okular**.
Das Objektiv erzeugt vom Objekt G ein vergrößertes, umgekehrtes, reelles Bild, das sogenannte **Zwischenbild** B_Z. Das Okular wirkt als Lupe und entwirft von B_Z ein vergrößertes, aufrechtes, d.h. zu G umgekehrtes, virtuelles Bild B.

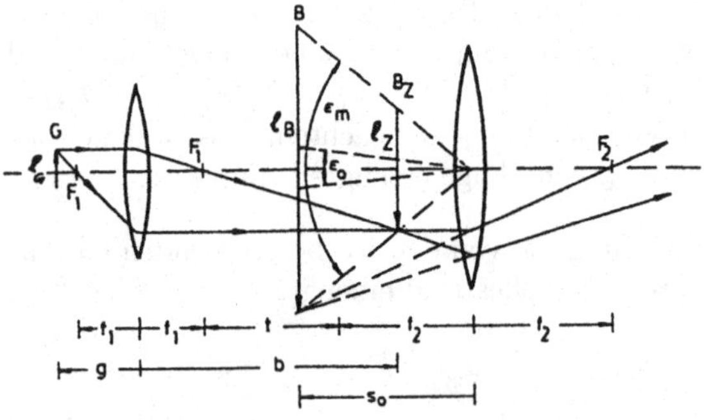

Abb. 3.7. Strahlengang beim Mikroskop.

Sind ℓ_G, ℓ_Z und ℓ_B die Größen von G, B_Z und B, dann folgt für die Vergrößerung:

$$v = \frac{\ell_B}{\ell_G} = \frac{\ell_Z}{\ell_G}\frac{\ell_B}{\ell_Z} = V_1 v_2 = \frac{b}{g} v_2$$

Dabei sind $V_1 = \ell_Z/\ell_G$ der Abbildungsmaßstab des Objektivs, $v_2 = \ell_B/\ell_Z$ die Vergrößerung des Okulars, g und b Gegenstands- und Zwischenbildweite bezüglich des Objektivs. Für den realen Fall können einige vereinfachende Näherungen ausgenutzt werden:

a.) Das Objekt G liegt nur wenig außerhalb der Brennweite f_1 des Objektivs, so dass $g = f_1$ gesetzt werden kann.
b.) Der gegenseitige Abstand der einander zugewandten Brennpunkte F_1 und F_2 von Objektiv und Okular bezeichnet man als die **Tubuslänge** t des Mikroskops. Sie ist groß gegen f_1, so dass f_1 gegen t vernachlässigt werden kann.
c.) Das Zwischenbild B_Z liegt nur wenig innerhalb der Brennweite f_2 des Okulars, so dass $b = t$ gesetzt werden kann.
d.) f_2 ist klein gegen s_0, so dass $v_2 = s_0/f_2$ gesetzt werden kann.

Im Rahmen dieser Näherungen ist also:

$$\boxed{v = \frac{s_0 t}{f_1 \cdot f_2}}$$

Daraus ergibt sich beispielsweise für ein Mikroskop mit den Eigenschaften $f_1 = 2$ mm, $f_2 = 25$ mm, $t = 100$ mm und für $s_0 = 250$ mm eine Vergrößerung von $v = 500$.

Fernrohr Fernrohre dienen zum Betrachten zwar großer, aber weit entfernter Gegenstände. Wiederum erzeugt ein Objektiv von dem zu betrachtenden Gegenstand ein reelles Zwischenbild, das durch ein als Lupe wirkendes Okular betrachtet wird. Das Zwischenbild B_Z entsteht praktisch in der Brennebene des Objektivs. Der Abstand zwischen Objekt und Okular ist gleich der Summe $f_1 + f_2$ ihrer beiden Brennweiten, so dass ihre einander zugewandten Brennpunkte F_1 und F_2 am gleichen Ort auf der optischen Achse liegen. Damit erscheint das virtuelle Endbild praktisch im Unendlichen.

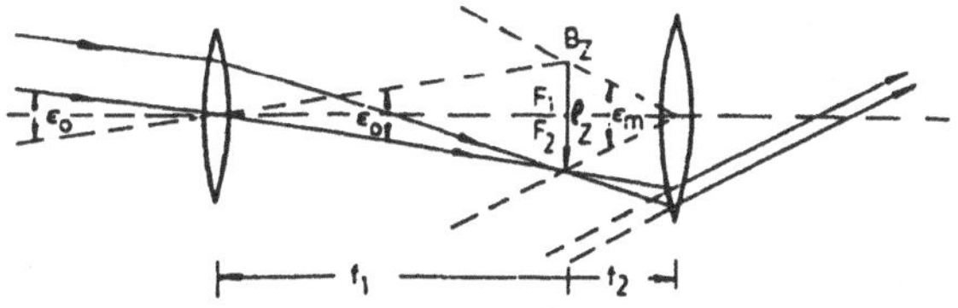

Abb. 3.8. Strahlengang beim Fernrohr.

Als Vergrößerung eines Fernrohrs definiert man wiederum das Verhältnis $v = \varepsilon_m/\varepsilon_0$, hier jedoch ohne Festlegung eines Bezugsabstandes. Ist ℓ_Z die Größe des Zwischenbildes, dann folgt mit $\varepsilon_m = \ell_Z/f_2$ und $\varepsilon_0 = \ell_Z/f_1$:

$$\boxed{v = \frac{f_1}{f_2}}$$

Hohe Vergrößerungen erfordern also Objektive mit möglichst großer und Okulare mit möglichst kleiner Brennweite. Das beschriebene Fernrohr heißt auch

astronomisches oder **Keplersches** Fernrohr. Es erzeugt ein **umgekehrtes** Bild des betrachteten Gegenstandes. Dieser bei der Betrachtung irdischer – also nicht astronomischer – Objekte störende Effekt kann auf verschiedene Weise korrigiert werden, z.B. durch Umkehrprismen im Strahlengang (Prismenfernglas) oder durch Verwendung einer Zerstreuungslinse in der Brennebene des Objektivs als Okular. Letztere Ausführung heißt auch **Galileisches** Fernrohr. Dessen Vergrößerung ist ebenfalls $v = f_1/f_2$.

Brille Das normalsichtige Auge kann durch Veränderung der Brechkraft seines optischen Systems Gegenstände mit Abständen zwischen $s_1 = s_{\min}$ und $s_2 = \infty$ scharf auf die Netzhaut abbilden. Dieser Vorgang heißt **Akkomodation.**

Von den zahlreichen **Fehlsichtigkeiten** sind die Kurzsichtigkeit und die Weitsichtigkeit die häufigsten und bekanntesten. Beim **kurzsichtigen Auge** ist der Akkomodationsbereich zu größeren Abständen hin eingeschränkt. Er reicht von $s_1 = s_{\min}$ bis zu einem **endlichen** Maximalabstand s_2. Gegenstände G mit Abständen $s > s_2$ werden **vor** der Netzhaut N abgebildet. Die Brechkraft des Auges kann nicht weit genug verkleinert werden.

Die Kurzsichtigkeit kann durch Brillen mit **Zerstreuungslinsen** angepasster Brechkraft weitgehend korrigiert werden.

Beim **weitsichtigen Auge** ist der Akkomodationsbereich zu kleineren Abständen hin eingeschränkt. Er reicht von einem Minimalabstand $s_1 > s_{\min}$ bis $s_2 = \infty$. Gegenstände G mit Abständen $s_1 > s > s_{\min}$ werden **hinter** der Netzhaut N abgebildet. Die Brechkraft des Auges kann nicht weit genug vergrößert werden.

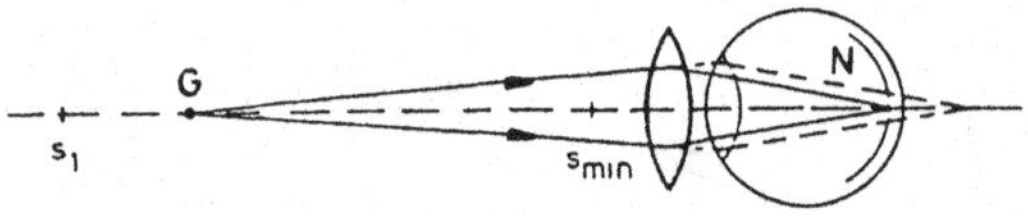

Abb. 3.9. Weitsichtigkeit.

Die Weitsichtigkeit kann durch Brillen mit **Sammellinsen** angepasster Brechkraft weitgehend korrigiert werden.

3.3 Interferenzerscheinungen

3.3.1 Erzeugung kohärenter Lichtbündel durch Brechung am Fresnelschen Biprisma

Die beiden durch die optische Achse getrennten Hälften eines von einer Lichtquelle Q emittierten Bündels werden durch das Biprisma B so gebrochen,

dass sie sich dahinter innerhalb eines Winkelbereichs A überlagern und zu Interferenzerscheinungen auf dem Schirm S führen.
Von S aus betrachtet scheinen die beiden Bündel von zwei virtuellen Lichtquellen Q_1 und Q_2 her zu stammen. Auslöschung der Intensität durch Interferenz tritt an denjenigen Stellen von S auf, an welchen der Gangunterschied Δ der sich dort überlagernden Lichtstrahlen ein ungeradzahliges Vielfaches der halben Wellenlänge ist.

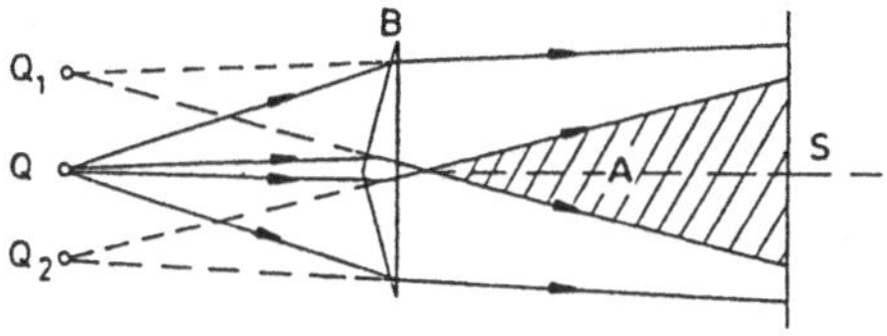

Abb. 3.10. Strahlengang beim FRESNELschen Biprisma.

Die **Auslöschungsbedingung** lautet also:

$$\Delta = (2m+1)\frac{\lambda}{2} \qquad \text{mit} \qquad m = 0, \pm 1, \pm 2, \ldots$$

Maximale Verstärkung der Intensität wird dort beobachtbar, wo Δ ein geradzahliges Vielfaches von λ ist. Dafür folgt also die Bedingung:

$$\Delta = m\lambda \qquad \text{mit} \qquad m = 0, \pm 1, \pm 2, \ldots$$

Ist Q eine senkrecht zur Zeichenebene stehende Linienquelle, dann besteht die Interferenzfigur aus einer Folge heller und dunkler Streifen. Ihre Verteilung auf S folgt aus einfachen geometrischen Betrachtungen:

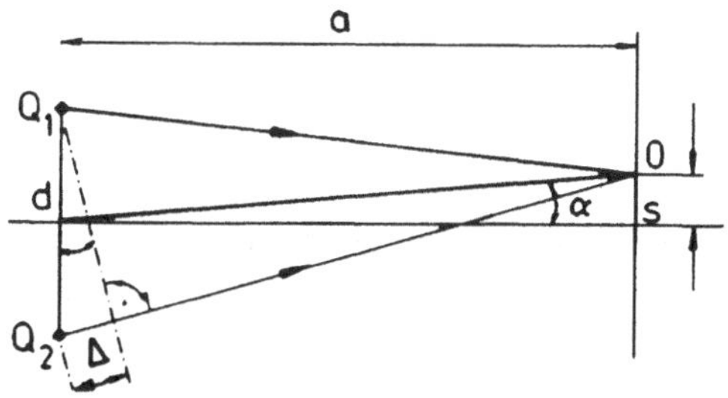

Abb. 3.11. Zum FRESNELschen Biprisma.

Wenn der Abstand d der beiden virtuellen Quellen Q_1 und Q_2 voneinander klein gegen deren Abstand a vom Schirm S ist, dann folgt für den Gangunterschied Δ zweier im Punkt O unter dem Winkel α gegen die optische Achse interferierender Strahlen:

$$\Delta = d \sin\alpha \approx d \cdot \frac{b}{a}$$

Dabei ist b der Abstand von O zur optischen Achse. Interferenz-Maxima bzw. -Minima erscheinen also im Rahmen obiger Näherung unter den Abständen

$$b_{\max} = \frac{a\lambda}{d} m \quad \text{bzw.} \quad b_{\min} = \frac{a\lambda}{d}\left(m + \frac{1}{2}\right)$$

Durch Messung von $b_{\max}$ bzw. $b_{\min}$ kann beispielsweise λ bestimmt werden.

3.3.2 Erzeugung kohärenter Lichtbündel durch Reflexion (Lloydscher Spiegelversuch)

Ein Teil des von einer Quelle Q ausgehenden Lichtbündels wird von einem auf der optischen Achse liegenden Planspiegel Sp reflektiert und überlagert sich in einem Winkelbereich A dem primären Bündel.

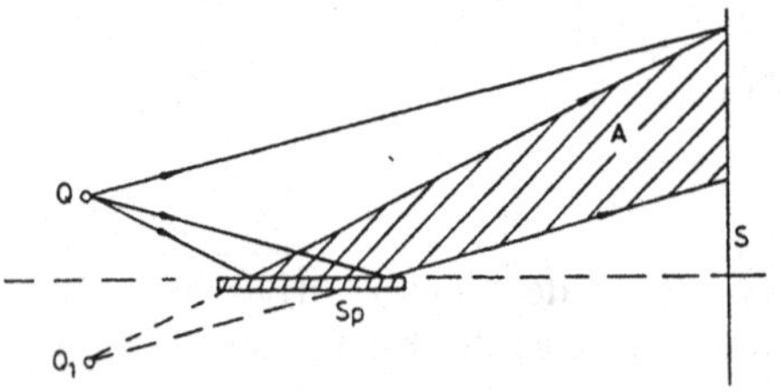

Abb. 3.12. Strahlengang beim LLOYDschen Spiegel.

Ist Q wiederum eine senkrecht zur Zeichenebene stehende Linienquelle, dann erscheinen auf dem Schirm S Interferenzstreifen. Von S aus gesehen scheinen innerhalb von A die beiden Bündel von zwei Lichtquellen zu stammen, und zwar von der reellen Q und der virtuellen Q_1. Die Lage der Interferenzstreifen relativ zur optischen Achse ergibt sich quantitativ aus den beim Biprisma angestellten Überlegungen.

3.3.3 Erzeugung kohärenter Lichtbündel durch Reflexion einer planparallelen Platte

Durch Reflexion eines von einer Quelle Q ausgehenden Lichtbündels an der Ober- und Unterseite einer planparallelen Platte entstehen zwei sich überlagernde kohärente Bündel. Ist Q punktförmig und die Anordnung rotationssymmetrisch zur optischen Achse, dann ist die Interferenzfigur, die auf einem parallel zur Platte im Abstand a aufgestellten Schirm S entsteht, eine Aufeinanderfolge konzentrischer heller und dunkler Kreise.
Von S aus gesehen scheinen die beiden Lichtbündel von zwei virtuellen Quellen Q_1 und Q_2 auszugehen. Der Gangunterschied Δ zweier in einem

Punkt O auf S interferierender Strahlen ist abhängig vom Einfalls- und Reflexionswinkel α, dem Brechungsindex n des Plattenmaterials, der Plattendicke d und der Wellenlänge λ. Ist d vernachlässigbar klein gegen a, dann folgt:

$$\Delta = 2d\sqrt{n^2 - \sin^2\alpha} + \frac{\lambda}{2}$$

Der Anteil $\lambda/2$ resultiert aus der Tatsache, dass bei Reflexion einer Welle an einem dichteren Medium ein Phasensprung von 180°, entsprechend einem Gangunterschied von $\lambda/2$, auftritt.

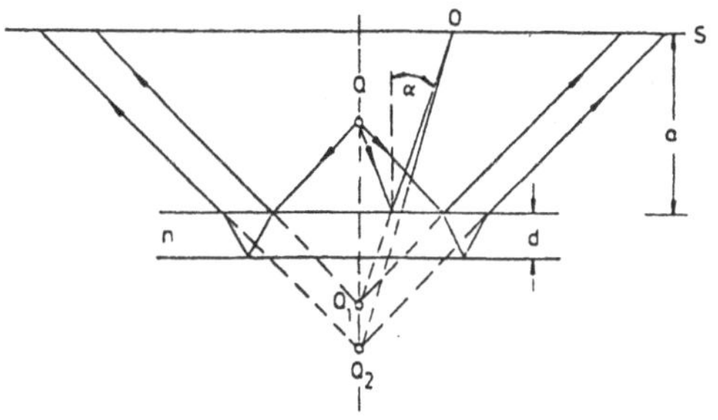

Abb. 3.13. Strahlengang bei der Reflexion an einer planparallelen Platte.

Bei detaillierter Betrachtung des Problems muss berücksichtigt werden, dass das Licht innerhalb der Platte mehrfach reflektiert wird und damit mehr als nur zwei kohärente Lichtbündel in Richtung auf S hin entstehen.
Die beschriebene Interferenzerscheinung erklärt auch die Farbigkeit, die dünne Schichten (Seifenblasen, Ölfilme auf Wasseroberflächen, Plastikfolien u.a.) bei Reflexion weißen, d.h. alle Farben umfassenden Lichts zeigen. Da generell die Auslöschungs- oder Verstärkungsbedingungen stets nur für bestimmte Wellenlängen, d.h. Farben, erfüllt sind, erscheinen Interferenzfiguren bei Verwendung weißen Lichts allgemein farbig. Dort, wo die Intensität für eine Wellenlänge verstärkt wird, erscheint die entsprechende Farbe hervorgehoben. Dort, wo für eine Wellenlänge Auslöschung auftritt, erscheint die Komplementärfarbe hervorgehoben.
Ist, wie bei der planparallelen Platte, Δ von α abhängig, dann wechseln die Farben bei Änderung des Beobachtungswinkels. Da zudem Δ auch von d abhängt, kann aus der Störung der bei idealer Planparallelität erwarteten Interferenzfigur auf Abweichungen in der Dicke d geschlossen werden.

3.4 Einfluss der Beugung auf das Auflösungsvermögen abbildender optischer Instrumente

Als Auflösungsvermögen eines abbildenden optischen Instruments versteht man dessen Fähigkeit, Strukturen des betrachteten Gegenstands deutlich darzustellen. Hohe Auflösung bedeutet, dass selbst dicht nebeneinander liegende Punkte oder Striche noch als getrennte Strukturen erkannt werden können.
Dieses Auflösungsvermögen wird grundsätzlich begrenzt durch die Beugung des Lichts an den im allgemeinen kreisförmigen Fassungen der abbildenden Linsen. Sie hat zur Folge, dass selbst eine Linse mit idealen Abbildungseigenschaften von einem Gegenstandspunkt keinen echten Bildpunkt, sondern lediglich eine Beugungsfigur mit einer in der Intensität dominierenden zentralen Beugungsscheibe endlicher Ausdehnung erzeugt.

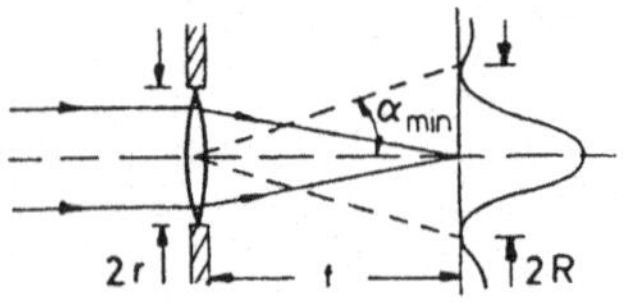

Abb. 3.14. Zum Auflösungsvermögen einer Linse.

Für ein auf eine Sammellinse mit dem Radius r und der Brennweite f auftreffendes paralleles Lichtbündel ergibt sich der Radius R dieser in der Brennebene entstehenden Scheibe wie folgt: R ist gleich dem Radius des ersten dunklen Ringes. Dieser erscheint unter dem Winkel $\alpha_{\min}$ mit $\sin\alpha_{\min} = 0.61\lambda/r$. Andererseits ergibt sich aus der geometrischen Anordnung: $\sin\alpha_{\min} = R/\sqrt{R^2+f^2}$. Im allgemeinen ist $R \ll f$ und damit R gegen f vernachlässigbar, so dass folgt:

$$\sin\alpha_{\min} = 0.61\frac{\lambda}{r} = \frac{R}{f} \qquad \text{oder} \qquad \boxed{R = 0.61\frac{\lambda f}{r}}$$

Beispiel: Für $\lambda = 400$ nm $= 4 \cdot 10^{-7}$ m, $f = 1$ m und $r = 1$ cm $= 10^{-2}$ m hat die Beugungsscheibe einen Durchmesser von rund $2R = 50\ \mu$m.
Bei der Abbildung zweier benachbarter Lichtpunkte G_1 und G_2, z.B. zweier benachbarter Sterne mittels eines astronomischen Fernrohrs, die von der Linse aus unter dem Winkel ε erscheinen, können sich die entsprechenden beiden Beugungsfiguren überlappen. Erfahrungsgemäß erkennt man zwei Beugungsscheiben dann noch als zwei getrennte Objekte, wenn deren gegenseitiger Abstand a mindestens $a_{min} = R$ ist.

Diese Bedingung bestimmt den Mindestwinkel $\varepsilon_{\min}$, unter dem G_1 und G_2 erscheinen müssen, um noch als zwei getrennte Punkte identifiziert werden

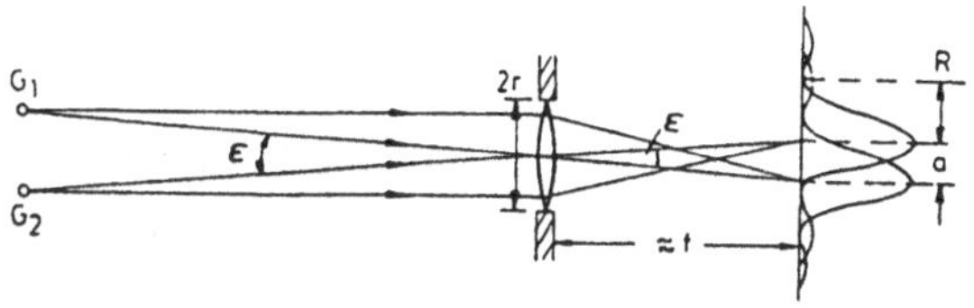

Abb. 3.15. Auflösung zweier Punkte durch eine Linse.

zu können. $A = 1/\varepsilon_{\min}$ heißt das **Auflösungsvermögen** der abbildenden Linse. Mit $\varepsilon_{\min} = a_{\min}/f$ folgt:

$$A = \frac{f}{a_{\min}} = \frac{f}{R} \qquad \text{oder} \qquad \boxed{A = \frac{1}{0.61}\frac{r}{\lambda}}$$

Setzt man für das menschliche Auge als Pupillenradius, Brennweite und Brechungsindex die Mittelwerte $r = 1.5$ mm $= 1.5 \cdot 10^{-3}$ m, $f = 1.7$ cm $= 1.7 \cdot 10^{-2}$ m und $n = 1.33$ an, dann ergibt sich für eine Wellenlänge von $\lambda_0 = 600$ nm $= 6 \cdot 10^{-7}$ m als Mindestabstand auf der Netzhaut:

$$a_{\min} = R = 0.61\frac{\lambda f}{r} = 0.61\frac{\lambda_0 f}{n \cdot r} = \frac{0.61 \cdot 6 \cdot 1.7}{1.33 \cdot 1.5} \cdot 10^{-6}\ \text{m} = 3\ \mu\text{m}$$

Entsprechend beträgt das Auflösungsvermögen rund $A = 5400$. Der mittlere Abstand der Stäbchen und Zäpfchen auf der Netzhaut liegt bei rund 5 μm. Dadurch bedingte Ortsauflösung der Netzhaut ist also dem Auflösungsvermögen des abbildenden Systems des Auges weitgehend angepasst.

Bei astronomischen Fernrohren erreicht man ein hohes Auflösungsvermögen durch Objektive oder Eintrittsöffnungen mit großem Radius.

Die angestellten Überlegungen berücksichtigen allein den Einfluss von Linsenöffnungen, oder allgemein, von Blenden, auf das Auflösungsvermögen. Ist jedoch das abzubildende Objekt nicht selbstleuchtend, sondern muss durch eine externe Lichtquelle beleuchtet werden, dann kann sich bereits die Beugung dieses Lichts an den Strukturen des Objekts zusätzlich auf das Auflösungsvermögen auswirken.

In entscheidendem Maße ist das beim Mikroskop der Fall. Hier wird das Auflösungsvermögen überwiegend durch die an den feinen Objektstrukturen ausgeprägt auftretende Beugung bestimmt.

Die quantitativen Zusammenhänge hierfür liefert die **Abbésche Theorie** der Bildentstehung in einem Mikrospkop. Ihre diesbezüglichen Aussagen sind, zusammengefasst, folgende:

a.) Tritt nur das Licht nullter Beugungsordnung durch die Objektiv-Öffnung in das Mikroskop ein, dann wird überhaupt keine Abbildung erzeugt. Das Gesichtsfeld erscheint strukturlos ausgeleuchtet.

b.) Erst wenn außer dem Licht nullter auch dasjenige erster Beugungsordnung in das Objektiv eintritt, wird das Bild des Objekts in groben Umrissen sichtbar.

c.) Das Bild wird umso deutlicher, d.h. die Auflösung umso höher, je mehr Beugungsordnungen vom Objektiv erfasst werden.

Auf besonders einfache Weise erhält man die wesentlichen quantitativen Aussagen für ein Strichgitter mit variabel gedachtem Strichabstand D als Objekt. Hierbei gilt für die Beugungsmaxima der Ordnung m bei vorgegebener Wellenlänge λ des beleuchtenden Lichts: $\sin\alpha(m,D) = m\lambda/D$. Ist $2u$ der ebenfalls fest vorgegebene Öffnungswinkel, unter dem das Objektiv aus erscheint, dann fallen alle Beugungsmaxima mit $\sin\alpha(m,D) \leq \sin u$ in die Objektivöffnung. Soll die nullte und erste Beugungsordnung erfasst und somit die Objektstruktur erkennbar werden, dann folgt die Bedingung für D:

$$\sin(1,D) = \frac{\lambda}{D} \leq \sin u \qquad \text{oder} \qquad D \geq \frac{\lambda}{\sin u} = D_{\text{min}}$$

Dabei bezeichnet D_{min} den kleinsten Strichabstand, der noch aufgelöst werden kann. Wird $D < D_{\text{min}}$, dann ist keine Gitterstruktur mehr zu erkennen. Es kommt überhaupt keine Abbildung zustande.

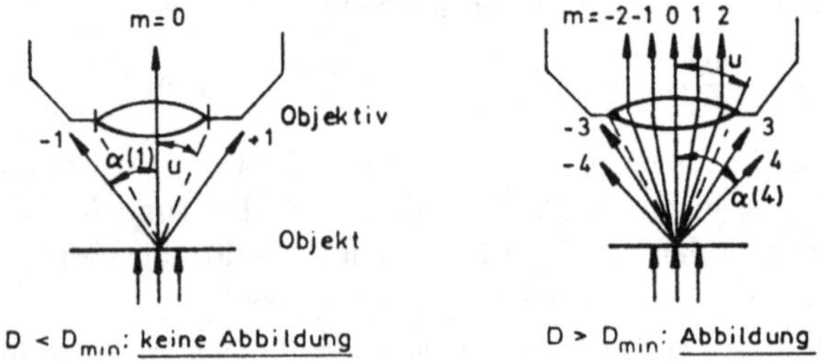

Abb. 3.16. ABBEsche Theorie und Auflösungsvermögen.

Den Kehrwert $A = 1/D_{\text{min}}$ nent man das **Auflösungsvermögen** des Mikroskops. Befindet sich zwischen Objekt und Objektiv ein Medium mit einem von 1 verschiedenen Brechungsindex n, dann muss berücksichtigt werden, dass in diesem Bereich die Wellenlänge um den Faktor $1/n$ verkürzt wird. Damit ist:

$$\boxed{A = \frac{1}{D_{\text{min}}} = \frac{n \sin u}{\lambda}}$$

Durch eine klare Flüssigkeit mit hohem Brechungsindex n, die man in Form eines Tropfens zwischen Objekt und Objektiv bringt, läßt sich A vergrößern. Geeignet als solche sogenannten **Immersionsflüssigkeiten** sind verschiedene Öle und Wasser. Weiterhin kann A durch Verwendung ultravioletten Lichts – das ist die sich zu kürzeren Wellenlängen hin an das violette Licht anschließende, nicht mehr sichtbare Strahlung – gesteigert werden. Hierbei muss allerdings das Bild entweder über einen Fluoreszenzschirm sichtbar gemacht oder auf eine Photoplatte geeigneter Empfindlichkeit abgebildet werden.

3.5 Holographie

Trifft ein Lichtstrahl L auf einen Gegenstand G, dann kann er dort reflektiert, gebrochen, gestreut, absorbiert und gebeugt werden. Das von ihm ausgehende Wellenfeld ist in der räumlichen Verteilung seiner Amplituden und Phasen geprägt durch Form und Struktur des Gegenstandes.

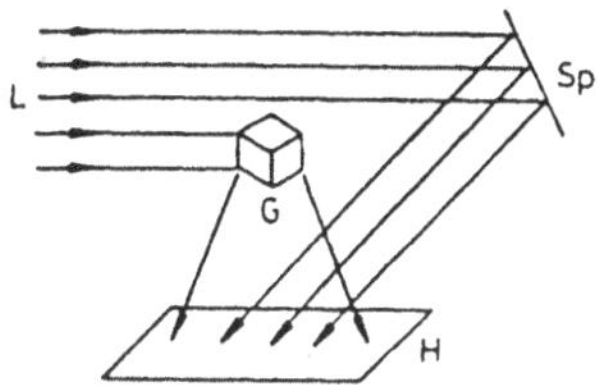

Abb. 3.17. Aufnahme eines Hologramms.

Überlagert man in einer geeigneten optischen Anordnung, z.B. mit Hilfe eines Spiegels Sp, diesem Wellenfeld das primäre Lichtbündel, dann entsteht in einer Ebene innerhalb des Überlagerungsbereichs eine Interferenzfigur, die ebenfalls Informationen über die Gestalt des Gegenstandes enthält. Dieses mittels einer Photoplatte aufgenommene Interferenzbild H nennt man ein **Hologramm**.

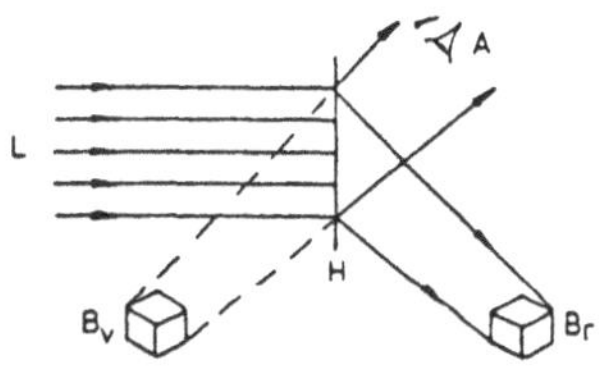

Abb. 3.18. Rekonstruktion des Bildes.

Die in einem Hologramm steckende Information kann in ein Bild des Gegenstandes zurücktransformiert werden. Dazu wird das Hologramm H mit einem Lichtbündel L, das die gleichen Eigenschaften wie bei der Aufnahme besitzt, durchstrahlt. Aufgrund der Beugung an den Strukturen von H entstehen dahinter ein konvergentes Bündel, das ein reelles Bild B_r erzeugt, und ein divergentes Bündel, das dem in das Hologramm hineinschauenden Auge A von einem virtuellen Bild B_v herzukommen scheint.
Im Gegensatz zu den mit Linsen erzeugten flächenhaften Bildern sind die aus Hologrammen gewonnenen **räumlich**. Da bei der Aufnahme eines Hologramms erhebliche Gangunterschiede zwischen den interferierenden Lichtbündeln auftreten können, muss das beleuchtende Licht möglichst lange Wellengruppen besitzen, d.h. es muss möglichst monochromatisch sein.

3.6 Polarisationserscheinungen

3.6.1 Streuung und Polarisation

Die Spur eines Lichtbündels durch ein Medium ist dann sichtbar, wenn durch Wechselwirkungsprozesse des Lichts mit den Molekülen oder eingebrachten mikroskopischen Teilchen ein Teil der Lichtintensität seitlich aus dem Bündel herausgestreut wird.
Im Zusammenhang mit Polarisationserscheinungen ist die unter den folgenden Voraussetzungen auftretende Streuung von Bedeutung:

a.) Die streuenden Teilchen sind statistisch verteilt.
b.) Sie sind annähernd kugelförmig.
c.) Ihr Durchmesser ist klein gegen die Wellenlänge des einfallenden Lichts.
d.) Ihre Lichtabsorption ist klein.

Diese Streuung heißt **Rayleigh-Streuung**. Hierbei werden bei jedem elementaren Streuprozess die Elektronen in den Atomhüllen der Streuteilchen durch die Lichtwelle zu erzwungenen Dipolschwingungen in Richtung von $\boldsymbol{E}$ angeregt. Jedes Streuteilchen emittiert also elektromagnetische Strahlung mit den für einen HERTZschen Dipol charakteristischen Eigenschaften. Das bedeutet insbesondere:

a.) Die Wellenlänge des Streulichts stimmt mit der des einfallenden Lichts überein.
b.) Die Intensität I_s des Streulichts ist stark frequenzabhängig, und zwar gilt $I_s \sim \nu^4 \sim 1/\lambda^4$.
c.) I_s ist gemäß $I_s \sim \sin^2 \Theta$ richtungsabhängig, wobei Θ der Winkel zwischen der elektrischen Feldstärke $\boldsymbol{E}$ der einfallenden Lichtwelle und der Beobachtungsrichtung ist.

Bei Einstrahlung polarisierten Lichts wird also in Polarisationsrichtung ($\Theta = 0°$) kein Licht gestreut. Senkrecht dazu ($\Theta = 90°$) hat das Streulicht seine maximale Intensität. Bei Einstrahlung unpolarisierten Lichts ist das senkrecht zum Strahl gestreute Licht vollständig linear polarisiert, und zwar senkrecht zu der vom Strahl und der Beobachtungsrichtung aufgespannten Ebene. Das schräg zum Strahl gestreute Licht ist nur teilweise polarisiert.
Die RAYLEIGH-Streuung kann also als Analysator und Polarisator dienen.
Die starke Wellenabhängigkeit der Streuintensität erklärt unter anderem die blaue Farbe des Himmels. Bei der RAYLEIGH-Streuung des Sonnenlichts an den Molekülen in der Erdatmosphäre wird das kurzwellige blaue Licht wesentlich stärker gestreut als das langwellige rote. Auch dieses Himmelslicht ist polarisiert.

3.6.2 Anisotropie und Polarisation

Medien, in denen die Lichtgeschwindigkeit in allen Richtungen gleich ist, nennt man **optisch isotrop**. Dazu gehören Gase, Flüssigkeiten, amorphe Festkörper, wie z.B. Glas, und Festkörper mit sogenannten regulären Kristallsystemen, wie z.B. Steinsalz und Diamant.
Alle anderen Festkörper mit einem komplizierteren Kristallaufbau sind **optisch anisotrop**. Diese Eigenschaft äußert sich in folgender Weise:

Ein in ein solches Medium eintretender Lichtstrahl wird allgemein in zwei vollständig linear und senkrecht zueinander polarisierte Anteile aufgespalten. Einer dieser beiden Anteile breitet sich mit einer richtungsunabhängigen Geschwindigkeit wie in einem optisch isotropen Medium aus. Er heißt der **ordentliche Strahl**. Beim anderen ist die Geschwindigkeit von der Richtung, in welcher er sich in Bezug auf die ausgezeichneten Achsen des Kristallgitters ausbreiten kann, abhängig. Dieser Anteil heißt der **außerordentliche Strahl**.
Stets gibt es mindestens eine Richtung, in welcher die Geschwindigkeiten C_{OS} des ordentlichen und C_{AS} des außerordentlichen Strahls gleich sind. Diese Richtungen heißen **optische Hauptachsen** und stimmen im allgemeinen mit den Kristallgitterachsen überein. Gibt es nur eine solche Richtung, dann nennt man das Medium optisch einachsig. In diesem einfachen Fall sind senkrecht zu Hauptachse die Unterschiede zwischen C_{OS} und C_{AS} maximal. Man bezeichnet das Medium als **positiv einachsig**, wenn $C_{OS} > C_{AS}$, und als **negativ einachsig**, wenn $C_{OS} < C_{AS}$ ist.
Bei senkrechtem Einfall eines unpolarisierten Lichtstrahls auf eine planparallele Platte aus einem einachsig anisotropen Medium ergaben sich hinsichtlich verschiedener Orientierungen der optischen Hauptachse gegen die Einfallsrichtungen die folgenden drei Fälle:

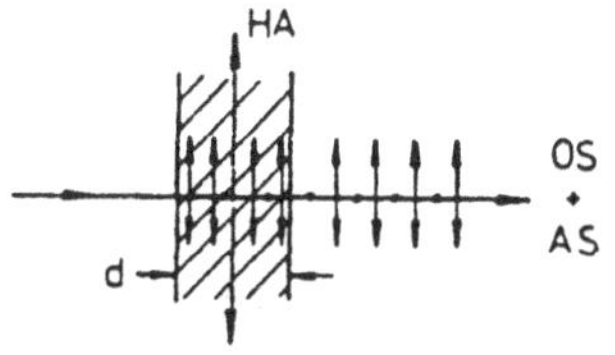

a.) Die Platte ist parallel zur Hauptachse HA geschnitten, d.h. der einfallende Strahl steht senkrecht auf HA. Da hier $C_{AS} \neq C_{OS}$ ist, treten der außerordentliche (AS) und der ordentliche (OS) Strahl mit einem endlichen Gangunterschied der Größe $\Delta = (n_{AS} - n_{OS}) \cdot d$ aus der Platte aus. Hierbei sind $n_{AS} = C_O/C_{AS}$ und $n_{OS} = C_O/C_{OS}$ die unterschiedlichen Brechungsindizes für AS und OS und d die Plattendicke. Für diese Konfiguration ist der Differenzbetrag $|n_{AS} - n_{OS}|$ maximal.

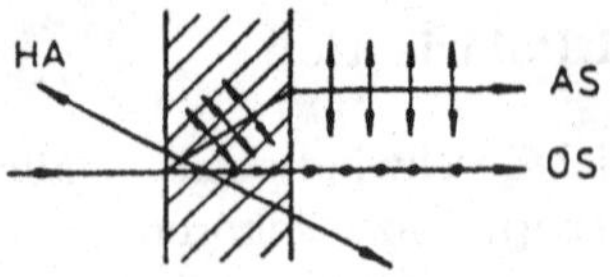

b.) Die Platte ist schräg zu HA geschnitten. Hier erfährt AS trotz des senkrechten Einfalls des Primärstrahls auf die Platte Brechung, d.h. Richtungsänderung, an der Eintritts- und Austrittsfläche. AS und OS treten parallel versetzt aus. Diese Erscheinung heißt **Doppelbrechung**. AS folgt also offensichtlich nicht dem bekannten Brechungsgesetz.
AS und OS besitzen einen endlichen Gangunterschied Δ, der sich wiederum aus $n_{AS}-n_{OS}$ und zusätzlich aus dem geometrischen Wegunterschied zusammensetzt. Die vom einfallenden Strahl und HA aufgespannte Ebene nennt man den **optischen Hauptschnitt**. Stets schwingt OS senkrecht zum Hauptschnitt und AS im Hauptschnitt. Wählt man z.B. durch eine geeignete Lochblende hinter der Platte AS oder OS aus, dann läßt sich eine solche Anordnung als Polarisator verwenden.

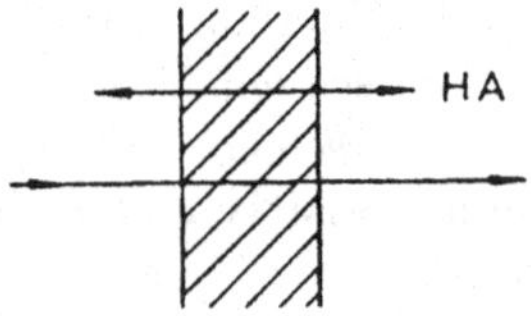

c.) Die Platte ist senkrecht zu HA geschnitten. HA verläuft also in Strahlrichtung. Hier ist $C_{OS} = C_{AS}$, und es ist kein Hauptschnitt festlegbar. Der Strahl durchquert die Platte wie eine solche aus einem isotropen Medium, d.h. es findet keine Auftrennung in einen ordentlichen und einen außerordentlichen Anteil statt.

Bemerkt sei, dass im Sprachgebrauch der Kristallographie **Achsen** stets **Richtungen** und keine Linien sind.

Im Fall a.) überlagern sich OS und AS und erfüllen darüber hinaus auch die vorangehend erläuterten Kohärenzbedingungen. Dennoch sind keinerlei Interferenzen zwischen diesen beiden Teilstrahlen erkennbar. Das liegt zunächst daran, dass sie senkrecht zueinander polarisiert sind. Ihre elektrischen Feldstärken $\boldsymbol{E}_{OS}$ und $\boldsymbol{E}_{AS}$, die sich als Komponenten der Feldstärke $\boldsymbol{E}$ des einfallenden Strahls in Richtung von HA bzw. senkrecht dazu ergeben, schwingen stets senkrecht zueinander.

Treffen OS und AS auf einen Analysator, dann werden von diesem nur die in die Analysatorrichtung A fallenden Komponenten $\boldsymbol{E}'_{OS}$ von $\boldsymbol{E}_{OS}$ und $\boldsymbol{E}'_{AS}$ von $\boldsymbol{E}_{AS}$ durchgelassen. Sie haben damit die gleiche Schwingungsrichtung, nämlich A. Doch selbst dann treten noch keine stationären Interferenzer-

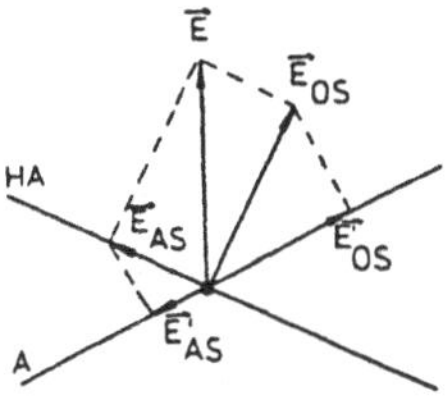

scheinungen auf, solange das einfallende Licht unpolarisiert ist. Die statistisch wechselnde Richtung von $\boldsymbol{E}$ bedingt nämlich eine ebenfalls statistisch wechselnde Aufteilung des durchgelassenen Lichts auf die beiden Komponenten $\boldsymbol{E}'_{OS}$ und $\boldsymbol{E}'_{AS}$. Erst wenn das einfallende Licht linear polarisiert ist und damit $\boldsymbol{E}$ eine fest vorgegebene Richtung besitzt, bleibt bei fester Richtung von A auch das Verhältnis $E'_{OS} : E'_{AS}$ zeitlich farbig, da die Gangunterschiede aufgrund der Dispersion von der Wellenlänge abhängen. Durch Drehung von A läßt sich das Verhältnis $E'_{OS} : E'_{AS}$ und damit der Kontrast und die Farbigkeit der Interferenzfigur variieren.

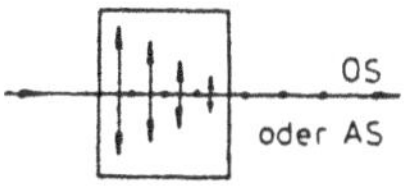

In manchen anisotropen Substanzen werden OS und AS stark unterschiedlich absorbiert, so dass es durch geeignete Wahl der Schichtdicke möglich wird, den einen vom anderen abzutrennen. Bei Einstrahlung unpolarisierten Lichts ist dann das austretende Licht praktisch vollständig linear polarisiert.

Diese Erscheinung heißt **Dichroismus**. Dichroitische Schichten finden als insbesondere großflächige Polarisatoren Verwendung. Bei deren Herstellung werden im allgemeinen dichroitische Mikrokristalle zuerst hinsichtlich ihrer Kristallachsen ausgerichtet und anschließend in Trägerfolien eingelagert. Solche Polarisationsfolien eignen sich gleichermaßen auch als Analysatoren.

Einige normalerweise optisch isotrope Substanzen können unter äußeren Einwirkungen optisch anisotrop werden. Solche Einwirkungen sind vor allem mechanische Spannungen (**Spannungsdoppelbrechung**), elektrische Felder (**Kerr-Effekt**) und magnetische Felder (**Cotton-Mouton-Effekt**). Mit Hilfe der Spannungsdoppelbrechung können über die oben beschriebenen farbigen Interferenzen zwischen OS und AS die Verteilung und die Stärke mechanischer Spannungen innerhalb eines Körpers sichtbar gemacht werden. Der KERR-Effekt kann zur schnellen Steuerung von Lichtintensitäten ausgenutzt werden.

3.6.3 Optische Aktivität und Polarisation

Einige Substanzen vermögen die Polarisationsrichtung eines durchlaufenden, linear polarisierten Lichtbündels zu drehen, wobei – gegen die Strahlrichtung blickend – sowohl Rechts- als auch Linksdrehung auftreten kann. Diese Substanzen nennt man **optisch aktiv**. Die Erscheinung heißt **optische Aktivität**. Bekannte Beispiele dafür sind Quarz und Zucker. Beide Stoffe gibt es als rechts- oder als linksdrehende Sorte.

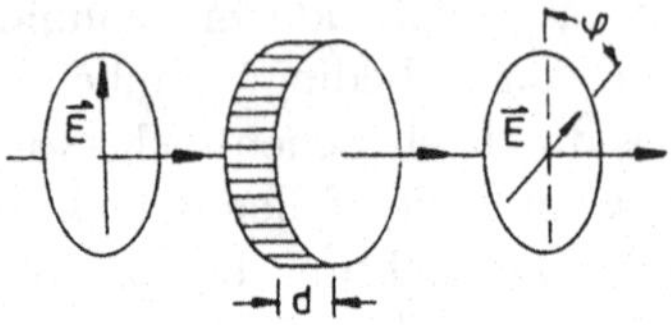

Der Drehwinkel φ, dessen Größe sich quantitativ mittels eines Analysators bestimmen läßt, ist proportional zur Dicke d der durchstrahlten Schicht: $\varphi = ad$. Das **Drehvermögen** a ist im allgemeinen stark von der Wellenlänge λ abhängig (**Rotationsdispersion**).
Ursache der optischen Aktivität ist entweder eine spezielle, im allgemeinen schraubenförmige Struktur des Kristallgitters oder aber ein asymmetrischer Aufbau der Moleküle selbst. Im zweiten Fall behält der Stoff seine optisch aktive Eigenschaft in jedem Aggregatzustand und auch in seinen Lösungen. Bei einer Lösung ist dann das Drehvermögen a proportional zur Lösungskonzentration q, d.h. zum Quotienten aus der Menge des gelösten, optisch aktiven Stoffes und dem Volumen der Lösung: $a \sim q$. Dieser Umstand wird praktisch zur Bestimmung von Lösungskonzentrationen genutzt, und zwar insbesondere in der **Saccharimetrie** zur Bestimmung des Drehsinns und der Konzentration von Zuckerlösungen. Man nennt rechtsdrehenden Zucker **Dextrose**, linksdrehenden **Laevulose**.
In einem Magnetfeld zeigen alle Stoffe optische Aktivität. Dieses Verhalten heißt **Faraday-Effekt**. Bei Einstrahlung des Lichts parallel zu den Feldlinien ist das Drehvermögen a proportional zur Stärke H des Magnetfeldes: $a = hH$. Die **Verdetsche Konstante** h ist von der Temperatur der Substanz und von der Wellenlänge abhängig.

3.6.4 Durchlässigkeit von Polarisatoren und Analysatoren

Die Erzeugung linear polarisierten Lichts aus natürlichem ist stets mit einem Intensitätsverlust verbunden.
Ist $\boldsymbol{E}$ die momentane Feldstärke in einem unpolarisierten und auf einen Polarisator fallenden Lichtstrahls, dann läßt dieser davon nur die in seine Polarisatorrichtung P fallende Komponenten $\boldsymbol{E}_P$ mit $E_P = E\cos\delta$ hindurch, wobei δ der Winkel zwischen $\boldsymbol{E}$ und P ist.

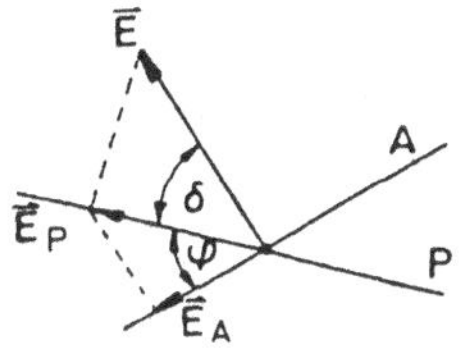

Die Intensität eines Lichtstrahls ist allgemein proportional zum zeitlichen Mittelwert des Quadrats der elektrischen Feldstärke. Sind I und I_P die Intensitäten des einfallenden und des resultierenden polarisierten Strahls, dann folgt also:

$$\frac{I_P}{I} = \frac{\overline{E_P^2}}{\overline{E^2}} = \frac{\overline{E^2 \cos^2 \delta}}{\overline{E^2}} = \overline{\cos^2 \delta}$$

Im zeitlichen Mittel kommen statistisch verteilt für $\boldsymbol{E}$ alle Richtungen und damit für δ alle Werte zwischen 0° und 360° mit gleicher Wahrscheinlichkeit vor. Da hierfür $\overline{\cos^2 \delta} = 1/2$ ist, folgt $I_P = I/2$. Die Intensität des linear polarisierten Strahls ist also selbst unter Vernachlässigung weiterer Absorptionsvorgänge stets nur halb so groß wie die des einfallenden natürlichen Strahls.

Trifft der linear polarisierte Strahl auf einen nachfolgenden Analysator, dann läßt dieser wiederum nur die in seine Analysatorrichtung A fallende Komponente $\boldsymbol{E}_A$ von $\boldsymbol{E}_P$ mit $E_A = E_P \cos \varphi$ hindurch. Hier ist φ der Winkel zwischen A und P. Damit folgt für die Intensität I_A des analysierten Strahls:

$$\frac{I_A}{I_P} = \frac{\overline{E_A^2}}{\overline{E_P^2}} = \overline{\cos^2 \varphi}$$

Da in diesem Fall φ keinen statistischen Schwankungen folgt, sondern durch die Stellung von A relativ zu P fest vorgegeben ist, ergibt sich mit $\overline{\cos^2 \varphi} = \cos^2 \varphi$:

$$\boxed{I_A = I_P \cos^2 \varphi = \frac{I}{2} \cos^2 \varphi}$$

Den obigen Zusammenhang bezeichnet man auch als **Malus'sches Gesetz**. Ist $\varphi = 0°$, d.h. liegen A und P parallel, dann ist $I_A = I_P = I/2$; ist $\varphi = 90°$, d.h. stehen A und P senkrecht zueinander, dann ist $I_A = 0$.

Sachwortverzeichnis